Die große farbige Enzyklopädie Urania-Pflanzenreich

Viren · Bakterien · Algen · Pilze

Moose · Farne · Nacktsamer

Blütenpflanzen 1

Blütenpflanzen 2

Vegetation

URANIA PFLANZENREICH

Vegetation

Urania-Verlag Leipzig · Jena · Berlin

Autoren des Bandes:

Prof. Dr. Franz Fukarek, Greifswald
Unser grüner Planet bis Florenreiche und Vegetationszonen der Erde, Sommergrüne Laubwaldzone, Boreale Nadelwaldzone, Arktische Tundrenzone

Dr. Helmut Hübel, Kloster/Hiddensee
Pflanzenwelt der Meere

Dr. Peter König, Greifswald
Hartlaubvegetation der Winterregengebiete, Warmtemperierte Feucht- und Lorbeerwälder, Der nordamerikanische und südamerikanische sommergrüne Laubwald

Prof. Dr. Gerd K. Müller, Leipzig
Tropische Regenwaldzone, Wüsten an den Küsten (Nebelwüsten)

Dr. Roland Schuster, Greifswald
Tropische Sommerregenzone, Hochgebirgsvegetation

Dr. Michael Succow, Eberswalde
Halbwüsten- und Wüstenzone, Steppenzone, Moore, Seen und Fließgewässer im Bereich der sommergrünen Laubwaldzone, Moore in der borealen Nadelwaldzone

Die Deutsche Bibliothek – CIP-Einheitsaufnahme
Urania-Pflanzenreich. – [Ausg.] – Leipzig; Jena; Berlin : Urania-Verl.
ISBN 3-332-00367-4

Vegetation / [Autoren des Bd.: Franz Fukarek ...]. – 1. Aufl. – 1995
ISBN 3-332-00550-2
NE: Fukarek, Franz

ISBN 3-332-00550-2

1. Auflage 1995

Urania-Verlag Leipzig · Jena · Berlin 1995
Lektor: Annette Bromma
Umschlaggestaltung: Horst Adler
Zeichnungen: Gerhard Raschpichler
Diagramme und Karten: Druckplan GmbH Leipzig
Satz: Offizin Andersen Nexö Leipzig GmbH
Farbreproduktionen: Karl Findl & Partners GmbH & Co. KG
Printed in Slovenija

Inhalt

Unser grüner Planet

Schon lange ist den Menschen bekannt, daß einige Planeten unseres Sonnensystems in verschiedenen Farben schimmern. Die Venus erstrahlt in auffallendem Weiß, der Mars fällt dagegen durch seine rötliche Färbung auf. Aber erst seit ganz kurzer Zeit kennen wir die »Weltraumfarbe« unseres eigenen Planeten. Aus der Weltraumsicht erscheint die Erde bläulich, eine Farbe, die durch die Besonderheit der irdischen Lufthülle hervorgerufen wird.

Man könnte die Erde aber auch aus einem anderen Grund als »blauen Planeten« bezeichnen. Raumsonden haben inzwischen vielfältige Informationen von anderen Planeten des Sonnensystems gebracht. So wurde unter anderem festgestellt, daß freies Wasser auf keinem von ihnen vorhanden ist. Mag für den Mars diese Frage auch noch nicht ganz geklärt sein, da an den Polen Eiskappen vorhanden sein können, sicher ist aber, daß auch auf diesem Himmelskörper Wasser zumindest in nennenswertem Ausmaß jetzt nicht vorkommt. Nur die Erde besitzt also Meere, Flüsse und Seen. Wie man aus jedem Nachschlagewerk entnehmen kann, entfallen von den rund 510 Mill. km^2, die die Oberfläche der Erde ausmachen, nicht weniger als etwa 359 Mill. km^2 auf Meere und weitere 2 bis 3 Millionen auf Süßwasserflächen; insgesamt sind demnach etwa 71 % der ganzen Erdoberfläche von Wasser bedeckt. Da das Blau aber zugleich die Farbe des Wassers ist, wäre die Erde auch in dieser Hinsicht ein »blauer Planet«.

Was berechtigt uns nun, von der Erde als »grünem Planeten« zu sprechen?

Soviel wir wissen, ist die Erde mit Sicherheit der einzige Himmelskörper unseres Sonnensystems, auf dem sich Leben entwickelt hat. Und eben dieses irdische Leben ist untrennbar mit der Photosynthese der grünen Pflanzen verbunden, d. h., sie können mit Hilfe des grünen Farbstoffes, des Chlorophylls, die Lichtstrahlen der Sonne aufnehmen, absorbieren und in chemische Energie umwandeln. Durch diesen komplizierten biochemischen Vorgang wird schließlich organische Substanz aufgebaut – ein Prozeß, der heute das irdische Leben beherrscht. Zwar enthalten die Chloroplasten der Grünalgen und der Höheren Pflanzen als Assimilationsfarbstoff nicht nur Chlorophyll, sondern noch eine Reihe anderer Pigmente, und es gibt Algengruppen (wie die Blau-, Braun- und Rotalgen), bei denen solche anderen Farbstoffe sogar mengenmäßig vorherrschen. Trotzdem kommt dem Chlorophyll, wenn man die Pflanzenwelt insgesamt betrachtet, mit Abstand die größte Bedeutung zu.

Fast alle Lebewesen, denen Assimilationspigmente fehlen und die daher keine Photosynthese vornehmen können (die wenigen chemosynthetischen Organismen ausgenommen), sind direkt oder indirekt auf die Produkte der grünen Pflanzen angewiesen. Auch der Mensch macht dabei keine Ausnahme.

Selbst die Luft, die wir atmen und die uns als etwas ganz Selbstverständliches erscheint, ist ein Produkt grüner Pflanzen! Seit einiger Zeit wissen wir, daß die Atmosphäre der Erde ursprünglich eine andere Zusammensetzung hatte als gegenwärtig, daß sie nämlich frei von Sauerstoff war. Der Sauerstoff, ohne den das Leben in seiner heutigen Vielfalt nicht möglich wäre, ist ein »Nebenprodukt« der Photosynthese. Nach den gegenwärtigen Kenntnissen dürfte die Photosynthese bereits vor 3,4 Milliarden Jahren eingesetzt haben, und zwar im Meer. Aber noch in langen darauffolgenden Zeiträumen gelangte kein Sauerstoff in die Atmosphäre: Der Sauerstoffkreislauf war praktisch im Meer »kurzgeschlossen«, da der photosynthetisch gebildete Sauerstoff offenbar sofort von Sulfitschwefel und zweiwertigem Eisen gebunden wurde. Etwa vor 2,3 Milliarden Jahren war das zweiwertige Eisen der Meere oxydiert, und nunmehr konnte freier Sauerstoff in die Atmosphäre entweichen. Aber noch fast 1,5 Milliarden Jahre war pflanzliches und tierisches Leben nur im Wasser zu finden. Als dann vor knapp einer halben Milliarde Jahren den grünen Pflanzen der für die ganze weitere Entwicklung so ungemein wichtige Milieuwechsel, die »Eroberung des Landes«, gelang, spielte der Sauerstoffgehalt der Atmosphäre dafür offenbar keine begrenzende Rolle. Er stellte aber zweifellos eine, wenn auch nicht die einzige wichtige Voraussetzung dafür dar, daß die pflanzliche Besiedlung des Landes überhaupt erfolgen konnte.

Auf das Fußfassen der Pflanzenwelt auf dem Lande, den mannigfachen Wechsel und die Entwicklung, die sie im Laufe langer geologischer Perioden durchlief, wird in einem späteren Abschnitt eingegangen.

Heute bedeckt die Festländer der Erde zum größten Teil ein geschlossenes grünes Pflanzenkleid. Ausnahmen hiervon machen die Inlandeiswüsten des antarktischen Kontinents, Grönlands und einiger anderer hocharktischer Gebiete, ferner die höchsten Teile der Gebirge und die Trockenwüsten. Diese Bereiche werden von der nackten Gesteinsoberfläche oder der Eis- bzw. Gletscherfläche beherrscht. Hierbei spielen zwei ihrem Wesen nach recht verschiedene Vegetationsgrenzen eine Rolle, nämlich die Kälte- und die Trockenheitsgrenze. Absolut frei von pflanzlichem Leben sind jedoch selbst viele dieser »Wüsten« nicht. Auf polaren Gletschern und im Eis der Hochgebirge kommen – teilweise in nicht geringer Menge – verschiedene Algen vor, die eine an derart extreme Umweltbedingungen angepaßte »Kryoflora« bilden. Wirklich frei von pflanzlichen Organismen dürften nur die gewaltigen Inlandeismassen der Antarktis und des Grönländischen Schildes sein. Ansonsten zeigen die Pflanzen ein erstaunliches Anpassungsvermögen an die verschiedensten Umweltverhältnisse. So überschreiten z. B. auf der Nordhemisphäre den 80. Breitenkreis immerhin noch mehr als 110 Blütenpflanzenarten. Das verhältnismäßig unscheinbare Alpen-Hornkraut (*Cerastium alpinum*) wurde sogar noch bei 83°24′ nördlicher Breite auf der Insel Lockwood gefunden – ein »Nordrekord« einer Blütenpflanze! Moose, Flechten und einige Algen reichen ähnlich weit, z. T. sogar noch weiter polwärts.

In gewisser Weise werden ähnliche Verhältnisse in den Hochgebirgen angetroffen, wo die Höhengrenze meist auch zugleich eine Temperaturgrenze darstellt. Auch hier gedeihen selbst Blütenpflanzen in erstaunlicher Höhe. In den Hochgebirgen nördlich und südlich des Äquators gibt es in 5000 m Höhe noch eine ganze Anzahl von Blütenpflanzen. Über 6000 m wurden bisher allerdings nur wenige festgestellt, wie z. B. drei Edelweißarten am Mt. Everest in fast 6100 m Höhe und ein kleines polsterförmiges Sandkraut (*Arenaria bryophylla*) im gleichen Gebiet bei etwa 6200 m. Den »Höhenrekord« hält aber wohl eine Alpenschartenart, *Saussurea gnaphalodes*, die an der Nordflanke des Mt. Everest bei 6400 m gefunden wurde. In noch größere Höhen vermögen Flechten vorzudringen. So wurden zwei Krustenflechten (*Lecidea vorticosa* und *Lecanora polytropa*) etwas östlich vom Mt. Everest sogar in 7400 m Höhe angetroffen. Das ist bis jetzt der »absolute Höhenrekord« von Pflanzen.

Das, was man üblicherweise unter Wüsten versteht, sind Trockenwüsten. Diese sind aber keineswegs so pflanzenfeindlich, wie es vielfach den Anschein hat. Hier ist bekanntlich das Wasser der begrenzende Faktor für die Ausbildung einer dauernden und geschlossenen Pflanzendecke. Vereinzelt wachsen selbst in solchen Wüsten Pflanzen, die durch ein extrem tief reichendes Wurzelsystem oder andere Anpassungen dazu in der Lage sind, wie etwa die »Wundersame Welwitschie« in der Namib-Wüste (s. Bild S. 176). Andererseits entwickelt sich dort unmittelbar nach gelegentlichen Niederschlägen eine zwar kurzlebige, aber überraschend üppige Pflanzendecke, die solche Wüsten für kurze Zeit geradezu in einen Blumengarten verwandelt.

Selbst wenn man die eben erwähnten extremen Bereiche nicht berücksichtigt und nur die weitaus überwiegenden Gebiete mit einer geschlossenen Pflanzendecke im Auge hat, muß man mit Erstaunen feststellen, daß der Lebensraum der Pflanzen – die Phytosphäre – die Erde nur in einer geradezu unglaublich dünnen Schicht überzieht.

Die üppigste Vegetationsform der Erde sind bekanntlich die tropischen Wälder. Sie reichen als Vegetationsschicht bis zu 50 m in die Höhe, Einzelbäume ragen gelegentlich sogar noch 20 bis 30 m darüber hinaus. Größere Bestandshöhen weisen die berühmten Mammutbaumwälder im westlichen Nordamerika mit 80 bis 90 m auf, und einzelne Exemplare erreichen sogar 100 m und mehr. Die größte genau vermessene Höhe eines solchen Mammutbaumriesen liegt bei 115 m. Ein Exemplar soll sogar 142 m gemessen haben. Doch ob diese Annahme stimmt, ist ebenso umstritten wie die des angeblich höchsten Baumes überhaupt, eines in Australien wachsenden Mandeleukalyptus (*Eucalyptus amygdalina*), für den gar 150 oder 155 m angegeben werden. Bei der Betrachtung der Mächtigkeit der Vegetationsschicht sind solche einzelnen Extremwerte, so imposant sie auch sein mögen, doch von geringerer Bedeutung. Sie vermitteln allenfalls eine Vorstellung von der obersten Grenze des Lebensraumes der Pflanzen. In den meisten anderen Gebieten ist die Mächtigkeit der Vegetationsschicht sehr viel geringer. Mitteleuropäische Wälder reichen nur selten über 40 m Höhe hinaus, meist liegt ihre Kronenhöhe zwischen 25 und 35 m. Polwärts und ebenso mit zunehmender Höhe in Gebirgen wird die Vegetationsschicht immer niedriger und mißt schließlich nur noch einige Dezimeter oder gar Zentimeter.

Wohl können kleine, oft mikroskopische Pflanzen oder Verbreitungseinheiten, wie Pollen und Sporen, durch Luftströmungen in Höhen von mehreren tausend Metern getragen werden. Die-

Blühende Wüste in Australien

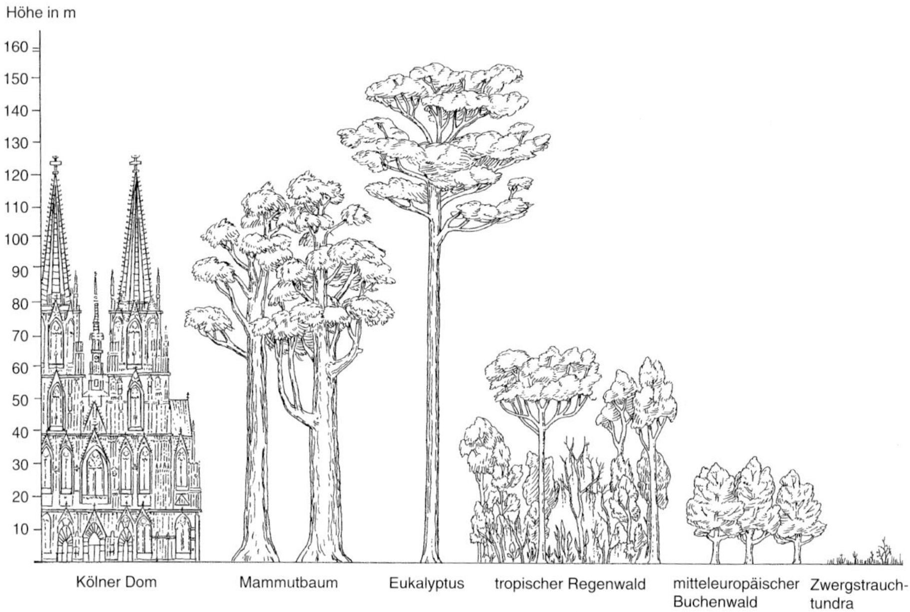

Größenverhältnisse in der Phytosphäre

ser Raum ist jedoch nicht im eigentlichen Sinne zur Phytosphäre zu rechnen, da er nicht Lebens-, sondern nur Transportraum darstellt.

Nicht viel bedeutender ist die Schichtdicke photoautotrophen Lebens im Meere, d. h. die Schicht, die von Pflanzen eingenommen wird, die für den Aufbau körpereigener Substanzen aus einfachen anorganischen Stoffen das Licht als Energiequelle nutzen. Sowohl festsitzende Algen als auch im Wasser schwebende planktontische Formen reichen selbst in klaren Meeren wie dem Mittelmeer kaum unter 100 m hinab, da die mit der Tiefe rasch abnehmende Lichtintensität der Photosynthese unüberwindbare Schranken setzt. Nur ganz selten sind autotrophe Pflanzen in noch größeren Tiefen (bis zu 200 m) angetroffen worden. Die Hauptmasse des pflanzlichen Planktons ist im gesamten Weltmeer auf die obersten 50 m beschränkt, vielfach sogar nur in einer etwa 20 m mächtigen Schicht konzentriert. Die Tiefsee ist frei von assimilierenden Pflanzen. Zwar wurden gelegentlich Algen mit Assimilationspigmenten selbst in 5000 bis 6000 m Tiefe festgestellt. Doch handelt es sich hierbei wohl meist um abgesunkene Exemplare oder um Formen, die sich auch heterotroph ernähren können, d. h. auf die organische Substanz angewiesen sind, die aus den durchlichteten obersten Schichten »herabrieselt«. Heterotrophe Lebewesen sind selbst in den größten Meerestiefen nachgewiesen worden, so z. B. lebende Bakterien noch in 10 400 m Tiefe.

Wenn man die Schichtdicke der Phytosphäre mit dem Erdradius vergleicht, so wird das unglaublich dünne assimilierende grüne Häutchen pflanzlichen Lebens auf der Erde besonders deutlich. Es beträgt auf dem Lande im günstigsten Fall kaum mehr als ein Hunderttausendstel des Erdradius und sinkt in ungünstigen Bereichen bis zu 1 bis 2 Hundertmillionstel ab! Oder anders veranschaulicht: Bei einem großen Erdglobus von 2 m Durchmesser wäre die Phytosphäre auf dem Festland im besten Fall etwa 15 nm (= $^{15}/_{1000}$ mm) dick, man könnte sie im Querschnitt nur mit einem Lichtmikroskop beobachten. Baumlose Vegetationsformen würden aber schon ein Elektronenmikroskop erfordern, wenn man sie auf diesem Globus erkennen wollte.

Wieviele Arten sich an der Zusammensetzung der Phytosphäre beteiligen, kann niemand genau angeben. Auch heute sind noch etliche Gebiete erst wenig durchforscht, und unsere Kenntnisse über manche Pflanzengruppen weisen Lücken auf. So verwundert es nicht, daß jedes Jahr etwa 2000 Arten neu beschrieben werden. Ebenso unangenehm wirken sich auf die Genauigkeit einer globalen Artenstatistik aber auch Unsicherheiten und Auffassungsdivergenzen im Artbegriff aus. So kommt es bei einigen Pflanzengruppen zu sehr unterschiedlichen Angaben von Artenzahlen, wie z. B. bei den Pilzen, die von manchen Wissenschaftlern mit 35 000 Arten, von anderen mit 40 000 bis 50 000 oder sogar mehr als 100 000 Arten angegeben werden. Die Zuverlässigkeit der im folgenden genannten Artenzahlen ist daher je nach Pflanzengruppe recht verschieden.

Insgesamt rechnet man, daß es gegenwärtig auf der Erde etwa 400 000 Pflanzenarten gibt. Das ist sehr viel weniger als der Artenreichtum der Tierwelt – dürften doch schon die Insekten etwa eine Million Arten ausmachen! Auf die großen Hauptgruppen des Pflanzenreiches entfallen etwa:

Bakterien (Bacteriophyta)	1 200 Arten
Blaualgen (Cyanophyta)	2 000 Arten
Goldalgen (Chrysophyceae)	1 000 Arten
Kieselalgen (Bacillariophyceae)	14 000 bis 16 000 Arten
Gelbgrünalgen (Xanthophyceae)	300 Arten
Braunalgen (Phaeophyceae)	1 500 Arten
Rotalgen (Rhodophyceae)	3 800 Arten
Panzeralgen (Dinophyceae)	1 200 Arten
Grünalgen (Chlorophyta)	8 000 Arten
Sonstige Algen (Euglenophyceae usw.)	1 000 Arten
Pilze (Mycophyta)	40 000 bis 50 000 Arten
Flechten (Lichenes)	20 000 Arten
Moose (Bryophyta)	25 000 Arten
Gefäßsporenpflanzen (Pteridophyta)	11 000 Arten
Samenpflanzen, Nacktsamer (Gymnospermae)	600 Arten
Samenpflanzen, Bedecktsamer (Angiospermae)	260 000 Arten

Die etwa 34 000 bis 35 000 Algenarten sind, von wenigen Ausnahmen abgesehen, durchweg Wasserbewohner; im Meere lebende Arten machen davon etwa 55 bis 60 % aus, wovon der größte Teil mit vielleicht 11 000 bis 14 000 Arten auf die Kieselalgen entfällt. Es muß jedoch betont werden, daß diese Zahlen z. T. nur grobe Schätzungen darstellen. Eine genaue Statistik in dieser Hinsicht gibt es unseres Wissens noch nicht. Die anderen Pflanzengruppen umfassen in erster Linie Landbewohner; die Zahl der Süßwasserarten ist demgegenüber sehr gering, und im Meere vorkommende (marine) Arten gibt es nur verschwindend wenige. So finden wir unter den Bedecktsamern trotz der enormen Artenfülle nur etwa 1000 Süßwasser- und lediglich 40 marine Formen. Die Artenmannigfaltigkeit der heutigen Phytosphäre und besonders die Landpflanzenvegetation wird eindeutig von Bedecktsamern beherrscht: Wir leben in einer Angiospermenzeit. Deshalb wird in den folgenden Abschnitten des Buches in überwiegendem Maße von Samenpflanzen die Rede sein.

Die Areale – Siedlungsgebiete der Pflanzen

Die riesige Artenfülle der Pflanzen – besonders die der Samenpflanzen – ist über die Erde sehr ungleich verteilt. Das zeigt sich schon, wenn man Artenzahlen verschiedener Gebiete betrachtet. Am artenreichsten sind die Tropen. So umfaßt z. B. die Flora von Indonesien etwa 45 000 Arten und die des Amazonasgebietes wenigstens 40 000 Arten. Mit zunehmender Entfernung von den Äquatorialgebieten nimmt die Artenzahl rasch ab und erreicht in den subtropischen Wüstengebieten sehr niedrige Werte: In der gesamten Sahara kommen z. B. nur etwa 1 200 Arten vor. Dagegen sind die anschließenden Hartlaubgebiete wiederum recht artenreich: Die Flora des Mittelmeerraumes wird mit wenigstens 8000 Arten beziffert, die von Kalifornien mit etwa 6000. In den gemäßigten Breiten sinkt die Artenzahl dann polwärts immer weiter ab. Klimatisch etwa vergleichbare Länder, wie Polen, Deutschland oder Tschechien und die Slowakei, weisen zwischen 2200 und 3100 Arten auf, Norwegen noch 2100, Grönland dagegen nur noch etwa 400 und Spitzbergen 130 Samenpflanzenarten. In der Antarktis gibt es lediglich 2 Blütenpflanzenarten.

Betrachten wir auch noch ein paar Zahlen der Verbreitungsstatistik der seit langem im Blickpunkt vieler Fachleute und Laienbotaniker stehenden Familie der Orchideen (Orchidaceae). Sie stellt mit 20 000 bis 25 000 Arten die formenreichste Familie aller Blütenpflanzen dar – ist doch nahezu jede zehnte Blütenpflanzenart eine Orchidee! Der Verbreitungsschwerpunkt liegt eindeutig in den Tropen, und zwar in zwei Bereichen: einmal in Süd- und Südostasien (dem vermutlichen Entstehungsgebiet der Orchideen), wo es wenigstens 6500 bis 7000 Arten gibt, und zum anderen im tropischen Süd- und Mittelamerika, wo mindestens 4500 Arten vorkommen. Afrika ist mit »nur« etwa 2000 Arten schon wesentlich orchideenärmer. Ausgehend von den Tropen, nehmen nach Norden zu die Artenzahlen rapide ab. Im gesamten Mittelmeergebiet gibt es nur noch knapp 150 Arten (und ebensoviele in ganz Nordamerika). Ungarn weist 46, die frühere ČSR 53, Deutschland 58, Polen 49 und ganz Skandinavien etwa 46 Arten auf. Man darf freilich alle diese Zahlen nicht als etwa Absolutes betrachten, da es durchaus Auffassungsunterschiede über die Artabgrenzung einiger »kritischer« Formenkreise gibt und daher auch Abweichungen von diesen Zahlen ihre Berechtigung haben. Die generelle Tendenz der Verbreitungsstatistik wird davon jedoch nicht berührt.

Größe und Ausdehnung der Areale

Diese wenigen Zahlen mögen zugleich eine andere Beobachtung indirekt belegen, die den Botanikern seit langem bekannt ist: Bestimmte Pflanzenarten kommen jeweils nur in bestimmten Gebieten vor, haben begrenzte Verbreitungsbereiche. Dieses Siedlungsgebiet einer Art oder auch einer anderen taxonomischen Einheit, wie z. B. einer Gattung oder einer Familie, bezeichnet man als Areal.

Die flächenmäßige Ausdehnung von Pflanzenarealen, d. h. ihre Größe, ist dabei außerordentlich verschieden. Verständlicherweise wird das Verbreitungsgebiet um so größer sein, je umfassender die Pflanzengruppe ist, auf die es sich bezieht. So wird das Areal einer Familie immer eine größere Ausdehnung haben als das einer Gattung oder gar einer einzelnen Art, die zu dieser Familie gehört. Aber auch das Artareal kann ganz verschiedene Dimensionen aufweisen.

Kosmopoliten

Es gibt eine Reihe Arten, die nahezu über die ganze Erde, d. h. über die meisten Kontinente, verbreitet sind. Solche werden als Kosmopoliten bezeichnet. Zu ihnen gehören in erster Linie Arten, die leicht über sehr große Entfernungen verbreitet werden können, wie das bei vielen Sporenpflanzen oder Mikroorganismen der Fall ist. Sporen von Schimmelpilzen sind z. B. so gut wie überall anzutreffen, ob sie allerdings auch überall einen geeigneten Nährboden antreffen, ist natürlich eine andere Frage. Ähnliches gilt für viele Bakterien. Trotzdem gibt es sowohl unter den Mikroorganismen und mehr noch unter Moosen und Farnen, deren Sporen ebenfalls leicht über große Entfernungen verbreitungsfähig sind, gar nicht so viele Kosmopoliten, wie man eigentlich erwarten sollte. Unter den Moosen haben eine nahezu weltweite Verbreitung z. B. das Brunnenlebermoos *(Marchantia polymorpha)* oder das fast in jeder Dachrinne bzw. an anderen feuchten, stickstoffreichen Stellen anzutreffende Silberbirnmoos *(Bryum argenteum)* und andere Arten dieser Gattung.

Unter den Farnen stellt der allbekannte Adlerfarn *(Pteridium aquilinum)* geradezu ein Schulbeispiel für einen Kosmopoliten dar. Jedem aufmerksamen Beobachter der heimischen Pflanzenwelt ist aber bekannt, daß er bei uns keineswegs überall anzutreffen ist. Man kann stellenweise große Gebiete durchstreifen, ohne ein einziges Exemplar dieses Farnes zu Gesicht zu bekommen. Kosmopoliten sind nämlich nicht zugleich Ubiquisten, d. h. Pflanzen, die »überall« vorkommen, die auf den verschiedenartigsten Standorten gedeihen könnten. Auch der Adlerfarn braucht bestimmte Bedingungen zum Leben. In erster Linie wächst er auf sauren Böden. Seine Ansprüche an die Bodenfeuchtigkeit sind zwar nicht sonderlich eng, aber nasse Böden werden ebenso gemieden wie zu stark austrocknende. Wirkliche Ubi-

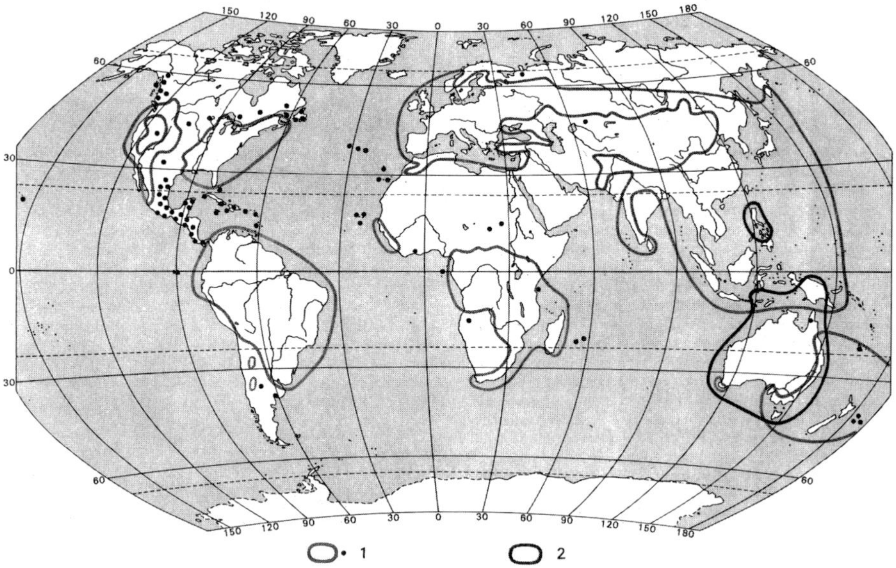

Verbreitung des Adlerfarnes *(Pteridium aquilinum)* (1) und der Gattung *Eucalyptus* (2)

quisten gibt es unter den Höheren Pflanzen eigentlich gar nicht. Jede Art, mag sie auch noch so weit verbreitet sein, stellt bestimmte Standortansprüche. Oft ist nur die Frage, ob solche Standortbedingungen mehr oder weniger weltweit vorhanden sind, wobei »weltweit« noch längst nicht »überall in der Welt« bedeuten muß.

Zu den »weltweit« verbreiteten Pflanzenarten gehört auch eine Reihe von Wasser- und Sumpfpflanzen, wie Schilf *(Phragmites australis)*, Gemeiner Froschlöffel *(Alisma plantago-aquatica)*, Kleine Wasserlinse *(Lemna minor)*, Laichkrautarten *(Potamogeton)* usw. Sicher spielt dabei die leichte Verbreitung von Samen oder vegetativen Teilen durch Wasservögel eine Rolle, aber auch das Wasser selbst dürfte als ausgleichender und dominierender Standortfaktor von maßgeblicher Bedeutung sein.

Während die genannten Arten von Natur aus weite Verbreitungsgebiete einnehmen, also spontane Kosmopoliten sind, liegen die Verhältnisse bei einer ganzen Reihe von Unkräutern, Schutt- und Wegrandpflanzen wesentlich anders. Viele von diesen sind zwar heute ebenfalls weltweit verbreitet, wie z. B. Weißer Gänsefuß *(Chenopodium album)*, Gemeines Hirtentäschel *(Capsella bursa-pastoris)*, Große und Kleine Brennessel *(Urtica dioica* und *Urtica urens)*, Vogelmiere *(Stellaria media)*, Vogelknöterich *(Polygonum aviculare)*, Einjähriges Rispengras *(Poa annua)*, Breitwegerich *(Plantago major)* usw. Die weltweite Verbreitung dieser Arten ist jedoch erst durch den Menschen erfolgt, es sind anthropogene Kosmopoliten. Welthandel und Weltverkehr bedingen eine solche weite Verschleppung (wenn auch meist unbeabsichtigt), und der Mensch schafft für derartige Arten auch zugleich geeignete Standorte.

Allerdings darf bei den Kosmopoliten nicht übersehen werden, daß es sich hier fast durchweg um sehr plastische, vielgestaltige Formenkreise handelt, die z. T. eine große Anzahl von Varietäten usw. umfassen. Vielleicht ist dies sogar eine Voraussetzung, um derart große Areale besiedeln zu können. Nur in den seltensten Fällen scheint es sich dabei um völlig »einheitliche« Arten zu handeln, wie bei der Kleinen Wasserlinse *(Lemna minor)* und der Kleinen Brennessel *(Urtica urens)*, die in dieser Hinsicht als bemerkenswerte Ausnahmen gelten können.

Endemiten

Ein anderes Extrem sind Arten, die nur in einem eng begrenzten Siedlungsgebiet vorkommen. Solche endemischen Arten treffen wir oft nur auf einer Insel, in einem Tal oder auf einem Gebirgszug an, wie z. B. die auch in systematischer Hinsicht ganz isoliert stehende Wundersame Welwitschie *(Welwitschia mirabilis)* in der Namib-Wüste Südafrikas (Bild S. 176).

Hinsichtlich der Arealgröße ist die Bezeichnung Endemit allerdings nicht scharf zu begrenzen. Auch Sippen, die für einen ganzen Kontinent oder einen Teil davon charakteristisch sind, werden oft ebenfalls als endemisch bezeichnet, wie die Gattung *Eucalyptus* oder die merkwürdigen Grasbäume *(Xanthorrhoea)* für Australien, die sukkulenten Eiskrautgewächse (Aizoaceae) für Südafrika usw. Besonders reich an endemischen Arten sind Gebiete mit naturbedingten Grenzen, in denen sich die Flora über lange Zeiten eigenständig entwickeln konnte, wie auf Gebirgen oder Inseln. Gerade letztere sind um so reicher an Endemiten, je länger sie isoliert und je weiter sie vom Festland entfernt liegen. Die jetzigen Britischen Inseln wurden erst vor etwa 7000 Jahren vom übrigen Europa abgetrennt; diese Zeit und die geringe Entfernung reichten offensichtlich nicht aus, um eigenständige endemische Arten entstehen zu lassen. Dagegen weisen die schon länger isolierten Mittelmeerinseln Korsika und Sardinien etwa 5 % sowie Kreta rund 10 % endemischer Arten auf. Noch erheblich höher liegt dieser Prozentsatz für die Kanarischen Inseln (36 %), für das seit wenigstens 50 Millionen Jahren von Afrika getrennte Madagaskar (66 %) oder gar die weit von anderen Kontinenten entfernten Inseln Neuseeland (72 %), Hawaii (82 – 90 %) oder St. Helena (85 %). Zum Teil haben sich in diesen Gebieten nicht nur endemische Arten, sondern sogar eigene endemische Gattungen oder selbst Familien herausgebildet. Bei diesen Inselendemiten dürfte es sich wohl durchweg um Formen handeln, die erst dort entstanden sind. Man bezeichnet sie als progres-

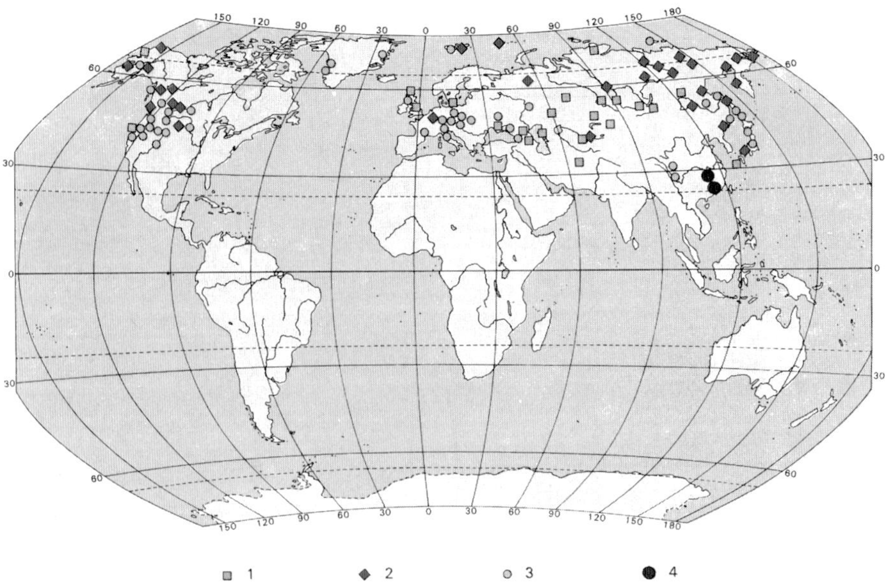

Verbreitung der Gattung *Ginkgo* einst und jetzt: 1 Fossilfunde aus dem Jura, 2 Fossilfunde aus der Kreide, 3 Fossilfunde aus dem Teritär, 4 gegenwärtiges natürliches Vorkommen

Die merkwürdigen Grasbäume kommen nur auf dem australischen Kontinent vor. Im Bild *Xanthorrhoea australis*

sive oder Neoendemiten. Entsprechendes dürfte auch für die endemischen Sippen von Gebirgen zutreffen.

Es gibt aber auch endemische Arten, bei denen es unwahrscheinlich ist, daß sie durch Isolierung entstanden sind. So kommt z. B. der in unseren Parkanlagen angepflanzte ostasiatische Ginkgobaum *(Ginkgo biloba)* (s. Band »Moose, Farne, Nacktsamer«, S. 279–281) zwar gegenwärtig nur in Südchina wild vor. Wir wissen aber aus Fossilfunden, daß in früheren geologischen Perioden, im Jura, in der Kreide und im Tertiär, die Gattung *Ginkgo* eine Reihe von Arten umfaßte, die fast auf der ganzen Nordhalbkugel verbreitet waren. Das jetzige Vorkommen in Ostasien ist also sicher nur der Rest eines einstmals viel größeren Areals. Es handelt sich demnach bei *Ginkgo* um einen Reliktendemismus.

Einen solchen Endemismus haben wir auch beim Urweltmammutbaum oder der Chinesischen Wasserlärche *(Metasequoia glyptostroboides)* vor uns. Es war für Botaniker geradezu eine Sensation, als diese Art, ein bis zu 30 m hoch werdender Nadelbaum, 1944 in den Bergwäldern der Provinz Szetschwan in Südchina entdeckt wurde. Ist schon die Entdeckung einer solch auffallenden Konifere im 20. Jahrhundert eine ausgesprochene Seltenheit, so war der Fund vor allem deswegen so überraschend, da man diese Art seit Millionen von Jahren ausgestorben glaubte. In Ablagerungen des Tertiärs, der sogenannten Braunkohlenzeit, hatte man nämlich an verschiedenen Stellen der Erde Holzreste gefunden, die weder zu den Mammutbäumen *(Sequoia)* noch zu den Sumpfzypressen *(Taxodium)* gehörten, sondern mehr eine Mittelstellung zwischen diesen beiden einnahmen und deshalb als Metasequoia (meta = zwischen) bezeichnet wurden. Diese *Metasequoia* ist bereits aus der Oberkreide bekannt und kam im ganzen Tertiär vor, also über eine Zeitspanne von fast 100 Millionen Jahren. Sie war auf der ganzen nördlichen Halbkugel verbreitet, und es sind Fossilfunde von Alaska, Nordamerika, Grönland, Spitzbergen, Europa, Sibirien bis Ostasien bekannt (s. Abb. unten). Die Art wurde nun als noch lebend entdeckt! Es dürfte sogar einer der ganz wenigen Fälle im Pflanzenreich sein, daß eine Art zuerst als Fossil bekannt und später als noch existierend ermittelt wurde. Das gegenwärtige Areal von *Metasequoia* ist außerordentlich klein, die Art repräsentiert einen echten Reliktendemiten.

Die Mammutbäume, die heute nur noch an einigen wenigen Stellen in den westlichen USA in zwei Arten vorkommen (Riesenmammutbaum, *Sequoiadendron giganteum*, und Immergrüner Mammutbaum, *Sequoia sempervirens*), sind

Verbreitung der Gattung *Metasequoia* einst und jetzt
○ Fossilfunde aus der Oberen Kreide und dem Tertiär
● gegenwärtiges natürliches Vorkommen

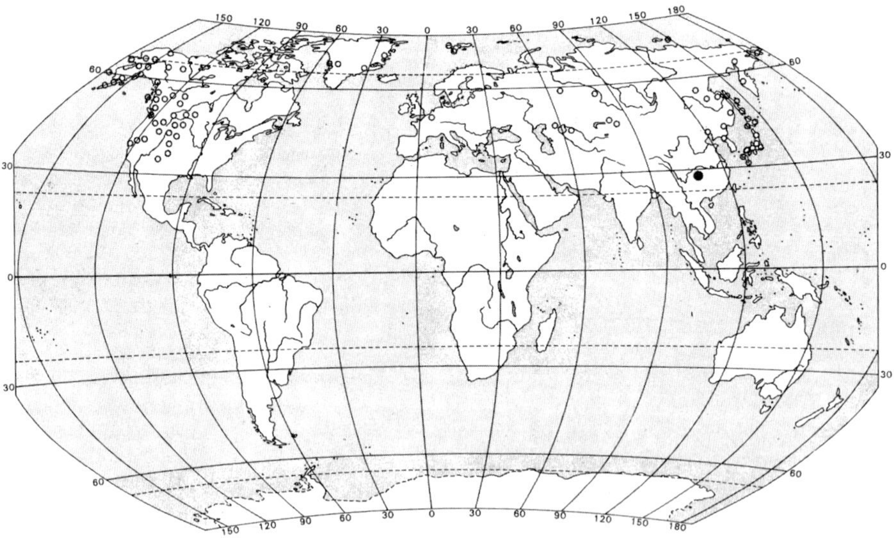

ebenfalls solche Reliktendemiten. Auch sie waren im Tertiär auf der ganzen nördlichen Halbkugel verbreitet.

Solche Beispiele ließen sich unschwer fortsetzen. Natürlich taucht die Frage auf, warum sich eine früher über mehrere Kontinente verbreitete Art schließlich nur noch in einem ganz kleinen Gebiet erhalten konnte und zum Reliktendemiten wurde; denn diese Bezeichnung besagt selbstverständlich noch gar nichts über die Ursachen, die zu diesem Endemismus führten. Leider sind die Gründe aber noch völlig unbekannt. Klimaänderungen können nur ein Aussterben in einigen Teilen des Areals, wie z. B. in Europa, verständlich machen, da hier der mehrfache Wechsel von Kaltzeiten und Warmzeiten im Pleistozän zu einer erheblichen Dezimierung der Flora geführt hat. Für den Gesamtrückgang kann dies aber sicher nicht das Ausschlaggebende sein. Die schon erwähnte *Welwitschia mirabilis* aus der Namib-Wüste macht zwar vom Areal, von ihrer taxonomischen Isoliertheit und anderen Befunden her durchaus den Eindruck eines Reliktendemiten, aber bewiesen ist das bisher nicht. Schwer zu beurteilen sind auch die zahlreichen Endemiten des südlichen Afrika (der Kapflora), die teilweise Relikte, teilweise aber auch progressive Endemiten zu sein scheinen.

Selbst in Mitteleuropa, das nach allen Richtungen ohne scharfe natürliche Grenzlinien ist, gibt es endemische Sippen, wenn auch ihre Zahl nicht groß ist. Die nur im Ostseeraum vorkommende Baltische Binse *(Juncus balticus)* gehört ebenso dazu wie die auf dasselbe Gebiet beschränkte Schwedische Mehlbeere *(Sorbus intermedia)* oder die Bottendorfer Grasnelke *(Armeria maritima* ssp. *bottendorfensis*), die nur ein winziges Areal auf Kupferschieferböden im südlichen Harzvorland einnimmt. Ähnliches gilt auch für andere sogenannte Schwermetallspezialisten. Bei solchen Endemiten taucht aber oft die Frage auf, ob es sich dabei wirklich um sogenannte gute Arten handelt oder nicht nur um durch die Umwelt bedingte Varianten einer Art (Ökotypen) oder ähnliches. Wir wollen an dieser Stelle auf die Frage nicht weiter eingehen, sie mag aber zeigen, daß arealkundliche Untersuchungen vielfach eng mit der Sippensystematik verbunden sind. Zum Beispiel ist die Größe des Areals in nicht wenigen Fällen von der Fassung des Artbegriffes abhängig: Je weiter der Artbegriff gezogen wird, desto größer wird verständlicherweise auch das Areal sein.

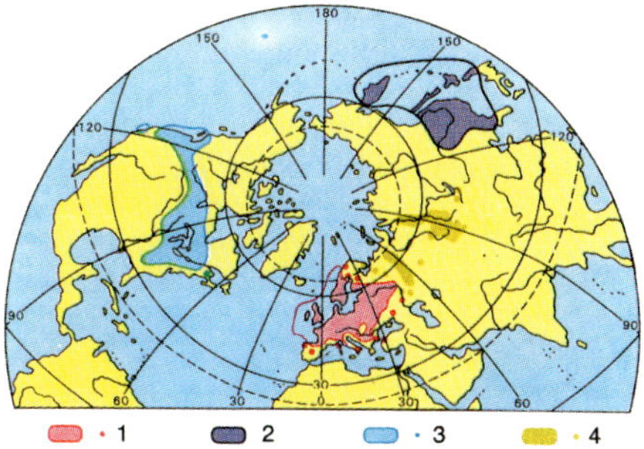

Verbreitung des *Anemone nemorosa* – Komplexes (Buschwindröschen)

1 *Anemone nemorosa* ssp. *nemorosa*
2 *Anemone nemorosa* ssp. *amurensis*
1 *Anemone nemorosa* ssp. *quinquefolia*
1 *Anemone altaica*

Ein Beispiel mag das erläutern. Unser allbekanntes Buschwindröschen *(Anemone nemorosa)* kommt fast in ganz Europa vor, außerdem in Nordamerika und in Ostasien, nimmt also ein sehr großes Areal ein. Die nordamerikanischen Pflanzen weichen jedoch in einigen Merkmalen von den europäischen ab und wurden als eigene Unterart (als subspecies *quinquefolia*) bezeichnet. Ähnlich verhält es sich auch mit dem ostasiatischen Vertreter der Art (ssp. *amurensis*). Wird der Artbegriff jedoch enger aufgefaßt und werden diese drei Sippen zu selbständigen Arten erhoben, so ist *Anemone nemorosa* nur auf Europa beschränkt.

Vikarianz

Dieses Beispiel zeigt zugleich auch eine andere Erscheinung, die im Pflanzenreich gar nicht selten ist: Wenn eine Art ein großes Verbreitungsgebiet einnimmt, so können in manchen Teilgebieten eine mehr oder weniger eigenständige Weiterentwicklung und Differenzierung einsetzen. Die Entwicklung kann, wie wir gesehen haben, nicht nur zu eigenen Varietäten oder Unterarten führen, es können schließlich sogar eigene Arten entstehen. Auf diese Weise kommt es zu geographisch mehr oder weniger aufeinanderfolgenden Sippen- bzw. Artenreihen. Solche nahe verwandten Arten, die sich in verschiedenen Gebieten ablösen oder vertreten, werden als vikariierende Arten und der ganze Vorgang als geographische Vikarianz bezeichnet. Der Zusatz »geographisch« ist dabei notwendig, weil es auch eine »ökologische« Vikarianz gibt, auf die wir auf Seite 41 zu sprechen kommen werden. Diese Differenzierungsprozesse werden besonders gefördert, wenn im Laufe der Zeit das ursprünglich geschlossene Areal zerreißt.

Gute Beispiele für eine geographische Vikarianz bieten auch die Lärchenarten *(Larix)*, die in verschiedenen Teilen der ganzen Nordhemisphäre eine nahezu lückenlos aufeinanderfolgende Formenreihe ausgebildet haben (s. auch S. 298).

Geschlossene und disjunkte Areale, Exklaven und Vorposten

Ebenso unterschiedlich wie die Größe der Siedlungsgebiete ist auch die Form der Areale. Wenn die Umgrenzung der Fundorte einer Art eine einzige einheitliche Fläche ergibt, spricht man von einem geschlossenen Areal. Oft jedoch kommen Arten in mehreren isolierten Teilgebieten vor. Liegen diese so weit auseinander, daß die Zwischenräume nicht von den natürlichen Verbreitungsmitteln der betreffenden Art überbrückt werden können, handelt es sich um disjunkte Areale. Mit Disjunktionen haben wir es zweifelsfrei zu tun, wenn Teilareale von einem Ozean getrennt sind oder wenn die Entfernung zwischen ihnen viele Hunderte oder gar Tausende von Kilometern beträgt, wie das etwa beim Verbreitungsgebiet des obenerwähnten Buschwindröschens der Fall ist. Selbstverständlich gibt es Disjunktionen nicht nur bei Arten, sondern auch bei Gattungen oder Familien. Vielfach ist es jedoch nicht leicht, die Grenze zwischen einem geschlossenen und einem disjunkten Areal zu ziehen, da meist unbekannt ist, über welche Entfernungen die Verbreitungsmittel der einzelnen Pflanzenarten reichen. Die Entscheidung bzw. Deutung solcher Areale wird dann oft subjektiv ausfallen.

Viele Areale zeigen gegen den Rand zu eine Auflockerung der Vorkommen, sei es, daß kleine Arealteile, sogenannte Exklaven, vom Hauptareal getrennt sind oder daß Einzelvorkommen mehr oder weniger weit vom eigentlichen geschlossenen Verbreitungsgebiet auftreten. Sie werden als Vorposten bezeichnet und können sowohl eine

Verbreitung der Zwergbirke *(Betula nana)* in Europa

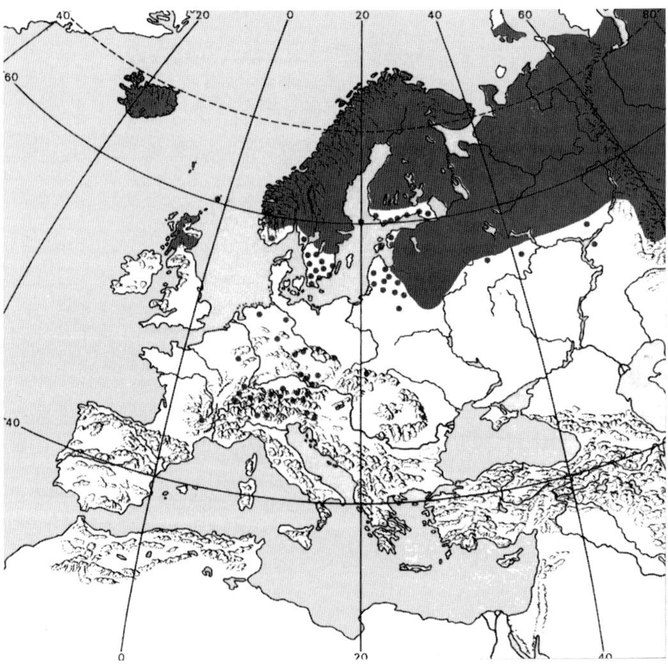

Arealerweiterung anzeigen oder Reste eines früher größeren Verbreitungsgebietes sein. Vielfach haben Vorposten oder Exklaven Reliktcharakter. Dies gilt z. B. für die in den nordostmecklenburgischen Talmooren noch gelegentlich zu findende Mehlprimel *(Primula farinosa)* ebenso wie für die Vorkommen der Zwergbirke *(Betula nana)* im Harz, Erzgebirge oder in anderen mitteleuropäischen Gebirgen.

Wie wir schon gesehen haben, sind die Verbreitungsgebiete der Pflanzen keineswegs etwas Statisches. Stets unterliegen sie Änderungen, ihre Grenzen dehnen sich aus oder werden zurückgedrängt. Solche Vorgänge haben während der ganzen Vergangenheit des Pflanzenreiches stattgefunden und spielen sich auch heute noch ab. Ihre genaue Erfassung ist allerdings nicht leicht, setzt dies doch ein engmaschiges Beobachtungsnetz voraus.

Für nicht wenige Probleme der Geobotanik stellt die Kenntnis der Areale eine Grundvoraussetzung dar. Der jetzige Kenntnisstand und die noch recht unvollständige Durchforschung vieler Gebiete ermöglichen eine kartographische Arealdarstellung erst für einen Bruchteil der insgesamt beschriebenen Arten, auch wenn man dabei nur die Höheren Pflanzen im Auge hat. Selbst von den in Europa vorkommenden Arten gibt es genauere Arealkarten fast ausschließlich nur von Höheren Pflanzen. Die meisten Karten konnten sogar erst in jüngster Zeit erarbeitet werden. Die Chorologie als ein Spezialgebiet, das sich mit dem Studium der Verbreitung der Pflanzen beschäftigt, hat also noch ein weites Aufgabengebiet.

Die Erarbeitung von Verbreitungskarten ist selbstverständlich nicht Endzweck. Auf ihnen bauen weitere Untersuchungen auf, wie der Vergleich und die Gruppierung (Typisierung) von Arealen und vor allem deren Deutung. Ein weiteres Ziel ist die Erklärung der Areale, d. h. die Beantwortung der Fragen, wie das Areal zu verstehen ist, welche Faktoren für sein Zustandekommen maßgeblich sind usw. Dabei müssen vor allem genetische, ökologische, pflanzensoziologische und historische Probleme berücksichtigt werden. Mit diesen Fragen wollen wir uns in den folgenden Abschnitten beschäftigen.

Umweltfaktoren und Pflanzenverbreitung

Ökologische Konstitution

Die generellen Ansprüche, die eine Art an die Umwelt stellt, sind durch das Erbgut bedingt. Jede Art hat, wie man sagt, eine spezifische ökologische Konstitution. Auf diese gehen z. B. bestimmte Wärmeansprüche, bestimmte Ansprüche an das verfügbare Wasser oder an Nährstoffe, an Licht usw. zurück. Dabei können solche Ansprüche während der Jungentwicklung durchaus andere sein als während des Blühens und des Fruchtens. So sind bei vielen Arten zur Samenkeimung ganz bestimmte Bodentemperaturen erforderlich, manchmal müssen vorher, während der Samenruhe, tiefe Temperaturen einwirken, und damit eine Pflanze zum Blühen gelangt, sind meist ebenso spezifische Umwelteinwirkungen notwendig. Dabei handelt es sich im wesentlichen um Faktoren der unbelebten Umwelt, um abiotische Faktoren. Nur dann, wenn diese der ökologischen Konstitution entsprechen, kann eine Pflanze gedeihen und ihren vollen Lebenszyklus durchlaufen.

Wachstum und Verbreitung der Pflanzen werden also wesentlich von der Umwelt mitbestimmt. Allerdings ist der Begriff Umwelt sehr vielschichtig. Es gehören dazu nicht nur die abiotischen Faktoren, sondern ebenso die der belebten Umwelt, d. h. die Einwirkungen, die von anderen Pflanzen, von Tieren und nicht zuletzt auch vom Menschen ausgehen. Dies alles greift in enger Wechselbeziehung ineinander und ist in seiner Auswirkung auf das Vorkommen der Pflanzen nur sehr schwer zu entwirren und zu deuten, zumal oft auch noch eine historische Komponente hinzukommt.

Wir wollen uns in diesem Abschnitt auf den Bereich der unbelebten Umwelt beschränken, auf die beiden großen Faktorenkomplexe Klima und Boden, zu denen sich die abiotischen Faktoren meistens zusammenfassen lassen. Freilich stehen auch diese wieder in enger Wechselwirkung zueinander.

Nicht wenige Arten erreichen an der meeresseitigen Begrenzung von Kontinenten einen Teil ihrer Verbreitungsgrenze. Derartige Milieugrenzen muß man zwar auch zu den von außen einwirkenden, abiotischen Faktoren rechnen, doch sind sie in ökologischer Hinsicht unproblematisch, und wir brauchen sie hier nicht weiter zu verfolgen. Auch in Gebirgen ändern sich die Umweltbedingungen oft sehr rasch, und es verwundert daher nicht, daß hier vielfach recht scharfe Verbreitungsgrenzen verlaufen, zumal gerade Hochgebirge von den Verbreitungseinrichtungen vieler Pflanzen nicht überwunden werden können. Ähnlich schroffe Verbreitungsgrenzen, die verhältnismäßig gut überschaubar sind, gibt es auch gegen die vegetationslose Hocharktis, extreme Wüstengebiete oder stark salzhaltige Böden, sofern diese größere Ausdehnung besitzen.

Die meisten Arealgrenzen verlaufen aber durch Gebiete, in denen solche Verbreitungsschranken nicht vorhanden sind. Hier gibt es oftmals gar keine scharfen Grenzen, sondern meist mehr oder weniger allmähliche Auflockerungen. Dies weist darauf hin, daß die Lebensbedingungen für die betreffende Art immer ungünstiger werden, bis schließlich eine Fortkommensgrenze erreicht wird. Dafür spielen vielfach Änderungen der klimatischen Verhältnisse eine bedeutungsvolle Rolle, mit denen wir uns etwas ausführlicher beschäftigen wollen.

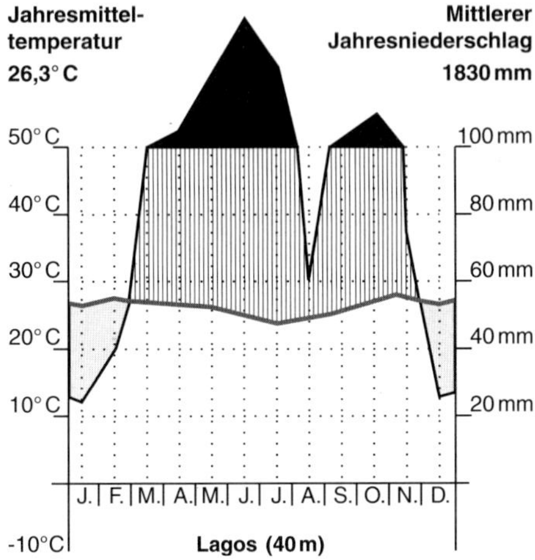

Beispiele für Klimadiagramme

Einfluß des Klimas auf die Pflanzenverbreitung

Die großen Vegetationszonen der Erde sind bekanntlich klimatisch bedingt. In erster Linie spielen dabei – vereinfacht gesehen – die vom Äquator in Richtung der Pole abnehmenden Temperaturen eine Rolle, wobei zugleich eine Verkürzung der Vegetationszeit einhergeht. Auf diesen Faktoren beruht im wesentlichen auch die Höhenstufung der Vegetation, die in gewisser Weise die Süd-Nord-Differenzierung wiederholt. Modifiziert werden die Vegetationszonen durch die globalen Luftkreisläufe, die unterschiedliche Verteilung von Land und Meer und die Strömungssysteme der Weltmeere. Dadurch kommt es innerhalb dieser Zonen zu Klimadifferenzierungen zwischen mehr ozeanischen und mehr kontinentalen Gebieten. Je kontinentaler das Klima ist, desto geringer sind in der Regel die Niederschläge und desto größer die Temperaturschwankungen. Selbstverständlich wirken sich solche unterschiedlichen Verhältnisse nicht nur auf die Verbreitung der verschiedenen Vegetationsformen, sondern ebenso auf die der Arten aus.

Die Bindung der Verbreitungsgebiete der Arten an die großen Vegetationszonen der Erde geht vor allem auf klimatische Faktoren zurück. Die Verteilung auf die einzelnen Kontinente ist dagegen vor allem historisch begründet, während die feineren Züge der Verbreitung, d. h. die kleinräumigen Differenzierungen, ebenso wie diejenigen in vertikaler Richtung wiederum klimatisch, z. T. auch durch Bodenfaktoren bedingt sind.

Klimadiagramme

Bei der großen Bedeutung, die klimatische Einflüsse auf die Pflanzenverbreitung und die Vegetationsformung ausüben, ist es verständlich, daß diesen Fragen seit langem viele Forscher nachgegangen sind. Um den Einfluß des Klimas auf die Pflanzenwelt beurteilen zu können, ist zunächst eine möglichst übersichtliche und auf diese Fragen zugeschnittene Form der Darstellung der

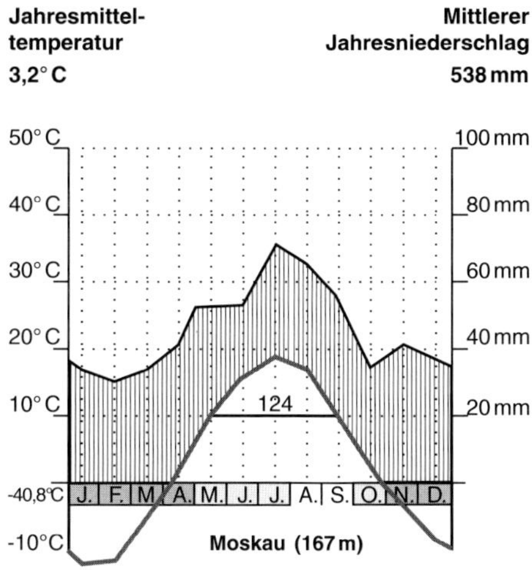

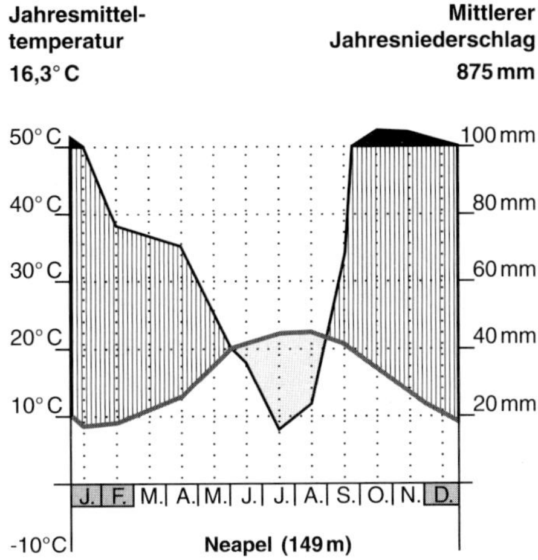

wichtigsten Klimafaktoren erforderlich. Die große Anzahl der von meteorologischen Stationen in vielen Jahrzehnten gesammelten Einzeldaten eignet sich für den Geobotaniker nur bedingt, selbst wenn er auf bereits zusammengefaßte Mittelwerte zurückgreifen kann. Nicht wenige für den Pflanzenwuchs wichtige Klimaelemente gehen aus den Tabellenwerten entweder nicht hervor oder sind nur durch mühevolle Umrechnungen zu erlangen. Außerdem sind Tabellen wenig übersichtlich. So war es ein großer Fortschritt, als der Pflanzenökologe H. Walter die sogenannten Klimadiagramme entwickelte. Diese Diagramme bringen in äußerst komprimierter und dabei zugleich leicht überschaubarer Form die wesentlichen Klimafaktoren, die für den Pflanzenwuchs von Bedeutung sind. Freilich bleibt niemandem die kleine Mühe erspart, sich erst einmal »einzulesen«. Da Klimadiagramme in den späteren Teilen des Buches bei der Charakterisierung der Vegetationszonen mehrfach verwendet werden, soll hier die allgemeine Erläuterung an Hand von drei Beispielen erfolgen. Alle Klimadiagramme dieses Buches sind in einer einheitlichen Weise wiedergegeben und weichen von den Originalen nur in wenigen Punkten ab.

Auf der horizontalen Mittellinie – der Null-Linie – sind die Monate eingetragen, wobei die Folge der Monate bei Diagrammen der Nordhalbkugel wie üblich vom Januar bis zum Dezember, bei solchen der Südhalbkugel dagegen vom Juli bis zum Juni des darauffolgenden Jahres vorgenommen wird. Dadurch wird auch für die Südhalbkugel eine Darstellung entsprechend dem tatsächlichen jährlichen Klima- und Vegetationsablauf gewährleistet.

Von besonderer Bedeutung für die Pflanzenwelt sind vor allem die Temperatur- und Niederschlagsverhältnisse in ihrem jahreszeitlichen Verlauf und in ihrer gegenseitigen Beziehung. Die Temperaturskala ist jeweils auf der linken Seite des Diagramms angegeben. Weiterhin gibt die Zahl am oberen Ende der Temperaturskala den langjährigen Mittelwert der Jahrestemperatur an (im Beispielsdiagramm Lagos [Nigeria] sind das 26,3 °C mittlere Jahrestemperatur), die Zahl am unteren Ende den tiefsten (extremsten) bisher gemessenen Kältegrad (im Beispielsdiagramm Moskau sind das –40,8 °C). Der monatliche Temperaturrückgang wird durch eine dicke schwarze Linie dargestellt.

Auf der rechten Seite des Diagramms ist die Niederschlagsskala (monatlicher Niederschlag) vermerkt, und am oberen Ende der Skala ist die Höhe des Jahresmittels der Niederschläge angegeben (im Beispielsdiagramm Lagos sind das 1830 mm pro Jahr im langjährigen Durchschnitt). 20 mm Niederschlag entsprechen in der Skaleneinteilung 10 °C Temperatur. Gerade dieses Zahlenverhältnis muß hervorgehoben werden, da hierin ein wesentlicher Schlüssel für die Aussagekraft der Diagramme hinsichtlich des Wasserhaushaltes der Pflanzen liegt. Dabei zeigt sich nämlich folgendes: Wenn die Niederschlagskurve über der Temperaturkurve liegt, herrscht Wasserüberschuß vor (humide Verhältnisse). Dieser Diagrammteil ist stets schraffiert wiedergegeben.

Verläuft dagegen die Niederschlagskurve unter der Temperaturkurve, liegt eine Dürrezeit vor, es herrschen aride Verhältnisse. Solche Bereiche sind gepunktet hervorgehoben (s. Diagramm Neapel). Die Temperaturkurve läßt sich mit der Niederschlagskurve in Beziehung setzen, da erstere als indirektes Maß für die Verdunstung dienen kann. Die Verdunstung selbst wird leider von den meteorologischen Stationen meist nicht erfaßt. So gibt die Temperaturkurve zugleich eine Vorstellung von der Ausgabeseite im Wasserhaushalt im Gegensatz zur Niederschlagskurve, die die Einnahmeseite darstellt. Beide zusammen kennzeichnen bei dem gewählten Verhältnis von 2 : 1 die Wasserbilanz.

Die schmalere Niederschlagslinie und die schraffierte Fläche vermitteln einen Eindruck von der Intensität der Niederschläge. Dabei ist der Bereich bis zu 100 mm monatlichen Niederschlages schraffiert wiedergegeben. Übersteigt der Monatswert 100 mm, was z. B. in tropischen Gebieten oft der Fall ist, wird dieser Teil voll getönt gezeichnet und im Darstellungsmaßstab auf $^{1}/_{10}$ verkleinert. Ein 20-mm-Skalenteil entspricht demnach für diesen Bereich einer Niederschlagsmenge von 200 mm. Die Maßstabsreduzierung erfolgt einmal, um die Diagramme nicht zu lang werden zu lassen, zum anderen, weil solche hohen Niederschlagsmengen für die Vegetation von geringerer Bedeutung sind, da sie an der Oberfläche abfließen.

Wesentliche Faktoren sind auch das Auftreten einer kalten Jahreszeit und deren Dauer bzw. die Dauer der frostfreien Periode. Durch einen dunkelgetönten Balken unter der Null-Linie ist diejenige Zeit ersichtlich, in der das mittlere tägliche Minimum unter 0 °C liegt. Das entspricht der kalten Jahreszeit, in der mit Frost zu rechnen ist. Der daran anschließende hellere Balkenteil gibt die Zeit an, in der nur das absolute monatliche Minimum die 0 °C-Grenze unterschreitet, d. h., in dieser Zeit können zwar Fröste auftreten, jedoch muß das nicht in jedem Jahre der Fall sein. Gerade solche Früh- und Spätfröste sind für die Vegetation oft wichtig. Die frostfreie Zeit entspricht dem weiß gelassenen Rest des Balkens. Diese Angaben sind nicht in jedem Diagramm eingetragen, da es von manchen Wetterstationen keine entsprechenden Unterlagen gibt.

Bliebe schließlich noch zu erwähnen, daß in einigen Diagrammen kalter Klimagebiete ein oder zwei weitere ökologisch wichtige Daten eingetragen sind, wie die Anzahl der Tage mit einem Mittelwert von über +10 °C bzw. von über −10 °C (s. Diagramm Moskau). Es hat sich gezeigt, daß diese Temperaturgrade und deren Dauer gewisse Schwellenwerte für die Pflanzenwelt darstellen. So entspricht der erstgenannte Wert recht gut der Vegetationszeit.

Die Klammerangabe hinter dem Namen der Station gibt deren Höhe über dem Meeresspiegel an.

Wie wir sehen, enthalten die Klimadiagramme eine Fülle von Informationen. Gleiche Diagramme, mögen sie selbst aus verschiedenen Erdteilen stammen, entsprechen ähnlichen ökologischen Verhältnissen und Vegetationstypen, vor allem in Hinsicht auf ihr äußeres Erscheinungsbild; doch können dagegen in der Artenzusammensetzung sehr große Unterschiede bestehen, da hierbei – wie schon erwähnt – historische Fragen mitspielen.

Wenn man die Klimadiagramme ökologisch auswerten will, muß man allerdings beachten, daß sie die Nachteile besitzen, die allen Klimadaten anhaften: Die Messungen werden bekanntlich in sogenannten meteorologischen Hütten unter bestimmten einheitlichen Bedingungen, strahlengeschützt in 2 m Höhe über dem Boden, durchgeführt. Pflanzen sind aber, sofern es sich nicht um Waldbodenpflanzen handelt, normalerweise der Sonnenstrahlung ausgesetzt, was für die Beurteilung ihres Wasser- und Wärmehaushaltes berücksichtigt werden muß. Zum anderen geben die Meßwerte wegen der Höhe der Geräteaufstellung nur das sogenannte Makroklima wieder. Dies ist zwar für Bäume zutreffend, nicht aber für niedrig wachsende Pflanzen, für die das Mikroklima der bodennahen Luftschichten maßgeblich ist. Und dieses kann sich vom Makroklima ganz wesentlich unterscheiden, wie wir später noch sehen werden. Schließlich verwendet man für die Klimadiagramme nur langjährige Mittelwerte. Ein solcher Mittelwert kommt aber in Wirklichkeit so gut wie gar nicht vor, und für die Pflanzen sind nicht statistisch gesicherte Durchschnittswerte von Bedeutung, sondern die tatsächlichen Klimawerte, oft sogar die Extreme. Auf der anderen Seite ist eine natürliche Vegetation, die sich im Gleichgewicht zu ihrer Umwelt befindet, ein Produkt langer Zeiträume – bei Wäldern oft von Hunderten von Jahren – mit allen aufgetretenen Extremwerten in dieser Zeit. Insofern gestatten Mittelwerte doch auch eine Charakterisierung wesentlicher Umweltfaktoren.

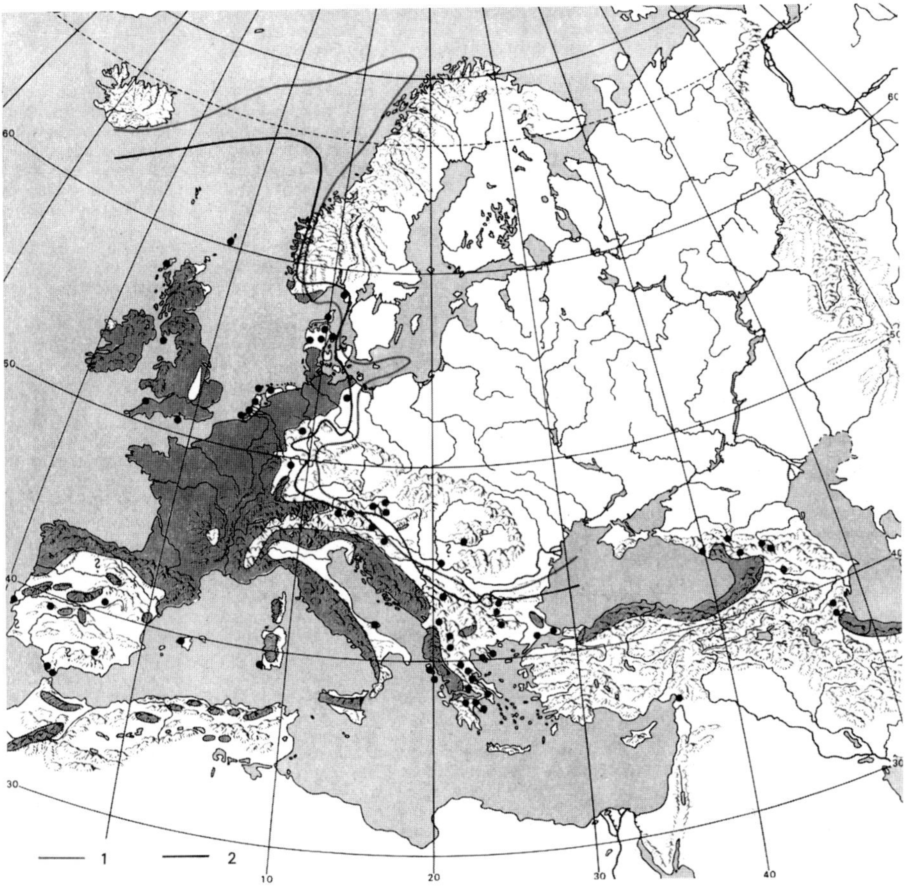

Verbreitung der Stechpalme *(Ilex aquifolium)* in Europa und im Vergleich dazu Ostgrenze mit 2 Klimalinien: 1) 0°C – Januar – Isotherme, 2) Temperaturmaximum an mehr als 345 Tagen im Jahr über 0°C

Arealgrenzen und Klimalinien

Die Verbreitungsgrenzen einzelner Arten zeigen manchmal geradezu verblüffende Übereinstimmungen mit gewissen Klimalinien, seien es Temperatur- oder Niederschlagswerte, die Dauer bestimmter Klimawerte usw. Solche Beziehungen aufzudecken war schon seit langem das Ziel mancher Pflanzengeographen. Oft aber blieben die Ergebnisse derartiger Untersuchungen hinter den Erwartungen zurück. Es wurde nämlich meist versucht, Arealgrenzen mit einem einzigen Klimafaktor zu vergleichen. Gewiß, es gibt Fälle, bei denen für die Ausbildung einer Arealgrenze ein einziger Faktor entscheidend wird – eben derjenige, der ins Minimum gerät. Und da lassen sich gewisse Wechselbeziehungen aufzeigen. Wenn aber eine Verbreitungsgrenze auf die Auswirkungen eines ganzen Faktorenkomplexes oder mehrerer sich überlagernder Faktoren zurückgeht, müssen derartige Versuche scheitern.

Geradezu ein Schulbeispiel ist die Übereinstimmung der Ostgrenze des Areals der Stechpalme *(Ilex aquifolium)* mit der 0 °C-Januar-Isotherme. Noch besser ist die Übereinstimmung mit einer Klimalinie, die an 345 Tagen im Jahre ein Maximum von über 0 °C angibt. Eine gute Korrelation besteht auch zwischen dem Verlauf der –2 °C-Januar-Isotherme und der Ostgrenze der Rotbuche *(Fagus sylvatica)*. Ähnliche Übereinstimmungen mit Temperaturlinien konnten auch für die Nordgrenzen von Eiche, Fichte oder Winterlinde ermittelt werden.

Allerdings darf man daraus nicht den Schluß ziehen, daß solche Klimalinien direkt begrenzend wirken würden und zwischen beiden Erscheinungen eine kausale Verknüpfung bestünde. Vielmehr handelt es sich bei solchen Übereinstimmungen lediglich um Koinzidenzen, d. h. um eine Parallelität zweier verschiedener Erscheinungen oder Faktoren. Konstruieren wir ein Beispiel, um den Unterschied zwischen Kausalität und Koinzidenz zu demonstrieren: Es könnte durchaus sein, daß in einer Gegend die Kurve der Storchenpopulation einen ungefähr parallelen Verlauf z. B. mit der Kurve der Geburtenhäufigkeit aufweist. Dies wäre eine Koinzidenz. Wenn man jedoch in einer solchen Kurvenparallelität eine kausale Beziehung sähe, hieße das, daß eben doch die Störche die Kinder bringen!

Am Beispiel der Stechpalmen- oder der Buchengrenze ist das zwar nicht ganz offenkundig, aber nicht prinzipiell anders. Es läßt sich aus der erwähnten Übereinstimmung allenfalls die Tendenz herausdeuten, daß für die Ostgrenze der Stechpalme der Temperaturfaktor von Bedeutung sein dürfte und es wohl die nach Osten zunehmende Länge und Härte der Winter sind, die dem Vorkommen dieser Art Grenzen setzen.

Nicht viel anders sind auch Übereinstimmungen zwischen Arealverlauf und Niederschlags-

Vorkommen des Frühlingsadonisröschens *(Adonis vernalis)* in einem Teil Mitteleuropas. Die helle Fläche stellt Gebiete mit weniger als 500 mm durchschnittlichem Jahresniederschlag dar.

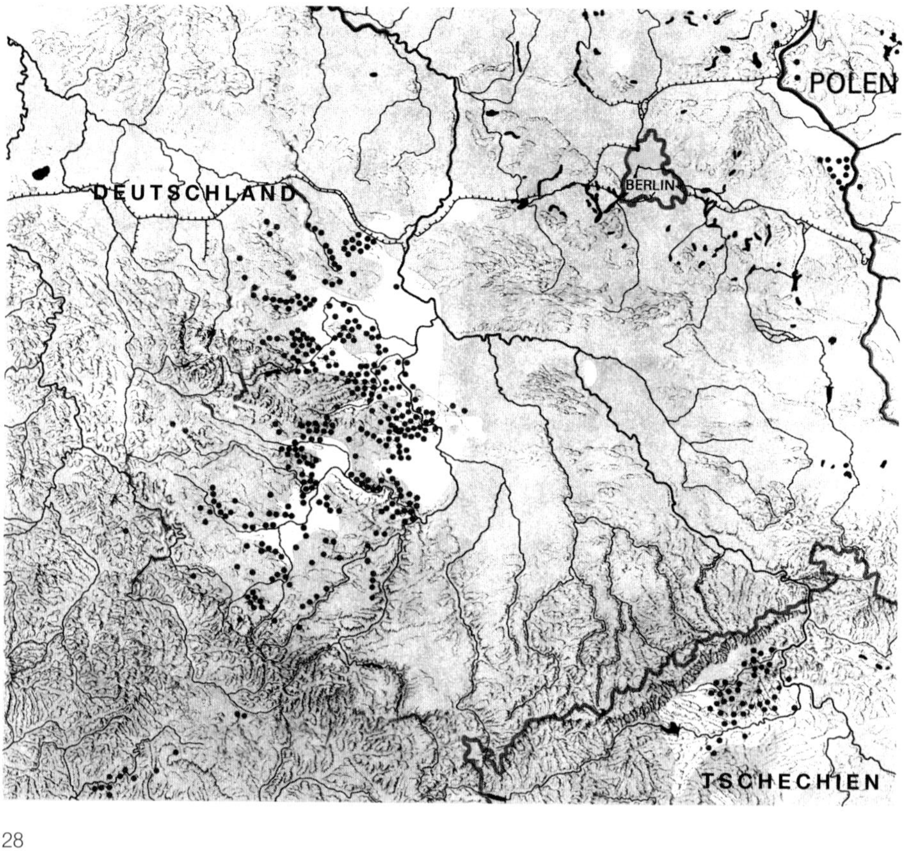

mengen zu verstehen. Das in Deutschland und der Schweiz unter Schutz stehende Frühlingsadonisröschen *(Adonis vernalis)* hat sein Hauptverbreitungsgebiet in den osteuropäischen und sibirischen Wiesensteppen und kommt in inselartigen Exklaven bis weit nach Mitteleuropa hinein vor. Wenn man die Vorkommen in einem begrenzten Gebiet Mitteleuropas mit einer Niederschlagskarte vergleicht, ergibt sich zwar eine gute Übereinstimmung mit dem Gebiet, das weniger als 500 mm Jahresniederschlag empfängt. Aber auch hier deutet das allenfalls darauf hin, daß sich die Niederschläge für das Vorkommen irgendwie begrenzend auswirken, doch gewiß nicht direkt im Sinne eines bestimmten Durchschnittswertes. Beim Frühlingsadonisröschen wie bei anderen sogenannten Steppenpflanzen, die bis nach Mitteleuropa vordringen, dürfte es nur eine indirekte Auswirkung sein, zumal *Adonis vernalis* und andere solche Arten in Gartenkultur sehr gut auch in Gebieten mit viel höheren Niederschlägen wachsen. Entscheidend ist hierbei, daß in einem Garten die Konkurrenz durch andere Arten entfällt. Auf den relativ trockenen Standorten, den »warmen« Kalkböden an oft leichten Süd- oder Südwesthängen, wo das Frühlingsadonisröschen und andere Steppenpflanzen bei uns vorkommen, wachsen die mitteleuropäischen Wiesenpflanzen nur schlecht, so daß hier die an sich langsamwüchsigen Steppenarten erfolgreich mit ihnen konkurrieren können. Wird ein solcher Standort aber bewässert oder werden durch Düngung bessere Wachstumsmöglichkeiten geschaffen, dann überwachsen die mitteleuropäischen Grünlandpflanzen rasch die osteuropäischen Steppenelemente.

Wirkungen des Mikroklimas

Süd- und südwestexponierte Hänge beherbergen bei uns nicht selten Arten, die ihre Hauptverbreitung in viel wärmeren Bereichen, wie im Mittelmeergebiet oder in den eben erwähnten osteuropäischen Steppen, haben. Bei diesen oft vom eigentlichen geschlossenen Verbreitungsgebiet weit isolierten Vorkommen liegt es nahe, an den Temperaturfaktor als ausschlaggebendes Moment zu denken. Dies ließ sich durch Messungen in etlichen Fällen auch wahrscheinlich machen. So wurden z. B. in Trockenrasen auf Südhängen bei Jena im Sommer Mittagstemperaturen von 50 bis 60 °C und mehr gemessen, was etwa dem Doppelten der Lufttemperatur in 2 m Höhe entsprach. Im Elbsandsteingebirge betrug das durchschnittliche Jahresmaximum in einem südexponierten Moosbestand, der der vollen Besonnung ausgesetzt war, 65,6 °C; wenn aus den Meßwerten die mittlere Jahrestemperatur berechnet wurde, ergab sich ein Wert von etwa 23,3 °C – das entspricht ungefähr der Jahresdurchschnittstemperatur in der Sahara! In nur geringer Entfernung von dieser Meßstelle, an einer schattigen Nordostwand, betrugen das mittlere Jahresmaximum (gleichfalls in einem Moosrasen) dagegen nur 15,9 °C und die mittlere Jahrestemperatur umgerechnet etwa 6,2 °C. Das aber ist ein Temperaturwert für das Makroklima Südskandinaviens.

Selbst in der Arktis kann sich die Bodenoberfläche bei entsprechender Neigung und Lage, wenn dadurch die Sonnenstrahlen nahezu senkrecht einfallen, sehr stark erwärmen und sogar Temperaturen bis zu 50 °C erreichen.

Das Auftreten von sogenannten borealen Arten, wie Sumpfporst *(Ledum palustre)*, Blasenbinse *(Scheuchzeria palustris)*, Rauschbeere *(Vaccinium uliginosum)*, Moosbeere *(Vaccinium oxycoccos)* usw., beschränkt sich in Mitteleuropa

Sumpfporst-Birken-Kiefernwald in einem Kesselmoor einer Endmoränenlandschaft im Nordosten Brandenburgs

vielfach auf Moore, die in kesselartigen Senken liegen. Auch dabei spielt der Temperaturfaktor eine wesentliche Rolle. Solche Standorte weisen nämlich große Temperaturschwankungen sowohl im Tagesgang als auch im Jahresgang auf, was nicht selten durch die Ausbildung von Kaltluftseen gefördert wird. Sie zeichnen sich durch das Auftreten von Früh- und Spätfrösten sowie überhaupt durch eine später einsetzende und zeitiger endende Vegetationsperiode aus.

Zweifellos würden an allen solchen Stellen langfristige mikroklimatische Messungen, in Klimadiagrammen veranschaulicht, noch viel bessere und genauere Aussagen ermöglichen.

Ökotypen und Biotopwechsel

Die Areale der meisten Arten umfassen recht große Gebiete, nicht selten weite Teile von Kontinenten (wobei es sich aber nicht um Kosmopoliten handelt) und reichen so auch über recht unterschiedliche Klimagebiete.

In nicht wenigen Fällen hat sich gezeigt, daß die Fähigkeit einer Art, unter verschiedenen Umweltbedingungen zu wachsen, auf ihre Differenzierung in Ökotypen zurückgeht. Viele Arten sind in sich nämlich keineswegs ökologisch einheitlich, oft nicht einmal kleinere taxonomische Einheiten, wie Unterarten usw. Solche ökologisch verschiedenen Sippen einer Art können sich zwar in manchen äußerlich sichtbaren Merkmalen unterscheiden, doch ist das keineswegs immer der Fall. Die Feststellung, ob Ökotypen vorliegen, kann daher nur auf experimentellem Wege erfolgen. Nicht selten sind Ökotypen auf Teilgebiete des Artareals beschränkt und zeigen eine Bindung an bestimmte Standortbedingungen. In der Forstwirtschaft ist dies seit langem bekannt und wird bei Kulturen berücksichtigt, um negative ökonomische Auswirkungen zu vermeiden. Unsere Gemeine Kiefer *(Pinus sylvestris)* zeigt z. B. eine Reihe von Klimarassen, die sich von Süd nach Nord und von Ost nach West ablösen und im jeweiligen Gebiet auch die besten Wuchsleistungen aufweisen. Die lappländische Kiefer aus Nordschweden ist an wesentlich andere Klimafaktoren angepaßt als eine aus Mitteleuropa, aus Oberitalien oder gar Spanien. Erstere Rasse würde in südlichen Gebieten kaum gedeihen. Es handelt sich bei diesen in der Forstwirtschaft als Provinienzen bezeichneten Rassen um klimatische Ökotypen, die bei vielen forstlich wichtigen Holzarten vorkommen. Auch unter krautigen Pflanzenarten gibt es Ökotypenbildung. Es sei nur auf Tieflands- und Gebirgsökotypen oder auf solche, die verschiedene Bodenansprüche stellen (edaphische Ökotypen), hingewiesen.

Wenn eine Art in verschiedenen Teilen ihres Areals an unterschiedlichen Standorten vorkommt, ist dies keineswegs immer auf Ökotypenbildung zurückzuführen. Gerade gegen den Arealrand zu ist oft ein Wechsel des Standortes oder des Biotopes zu beobachten.

Wir erwähnten bereits, daß viele Arten der ebenen osteuropäischen Steppen in Mitteleuropa nur auf lokalklimatisch wärmebegünstigten Südhängen vorkommen. Außerdem erscheinen viele dieser Arten bei uns an Kalkböden gebunden, während sie im Hauptverbreitungsgebiet so gut wie auf allen Böden vorkommen. Dafür stellen Gemeine Kuhschelle *(Pulsatilla vulgaris)*, Goldhaaraster *(Aster linosyris)* und viele unserer Orchideen Beispiele dar. Im allgemeinen kann man sagen, daß kontinentale Arten, die im Osten auf allen Böden vorkommen, also bodenvag sind, nach Westen und Norden zu immer stärker Kalkböden bevorzugen. Umgekehrt sind Arten mit einem Verbreitungsschwerpunkt in kühlfeuchten atlantischen Gebieten mit geringen Temperaturschwankungen, die dort an offenen Flächen und auf den verschiedensten Böden auftreten, wie z. B. das Heidekraut *(Calluna vulgaris)*, weiter im Osten auf saure sowie oft feuchte Böden beschränkt und werden schließlich zu Waldpflanzen. Andererseits kommen nicht wenige unserer mitteleuropäischen Waldpflanzen, die hier auf frischen bis mäßig feuchten Böden gedeihen, im trockenen Südosteuropa nur in Sumpf- und Auenwäldern vor.

Ein solcher Biotopwechsel muß nicht gleichbedeutend mit einer Änderung des ökologischen Verhaltens sein. Es handelt sich hierbei vielmehr um eine relative Standortkonstanz. Dies wurde von dem bekannten Pflanzenökologen H. Walter als erstem klar erkannt, indem er feststellte: »Wenn innerhalb des Areals einer Pflanzenart das Klima sich in einer bestimmten Richtung ändert, tritt bei dieser Art oft ein Wuchsortwechsel oder Biotopwechsel ein, durch den die Klimaänderung mehr oder weniger aufgehoben wird. Das heißt, der Standort der Art bleibt hinsichtlich des Temperatur- oder Wasserfaktors innerhalb des Areals verhältnismäßig konstant.« Es ist dies die Regel von der relativen Standortkonstanz.

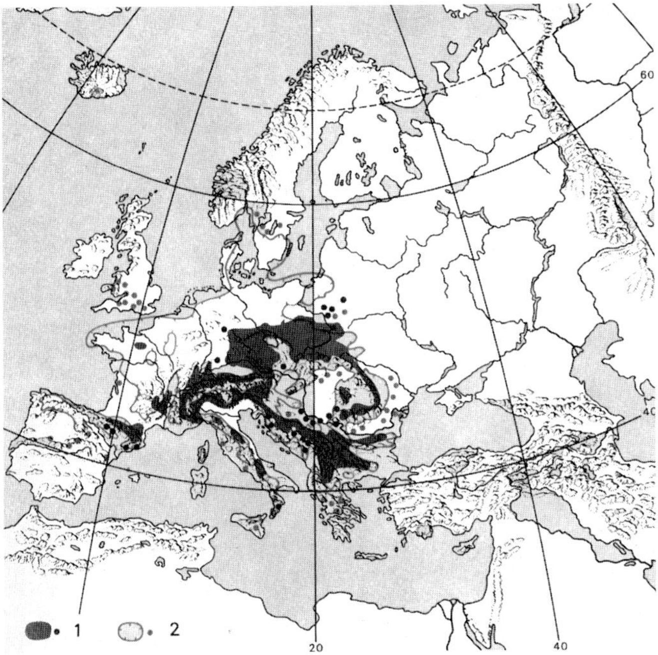

Verbreitung der Weißtanne *(Abies alba)* (1) und der Rotbuche *(Fagus sylvatica)* (2) in Europa

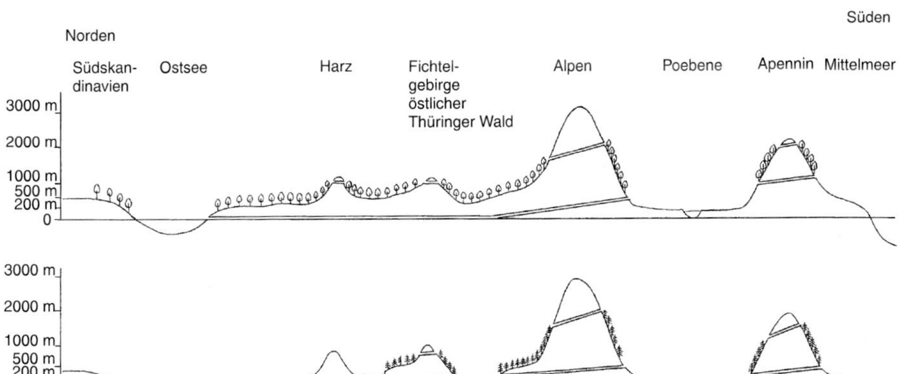

Höhenverbreitung von Rotbuche (oben) und Weißtanne in einem schematischen Nord-Süd-Profil von Süd-skandinavien bis zum Apennin

Höhenstufengliederung

Wir haben bisher die Verbreitung der Pflanzen vorwiegend in ihrer horizontalen Ausdehnung betrachtet. Die Ausbreitung geschieht aber auch in vertikaler Richtung. Jeder, der schon in Bergländern oder Gebirgen gewandert ist, hat beobachten können, daß mit zunehmender Höhe ein mehrfacher Wechsel im Artenbestand eintritt und daß die meisten Arten nur bis in ganz bestimmte Höhenbereiche vordringen oder erst von einer bestimmten Höhenlage an auftreten. Auf Arealkarten ist eine solche »etagale« Verbreitung nur schwer oder meist gar nicht darstellbar. Zur Veranschaulichung dieser Verhältnisse kann man jedoch schematische Profilschnitte verwenden, wie z. B. die abgebildeten für die Rotbuche *(Fagus sylvatica)* und die Weißtanne *(Abies alba)*. Die Profile beginnen im Norden etwa in Südschweden und reichen über die Ostsee, das südbaltische Tiefland, die Mittelgebirge bis zu den Alpen und Apenninen im Süden. Beide Arten treten, je weiter südwärts sie kommen, in immer größeren Höhen auf oder beschränken sich nur noch auf diese. Dieser Wechsel in den Höhenstufen ist klimatisch bedingt und entspricht der Regel von der relativen Standortkonstanz.

Eine Höhendifferenzierung der Flora und Vegetation läßt sich überall auf der Erde feststellen, und sie geht stets in erster Linie auf eine Änderung von Klimafaktoren zurück, wobei besonders die Temperaturverhältnisse eine Rolle spielen. Meist genügt die Unterscheidung von 6 Höhenstufen. Die tiefstgelegene wird als planare, die der Hügelländer als colline, die der unteren Bergstufe als montane Höhenstufe bezeichnet. Die darauffolgende oreale Stufe nimmt die noch höher gelegenen Bereiche ein und ist an ihrer Obergrenze durch die Wald- und Baumgrenze meist recht scharf von der darauffolgenden subalpinen und schließlich der alpinen Stufe geschieden. Während eine solche Höhenstufung eine allgemeine Erscheinung ist, liegen die Stufen je nach Gebiet ganz verschieden hoch. In den Tropen finden wir die jeweiligen Stufen viel höher als in den gemäßigten Breiten, und polwärts sinkt ihre Höhenlage bzw. Höhenstreckung noch weiter ab. Ebenso unterschiedlich sind ihre Flora und die Bindung bestimmter Vegetationsformen in den einzelnen Gebieten. Höhenstufen sind als klimatische Begriffe zu verstehen und gestatten nur gebietsweise eine Verbindung mit bestimmten Arten oder Vegetationstypen.

Einfluß des Windes auf die Pflanzenverbreitung

Ebenso wie Temperaturen und Niederschläge gehören auch Luftströmungen zu den Klimaelementen, die von Einfluß auf die Pflanzendecke sind. Wie jedem aus eigener Erfahrung bekannt ist, bringen Luftströmungen Feuchtigkeit oder Trockenheit, Wärme oder Kälte. Luftströmungen sind bekanntlich für die Ausbildung von Niederschlägen von erstrangiger Bedeutung. Man denke nur an die Steigungsregen an Gebirgen oder die für die Vegetation so wichtigen regenbringenden Monsune. Nicht nur großräumig, sondern auch lokal wirken sich Winde auf die Vegetation aus. Wo z. B. durch besondere Geländeformen regelmäßig warme Fallwinde auftreten wie der Föhn an den nördlichen Abhängen der Alpen, wachsen an den Hauptföhnstraßen viele südliche Arten, die geradezu als Föhnpflanzen bezeichnet werden.

Besonders deutlich wirkt sich der Wind verständlicherweise in solchen Gebieten aus, in denen er häufig oder dauernd in großer Stärke weht, wie an Küsten, auf Inseln oder höheren Gebirgsteilen. Hier hat er einen erheblichen Einfluß auf die Wasserbilanz der Pflanzen, indem er die Transpiration erhöht, und kann dadurch vor allem bei Bäumen sogar zum begrenzenden Faktor für ihr Gedeihen werden. Damit verbunden sind meist starke mechanische Beanspruchungen. In sehr eindrucksvoller Weise zeigen sich diese Einflüsse z. B. bei den windgeschorenen Bäumen, den sogenannten Windflüchtern. Die Äste solcher Gehölze können nur an der windabgewandten Seite wachsen, wobei die davorstehenden bereits als Windschutz für die nachfolgenden dienen. Es entsteht so das charakteristische Bild eines gleichmäßig aufsteigenden, dichten Kronendaches, das aussieht, als ob es vom kunstgerechten Schnitt eines Gärtners geschaffen sei. Das Astwerk ist bei solchen Bäumen meist ganz bizarr ausgebildet, und man spricht nicht zu Unrecht von »Gespensterwäldern«.

An den europäischen Küsten erstreckt sich diese direkte Windwirkung freilich nur wenige Dekameter landeinwärts; für die Gesamtverbreitung einer Art ist sie ohne Bedeutung. Anders liegen die Verhältnisse in den arktischen und antarktischen Gebieten sowie auf einigen ozeanischen Inseln, den windumtosten Kerguelen, Falklandinseln usw. Hier verhindert der Wind nicht nur das Aufkommen von Bäumen, sondern übt auf die

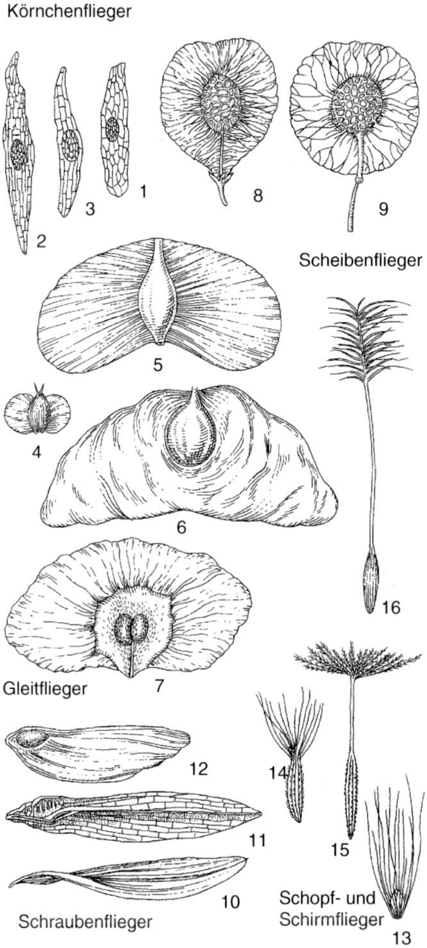

Früchte und Samen von Arten, die an die Verbreitung durch den Wind angepaßt sind

1 Netzblatt *(Goodyera repens)*, Orchidee
2 Rundblättriger Sonnentau *Drosera rotundifiolia)*, Sonnentaugewächs
3 Moosauge *(Moneses uniflora)*, Wintergrüngewächs
4 Moorbirke *(Betula pubescens)*, Birkengewächs
5 *Terminalia bialata*, Combretacee
6 *Macrozanonia macrocarpa*, Kürbisgewächs
7 *Jacaranda echinata*, Bignoniengewächs
8 Feldulme *(Ulmus minor)*, Ulmengewächs
9 Kleestrauch *(Ptelea trifoliata)*, Rautengewächs
10 Gemeine Esche *(Fraxinus excelsior)*, Ölbaumgewächs
11 Tulpenbaum *(Liriodendron tulipifera)*, Magnoliengewächs
12 Gemeine Kiefer *(Pinus sylvestris)*, Kieferngewächs
13 Schmalblättriges Wollgras *(Eriophorum angustifolium)*, Sauergras
14 Frühlingskreuzkraut *(Senecio vernalis)*, Korbblütler
15 Wiesenbocksbart *(Tragopogon pratensis)*, Korbblütler
16 *Strophanthus hispidus,* Hundsgiftgewächs

Zusammensetzung der Vegetation einen stark auslesenden Einfluß aus. Die waldlosen subantarktischen Inseln wurden von dem bedeutenden Pflanzengeographen Schimper daher geradezu als Windwüsten bezeichnet! In vielen arktischen Tundrengebieten sind Bäume oder Wälder nur an Flußläufen vorhanden, wo sie etwas Windschutz genießen und wo auch die Bodenfeuchtigkeit größer ist.

In letztgenannten Fällen wirkt der Wind auf die Pflanzen als extremer Klimafaktor ein. Eine erheblich größere Bedeutung hat er aber, insgesamt gesehen, für die Verbreitung vieler Pflanzen, indem er die Übertragung von Fortpflanzungseinrichtungen, d. h. von Sporen, Samen und Früchten, durchführt.

Wohl jedes Kind kennt die »Pusteblume«, den Löwenzahn, und hat seine Freude daran, weil sich die Früchte so schön wegblasen lassen und schon bei mäßigem Wind wie Fallschirme über weite Strecken dahinschweben. Der Gemeine Löwenzahn *(Taraxacum officinale)* ist jedoch nur eine Art unter einer geradezu enormen Vielfalt von Arten, deren Fortpflanzungseinrichtungen durch den Wind verbreitet werden, und der »Fallschirmtyp« dieser Pflanze ist auch nur eine Anpassung aus der Fülle der Anpassungen, die sich in der Pflanzenwelt herausgebildet haben. Von allen Faktoren, die für die Verbreitung von Pflanzen eine Rolle spielen, ist die Windverbreitung (Anemochorie) wohl die weitaus wirksamste. An Windverbreitung angepaßte Fortpflanzungseinrichtungen (Diasporen) treten in fast allen Vegetationsformen auf. Besonders reich an solchen anemochoren Sippen sind weite, ebene Grasfluren, wie Steppen und Savannen, Wüsten oder die Gebirgsvegetation. Aber selbst den dichten tropischen Regenwäldern fehlen sie nicht, auch wenn hier ein deutliches Zurücktreten gegenüber den an Tierverbreitung angepaßten Arten festzustellen ist.

Die Verbreitung durch den Wind ist sogar die ursprünglichste Ausbreitungsform der Landpflanzen. Die ersten Pflanzen, die das Festland zu besiedeln begannen, waren Sporenpflanzen, und ihre Verbreitungszellen wurden durch den Wind weggetragen. Bis heute sind so gut wie alle landbewohnenden Sporenpflanzen, wie Pilze, Moose, Farne, Bärlappe und Schachtelhalme, solche Windverbreiter. Auch bei den Nacktsamern herrscht Anemochorie bei weitem vor, und selbst unter den Blütenpflanzen gibt es eine sehr große Zahl solcher Arten aus den verschiedensten Verwandtschaftskreisen.

Von den mannigfaltigen Anpassungen an die Windverbreitung können wir hier nur ganz wenige Typen vorstellen, und auch die Abbildung S. 33 vermag nur einen sehr unvollständigen Ausschnitt zu vermitteln.

Körnchenflieger

Eine auf den ersten Blick verhältnismäßig einfache Anpassung an den Windtransport liegt bei den Körnchenfliegern vor. Es handelt sich dabei entweder um Sporen oder um Samen, die zwar keine besonderen Flugeinrichtungen aufweisen, aber außerordentlich leicht und fein sind. Die Winzigkeit und die minimale Masse solcher oft feilspanartigen Samen werden durch eine extreme Rückbildung des Nährgewebes und des Keimlings, mitunter bis auf wenige Zellen, erreicht. Auf diese Weise sind bei den Orchideen-, vielen Heidekraut- und Wintergrüngewächsen (Ericaceae und Pyrolaceae), den Sonnentaugewächsen (Droseraceae), Sommerwurzgewächsen (Orobanchaceae) oder den vorwiegend tropischen Sarraceniaceen, Rafflesiaceen, Burmanniaceen usw. geradezu staubfeine Samen entstanden, deren Masse oft nur millionstel Gramm ausmacht. Mit 8 Millionstel Gramm ist z. B. der Samen der Großen Händelwurz *(Gymnadenia conopsea)* beinahe schon »schwer«; die meisten anderen Orchideensamen wiegen nur 3 bis 4, die des Kriechenden Netzblattes *(Goodyera repens)* gar nur 2 Millionstel Gramm. Entsprechend gering ist die Sinkgeschwindigkeit solcher Samen. Sie liegt etwa zwischen 2 und 40 cm in der Sekunde und hat damit dieselbe Größenordnung wie die vieler Pollen und Sporen, bei denen eine Verbreitung durch Luftströmungen über mehr als 1000 km nachgewiesen werden konnte. So dürften auch solche Körnchenfliegersamen über sehr weite Entfernungen transportiert werden, worüber allerdings nur wenige und meist indirekte Beobachtungen vorliegen. In einem Ausstichgelände bei Berlin wurde z. B. das Kleinblütige Einblatt *(Malaxis monophyllos)* festgestellt, eine Orchidee, deren nächstgelegene Vorkommen etwa 150 km entfernt waren. Das Auftreten dieser Art kann nur auf Samentransport durch den Wind zurückgeführt werden. Gerade von einigen heimischen Orchideen ist bekannt, daß sie an manchen Fundorten jahrzehntelang vergeblich gesucht wurden, um dann plötzlich wieder aufzutreten. Doch sind nicht etwa Samen dieser Arten so lange im Boden keimfähig geblieben, sondern das erneute Auftreten ist nur durch Samennachschub aus weit entfernten Gebieten zu erklären. Die Begrenzung der Verbreitungsgebiete (Areale) von Arten, deren Samen solche Körnchenflieger sind, hängt daher vor allem von den ökologischen Bedingungen am Ankunftsort der über weite Strecken verbreiteten Samen ab, eben davon, ob die Samen keimen und die Pflanzen auch gedeihen können.

Flügelflieger

Sehr groß ist die Zahl der Samen und Früchte mit flügelartigen Bildungen, und nicht minder mannigfaltig sind die Formen und die Wirksamkeit ihrer Verbreitung. Bei den Gleitfliegern stellen die Diasporen symmetrische Gebilde dar, deren Schwerpunkt in der Mittellinie, aber leicht nach vorn verschoben liegt. Manche haben zwei seitliche Flügel, wie die Früchte der Birken *(Betula)*, Erlen *(Alnus)* oder einiger Arten der tropischen Gattung *Terminalia*, die sich durch besonders große Flugfrüchte auszeichnen. Bei anderen ist das Prinzip des »Nurflügelflugzeugs« verwirklicht, d. h., es gibt nur einen durchgehenden Flügel. Ein besonders schönes Beispiel hierfür bietet *Macrozanonia macrocarpa*, eine tropische Liane aus der Familie der Kürbisgewächse. Ihre bis 15 cm »Spannweite« messenden Samen dienten in den Anfangsjahren der Fliegerei ebenso wie die der verwandten Gattung *Zanonia* als Vorbilder für die Konstruktion von Flugzeugen (Etrich-Rümpler-Taube). Die im Verhältnis zur Größe außerordentlich leichten Samen (0,25 – 0,3 g) führen schon bei geringen Luftströmungen weite, prachtvolle Gleitflüge aus. Besonders reich an Gleitfliegersamen ist weiterhin die Familie der Bignoniaceen, aber auch in anderen Familien kommen solche Samenformen vor.

Ähnlich sind die Scheibenflieger gebaut. Sofern es sich um Früchte handelt, liegt der Samen meist annähernd in der Mitte und ist von einem mehr oder weniger breiten, runden oder elliptischen Flügelsaum umgeben. Als Beispiele seien die Früchte der Ulmen *(Ulmus)*, des Kleestrauches *(Ptelea trifoliata)* oder des Flügelfruchtbaumes *(Pterocarpus)* genannt. Samen dieses Typs gibt es bei vielen Enzianarten *(Gentiana)*, den Hundsgiftgewächsen (Apocynaceae) usw. Auch diese Diasporen zeichnen sich durch eine gute Flugfähigkeit aus und können vom Wind weit verfrachtet werden.

Wesentlich geringere Entfernungen überbrücken im allgemeinen die Schraubenflieger. Ihr Bau ist zwar im einzelnen ebenfalls sehr verschieden, gemeinsam ist ihnen aber, daß sie nur einen Flügel besitzen und der Schwerpunkt seitlich liegt. Die Früchte oder Samen dieses Typs führen daher eine schnell rotierende, schraubige Bewegung aus. Hierzu gehören z. B. die bekannten Früchte der Ahorne *(Acer)*, Eschen *(Fraxinus)* oder der Tulpenbäume *(Liriodendron)* sowie die Samen vieler Nadelhölzer (Fichte, Tanne, Kiefer usw.), vieler Meliaceen (darunter der Mahagonibäume) u. a. Nach den wenigen bisher vorliegenden Untersuchungen können die Samen der Schraubenflieger durchaus bis zu etwa 5 km weit verbreitet werden. Solche Entfernungen scheinen zwar auf den ersten Blick nicht sonderlich groß zu sein. Man darf aber ihre Auswirkung auf die Arealbildung der betreffenden Arten keineswegs unterschätzen, da ja in der Pflanzenwelt stets der Zeitfaktor eine ganz entscheidende Bedeutung besitzt. Wie wir später sehen werden, hat sich die Kiefer nach der letzten Eiszeit überaus rasch ausgebreitet, ein Beweis dafür, daß selbst solche Schraubenfliegersamen ein sehr wirksames Verbreitungsmittel darstellen.

Schopf- und Schirmflieger

Von den Diasporen mit Flugeinrichtungen seien als letzte die mit verschiedenen Haarbildungen ausgestatteten erwähnt. Auch diese Gruppe ist außerordentlich umfangreich, was die Zahl der Arten betrifft; hinsichtlich der Formen ist sie jedoch viel einheitlicher als die bisher besprochenen. Das Bauprinzip besteht hier in einer möglichst weitgehenden Oberflächenvergrößerung, um die Sinkgeschwindigkeit zu verringern. Der Schwerpunkt liegt bei diesem Verbreitungstyp durchweg recht tief, was eine Voraussetzung für ein fallschirmartiges Fliegen darstellt.

Bei den Schopffliegern wird das Flugorgan von einem pinselförmigen Haarbusch gebildet. Zu diesem Typ gehören die Früchte vieler Gräser, wie des Gemeinen Schilfes *(Phragmites australis)*, vieler Riedgrasgewächse (Cyperaceae), z. B. der Wollgräser *(Eriophorum)*, und vor allem die der meisten Korbblütler (Compositae). Von diesen seien nur die artenreichen Gattungen Habichtskraut *(Hieracium)*, Pippau *(Crepis)*, Kreuzkraut *(Senecio)* oder die Disteln *(Cirsium, Carduus)* genannt. Sehr ähnlich sind viele Samen gebaut, wie die der Weiden *(Salix)*, Pappeln *(Populus)* oder Weidenröschen *(Epilobium)*. Auch die Samen vieler Schwalbenwurzgewächse (Asclepiadaceae), Ananasgewächse (Bromeliaceae) usw. sind solche Schopfflieger.

Der Bau der Schirmflieger unterscheidet sich von dem der Schopfflieger nur verhältnismäßig wenig; bei ihnen wird der eigentliche Flugapparat von einem mehr oder weniger langgestielten, tellerartigen Schirm aus Haaren gebildet. Zu diesem Typ gehören ebenfalls viele Früchte von Korbblütlern, wie dem obenerwähnten Gemeinen Löwenzahn *(Taraxacum officinale)*, den Schwarzwurzel- *(Scorzonera-)* oder Bocksbartarten *(Tragopodon)*. Auch viele Karden- und Baldriangewächse (Diapsacaceae, Valerianaceae) haben solche Flugfrüchte, während ganz entsprechende Samenbildungen z. B. bei der wichtigen Heilpflanzengattung *Strophanthus* vorkommen.

Schopf- und Schirmflieger stellen sehr wirkungsvolle Verbreitungsmittel dar, und man hat sie geradezu als »schnelle Fallschirmtruppen der Landpflanzen« bezeichnet. Dies zeigte sich auch bei dem schon erwähnten Berliner Ausstichgelände, wo die Neubesiedlung durch Pflanzen genau verfolgt werden konnte. Von den Arten, die sich in den ersten Jahren einfanden, waren nicht weniger als 86 % Windverbreiter. Von diesen gehörten etwa gleich viele zu den Körnchenfliegern und zu den Schopf- bzw. Schirmfliegern. Auch die Neubesiedlung der Sundainsel Krakatau, deren Vegetation durch einen Vulkanausbruch 1883 vollständig vernichtet worden war, ergab ein ähnliches Bild: Die in den ersten Jahren eingewanderten Pflanzen waren durchweg Anemochoren, wobei die Körnchenflieger den größten Anteil ausmachten, ihnen jedoch an zweiter Stelle Schopf- und Schirmflieger folgten. Die Diasporen mußten in diesem Falle über mindestens 40 km Entfernung herantransportiert worden sein.

Nicht wenige Arten der mitteleuropäischen Flora haben unser Gebiet erst in historisch junger Zeit besiedelt. Wir kommen auf diese »Neophyten« später noch zu sprechen. An dieser Stelle sei aber hervorgehoben, daß viele von ihnen Korbblütler sind, die sich durch ihre Flugfrüchte rasch ausbreiten konnten. Recht genau ist z. B. die Arealvergrößerung des Frühlingskreuzkrautes *(Senecio vernalis)* bekannt, einer Art, die man jetzt auf Äckern und Sandtrockenrasen häufig findet. Ihr ursprüngliches Verbreitungsgebiet liegt in den kontinentalen osteuropäischen Steppen. Das Frühlingskreuzkraut erschien im 18. Jahrhundert zuerst im jetzigen Nordostpolen, breitete sich dann schnell in westlicher Richtung aus und drang um 1860 in breiter Front bis etwa zur Elbe-Saale vor. Um die Jahrhundertwende erreichte die Art die Weser und wenig später das Rheingebiet.

Ein geradezu sprunghaftes Vordringen konnte in jüngster Zeit bei einer anderen Art dieser Gattung, dem stattlichen Moorkreuzkraut *(Senecio congestus)*, beobachtet werden. Die Art ist außer in Nordamerika vor allem in Sibirien und dem kontinentalen Osteuropa verbreitet und gehörte bei uns und in Westeuropa bisher zu den Seltenheiten. 1957 erfolgte jedoch in den Niederlanden eine plötzliche Massenausbreitung, die mit der Trockenlegung des Zuidersee-Polders Ost-Flevoland zusammenhängt. Dort waren ausgedehnte Schlammflächen entstanden, die überaus günstige Lebensbedingungen für diese Art boten. Von hier erfolgte nun eine sehr rasche Ausbreitung in östlicher Richtung. In nur wenigen Jahren konnte das Moorkreuzkraut Hunderte von Kilometern nach Osten vordringen und viele neue Stellen besiedeln. Aus der Abbildung ist deutlich zu entnehmen, daß die Hauptausbreitung mit der vorherrschenden Windrichtung zusammenfällt. Die Fruchtbildung war in den niederländischen Polderbeständen bei dieser Art so üppig, daß vom Wind ganze Früchtewolken verweht wurden. In einem Fall konnten diese mit dem Auto über 90 km weit verfolgt werden, in einem anderen wurden sie sogar 120 km vom Ausstreuungsgebiet entfernt beobachtet. Dieses Beispiel zeigt sehr deutlich, daß Schopfflieger unter günstigen Bedingungen sehr große Entfernungen überbrücken können und daher für die Verbreitungsverhältnisse von großer Bedeutung sind.

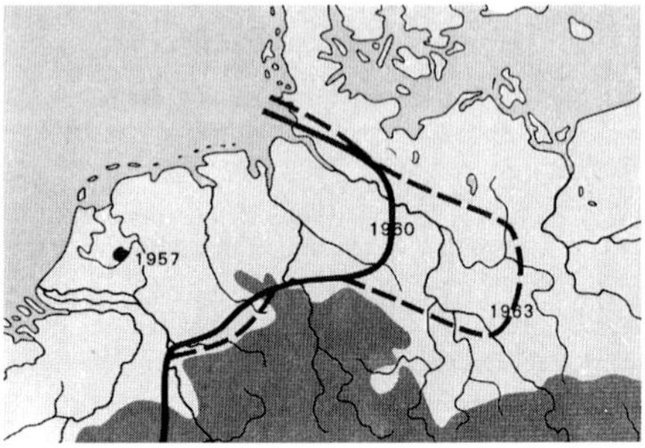

Ausbreitung des Moorkreuzkrautes *(Senecio congestus)* in West- und Mitteleuropa. Die dunkle Fläche bezeichnet die nördlichen Mittelgebirge

Steppenläufer

Zum Schluß wollen wir noch auf eine Form des Windtransportes eingehen, die bei einer ganzen Reihe von Steppen- und Wüstenpflanzen ausgebildet ist. Es sind dies die »Steppenläufer« oder auch »Steppenhexen«. Gegen Ende der Vegetationszeit trocknen in diesen Gebieten viele Pflanzen zu dürren Gebilden zusammen, die schließlich entweder als Ganzes vom Winde abgerissen werden oder bei denen sich größere Teile ablösen, z. B. eingekrümmte Äste mit den daran sitzenden Früchten oder Samen. Die meisten dieser Arten haben eine mehr oder weniger kugelige Wuchsform, was die Verbreitung begünstigt. Bei Stürmen werden sie rollend und tanzend über die Steppen oder Wüsten gefegt, wobei sie allmählich ihre Samen und Früchte verlieren. Auch dieser Verbreitungstyp kommt innerhalb ganz verschiedener Familien vor. In den osteuropäischen Steppen sind es z. B. Windsbock *(Rapistrum perenne)*, Tatarischer Meerkohl *(Crambe tatarica)*, Europäische Zackenschote *(Bunias europaea)*, Schleiergipskraut *(Gypsophila paniculata)*, Kali-Salzkraut *(Salsola kali)*, Hasenohr- oder Mannstreuarten *(Bupleurum, Eryngium)*, im östlichen Mittelmeergebiet und in Nordafrika die unter dem Namen Rose von Jericho bekannte *Anastatica hierochuntica* usw., die auf diese Weise verbreitet werden.

Einfluß des Wassers auf die Pflanzenverbreitung

Wie die Temperatur und der Wind wirkt sich auch das Wasser in verschiedener Hinsicht auf die Verbreitung der Pflanzen aus. Einmal hat es selbstverständlich als Niederschlag Bedeutung, d. h., es wirkt als Klimafaktor. Ebenso wie die Temperaturverhältnisse sind auch die Niederschläge maßgeblich für das Zustandekommen der großen Vegetationszonen der Erde, die ja zugleich Klimazonen darstellen, verantwortlich. Damit wirken sie sich auch indirekt auf die Verbreitung vieler Pflanzen aus. Innerhalb dieser Großzonen tritt der klimatische Wasserfaktor jedoch als Grenzwert für die Arealform weniger in Erscheinung. Besonders in regenreichen (humiden) Gebieten spielt er kaum eine Rolle. Eine Differenzierung in trockenere und feuchtere Stellen (hierbei wirkt das Wasser als Bodenfaktor) gibt es ja fast überall, sie hat daher kaum Einfluß auf eine Arealbegrenzung.

Ganz andere Verhältnisse finden wir bei Wasserpflanzen und manchen Sumpfpflanzen. Hier ist das Wasser zugleich der Lebensraum oder zumindest ein dominierender Umweltfaktor. Das Wasser wirkt in verschiedener Hinsicht ausgleichend. Seine Temperaturen sind meist ausgeglichener, kurzfristige Höchst- oder Tiefstwerte treten nur recht abgeschwächt in Erscheinung usw. Daher sind bei Wasserpflanzen auch die durch verschiedene Höhenlagen bedingten Unterschiede meist weniger stark ausgeprägt als bei der Landflora. Die Wasservegetation der planaren und collinen, ja selbst der montanen Stufen zeigt etwa den gleichen Grundbestand an Arten, obwohl Differenzierungen selbstverständlich nicht fehlen. Fast bedeutungslos sind die Menge und die jahreszeitliche Verteilung der Niederschläge für Wasserpflanzen in Seen und in Fließgewässern allerdings nur dann, wenn das ganze Jahr ein bestimmter Mittelwasserstand gehalten wird. So haben gerade Wasserpflanzen oft sehr große Verbreitungsgebiete, die sich nicht selten über mehrere Klimazonen erstrecken. Als Beispiele seien dafür die Laichkrautarten *(Potamogeton)*, das Ährentausendblatt *(Myriophyllum spicatum)*, das Gemeine Hornblatt *(Ceratophyllum demersum)*, das Pfeilkraut *(Sagittaria sagittifolia)* und die Schwanenblume *(Butomus umbellatus)* angeführt.

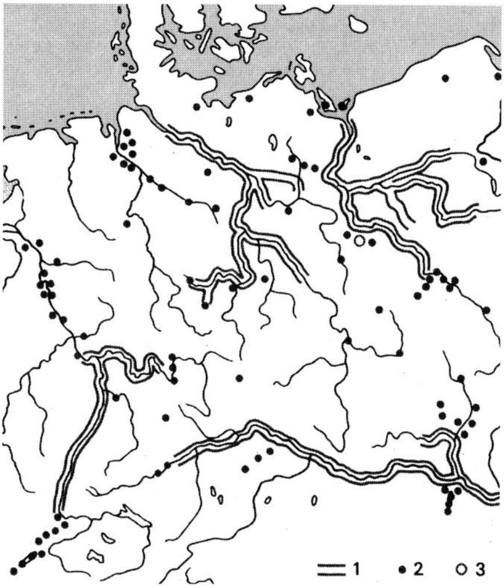

Verbreitung der Sumpfwolfsmilch *(Euphorbia palustris)* in Mitteleuropa (nach Beger)

1 häufiges Vorkommen, 2 vereinzeltes Vorkommen, 3 ausgestorben

Stromtalpflanzen

Schließlich ist das Wasser noch bei denjenigen Arten von Bedeutung, deren Samen und Früchte durch dieses Medium verbreitet werden. Sehr deutlich können wir das bei den sogenannten Stromtalpflanzen beobachten, deren Verbreitung den größeren Flüssen folgt. Die Sumpfwolfsmilch *(Euphorbia palustris)* mag als Beispiel für einen solchen Vertreter dienen (s. Abb. oben). Dabei ist diese bis zu 1,5 m hoch werdende, auffallende Art keineswegs eine Wasserpflanze, sondern sie besiedelt feuchte Auenwälder.

Strandpflanzen

Zu den Arten, die durch das Wasser verbreitet werden, gehören auch nicht wenige Strandpflanzen unserer Küsten. Dies gilt sowohl für Arten der Spülsäume, wie die Strandmelde *(Atriplex littoralis)*, die Pfeilblattmelde *(Atriplex calotheca)*, die Kahle Melde *(Atriplex glabriuscula)*, den Meersenf *(Cakile maritima)*, den Meerkohl *(Crambe maritima)*, als auch für Dünenpflanzen, wie den

Kokospalmen an einer tropischen Küste

Strandhafer *(Ammophila arenaria)* oder den Strandroggen *(Elymus arenarius)*. Manche dieser Arten (wie z. B. der Meersenf) sind ausschließlich auf den unmittelbaren Küstenbereich beschränkt, andere haben außerdem noch ein Binnenareal, das meist in Zentralasien liegt. Für die Verbreitung in den Küstengebieten spielen aber lediglich das Wasser bzw. die Meeresströmungen eine Rolle.

Auch in tropischen Gebieten gibt es Arten, deren Verbreitung ganz oder vorwiegend durch Meeresströmungen erfolgt, wie etwa bei der Kokospalme *(Cocos nucifera)*. Sie kommt fast an allen tropischen Küsten vor und ist geradezu zu einem Symbol für diese geworden. Die Heimat dieser Art liegt vielleicht in Brasilien. Vor dort wurde die Kokospalme über alle tropischen Weltmeere bis zu den entlegensten Koralleneilanden

Verbreitung des Meersenfs *(Cakile maritima)*

verbreitet. Das pantropische Vorkommen von manchen Mangrovearten dürfte ebenfalls auf Verschleppung durch Meeresströmungen zurückgehen. Ja selbst die Tatsache, daß viele Arten der malesischen Flora weit nach Osten in die pazifische Inselwelt reichen, erscheint auf Grund der dort herrschenden Wind- und Meeresströmungen durchaus verständlich.

Einfluß des Bodens auf die Pflanzenverbreitung

Auch zwischen Pflanzen und Boden bestehen sehr enge und vielfältige Wechselbeziehungen. Wird doch der Boden geradezu »als die oberste Verwitterungskruste der Erde, die unter dem Einfluß von Klima und Lebewesen ihre Ausprägung erfahren hat«, definiert. Eine Bodenbildung ist ohne Mitwirkung der Pflanzen gar nicht möglich. Andererseits ist der Boden wiederum höchst wichtig für die Pflanzen, da er als Träger der Nährstoffe und als Wasserreservoir fungiert. Die Art der Bodenbildung wird allerdings nicht nur durch Pflanzen, sondern auch durch das Ausgangsmaterial und in erheblichem Ausmaße durch das Klima gesteuert.

Auf dieses komplizierte Wirkungsgefüge können wir hier nicht weiter eingehen. Es mag die Feststellung genügen, daß weitgehende Übereinstimmungen zwischen den großen Vegetationszonen der Erde und den generellen Bodentypen bestehen. Dies überrascht nicht, da ja beide wiederum von klimatischen Verhältnissen abhängen. Bei der Darstellung der einzelnen Vegetationszonen wird auf diese Zusammenhänge noch im einzelnen eingegangen.

Wenn bei einer globalen Betrachtung der Einfluß des Bodens auf die Vegetation auch deutlich in Erscheinung tritt, so ist andererseits die Wirkung des Bodens oder einzelner Bodenfaktoren auf die Ausformung der Siedlungsgebiete der Arten meist sehr schwer abzuschätzen.

Salzpflanzen

Am klarsten erscheinen Zusammenhänge zwischen der Gesamtverbreitung, dem Areal und Bodenfaktoren noch dort, wo ein einziger solcher Bodenfaktor dominiert und Extreme schafft. Gute Beispiele hierfür bietet eine ganze Reihe von Salzpflanzen. Sie zeigen ein weitgehend übereinstimmendes und dabei merkwürdiges Verbreitungsbild. Betrachtet man z. B. das Areal des Strandwegerichs *(Plantago maritima)*, einer häufigen Art auf Salzwiesen, so fällt auf, daß sie ein großes Verbreitungsgebiet in Innerasien besiedelt. Dieses turanisch-orientalische Gebiet ist reich an Salzböden. Von dort strahlt die Art nach Westen aus, kommt z. T. an den Küsten des Mittelmeeres, des Atlantiks und seiner europäischen Nebenmeere, wie der Nord- und Ostsee, vor und reicht sogar bis an die arktischen Küsten. Des weiteren werden die in ganz Europa verstreut anzutreffenden Binnensalzstellen von ihr besiedelt. Eine ganz ähnliche Verbreitung zeigen auch Queller *(Salicornia europaea)*, Strandsode *(Suaeda maritima)*,

Verbreitung des Strandwegerichs *(Plantago maritima)*

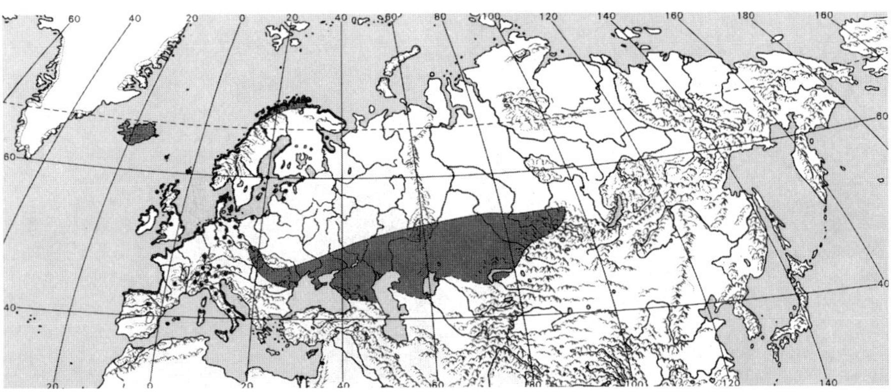

Binnensalzstelle mit Queller *(Salicornia)*

Salzmilchkraut *(Glaux maritima)*, Kalisalzkraut *(Salsola kali)*, Strandbeifuß *(Artemisia maritima)*, Strandmelde *(Atriplex littoralis)*, Salzbinse *(Juncus gerardii)* und andere Arten. Bei allen diesen Arealen scheint das Klima nur von untergeordneter Bedeutung zu sein, da diese Arten unter völlig verschiedenen Klimaten auftreten. Man denke nur an die großen Klimaunterschiede, die zwischen den heißen, zentralasiatischen Halbwüstengebieten und den Küsten von Nordnorwegen oder der Kolahalbinsel bestehen! Auch wenn nicht alle Salzpflanzen eine Verbreitung aufweisen, die sich über so verschiedenartige Klimate erstreckt, und eine gewisse Abhängigkeit vom Klima bei manchen Arealen durchaus zu erkennen ist, ist doch der Salzgehalt des Bodens für die Verbreitung entscheidend.

Manche Arten benötigen für ein optimales Wachstum unbedingt einen gewissen Salzgehalt; dies sind die Salzpflanzen (Halophyten) im eigentlichen Sinne, wie z. B. Queller, Strandsode oder auch Mangrovearten. Andere Arten sind aber nur salzertragend und wachsen auf salzfreien Böden ebensogut. Wesentlich ist dabei, daß alle diese Pflanzen auf salzhaltigen Standorten gedeihen können, wo Nichthalophyten keine Wachstumsmöglichkeit besitzen. Salzpflanzen sind daher dort vor der Konkurrenz durch andere Arten geschützt und erlangen so auf salzhaltigen Standorten die Vorherrschaft. Für ihr Vorkommen und ihre Verbreitung ist also der Wettbewerbsfaktor von nicht zu unterschätzender Bedeutung.

Schwermetallpflanzen

Ähnliche Beziehungen zwischen Verbreitung und extremen Bodenfaktoren bestehen auch bei anderen »Bodenspezialisten«, wie z. B. den Schwermetallpflanzen. Besonders bei lokaler Betrachtung sind diese Zusammenhänge oft so auffallend, daß solche Pflanzen geradezu als »bodenanzeigende Pflanzen« bezeichnet werden. Salze von Schwermetallen, wie Kupfer, Blei, Zink usw., wirken auf die meisten Pflanzenarten giftig. Es gibt nur verhältnismäßig wenige Arten (Unterarten oder Varietäten), die auf solchen Böden wachsen können und dort verständlicherweise kaum einer Konkurrenz begegnen. So tritt z. B. eine Unterart der Frühlingsmiere *(Minuartia verna* ssp. *hercynica)* im östlichen Harzvorland nur im Bereich von Kupferschiefervorkommen auf und besiedelt Halden aus diesem Gestein, die auf den Bergbau zurückgehen. Auch einige Spezialsippen der Gemeinen Grasnelke *(Armeria maritima* ssp. *halleri*, ssp. *bottendorfensis* u. a.) oder des Taubenkropfes *(Silene vulgaris* var. *humilis)* sind für diese Stellen kennzeichnend. Ein Teil der genannten Unterarten oder Varietäten kommt in anderen Gebieten aber auch auf sogenannten Galmeiböden vor, die zinkhaltig sind. Eine besondere Flora treffen wir weiterhin auf Serpentin an, einem sehr schwer löslichen und überaus langsam verwitterbaren Magnesiumsilikatboden. Zwei Streifenfarne, *Asplenium adulterinum* und *Asplenium cuneifolium*, werden als Blaugrüner und Keilblättriger Serpentin-Streifenfarn bezeichnet, da sie fast ausschließlich auf diesem Gestein vorkommen.

Die Beziehungen zwischen Schwermetallböden und dem Auftreten der genannten Pflanzen sind freilich mehr indirekter Art; auch hier spielt der fehlende Wettbewerb durch andere Arten auf diesen Sonderstandorten eine wesentliche Rolle.

Kalkpflanzen

Ein sehr krasser Florenwechsel ist fast überall dort zu beobachten, wo Kalkgesteine an Silikatgesteine grenzen. Das ist z. B. im mitteleuropäischen Triashügelland an der Grenze zwischen Muschelkalk und Buntsandstein der Fall und vielleicht noch auffallender im alpinen Bereich beim Übergang von den Kalkalpen zu den Urgesteinsalpen. Sowohl Kalkböden als auch saure Silikatböden tragen ganz bestimmte, z.T. sogar nahe verwandte Pflanzenarten, die sich je nach der Bodenunterlage ablösen. Einige bekannte Beispiele für eine derartige ökologische bzw. edaphische Vikarianz seien genannt:

auf Silikatgestein	auf Kalkgestein
Rostblättrige Alpenrose *(Rhododendron ferrugineum)*	Rauhblättrige Alpenrose *(Rhododendron hirsutum)*
Stengelloser Enzian *(Gentiana clusii)*	Glocken-Enzian *(Gentiana kochiana)*
Gletscherhahnenfuß *(Ranunculus glacialis)*	Alpenhahnenfuß *(Ranunculus alpestris)*
Schwefelgelbe Alpenkuhschelle *(Pulsatilla sulphurea)*	Weiße Alpenkuhschelle *(Pulsatilla alpina)*

Die Anzahl der Arten, die als Kalkpflanzen gelten, ist recht groß. Eine genauere Analyse zeigt aber, daß viele keineswegs in ihrem gesamten Areal kalkstet sind, sondern daß sie eine solche Bindung nur in Teilgebieten aufweisen. Dort kann sie dann allerdings verblüffend eng sein. Wir wiesen bereits darauf hin, daß viele Arten, deren Verbreitungsschwerpunkt im Mittelmeerraum oder in den südosteuropäischen Steppengebieten liegt und die im Zentrum ihres Siedlungsbereiches bodenvag sind, gegen die Nordgrenze ihres Areals in Mitteleuropa nur auf kalkreichen Böden auftreten. Als Beispiel sei auf das Vorkommen der Fliegenragwurz *(Ophrys insectifera)* im herzynischen Raum verwiesen. Diese Orchidee ist hier streng an flachgründige Kalkböden gebunden, wie beim Einzeichnen der Fundorte in eine Karte der Verbreitung der Kalkgesteine ersichtlich ist (s. Abb. S. 42). Eine ebenso gute Übereinstimmung gibt es in diesem Gebiet für die Vorkommen des Wolligen Schneeballs *(Viburnum lantana)* und anderer Arten.

In bestimmten Gebieten können solche Arten durchaus als guter Zeiger für Kalkböden verwendet werden. Ob es sich dabei wirklich um Kalkpflanzen handelt, d. h. um Arten, die größere Mengen an Kalk für ihr Gedeihen benötigen, ist eine andere Frage. Neuere Forschungen haben gezeigt, daß die Bevorzugung oder lokale Bindung an Kalkböden recht verschiedene Gründe haben kann. Auf den einen Grund hatten wir bereits früher hingewiesen: Kalkböden sind warme und zugleich trockene Böden. Nach der Regel der relativen Standortkonstanz wird hier eine gewisse Ungunst des Regionalklimas durch das lokale Bodenklima kompensiert, das solche Arten eben nur an derartigen Stellen ein Gedeihen ermöglicht. Die Pflanzen reagieren also nicht in erster Linie auf das Kalzium als der chemischen Komponente des Bodens, sondern mehr auf die bodenphysikalischen Eigenschaften. Für andere Arten ist wiederum die Bodenreaktion ausschlaggebend, die vom Kalkgehalt bestimmt wird. So ist das Problem der Kalkpflanzen insgesamt recht vielschichtig und birgt noch viele ungelöste Fragen.

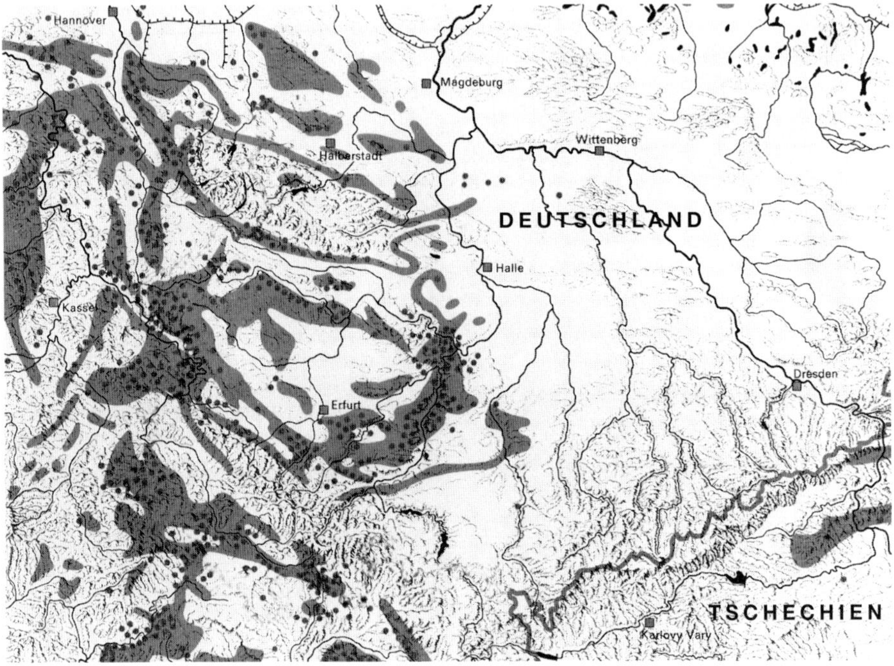

Punktkarte der Verbreitung der Fliegenragwurz *(Ophrys insectifera)* im herzynischen Raum und das Vorkommen von Kalkböden (dunkle Flächen)

Die lebende Umwelt der Pflanzen

Pflanzen sind nicht nur chemischen oder physikalischen Umwelteinflüssen ausgesetzt; in nicht geringem Maße unterliegen sie auch den Einwirkungen der belebten Umwelt, d. h. den biotischen Faktoren. Allerdings ist es in der Geobotanik üblich, unter der Bezeichnung biotische Faktoren den Menschen mit seinen direkten oder indirekten Einwirkungen auf Flora und Vegetation auszuklammern. Der Einfluß des Menschen auf die Pflanzenwelt ist im Laufe der Zeit so tiefgreifend und umfassend geworden, daß es erforderlich ist, ihn herauszustellen und als »anthropogenen Faktor« in einem gesonderten Abschnitt zu behandeln.

Im folgenden wollen wir uns im Hinblick auf die Verbreitung der Pflanzen, auf die gegenseitigen Beziehungen der Pflanzen untereinander sowie die Beziehungen zwischen Pflanzen und Tieren beschränken.

Die gegenseitige Beeinflussung der Pflanzen, die Konkurrenz

Im vorhergehenden Abschnitt wurde bereits mehrfach auf die Bedeutung der Konkurrenz für die Verbreitung und das Vorkommen von Pflanzenarten hingewiesen. Damit deuteten wir auch schon an, daß Pflanzen in der Regel nicht einzeln wachsen, sondern mit anderen vergesellschaftet vorkommen – sei es, daß es sich um Exemplare derselben Art handelt oder, wie in den meisten Fällen, um verschiedene Arten, die zu Pflanzengesellschaften zusammentreten. Daher ist die Verbreitung der Pflanzen nicht nur ein ökologisches, sondern zugleich auch ein soziologisches Problem.

Doch es gibt keine Regel ohne Ausnahmen. So kommt es in der Natur durchaus vor, daß Pflanzen als isolierte Einzelexemplare auftreten, daß sie an Stellen wachsen, an denen es keine Konkurrenz mit anderen Partnern gibt. Das ist vor allem an den Grenzen pflanzlichen Lebens der Fall, wie im Grenzbereich zu Trocken- oder Kältewüsten oder auch an anderen Stellen, wo ganz extreme Umweltbedingungen vorherrschen. Die in der Namib-Wüste vorkommende Welwitschie *(Welwitschia mirabilis*, s. Bild S. 176), ist hierfür ein gutes Beispiel. Eine Besiedlung durch einzelne Arten erfolgt auch auf pflanzenleeren Standorten, wie sie nach Erdrutschen, in Anlandungsgebieten an manchen Küstenabschnitten oder bei der Entstehung neuer Inseln auftreten. Die ersten Ansiedler sind auch hier ohne Konkurrenz, aber das ist meist nur ein verhältnismäßig kurzzeitiges Stadium. So stellen sich auf dem Watt, sobald es sich bis auf 30 bis 40 cm unter der Mittelhochwasserlinie aufgehöht hat, einzelne Exemplare des Quellers *(Salicornia europaea)* ein, die zunächst oft mehrere Meter voneinander entfernt stehen. In einem solchen Stadium gibt es noch keine gegenseitige Beeinflussung, und man kann daher auch nicht von einer Pflanzengesellschaft sprechen. Hier wirkt lediglich die unbelebte Umwelt auf die Pflanzen ein. Aber schon bei einer nur wenig stärkeren Aufhöhung des Watts schließen sich die Quellerpflanzen zu dichten Rasen zusammen, und es entsteht die Queller-Gesellschaft, das Salicornietum.

Das Auftreten von Einzelpflanzen in der Vegetation der Erde ist aber, insgesamt gesehen, nur ein Sonderfall, der keine große Flächenausdehnung aufweist. In überwiegendem Maße sind mehrere

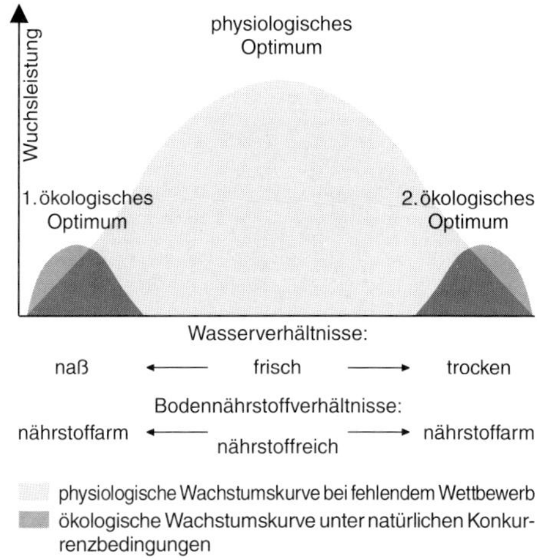

Schematisches Diagramm der physiologischen und ökologischen Wachstumskurve der Gemeinen Kiefer *(Pinus sylvestris)*

Pflanzenarten miteinander vergesellschaftet und werden nur dort auf die Dauer gedeihen können, wo sie sich gegenüber den anderen Mitbewerbern um Platz, Licht, Nährstoffe oder Wasser durchzusetzen vermögen. Dieser Konkurrenzfaktor wirkt sich auf die Verbreitungsmöglichkeiten oft viel einschneidender aus, als angenommen wird. Bei den meisten Pflanzen umfassen die Areale der betreffenden Art nicht die Gebiete, in denen sie aufgrund von Klima und Boden noch gedeihen könnten, sondern in denen sie sich gegenüber anderen Arten gerade noch behaupten können. Das potentielle Areal, d. h. das lediglich durch die Ansprüche an Klima und Boden mögliche Verbreitungsgebiet, ist in der Regel viel größer als das tatsächliche Siedlungsgebiet, das aktuelle Areal. Wie groß der Unterschied dabei sein kann, lassen einige der im vorigen Abschnitt genannten Salzpflanzen erkennen. Da diese auf Standorten vorkommen, wo die Konkurrenz durch andere Arten nur schwach ist, dringen sie an den Küsten wohl nahezu bis an die Grenzen ihres potentiellen Areals vor; daß sie in den Binnenländern dagegen nur auf Salzstellen beschränkt sind, sonst aber fehlen, ist dagegen in erster Linie eine Frage der Konkurrenz.

Auch in der Freilandgärtnerei oder Forstwirtschaft finden wir viele ausgezeichnete Beispiele für die Verbreitungseinschränkungen durch den Wettbewerb in der Natur. So können zahlreiche Arten, die nicht zur Wildflora des betreffenden Gebietes gehören, trotzdem in Gärten oder Parkanlagen dieser Gegend gedeihen, weil dort die Konkurrenz anderer Arten ausgeschaltet wird. Oder denken wir z. B. an die Fichten- oder Kiefernforste, die wir in weiten Gebieten Mitteleuropas antreffen. Von Natur aus kommt die Gemeine Fichte *(Picea abies)* bei uns nur in höheren Mittelgebirgslagen auf einigen inselartigen Sonderstandorten vor. Auch die Gemeine Kiefer *(Pinus sylvestris)* hat im Tiefland nicht viele natürliche Vorkommen; sie befinden sich auf jungen Küstendünen, armen Sanden, Mooren und Felsköpfen. Alle anderen Bestände dieser beiden Arten gehen auf forstliche Tätigkeit zurück. Bemerkenswert ist dabei, daß die Wuchsleistung in derartigen Kunstformen sogar ungleich besser sein kann als auf den wenigen natürlichen Standorte. Auch diese Erscheinung hängt mit der Ausschaltung der Konkurrenz zusammen. Wie Untersuchungen gezeigt haben (s. Abb.), liegt z. B. bei der Kiefer das physiologische Optimum, also das beste Wachstum, sofern eine Konkurrenz ausgeschaltet ist, auf frischen, nährstoffreichen Böden. Auf armen Sandböden oder auf nassen, sauren Mooren kann sie zwar wegen ihrer Anspruchslosigkeit noch gedeihen, erreicht hier aber nur geringe Stammhöhen und bringt auch lediglich einen geringen Holzertrag. Daß die Kiefer bei uns unter natürlichen Verhältnissen auf solchen armen Standorten vorkommt, d. h. dort ihr ökologisches Optimum hat, liegt nur daran, daß sie auf den besseren Böden von vielen Laubhölzern verdrängt wird.

In fast allen bisher untersuchten Fällen hat sich herausgestellt, daß der Konkurrenzdruck eine Verschiebung des ökologischen Optimums gegenüber dem physiologischen bewirkt und daß das natürliche Vorkommen einer Art nur selten direkt durch die Standortfaktoren bestimmt wird. Diese beeinflussen meist die Verbreitung nur indirekt, indem sie die Wettbewerbsfähigkeit verändern. Die großen Differenzen, die offenbar bei vielen Arten zwischen potentiellem und tatsächlichem Areal bestehen, machen es verständlich, daß es oft recht problematisch ist, aus dem Verbreitungsbild Schlüsse auf das ökologische Verhalten der betreffenden Art ziehen zu wollen.

Tierische Bestäubung und Pflanzenverbreitung

Wie bereits erwähnt wurde, setzen sich die jetzige Flora und Vegetation der Erde zum großen Teil aus Blütenpflanzen zusammen. Von diesen werden wiederum die meisten Arten von Tieren bestäubt. Zwischen solchen zoogamen Pflanzenarten und ihren tierischen Bestäubern bestehen daher verständlicherweise enge Wechselbeziehungen. Eine zoogame Art kann eben nur dort vorkommen, wo auch die spezifischen Bestäuber vorhanden sind.

Es gibt zwar eine Fülle von Untersuchungen über die Gründe für den Blütenbesuch durch Tiere, über diesbezügliche Tiergruppen, Anpassungsmechanismen auf beiden Seiten usw., die sogar zur Herausbildung einer Spezialrichtung der Biologie, der Blütenbiologie, geführt haben. Es gibt aber auch heute nur wenige genauere Kenntnisse darüber, wie sich die Zoogamie auf die Verbreitungsverhältnisse der Pflanzen, d. h. die Arealbildung, auswirkt.

Ganz spezifische Kopplungsanpassungen zwischen Pflanzen und Bestäubern, besonders wenn solche Verbindungen auf Artebene (Pflanzenart/Bestäuberart) bestehen, scheint es nicht allzu häufig zu geben. So sind einige Orchideen im Blütenbau derart spezialisiert, daß eine Bestäubung nur von ganz wenigen Insekten vorgenommen werden kann. Zu denjenigen Arten, deren sehr beschränkte Verbreitung an das Vorkommensgebiet der sie bestäubenden Insekten gebunden sein dürfte, gehört z. B. die madagassische Orchidee *Angraecum sesquipetale* mit ihren bis zu 20 cm langen Blütenspornen. Ähnlich liegen die Verhältnisse bei verschiedenen nordamerikanischen *Yucca*-Arten, die ausschließlich durch Motten der Gattung *Pronuba* bestäubt werden. Die auch bei uns nicht selten als Zierpflanze kultivierte Palmlilie *(Yucca filamentosa)* ist von der Bestäubung durch *Pronuba yuccasella* abhängig, die Palmlilienart *Yucca brevifolia* von der durch *Pronuba synthetica* usw. Da eine Vermehrung der Mottenarten ebenso von *Yucca* abhängig ist wie umgekehrt, kann man allerdings schwer entscheiden, welche der beiden – Pflanze oder Tier – die Verbreitung des anderen bestimmt. Auch bei dem Feigenbaum *(Ficus carica)* können wir eine solche direkte und wechselseitige Abhängigkeit von dem Bestäuber, einer Gallwespe *(Blastophaga grossorum)*, feststellen.

Die auffallenden Blütenfarben sind charakteristisch für die Bestäubung durch Vögel. *Heliconia rostrata* aus Südamerika wird von Kolibris bestäubt.

In den Tropen und Subtropen spielen auch Vögel eine nicht geringe Rolle als Bestäuber. Es wird geschätzt, daß es etwa 2000 Vogelarten gibt, die Blüten besuchen, und auch die Zahl der von Vögeln bestäubten (ornithogamen) Pflanzen ist recht hoch. Die wichtigsten Blumenvögel der Alten Welt sind die Honigsauger (Nectariniidae), die in Afrika bis zur Südgrenze der Sahara, in Asien bis zum Iran, nach Westpakistan und Südchina sowie in Australien, Neuseeland und bis zur pazifischen Inselgruppe der Salomonen vorkommen. Die Nordgrenze der Verbreitung der Honigsauger entspricht etwa derjenigen mancher ornithogamer Pflanzen, wie der Arten der Gattung Banane

Protea acaulos aus dem westlichen Teil der Kapregion Südafrikas. Es ist eine von mehreren Arten der Gattung, deren bodennah gebildete Blüten nicht von Vögeln, sondern von Nagetieren bestäubt werden.

(Musa), Eibisch *(Hibiscus)*, Korallenbaum *(Erythrina)*, Riemenblume *(Loranthus)*, Seidenwollbaum *(Bombax)* usw., so daß ein Zusammenhang zwischen der Verbreitung der Pflanzen und der Bestäuber wahrscheinlich ist. Allerdings ließ sich auch hier noch nicht klären, welcher der beiden Partner begrenzend für das Vorkommen des anderen wirkt. Das gilt auch für das weit nördlich von anderen Vogelblumen entfernte Vorkommen der halbparasitischen Riemenblumenart *Loranthus acaciae* in Palästina, die mit dem Auftreten des Honigsaugers *Cinnyris osae* verbunden ist.

In Amerika sind die Kolibris (Trochilidae) die bedeutendsten Blumenvögel. Sie treten jedoch keineswegs nur in tropischen und subtropischen Gebieten auf, sondern kommen bis weit in kühlgemäßigte Bereiche vor.

Tiere als Verbreiter von Früchten und Samen

Nicht nur als Bestäuber sind Tiere für die Pflanzen wichtig, sie spielen auch oft eine Rolle bei der Verbreitung von Früchten, Samen oder vegetativen Teilen. Über die Zoochorie, wie diese Verbreitungsform insgesamt bezeichnet wird, liegt zwar eine Fülle von Einzelbeobachtungen vor. Wir wissen aber immer noch recht wenig darüber, wie sie sich auf die Gesamtverbreitung der betreffenden Pflanzenarten auswirkt, d. h., wie verbreitungswirksam sie ist. Seit langem ist z. B. bekannt, daß die Samen einer nicht geringen Zahl von Arten unserer Flora durch Ameisen verbreitet werden (Myrmekochorie). Die Entfernungen, über die eine Samenverschleppung auf diese Weise erfolgt, sind allerdings recht gering; sie betragen meist weniger als 100 m. Man könnte daher der Meinung sein, daß die Myrmekochorie für die Verbreitungsverhältnisse der Pflanzen kaum Bedeutung habe. Eine solche Schlußfolgerung wäre aber voreilig, da hierbei eine ganz wichtige Seite des Naturgeschehens unberücksichtigt bliebe, nämlich der Zeitfaktor. Bei den unvorstellbar langen Zeiträumen, die der Entwicklung der Pflanzenwelt und der Ausbreitung der Arten zur Verfügung standen, konnten sich selbst kleine Einzelschritte zu ungeahnten Ausmaßen summieren. Eine sicher als gering zu betrachtende »Wanderung« von z. B. nur 5 m im Jahr ergäbe in einer Million Jahren eine Ausbreitung von nicht weniger als 5000 km!

Verbreitung durch Vorrat sammelnde Tiere

Eine ähnliche Verschleppung von Samen und Früchten wie bei den Ameisen erfolgt auch durch eine ganze Reihe von Vögeln, Nagetieren und anderen, die diese zur Anlage von Vorräten sammeln. Oft genug werden aber solche Vorräte vergessen oder bei Störungen aufgegeben. Unter den Vögeln sind als besonders eifrige Sammler die Häher, Spechte und Rabenvögel bekannt. Für die natürliche Verjüngung der Holzarten haben diese Tiere sogar eine erhebliche Bedeutung, da sie selbst verhältnismäßig schwere Samen oder Früchte über größere Entfernungen – manchmal über viele Kilometer – transportieren können. So geht z. B. die Verjüngung der Zirbelkiefer *(Pinus cembra)* wesentlich auf die Sammeltätigkeit des Tannenhähers *(Nucifraga caryocatactes)* zurück, und bei unseren Eichen sind Saatkrähen, Spechte, Eichhörnchen und vor allem der Eichelhäher *(Garrulus glandarius)* an der Verbreitung beteiligt. Welche bedeutenden Ausmaße die Verschleppung annehmen kann, zeigten eingehende Beobachtungen durch L. Schuster in einem etwa 37 ha großen Eichenwald am Vogelsberg. Während einer Sammelzeit von 30 Tagen wurden dort von etwa 65 Eichelhähern mindestens 300 000 Eicheln weggetragen! Das entspricht einer Leistung von etwa 4600 Eicheln pro Vogel. Selbst wenn davon nur ein Teil zur Keimung gelangt, zeigt dies doch, wie wirkungsvoll eine solche Verbreitung durch Tiere sein kann. Neben der Eiche werden auch Haselnuß, Walnuß, Edelkastanie usw. auf diese Weise verbreitet. Der Einfluß der obengenannten Tiere hatte vermutlich bei der nacheiszeitlichen »Rückwanderung« dieser Holzarten von Süden nach Norden erstrangige Bedeutung – ist doch die z. T. ungemein rasche Ausbreitung in der Nacheiszeit gerade bei denjenigen Arten, die schwere Nüsse ausbilden, kaum anders zu erklären.

Endozoochorie

Vielfach werden Früchte und Samen von Tieren auch als Nahrung aufgenommen. Dabei kann eine Passage der Samen durch den tierischen Verdauungstrakt nicht nur für die Verbreitung, sondern auch für die Keimung geradezu eine Voraussetzung darstellen. Man bezeichnet den Vorgang, bei dem Samen von Tieren aufgenommen und in keimfähigem Zustand wieder ausgeschie-

Die Früchte der Laubholzmispel *(Viscum album)* werden durch Vögel, z. B. Drosseln, verbreitet, die die klebrigen Samen an den Zweigen von Laubbäumen abstreifen.

den werden, als Darmwanderung, als Endozoochorie.

Pflanzenfressende Tiere, wie Rinder, Schafe, Ziegen, Gemsen, Rentiere usw., nehmen mit dem Futter besonders im Herbst meist größere Mengen von Samen auf. So haben Exkrementanalysen gezeigt, daß der Anteil keimfähiger Samen recht erheblich und damit verbreitungswirksam sein kann. Dies ließ sich in alpinen ebenso wie in arktischen oder selbst tropischen Gebieten nachweisen. Da gerade Wildtiere vielfach schnellere Tiere sind und sich z. T. innerhalb eines größeren Gebietes bewegen, können Samen so über beträchtliche Entfernungen verschleppt werden.

Es gibt viele Pflanzenarten, deren Samen von fleischigen Teilen umgeben sind. Die morphologische Natur dieser fleischigen Teile kann dabei ganz verschieden sein: Es kann sich um Teile des Samens, um die ganze Fruchtwand oder Teile davon, um Blütenachsen, Bildungen des Samenmantels (Arillus) u. a. handeln. Ihre Funktion ist aber weitgehend die gleiche: Sie dienen als Anlockungsmittel und sollen von Tieren verzehrt werden. Spezialisierte Fruchtfresser gibt es allerdings nur in den Tropen und Subtropen. Als solche wirken dort viele Affen, Halbaffen, Fliegende Hunde, Fledermäuse, Beutelratten usw. Sonst handelt es sich um Allesfresser, aber auch Weidetiere und selbst Raubtiere nehmen fleischige Früchte auf. Beispielsweise fressen Füchse im

Herbst gern und in größeren Mengen Heidelbeeren, Preiselbeeren, Vogelbeeren usw.

Die wichtigsten endozoochoren Samenverbreiter sind wohl überall die Vögel. Nicht wenige Pflanzenarten werden sogar ausschließlich über den Vogelmagen verbreitet, wie z. B. bei uns Misteln *(Viscum)*, Pfaffenhütchen *(Euonymus)*, Holunder *(Sambucus)*, Wacholder *(Juniperus)*, Eibe *(Taxus baccata)*, Vogelbeere *(Sorbus aucuparia)*, Brombeeren *(Rubus-*Arten) u. a. Obwohl die Verweildauer von Samen im Verdauungstrakt der Vögel höchstens einige Stunden beträgt, genügt dies, um Samen oft kilometerweit zu verbreiten. Hauptsächlich werden die Samen durch Endozoochorie allerdings nur über kleinere Entfernungen getragen, da sich viele Vögel wie auch Säugetiere normalerweise nur in einem bestimmten Wohnbezirk – in ihrem Territorium – bewegen. Tiere, die weite Wanderungen durchführen, wie Rentiere oder Zugvögel, können die Samen dagegen auch über große Entfernungen verbreiten. Dabei kann bei solchen alljährlichen Wanderungen der Effekt selbst bei einer nur schrittweisen Verbreitung im Laufe der Zeit sehr groß werden.

Epizoochorie

Besonders wirkungsvoll werden Samen und Früchte verbreitet, die äußerlich an Tieren haftenbleiben und so unabsichtlich verschleppt werden. Diese Epizoochorie ist für die Pflanzen besonders vorteilhaft, weil keine Gefährdung des eigentlichen Samens durch Mundwerkzeuge oder Verdauungsorgane erfolgt, die Verweildauer am Tier zeitlich kaum begrenzt ist (auf jeden Fall ist sie ungleich länger als bei Endozoochorie) und ein vom Tier unbemerkter Transport sich unter Umständen über sehr weite Entfernungen erstrecken kann. Es überrascht daher nicht, daß sich in der Pflanzenwelt eine Unzahl entsprechender Anpassungen herausgebildet hat und die Zahl der Pflanzenarten mit epizoochoren Verbreitungsmitteln sehr groß ist. Als Verbreiter spielen hierbei in erster Linie Säugetiere und erst an zweiter Stelle Vögel eine Rolle. Viele Pflanzenarten mit einem besonders großen Areal, wie selbst etliche Kosmopoliten, haben ihre kontinent- oder fast weltumspannende Verbreitung auf diese Weise erlangt.

Im einzelnen weist die Epizoochorie einige Unterschiede auf. Die überwiegende Zahl epizoochorer Pflanzen besitzt Früchte oder Samen mit speziellen Hafteinrichtungen. Als solche wirken bereits klebrige Drüsenhaare oder die Absonderungen klebrigen Schleimes. Solche Klebfrüchte besitzen z. B. verschiedene Hornkrautarten *(Cerastium glomeratum, Cerastium semidecandrum* u. a.), Klebsalbei *(Salvia glutinosa)*, Moosglöckchen *(Linnaea borealis)* oder das Tropenunkraut *Sigesbeckia orientalis*. Klebsamen gibt es auch bei vielen Binsenarten, wie der häufigen Flatterbinse *(Juncus effusus)*, der Krötenbinse *(Juncus bufonius)*, Zarten Binse *(Juncus tenuis)* u. a. Viel häufiger sind jedoch

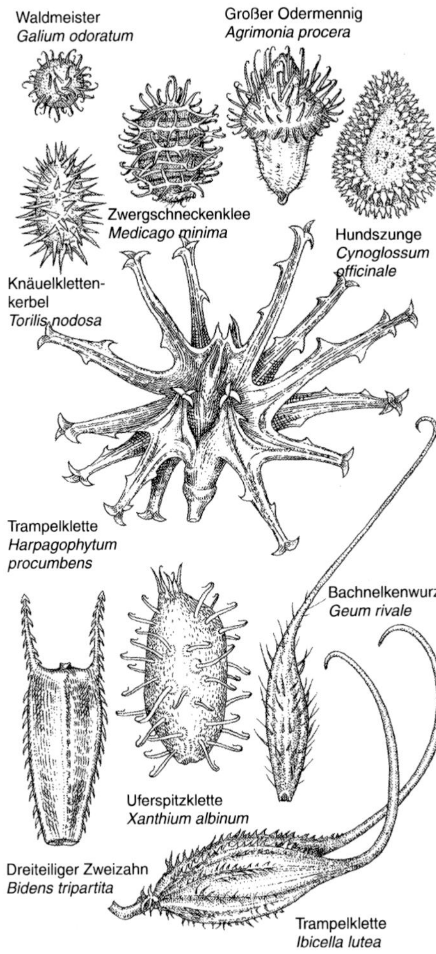

Früchte, die sich an Tieren festhaken

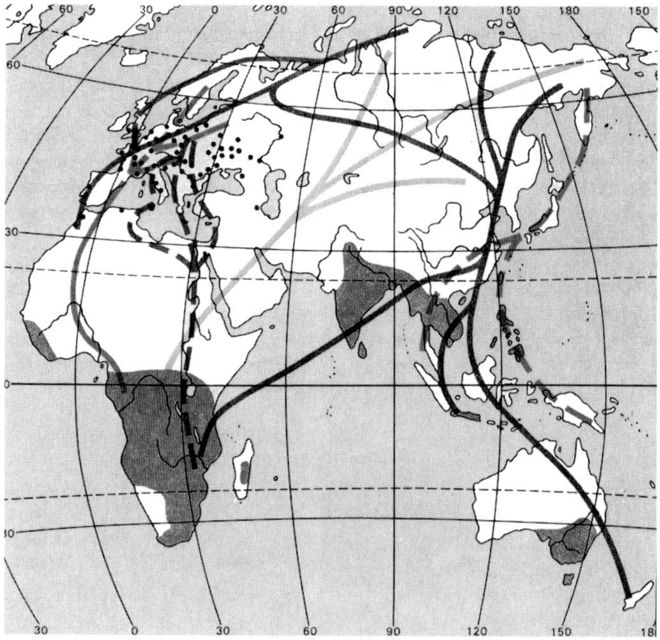

Gesamtverbreitung der Zwergwasserlinse *(Wolffia arrhiza)* und der Verlauf der wichtigsten Vogelzugstraßen (nach Jäger)

Früchte mit haken- oder dornenförmigen Anhängseln, die als Klettorgane wirken. Solche Klettfrüchte kommen in ganz verschiedenen Verwandtschaftskreisen der Blütenpflanzen vor und weisen eine sehr große Variabilität der Formen auf. Die Abb. S. 48 zeigt einige solcher Fruchtformen, doch vermögen sie nicht annähernd die ganze Vielfalt anzudeuten. Wie wirkungsvoll solche Klettfrüchte sind, hat wohl jeder schon selbst erlebt, wenn er abseits vom Wege einen feuchten Wald, das Ufer eines Gewässers oder eine Schutthalde durchstreifte: An den Beinkleidern hatten sich mitunter Hunderte von Früchten verhakt, die nur mit viel Geduld wieder abgelesen werden konnten. Die den Tieren am Felle ansitzenden Klettfrüchte schaden ihnen kaum. Anders verhält es sich bei einigen sogenannten Trampelkletten, die durch auf sie tretende Tiere verbreitet werden. Dabei handelt es sich vor allem um Steppen- und Wüstenpflanzen. Die Widerhaken dieser Früchte sind oft so hart, daß sie sich tief im Fleisch der Tiere festhaken.

Eine epizoochore Verbreitung kann jedoch auch erfolgen, ohne daß die Früchte bzw. Samen besondere Kleb- oder Kletteinrichtungen aufweisen. Dies ist vor allem bei Sumpf- und Wasserpflanzen der Fall, deren Verbreitungseinheiten oft sehr klein, ja geradezu winzig sind. Sie können am Gefieder, am Schnabel und besonders an den Füßen von Wasser- und Sumpfvögeln, oft zusammen mit feuchtem Schlamm, haftenbleiben. So werden sie in kurzer Zeit zumindest von Gewässer zu Gewässer verbreitet.

Umstritten ist, ob auf diese Weise auch weite Entfernungen bei den jahreszeitlichen großen Vogelzügen überbrückt werden können. Bekanntlich putzen die Vögel sehr oft ihr Gefieder, und man müßte daher annehmen, daß sie sich anhaftender Früchte und Samen bald entledigen. Andererseits sind gerade manche Sumpf- und Wasserpflanzen überaus weit verbreitet, haben aber so große Verbreitungslücken, daß deren Überbrückung nur durch Vogeltransport wahrscheinlich ist. Untersucht man z. B. das Areal der Zwergwasserlinse *(Wolffia arrhiza)*, die übrigens die kleinste bekannte Blütenpflanze der Welt darstellt, oder der Wasserfalle *(Aldrovanda vesiculosa)*, des Kleinen Nixkrautes *(Najas minor)*, des Zarten Hornblattes *(Ceratophyllum submersum)* u. a., so zeigt sich übereinstimmend, daß diese Arten gegenwärtig in Nord- und Südamerika völlig fehlen, in Afrika, Süd- und Ostasien, z. T. in Australien und in Europa aber weit voneinander getrennte Siedlungsgebiete haben, wobei besonders in Europa die Einzelvorkommen sehr verstreut und z. T. unbeständig sind. Einen Zusammenhang mit den großen Klimazonen kann man bei diesen Arealen nicht erkennen, dagegen gibt es eine auffallende Übereinstimmung mit den großen Vogelzugstraßen, in deren Bereich die Vorkommen in Südostafrika, im Niltal, in Indien, Ostasien usw. liegen. Nimmt man eine Vogelverbreitung an, wird auch das Fehlen dieser Arten auf dem amerikanischen Kontinent verständlich, da der größte Teil der europäischen Wasservögel nur in Eurasien, Afrika und Australien anzutreffen ist. So weisen viele Anzeichen darauf hin, daß der Vogelzug die Überwindung großer Entfernungen und damit auch die Entstehung dieser stark disjunkten Areale ermöglicht, in vielen Fällen sogar bestimmend für die Hauptzüge der Gesamtverbreitung dieser Arten sein dürfte. Natürlich wird die Verbreitung solcher Wasserpflanzen im einzelnen auch durch ihre Standortansprüche begrenzt. Darauf geht z. B. die Nordgrenze ihrer heute bekannten Vorkommen in Europa zurück.

Ein Blick in die Vergangenheit

iIn den vorhergehenden Abschnitten wurde schon an mehreren Stellen darauf hingewiesen, daß für die gegenwärtige Verbreitung der Pflanzen die geschichtliche Entwicklung von großer Bedeutung ist. Wir wollen uns nun diesen Fragen, die in das Arbeitsgebiet der Historischen Pflanzengeographie gehören, etwas ausführlicher zuwenden.

Die Pflanzenwelt, die sich jetzt unseren Augen darbietet, ist im Laufe einer langen Entwicklung entstanden, sie ist etwas historisch Gewordenes. Vieles, sei es die Verbreitung von einzelnen Arten oder von Vegetationstypen, ist oft ohne eine Analyse des historischen Geschehens nicht zu verstehen. Wohl befinden sich die großen Vegetationszonen der Erde mit ihren hauptsächlichen Vegetationsformen in einem Gleichgewicht mit den jetzt auf sie einwirkenden Umweltverhältnissen und sind sogar Ausdruck für diese. Ihre floristische Ausstattung, ihre Ausprägung im einzelnen ist aber je nach Gebiet recht verschieden. Beispielsweise gibt es in Mitteleuropa wie in Nordamerika sommergrüne Laubmischwälder, die ähnliche Boden- und Klimaverhältnisse als Voraussetzung für ihr Gedeihen haben, aber eine wesentlich andere Zusammensetzung der Baumschicht und der Bodenflora aufweisen. Vor allem sind die nordamerikanischen Laubwälder sehr viel artenreicher als die vergleichbaren europäischen. Diese Unterschiede sind historisch bedingt. Wenn man die Vegetation der sommerwarmen, trockenen Gebiete vergleicht, in denen von Natur aus steppenartige Vegetationsformen vorherrschen, ergeben sich ähnliche Unterschiede. Die gegenwärtige Verbreitung ist eindeutig klimabedingt, wobei vor allem die Niederschlagsverhältnisse eine entscheidende Rolle spielen. Hinsichtlich der Artengarnitur unterscheiden sich jedoch die südosteuropäisch-südsibirischen Steppen erheblich von den nordamerikanischen Prärien oder gar den südamerikanischen Pampas. Auch diese Differenzierungen lassen sich nicht durch ökologische Unterschiede erklären, sondern nur durch die geschichtliche Entwicklung.

Diese historische Seite ist allerdings nur schwer zu entschleiern, da hier sowohl biotische Komponenten hineinspielen (z. B. die im Laufe der Zeiten erfolgte Höherentwicklung der Pflanzen und Entstehung neuer und z. T. konkurrenzfähigerer Sippen) als auch abiotische, wie etwa die in früheren Zeiten ganz andere Verteilung von Land und Meer, die andere Lage der Pole und damit der Klimazonen usw. Auch müssen die Ergebnisse ganz verschiedener Forschungsrichtungen berücksichtigt werden. Außerdem darf man nicht übersehen, daß die »Überlieferung«, je weiter man zeitlich zurückgeht, im großen und ganzen immer dürftiger und lückenhafter wird und demzufolge auch die Aussagen zunehmend unsicherer werden. Allerdings gibt es auch weit zurückliegende Abschnitte, über die man inzwischen recht gut Bescheid weiß, während manche verhältnismäßig jungen Perioden ungleich mehr Unklarheiten aufweisen.

Hierbei ist selbstverständlich die Frage nach dem »Wann?« von großer Wichtigkeit. Daher soll zunächst ein Überblick über die zeitliche Gliederung der Erdgeschichte eingeschoben werden.

Gliederung der Erdgeschichte

Sowohl die umfassendsten Einheiten der Erdgeschichte, die *Ären*, als auch deren Hauptabschnitte, die Systeme (früher als Formationen bezeichnet), und die diese wiederum untergliedernden Abteilungen und Stufen werden in erster Linie nach der fossilen Tierwelt abgegrenzt. Die »Erdzeitalter«, worunter im allgemeinen besonders die »Systeme« verstanden werden, sind also eigentlich »Tierzeitalter«, d. h. Abschnitte der Entwicklung der Tierwelt. Auch die Bezeichnung der Ären erfolgt dementsprechend: Das Paläozoikum ist genaugenommen das »Tieraltertum« und das Mesozoikum das »Tiermittelalter«, auch wenn üblicherweise von Erdaltertum und Erdmittelalter gesprochen wird.

Die fossile Pflanzenwelt wird im großen und ganzen nur zur zusätzlichen Charakterisierung dieser Erdzeitalter herangezogen. Nur in Teilabschnitten dient sie zur hauptsächlichen, der geologischen Schichtenfolge entsprechenden (stratigraphischen) Abgrenzung und Kennzeichnung. Wenn man jedoch eine Gliederung der Ären nach der Entwicklung der Pflanzenwelt vornimmt, ergeben sich ähnliche Abschnitte wie bei den faunistischen Ären.

Geologische Zeitskala (nach Menning 1987 u. a.)

Ära	System (Periode)	Serie (Abteilung)	Beginn vor Mill. Jahren
Känozoikum	Quartär		1,6
	Tertiär	Neogen	24
		Paläogen	65
Mesozoikum	Kreide	Oberkreide	100
		Unterkreide	140
	Jura	Malm	161
		Dogger	186
		Lias	208
		Keuper	230
	Trias	Muschelkalk	240
		Buntsandstein	247
Paläozoikum	Perm	Oberrotliegendes	285
		Unterrotliegendes	296
	Karbon	Oberkarbon	330
		Unterkarbon	360 ± 6
	Devon	Oberdevon	377
		Mitteldevon	389
		Unterdevon	408 ± 6
	Silur	Obersilur	ca. 420
		Untersilur	435 – 440
	Ordovizium	Gliederung unsicher	505 ± 15
	Kambrium	Oberkambrium	
		Mittelkambrium	
		Unterkambrium	ca. 570
Proterozoikum	»Präkambrium« nicht weiter untergliedert		

Bemerkenswert ist aber, daß die pflanzlichen Ären stets etwas früher einsetzen als die entsprechenden Ären auf zoologischer Grundlage. Dies weist darauf hin, daß eine Höherentwicklung der Tierwelt an eine vorhergegangene Höherentwicklung der Pflanzenwelt gebunden zu sein scheint.

Erforschung der Flora der Vorzeit

Die einzige Quelle, aus der Kenntnisse über die Pflanzenwelt der Vergangenheit gewonnen werden können, sind in Ablagerungen enthaltene Reste von Pflanzen (pflanzliche Fossilien), die seit der Zeit ihrer Einbettung in das Sediment erhalten blieben. Mit der Untersuchung der größeren, d. h. meist schon mit dem bloßen Auge sichtbaren Reste, den sogenannten Makrofossilien, beschäftigt sich die Paläobotanik, während die Untersuchung der fossilen Pollen und Sporen das Aufgabengebiet der Palynologie darstellt. Beide Forschungsrichtungen haben sich weitgehend unabhängig voneinander herausgebildet, auch wenn sie sich inzwischen in manchen Untersuchungsmethoden gar nicht mehr so stark unterscheiden. Mikroskopische und selbst elektronenmikroskopische Untersuchungen gehören längst auch in der Paläobotanik zu den Selbstverständlichkeiten.

Die »Großreste«, die der Paläobotaniker untersucht, liegen in ganz unterschiedlicher Erhaltung vor. Besonders günstig sind »echte« Versteinerungen, wenn nämlich die Zellwände durch ein Mineral ersetzt wurden. Hierbei bleibt die Zellstruktur unter Umständen sogar bis in subtilste Feinheiten erhalten und kann an Hand von Dünnschliffen genau untersucht werden. Abdrücke entstehen, wenn die pflanzliche Substanz nach der Einbettung verwest und an ihrer Stelle ein Hohlraum zurückbleibt; wird dieser durch ein eindringendes Sediment ausgefüllt, bildet es nach der Verfestigung Steinkerne, bei denen sich nur noch die Form, nicht aber strukturelle Merkmale erkennen lassen. Die größte Schwierigkeit bei der Arbeit mit fossilen Pflanzen liegt aber darin, daß diese fast nie als Gesamtexemplar erhalten sind, sondern nur in isolierten Bruchstücken vorliegen, deren Zusammengehörigkeit manchmal erst nach Jahrzehnten durch besonders glückliche Funde bewiesen werden kann. So ist für den Paläobotaniker die Rekonstruktion längst ausgestorbener Pflanzen oft noch schwieriger, als wenn man jemandem etwa die Aufgabe stellen würde, aus ein paar abgefallenen Blättern, einigen Zweigstücken, Blütenresten und vielleicht auch Stammstücken unserer heutigen Mischwälder die Bäume dieses Waldes in ihrer Form zu ermitteln und darüber hinaus auch noch Aussagen über Umweltbedingungen abzuleiten. In Anbetracht solcher Schwierigkeiten ist es geradezu erstaunlich, was die Paläobotaniker bei der Rekonstruktion vorzeitlicher Pflanzen und selbst ganzer Floren geleistet haben.

Selbstverständlich ist dabei immer nur ein Bruchteil der früheren Pflanzenwelt erfaßbar. Schon bei der Einbettung spielen viele Zufälle eine Rolle, beim Fossilwerden und schließlich auch beim Auffinden. Bei der Aufdeckung der Floren- und Vegetationsgeschichte des Paläo- und des Mesozoikums stellt die Paläobotanik die hauptsächliche Forschungsrichtung dar.

Für die Erforschung des Pflanzenkleides der jüngsten Abschnitte der Erdgeschichte, besonders für das Quartär, hat dagegen die Analyse des fossilen Blütenstaubes die größte Bedeutung erlangt. Durch die Pollenanalyse – wie man diese Untersuchungsrichtung meist kurz bezeichnet – können Florenentwicklungen und -wandlungen dieses Zeitraumes bereits für viele Gebiete recht genau angegeben werden.

Eine der Grundlagen der Pollenanalyse ist die außerordentlich hohe Widerstandsfähigkeit der äußeren Zellwand (der Exine) der meisten Pollen und Sporen. Die sogenannten Sporopollenine, die Hauptbestandteil der äußeren Zellwände sind, gehören sogar zu den widerstandsfähigsten Substanzen, die aus dem ganzen Organismenreich bekannt sind. Sie werden selbst von konzentrierten Laugen und Säuren nicht angegriffen. Man kann Pollen und Sporen z. B. in Schwefelsäure oder Flußsäure kochen, ohne daß sie aufgelöst werden. Nur gegen Oxydationen sind sie empfindlich. Geraten Pollen oder Sporen in Ablagerungen unter Luftabschluß, können sie über viele Jahrmillionen, ja eigentlich unbegrenzt lange erhalten bleiben.

Pollen werden bekanntlich von den Samenpflanzen (Nackt- und Bedecktsamern), Sporen mit widerstandsfähigen Zellwänden vor allem von Pteridophyten (Farnen, Bärlappen, Schachtelhalmen usw.) und Moosen gebildet. Besonders bei den Pollen ist die Formenmannigfaltigkeit ungeheuer groß und für jeden faszinierend, der sich mit diesem Gebiet beschäftigt. Diese Formenvielfalt ermöglicht es andererseits, Pollen zu bestimmen und den sie bildenden Pflanzen zuordnen zu können. Bei der mittel- und nordeuropäischen Flora ist dies teilweise sogar bis zur Art möglich, manchmal aber nur bis zur Gattung oder Familie. So kann man aus fossilen Pollen (und Sporen) Rückschlüsse auf die frühere Vegetation ziehen. Auf der Abb. sind einige leicht kenntliche Pollen mitteleuropäischer Gehölze – sogenannte Baumpollen – sowie einige »Nichtbaumpollen« und Sporen wiedergegeben. Der ganze Formenreichtum kann dabei aber nur angedeutet werden.

Pollen und Sporen werden alljährlich von den Pflanzen in geradezu ungeheuren Mengen produziert. Wie groß die Produktion dieser Fortpflanzungseinrichtungen ist, mögen einige wenige Angaben zeigen. Ein kräftiger, etwa 10 Jahre alter Seitenast einer Buche bildet mehr als 28 Millionen, ein solcher von der Birke, Fichte oder Eiche mehr als 100 Millionen und einer von der Kiefer gut 350 Millionen Pollenkörner im Jahre. Schon bei einem einzigen Baum ergeben sich somit Zahlen, die in der Größenordnung von Milliarden liegen! Auch krautige Pflanzen können enorme Pollenmengen hervorbringen: So wurden z. B. für eine Einzelpflanze des Wiesensauerampfers *(Rumex acetosa)* etwa 400 Millionen, des Klatschmohns *(Papaver rhoeas)* 300 Millionen oder des Glatthafers *(Arrhenatherum elatius)* 75 Millionen Pollenkörner ermittelt.

Die Verbreitung der Sporen erfolgt, von bedeutungslosen Ausnahmen abgesehen, stets durch Luftströmungen. Dies trifft auch für die Pollen der Nacktsamer (Gymnospermen) zu. Bei den meisten Bedecktsamern (Angiospermen) wird der Pollen dagegen durch Tiere übertragen (s. S. 44), jedoch gibt es hier nicht wenige windblütige Formen. So sind z. B. fast alle Baumarten der mitteleuropäischen Flora, alle Gräser, Binsen usw. Windbestäuber. Andere Arten, wie Weiden *(Salix)*, Linden *(Tilia)*, Heidekrautgewächse (Ericaceae), werden zwar durch Tiere bestäubt, geben aber auch beträchtliche Pollenmengen an die Luft ab.

Ein großer Teil der Pollen fällt in der nächsten Umgebung seiner Entstehung wieder zu Boden. Ein nicht geringer Teil davon, vor allem von Pflanzen der oberen Vegetationsschicht, gerät durch aufsteigende Luftströmungen auch in größere Höhen – bis zu einigen tausend Metern hoch – und kann dann weit verfrachtet werden. Dabei tritt selbstverständlich eine Durchmischung der aus verschiedenen lokalen Bereichen stammenden Pollen ein. Wie Untersuchungen ergaben, liegt die Grenze der normalen Verwehbarkeit meist bei 50 bis 100 km. Es sind aber auch Pollenverwehungen von mehr als 1000 km nachgewiesen.

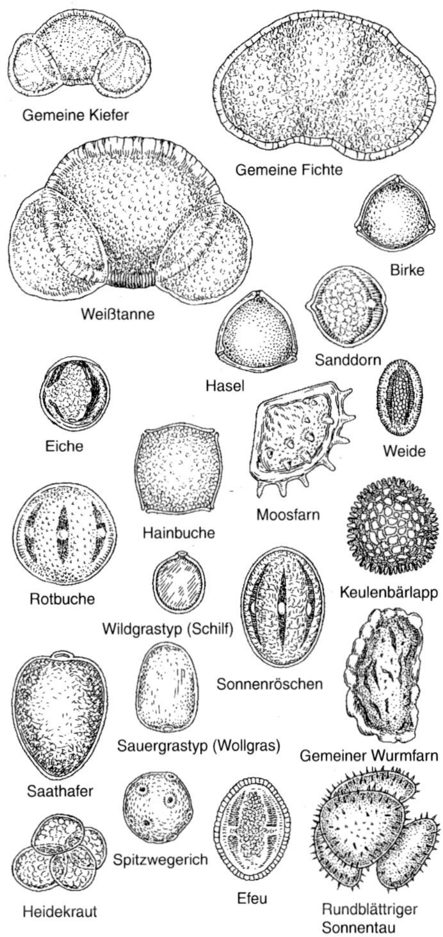

Die häufigsten Pollen und Sporen in unserem Gebiet

Bei der großen Menge der gebildeten Pollen und Sporen und deren leichter Verwehbarkeit ist die Wahrscheinlichkeit hoch, daß eine größere Zahl von ihnen an Stellen gelangt, die für eine Fossilerhaltung günstig sind, wie z. B. auf Moore oder Seen. Die pollenenthaltenden Schichten, die sich hier manchmal über Jahrtausende hinweg ausbilden, stellen geradezu Archive fossilen Blütenstaubes dar. Freilich sind diese Archive nicht vollständig. Sie enthalten vor allem Pollen windblütiger Arten sowie Sporen, während Pollen von insektenblütigen Arten entweder ungleich seltener oder gar nicht enthalten sind. Das »Archivmaterial« ist auch hinsichtlich seiner Herkunft ungleichmäßig: Wenn es sich um Ablagerungen in Mooren handelt, stammt ein großer Teil der Pollen und Sporen von Pflanzen, die auf dem Moore selbst oder an dessen Rändern wuchsen (sogenannter örtlicher Pollenniederschlag). Bei Ablagerungen in Seen spielt in dieser Hinsicht natürlich nur die Randvegetation eine Rolle. Deshalb müssen bei der Auswertung solche Einflüsse berücksichtigt werden. Ein anderer bedeutender Teil des Pollenniederschlages stammt aus der näheren Umgebung (Umgebungsniederschlag aus 500 – 1000 m Entfernung und Nahflugpollen aus dem Bereich bis zu 10 km). Weitflugpollen (bis zu 100 km) und Fernflugpollen (aus mehr als 100 km Entfernung) haben in bewaldeten Gebieten am Gesamtpollenniederschlag meist nur einen geringen Anteil; in baumlosen Gebieten kann diese Komponente jedoch sehr beträchtlich sein, ja sogar die einzige Quelle für die Ablagerung von Baumpollen darstellen. Auch sonst muß stets damit gerechnet werden, daß einige Pollen über große Entfernungen herantransportiert wurden; ein Einzelfund eines Pollens (eines Windblütlers) besagt also noch nicht, daß die betreffende Art auch am Fundort oder in dessen unmittelbarer Nähe vorgekommen sein muß.

Für die Untersuchung der Vegetationsgeschichte eines Gebietes werden zunächst die pollenführenden Ablagerungen durch Bohrungen oder an Stichwänden schichtweise gewonnen und dann im Labor mit verschiedenen Methoden aufbereitet. Die Pollenproben mustert man schließlich unter dem Mikroskop durch, wobei von jeder Art (oder jedem Pollentyp) die Zahl der Pollenkörner festgehalten wird. Meist genügt es, 200 Baumpollen je Probe auszuzählen, da sich erfahrungsgemäß der Prozentsatz der wichtigsten Pollentypen auch bei weiterer Zählung kaum noch ändert. So erhält man für jede Probe und damit für jede Schicht des Sedimentes ein Pollenspektrum, in dem der Anteil der einzelnen Pollenarten in Prozenten angegeben wird. Bei baumpollenreichen Proben hat sich als zweckmäßig erwiesen, als Bezugsgröße die Summe der Baumpollen gleich 100 % zu setzen und die der ermittelten Nichtbaumpollen und Sporen darauf zu beziehen. Da die Bezugspollensumme immer jene Pflanzen umfassen soll, die die oberste Vegetationsschicht bilden, wird jedoch bei baumfreien Vegetationsabschnitten (z. B. im Spätglazial) die gesamte Pollensumme als Bezugsgrundlage gewählt.

Der Vergleich der Prozentwerte der einzelnen Pollentypen aus den meist zahlreichen Proben eines Profils wäre eine unübersichtliche und umständliche Angelegenheit. Man bedient sich daher einer graphischen Umsetzung, wie sie von dem schwedischen Geologen und Mitbegründer der Pollenanalyse, von Post, unter der Bezeichnung Pollendiagramm eingeführt wurde (s. Abb. S. 55). Hierbei werden die Pollenspektren in ein Koordinatensystem eingetragen: Auf der Ordinate wird die Tiefenlage der Probe (bzw. des Pollenspektrums) angegeben, auf der Abszisse die Prozentwerte der einzelnen Pollen- und Sporentypen, bezogen auf die gewählte Berechnungsgrundlage. Schließlich werden die Prozentwerte der einzelnen Arten durch Linien verbunden.

Eine solche Darstellungsweise läßt Schwankungen in der relativen Pollenhäufigkeit der einzelnen Arten durch das ganze Profil leicht erkennen und ermöglicht auch den Vergleich verschiedener Diagramme.

Aus den Pollendiagrammen lassen sich die Vegetationsverhältnisse recht sicher ableiten. Selbst verhältnismäßig kurzfristige Schwankungen in der Zusammensetzung der Waldvegetation, wie sie z. B. durch Siedlungsperioden hervorgerufen wurden, zeigen sich meist deutlich in den Diagrammen. Während die Pollenanalyse anfangs nur zur Erforschung der nacheiszeitlichen Vegetationsentwicklung diente, wurde ihr Anwendungsbereich später auf das ganze Eiszeitalter (Pleistozän) und auch auf das Tertiär ausgedehnt. Die wichtigsten Ergebnisse werden wir später noch besprechen. Bei allen diesen Untersuchungen stellen immer die Vegetationsverhältnisse das Forschungsziel dar. Aber schon im Tertiär, vor allem in den älteren Abschnitten, können längst nicht mehr alle Pollen und Sporen bestimmten Pflanzenarten oder -gattungen zugeordnet werden, und in noch älteren Ablagerungen ist dies nur in Ausnahmefällen möglich. Zwar können viele mesozoische und paläozoische Sedimente palynologisch untersucht werden; die Ergebnisse dienen dann aber fast ausschließlich der Erforschung der geologischen Schichtenfolge. Hierfür haben sich solche Untersuchungen als sehr nützlich für die geologische Praxis erwiesen.

Die für die Entwicklung der Pflanzenwelt auswertbaren Ergebnisse der Paläobotanik und der Palynologie sind außerordentlich umfangreich und vielfältig. Auch wenn nach wie vor noch viele

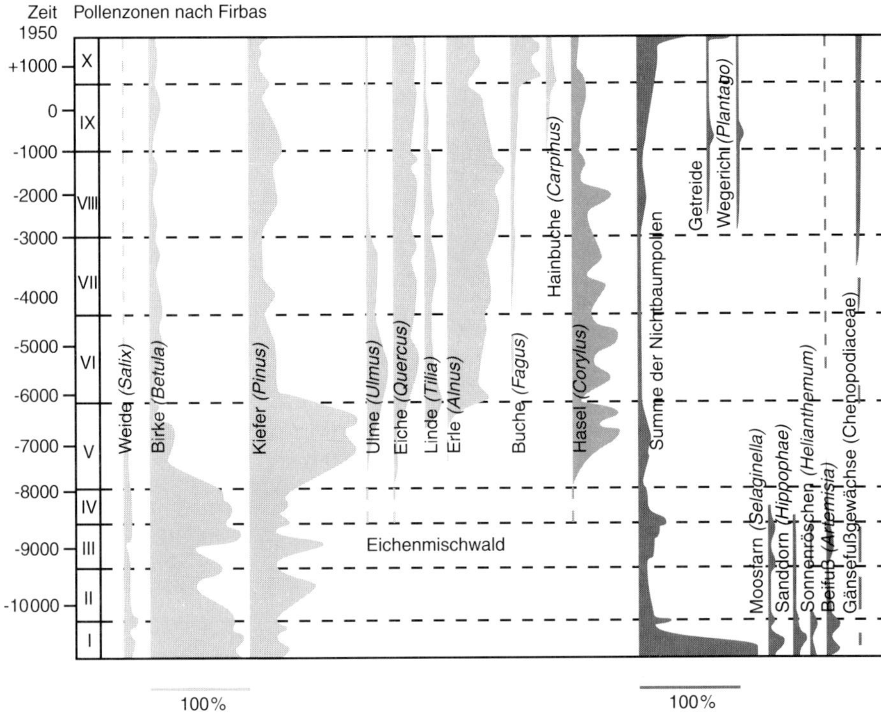

Schematisiertes Pollendiagramm für Ostholstein (nach Schmitz).
Helle Flächen: Baumpollen, dunkle Flächen: Nichtbaumpollen und Sporen

Einzelheiten unbekannt sind und die Erforschung der vorzeitlichen Flora und Vegetation noch genügend »weiße Flächen« auf der Erde aufweist, zeichnet sich die generelle Entwicklung doch bereits deutlich ab. Wir wollen hier einen kurzen Abriß geben, wobei wir uns bei den geologisch jüngeren Abschnitten vor allem auf den europäischen Raum beschränken müssen.

Hauptetappen der Entwicklung der Pflanzenwelt

Nach den Bakterien und Blaualgen waren die Algen die ersten pflanzlichen Organismen. Über unvorstellbar lange Zeiträume blieb die Entwicklung pflanzlichen Lebens auf das Wasser beschränkt. Mit mehr als 2,5 Milliarden Jahren dauerte die Algenzeit (Proterophytikum) wenigstens fünfmal so lange wie alle folgenden Entwicklungsperioden.

Ein neues Kapitel begann erst etwa im Silur, d. h. vor ungefähr 425 Millionen Jahren, mit dem Auftreten der ersten Landpflanzen. Es waren zunächst noch recht einfach gebaute Formen, die als Psilophyten bezeichnet werden und noch manche Anklänge an die Algen zeigten, aus denen sie sich entwickelt hatten. Offenbar recht schnell setzte dann eine starke Formendifferenzierung ein, die schon im mittleren Devon zur Entstehung der späteren Hauptgruppen der Pteridophyten (Bärlappe, Schachtelhalme, Farne) und Vorläufer der Nacktsamer (Progymnospermen) führte. Es erweckt fast den Anschein, als ob der neue, noch konkurrenzfreie Lebensraum Land die Entwicklung neuer Formen geradezu stimulierte.

Im Oberdevon und im Karbon entfalteten sich die verschiedenen Pteridophytengruppen fast explosiv und gelangten auf dem damals für Pflanzen besiedelbaren Teil der Erde zur Vorherrschaft. Die Erde begann sich zu begrünen. Mit Recht wird dieser Abschnitt als Pteridophytenzeit (Paläophy-

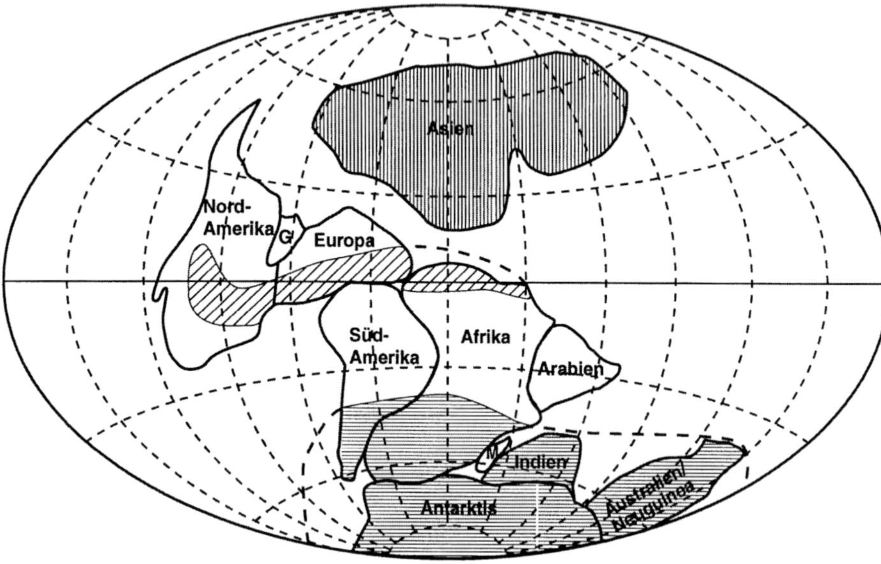

Florenreiche im Oberkarbon

Angara-Flora
Euramerische Flora
Gondwana-Flora
G = Grönland
M = Madagaskar

tikum) bezeichnet. Baumförmige Sippen, die z. T. bereits regelrechte Wälder bildeten, sind schon aus dem Oberdevon bekannt, und auch die ersten samenbildenden Sippen traten bereits zu jener Zeit auf. Einen Höhepunkt erreichte die Pflanzenwelt im oberen Karbon. Hohe baumförmige Bärlappe und Schachtelhalme, die z. T. Samen entwickelten, Farne und Farnsamer bildeten eine üppige Vegetation, die an jetzige tropische Verhältnisse erinnert. Auch Nadelhölzer und andere Nacktsamer traten bereits auf.

Aber schon wenig später, im Perm, erlangten fast überall auf der Erde verschiedene Gruppen von Nacktsamern rasch die Vorherrschaft und lösten die bis dahin dominierenden Pteridophyten ab: Die Gymnospermenzeit, das Mesophytikum, begann. Dieser krasse Florenwechsel scheint zu einem guten Teil mit einer Klimaänderung zusammenzuhängen. Es wurde trockener, woran die mit einem viel leistungsfähigeren Wasserleitsystem ausgestatteten Gymnospermen besser angepaßt waren. Während des gesamten Mesozoikums bis in die Zeit der unteren Kreide hinein waren mannigfache Gruppen von Nacktsamern vegetationsbestimmend: Cycadophyten, Ginkgophyten, Caytonien, Bennettiteen (allein deren Artenzahl wird auf etwa 40 000 geschätzt!) sowie Koniferen. Von all diesem Formenreichtum sind gegenwärtig nur äußerst bescheidene Reste vorhanden. Von den Cycadeen haben sich nur etwa 90, von den Ginkgophyten nur eine einzige und von den Bennettiteen, Caytonien, Glossopteriden usw. überhaupt keine Arten erhalten. Dabei waren manche Sippen im Erdmittelalter fast weltweit verbreitet oder besiedelten außerordentlich große Areale (s. Karte der Verbreitung von *Ginkgo*, S. 18).

Vor etwa 100 Millionen Jahren, zu Beginn der oberen Kreide, kam es zur nächsten »grünen Revolution«. Geradezu schlagartig und in großer Formenfülle traten überall auf der Erde die Bedecktsamer (Angiospermen) auf und verdrängten in kurzer Zeit die Nacktsamer. Damit begann die letzte Epoche der pflanzlichen Entwicklung, die Angiospermenzeit oder das Känophytikum. Die Herausbildung der Bedecktsamer erfolgte gewiß schon vor der Kreidezeit. Aus früheren Perioden sind jedoch bislang nur ganz wenige, zudem noch umstrittene Reste bekannt geworden.

Wir wollen hier jedoch die für den Botaniker und besonders den Taxonomen sehr interessanten Fragen der Entwicklung und Differenzierung der einzelnen Sippen nicht weiter verfolgen, sondern den Blick auf die Differenzierung der gesamten Vegetation der Erde lenken, wobei natürlich beide Bereiche engste Beziehungen haben.

Floren- und Vegetationsentwicklung im Erdaltertum und Erdmittelalter

Die älteste Landpflanzenvegetation weist bis zum Oberdevon und auch noch im Unterkarbon eine fast weltweite Einheitlichkeit auf. Zum Teil hängt dies sicher mit der insgesamt erst geringen Differenzierung und der wohl auch geringen Artenzahl zusammen, z. T. dürften aber die noch recht lückenhaften Kenntnisse zu diesem Eindruck beitragen. Vor 25 oder 30 Jahren erschienen z. B. die Psilophyten als eine noch verhältnismäßig einheitliche Landpflanzengruppe, während sie sich inzwischen als erstaunlich mannigfaltig herausgestellt haben.

Erstmalig läßt sich eine großräumige Florendifferenzierung im jüngsten Paläozoikum (Oberkarbon/Perm) erkennen. Zu dieser Zeit zeichnen sich, wie aus der Abbildung hervorgeht, auf der Erde vier deutlich getrennte Florengebiete ab. Bemerkenswert ist dabei, daß die Flora Europas und Nordamerikas Gebiete umfaßt, die jetzt durch den Nordatlantik getrennt sind und die im Karbon ein tropisch-subtropisches Gepräge hatten. Noch stärker aufgeteilt erscheint die Glossopteris-Flora der sogenannten Gondwanagebiete, die sich im jetzigen Südamerika, südlichen Afrika, in Indien, Australien und der Antarktis findet. In diesem Gebiet muß z. T. ein gemäßigtes bis kühles Klima mit jahreszeitlichen Unterschieden geherrscht haben, da Holzgewächse Jahresringe aufweisen. In anderen Teilen muß ein arktisches Klima angenommen werden, weil aus dieser Zeit auf allen genannten Kontinenten Vereisungsspuren nachgewiesen sind. Diese und andere Befunde weisen darauf hin, daß damals die Kontinente eine andere Lage zueinander hatten und auch die Lage der Pole bzw. des Äquators offenbar nicht mit der gegenwärtigen übereinstimmte. Wie sollte man es sich z. B. erklären, daß hochspezialisierte oberkarbonische Sippen wie die Samenbärlappe *(Lepidocarpon)* in übereinstimmenden Formen in Belgien und den östlichen USA gefunden wurden, wo doch beide Gebiete jetzt mehr als 5000 km entfernt liegen?

Es hat nicht an Versuchen gefehlt, solche jetzt weit auseinanderliegenden Vorkommensbereiche verschiedener Pflanzen- und Tiersippen zu erklären. Man dachte an Landbrücken, die zwischen solchen Gebieten bestanden haben könnten, und vieles andere. Die meisten dieser manchmal recht kühnen Hypothesen sind jetzt allenfalls für den Wissenschaftshistoriker von Interesse. Von Bedeutung erwies sich dagegen die Kontinentalverschiebungs- und Polverlagerungstheorie von Alfred Wegener.

Wegener ging bei der ersten Fassung seiner Theorie (1915) besonders von geographischen und geologischen Tatsachen aus, vor allem von der frappierenden Übereinstimmung des Verlaufes der Küstenlinien zwischen Afrika und Südamerika und zwischen anderen Kontinenten, dem Verlauf der geologisch älteren Faltengebirge der Alten Welt, die in der Neuen Welt eine genaue Fortsetzung finden, wenn man den jetzt trennenden Atlantik »wegdenkt«, von biogeographischen Fakten usw. Wegener kam zu dem Schluß, daß die jetzigen Kontinente im Karbon/Perm einen einheitlichen Landblock (die Pangaea) gebildet haben müßten, der später (zu verschiedenen Zeiten) in Großschollen auseinanderbrach, und daß diese Schollen voneinander wegdrifteten. Zugleich nahm er Pol- (bzw. Äquator-)Verlagerungen an, wobei allerdings zunächst schwer zu entscheiden war, ob tatsächlich eine Verlagerung der Pole stattgefunden hat oder ob eine solche Erscheinung eben durch die Kontinentaldrift vorgetäuscht wird. Bei beweglichen Kontinenten gibt es ja keinen festen Bezugspunkt für ein Koordinatensystem. Die Zeitpunkte für das Abdriften der einzelnen Kontinente wurden aus zahlreichen geologischen und ebensovielen biologischen Befunden abgeleitet.

Nur wenige Theorien haben die Fachleute verschiedenster Sparten so stark beschäftigt wie die von Wegener. Das Für und Wider füllt ganze Bände. Viele bedeutende Pflanzen- und Tiergeographen waren begeisterte Anhänger dieser Gedanken, da sie eine befriedigende Erklärung vieler Befunde der Verbreitung von Organismen zu geben vermochten, die sonst unverständlich waren; viele Geologen und vor allem zahlreiche Geophysiker lehnten die Schlußfolgerungen jedoch rundweg ab.

Seit der ersten Fassung der Wegenerschen Theorie sind inzwischen 80 Jahre vergangen. Wohl hat Alfred Wegener zeit seines Lebens diese

180 Mill. Jahre

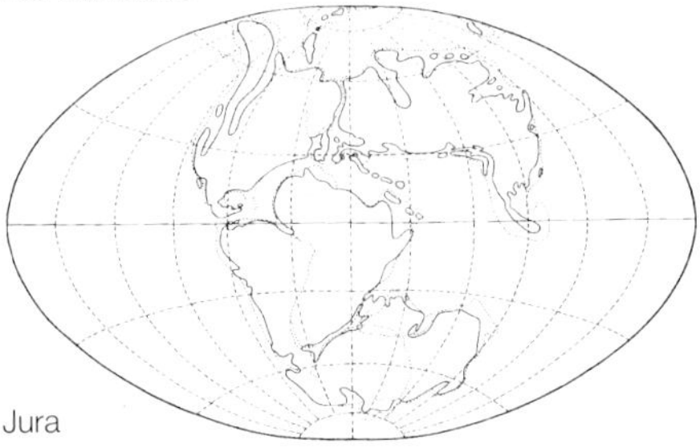

Jura

100 Mill. Jahre

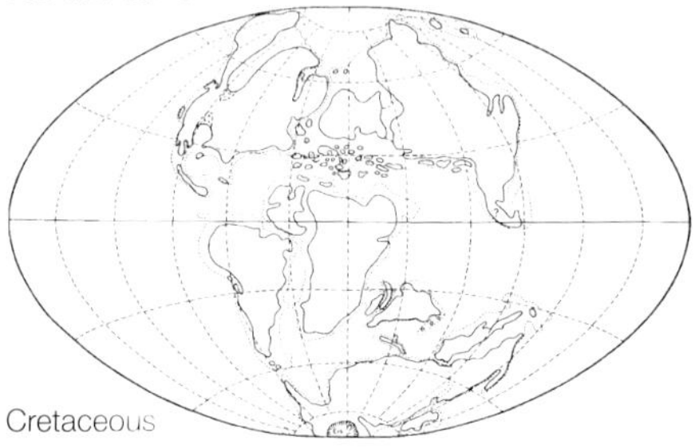

Cretaceous

Theorie mit neu bekannt gewordenen Fakten zu untermauern versucht. Eine entscheidende Stützung erfolgte jedoch erst in der letzten Zeit aufgrund von Ergebnissen ganz verschiedener Forschungen, wie durch Messungen des Paläomagnetismus zu verschiedenen erdgeschichtlichen Zeiten, palynologische Untersuchungen, Satellitenmessungen, durch die eine Lageveränderung von Kontinenten direkt nachgewiesen werden konnte, und in besonderem Maße durch die neue, von den meisten Geologen und Geophysikern inzwischen anerkannte Plattentektonik, bei der außer der Drift der Großschollen (Platten) auch die Befunde der erst in jüngster Zeit geklärten Ozeanbodenzergleitung und der Riftbildung (Entstehung ozeanischer Rücken oder Schwellen) eine Rolle spielen.

Als sicher kann inzwischen gelten, daß im Paläozoikum und frühen Mesozoikum Südamerika, Afrika einschließlich der Arabischen Halbinsel und Madagaskar, Indien, die Antarktis sowie Australien einschließlich Neuguinea einen einheitlichen Kontinentalblock bildeten, zu dem wohl außerdem die Tarim- und die Tibetscholle gehörten. Ebenso bestand zwischen Nordamerika, Grönland und Eurasien (ohne Indien) ein Zusammenhang. Der erstgenannte »Superkontinentalblock« wird als Gondwanablock, letzterer als Laurasiablock bezeichnet. Wegener nahm für den obengenannten Zeitraum eine einheitliche Kontinentalmasse an, eine Meinung, die auch jetzt noch von verschiedenen Forschern vertreten wird. Doch spricht neuerdings vieles dafür, daß die beiden Superkontinente schon zu jener Zeit getrennt waren und sich später in nördlicher bzw. südlicher Richtung aufeinander zu bewegten, dabei aber zu verschiedenen Zeiten in die jetzigen Kontinente bzw. Subkontinente auseinanderbrachen. Die Abbildungen zeigen die Verteilung der Kontinente zu verschiedenen Perioden. Das Aufreißen und das Wegdriften erfolgten zunächst beim Gondwanasuperkontinent, der etwa an der Wende von der Trias zum Jura, d. h. vor etwa 180 Millionen Jahren, auseinanderzubrechen begann. Am genauesten konnte bisher das Abdriften Südamerikas von Afrika zeitlich ermittelt werden: Das Aufreißen und die Bildung des Südatlantiks setzten erst nach dem Wealden, einer Stufe der unteren Kreide, ein. Nördlich der Linie Pernambuco – Nigermündung bildete sich der Atlantik schon etwas früher, im oberen Jura. Dagegen ist die Zeit des Abdriftens der anderen Teile Gondwanas (Australiens von der Antarktis, Indiens usw.) noch nicht ganz eindeutig festzulegen. Die Bildung des Nordatlantiks, d. h. die Trennung Nordamerikas von Europa, setzte erst viel später, während der Tertiärzeit, ein.

Mögen auch manche Einzelheiten, vor allem hinsichtlich der zeitlichen Datierung, noch nicht endgültig geklärt sein und Gegenstand weiterer Forschungen bilden, so ist doch an der Drift der Kontinente ebenso wie an der Verlagerung der Pole bzw. des Äquators längst nicht mehr zu zweifeln. Wohl ist eine Reihe geophysikalischer Fragen, die sich auf eine Erklärung des Mechanismus dieser Erscheinungen beziehen, noch offen. Es sei auch nicht verschwiegen, daß selbst gegenwärtig einige Forscher der Kontinentalverschiebungstheorie ablehnend gegenüberstehen. Nach unserer Meinung kann aber aus der Fülle der im Laufe der Zeit bekannt gewordenen Untersuchungen nur der Schluß gezogen werden, daß der geniale Gedankengang Alfred Wegeners eine glänzende Bestätigung erfahren hat. Vergleicht man übrigens seine Rekonstruktionen des Erdbildes mit solchen aus jüngster Zeit, stellt man fest, daß sich beide gar nicht so gravierend unterscheiden.

60 Mill. Jahre

Paleocene

Für die Verbreitungsverhältnisse vieler Pflanzen und Tiere ist allerdings nicht ausschließlich die Aufspaltung der Kontinente und deren Drift von Bedeutung. Auch Werden und Vergehen von Landbrücken sind dabei von Einfluß gewesen. Bewiesene Brücken, die für den Floren- und Faunenaustausch von Bedeutung waren, bildeten sich z. B. seit dem Jungtertiär zwischen Nord- und Südamerika oder im Pleistozän zwischen Nordostsibirien und Alaska sowie zwischen den südostasiatischen Inseln (Borneo, Java, Sumatra usw.).

Eine ganze Reihe von Pflanzen besitzt ein Verbreitungsgebiet, das in mehrere Teilareale aufgespalten ist. Wenn die Entfernungen zwischen diesen sehr groß sind, vor allem wenn sie sich auf verschiedenen Kontinenten befinden, sprechen wir von Großdisjunktionen. Durch die Kontinentalverschiebung finden besonders die auffallenden Großdisjunktionen der jetzigen Verbreitung mancher Nacktsamer eine Erklärung, ebenso deren frühere Verbreitung, soweit sie aus Fossilfunden bekannt ist (s. z. B. die Areale von *Ginkgo* oder *Metasequoia* S. 20). Die Herausbildung dieser Formenkreise und deren Verbreitung erfolgte vor dem Auseinanderbrechen der erwähnten Superkontinente. Dasselbe trifft auch für die Disjunktionen bedecktsamiger Pflanzen auf der Nordhemisphäre zu (s. Verbreitungskarte der *Anemone nemorosa*-Gruppe S. 21), da auch hier das Auseinanderdriften von Nordamerika und Europa viel später einsetzte als die Sippenentstehung. Allerdings läßt sich damit nur die Disjunktion als solche erklären, nicht etwa das gegenwärtige Arealbild. Dieses ist selbstverständlich von jetzt wirkenden Umweltfaktoren abhängig und nicht von solchen etwa der Tertiärzeit. Problematisch ist dagegen die Deutung der zahlreichen Disjunktionen von Bedecktsamern auf der Südhemisphäre (z. B. den Gesneriengewächsen, Proteusgewächsen, s. Abb. unten, Restiogewächsen usw.), deren Teilareale durch den südatlantischen und Indischen Ozean getrennt sind. Hier scheint ein zeitlicher Widerspruch vorzuliegen, denn nach den bisherigen Kenntnissen treten die Bedecktsamer erst zu Beginn der Oberkreide auf, das Auseinanderdriften der Gondwanateile setzte aber schon früher ein. Dafür läßt sich zur Zeit noch keine befriedigende Erklärung geben, es sei denn, daß die Bedecktsamer doch zeitlich weiter zurückreichen, als das die bis jetzt vorliegenden Funde ausweisen. Allerdings muß auch bei diesem Disjunktionstyp mit kontinentweiten Wanderungen während der vielen Jahrmillionen gerechnet werden.

Verbreitung der Familie Proteaceen. Vertreter dieser Familie kommen nur auf der südlichen Hälfte der Erde vor. Gebiete der Hauptverbreitung: dunkle Flächen

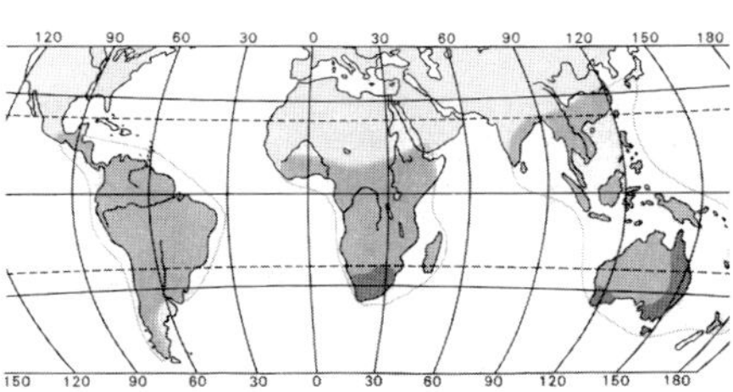

Florenwandlungen im Tertiär

Die letzte tiefgreifende Umwandlung der Pflanzenwelt erfolgte, wie bereits erwähnt, in der Kreidezeit, als die Angiospermen auftraten, sich allem Anschein nach überaus rasch ausbreiteten und vegetationsbeherrschend wurden. In Mitteleuropa hatte die Flora zu dieser Zeit ein tropisches Gepräge, was sich auch in den darauffolgenden Abschnitten des Tertiärs, dem Paläozän und Eozän, zunächst nicht änderte. Wie aus den reichen Funden des Geiseltales bei Halle oder denen in der Nähe von London bekannt ist, kamen damals viele jetzt rein oder vorwiegend tropische Formenkreise vor, z. B. Palmen, Burseraceen, Bombacaceen, Sapotegewächse (Sapotaceae), Rahmapfelgewächse (Annonaceae), Lorbeerge-

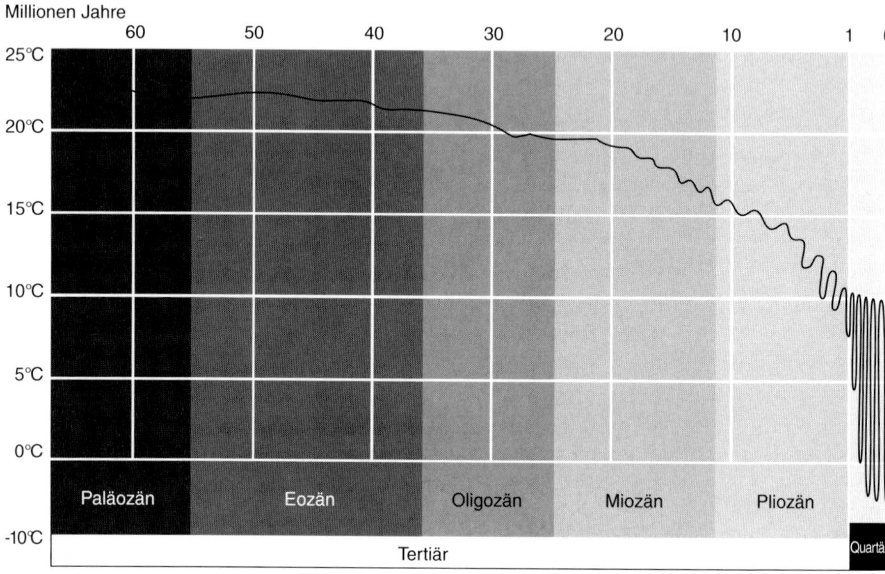

Schematische Kurve der geschätzten Jahresmitteltemperatur für Mitteleuropa im Tertiär und Quartär. (Der Zeitmaßstab für das Quartär ist viermal so groß wie für das Tertiär.)

wächse (Lauraceae), Magnoliengewächse (Magnoliaceae), Feigen (*Ficus*) usw. Das heutige Mitteleuropa dürfte damals etwa 5 bis 10° nördlich des Äquators gelegen haben. Selbst auf Spitzbergen und nordwestlich von Grönland (Grinnelland) kamen Mammutbäume *(Sequoia)*, Sumpfzypressen *(Taxodium)*, *Ginkgo*, Judasbaumblatt *(Cercidiphyllum)* und viele andere Sippen vor, die auf ein warm-gemäßigtes Klima schließen lassen. Es ist dies die alte aktotertiäre Flora der Nordhemisphäre, wie sie von Engler bezeichnet wurde.

Im Verlauf des Tertiärs trat jedoch eine zunächst ganz allmähliche, dann zunehmend stärkere Klimaverschlechterung ein, was mit einer Verlagerung der Pole zusammenhing. Aus der graphischen Darstellung der mittleren Jahrestemperatur für Mitteleuropa (s. Abb. oben) ist zu entnehmen, daß die Temperaturen erst langsam abnahmen, im Pliozän aber stärker zu schwanken begannen und damit zum Quartiär mit seinen mehrfachen raschen und weitreichenden Schwankungen überleiteten.

Dementsprechend erfolgte ein immer stärkerer Rückgang tropischer und subtropischer Arten. Während sich die Obermiozänflora von Öhningen am Bodensee aus etwa 18 % tropischen, 55 % subtropischen und 27 % temperierten Arten zusammensetzte, also insgesamt einem subtropischen Klima entsprach, erfolgte in anderen Gebieten, wie z. B. Südpolen, schon im mittleren Miozän eine erhebliche Verarmung an tropisch-subtropischen Sippen. In den heutigen Polargebieten traten im Miozän auch schon erste Frostspuren auf.

Teilweise im jüngeren Miozän, in manchen Gebieten Mitteleuropas erst im darauffolgenden älteren Pliozän kam es durch die zunehmende Abkühlung zu einer weitgehenden Umschichtung der Flora: Die tropisch-subtropischen Arten wurden durch solche der warm-gemäßigten Tertiärflora verdrängt. Diese wird auch als ostasiatisch-nordamerikanische Flora bezeichnet, da die kennzeichnenden Arten jetzt auf diese Gebiete beschränkt sind. Hierzu gehörende Gattungen sind z. B. *Ginkgo*, Mammutbaum *(Sequoia)*, Schirmtanne *(Sciadopitys)*, Sicheltanne *(Cryptomeria)*, Flügelnuß *(Pterocarya)*, Hickorynuß *(Carya)*, Zürgelbaum *(Celtis)*, Zelkowe *(Zelkova)*, Scheinkastanie *(Castanopsis)*, Tulpenbaum *(Liriodendron)*, Strahlengriffel *(Actinidia)*, Götterbaum *(Ailanthus)* – um aus der Fülle der Sippen nur einige wenige zu nennen. Diese Entwicklung setzte sich bis ins Jungpliozän, d. h. bis zum Ende des Tertiärs, fort.

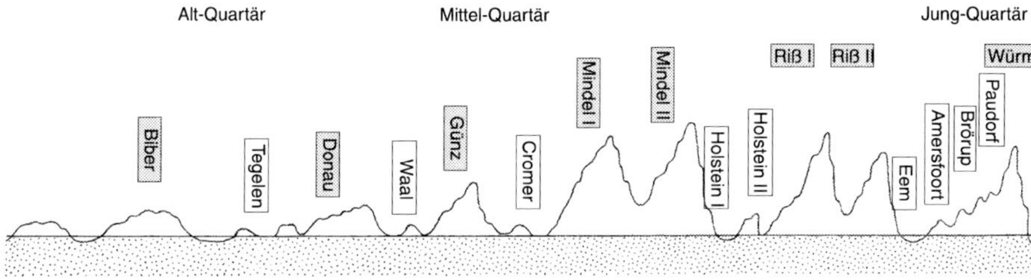

Schwankungen der Temperaturverhältnisse im Pleistozän für Mitteleuropa (schematisch). Über der schwarzen waagerechten Linie: kälter als heute. Die Gipfel kennzeichnen die Kaltzeiten. Unter der waagerechten Linie: wärmer als heute. Die grau unterlegten Flächen stellen die Warmzeiten, die weißen Flächen die Kaltzeiten dar.

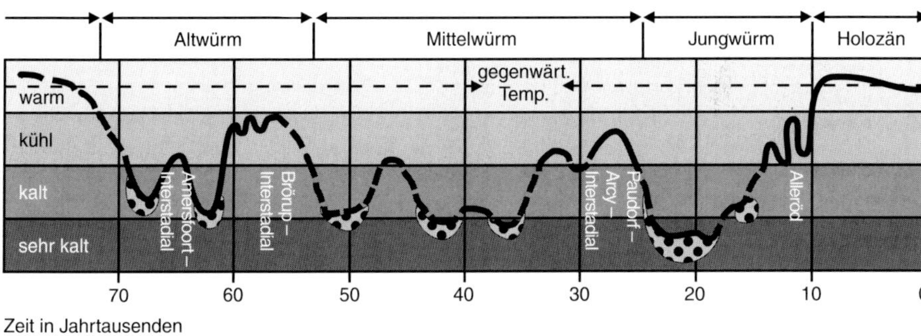

Vermutlicher Temperaturgang während der letzten Kaltzeit (Würm-Kaltzeit). Die punktierte Linie kennzeichnet die Hauptzeiten der Lößbildung.

Florenentwicklung im Eiszeitalter

Im letzten Abschnitt des Pliozäns machten sich bei weiterer genereller Abkühlung immer stärkere Klimaschwankungen bemerkbar, die schließlich zu einem für die Flora und Vegetation sehr entscheidenden Zeitraum überleiteten: dem Pleistozän oder Eiszeitalter.

Das Wort Eiszeitalter könnte allerdings unzutreffende Vorstellungen hervorrufen. Es handelt sich dabei weder um eine klimatisch einheitliche Epoche, noch um eine Zeit mit einer einzigen, großräumigen Vereisung. Das Pleistozän war vielmehr eine Zeit weltweiter Abkühlungen mit dazwischenliegenden wärmeren Perioden, die sich in verschiedenen Teilen der Erde auch recht unterschiedlich ausgewirkt haben. Daher ist es besser, von Kaltzeiten und Warmzeiten zu sprechen als von Eiszeiten (Glazialzeiten) und Zwischeneiszeiten (Interglazialzeiten). Echte Glazialzeiten, d. h. Zeiten mit einer mächtigen Inlandeisvergletscherung, traten keineswegs in allen Kaltzeiten auf, und sofern sich eine Vergletscherung ausbildete, war sie nur auf bestimmte Teilgebiete beschränkt (s. Karte S. 64). Eine Eiszeit war während des ganzen Pleistozäns immer nur ein gebietsspezifischer Sonderfall einer Kaltzeit.

Im mittleren Europa konnten bisher sechs Kaltzeiten nachgewiesen werden, die in der Reihenfolge ihres Auftretens als Biber- (Brüggen-), Donau- (Eburon-), Günz- (Menaps-), Mindel- (Elster-), Riß- (Saale-) und Würm- (Weichsel-)Kaltzeiten bezeichnet werden (s. Abb. oben). Die erststehende Benennung bezieht sich auf die Kaltzeiten des alpinen Raumes, die in Klammern

Pollentypen	jüngstes Pliozän Reuverstufe	Biber-Kaltzeit	Biber- Donau-Warmzeit	Donau-Kaltzeit	Donau-Günz-Warmzeit	Günz-Kaltzeit	Günz-Mindel-Warmzeit	Mindel-Kaltzeit	Mindel-Riß-Warmzeit	Riß-Kaltzeit	Riß-Würm-Warmzeit	Würm-Kaltzeit	Nacheiszeit
Amberbaum *(Liquidambar)*	■												
Sumpfzypresse (*Taxodium*-Typ)	■		(■)										
Magnolie *(Magnolia)*	■		■										
Strahlengriffel *(Actinidia)*	■		■										
Mammutbaum (*Sequoia*-Typ)	■				■								
Schirmtanne *(Sciadopitys)*	■		(■)		■								
Hopfenbuche (*Ostrya*-Typ)	■		■		■								
Walnuß *(Juglans)*	■		■				■						
Schierlingstanne *(Tsuga)*	■		■		■		■						
Flügelnuß *(Pterocarya)*	■		■		■		■		■				
Hickorynuß *(Carya)*	■		■		■		■		■				
Buche *(Fagus)*	■		(■)				■		■				(■)
Eibe *(Taxus)*			■						■		■		■
Tanne *(Abies)*	■		■		■		■		■		■		■
Erle *(Alnus)*	■		■		■		■		■		■		■
Birke *(Betula)*	■		■		■		■		■		■		■
Hainbuche *(Carpinus)*	■		■		■		■		■		■		(■)
Hasel *(Corylus)*	■		■		■		■		■		■		■
Eiche *(Quercus)*	■		■		■		■		■		■		■
Linde *(Tilia)*	■		■		■		■		■		■		■
Ulme *(Ulmus)*	■		■		■		■		■		■		■
Gemeine Kiefer (*Pinus-sylvestris*-Typ)	■		■		■		■		■		■		■

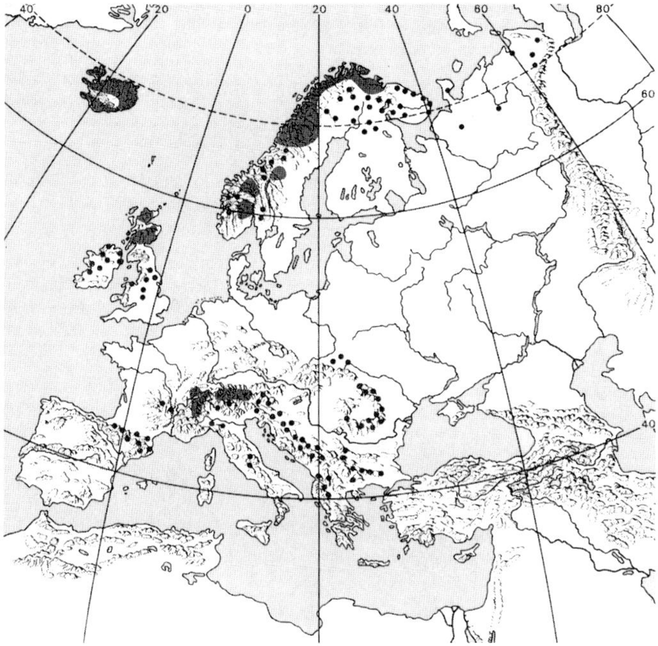

Verbreitung der Silberwurz *(Dryas octopetala)* in Europa

angeführte auf die entsprechenden von Nordwesteuropa. Für kontinentweite Vergleiche haben sich die alpinen Bezeichnungen eingebürgert. Zu Vereisungen kam es in Europa wie in Nordamerika nur während der letzten vier Kaltzeiten. Die Kaltzeiten waren ebenso wie die Warmzeiten nicht einheitlich. Wie aus der Grafik auf S. 61 hervorgeht, wiesen manche Kaltzeiten zwei oder mehrere Minima auf, die von wärmeren Perioden, den Interstadialen, getrennt wurden. Andererseits waren auch die Warmzeiten z. T. von kälteren Phasen unterbrochen. Am genauesten sind diese Verhältnisse verständlicherweise für die letzte, die Würm-Kaltzeit, bekannt. Die vorstehende graphische Darstellung zeigt deutlich die starke Dynamik in diesem Zeitabschnitt.

Das Vorkommen einiger wichtiger Pollentypen des ausgehenden Tertiärs und des Quartärs in den verschiedenen Warmzeiten im nordwestlichen und mittleren Europa (nach Straka)

Dieser oftmalige Wechsel von Kalt- und Warmzeiten mußte sich selbstverständlich stark auf die Pflanzenwelt auswirken. Dabei sind sowohl das Ausmaß der Abkühlung bzw. Erwärmung als auch die Dauer der Abschnitte von großem Einfluß gewesen. Während seit dem Rückgang der letzten Vereisung erst etwa 15 000 bis 18 000 Jahre vergangen sind, umfaßte die Warmzeit zwischen Riß und Würm etwa 60 000 Jahre, die zwischen Mindel und Riß sogar etwa 150 000 bis 170 000 Jahre und die Warmzeit zwischen Günz und Mindel wohl 40 000 bis 50 000 Jahre, also ein Mehrfaches der Warmzeit, in der wir jetzt leben.

In den Kaltzeiten mußten die an ein wärmeres oder gemäßigtes Klima angepaßten Arten entsprechend der Verlagerung der Klimazonen nach Süden ausweichen, d. h., es kam zu einer Verschiebung der Areale. Erfolgte eine Klimaänderung verhältnismäßig rasch, konnte eine Art unter Umständen an der Nordgrenze des Areals schneller zurückgedrängt werden, als im Süden eine Arealerweiterung möglich war. Dieser Vor-

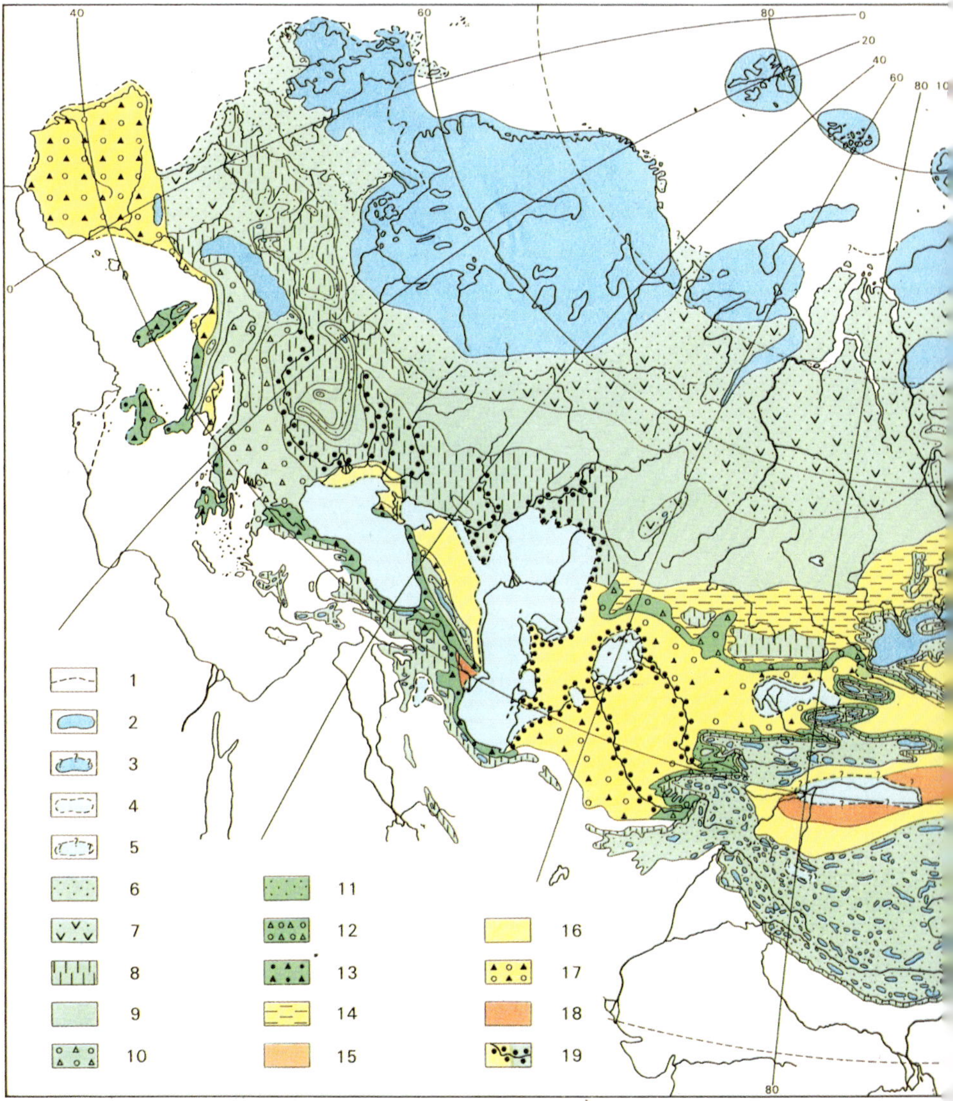

gang führte nicht selten zu einer Arealeinschränkung, ja sogar zum Aussterben. Selbstverständlich hing dies auch vom Ausbreitungsvermögen einer Art ab.

Glazialrefugien, d. h. Überdauerungsgebiete, gab es für die mitteleuropäische Flora nur verhältnismäßig wenige, denn es war den Pflanzen wegen des alpinen Vereisungsgebietes nicht möglich, in breiter Front nach Süden auszuweichen. Refugialgebiete waren der Nordsaum des Mittelmeergebietes, vor allem dessen östliche Teile, sowie in besonderem Maße die östlichen und südlichen Randbereiche des Schwarzen Meeres und die Südumrandung des Kaspischen Meeres.

Wie ungemein stark sich die Vegetationsverhältnisse während der letzten Kaltzeit von den gegenwärtigen unterschieden, geht aus einem Vergleich der obenstehenden Karte mit der Karte

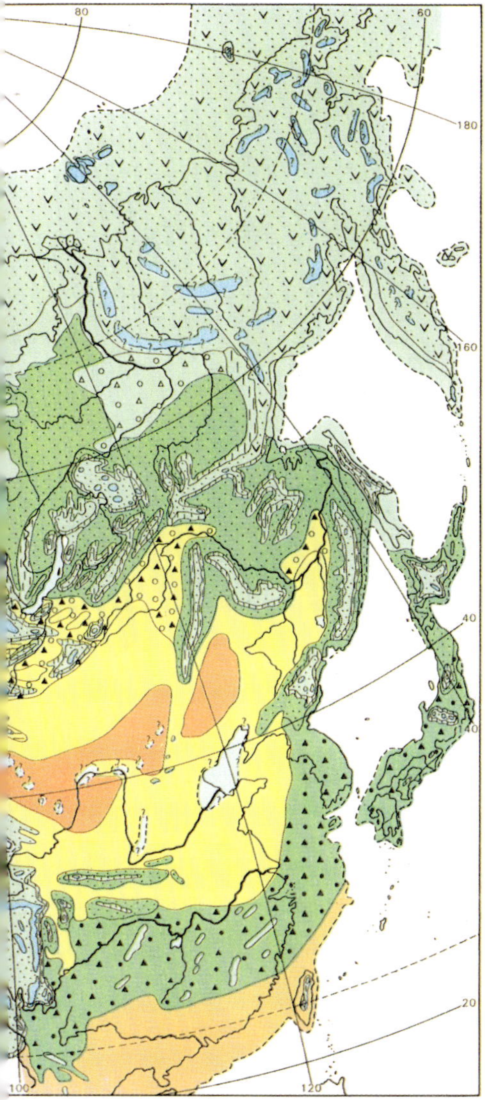

Vegetationszonen Eurasiens während des Höchststandes der letzten Eiszeit (nach Frenzel)

1 Küstenlinie während der Eiszeit
2 vergletscherte Gebiete
3 Vergletscherung unsicherer Ausdehnung
4 Seen und Binnenmeere
5 hypothetische Seen
6 Frostschutt-Tundra
7 zwergstrauchreiche Tundra mit Steppengesellschaften
8 Lößtundra
9 Wald- und Strauchtundra
10 Waldsteppe – Waldtundra
11 borealer Nadelwald
12 kontinentaler Mischwald
13 maritimer Mischwald
14 kühle Steppe
15 warmgemäßigter Hartlaubtrockenwald
16 Steppe
17 Waldsteppe
18 Wüste
19 Galerie- und Saumwälder

der jetzigen Vegetation (s. S. 90) hervor. Die Abbildung zeigt außerdem das Ausmaß der Vergletscherungen in der letzten Eiszeit.

Es ist verständlich, daß es nicht allen Arten gelang, in jeder Kaltzeit diese Refugien zu erreichen. So kam es zu einer immer stärkeren Florenverarmung, die besonders die wärmeliebenden Sippen des Tertiärs betraf. Dieser Rückgang ist fast schrittweise zu verfolgen, wie wir aus der Zeichnung auf Seite 62 entnehmen können. In der letzten Warmzeit (Riß/Würm-Warmzeit oder Eem-Warmzeit) war von diesen Arten der Tertiärflora in Mitteleuropa keine einzige übriggeblieben.

In Nordamerika erfolgte zwar eine ähnliche, den Verhältnissen in Europa entsprechende Abfolge von Kalt- und Warmzeiten, nur wirkten sich diese auf den Florenbestand ungleich geringer aus, weil durch die von Nord nach Süd verlaufenden Ge-

Dryas octopetala, eine ursprünglich arktische Art, aufgenommen in Norwegen

birgsketten den Pflanzenwanderungen keine Hindernisse im Wege standen. In Ostasien schließlich wirkten sich die Kaltzeiten nur wenig aus. Daher blieb dort die ursprüngliche tertiäre Flora in ihrem Artenreichtum im wesentlichen erhalten.

Viele Arten, die während des Tertiärs auf der ganzen Nordhemisphäre verbreitet waren, erloschen also im Pleistozän in Europa und erhielten sich nur in Nordamerika und Ostasien oder in einem der beiden Teile. So kam es zur Ausbildung von Großdisjunktionen, die somit nur bei Berücksichtigung dieses Vorgangs zu verstehen sind.

Kalt- und Warmzeiten wirkten sich aber ebenso in den viel weiter südwärts gelegenen Erdteilen aus. Durch die Verlagerung der Tiefdruckgebiete während der Kaltzeiten nach Süden kam es in Südeuropa, Nordafrika und in entsprechenden Breitenlagen auch in Nordamerika zu regenreichen Perioden, den Pluvialzeiten, wodurch z. B. die Wüsten- und Wüstensteppenzonen stark eingeengt wurden. Während der mitteleuropäischen Warmzeiten herrschten in diesen Gebieten wiederum trockenere Perioden.

Eine nicht geringe Zahl von Arten kommt heute sowohl in den europäischen alpinen Gebieten (Alpen, Karpaten usw.) als auch in der Arktis vor (s. Verbreitung von *Betula nana* auf S. 22). Auch diese arktisch-alpinen Disjunktionen sind eine Folge der eiszeitlichen Florenwanderungen. Man hat allen Grund zu der Annahme, daß sich sowohl die arktische Flora als auch die Flora der im Tertiär entstandenen Hochgebirge unabhängig voneinander herausgebildet haben. In den Kaltzeiten, besonders in den echten Eiszeiten, in denen in Mitteleuropa ja nur ein schmaler Streifen zwischen dem nordischen Inlandeis und den alpinen Gletschern eisfrei blieb (Abb. S. 64), kamen diese beiden Floren hier in Kontakt und mischten sich. Beim Rückzug des Eises während der Warmzeiten gelangten so ursprünglich alpine Arten in die Arktis und umgekehrt ursprünglich arktische Arten in das alpine Gebiet, wie z. B. die Silberwurz *(Dryas octopetala)*. Es ist daher jetzt für manche Arten kaum zu entscheiden, welchem Florenelement sie eigentlich angehören, dem arktischen oder dem alpinen. Dieser Florenaustausch ist auch der Grund für die vielen Übereinstimmungen, die jetzt zwischen arktischer und alpiner Flora bestehen, und für die Herausbildung der erwähnten Disjunktionen. An manchen lokalklimatisch günstigen Stellen konnten sich einige dieser arktisch-alpinen Arten bis heute in Mitteleuropa halten. Sie können hier als Überbleibsel der Eiszeit, sogenannte Glazialrelikte, gelten, wie z. B. Zwergbirke *(Betula nana)*, Moltebeere *(Rubus chamaemorus)*, Schneesteinbrech *(Saxifraga nivalis)*, Gegenblättriger und Moossteinbrech *(Saxifraga oppositifolia* und *Saxifraga bryoides)* usw.

Florenentwicklung in der Spät- und Nacheiszeit

Vor etwa 20 000 Jahren begann der Rückgang der nordischen und alpinen Vereisung einzusetzen. Verhältnismäßig rasch wurden weite Gebiete wieder eisfrei, doch dauerte es noch viele tausend Jahre, bis die Eisbedeckung in Nordeuropa vollständig schwand. Erst vor etwa 8500 Jahren (6500 v. u. Z.) war Skandinavien bis auf geringe Reste eisfrei. Der nunmehr einsetzende Floren- und Vegetationswandel führte schließlich zum gegenwärtigen Vegetationsbild Europas. Die dabei erfolgten Veränderungen sind durch eine Vielzahl heute vorliegender pollenanalytischer Untersuchungen sehr genau bekannt.

Während des Höhepunktes der letzten Eiszeit herrschten im eisfreien Zwischengebiet Mitteleuropas arktische Vegetationsverhältnisse. Nur Tundren und arktische Kältesteppen vermochten hier zu gedeihen. Diese Vegetationsformen waren daher auch die ersten Besiedler in den gerade eisfrei gewordenen Gebieten.

Als Späteiszeit oder Spätglazial wird der ganze Zeitraum bezeichnet, der sich unmittelbar an die Eiszeit anschließt und bis zum Beginn der endgültigen Erwärmung reicht. Die Vegetationsverhältnisse unterschieden sich in dieser Periode in ganz Mitteleuropa nur wenig.

Der älteste Abschnitt, der den Ausklang der arktischen Zeit umfaßt, ist die Ältere Tundren- oder Dryaszeit. Wie die sehr hohen Nichtbaumpollenwerte zeigen, spielten in der Vegetation vor allem Gräser, Seggen, Beifuß *(Artemisia)*, lichtliebende Arten, wie Meerträubel *(Ephedra)*, Sonnenröschen *(Helianthemum)*, Moosfarn *(Selaginella)*, Wiesenraute *(Thalictrum)* usw., eine Rolle, zu denen sich Sanddorn *(Hippophaë)*, Zwergbirke *(Betula nana)* und die Strauchweiden gesellten. Im letzten Teil dieses Zeitabschnittes wanderten die ersten baumförmigen Birken (Moorbirke, *Betula pubescens*, und Hängebirke, *Betula pendula*) und in den östlichen Teilen auch die Gemeine Kiefer *(Pinus sylvestris)* ein, so daß eine wohl ganz lichte subarktische Parktundra entstand.

Um 10 000 v. u. Z. setzte eine offenbar sehr rasche und kräftige Erwärmung ein, die in den meisten Gebieten zur Bewaldung mit Birken und etwas später auch mit Kiefern führte. Die lichtbedürftigen Tundren- und Kältesteppenarten gingen stark zurück, ohne jedoch völlig zu verschwinden. Dieser nach der ersten Fundstelle in Dänemark als Allerödzeit benannte Abschnitt dauerte nur knapp 1000 Jahre. Um 9000 v. u. Z. kam es schon wieder zu einem Kälterückschlag, der zu einer neuerlichen Ausbreitung der Tundren führte. In dieser Jüngeren Tundrenzeit wurden zwar die Wälder sehr aufgelockert, aber nicht vernichtet. Weithin herrschte wieder eine Parktundra mit licht stehenden Baumbirken vor.

Mit einer neuerlichen und diesmal endgültigen Erwärmung endete dann die Späteiszeit. Als Grenzmarke gilt die Zahl um 8250 v. u. Z., als der Inlandeisrand im südlichen Schweden lag. Die ganze folgende Periode wird als Postglazial oder Nacheiszeit bezeichnet.

Im ersten Abschnitt, der Vorwärmezeit oder Birken-Kiefernzeit, breiteten sich die genannten Holzarten schnell aus und bildeten mehr oder weniger geschlossene Wälder, in denen die Tundrenpflanzen keine geeigneten Lebensbedingungen mehr vorfanden und rasch verschwanden. Dieser Abschnitt dauerte in den westlichen und südlichen Teilen Mitteleuropas etwa 500 Jahre, d. h. bis 7700 v. u. Z., in den nördlichen erheblich länger, bis etwa 6800 v. u. Z. Die sich daran anschließende Frühe Wärmezeit zeigt eine ähnliche zeitlich-geographische Differenzierung und ist vor allem durch die Einwanderung und Massenausbreitung der Hasel *(Corylus avellana)* gekennzeichnet, der bald die Arten des Eichenmischwaldes (Eiche, Ulme, Linde) und schließlich auch die Erle folgten. Von den ungemein haselreichen Kiefern- (Birken-)Wäldern der ersten Phase dieses Abschnittes kann man sich jetzt nur noch schwer eine Vorstellung machen, da es solche Waldgesellschaften in Europa nicht mehr gibt. Insgesamt war die Hasel-Kiefernzeit, die je nach Gebiet bis 5800 oder 5500 v. u. Z. reichte, eine Periode weiterer starker Erwärmung; die klimatischen Verhältnisse dürften sich von denen der Gegenwart nicht mehr wesentlich unterschieden haben.

Die Mittlere Wärmezeit oder Eichenmischwaldzeit wird, wie aus der zweiten Bezeichnung hervorgeht, von den Arten des Eichenmischwaldes beherrscht. In den dichten Wäldern waren Ulmen

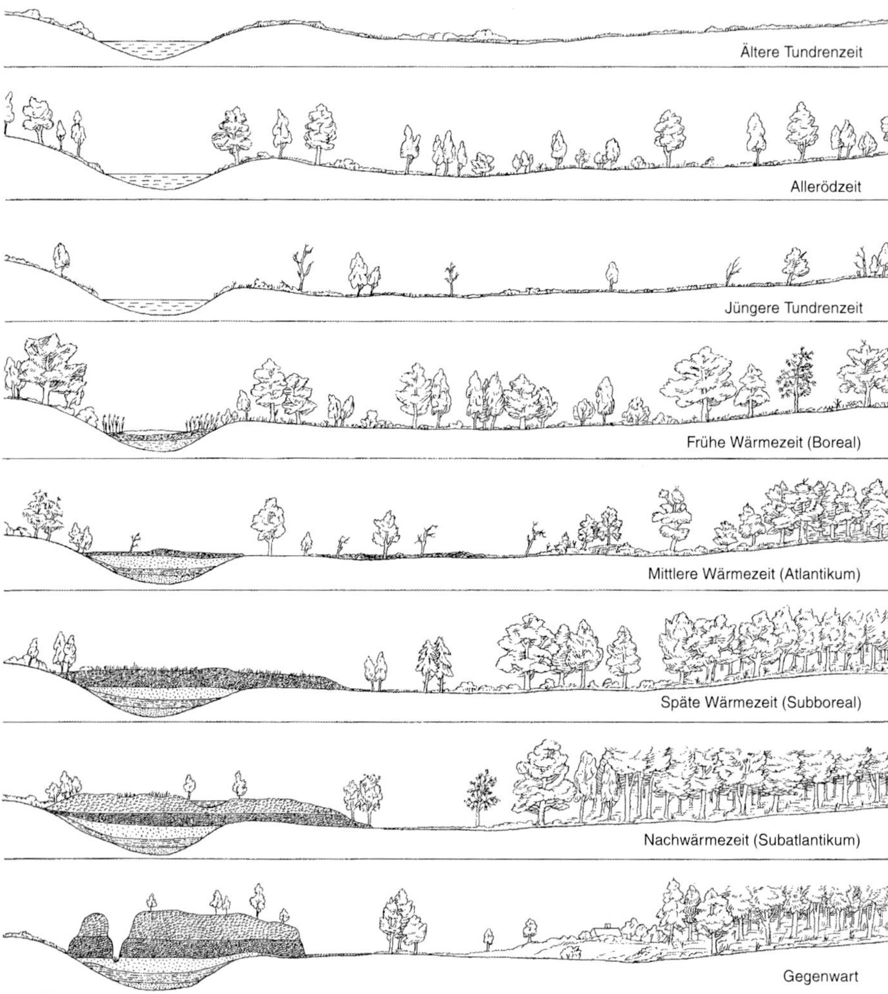

Vegetationsentwicklung und Hochmoorbildung zu verschiedenen Zeiten der Nacheiszeit im nordwestlichen Mitteleuropa (nach Overbeck)

und Linden neben Eichen, Eschen und Ahornen wesentlich an der Zusammensetzung der Baumschicht beteiligt. Die Hasel ging dagegen wohl wegen zu starker Beschattung erheblich zurück und zeigte meist erst gegen Ende des Abschnittes wieder eine stärkere Verbreitung. An nassen Stellen breitete sich die Erle stark aus. Diese damals überall in Mitteleuropa vorherrschenden Eichenmischwälder lassen sich vielleicht am ehesten mit den jetzigen Auenwäldern vergleichen. Die Eichenmischwaldzeit stellt zugleich das Klimaoptimum der gesamten Nacheiszeit dar. Die mittleren Jahrestemperaturen lagen damals um 2,5 bis 4 Grad höher als heute, und auch die Baumgrenzen reichten in den Alpen um 300 bis 400 m und in den skandinavischen Gebirgen um 200 bis 300 m höher als jetzt. Außerdem traten wohl auch reichlichere Niederschläge als in der Gegenwart auf.

Fast überall in Mitteleuropa kam es um 3000 v. u. Z. zu einem markanten Rückgang der Ulmen,

Birken-Waldtundra in Norwegen

der als Grenzmarke zum nächsten Abschnitt gewertet wird. Über diesen Ulmenabfall, wie der Vorgang in der Pollenanalyse bezeichnet wird, ist schon viel herumgerätselt worden, ohne daß man bis heute etwas Verbindliches darüber aussagen könnte. Manche Forscher dachten an eine Einwirkung des Menschen (Laubverfütterung), die aber gerade wegen der Zeitgleichheit in verschiedenen Gebieten Bedenken hervorruft. Vielleicht kam es damals zu einem ähnlichen Schädlingsbefall wie gegenwärtig, denn bekanntlich fielen in letzter Zeit dem Ulmensterben (das durch einen Pilz verursacht wird) die meisten dieser Bäume zum Opfer.

Die Späte Wärmezeit, die die Spanne von 3000 bis 800 oder 500 v. u. Z. umfaßt, ist im älteren Abschnitt noch durch den Eichenmischwald gekennzeichnet, in dem aber die Eiche immer mehr dominiert. In den jüngeren Zeitabschnitten treten allmählich auch Buche, Hainbuche, z. T. Tanne und im Nordwesten auch Fichte auf, die sich zunehmend ausbreiten. Die Späte Wärmezeit ist bereits eine Periode langsam abnehmender Temperaturen.

Für den eigentlich letzten vegetationsgeschichtlichen Abschnitt der Nacheiszeit, die Nachwärmezeit, ist die starke Ausbreitung der Buche und z. T. auch der Hainbuche charakteristisch. Von den Arten des Eichenmischwaldes spielt in manchen Gebieten nur noch die Eiche eine Rolle, die anderen Sippen, wie auch die Hasel, treten weitgehend zurück. Im großen und ganzen kann man für Mitteleuropa von einer Buchenzeit sprechen.

Schon in der Späten Wärmezeit lassen sich in Pollendiagrammen gewisse Schwankungen in der Waldzusammensetzung feststellen, die auf Einflüsse des Menschen zurückgehen. Zu einer großräumigen Zurückdrängung des Waldes oder zu unumkehrbaren Veränderungen war der Mensch in Mitteleuropa aber noch nicht in der Lage. Dies gilt auch für den ersten Teil der Nachwärmezeit, in dem jedoch der menschliche Einfluß zunehmend spürbar wird. Die großen mittelalterlichen Rodungen, die je nach Gebiet zwischen 600 und 1300 u. Z. einsetzten, brachten den ersten grundlegenden Wandel im Landschafts- und Vegetationsbild, was sich auch in den Pollendiagrammen deutlich widerspiegelt. Ebenso ist auch die später einsetzende Forstwirtschaft mit der Umwandlung der meisten Wälder in Kunstforste und der Förderung oder dem Anbau bestimmter Holzarten erkennbar. Dieser Abschnitt der menschlichen Vegetationseinwirkung soll jedoch erst im nächsten Kapitel behandelt werden.

Wie wir gesehen haben, läßt sich bei der spät- und nacheiszeitlichen Vegetationsentwicklung eine generelle Abfolge von der Tundra zu Birken-Kiefernwäldern, Eichenmischwäldern und schließlich Hainbuchen-Buchenwäldern feststellen. Viele pollenanalytische Untersuchungen haben inzwischen ergeben, daß ein solcher Vegetationsablauf auch in allen früheren Warmzeiten vorkam, allerdings jeweils in verschiedenen Variationen. Die früheren Warmzeiten weisen aber den vollständigen Zyklus von der Tundra bis letztendlich wieder zur Tundra auf. Immer tritt als erste Phase nach dem Eisrückgang die Tundra auf, der dann Birken- oder Birken-Kiefernwälder, manchmal mit Fichten gemischt, folgen. Danach kommt es meist zu einer ausgeprägten Eichenmischwaldphase, die das »Zentrum« der Warmzeit einnimmt, später treten (Eichen-)Hainbuchen-, Fichten- und Tannenwälder auf, die von Kiefern-Fichtenwäldern und weiterhin von Kiefern-Birkenwäldern abgelöst werden. Schließlich weichen diese wiederum der Tundra.

Eine solche Abfolge in einem warmzeitlichen Zyklus ist zweifellos klimatisch bedingt. Unsere jetzige Warmzeit zeigt, wie gesagt, einen ganz entsprechenden Verlauf, nur mit der Besonderheit, daß an die Stelle der Hainbuchenphase eine Buchenphase getreten ist. Die Buche kam ja in den früheren Warmzeiten des Pleistozäns nicht oder nicht nennenswert vor (vgl. Abb. S. 62). Der Vergleich mit den anderen Warmzeiten zeigt somit, daß die Vegetationsentwicklung, in der sich die jetzige Warmzeit befindet, bereits einer Spätphase des Zyklus entspricht.

Nähern wir uns also einer neuen Eiszeit? Diese Frage kann die Wissenschaft heute noch nicht beantworten. Der Mensch wäre aber bis dahin – vielleicht in etlichen tausend Jahren – sicher in der Lage, auch einem solchen Naturvorgang erfolgreich zu begegnen.

Der Mensch beeinflußt die Pflanzenwelt

Im vorigen Abschnitt beschäftigten wir uns in großen Zügen mit der Entwicklung der Pflanzenwelt. Während ungemein langer Zeiten befand sie sich im Gleichgewicht mit den natürlichen Umweltfaktoren; wenn sich diese änderten, reagierte die Pflanzenwelt entsprechend, so daß sich bald wieder ein Gleichgewichtszustand einstellte. Erst im letzten Abschnitt der Entwicklung der Pflanzenwelt trat der Mensch auf den Plan und wurde immer mehr, schließlich sogar zum wichtigsten vegetationsbestimmenden Faktor.

Die Zeit, in der der Mensch Einfluß auf die Vegetation zu nehmen begann, liegt allerdings in den einzelnen Gebieten der Erde ganz verschieden weit zurück. Am längsten und deutlichsten sind die Einwirkungen in den alten Kulturzentren der Menschheit festzustellen, wie etwa in Vorderasien, dem Mittelmeerraum oder in China. Bekanntlich walteten zu einer Zeit, als es dort bereits Hochkulturen gab, in Mitteleuropa die Naturkräfte noch ganz ungestört. Es wäre zwar reizvoll, den Einfluß der ältesten Kulturen auf die Vegetation darzustellen, jedoch sind unsere Kenntnisse darüber noch recht lückenhaft. Wir werden uns daher im folgenden auf den mitteleuropäischen Raum beschränken.

Menschen gab es in diesem Gebiet schon während der pleistozänen Warmzeiten. Auch nach der letzten Eiszeit erschienen Menschen als Jäger und Sammler schon bald nach dem Rückzug des Eises. Ihre kleinen, dauernd den Ort wechselnden Horden waren aber noch so vollständig in die Natur eingepaßt und von ihr abhängig, daß von ihnen kein Einfluß auf die nacheiszeitliche Waldentwicklung ausging. Bis zur frühen Jungsteinzeit (Neolithikum) erfolgte in dieser Hinsicht keine Änderung: Mitteleuropa war fast durchweg mit Wald bedeckt. Von Natur aus waldfreie Bereiche waren – wenn man von Wasserflächen absieht – insgesamt fast bedeutungslos und werden kaum mehr als 5 %, in manchen Teilen höchstens 10 % der Gesamtfläche eingenommen haben. Diese waldfreien Teile erstreckten sich im Küstengebiet auf Dünen und Salzwiesen, sonst auf Felsköpfe und felsige Steilhänge, Hochmoore, Sümpfe und Talmoore. Nur letztere nahmen in manchen »Urstromtälern«, vor allem im südbaltischen Gebiet, relativ große Flächen ein.

Erste merkliche Einflüsse des Menschen auf die Vegetation treten in der Jungsteinzeit auf, nachdem in vielen Landstrichen die Besiedlung dichter geworden war, die Menschen zum Ackerbau und der Viehhaltung übergingen und damit zumindest für eine gewisse Zeit seßhaft wurden. Diese Phase setzte in manchen Landschaften schon vor 6000 Jahren, in anderen erst vor etwa 4000 bis 5000 Jahren ein. Es wurden die ersten waldfreien Flächen für den Ackerbau geschaffen und der Wald zunächst zeitweilig zurückgedrängt. Trotz der primitiven Werkzeuge waren die damaligen Menschen bereits in der Lage, Wälder zu lichten und zu beseitigen. Sowohl das Ringeln von Bäumen als auch der Gebrauch von Feuer (Brandrodungen) dürften schon früh angewendet worden sein. Allerdings wurden die Ackerflächen ziemlich bald wieder aufgegeben, da bei den primitiven Anbaumethoden die Nährstoffe des Bodens rasch erschöpft waren. Wie Pollendiagramme zeigen, regenerierte sich der Wald schnell wieder. Nach einem Vorwaldstadium, in dem Birke und Hasel hervortraten, baute sich bald erneut der spätwärmezeitliche Eichenmischwald auf. Die Dauer eines solchen Bodennutzungs- und Regenerationszyklus betrug etwa 200 bis 400 Jahre.

Für die Auflichtung und Zurückdrängung des Waldes war aber auch die Waldweide von ganz großer Bedeutung. Kühe, Schafe, Ziegen und Schweine, die von der jüngeren Steinzeit an gehalten wurden, suchten sich ihr Futter im Walde. Noch bis vor etwa 200 Jahren herrschte die Waldweide fast in ganz Mitteleuropa vor und stellte nicht selten sogar die Hauptnutzungsform des Waldes dar! Die Wirkung des Viehs setzte vor allem an natürlichen Lichtungen ein, die auch im unberührten Wald durch Zusammenbruch überalterter Bäume entstehen. Der dort aufkommende Jungwuchs wurde ebenso wie viele Sträucher vom Vieh geschädigt. Im Laufe der Zeit führte eine solche extensive Waldweide zu einer erheblichen Auflichtung, da die Lücken der Baumschicht nicht mehr geschlossen werden konnten, sondern immer größer wurden. Solche offenen Stellen besiedelten sich dann bald mit Kräutern und Gräsern, was auch heute noch an jeder lichten Stelle im Wald zu beobachten ist. Da viele dieser Arten einen größeren Nährwert haben als die eigentlichen Waldbodenpflanzen oder das Laub der Bäume, boten derartige aufgelichtete Wälder wiederum einer größeren Zahl von Weidetieren Futter, was durchaus im Interesse des Menschen lag. Durch die Waldweide trat aber auch vielfach eine

Brandrodung wird heute noch oft in den Tropen betrieben.

Bestandsumschichtung ein. Es wurden indirekt solche Holzarten gefördert, die vom Vieh ungern oder gar nicht gefressen werden oder die einen Verbiß vertragen.

Die Besiedlung Mitteleuropas konzentrierte sich lange Zeit auf einige bestimmte Gebiete, die als Altsiedelgebiete bezeichnet werden. Sie umfaßten die niederen Teile des Alpenvorlandes vom Jura bis Niederösterreich, erhebliche Teile des Südwestens der BRD und der Oberrheinischen Tiefebene sowie den Nordabhang der Mittelgebirge von Westfalen über das Harzvorland, Thüringen, Sachsen und weiter nach Osten. Etwa zu Beginn der Zeitrechnung waren diese Gebiete schon verhältnismäßig dicht besiedelt und die Wälder z. T. recht aufgelockert. Zwischen den mehr oder weniger offenen Partien gab es aber immer noch riesige, vom Menschen und seinem Vieh wenig beeinflußte Wälder. Mitteleuropa dürfte damals noch zu etwa 70 bis 75 % bewaldet gewesen sein.

Der römische Schriftsteller Tacitus machte über die Natur Germaniens in seiner im Jahre 98 u. Z. erschienenen Schrift »Germania« die vielzitierte Bemerkung: »Terra ... in universum tamen aut silvis horrida aut paludibus foeda ...« (»Das Land ... ist im ganzen starrend von Wäldern oder entstellt durch Sümpfe ...«). Abgesehen davon, daß Tacitus wohl gar nicht selbst in Germanien gewesen ist und seine Angabe auf römische Offiziere oder Kaufleute zurückgeht, bezieht sich seine Äußerung nur auf den Teil, der damals den Römern bekannt war, d. h. auf etwa das Gebiet südlich von Main und Donau. Dieser Bereich war aber schon zu Tacitus' Zeiten verhältnismäßig dicht besiedelt und aufgelichtet. Auf die aus dem sonnenreichen und weitgehend entwaldeten Mittelmeergebiet stammenden Römer machten die noch vorhandenen Waldgebiete des südlichen Germaniens offenbar einen nachhaltigen Eindruck. Die Schilderung von Tacitus hätte aber wohl eher auf die nördlichen Teile Mitteleuropas zugetroffen.

Die nächste große Rodungsperiode setzte in Mitteleuropa erst kurz vor der Jahrtausendwende in der Karolingerzeit ein. Es entstanden die »Jungsiedelgebiete«, aber auch dabei blieben die Bereiche nördlich der Elbe im wesentlichen noch unbeeinflußt. In den anderen Gebieten war schon am Ausgang des 12. Jahrhunderts in großen Zügen die heutige Verteilung von Wald und Kulturland hergestellt. Im nord- und ostelbischen Raume wurde erst etwa um 1400 das jetzige Wald-Feld-Verhältnis erreicht.

Die mittelalterlichen Wälder sahen allerdings meist ganz anders aus als die jetzigen. Geschlossene hochstämmige Wälder gab es kaum. Das, was man als Wald bezeichnete, waren strauchreiche, von vielen Blößen durchsetzte Bestände mit nur einzelnen verstreut stehenden höheren Bäumen oder Baumgruppen. Die Wälder hatten dadurch eigentlich mehr einen parkartigen Charakter, was ganz wesentlich von der allgemein üblichen Waldweide bestimmt wurde. Die mehr oder weniger ungeregelte Holzentnahme trug außerdem dazu bei.

In vielen Gemälden der Romantiker ist uns dieser alte Landschaftszustand noch überliefert worden: eine parkartige Weidelandschaft mit einzelnen Baumgruppen, Gebüschen und großen offenen Flächen, auf denen die Maler oft Hirten mit weidendem Vieh – den unbewußten Gestaltern solcher Landschaften – darstellten. Für nicht wenige Menschen des Mittelalters waren derartige Parklandschaften geradezu ein Naturideal, das später in Form der »englischen Parks« auch Eingang in die Gartenkunst fand.

Während durch die Waldweide eine vom Menschen unbeabsichtigte Holzartenauslese erfolgte, wurde die Eiche besonders im späten Mittelalter oft bewußt gefördert, da die Eicheln für die Schweinehaltung eine große Rolle spielten. Um ausreichendes Futter dafür zu haben, legte man vielerorts in der Nähe von Siedlungen Eichenhaine an. Zahlreiche der jetzt 300- bis 400jährigen Eichen, die als markante Baumgestalten unsere Wälder zieren, gehen auf diese spätmittelalterliche Wirtschaftsform zurück.

Zwangsläufig mußte solche Wirtschaftsweise in vielen Gegenden zu einer Holzverknappung führen. Holz wurde damals ja nicht nur zur Herstellung von Gebrauchsgegenständen und als Baumaterial gebraucht, sondern stellte auch meist das einzig verfügbare Brennmaterial dar. Bergwerke, Glashütten, Salzpfannen u. a. verbrauchten riesige Mengen an Holz. So mußten in manchen Gegenden schon im 12., in anderen im 14. und 15. Jahrhundert Holzverordnungen über eine geregelte Holznutzung erlassen werden.

Einen bemerkenswerten Versuch, der Holzknappheit zu begegnen, unternahm bereits 1368 der Rat von Nürnberg, als er erstmalig zu einer künstlichen Aufforstung mit Kiefernsaaten schritt. Diesem Beispiel folgte im 15. Jahrhundert Frankfurt am Main. Doch erst im 19. Jahrhundert setzte sich der Nadelholzanbau in vielen Landschaften – dann allerdings sehr rasch – durch: Die Zeit der

Parkartige Weidelandschaft, wie sie in vielen Gemälden der Romantiker wiedergegeben wurde (Hans Thoma, 1839–1924)

planmäßigen, geregelten Forstwirtschaft begann und führte zu einer weitgehenden Umgestaltung der Wälder.

Gegenwärtig dürfte es wohl kaum eine Waldfläche in Mitteleuropa geben, die vom Menschen unbeeinflußt geblieben und noch als »natürlich« anzusprechen wäre. Selbst viele Wälder, die heute einen solchen Eindruck machen, zeigen bei genauer Betrachtung ehemalige Eingriffe und Nutzungsnachwirkungen.

Vom Menschen bedingte Vegetationsformen

Die extensive Beweidung prägte nicht nur das Bild der mittelalterlichen Landschaft, sie führte auch zur Herausbildung neuer und z. T. großflächig verbreiteter Vegetationsformen. Auf ärmeren Böden entstanden nach Auflichtung des Waldes nicht selten Heiden. Zwar gibt es auch von Natur aus baumfreie Heiden. Sie kommen aber nur im unmittelbaren Küstengebiet vor und nehmen sehr geringe Flächen ein. Viele Heidegebiete, wie die bekannte Lüneburger Heide, sind erst durch den Einfluß des Menschen entstanden.

Auch Triften und Magerrasen bildeten sich durch die extensive Beweidung heraus, denn diese bedeutete ja einen dauernden Nährstoffentzug und führte so zu einer Bodenverarmung. Auf der anderen Seite erhielten dadurch viele anspruchslose Arten Lebensmöglichkeiten – sofern sie nur die Beweidung aushielten –, die auf nährstoffreicheren Standorten der Konkurrenz anderer Arten unterlegen wären bzw. im Walde schon aus Lichtmangel nicht hätten aufkommen können.

Auf trockenen, meist flachgründigen und kalkreichen Böden konnten sich Trockenrasen, sogenannte Xerothermrasen, ausbreiten. Sie setzen sich in Mitteleuropa aus einer bunten Fülle von Arten zusammen, die ihre Hauptverbreitung teils im mediterranen und submediterranen Gebiet, teils in den südosteuropäischen Steppen haben. Für

Teil einer urwüchsigen Heide, ein Ergebnis der Weidewirtschaft

diese Steppenheiden, wie sie vielfach bezeichnet werden, haben sich die Botaniker seit jeher interessiert. Dabei dürften sie in der vom Menschen unbeeinflußten Naturlandschaft nur verschwindend geringe Flächen eingenommen haben. Wie bereits erwähnt, hat es solche von Natur aus baum- und gebüschfreien Stellen wohl nur an Felsköpfen, Steinhalden und in ganz extremen Steilhanglagen gegeben (s. Abb. S. 75). Dort konnten sich lichtliebende Trockenrasenarten auch während des Klimaoptimums der Eichenmischwaldzeit halten, und solche Sonderstandorte dienten dann als Ausgangspunkte für die sekundäre Ausbreitung. Für diese dürfte ebenfalls die extensive Beweidung ausschlaggebend gewesen sein. Bekanntlich können Ziegen ausgezeichnet klettern und selbst solche Stellen abgrasen, die anderem Weidevieh unzugänglich bleiben. Wohl alle Trockenrasenflächen wurden früher beweidet und eben dadurch von Strauch- und Baumwuchs offengehalten. Wenn auch Steppenheiden besonders in den Altsiedellandschaften reich ausgebildet sind, müssen sie dort nicht etwa von Natur aus stärker vorgekommen sein, sondern es kann ebensogut darauf zurückgehen, daß der Einfluß des Menschen früher einsetzte und nachhaltiger war. Wenn die Beweidung aufhörte, breiteten sich auf solchen Trockenrasen fast überall und schnell Gehölze aus und unterdrückten die lichtbedürftige und verhältnismäßig konkurrenzempfindliche Xerothermvegetation. Nicht wenige Naturschutzgebiete mit Trockenrasen unterliegen jetzt dieser Entwicklung und bebuschen sich. Dies mit ökonomisch vertretbarem Aufwand zu unterbinden, ist ein schwieriges Problem des Naturschutzes.

Zunächst ungewollt, später jedoch beabsichtigt, griff der Mensch auch in den Wasserhaushalt der Landschaft ein und wurde so zum Schöpfer mancher Vegetationsformen, die es in der Naturlandschaft nicht gegeben hatte. Die Auflichtung der Wälder im Einzugsbereich der größeren Flüsse hatte einen rascheren Abfluß der Nieder-

Von Natur aus teilweise waldfreier Steilhang auf Rügen

schläge zur Folge und förderte die Bodenerosion. Dies machte sich besonders nach den obenerwähnten großen Rodungsperioden bemerkbar. Während vorher in den Flußauen kiesige Ablagerungen vorherrschten, führte die verstärkte Erosion zur Bildung von Aulehm in den unteren Partien der Flußläufe. Solche Ablagerungen sind heute oft viele Meter mächtig. Diese Entwicklung und den damit verbundenen Vegetationswandel hat der bekannte Geobotaniker Ellenberg in anschaulichen Profilen dargestellt, die wir hier wiedergeben wollen. Die Schemata beziehen sich zwar auf das Wesertal, gelten jedoch für alle größeren Stromtäler Mitteleuropas. In den Zeichnungen sind auch die Veränderungen im Grundwasserstand und in der mittleren Hochwasserführung eingetragen. Mit den Rodungen im Einzugsgebiet wurde nämlich die Wasserführung der Flüsse ungleichmäßiger. Bei Schneeschmelze oder nach starken Niederschlägen kam es zu Hochwässern, die eine Tiefenerosion und damit ein Tieferlegen des Flußbettes bewirkten. Das wiederum führte zu einem Absinken des Grundwasserspiegels bei normaler Wasserführung. Durch Flußbegradigungen, Eindeichungen usw. wurden diese Erscheinungen später noch verstärkt (s. Abb. S. 76).

Die Herausbildung von Wiesen dürfte erst verhältnismäßig spät erfolgt sein. Den Römern waren Wiesen durchaus bekannt, und sie beherrschten auch schon die Technik ihrer Anlage, sogar auf ackerfähigem Boden. Unter römischem Einfluß sind in den von ihnen beherrschten Gebieten Mitteleuropas wohl auch die ersten Wiesen entstanden. In den anderen Teilen gingen Wiesen anfangs wahrscheinlich vor allem aus der Nutzung siedlungsnaher Erlenbrüche hervor. Nachdem diese abgeholzt waren, entstanden Seggenriede und aus diesen bei Mahd schließlich Streu- und sogar Feuchtwiesen. Solche Umwandlungen – auch in umgekehrter Richtung – gehen rasch vor sich und können sich schon in wenigen Jahren vollziehen. Wiesen, die etwa den »Fettwiesen« entsprechen, konnten ohne künstliche Düngung nur im Überschwemmungsbereich der Flüsse entstehen, wo die periodischen Überflutungen eine Nährstoffzufuhr bewirkten. Wie prähistorische Untersuchungen ergaben, bildeten sich derartige Wiesen erst nach dem 9. bis 10. Jahrhundert heraus, sind also kaum älter als 1000 Jahre. Eine solche Zeitspanne genügte jedoch, um mannigfaltige und botanisch reichhaltige Wiesengesellschaften entstehen zu lassen.

In manchen Gebieten sind Wiesen sogar erst in recht junger historischer Zeit nach Entwässerungen entstanden. Die vielen »Urstromtäler« im Bereich der letzten Vereisung des südlichen Ostseeraumes trugen von Natur aus baumfreie Kleinseggensümpfe auf tiefen, kalkreichen und dauernd wassergesättigten Torfen. Diese Talmoore waren zum großen Teil bis Mitte des 18. Jahrhunderts, stellenweise sogar bis weit in das 19. Jahrhundert hinein noch fast unberührt und für Mensch und Vieh so gut wie unbetretbar. Sie stellten nahezu unüberwindbare natürliche Grenzlinien dar. Nur in Ortsnähe und an den Talrändern waren durch Grabenentwässerungen schon früher kleine Wiesenparzellen entstanden. Erst der Ausbau der Vorfluter und die Anlage eines engmaschigen Grabennetzes führten zu einem Absenken des Grundwasserstandes und damit zur Herausbildung von Wiesen, die zunächst nur

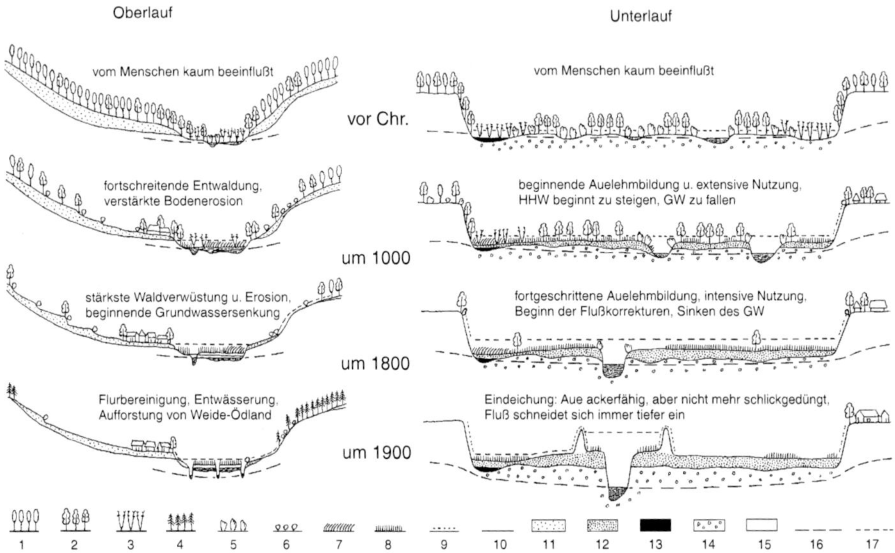

Entwicklung einer mitteleuropäischen Flußtal-Landschaft im Ober- (bzw. Mittel-) und Unterlauf bei zunehmender Entwaldung, Entwässerung, Erosion und Auelehmbildung. Schematisch, nach Ellenberg

1 = Buchenwald, 2 = Eichen- u. a. Laubmischwälder, 3 = Erlenbruch, 4 = Nadelholz-Aufforstung, 5 = Weidengebüsch, 6 = sonstige Gebüsche, 7 = Naßwiesen, 8 = Frischwiesen, 9 = Trockenwiesen, 10 = Äcker, 11 = Lößlehm, 12 = Auelehm, 13 = Moor, 14 = Kies, 15 = andere Bodenarten, 16 = mittlerer Grundwasserstand, 17 = mittlere Hochwasserhöhe. Die Signaturen 1–9 sind nicht maßstabsgerecht, die Bodenprofile 11–14 stark überhöht.

einmal im Jahr gemäht und extensiv bewirtschaftet wurden. Diese Wiesen waren zwar recht bunt und artenreich, aber wenig produktiv. Das einförmige, nährstoffreiche Intensivgrünland, das jetzt die Talweiten überzieht, stammt erst aus unseren Tagen.

Da es in Mitteleuropa echte Wiesen in der vom Menschen unbeeinflußten Naturlandschaft nicht gegeben hat, taucht verständlicherweise die Frage nach der Herkunft der Wiesenarten auf. Viele Wiesenpflanzen sind tatsächlich bereits in der Flora der Naturlandschaft vorgekommen. Sie wuchsen dort aber in ganz verschiedenen Vegetationstypen. Die Arten der Pfeifengraswiesen entstammen beispielsweise den feuchten Eichen-Birkenwäldern, Birkenbrüchen, wechselfeuchten Eichenmischwäldern oder den Rändern von Hochmooren. Feuchtwiesenarten gediehen von Natur aus in Erlenbrüchen, Erlen-Eschen-Wäldern oder auch Auenwäldern. Streuwiesenarten gingen aus Röhrichten und Großseggenrieden hervor, die am Rande verlandender Gewässer ausgebildet waren. Nur bei den verhältnismäßig jungen Fettwiesen dürfte eine Reihe von Arten nicht der ursprünglichen Flora angehören, sondern eingewandert sein, wie etwa der Wiesenpippau *(Crepis biennis)*, die Wiesenglockenblume *(Campanula patula)* oder der Wiesenbocksbart *(Tragopogon pratensis)* aus der osteuropäischen Waldsteppe. Die Herkunft der Wiesenpflanzen ist im einzelnen zwar recht verschieden, unter der auslesenden Wirkung der Mahd traten sie aber offenbar sehr rasch zu neuen Artenkombinationen zusammen, die eine erstaunliche Dauerhaftigkeit und Festigkeit aufwiesen. Es ist jedenfalls bemerkenswert, daß sich in den mitteleuropäischen Wiesen keine einzige Art einbürgern konnte, die etwa durch den Verkehr eingeschleppt wurde und aus anderen Florenreichen stammt.

Ackerunkrautvegetation –
Klatschmohn im Weizenfeld

Segetalflora

Ganz anders liegen in dieser Hinsicht die Verhältnisse bei der Ackerunkraut- und Ruderalflora. Wie bereits erwähnt, wurde in Mitteleuropa der Ackerbau in der Jungsteinzeit, d. h. vor 5000 bis 6000 Jahren, eingeführt. Ebenso alt ist die Segetalflora, die sich zum Leidwesen des Bauern unter den kultivierten Pflanzen einstellt. Daher auch die übliche Bezeichnung »*Un*kraut«. Neuerdings verwenden nicht wenige Geobotaniker dafür lieber das Wort »Acker*wild*kraut«, da viele dieser Arten inzwischen stark rückgängig sind und in Roten Listen als gefährdete, ja sogar als vom Aussterben bedrohte Arten angeführt werden. Sie sind also zu einem erheblichen Teil schutzbedürftig, sollen sie unserer Flora erhalten bleiben. Daß ein »Unkraut« Gegenstand des Naturschutzes sein soll, erscheint fast widersinnig. Bei »Ackerwildkraut« klingt das ganz anders und weckt keine negativen Gedankenassoziationen.

Ein Teil dieser Ackerwildkräuter gelangte zusammen mit den Kulturpflanzen in unser Gebiet. Wie die zuerst angebauten Getreidearten (Wildformen des Weizens: Emmer, Einkorn und Dinkel, Hirse u. a.) stammen auch etliche Unkräuter aus den Gebirgssteppen, Steppen und Halbwüsten Vorderasiens oder dem Mittelmeergebiet. Solche Arten, die sich schon seit Beginn des Ackerbaues nachweisen lassen, sind z. B. Kornblume *(Centaurea cyanus)*, Kornrade *(Agrostemma githago)*, Mohnarten *(Papaver)*, Roggentrespe *(Bromus secalinus)*, Feldrittersporn *(Delphinium consolida)*,

Echte Kamille *(Matricaria chamomilla)*, Ackerhellerkraut *(Thlaspi arvense)*, Gemeiner Erdrauch *(Fumaria officinalis)* u. a. Einige Ackerwildkräuter, vor allem stickstoffliebende, stammen aus der mitteleuropäischen Wildflora, wo sie an Spülsäumen von Gewässern und an der Küste, an periodisch trockenfallenden Flußufern u. dgl. vorkommen. Sie spielten in der Naturlandschaft nur eine ganz untergeordnete Rolle; erst der Ackerbau bot ihnen reiche Entfaltungsmöglichkeiten. Zu diesen Arten dürften verschiedene Gänsefußarten (Weißer Gänsefuß, *Chenopodium album*, und Vielsamiger Gänsefuß, *Chenopodium polyspermum*), Knötericharten (Ampferknöterich, *Polygonum lapathifolium*, und Flohknöterich, *Polygonum persicaria*), Vogelmiere *(Stellaria media)*, Ackerminze *(Mentha arvensis)* u. a. gehören.

Eine Reihe von Ackerwildkräutern ist dagegen erst in junger historischer Zeit zu uns gelangt. Zum Teil wurden sie mit dem Verkehr unbeabsichtigt eingeschleppt, zum Teil auch bewußt als Zierpflanzen oder für die Kultur in botanischen Gärten eingeführt. Manchmal kann man bei diesen Arten sogar das Jahr des ersten Auftretens angeben. Der Persische Ehrenpreis *(Veronica persica)*, ein jetzt überall häufiges Ackerwildkraut, verwilderte 1805 aus dem Botanischen Garten Karlsruhe, das Kleinblütige Knopf- oder Franzosenkraut *(Galinsoga parviflora)*, das aus dem Gebiet von Peru bis Mexiko stammt, gelangte erst um 1880 aus dem Berliner Botanischen Garten und aus Gärten anderer Pflanzenliebhaber in die freie Natur. Auch gegenwärtig ist dieser Vorgang der Bereicherung der Segetalflora nicht abgeschlossen. Erst vor wenigen Jahrzehnten begann sich eine andere Knopfkrautart, das Zottige Knopfkraut *(Galinsoga ciliata)*, von verschiedenen Punkten in Mitteleuropa aus rasch auszubreiten. Auch hierbei haben z. T. botanische Gärten als Ausbreitungszentren eine Rolle gespielt.

Alle Arten, die nicht zur ursprünglichen Wildflora eines Gebietes gehören, sondern erst durch direkte oder indirekte Mitwirkung des Menschen dorthin gelangten, werden als Hemerochore bezeichnet. Je nach der Zeit ihrer Einschleppung oder Einbürgerung unterscheidet man Archäophyten und Neophyten. Erstere kamen schon in prähistorischen Zeiten zu uns und haben sich längst völlig eingebürgert. Bei nicht wenigen Arten kann man jetzt kaum noch entscheiden, ob es sich um Archäophyten oder Glieder der Wildflora handelt. Im allgemeinen meiden aber Archäophyten natürliche oder naturnahe und auch viele halbnatürliche Pflanzengemeinschaften. Bei den Neophyten fällt dagegen die Einschleppung in die historisch datierbare neuere Zeit. Dabei läßt sich zwischen diesen beiden Gruppen selbstverständlich nicht immer eine scharfe Grenze ziehen. Neue archäologische Funde können durchaus dazu führen, daß eine bislang als Neophyt angesehene Art sich als Archäophyt herausstellt. So hielt man beispielsweise die Gemeine Spitzklette *(Xanthium strumarium)* lange Zeit für einen um 1500 aus Amerika eingeschleppten Neophyten; man konnte diese Art aber inzwischen an mehreren Siedlungsstellen aus dem nördlichen Mitteleuropa bereits seit dem 7. bis 8. Jahrhundert belegen.

Ruderalflora.

Archäophyten und Neophyten treten jedoch nicht nur in der Segetalflora auf, sondern kommen auch in anderen Vegetationstypen vor. Besonders reich an solchen Arten ist die Ruderalflora, die sich auf Abfallhaufen, Müll, überdüngten Wegrainen, Schutt usw. ausbildet. Auch das oben angeführte Beispiel der Spitzklette gehört hierzu. Die Standorte der Ruderalflora sind vor allem reich an Stickstoff, aber auch an anderen Nährstoffen, wie Phosphor, Kalium usw., dagegen sind sie – zumindest zeitweise – recht trocken. Auch die Ruderalvegetation geht auf die Tätigkeit des Menschen zurück und würde ohne seinen Einfluß mehr oder weniger schnell verschwinden. Sie hat sich vermutlich zuerst mit dem so entscheidenden Übergang vom unsteten Jäger- und Sammlerdasein zur Stufe der seßhaften Bauern und Viehhalter herausgebildet. Wo der Mensch längere Zeit an einem Ort weilt, entstehen Abfallhaufen, die reich an organischem Material sind, und es erfolgt eine Düngung der unmittelbaren Umgebung. Darin dürfte sich ein jungsteinzeitlicher Siedlungsplatz vielleicht in der Intensität, aber nicht prinzipiell etwa von einem modernen Campingplatz unterschieden haben. In gleicher Weise wirkt sich die Viehhaltung aus. Es ist daher nicht überraschend, daß mit dem Nachweis eines Ackerbaues im allgemeinen zugleich das Auftreten von Ruderalpflanzen belegt werden kann.

Allerdings gab es auch in der unberührten Landschaft von Natur aus stickstoffreiche Stellen mit einer entsprechenden Vegetation. Solche »natürlichen Abfallhaufen« stellen Spülsäume am Rande von größeren Seen und Flüssen oder die Tangwälle an den Küsten dar. Von hier stammen

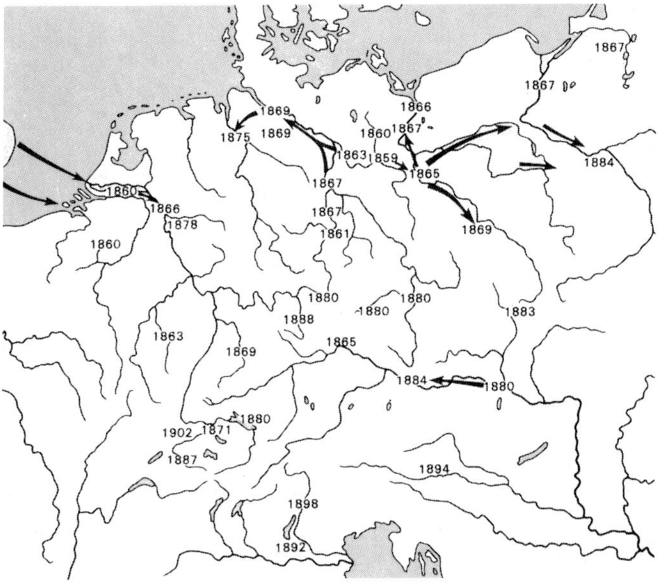

Ausbreitung der Kanadischen Wasserpest *(Elodea canadensis)* in Mitteleuropa (nach Suessenguth)

auch die heimischen Ruderalpflanzen, wie Große Brennessel *(Urtica dioica)*, Weißer und Graugrüner Gänsefuß *(Chenopodium album* und *Chenopodium glaucum)*, Stumpfblättriger Ampfer *(Rumex obtusifolius)*, Rainfarn *(Tanacetum vulgare)*, Gemeiner Beifuß *(Artemisia vulgaris)*, Nickende und Krause Distel *(Carduus nutans und Carduus crispus)*, Ackerkratzdistel *(Cirsium arvense)* u. a. Stark gedüngte Orte gab es, besonders im alpinen Gebiet, von Natur aus auch an den Liegeplätzen von Gemsen und anderem Großwild. Die sich hier ausbildenden Lägerfluren, für die besonders der mastige Alpen-Ampfer *(Rumex alpinus)* kennzeichnend ist, haben dann allerdings durch die Viehwirtschaft eine starke Ausbreitung erfahren.

Der größte Teil der Ruderalpflanzen sind jedoch Archäophyten und Neophyten. Erstere treten besonders in langlebigen Ruderalfluren auf, wie den Beifußgestrüppen, Kletten-, Natterkopf- und Eselsdistelfluren, während letztere mehr in den kurzlebigen Ruderalgesellschaften, etwa den Rauken- oder Meldenfluren, ihren Schwerpunkt haben. Von den beiden Gruppen können wir nur einige wenige nennen. Archäophytische Ruderalpflanzen sind z. B. Gemeine Eselsdistel *(Onopordon acanthium)*, Große Klette *(Arctium lappa)*, Schwarznessel *(Ballota nigra)*, Natterkopf *(Echium vulgare)*, Kleine Brennessel *(Urtica urens)*, Herzgespann *(Leonurus cardiaca)*, Wegmalve *(Malva neglecta)*, Mäusegerste *(Hordeum murinum)* und viele andere. Zu den neophytischen Vertretern gehören Glanzmelde *(Atriplex nitens)*, Fuchsschwanzarten (Weißer Fuchsschwanz, *Amaranthus albus*, seit 1880, Grünähriger Fuchsschwanz, *Amaranthus chlorostachys*, seit 1903, Westamerikanischer Fuchsschwanz, *Amaranthus blitoides*, seit 1907), Raukenarten (Lösels Rauke, *Sisymbrium loeselii*, seit dem 18. Jahrhundert, Glanzrauke, *Sisymbrium irio*, seit 1700, Hohe Rauke, *Sisymbrium altissimum*, seit dem 19. Jahrhundert), Strahlenlose Kamille *(Matricaria discoidea*, seit 1852) u. a.

Neophyten in naturnaher Vegetation

Die allermeisten »Neubürger« der mitteleuropäischen Flora sind an Standorte gebunden, die erst vom Menschen geschaffen wurden, und hängen in ihrem Fortbestand direkt von ihm ab. Sei es, daß der Mensch entsprechende Standorte immer wieder neu entstehen läßt – wie eben Schutthaufen, Abfallhaufen usw. – oder daß durch Bewirtschaftungsmaßnahmen die Konkurrenz langlebiger Pflanzen ausgeschaltet wird. Nur sehr wenigen eingeschleppten Arten ist es bisher gelungen, in naturnahen Pflanzengesellschaften dauernd Fuß zu fassen und damit praktisch zu einem festen Bestandteil der heimischen Flora zu werden. Nach unseren jetzigen Kenntnissen sind das in Mitteleuropa kaum mehr als 115 Arten. Auch da handelt es sich bezeichnenderweise vor allem um solche Pflanzengesellschaften, die verhältnismäßig labil sind und deren Artenzusammensetzung sich in gewissen Grenzen von Jahr zu Jahr ändert.

Beispielsweise trat der in Zentralasien und im pontischen Gebiet heimische Tatarenlattich *(Lactuca tatarica)* erstmals 1902 an der Küste des Greifswalder Boddens auf. Bis vor kurzem wurde die Ansicht vertreten, daß die Art durch den winterlichen Zug von Steppenhühnern verschleppt worden sei. Neue Untersuchungen zeigten jedoch, daß die Einschleppung offenbar durch Schiffsballast erfolgte. Die Art vermochte sich dann rasch in Dünen- und Spülsaumgesellschaften einzubürgern und ist jetzt an den Küsten des Greifswalder Boddens, von Rügen bis Usedom, verbreitet und dringt weiter nach Westen vor.

Einen der bekanntesten Fälle des Eindringens in naturnahe Pflanzengesellschaften stellt der der Kanadischen Wasserpest *(Elodea canadensis)* dar. Sie stammt aus den gemäßigten Breiten von Nordamerika und gelangte wohl mit Holzimporten 1836 nach Irland. Von dort aus besiedelte sie dann rasch die Gewässer der Britischen Inseln und kam um 1860 nach Holland und Belgien. Zur Besiedlung der mitteleuropäischen Gewässer trug allerdings auch ihre Aussetzung in botanischen Gärten des Berliner Raumes (1859) ganz wesentlich bei. Von hier breitete sie sich ungemein schnell aus und war schon 20 Jahre später in fast allen Gewässern Mitteleuropas anzutreffen. Die Vermehrung erfolgte zeitweise so stark, daß Fischfang und Befahrbarkeit der Gewässer behindert wurden. Auf diese Tatsache geht der Name Wasserpest zurück. Inzwischen hat sich *Elodea* längst in die natürlichen bzw. naturnahen Wasserpflanzengesellschaften eingepaßt (Abb. S. 79).

In uferbegleitenden Röhrichten konnte sich der Kalmus *(Acorus calamus)* vielerorts einen festen Platz erobern. Obwohl diese Art bei uns völlig eingebürgert ist, handelt es sich um einen Neophyten, dessen Einführung aus dem Orient erst 1574 durch einen Botaniker erfolgte. Zur raschen Ausbreitung dieser alten Heilpflanze trugen allerdings vielfache Anpflanzungen bei.

Besonders fest gefügt sind im allgemeinen Waldgesellschaften, so daß neue Arten in ihnen kaum Fuß fassen können. Eine Ausnahme macht hierbei das aus dem Gebiet südöstlich vom Aralsee stammende Kleinblütige Springkraut *(Impatiens parviflora)*, das 1837 zuerst in Dresden, später auch in anderen Orten angepflanzt wurde und rasch verwilderte. Viele Jahrzehnte war der Ausbreitungseffekt verhältnismäßig gering. In letzter Zeit ist jedoch vielerorts eine Massenausbreitung zu beobachten, und die Art gewinnt in feuchten Laubwäldern, in frischen Eichen-Hainbuchenwäldern u. a. immer mehr an Boden, ja verdrängt sogar die heimische Bodenflora.

Veränderungen im Reichtum von Flora und Vegetation

Aus den bisherigen Ausführungen ging hervor, daß der Mensch seit der Zeit, in der er nachhaltig in das natürliche Vegetationsgeschehen einzugreifen begann, eine Vielzahl von neuen Standorten und damit auch neuen Vegetationsformen geschaffen hat, die es in der Naturlandschaft vorher nicht gab. Wir hörten von Trocken- und Magerrasen, Xerothermvegetation, Wiesen und Heiden, Acker- und Ruderalflora, womit aber die Palette der durch den Menschen bedingten Vegetationsformen noch längst nicht erschöpft ist. Viele neue Arten gelangten in unser Gebiet, und manche, die zwar bei uns heimisch waren, aber nur an wenigen kleinen Stellen ein Fortkommen fanden, erhielten enorme Ausbreitungsmöglichkeiten. Flora und Vegetation wurden durch die Tätigkeit des Menschen zunächst sehr viel reicher und mannigfaltiger.

Selbstverständlich reizt es, dieses Auf und Ab im Reichtum der Flora genauer und auf Artenzahlen bezogen zu untersuchen. Für größere Gebiete wie Deutschland oder gar Mitteleuropa ist es nicht möglich, eine solche Verknüpfung vorzunehmen; zu verschieden ist schon die historische Entwicklung. Für ein kleineres Gebiet wie Mecklenburg liegt eine solche Analyse vor. Hier konnte erstmalig sogar eine Differenzierung nach Naturalisationsgraden vorgenommen werden, was die Aussagen erheblich verfeinert. Günstig ist hier auch, daß die nacheiszeitliche Floren- und Vegetationsentwicklung nahezu beim Punkt Null anfing, denn nur ein kleiner Teil im Südwesten des Landes war eisfrei geblieben, im weitaus überwiegenden Teil war die Flora vom Inlandeis vernichtet worden.

Seit dem Beginn des Zurückgehens der Eisbedeckung erfolgte die Einwanderung von Pflanzen. Sie wurde über etwa 10 000 Jahre ausschließlich von heimischen Arten bestritten. Diese Gruppe wird als Idiochorophyten bezeichnet und umfaßt etwa 1000 Sippen. (Da die Angaben für Mecklenburg sich nicht nur auf Arten [Species] beschränken, sondern auch Unterarten und Kleinarten umfassen, ist die allgemeine Bezeichnung »Sippe« [Taxon] die korrekte.) Etwa um die Zeitrechnungswende dürfte die natürliche Einwanderung im wesentlichen abgeschlossen gewesen sein; die Kurve verläuft dann von Null bis etwa 1850 praktisch senkrecht. Dieser Teil der Kurve ist gestrichelt gezeichnet, da zwar durch pollenanalytische und Großrest-Untersuchungen eindeutig eine floristische Zunahme bewiesen ist, eine konkrete Sippenzahl aber nicht angegeben werden kann, da durch diese Untersuchungen nur ein Bruchteil der Flora erfaßbar ist. Wohl aber dürfte die Annahme berechtigt sein, daß es stärkere Einwanderungswellen während des Alleröds (ca. 10 000 – 9000 v. u. Z.) und nach der endgültigen postglazialen Erwärmung zu Beginn des Boreals (etwa 7000 – 6800 v. u. Z.) gegeben hat. Im obersten Teil wird die Sippenkurve rückläufig, denn etwa 40 Idiochorophyten sind inzwischen ausgestorben und etwa 340 gefährdet (punktierte Linie).

Schon vor dem Abschluß der natürlichen Einwanderung, ab etwa 3200 v. u. Z., begann mit der Einwanderung der neolithischen Trichterbecherleute, die Ackerbau und Viehhaltung mitbrachten, die Ausbildung anthropogen bedingter Biotope und die Einschleppung kulturabhängiger Sippen, der Epökophyten. Diese Sippen sind inzwischen eingebürgert und haben einen festen Platz in der vom Menschen geschaffenen Vegetation, würden aber verschwinden beim Aufhören der menschlichen Tätigkeit bzw. des menschlichen Einflusses, wozu auch bestimmte Wirtschaftsformen gehören. Die Epökophyten sind somit nicht Bestandteil der natürlichen Vegetation. Die Zahl der Kulturabhängigen ist viel höher, als manche Florenwerke vermuten lassen. Wir beziffern diese Gruppe für Mecklenburg auf gut 440 Sippen – das sind fast 28 % der Gesamtflora! –, von denen jedoch 34 bereits ausgestorben und weitere etwa 160 Sippen in verschiedenem Grad gefährdet sind (punktierter linksweisender Teil der Kurve). Auch hier ist der quantitive Zuwachs bis etwa

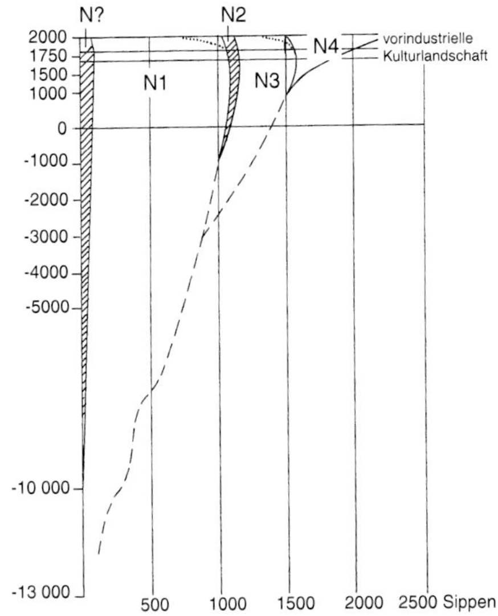

Schema der Änderung der Mannigfaltigkeit der Flora in Mitteleuropa

1700 nicht konkret belegbar, daher gestrichelt gezeichnet. Die Epökophyten stellen somit denjenigen Teil der Flora dar, der auf direkter oder indirekter menschlicher Einwirkung beruht, um den die Flora eine (zeitweilige) Bereicherung erfuhr. Ihr Maximum erreichte diese Gruppe zur Zeit der Vorindustriellen Kulturlandschaft, d. h. etwa zwischen 1700 und 1820, gebietsweise bis etwa 1850. Da ein großer Teil der Epökophyten an extensiv bewirtschaftete Biotope angepaßt ist, unterlagen sie mit der Umstellung auf eine Intensivbewirtschaftung einem starken bis sehr starken Rückgang. Es ist daher nicht verwunderlich, daß gerade von dieser Kategorie besonders viele Sippen zu den Ausgestorbenen oder Gefährdeten gehören. Während bei den »Heimischen« (Idiochorophyten) rund 4 % ausgestorben und weitere rund 35 % gefährdet sind, betragen diese Werte bei den Epökophyten 7,7 % und 37 %. Es mutet an wie ein Paradoxon: zuerst erhielt diese Pflanzengruppe durch menschliche Tätigkeit überhaupt erst eine Lebensmöglichkeit, jetzt gehört sie durch eben diese Tätigkeit zu dem besonders gefährdeten Teil der Flora.

Unsere derzeitigen Kenntnisse sind bei einigen Sippen noch nicht ausreichend, um einen Naturalisationsstatus angeben zu können. Das sind die etwa 90 »N?«-Sippen, die am linken Rand des Schemas angegeben sind. Davon gelten 15 Sippen als ausgestorben, jedoch liegt ein rückläufiger Kurvenverlauf unter der grafischen Darstellbarkeit.

Einen sehr kleinen Bereich nimmt auch die Kategorie »N 2« ein, die kulturunabhängigen Sippen oder Agriophyten. Mit nur 69 Sippen (= 4,3 % der Flora) stellen die »Neuheimischen« eigentlich eine Sondergruppe dar. Sie sind erst in junger Zeit in unser Gebiet eingewandert oder eingebracht worden, haben sich jedoch einen festen Platz in der naturnahen Vegetation erobern können. Sie würden somit auch bei Aufhören des menschlichen Einflusses Bestandteil der Flora von Mecklenburg bleiben. Diese Sippen stellen die einzige anthropogen bedingte echte Florenbereicherung dar, die somit außerordentlich gering, ja fast vernachlässigbar klein ist. Bei diesen Agriophyten handelt es sich fast durchweg um konkurrenzstarke, »aggressive« Sippen, die meist in Ausbreitung begriffen sind. Daher gibt es bei ihnen auch keine Ausgestorbenen oder Gefährdeten.

Schließlich erscheint im Schema noch ein Anteil von »N 4-Sippen«, der mit weit über 700 Sippen recht beträchtlich ist. Zu dieser Gruppe gehören alle adventiven Arten bzw. Sippen, die eingeschleppt wurden, sich aber nur zeitweilig – eine oder nur wenige Vegetationsperioden – in unserem Gebiet halten können. Es sind die Ephemerophyten, die nur als »Gäste der heimischen Flora« gelten können und keineswegs eine Florenbereicherung darstellen. Hafengelände, Bahnumschlagsplätze, Mülldeponien usw. sind die bevorzugten Siedlungsplätze solcher Arten. Die oben genannte Zahl ist sicher mit einer hohen Unsicherheit behaftet, da viele solcher nur zeitweise bei uns gedeihender Arten gar nicht erfaßt wurden und werden. Da sie in den gängigen Bestimmungsbüchern nicht enthalten sind, ist ihre Determination meist sehr schwierig und ein Aufgabengebiet von wenigen Neophyten-Spezialisten.

Es weist vieles darauf hin, daß dem jeweiligen Mannigfaltigkeitsgrad der Pflanzendecke eine bestimmte Wirtschaftsweise entsprach. Während zu Beginn des jungsteinzeitlichen Ackerbaues wegen der primitiven Bearbeitungstechnik und dem noch öfteren Ortswechsel keine tiefgreifende Änderung der Verhältnisse in der Naturlandschaft erfolgt sein dürfte und die Mannigfaltigkeit der Pflanzendecke nur ganz allmählich zugenommen haben wird, summierten sich doch im Laufe der Zeit die Einwirkungen des Menschen und seines Viehes. Mit der Einführung von eisenbeschlagenen Ackergeräten konnte eine intensivere Bodenbearbeitung erfolgen, was wiederum nicht ohne Einfluß auf die Pflanzendecke blieb. Auch die mittelalterliche und spätmittelalterliche parkartige Weidelandschaft hatte ebenso ihre spezifischen Pflanzen und Pflanzengesellschaften wie die extensiv bewirtschaftete vorindustrielle Kulturlandschaft, in der die Mannigfaltigkeit von Flora und Vegetation wohl ihr Maximum erreichte. Dieses Stadium war zweifelsohne ungleich artenreicher als etwa die vom Menschen unbeeinflußte Naturlandschaft!

Mit der dann einsetzenden Intensivierung der Landwirtschaft, durch großflächige Meliorationen usw., setzte ein Rückgang der Mannigfaltigkeit ein: Flora und Vegetation zeigten die ersten Verarmungserscheinungen. Zwar äußerte sich dieser Vorgang nicht sogleich in einer Abnahme der Artenzahlen. Im Gegenteil, diese stiegen zunächst sogar noch weiter an, da der zunehmende Verkehr und die damit verbundenen besseren Einschleppungsmöglichkeiten eine ganze Reihe von Neuzugängen der Flora mit sich brachten. Beispielsweise betrug in Finnland die Zahl der beständig vorkommenden Arten im Jahr 1891 1050 Arten, 1924 1140 Arten und 1957 1227 Arten. Die beginnende Verarmung zeigte sich vor allem in einem Seltenerwerden mancher Arten.

In den ersten Jahrzehnten unseres Jahrhunderts und besonders nach 1950 wurde dann aber fast überall in Mitteleuropa die Intensivierung der Landwirtschaft weiter vorangetrieben. Die technischen Möglichkeiten stiegen sprunghaft, es begann der massenweise Einsatz von Herbiziden usw. Die Folge war eine ungemein tiefgreifende Veränderung der meisten Landschaften mit ihrer Flora und Vegetation. Viele Biotope aus der vorindustriellen Kulturlandschaft verschwanden immer mehr, die Pflanzenwelt wurde zunehmend ärmer.

Oft fehlt es an exaktem Vergleichsmaterial aus früheren Zeiten, um das Ausmaß des Rückganges quantitativ wie qualitativ genau angeben zu können. Wo solche Angaben vorliegen, zeigen sie ein für den Naturfreund geradezu erschütterndes Bild. So sind z. B. in den Niederlanden von den urwüchsigen und eingebürgerten Gefäßpflanzen schon mehr als 37 % ausgestorben, zurückgegangen oder bedroht. Als »in Zukunft bedroht« werden sogar 54 % aller Arten angesehen. Bei

Heidschnucken in der Lüneburger Heide, ein Beispiel für moderne Pflegemaßnahmen, um Naturschutzgebiete zu erhalten.

epiphytischen Moosen und Flechten, die gegenüber Luftverunreinigungen empfindlicher reagieren als Höhere Pflanzen, ist der Rückgang mit 40 % noch erheblicher. Ganz kraß wird das Bild, wenn man nicht nur die bloßen Artenzahlen betrachtet, sondern den Rückgang auf eine Flächeneinheit bezieht. Auch dafür seien die Niederlande als Beispiel gewählt. Dort kamen um 1900 pro Quadratkilometer 120 Arten vor, jetzt nur noch 70. Die Zahl der Fundorte von allen 600 heute seltenen Arten nahm im gleichen Zeitraum sogar um 80 % ab! Aber nur aus wenigen Ländern liegen solche genauen Erhebungen vor. Daher wird jetzt in vielen Staaten an sogenannten Roten Listen gearbeitet, um das Ausmaß der schon ausgestorbenen und vom Aussterben bedrohten Arten überhaupt erst einmal festzustellen. In Mitteleuropa müssen 9 bis 10 % der Flora – bezogen auf Höhere Pflanzen – als ausgestorben oder vom Aussterben bedroht und weitere etwa 25 % als im Rückgang befindlich bezeichnet werden.

Diese Problematik ist selbstverständlich untrennbar mit Belangen des Naturschutzes verbunden. Bekanntlich setzten in Mitteleuropa Naturschutzbestrebungen um die Jahrhundertwende ein, d. h. zu einem Zeitpunkt, als die ersten Verarmungserscheinungen sichtbar wurden. Inzwischen gibt es in allen europäischen Ländern eine mehr oder weniger weitgehende Naturschutzgesetzgebung. Sie verfolgt unter anderem das Ziel, ein Maximum des bisherigen Faunen-, Floren- und Vegetationsreichtums zu bewahren und den uns folgenden Generationen zu überliefern. Insofern unterscheiden sich diese Bestrebungen nicht prinzipiell von dem in allen Kulturstaaten seit langem als geradezu selbstverständlich geltenden Grundsatz, das kulturelle Erbe zu pflegen, zu bewahren und zu überliefern. Ebenso, wie sich ein Volk für die Erhaltung seines nationalen Kulturerbes verantwortlich fühlt, hat es keine geringe Verantwortung für die Bewahrung seines nationalen Naturerbes – beides sind gleichberechtigte Verpflichtungen!

Das Schema S. 81 gibt auch einen Hinweis zur allgemeinen Problematik solcher Schutz- und Erhaltungsbestrebungen. Der maximale Reichtum an Arten und Lebensgemeinschaften in der vorindustriellen Kulturlandschaft beruhte in erster Linie auf den damals extensiven Bewirtschaftungsweisen: auf ungedüngten Wiesen mit einmaliger Mahd und geringen Erträgen, Hutungen mit extensiver Beweidung, Äckern ohne künstliche Düngung usw. Zwischen solchen Wirtschaftsformen und der heutigen intensiven Bewirtschaftung besteht ein gewaltiger Unterschied. Vorzeitliche Formen der Bewirtschaftung lassen sich selbstverständlich nicht konservieren, und daran dürfte wohl auch kaum jemand ein Interesse haben. Es bleibt also vielfach nur die Möglichkeit, solche alten Bewirtschaftungsweisen nachzuahmen. Daß dies nur auf kleinen Flächen und lediglich in Schutzgebieten möglich sein wird, liegt auf der Hand. Die Schwierigkeiten einer solchen Nachahmung sind groß genug und bis jetzt keineswegs gelöst. Dazu bedarf es noch vieler Forschungsarbeit. Ein solches positives Experiment, wie es mit der Aussetzung einer Fjällrinderherde im Naturschutzgebiet »Ostufer der Müritz« in die Wege geleitet wurde, ist bis jetzt eine fast einzig dastehende Pionierleistung!

Eine weitere Verarmung der Pflanzenwelt erscheint für die Zukunft unabwendbar. Vieles von dem früheren Reichtum der Flora und Vegetation wird sich künftig bestenfalls in einigen Reservaten noch eine längere Zeit weiter erhalten lassen. Aber selbst dazu werden sehr große Anstrengungen und nicht unerhebliche ökonomische Mittel notwendig sein.

Florenreiche und Vegetationszonen der Erde

Durch den Einfluß der biotischen und abiotischen Umweltfaktoren sowie die Entwicklung im Laufe der Geschichte kam es zur Ausbildung der heutigen Pflanzenwelt, zur Verbreitung der einzelnen Arten wie zur Herausbildung und Begrenzung der Vegetationseinheiten. Man kann eine räumliche Gliederung des Pflanzenkleides der Erde nach zwei Gesichtspunkten vornehmen. Entweder wird die Flora in den Mittelpunkt der Betrachtung gestellt – oder die Vegetation. Diese beiden Begriffe dürfen nicht verwechselt werden. Unter Flora wird die Gesamtheit der in einem bestimmten Gebiet vorkommenden Pflanzensippen verstanden, wobei es sich meist um Arten, bei großen Gebieten aber ebensogut um Gattungen oder Familien handelt. Den Bezugspunkt bilden hierbei immer taxonomische Einheiten. Anders verhält es sich mit der Bezeichnung Vegetation. Hierunter versteht man die Gesamtheit der Pflanzen, die ein Gebiet bedecken, unabhängig von deren taxonomischer Zugehörigkeit. Der Begriff der Vegetation bezieht sich demnach mehr auf die Masse an Pflanzen und ihr Zusammenleben. Es ist keineswegs ein Widerspruch, wenn man z. B. sagt, daß ein Gebiet mit einer armen Flora (d. h. wenigen Arten) eine reiche Vegetation trägt. Umgekehrt weist etwa ein Steppenheidehang zwar eine Fülle von Arten auf, besitzt also eine reiche Flora, aber der Boden braucht deswegen nur schütter von Pflanzen bedeckt zu sein – es herrscht dort eine arme Vegetation.

Florenräumliche Gliederung der Erde

Viele Forschergenerationen haben in mühevoller Kleinarbeit Baustein um Baustein zur Kenntnis der Floren der verschiedensten Gebiete zusammengetragen. Vergleichende Auswertungen zeigten, daß man verschiedene Florengebiete unterscheiden kann, die sich von anderen in ihrem Sippenbestand mehr oder weniger deutlich unterscheiden. Je nach dem Ausmaß dieser Unterschiede konnte man eine Rangstufung von Florengebieten herausarbeiten. Es ist selbstverständlich unterschiedlich zu bewerten, ob sich zwei Gebiete nur in einem Teil ihres Artenbestandes unterscheiden oder ob sie ein verschiedenes Gattungs- oder gar Familieninventar haben, wie hoch der Anteil endemischer Sippen ist und welchen taxonomischen Rang diese einnehmen usw. Die das höchste Maß an Eigenständigkeit aufweisenden Florengebiete werden als Florenreiche, die mit jeweils geringerer als Florenregionen, -provinzen und -bezirke bezeichnet. Allerdings hat diese Rangordnung der Florengebiete nichts mit deren Flächengröße zu tun, sondern sie hängt lediglich vom Ausmaß der floristischen Selbständigkeit und damit zugleich vom Selbständigkeitsgrad der florengeschichtlichen Entwicklung ab.

Man unterscheidet auf der Erde sechs Florenreiche:

1. Holarktis
2. Paläotropis
3. Neotropis
4. Australis
5. Capensis
6. Antarktis

Lage und Ausdehnung dieser Florenbereiche sind aus der Karte auf dieser Seite ersichtlich.

Holarktisches Florenreich (Holarktis)

Die Holarktis ist der Fläche nach das größte Florenreich der Erde, das sich über den ganzen außertropischen Teil der Nordhemisphäre erstreckt. Der Verlauf der Südgrenze ist zwar stellenweise noch Gegenstand wissenschaftlicher Diskussionen, kann aber in großen Zügen als eindeutig angesehen werden. Die Holarktis umfaßt ein verhältnismäßig gut umgrenztes und auch floristisch einheitliches Gebiet, das durch eine recht große Zahl von Pflanzenfamilien und Gattungen charakterisiert wird, die entweder fast ausschließlich hier vorkommen oder doch in diesem Raum ihren Verbreitungsschwerpunkt haben. Verständlicherweise handelt es sich dabei meist um uns geläufige und gut bekannte Familien oder Gattungen, wie z. B. um Ahorngewächse (Aceraceae), Doldenblütler (Apiaceae), Kreuzblütler (Brassicaceae), Nelkengewächse (Caryophyllaceae), Birken- und Buchengewächse (Betulaceae, Fagaceae), Rosen-, Primel- und Hahnenfußgewächse (Rosaceae, Primulaceae, Ranunculaceae) usw. Auch die artenreiche Gattung Segge *(Carex)* hat hier ihre Hauptverbreitung.

Ein so großes Gebiet wie die Holarktis umgreift ganz verschiedene Klimate, was sich selbstverständlich auf die Florenzusammensetzung auswirkt. Die Florenregionen, von denen je nach Auffassung 8 bis 12 unterschieden werden können, entsprechen daher zum großen Teil den verschiedenen Klimazonen und sind damit zugleich durch spezifische Vegetationseinheiten gekennzeichnet. Die zirkumarktische Florenregion entspricht der Tundrazone, die zirkumboreale Region der Zone der borealen Nadelwälder, die mitteleuropäische Region dem Bereich der sommergrünen Laubmischwälder, die makaronesisch-mediterrane Region dem Bereich der Hartlaubvegetation, die pontisch-südsibirische dem Steppen- und die turanisch-orientalische Region dem Halbwüsten-

Die Florenreiche der Erde

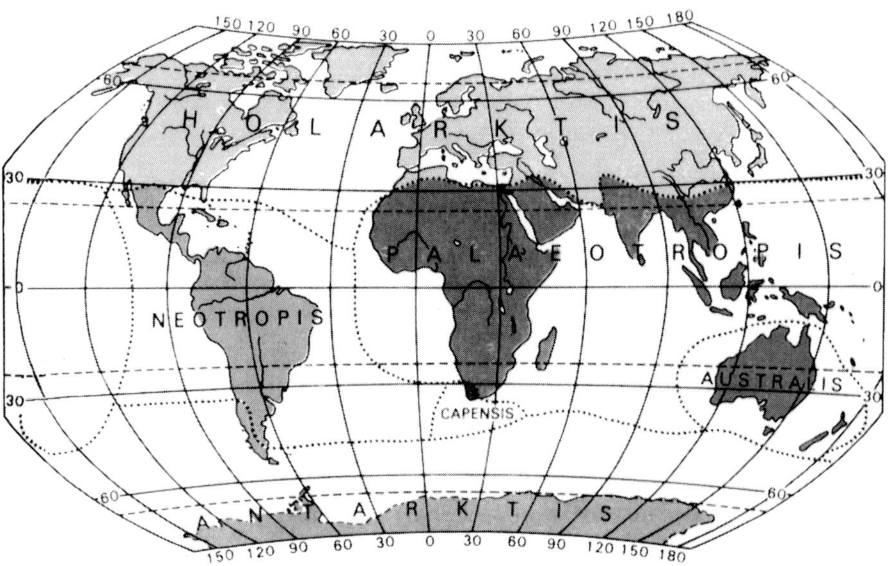

und Wüstengürtel der Holarktis. Ähnliche Beziehungen bestehen auch bei den anderen Florenregionen dieses Florenreiches, auf deren Nennung wir hier verzichten.

In der weiteren Unterteilung der Florenregionen in Provinzen kommen dagegen in erster Linie florengeschichtliche Aspekte zum Ausdruck und dabei besonders die Auswirkungen der Eiszeiten.

Paläotropisches Florenreich (Paläotropis)

Die Paläotropis ist der Fläche nach das zweitgrößte, der Artenzahl nach aber das reichste Florengebiet. Es umfaßt die Tropen und Subtropen der Alten Welt, d. h. den größten Teil von Afrika, Vorderasien, Indien, Südostasien und die pazifische Inselwelt. Unterschiedliche Auffassungen bestehen besonders hinsichtlich Neuseelands, das von manchen Forschern zur Paläotropis, von anderen zur Australis oder zum antarktischen Florenreich gerechnet wird.

Etwa 47 % aller in den tropischen Gebieten vorkommenden Gattungen sind auf die Paläotropis, 40 % auf die Neotropis beschränkt, und nur 13 % sind diesen beiden Florenreichen gemeinsam, stellen pantropische Gattungen dar. Pantropische Arten zählen dagegen fast zu den Seltenheiten. Ebenso sind zahlreiche Pflanzenfamilien auf das eine oder andere tropische Florenreich beschränkt oder weisen wenigstens in einem von ihnen Schwerpunkte auf. Von diesen Sippen wollen wir nur ganz wenige nennen, da die meisten dem Laien kaum bekannt sein dürften. Vorwiegend paläotropische Formenkreise sind z. B. die Kannenpflanzengewächse (Nepenthaceae), Schraubenpalmengewächse (Pandanaceae), Muskatnußgewächse (Myristicaceae), Schwalbenwurzgewächse (Asclepiadaceae), die Dipterocarpaceen, die Gruppe der stammsukkulenten Wolfsmilcharten *(Euphorbia)*, viele Maulbeergewächse (Moraceae), dabei besonders die Gattung Feige *(Ficus)*, oder die Liliaceengattungen *Aloë*, *Sansevieria* (Bogenhanf) und *Dracaena* (Drachenbaum).

Nach dem Florencharakter ist die Paläotropis in zwei Hauptteile geschieden, in einen westlichen indoafrikanischen und einen östlichen malesischen. Diese Differenzierung ist florengeschichtlich bedingt.

Florenreich
der Australis

Neotropisches Florenreich (Neotropis)

Die Neotropis ist das neuweltliche Gegenstück zur Paläotropis und umfaßt den Bereich südwärts von Niederkalifornien bis Florida, d. h. ganz Mittel- und den allergrößten Teil von Südamerika. Besonders kennzeichnende neotropische Familien sind die Ananasgewächse (Bromeliaceae), Kakteen (Cactaceae), Kapuzinerkressengewächse (Tropaeolaceae), Blumenrohrgewächse (Cannaceae), Melastomataceae u. a. Als charakteristische Gattungen können *Yucca*, *Agave* oder *Fuchsia* genannt werden. Die Neotropis ist außerordentlich reich an Endemiten.

Australisches Florenreich (Australis)

Zur Australis werden Australien und Tasmanien gerechnet. Infolge der frühen Abtrennung machte dieses Gebiet eine lange, selbständige Entwicklung durch, die dazu führte, daß die Australis von allen Florenreichen das eigenständigste ist und eine Sonderstellung einnimmt. Von den etwa 10 000 Arten sind reichlich 8600, von den Gattungen die meisten endemisch. Als besonders kennzeichnend können die Gattungen *Eucalyptus* mit etwa 500 Arten, die Proteaceengattung *Melaleuca* mit 100 Arten, die merkwürdigen Grasbäume der Gattung *Xanthorrhoea*, die den Liliengewächsen nahesteht, oder die Kasuarinengewächse (Casuarinaceae) gelten. Auch die mit 700 bis 800 Arten recht große und vielgestaltige Gattung *Acacia* ist mit mehr als der Hälfte ihrer Arten auf die Australis beschränkt. Die den Heidekrautgewächsen nahestehende Familie der Epacridaceen stellt mit 400 Arten geradezu das australische Gegenstück der Ericaceen dar.

Kapländisches Florenreich (Capensis)

Obwohl die Capensis das kleinste aller Florenreiche ist – es umfaßt nur die südlichste Spitze Afrikas –, zeichnet es sich mit mehr als 6000 Blütenpflanzenarten durch einen bemerkenswerten Formenreichtum und eine Fülle von endemischen Sippen aus. Mit der paläotropisch-afrikanischen

Azorella ist eine das antarktische Florenreich kennzeichnende Pflanze.

Flora bestehen auffallend geringe Übereinstimmungen, dagegen weist eine Reihe von Familien (besonders Proteaceen und Restionaceen) auf Verbindungen zum Australischen und Antarktischen Florenreich hin. Von den Proteaceen gibt es etliche Gattungen, die auf die Capensis beschränkt sind, wie *Protea, Leucadendron* u.a. Auch andere Familien weisen mitunter sehr artenreiche kapländische Gattungen auf, wie die blattsukkulenten Mittagsblumen *(Mesembryanthemum)* und andere Gattungen der Eiskrautgewächse (Aizoaceae), die Pelargonien mit fast 250 Arten unter den Storchschnabelgewächsen (Geraniaceae), die Amaryllisgewächse mit der Gattung *Clivia,* die Schwertliliengewächse mit der Gattung *Freesia* oder die Liliengewächse mit den blattsukkulenten Gattungen *Haworthia* und *Gasteria.* Viele dieser Sippen stellen bei uns beliebte und bekannte Zimmerpflanzen dar. Ungemein reich sind weiterhin die Heidekrautgewächse (Ericaceae) entfaltet. Die Gattung *Erica* weist in der Capensis sogar ein sekundäres Entwicklungszentrum auf. Nicht weniger als 500 bis 600 Arten kommen allein in diesem kleinen Gebiet vor.

Antarktisches Florenreich (Antarktis)

Zum letzten, dem Antarktischen Florenreich, gehören außer dem antarktischen Festland, das nur wenigen Pflanzenarten Lebensraum bietet, die Inseln der südlichen Meere (Falklandinseln, Kerguelen usw.) und der südlichste Teil von Südamerika (Westpatagonien und Feuerland) einschließlich der südwärts anschließenden Inselbögen. Von vielen Forschern wird auch Neuseeland oder wenigstens dessen Südinsel zum Antarktischen Florenreich gerechnet. Spezifisch antarktisch sind 13 Gattungen, die zu ebenso vielen Familien gehören, wie z. B. *Acaena* (Rosengewächse), die ungemein harte Polster bildende *Azorella* (Doldenblütler), die durch z. T. riesige Blätter ausgezeichnete *Gunnera* (Seebeerengewächse) oder die Südbuche *Nothofagus* (Buchengewächse).

Wenn man die Lage und Größe dieser sechs Florenreiche betrachtet, fällt sofort auf, daß sie nach Süden zu immer kleiner und stärker aufgesplittert werden. Während die ganze außertropische Nordhemisphäre von einem einzigen Florenreich – der Holarktis – eingenommen wird, sind es im tropisch-subtropischen Bereich zwei und in den am weitesten südwärts gelegenen Bereichen sogar drei Florenreiche. Dies spiegelt die erdgeschichtliche und die damit verbundene florengeschichtliche Entwicklung wider, d. h. die im Prinzip von Süden nach Norden erfolgte Trennung und Isolierung der Kontinente. Auf der anderen Seite wiederum zeigen die verbindenden Florenelemente, daß die Entwicklung der Pflanzenwelt in den einzelnen Florenreichen aber nicht unabhängig voneinander erfolgte.

Klima- und Vegetationszonen

Wenn wir die Pflanzendecke der ganzen Erde betrachten, erkennen wir, daß die großen, umfassenden Vegetationseinheiten in erster Linie vom Klima bestimmt werden. Von den Klimafaktoren haben dabei Temperatur und Niederschläge den größten Einfluß.

Die Temperaturverteilung ist natürlich zunächst von der Breitenlage abhängig; vom Äquator nehmen die Temperaturen gegen die Pole hin bekanntlich gesetzmäßig ab. Außerdem werden die jahreszeitlichen Unterschiede polwärts zunehmend ausgeprägter. Bei einer einheitlichen (homogenen) Erdoberfläche würden sich streng gürtelparallele, sogenannte solare Klimazonen ausbilden, deren Lage nur von der Kugelform der Erde und den Bahnparametern abhängig wäre. Diese ideale Temperaturverteilung wird allerdings stark abgewandelt durch die Verteilung und das unterschiedliche Wärmespeichervermögen von Land und Meer, das Windsystem der Erde und die Meeresströmungen. Weitere Modifizierungen ergeben sich auf den Kontinenten durch die Höhenlage.

Die globale Verteilung der Niederschläge hängt vor allem mit dem Windsystem der Erde zusammen, jedoch wirken sich auch hier die Verteilung von Wasser und Land, die Lage von Gebirgen usw. stark modifizierend aus.

So kommt es zur Ausbildung einer Reihe von Klimazonen, die wir hier kurz kennzeichnen wollen.

Die **innere Tropenzone** oder **äquatoriale Zone** erstreckt sich beiderseits des Äquators bis etwa 10° nördlicher und südlicher Breite. Hier fallen die insgesamt sehr hohen Niederschläge während des ganzen Jahres, weisen aber südlich und nördlich des Äquators meist zwei Maxima auf. Weiter sind für diese Zone hohe Temperaturen und ganz geringe monatliche Temperaturschwankungen, die sogar viel niedriger sind als die täglichen, kennzeichnend.

An die innere Tropenzone schließt sich nach Norden und Süden die **äußere Tropenzone** an, die etwa bis zum 25. Breitenkreis reicht. Auch hier sind die Temperaturen das ganze Jahr über recht hoch, jedoch wechselt eine mit dem Sonnenhöchststand verbundene Regenzeit mit einer mehr oder weniger ausgeprägten Trockenzeit. Insgesamt nehmen die Niederschläge gegen die Wendekreise hin ab.

Die daran anschließende **Passatzone** oder **subtropische Trockenzone** im Bereich der Wendekreise weist sehr geringe Niederschläge und eine minimale Luftfeuchtigkeit auf. Hier bedingen die vorwiegend absteigenden Luftströmungen eine geringe Bewölkung und damit starke Tagesschwankungen der Temperatur. Es ist die Zone der großen Wüstengebiete der Erde.

Dann folgt die **Etesienzone**, in der ein Wechselklima herrscht, das im Sommer unter dem Einfluß der sich polwärts verschiebenden subtropischen Trockenzone steht und im Winter von den wandernden Tiefdruckgebieten der Westwindzirkulation überstrichen wird. Daher herrscht hier ein scharfer Gegensatz zwischen Winterregen und sommerlicher Trockenheit.

Für die **gemäßigte Zone** sind ausreichende Niederschläge zu allen Jahreszeiten, die auf wandernde Tiefdruckgebiete zurückgehen, kennzeichnend. Je nach Ozeannähe lassen sich Gebiete mit relativ warmem, frostarmem Winter unterscheiden. Diese Klimazone ist wie auch die folgende auf der Südhalbkugel nur gering ausgebildet.

Weitere Klimazonen sind die **aride gemäßigte Zone** mit geringen Niederschlägen, niedriger Luftfeuchtigkeit und einem kontinentalen Klimacharakter und die **kalte gemäßigte Zone** mit verhältnismäßig warmen Sommern, aber langen und strengen Wintern. Dieser Klimabereich nimmt im nördlichen Eurasien und Nordamerika sehr große Gebiete ein, hat dagegen auf der Südhalbkugel keine Parallele.

Schließlich ist im Bereich der arktischen Kaltluftmassen um die Pole herum die **arktische** oder **polare Zone** ausgebildet. Hier herrschen sehr geringe Niederschläge und sehr niedrige Temperaturen auch während des Sommers sowie ununterbrochenes Tageslicht in dieser Jahreszeit.

Die Größe der genannten Klimazonen ist sehr verschieden, vor allem, wenn ihre Ausdehnung auf beiden Erdhälften verglichen wird. Die asym-

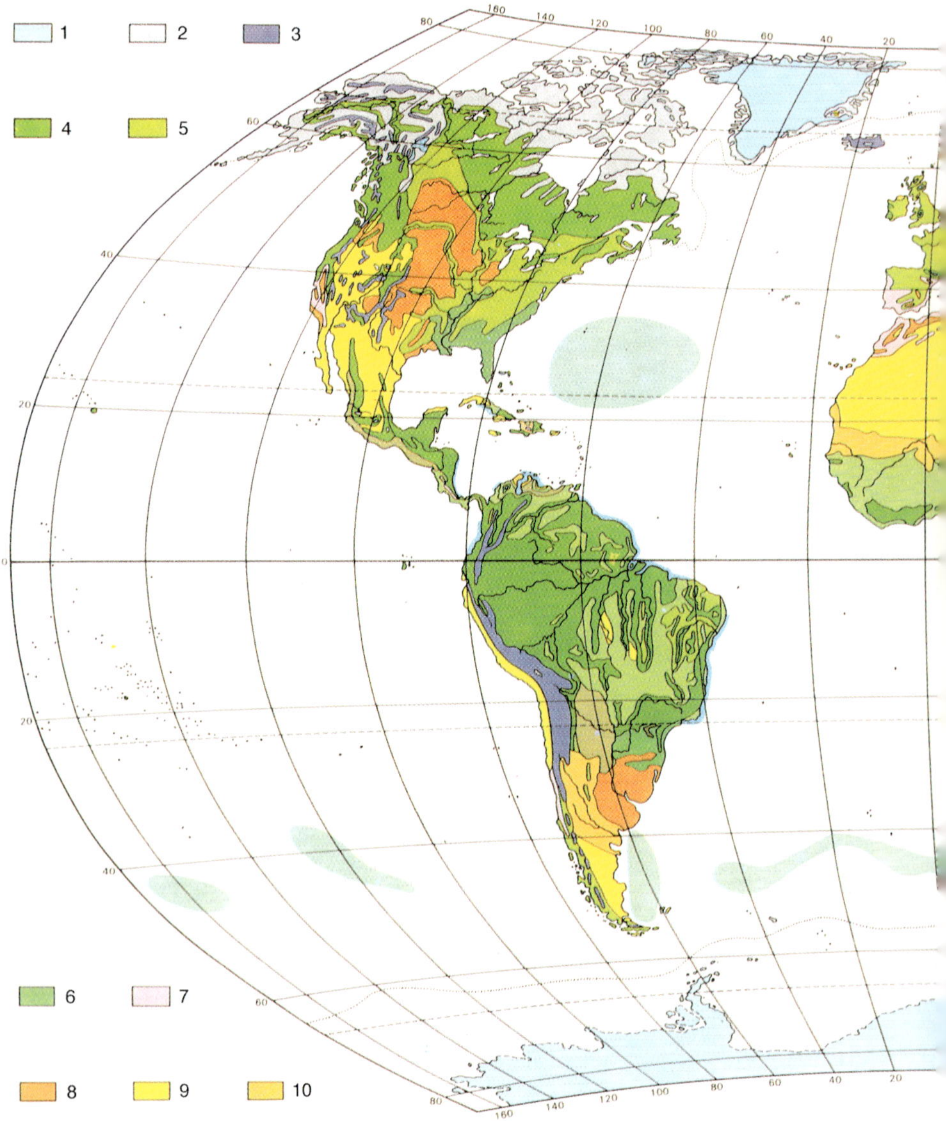

Vegetationsformationen der Erde (nach Schmidt)

1 polare Eiswüste
2 Tundra
3 alpine und Hochlandsvegetation
4 borealer Nadelwald
5 sommergrüner Laubwald
6 subtropischer Feuchtwald
7 Hartlaubvegetation
8 Steppe
9 Halbwüste und Wüste
10 Trockensavanne

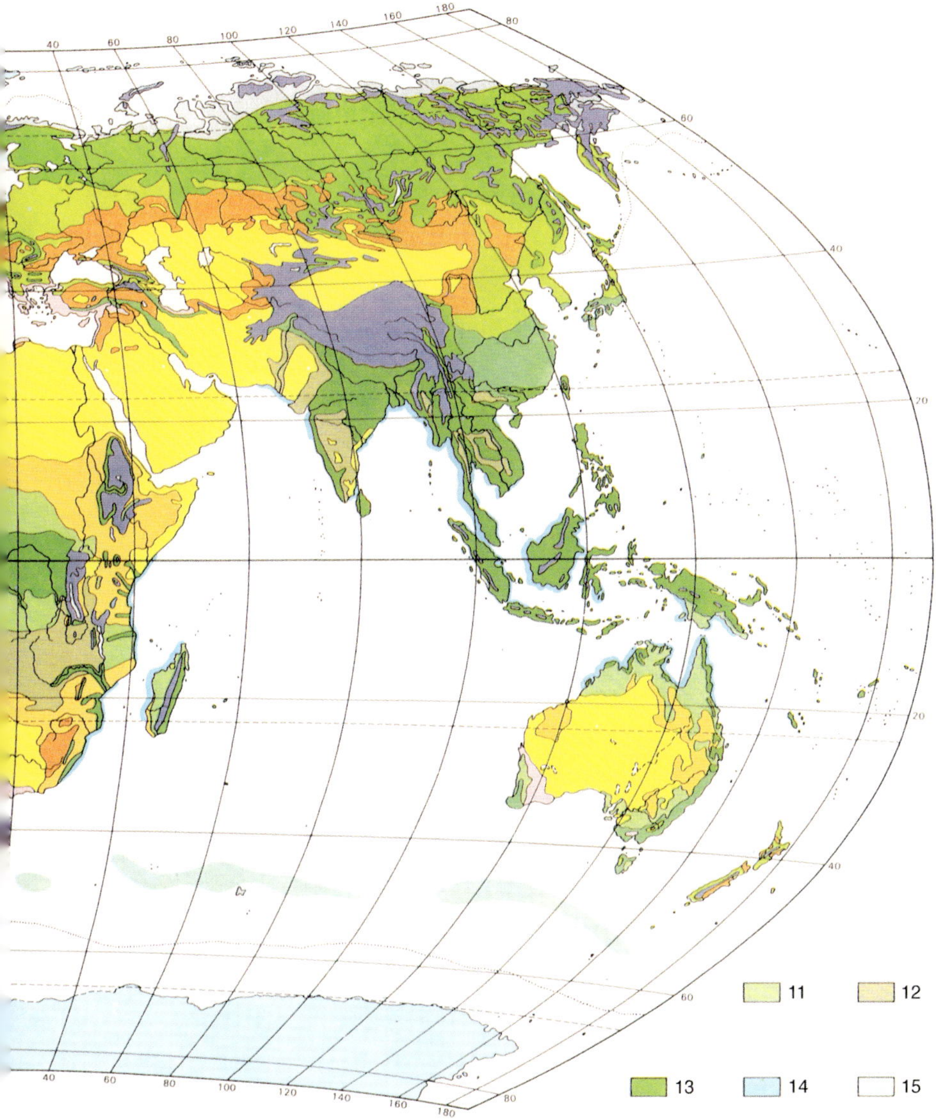

11 Feuchtsavanne
12 tropischer und subtropischer Trocken- und Dornwald
13 tropischer Regenwald und Monsunwald
14 Mangroveformationen
15 Gebiete mit treibenden Tangen

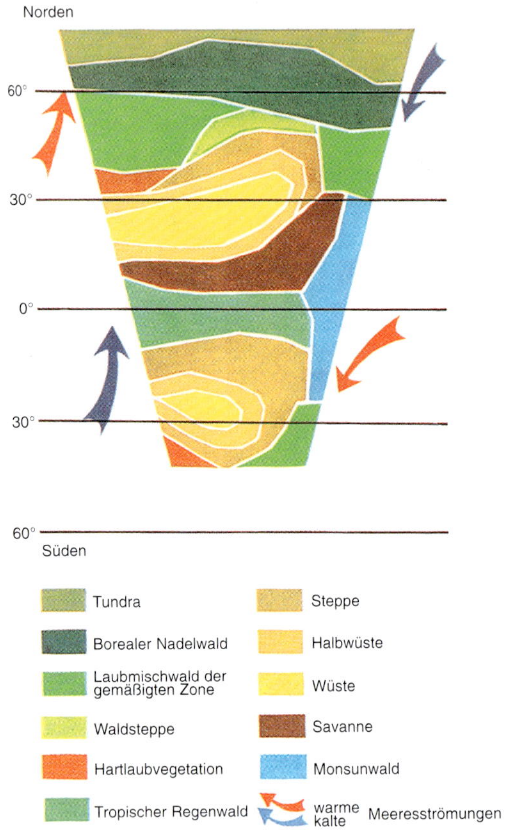

Verteilung der Vegetationszonen am Modell eines Idealkontinentes (nach Schmidt)

metrische Verteilung der Klimazonen (entsprechendes zeigen auch die Vegetationszonen) geht auf die ungleiche Verteilung der Landmassen auf den beiden Hemisphären der Erde und z. T. auf Meeresströmungen zurück. Durch die sehr viel größeren Wasserflächen der Südhalbkugel ist das Klima dort viel stärker ozeanisch bestimmt. Ein ausgesprochener Wüstengürtel fehlt, und auch die gemäßigten Zonen sind kaum ausgebildet. Auf der Nordhemisphäre dagegen macht sich besonders bei dem großen eurasiatischen Landblock der Gegensatz zwischen den ozeanischen Rand- und den kontinentalen Zentralgebieten sehr stark bemerkbar.

Will man die erwähnten großen Klimazonen der Erde mit den jeweils entsprechenden Vegetationsverhältnissen vergleichen, eignen sich dafür selbstverständlich auch nur große, umfassende Vegetationseinheiten, die die vielen kleinräumigen Besonderheiten eliminieren. Hierfür haben sich die in der Vegetationskunde seit langem bekannten Formationen als brauchbare Einheiten erwiesen. Man versteht darunter Vegetationseinheiten, die von einer bestimmten Lebens- oder Wuchsform beherrscht werden oder die eine ganz bestimmte Kombination von Wuchsformen aufweisen. Dadurch wirken sie in ihrem Habitus ziemlich einheitlich und kommen unter ähnlichen Standortbedingungen an verschiedenen Stellen vor. Die Artenzusammensetzung spielt für die Fassung der Formationen keine Rolle. Deshalb eignen sie sich auch gut für weltweite Vergleiche, besonders bei florengeschichtlich auseinanderliegenden Gebieten. Allerdings können die Formationen einen unterschiedlichen Umfang haben: Es kann sich um recht umfassende Einheiten handeln, wie etwa den Tropischen Regenwald, die Steppe, Tundra usw., als auch um kleinere, wie Zwergstrauchheide, Hochmoor usw. Verwendet man zur Kennzeichnung eines größeren Gebietes nur diejenige Formation, die dort von Natur aus flächenmäßig vorherrscht, gelangt man zwangsläufig zu einer relativ weiten Fassung der Formationen, die dann den klimatisch bedingten Vegetationszonen entsprechen.

Die Vegetationszonen der Erde und die für sie charakteristischen Formationen sind in der Karte auf Seite 90 dargestellt. Nach dieser Einteilung sollen auch die Vegetationszonen im Hauptteil des Buches besprochen werden.

Wie gesagt, stimmen die Vegetationszonen in ihren Grenzen im allgemeinen gut mit den Klimazonen überein. In Einzelfällen gibt es allerdings Abweichungen, da die Vegetation ja nicht einzig und allein vom Klima, sondern auch von den Bodenverhältnissen und anderen Faktoren abhängt. So stößt z. B. im nördlichen Eurasien die Nadelwaldtaiga an Flußläufen oft weit in die Tundrenzone vor, in Osteuropa können Nadelwälder auf Sandböden weit in die Steppenzone hineinreichen usw. Auf einer Weltkarte sind solche kleinen Abweichungen aber meist gar nicht darstellbar. Bedeutender können dagegen die Änderungen sein, die auf menschlichen Einfluß zurückgehen.

Die klimatisch bedingte Anordnung und Verteilung der Vegetationszonen der Erde kann man sich an einem Schema eines idealisierten Kontinents veranschaulichen, wie es die Abbildung auf Seite 92 zeigt. Die Trapezform soll dabei die unterschiedliche Verteilung der Landfläche auf den Breitenkreisen der Nord- und Südhalbkugel andeuten. Dem äquatorialen Regenwaldgebiet schließen sich beiderseits die Bereiche mit einer mehr oder weniger ausgeprägten Trockenzeit und damit sommergrüne Regenwälder, Trockenwälder und Savannen an. Auf der Ostseite des Kontinents sind, z. T. durch warme Meeresströmungen gefördert, Monsunwälder entwickelt. Gegen die Wendekreise hin folgt der subtropische Halbwüsten- und Wüstengürtel. Wie wir sehen, liegen die Zentralbereiche der Wüsten nicht nur im Innern des Erdteils, sondern reichen bis an die Westseite, wo kalte Meeresströmungen an ihrer Ausbildung wesentlich beteiligt sind. Nordwärts – bzw. auf der Südhemisphäre südwärts – gehen die Wüsten über Halbwüsten in Steppenzonen über, die jedoch auf den beiden Hemisphären sehr unterschiedlich stark verbreitet sind. Mit der Zunahme der Niederschläge in polwärtiger Richtung wird auch die Vegetation wieder üppiger. Vor allem an der Westseite des idealisierten Kontinents sind Gebiete mit einer reichen Hartlaubvegetation ausgebildet. Die Zone der nördlich anschließenden sommergrünen Laubwälder der gemäßigten Breiten weist im kontinentalen Zentrum eine Unterbrechung auf. Dagegen bilden die borealen Nadelwälder und schließlich die Tundren durchgehende Vegetationsgürtel.

Aus dem Schema geht auch deutlich die Breitenverschiebung der Vegetationszonen auf der nördlichen Hemisphäre hervor, die auf der Westseite durch warme, auf der Ostseite durch kalte Meeresströmungen verursacht wird.

Man bezeichnet diese großen, klimatisch bedingten Vegetationsgebiete als Vegetationszonen oder auch als Vegetationsgürtel, auch wenn die meisten von ihnen, wie wir sahen, nicht im wörtlichen Sinne als zonale Gürtel kontinentumspannend ausgebildet sind.

Es gibt aber auch Vegetationseinheiten, die nicht an die erwähnte große Zonierung gebunden scheinen, sondern deren Vorkommen mehr von bestimmten Bodenverhältnissen abhängt. In diesen Fällen spricht man von einer **azonalen Vegetation**. Zu ihr ist z. B. die Vegetation der Dünen, Salzstellen, Gewässer usw. zu rechnen. In gewisser Weise kann auch die Gebirgsvegetation hierzu gezählt werden. Solche Vegetationsformen können in verschiedenen Zonen auftreten. Sie sind zwar auch nicht ganz unabhängig von den Klimazonen, jedoch wirken sich diese mehr auf die feineren Differenzierungen dieser Formationen aus. Da die azonale Vegetation sehr heterogen ist und mit Ausnahme der Gebirgsvegetation bei einer erdweiten Betrachtung doch nur kleine Flächen einnimmt, wollen wir auf sie hier nicht weiter eingehen. Nur der Vegetation der Gebirge ist ein eigener Abschnitt gewidmet.

Abschließend sei noch eine weitere Möglichkeit erwähnt, die Vegetation der Erde zu gliedern. Dies könnte auf der Grundlage von Pflanzengesell-

schaften erfolgen, über die wir durch die vielen Arbeiten der Pflanzensoziologen immer umfangreichere Kenntnisse erlangen. Wenn wir einen erdweiten Überblick geben wollten, ließen sich nur die höchsten pflanzensoziologischen Einheiten, die Klassen und vor allem Klassengruppen, darstellen. Aber selbst zu einer solchen Darstellungsweise reichen die zur Zeit verfügbaren Unterlagen bei weitem nicht aus, da aus vielen Gebieten der Erde noch keine pflanzensoziologischen Untersuchungen vorliegen. So ist einstweilen nur eine Gliederung auf der Basis von weitgefaßten Formationen möglich, wie sie in den folgenden Abschnitten des Buches behandelt werden.

Dünengesellschaft als eine azonale Vegetationsform, die kaum eine Bindung an Klimazonen aufweist.

Tropische Regenwaldzone

Wer auf dem Flug von Lima nach Iquitos, der Bezirksmetropole des peruanischen Ostens, die mehr als 6000 m hohen, weißen Gipfel der Sierra Blanca überquert hat – die graubraune Küstenwüste und die dürftige Vegetation der Andenwesthänge bis hinauf zur Puna hinter sich lassend –, sieht es plötzlich wie ein riesiges grünes Meer vor sich auftauchen: das gewaltige Regenwaldgebiet des Amazonasbeckens. Wie eine Brandung wogt das dunkle Grün die Hänge der Ostanden empor, dort den Saum der Gebirgsregenwälder bildend, den der Peruaner so poetisch Ceja de la Montaña, die Augenbraue des Waldes, nennt.

Dann weitet sich der grüne Teppich bis zum Horizont, nur unterbrochen von den hellbraunen mäandrierenden Bändern der aus den Anden kommenden Flüsse und den lichtgrünen, mit Decken von Schwimmpflanzen überzogenen Altwässern und Flußseen.

Erst kurz vor Iquitos, wenn das Flugzeug sich bereits zur Landung senkt, löst sich gleichsam wie im Mikroskop beim Einstellen auf das Objekt das einheitliche Bild auf. Man sieht Riesenbäume aus der Kulisse der unteren Baumschichten einzeln herausragen, hier übersät mit gelben Blüten, dort geschmückt mit den »Fähnchen« der hellen Triebspitzen; man erkennt hier einen palmenbestandenen Sumpf und dort eine ehemalige Kulturfläche, die sich bereits wieder mit Gebüsch überzogen hat. Es ist der Augenblick, in dem man die ganze Vielfalt dieser üppigsten Vegetation des Erdballs erahnt, die auch heute noch in ihrer Ursprünglichkeit große Gebiete der Tropen überzieht.

Größe und Grenzen

Die Verbreitung des tropischen Regenwaldes ist im wesentlichen auf die äquatoriale Klimazone beschränkt, wo er besonders in Südamerika, Südostasien und Zentralafrika ausgedehnte Landstriche bedeckt (s. Vegetationskarte S. 90).

Seine aktuelle Ausdehnung umfaßt noch 6 bis 7 Millionen Quadratkilometer. Das größte zusammenhängende Gebiet ist das Tiefland des Amazonas und seiner Nebenflüsse in Südamerika, jene riesige Region, die schon Alexander von Humboldt als Hyläa, als Waldland schlechthin bezeichnete und die seit den Beschreibungen von Martius und Spix, Schomburgk, Saint Hilaire u. a. gewissermaßen als Prototyp des tropischen Regenwaldes gilt. Ihre Ausdehnung umfaßt von West nach Ost 3600 km und von Nord nach Süd 2800 km.

Dieses gewaltige Gebiet erstreckt sich im Westen bis an die Kordillerenkette, wo sich die Tieflandsregenwälder an den Hängen der Ostanden in Gebirgsregenwälder wandeln. Im Norden reicht es bis zum Bergland von Guyana, wo sich die Regenwälder des Orinoco-Systems bis zur venezolanisch-guyanischen Küste anschließen. Im Süden verläuft die Grenze vom Oberlauf der Nebenflüsse des Amazonas in Bolivien und vom Mato Grosso nach Nordosten bis São Luis.

Ein kleineres Regenwaldgebiet befindet sich an der brasilianischen Ostküste als ein etwa 100 km breiter Gürtel von Recife im Norden bis Florianópolis im Süden. Westlich der Anden zieht sich ein etwa ebenso breiter Streifen von Ekuador über Kolumbien und das östliche Mittelamerika bis nach Ostmexiko, und auch die Antilleninseln sind teilweise von tropischem Regenwald bedeckt.

An zweiter Stelle ist das große Waldgebiet im tropischen Asien zu nennen. Hier erstreckt sich der Regenwald von Nordindien, Burma, Indochina und Thailand über die malaiisch-indonesisch-philippinische Inselwelt bis zur Küste Nordostaustraliens. Kleinere Gebiete befinden sich an den südwestlichen Küsten von Indien und Sri Lanka sowie in Südchina und auf Taiwan.

In Afrika kommt ein geschlossenes Regenwaldgebiet nur im Kongobecken vor, das sich nach Westen bis zum Golf von Guinea ausdehnt und in einem Streifen mit Unterbrechungen von Kamerun an der Küste bis Guinea hinzieht. Kleinere Exklaven befinden sich an der Ostküste von Moçambique, im Osten Madagaskars und an den Hängen der Gebirge in Ostafrika, wie im südwestlichen Äthiopien, in Kenia und Tansania (Uluguru-, Usambaragebirge, Kilimandscharo, Meru u. a.).

Klimabedingungen

Wenn man Vergleiche zwischen dem tropischen Regenwald und Regionen der Erde anstellt, die durch stark wechselnde Temperaturen oder Nie-

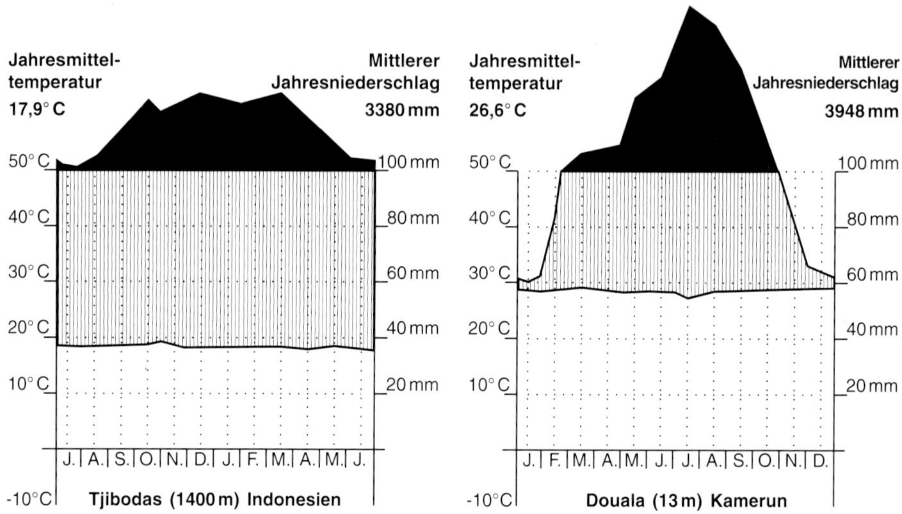

Klimadiagramme aus den Gebieten des tropischen Regenwaldes in Ostasien, Zentralafrika und Südamerika

derschläge ausgezeichnet sind, wird man den Eindruck nicht los, daß sich nur in den immerfeuchten Tropen eine ungehemmte Vegetation entwickeln kann. Angesichts der kaum übersehbaren Arten- und Formenfülle möchte man meinen, daß sich anderenorts nur bestimmte Spezialisten herausgebildet haben, die sich an Trockenheit oder Kälte anpassen mußten.

Diese Meinung ist nicht von der Hand zu weisen, denn die ungewöhnlich gleichmäßige, im Verlauf des Jahres kaum schwankende Temperatur und die hohen, meist ohne Ausprägung einer Trockenzeit über das Jahr verteilten Niederschläge bieten dem Pflanzenwachstum optimale Bedingungen. Sie sind die Voraussetzungen für das Gedeihen der üppigen Vegetation, wie man sie im tropischen Regenwald antrifft.

Es wäre jedoch falsch zu glauben, das Klima im Bereich des tropischen Regenwaldes zeichne sich durch extrem hohe Temperaturen aus. Die absoluten Maxima liegen mit 33 bis 36 °C kaum höher als in den gemäßigten Breiten. Charakteristisch sind aber die ganzjährig fast gleichbleibenden Monatsmittel der Temperatur, die im Waldesinneren des Tieflandregenwaldes zwischen etwa 24 und 28 °C schwanken. In manchen Gebieten sind diese Monatsmittel fast konstant oder weisen nur minimale Schwankungen auf, wie z. B. in Bogor auf Java mit 24,3 °C im Februar und 25,3 °C im Oktober als Extremwerte. Diese jahreszeitliche Gleichförmigkeit findet man auch im Bereich der Gebirgsregenwälder. Allerdings sinken dort die Monatsmitteltemperaturen auf Werte unter 20 °C ab (s. Klimadiagramme).

Ähnlich verhält es sich auch mit den Niederschlägen. Entscheidend für die Ausbildung eines tropischen Regenwaldes ist vor allem ihre mehr oder minder gleichmäßige Verteilung über die einzelnen Monate des Jahres bzw. das Fehlen einer ausgeprägten Trockenzeit. So können z. B. in einigen Gebieten Brasiliens und im ostafrikanischen Küstenbereich aufgrund der relativ gleichmäßigen Verteilung der Niederschläge Regenwälder sogar noch bei weniger als 2000 mm mittleren jährlichen Niederschlags gedeihen. Das sind jedoch Ausnahmen, denn in der Regel überschreiten die Jahressummen 2000 mm und erreichen in besonderen Fällen sogar bis 12 000 mm. Je höher die Niederschläge sind, desto geringer sind auch die Einwirkungen kleinerer Trockenzeiten auf den Wandel der Vegetation, allerdings sollten sie nicht länger als 3 Monate andauern.

Die Gleichmäßigkeit der Klimabedingungen äußert sich auch in einem charakteristischen, im-

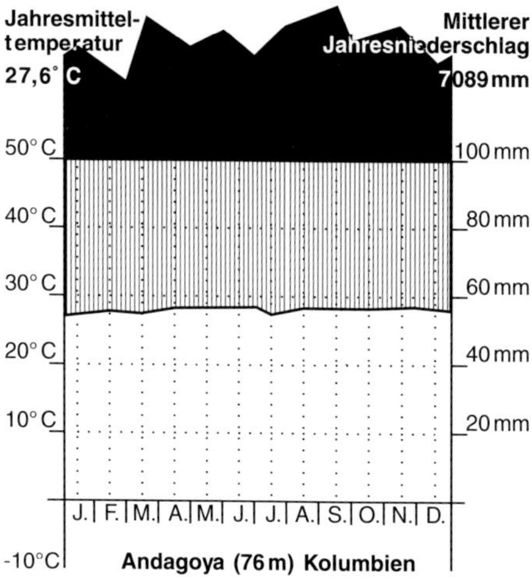

mer wiederkehrenden Tagesablauf. Da in Äquatornähe die jahreszeitlichen Schwankungen der Tageslänge fehlen, erscheint jeden Morgen gegen 6 Uhr die Sonne und erhebt sich an einem strahlend blauen Himmel zum Zenit. Im Laufe des Vormittags treten einige Kumuluswolken auf, und es folgt dann meist am frühen Nachmittag ein Gewitter, das heftige Regengüsse mit sich bringt. Danach klärt es sich oft rasch wieder auf, und die intensive Strahlung führt zu einer nochmaligen schnellen Temperaturerhöhung, mit der eine Verdunstung des Regenwassers einhergeht. So kann sich der geschilderte Vorgang noch ein- oder mehrmals wiederholen. Teilweise werden die heftigen Gewittergüsse auch von starken Stürmen begleitet, und die herabrauschenden Wassermassen sind oft die Ursache von ausgeprägten Bodenerosionen.

Die Unterschiede im Tagesgang können erhebliche Schwankungen der Temperatur und Luftfeuchtigkeit hervorrufen. So ergeben sich mittlere tägliche Temperaturschwankungen bis zu 12 Grad. Die niedrigsten Temperaturen herrschen am Morgen vor Sonnenaufgang. Es erfolgt dann ein kontinuierlicher Anstieg bis zur Mittagszeit und anschließend an das Gewitter infolge der Abkühlung durch die Niederschläge wieder ein Rückgang. Die Luftfeuchte erreicht in der Nacht und am frühen Morgen Werte zwischen 90 und 100 %, kann aber am Mittag bis zu 40 %, in extremen Fällen sogar bis zu 25 % absinken.

Im Gebirgsregenwald sind die Tagesschwankungen von Temperatur und Feuchtigkeit nicht so ausgeprägt wie in der Ebene. Ursache dafür ist die generelle Zunahme an Bewölkung und Luftfeuchtigkeit in diesen Regionen.

Das Mikroklima im Inneren der tropischen Regenwälder ist im Vergleich zum Großklima viel ausgeglichener. Die Temperaturen weisen z. B. in Bodennähe nur noch minimale Schwankungen auf, und die Luftfeuchtigkeit beträgt fast immer 90 bis 100 %. Auch nach einigen regenlosen Tagen ändert sich daran nichts, da die nächtliche Abkühlung in der wasserdampfgesättigten Luft zu erheblicher Taubildung auf dem Kronendach der Bäume führt. Von dort tropft das Wasser in die tieferen Schichten, so daß es immer feucht bleibt. Die Sonneneinstrahlung wird im Waldesinneren deutlich vermindert, wenn auch durch das unregelmäßig aufgebaute und meist nicht völlig geschlossene Kronendach noch relativ viel Licht in die unteren Schichten eindringen kann. Durch die oft metallisch glänzenden Oberflächen der Blätter vieler Regenwaldpflanzen der oberen und mittleren Schichten wird ein Teil der Sonnenstrahlung reflektiert und als diffuses Licht nach unten weitergeleitet. Auf den Waldboden trifft jedoch nur ein geringer Teil des Sonnenlichtes auf. Die Fülle an den Bäumen rankender und aufsitzender Pflanzen sowie hoher großblättriger Stauden verhindert in vielen Fällen ein Vordringen bis in Bodennähe. Oft ist es nur 0,1 bis 1 % der auf die Baumwipfel auftreffenden Lichtintensität. Verschiedene Moose und Farne, Moosfarne (*Selaginella*-Arten) und selbst Samenpflanzen, z. B. Begonien, Springkräuter, Brennessel-, Ingwer-, Pfeilwurz- und Rötegewächse sind in der Lage, auch unter diesen Bedingungen zu gedeihen.

Böden

Bei den meisten Böden der Standorte des tropischen Regenwaldes handelt es sich um alte Bildungen, deren Entstehung oft noch bis ins Tertiär zurückreicht. Daraus resultiert ein hoher Verwitterungsgrad des Ausgangsmaterials, so daß die Mächtigkeit der Verwitterungsdecke bis zu 20 m betragen kann. Die hohen Niederschläge bewirkten nicht nur eine Auswaschung der Basen, sondern auch in mehr oder minder großen Anteilen der Kieselsäure, wodurch sich eine relative Anreicherung der Sesquioxide (Eisen-III-oxid, Aluminiumoxid) ergibt. Dieser Vorgang der Ferralitisation bzw. Lateritisation ist für die meisten Böden der Regenwaldgebiete typisch und bedingt die sogenannten ferralitischen Böden, Roterden oder Latosole, deren charakteristische ziegelrote Farbe durch die reichlich vorhandenen Eisenoxide hervorgerufen wird (s. Bild S. 125).

Eine auf den ersten Blick überraschende Feststellung ist die außerordentlich hohe Nährstoffarmut des Bodens. Kalzium, Stickstoff und Phosphor fehlen oder sind nur in geringen Mengen vorhanden. Dieser scheinbare Widerspruch zur Üppigkeit der Vegetation erklärt sich aus der jahrtausendelangen Entwicklung des Bodens. Im Verlauf dieses Prozesses gelangten die Nährstoffe des Bodens allmählich in die Vegetation, die nunmehr das hauptsächliche Nährstoffpotential des Ökosystems darstellt. Durch die günstigen klimatischen Bedingungen werden die abgestorbenen, auf den Boden gelangenden Pflanzenteile sehr schnell wieder mineralisiert. Das wie ein Filter wirksame feine Netz des oberflächlich angelegten Wurzelsystems der Regenwaldbäume, das zudem noch durch ein Geflecht dichter Pilzmyzelien unterstützt wird, kann die zurückgeführten Nährstoffe fast verlustfrei wieder aufnehmen.

Diese Erkenntnis von der Festlegung der Nährstoffe in der Vegetation ist wichtig für die Überlegungen zu einer wirtschaftlichen Nutzung der meisten tropischen Regenwälder. Eine totale Rodung führt zu einer schnellen Mineralisierung und anschließend zu einer Auswaschung der Nährstoffe, die damit unwiederbringlich verloren sind (s. auch S. 116).

Seltener sind die Fälle, wo sich die Regenwälder auf jungen vulkanischen Böden befinden und ein ständiger Nährstoffnachschub aus dem Boden gewährleistet ist. Auch die Randgebiete von Gebirgen, wie die ostandine Region der Zuflüsse zum Amazonas, besitzen nährstoffreiche Böden, die sich aus den Ablagerungen der rezenten Verwitterungsprodukte der Anden gebildet haben. Die Unterschiede, die sich aus dem verschiedenen Alter der Böden und ihren jeweiligen Nährstoffverhältnissen ergeben, finden ihren Niederschlag in der Zusammensetzung von Flora und Fauna (s. Abb. S. 99).

Vegetationsverhältnisse des tropischen Regenwaldes

Aufbau und Struktur

Eine generalisierende Beschreibung der Struktur des tropischen Regenwaldes ist mit vielen Unzulänglichkeiten behaftet, denn diese wohl kompliziertestе Pflanzengemeinschaft hat so viele unterschiedliche Typen ausgebildet, daß auch die ausführlichsten Beschreibungen nicht die große Mannigfaltigkeit – eines der wesentlichsten Merkmale – in angemessener Form zum Ausdruck bringen.

Noch vor wenigen Jahrzehnten glaubte man, daß ein Regenwald immer ein undurchdringliches Dickicht von Bäumen, Sträuchern, Kräutern, Lianen und Epiphyten darstellt, weil man sich vorwiegend auf die Beschreibung von Gebirgsregenwäldern bezog. Erst relativ spät wurde bekannt, daß der unberührte Tieflandsregenwald, in dem durch sein dichtes oberes Kronendach kaum Licht auf die bodennahen Stellen gelangt, nur wenig Unterwuchs besitzt, und diese Wälder ohne viele Mühe passierbar sind.

Immer wieder wird der große Artenreichtum des tropischen Regenwaldes hervorgehoben. Allein für das Amazonasgebiet kann man aufgrund von Hochrechnungen genau untersuchter Teilgebiete etwa die Zahl von mehr als 40 000 Arten Höherer Pflanzen veranschlagen. Oft wird darauf hingewiesen, daß man nur selten zwei Exemplare einer gleichen Baumart bei einem Gang durch den Regenwald antrifft. Die hohe Artendichte ist in der Regel so ausgeprägt, daß im Durchschnitt mit etwa 100 bis 200 Baumarten pro Hektar gerechnet werden kann. In Extremfällen liegen die Werte etwa bei 400 Baumarten. Da die Individuendichte pro Art in diesen Fällen sehr gering ist, muß es in der Regel besonders wirksame Bestäubungs- und Verbreitungsmechanismen geben, um das Überleben zu garantieren. Hier sei auf die vielen Zusammenhänge zwischen Pflanzen und Tieren (Ameisen, Vögel, Fledermäuse u. a.) hingewiesen, die bisher nur zum Teil erforscht sind.

Es gibt allerdings auch relativ artenarme, monotone Regenwälder. Hierzu zählen z. B. bestimmte Dipterocarpaceen-Wälder in besonders niederschlagsreichen, perhumiden Gebieten Indonesiens. Dieser Regenwaldtyp deutet darauf hin, daß die optimalen Verhältnisse bereits überschritten sind. Die extrem hohen Niederschläge

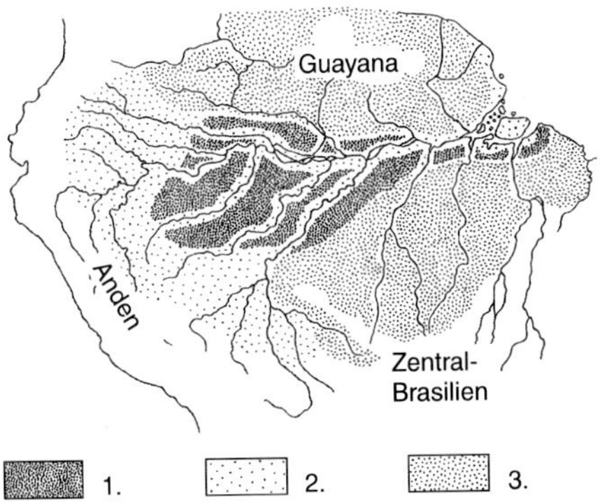

Ökologische Großeinteilung der Böden Amazoniens (nach Fittkau)

1. Zentralamazonien, an Mineralsalzen extrem arme Böden, Flora und Fauna verarmt
2. Andenvorland und Überschwemmungszonen der großen Flüsse (Várzea), mit den reichsten Böden und einer optimal entwickelten Flora und Fauna
3. Nördliche und südliche Randzone des alten Guyana- und Brasilien-Schildes, Böden meist relativ arm an Mineralien, Flora und Fauna mäßig bis gut entwickelt

Profil durch einen Tieflandsregenwald (links) und durch einen Gebirgsregenwald (rechts)

verursachen eine schlechte Durchlüftung des Bodens, so daß eine Auslese von Spezialisten für diese Standorte stattgefunden hat. Ähnliche Verhältnisse kann man auch in den feuchtesten Regenwaldgebieten Südamerikas und der Kongoregion antreffen, nur sind es dort andere Pflanzenarten, die als vorherrschende Sippen auftreten.

Die Bäume, die etwa 70 % der vorkommenden Höheren Pflanzen ausmachen, sind in ihrer unterschiedlichen Gestalt und Schichtung die beherrschende Lebensform des tropischen Regenwaldes. Dabei unterscheidet man im allgemeinen bei Vegetationsanalysen eine obere, eine mittlere und eine untere Baumschicht, die aber nur in Ausnahmefällen deutlich voneinander zu trennen sind. Die obere Baumschicht wird aus einigen Riesenbäumen gebildet, die in der Regel Höhen von 50 bis 60 m erreichen können und deren Kronen sich erst über den darunter liegenden Schichten entwickeln. Sie ist nicht in sich geschlossen und in manchen Fällen sogar in Einzelexemplare aufgelöst, die den Charakter von Überhältern haben. Die mittlere Baumschicht, die Baumhöhen von etwa 20 bis 30 m aufweist, stellt meist ein geschlossenes Kronendach dar. Die Kronen sind unter dem herrschenden Konkurrenzdruck der benachbarten Exemplare schmaler als in der oberen Baumschicht. Die Ausbildung der unteren Baumschicht schließlich ist von den in dieser Re-

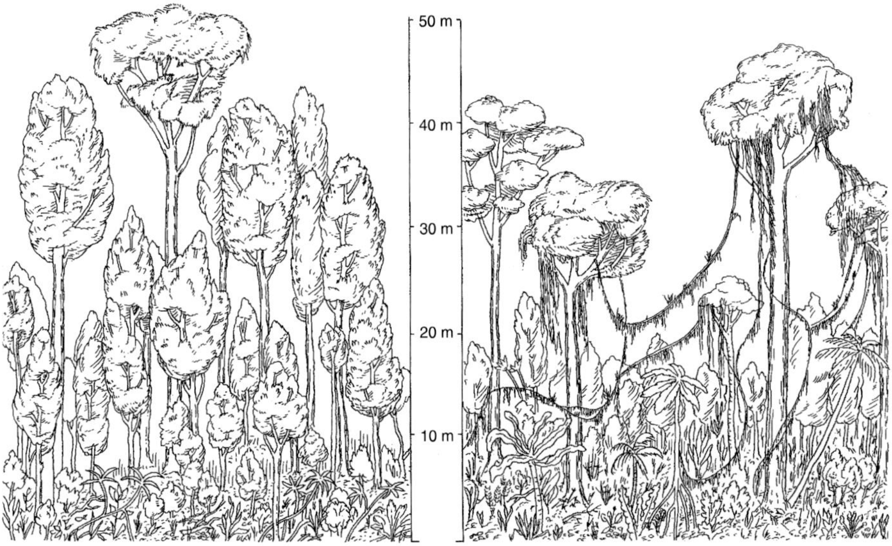

Brettwurzelbildung bei einem Regenwaldbaum im Amazonasgebiet

gion vorhandenen Lichtverhältnissen abhängig. Sie setzt sich aus Bäumen zusammen, die eine durchschnittliche Höhe von etwa 10 m erreichen. Die in den Baumschichten auftretenden Lianen und Epiphyten werden später besprochen (s. S. 103).

Oft sind auch eine Strauchschicht und eine oder zwei abgestufte Krautschichten vorhanden, deren Arten noch bei minimaler Lichtintensität gedeihen können, da sie bei der ständig herrschenden hohen Luftfeuchte die Spaltöffnungen während des gesamten Tages offenhalten, ohne der Gefahr des Welkens ausgesetzt zu sein. Sie assimilieren also ohne Unterbrechung.

Grundsätzlich kann man aufgrund des Wachstumsrhythmus drei Gruppen von Regenwaldbäumen unterscheiden. Die erste enthält schnellwüchsige, kurzlebige Arten, die sich in den auf natürliche Weise entstandenen Bestandeslücken oder auf vom Menschen geschaffenen Schlagflächen gewissermaßen als Pioniervegetation entwickeln. Diese lichtliebenden Arten mit meist großen und relativ weichen Blattflächen stellen ihr Wachstum bereits nach etwa 20 Jahren ein und machen dann anderen Arten Platz.

Hierher gehören z. B. in Mittel- und Südamerika der Balsabaum *(Ochroma pyramidale)*, ein Wollbaumgewächs (Bombacaceae), und die zahlreichen Arten des Ameisenbaumes (*Cecropia* div. spec.) aus der Familie der Maulbeergewächse (Moraceae), in Afrika der zur gleichen Familie gehörende Regenschirmbaum *(Musanga cecropioides)* und im tropischen Asien die Vertreter der zu den Wolfsmilchgewächsen zählenden Gattung *Macaranga*.

Die zweite Gruppe umfaßt Arten, die im Jugendstadium ebenfalls schnell wachsen, aber das Höhenwachstum über längere Zeit fortsetzen und nach dessen Beendigung noch lange gedeihen können. Es sind die charakteristischen Elemente der oberen Baumschicht, deren Kronen meist nicht beschattet werden. Zu dieser Gruppe rechnet man eine große Zahl von wichtigen Nutzhölzern des tropischen Regenwaldes, z. B. die ver-

Stelzwurzeln bei der Chonta-Palme *(Bactris ciliata)* im Amazonasgebiet

Laubschütten an der Triebspitze eines Kakaobaums *(Theobroma cacao)* mit Rotfärbung durch Anthocyan

Bild rechts oben:
Kauliflorie bei *Goethea cauliflora* (Malvaceae) aus Brasilien

schiedenen Mahagonibäume der Gattungen *Swietenia* aus dem tropischen Amerika, sowie *Khaya* und *Entandophragma* aus dem Regenwaldgebiet Afrikas.

Die dritte Gruppe enthält schließlich schattenertragende Arten, die relativ langsam und ausdauernd wachsen. Ihr Holz ist meist sehr schwer und hart. Es eignet sich wegen der schlechten Bearbeitbarkeit nicht in dem Maße als Nutzholz, wie das bei den Arten der zweiten Gruppe der Fall ist. Trotzdem gehören hierher auch einige Edelholzarten, z. B. Makoré *(Tieghemella heckelii)* und das oft als Mahagoniersatz verwendete Okoumé *(Aucoumea klaineana).*

Metallglanz und Buntfarbigkeit der Blätter bei *Perilepta dyeriana* (Acanthaceae)

Für die meisten Bäume ist der gerade, säulenförmige Stamm typisch, der – ohne sich zu verzweigen – oft mehr als 30 m in die Höhe ragen kann. Erst darüber breitet sich bei den einzeln stehenden Riesenbäumen die weitausladende Krone aus, während sich bei den Bäumen der unteren Baumschichten, wie schon erwähnt, durch den dichten Stand meist nur schmale Kronen ausbilden.

An der Basis der Stämme besitzen manche Arten Brettwurzeln (s.Bild S. 100), die z. T. bis 8 m Höhe erreichen und den Bäumen eine stärkere Standsicherheit verleihen, da das nur an der Bodenoberfläche entwickelte Wurzelsystem wenig Gewähr für eine feste Verankerung im Boden gibt. Die Ausbildung von Brettwurzeln ist genetisch bedingt. Bei manchen Familien, z. B. Moraceae, Mimosaceae, Sterculiaceae, Meliaceae, Bignoniaceae und Combretaceae, trifft man sie häufiger an, bei anderen, wie Sapindaceae, Apocynaceae, Sapotaceae, fehlen sie.

Besonders zahlreich kommen Bäume mit Brettwurzeln auf nassen Böden vor.

Wahrscheinlich steht ihre optimale Ausbildung auch mit der dort auftretenden schlechten Bodendurchlüftung im Zusammenhang, die die Sekundärholzbildung auf der Unterseite der Seitenwurzeln an diesen Standorten erschwert und das einseitige Holzwachstum an der Oberseite fördert. Sicherlich wird dadurch eine Vergrößerung der atmungsaktiven Wurzeloberfläche erreicht, um der Sauerstoffarmut an diesem Standort zu begegnen. Jedenfalls deutet das Fehlen von Bäumen mit Brettwurzeln auf den wasserzügigen, luftreichen Böden der Gebirgsregenwälder auf solche Abhängigkeiten hin.

Andere Arten fallen durch ihre Stelzwurzeln auf, die oberhalb der Stammbasis aus Adventivwurzeln entstehen und besonders an den Bäumen der unteren Baumschicht – ebenfalls vorzugsweise an nassen Standorten – anzutreffen sind (s. Bild S. 100).

Die differenzierten mikroklimatischen Bedingungen, die in den verschiedenen Schichten des tropischen Regenwaldes herrschen, wirken sich auch auf die Gestalt der Blätter aus. Die Bäume der oberen Schichten besitzen in der Regel elliptische oder lanzettliche, glatte, lederartige Blätter, die an den täglichen Wechsel zwischen Strahlungsintensität und Regengüssen gut angepaßt sind. Sie tragen meist eine charakteristische Träufelspitze, an der sich das Regenwasser sammelt und schnell abtropfen kann, damit die Transpiration nicht durch einen Wasserfilm auf der Blattfläche verhindert wird. Außerdem erschwert eine glatte und trockene Oberfläche die Ansiedlung von Algen und Lebermoosen. Die Blätter der Gehölze der unteren Schichten sind meist größer und nicht so glatt und lederartig. Aber auch bei ihnen ist meist eine Träufelspitze ausgeprägt.

Die Besonderheiten des Klimas im tropischen Regenwald wirken sich auch auf den Laubaustrieb aus. Da ein Schutz der Vegetationspunkte vor Kälte und Trockenheit nicht notwendig ist, sind die Knospen relativ unscheinbar und nicht von Knospenschuppen umgeben. Nur verschiedene Einrichtungen zum Schutz der jungen Vegetationspunkte gegen Tierfraß sind bekannt. Bei der Entfaltung der neuen Triebe kann man an vielen Regenwaldbäumen die Erscheinung des „Laubschüttens" beobachten, eines außerordentlich raschen Flächenwachstums der Blätter, die förmlich ausgeschüttet werden, da das Festigungsgewebe nämlich nicht mit gleicher Schnelligkeit, sondern erst allmählich ausgebildet wird, hängen die jungen Triebe mit den bereits in der Form entwickelten Blättern zuerst schlaff nach unten. Auch die Ausbildung des Chlorophylls verzögert sich bei diesem schnellen Prozeß, so daß die jungen Blätter weißlich oder gelblich bzw. – bedingt durch den Gehalt an Anthocyan – rötlich gefärbt sind (s. Bild S. 101).

Der Laubwechsel wird im tropischen Regenwald nicht durch äußere Faktoren, wie Trockenheit und Kälte, gesteuert. Die Blätter der immergrünen Bäume erreichen ein Alter von mehreren Jahren und fallen nach und nach ab, obwohl man auch eine von Art zu Art verschiedene Periodizität beobachten kann. Außerdem zeigt sich eine Individualität einzelner Äste oder Astsysteme, so daß nicht der gesamte Baum auf einmal, sondern nur Teile kahl sind. Die Blüten der Regenwaldbäume sind meist eng an die Bestäuber angepaßt und nicht so auffällig und zahlreich, wie das der Laie vermutet. Ein regelmäßiger jährlicher Blührhythmus wie in unseren Breiten ist bei den Regenwaldbäumen nicht entwickelt.

Eine besondere Eigentümlichkeit mancher Regenwaldbäume ist die Kauliflorie, die Ausbildung der Blüten an blattlosen Stämmen und Zweigen. Da sie vor allem an den Bäumen der unteren Baumschicht vorkommt, wird sie als Anpassung an die in diesen Bereichen häufige Fledermausbestäubung (Chiropterogamie) gedeutet. Die bestäubenden Fledermäuse und Flughunde können sich so beim Anflug an die Blüten besser festhalten. Andererseits ist auch die Ausbildung von saftreichen, schwergewichtigen Früchten, die nicht an den Zweigenden gebildet werden können, eine Voraussetzung für die Stammblütigkeit (s. Bild S. 101).

Neben der Fledermausbestäubung spielt auch die Vogelbestäubung (Ornithogamie) eine beachtliche Rolle in den Tropen. Die ornithophilen Arten fallen durch ihre grellen Blütenfarben (rot, orange, gelb) besonders auf, während die chiropterophilen meist unansehnliche grünliche oder bräunliche Blüten besitzen. Eine deutliche Unterscheidung zwischen der Strauch- und Krautschicht ist im tropischen Regenwald kaum möglich. Man kann nur eine obere Schicht, die neben hohen, großblütigen Stauden, wie Bananengewächsen, Pfeilwurzgewächsen, Ingwergewächsen und Aronstabgewächsen, auch noch strauchige Gehölze und die Jungpflanzen von Bäumen enthält, sowie eine untere Schicht mit niedrigen, extrem schattenertragenden Kräutern unterscheiden. Die Zahl der krautigen Arten ist im tropischen Regenwald generell niedriger als die der Holzgewächse, und es gibt ungestörte Tieflandsregenwälder, die nur eine einzige spärliche Krautschicht besitzen.

Auffällig ist das in seiner Bedeutung noch nicht eindeutig geklärte Vorkommen von farbigen Blattzeichungen bzw. metallisch glänzenden oder samtigen Oberflächen bei Blättern von Bodenpflanzen des tropischen Regenwaldes. Offensichtlich stehen diese Erscheinungen wenigstens teilweise im Zusammenhang mit einer optimalen Ausnutzung der geringen Lichtverhältnisse am Standort. Viele dieser buntlaubigen Regenwaldbodenpflanzen wurden zu beliebten Zimmerpflanzen, z. B. Arten der Gattungen *Tradescantia, Zebrina, Maranta, Calathea, Coleus, Fittonia, Sanchezia, Pilea, Begonia* u.a. (s. Abb. S. 101). Im tiefsten Schatten wachsen noch verschiedene zartlaubige Farne, Moosfarne *(Selaginella)* und Moose. Die meisten der weltweit bekannten etwa 700 Moosfarnarten kommen im tropischen Regenwald vor.

Heterotrophe höhere Pflanzen sind dagegen selten anzutreffen. Allerdings gehört eine der merkwürdigsten Erscheinungen der Pflanzenwelt hierher: die durch ihre riesigen, bis zu einem Meter im Durchmesser großen Blüten auffallende Sumatra-Riesenblume *(Rafflesia arnoldii)* (s. Bd. »Blütenpflanzen 1«, S. 447). Es handelt sich um einen Parasiten, dessen vegetative Teile auf pilzgeflechtähnliche Zellfäden reduziert sind. Sie kommt gemeinsam mit elf weiteren kleinblütigeren *Rafflesia*-Arten im indomalaiischen Gebiet vor und parasitiert auf Lianen der zu den Weingewächsen gehörenden Gattung *Cissus.* Auffällige Elemente der Bodenschicht sind auch die saprophytischen »Blumenpilze« aus dem Verwandtschaftskreis unserer Stinkmorcheln, Hundsruten und Tintenfischpilze (Phallaceae und Clathraceae).

Lianen

Wenn man auf dem Wasserweg den tropischen Regenwald durchquert, dann ist man immer wieder beeindruckt von der Formenfülle der an den Bäumen emporkletternden Lianen, die die am Ufer stehenden Bäume wie ein dichter Vorhang überziehen. Sie gehören zu den bemerkenswertesten Bestandteilen der Tropenvegetation; mehr als 90 % aller Lianenarten sind nur in den Tropen verbreitet. Die Mehrzahl davon kommt in den Regenwäldern vor.

Das Streben zum Licht bestimmt ihre Lebensform. Man trifft sie deshalb vor allem auf natürlichen Lichtungen, an den Bestandesrändern und in den auf ehemaligen Kahlschlägen entstandenen Sekundärwäldern. Dagegen sind sie in unberührten Tieflandsregenwäldern mit gut entwickelten, dichten Baumschichten relativ selten. Je nach Art des Emporkletterns kann man verschiedene Gruppen unterscheiden. Windepflanzen sind besonders eindrucksvoll, weil sie oft Längen von mehr als 100 m erreichen und wie gewaltige, in sich gewundene Taue ihre Stützbäume umklammern. Ihre Sprosse winden mit den langen Internodien, um dadurch rasch zum Licht, d. h. in die Baumkronen zu gelangen. Durch ein unregelmäßiges Dickenwachstum besitzen sie oft einen welligen, hin- und hergebogenen Sproß, der ihnen zusätzlich Elastizität und Stützfunktion verleiht. Man nennt diese Gebilde auch »Affentreppen« (s. Bild S. 104). Sie kommen besonders bei den zu den Johannisbrotbaumgewächsen gehörenden Lianen der Gattung *Bauhinia* und dem Mimosengewächs *Entada*, der Riesenhülse, vor. Auch in vielen anderen Pflanzenfamilien treten verholzte Windepflanzen in Erscheinung. Besonders häufig findet man sie im tropischen Regenwald bei den Bignoniaceen, Sapindaceen, Malpighiaceen, Dioscoreaceen und Aristolochiaceen.

Rankenpflanzen bilden teilweise verholzende Ranken aus, mit denen sie die Stützpflanzen um-

Lianen am Bestandesrand eines Regenwaldes

Sogenannte »Affentreppen« einer Liane des tropischen Regenwaldes im Amazonasgebiet

klammern. Beispiele dafür sind die Vertreter der in den gesamten Tropen vorkommenden Gattung *Cissus* aus der Familie der Weingewächse, verschiedene rankentragende Schmetterlingsblütler wie die Kalabarbohne *(Physostigma venenosum)* und Passionsblumen *(Passiflora*-Arten) (s. Bild S. 105 oben).

Wurzelkletterer haften entweder mit Hilfe vieler kleiner Adventivwurzeln an ihrer Stütze, oder sie umklammern sie mit längeren, dickeren Wurzeln. Zu dieser Gruppe gehören viele der auch schattenertragenden Lianen aus der Familie der Aronstabgewächse, die auch z. T. als Zierpflanzen kultiviert werden, wie verschiedene Arten der Gattungen *Philodendron, Epipremnum, Syngonium, Pothos, Scindapsus, Monstera,* sowie Arten der Orchideengattung Vanille *(Vanilla)* und der Pfeffer *(Piper nigrum).*

Spreizklimmer hangeln sich dagegen mit auseinanderspreizenden Sprossen oder Blättern, die Stacheln, Dornen oder besonders ausgebildete Haken tragen können, an ihren Stützpflanzen nach oben. Typische Beispiele dafür sind die im tropischen Asien und Afrika mit etwa 370 Arten vorkommenden Rotang-Palmen der Gattung *Calamus.*

Epiphyten

Die wohl vielfältigsten Anpassungen an die Lebensbedingungen im tropischen Regenwald findet man bei den Epiphyten, auf den Bäumen vorkommenden Aufsitzerpflanzen. Sie besiedeln in großer Arten- und Individuenzahl die Stämme und Äste der Bäume, um sich dadurch günstigere Lichtverhältnisse zu schaffen. Meist hoch oben in den Bäumen lebend, wird für sie – die keine Ver-

Passiflora coccinea, eine vogelblütige Liane des südamerikanischen Regenwaldes mit Sproßranken

bindung zum Boden mehr haben – die Wasser- und Nährstoffversorgung zu einer komplizierten Angelegenheit. Durch die häufigen Niederschläge und die hohe Luftfeuchtigkeit bedingt, wird das notwendige Wasser nicht das entscheidende Problem, da in der Regel mannigfache Anpassungen entweder die Wasseraufnahme fördern oder den Wasserverbrauch reduzieren. Die Nährstoffe hingegen sind schwieriger zu beschaffen. Sie werden entweder über das Regenwasser aufgenommen, wozu die Epiphyten besondere Einrichtungen für die Aufnahme der in diesem Medium sehr fein verteilten Nährstoffe entwickeln, oder sie beuten die Nährstoffe aus, die sich in dem organischen Material von Pflanzen- und Tierresten befinden, das sich in dem meist dichten

Aristolochia gigantea gehört zu den mit dem Sproß windenden Lianen. Sie besitzt Kesselfallenblüten und wird von Fliegen bestäubt.

Guzmania spec. (Bromeliaceae) als Epiphyt im Gebirgsregenwald in Ekuador

Wurzelfilz dieser Pflanzen sammelt. Hinzu kommt oft eine beträchtliche Menge von Humus, den die allgegenwärtigen Ameisen nach oben schaffen.

So ist verständlich, daß sich die Menge an Epiphyten besonders im niederschlagsreichen und luftfeuchten Klima entwickelt und ihre Zahl in den ständig feuchten Gebirgsregenwäldern ungleich höher ist als in den Tieflandsregenwäldern.

Die Gegensätze im Mikroklima der oberen und unteren Baumschichten sind auch die Ursache für eine unterschiedliche Zusammensetzung der darin vorkommenden Epiphyten-Gesellschaften. Lichtliebende Sonnenepiphyten dominieren im oberen Kronenbereich, während stärker schattenertragende Schattenepiphyten im gleichmäßig feuchten Waldesinneren vorherrschen. Die Sonnenepiphyten haben sich dabei besonders an den ständigen Wechsel zwischen Feuchtigkeit und Trockenheit im Laufe des Tages anzupassen. Wie einige Beispiele zeigen, gibt es dafür vielfältige Möglichkeiten.

Bei den in ungeheurer Artenfülle auftretenden Orchideen – die Mehrzahl der etwa 20 000 Arten sind Epiphyten – fungieren verdickte Sproßabschnitte (Bulben), Blattspreiten und Wurzeln als Wasser- und Nährstoffspeicher. Auch die von ihnen ausgebildeten Luftwurzeln, die durch einen äußeren schwammähnlichen Gewebemantel, das Velamen, eine schnelle Wasseraufnahme ermöglichen, sind dieser Lebensweise förderlich.

Die in ihrer Verbreitung bis auf eine Ausnahme auf Amerika beschränkte Familie der Ananasgewächse (Bromeliaceae) setzt sich in der Mehrzahl aus epiphytischen Arten zusammen, deren häufig trichterartig gestellte Blattrosetten wie wassersammelnde Zisternen wirken, aus denen das Regenwasser und darin gelöste Nährstoffe mit Hilfe der an den Blattbasen befindlichen Schuppenhaare aufgenommen werden kann. Ihre Wurzeln dienen lediglich als Haftorgane.

Auch Kakteen, z. B. Blattkaktus *(Epiphyllum)*, Rutenkaktus *(Rhipsalis)* und Schildkrötenkaktus *(Deamia)* treten als Epiphyten in den oberen Regionen des Regenwaldes auf. Bis auf wenige Arten der Gattung *Rhipsalis*, die auch in Afrika, auf

Madagaskar und in Sri Lanka zu finden sind, kommen sie nur in Amerika vor.

Als Schattenepiphyten treten vor allem an eine feuchte Atmosphäre angepaßte Farne und Moose auf. Der Nestfarn *(Asplenium nidus)* und die Geweihfarne *(Platycerium)* sind durch ihre trichterähnlichen Blattrosetten bzw. ihre Nischenblätter, mit denen sie Streu und Detritus sammeln können, sogar imstande, sich ein eigenes, erdähnliches, feucht bleibendes Humussubstrat zu schaffen, in das ihre Wurzeln wachsen.

In den an den Ästen und Zweigen der Bäume des Gebirgsregenwaldes ausgeprägten Epiphyten-Gesellschaften dominieren hygromorphe Farne, wie Hautfarne (Hymenophyllaceae) der Gattungen *Hymenophyllum* und *Trichomanes.* Als Samenpflanzen sind in diesem Bereich verschiedene Gesneriaceae, *Peperomia-* und *Begonia-*Arten anzutreffen.

Auch in bezug auf die z. T. verschiedenen Substrate auf den Bäumen kann man unterschiedliche Epiphytengruppen feststellen. So wachsen die sogenannten Rindenepiphyten unmittelbar auf der Borke der Bäume. Die drahtähnlichen Wurzeln dienen dann als Haftorgane, wie das bei vielen Bromeliaceen und Orchideen vorkommt. Dagegen kommen die Humusepiphyten, wie Geweihfarn, Nestfarn u. a. auf einem erdähnlichen Substrat in Astgabeln, Astlöchern oder zwischen rissiger Borke vor.

Sogar die Blätter der Bäume können vor allem in den unteren Schichten des Regenwaldes, in denen ständig eine gleichbleibende hohe Luftfeuchtigkeit herrscht, von verschiedenen niederen Pflanzen besiedelt werden. Diese werden als Epiphylle bezeichnet. Es handelt sich vor allem um Lebermoose, Flechten und Luftalgen, die in charakteristischen Vergesellschaftungen vorkommen.

Hemiepiphyten

Eine gewisse Zwischenstellung zwischen Epiphyten und Lianen nehmen die Hemiepiphyten ein. Sie keimen entweder als Epiphyten auf den Ästen der Bäume und entwickeln sich später durch die Ausbildung von Luftwurzeln, die den Boden erreichen, zu selbständigen Gewächsen, oder sie sind in ihren Frühstadien Lianen, deren Verbindung zum Boden später abreißt, so daß sie zu Epiphyten werden. Zur ersten Gruppe gehören die sogenannten Würgerbäume, deren Luftwurzeln den Tragstamm wie ein Netz umgeben und ihn schließlich durch ihr eigenes Erstarken so am Dickenwachstum hindern, daß er abstirbt. Das Gerüst der Luftwurzeln wird darauf zum Stammsystem eines selbständigen Baumes. Charakteristische Beispiele für solche Würgerbäume sind z. B. im tropischen Asien verschiedene Feigen-*(Ficus-)* Arten und in Amerika Vertreter der Gattung *Clusia* aus der Familie der Hartheugewächse. Die zweite Gruppe wird beispielsweise durch verschiedene Aronstabgewächse repräsentiert.

Vegetationsformen

Obwohl die floristische Zusammensetzung des tropischen Regenwaldes in den einzelnen Erdteilen einem starken Wandel unterliegt und in dieser Hinsicht wenig Übereinstimmungen zwischen den drei großen Regenwaldgebieten bestehen, kann man in bezug auf die Ausbildung der Vegetationsformen überall analoge Abwandlungen eines Grundtyps feststellen.

Immergrüner Tieflandsregenwald

Er ist der Prototyp des tropischen Regenwaldes schlechthin, über dessen Struktur und Zusammensetzung in den vorigen Abschnitten gesprochen wurde. Grundsätzlich kann man ihn untergliedern in den Festlands- oder „Terra firme"-Regenwald auf den nicht überschwemmten Flächen, den Auen- oder Überschwemmungswald in unmittelbarer Nähe der Flüsse und den Moor-Regenwald an Standorten, die fast ständig von stehendem oder langsam fließendem, sauerstoffarmem Wasser überflutet werden.

Der normale Typus ist der Terra firme-Wald, der mehr als 90 % der Gesamtfläche des immergrünen Tieflandsregenwaldes einnimmt und selbst nach Boden- und Nährstoffverhältnissen sowie klimatischen Bedingungen wiederum in verschiedene Untertypen gegliedert werden kann.

Der Auen-Regenwald gedeiht an Standorten, die aus den jährlichen Ablagerungen nährstoffreicher Sedimente entstanden sind. Diese Sedimente haben als Wassertrübe den sogenannten Weißwasserflüssen ihren Namen gegeben. Sie stammen zumeist aus den waldfreien Einzugsgebieten der Flüsse. Der optimale Nährstoffreichtum und die relativ günstigen Sauerstoffverhältnisse im

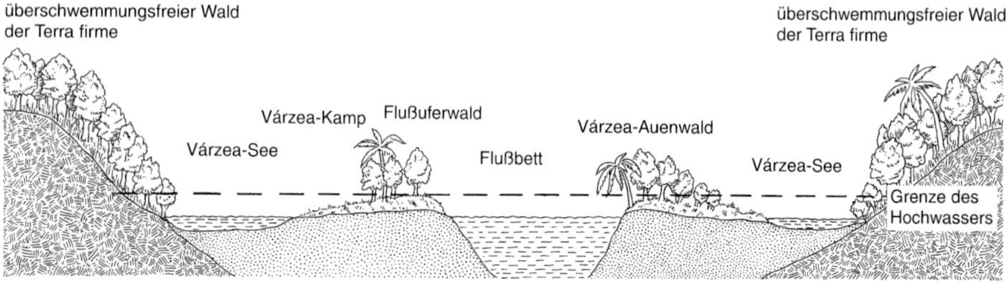

Querschnitt durch das Flußtal eines Weißwasserflusses

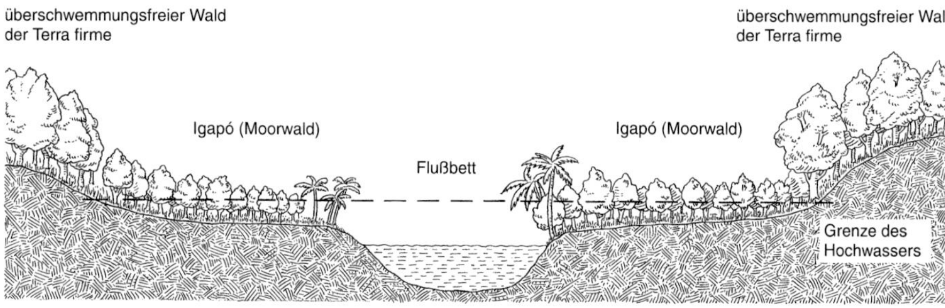

Querschnitt durch das Flußtal eines Schwarzwasserflusses

fließenden Wasser bedingen eine hohe Produktivität an diesen Standorten. Wegen der schwierigen Erschließung haben diese Auen-Regenwälder ihre Ursprünglichkeit auch heute noch weitgehend erhalten können.

Vom Flußufer bis zum Rand der Aue ist in der Regel eine charakteristische Abfolge der Gesellschaften festzustellen, die ihre Ursache in der allmählichen Absenkung des Bodens von den hochaufgeworfenen Uferwällen zum Auenrand hin hat. Auf den nur selten überschwemmten Flußuferdämmen gedeiht ein lianenreicher Flußuferwald, der nach außen in den eigentlichen Überschwemmungswald übergeht. Am Rande der Aue können noch offene Wasserflächen vorhanden sein, die von Röhrichtgürteln und grasreichen Sümpfen umgeben sind (s. obere Abb.).

Der Moor-Regenwald ist meist im Gebiet der sogenannten Schwarzwasserflüsse zu finden, die ihren Ursprung in Waldgebieten haben und dadurch keine Sedimente mit sich führen. Ihre meist olivgrüne bis schwarzbraune Färbung bekommen sie durch die im Wasser enthaltenen Humusstoffe. Der Rio Negro, einer der wichtigsten Nebenflüsse des Amazonas, der ein großes Gebiet mit Podsolböden entwässert, ist ein bekanntes Beispiel für solche Schwarzwasserflüsse (s. untere Abb.).

Im Gegensatz zum Auen-Regenwald füllt der Moor-Regenwald in der Regel das gesamte Flußtal aus. Da keine Ablagerung von Bodenmaterial stattfindet, sondern höchstens eine gleichmäßige Auswaschung, sind auch kaum Niveauunterschiede vorhanden.

Aufgrund der Nährstoffarmut des Standortes ist der Moor-Regenwald wesentlich ärmer ausgebildet als der Auen-Regenwald. Die Bäume sind niedriger und manchmal nur strauchartig entwickelt. Luft- und Stelzwurzeln sind wegen des Sauerstoffmangels häufig anzutreffen. Da aus dem gleichen Grund die Zersetzung des organischen Materials nur gering ist, können sich mächtige torfartige Schichten bilden, die zum größten Teil aus mehr oder weniger stark zersetztem Holz bestehen.

Halbimmergrüner Tieflandsregenwald

Einige Regenwaldgebiete sind durch kurze Trockenperioden ausgezeichnet, die in den oberen Baumschichten einen saisonalen Laubwechsel bewirken. Die tieferen Schichten bleiben jedoch immergrün. Diese Übergangsstufe zu den regengrünen Trockenwäldern (s. S. 129) wird als Halbimmergrüner Tieflandsregenwald bezeichnet. Da es während der Trockenzeiten im Boden zu einem aufsteigenden Wasserstrom kommen kann, sind die Nährstoffverhältnisse in diesen Wäldern relativ günstig, und es werden hohe Produktionsleistungen erreicht.

Gebirgsregenwald

Den vom Niederschlag bestimmten Abwandlungen des tropischen Regenwaldes stehen die durch eine kontinuierliche Temperaturabnahme bedingten Abwandlungen gegenüber, wie sie vor allem in den immerfeuchten Höhenstufen der tropischen Gebirge vorkommen. In der submontanen Stufe von etwa 400 bis 1000 m ü. NN sind im Vergleich zum Tieflandsregenwald nur geringere Veränderungen festzustellen. Dort treten nur noch zwei Baumschichten auf, und die Bäume der oberen Baumschicht bleiben niedriger. Erst der montane oder Gebirgsregenwald, der in Höhen von 1000 bis 2500 m vorkommt, zeigt stärkere Abwandlungen. Er besitzt wie der submontane Regenwald zwei Baumschichten, die aber oft nur undeutlich voneinander zu trennen sind und deren obere Grenze meist 20 m nicht übersteigt. Die Baumschicht ist artenärmer als in den Tieflandsregenwäldern. Verschiedene tropische Pflanzenfamilien, wie die Lecythidaceen, Annonaceen und Sterculiaceen treten zurück. Ebenso fehlen einige typische Merkmale der Bäume des Tieflandsregenwaldes, wie Brett- und Stelzwurzeln sowie die Kauliflorie. Die Blätter der Bäume sind meist kleiner und besitzen keine Träufelspitzen. Auch Lianen sind weitaus seltener. Dagegen kommen Epiphyten häufig vor. Besonders reichhaltig sind Orchideen, Farne und Moose. Auch in der Strauch- und Krautschicht dominieren oft Farne und Bambus-Arten.

In noch größeren Höhen der immerfeuchten Tropen (2500 bis 4000 m) werden die montanen Regenwälder von den subalpinen Nebelwäldern abgelöst.

Die tropischen Regenwälder Südamerikas

Die ganze Vielfalt an Vegetationstypen des tropischen Regenwaldes ist heute noch am besten im Amazonasgebiet ausgebildet. Ein großer Teil der »Grünen Hölle«, wie diese Region in Reiseberichten oft genannt wird, harrt immer noch der botanischen, speziell der vegetationskundlichen Erforschung, so daß es gegenwärtig schwierig ist, von manchen Arten genaue Angaben über ihre Verbreitungsgrenzen zu geben. Die Aufzählung allein der Gehölze des Amazonasgebietes würde viele Seiten füllen. Wir müssen uns deshalb hier darauf beschränken, einige charakteristische Elemente hervorzuheben.

Von den verschiedenen Ausprägungen des Regenwaldes nimmt der Tieflandsregenwald auf nicht überschwemmten Standorten, in Südamerika als Terra firme oder Eté-Wald bezeichnet, die weitaus größte Fläche ein. Die Artenzusammensetzung seiner Baumschichten ist außerordentlich mannigfaltig; den Hauptanteil stellen dabei die Hülsenfrüchtler. Vor allem die Familie der Caesalpiniaceen hat hier eines der beiden Häufungszentren auf der Erde und ist mit einigen auffällig blühenden Gattungen vertreten, wie z. B. mit *Dimorphandra, Elizabetha, Eperua, Heterostemon, Peltogyne* und *Swartzia.* Zu den Mimosengewächsen (Mimosaceae) zählen der vermutlich höchste Baum des Amazonasgebietes, die bis 60 m hohe *Dinizia excelsa,* und die Arten der verbreiteten, z. T. chiropterophilen Gattung *Parkia.* Weitere häufig vertretene Familien sind z. B. die Muskatnußgewächse (Myristicaceae), Sapotegewächse (Sapotaceae), Paradiesnußgewächse (Lecythidaceae), Wolfsmilchgewächse (Euphorbiaceae), Lorbeergewächse (Lauraceae) und Hundsgiftgewächse (Apocynaceae).

Die wichtigste Nutzpflanze des Amazonasgebietes, der Kautschukbaum *(Hevea brasiliensis)*, ein bis zu 30 m hohes Wolfsmilchgewächs (Euphorbiaceae) mit über einem Meter dickem Stamm, kommt als Terra-firme-Element im Gebiet südlich des Amazonas vor. Nördlich des Amazonas tritt die ebenfalls genutzte *Hevea benthamiana* auf. Auch die im Inneren Brasiliens wachsenden Arten der Gattung *Couma* aus der Familie der Hundsgiftgewächse (Apocynaceae) dienen der Kautschukgewinnung, speziell zur Herstellung von Kaugummi.

Eine weitere Nutzpflanze ist der Paranußbaum *(Bertholletia excelsa).* Dieser zur Familie der Para-

Flußufer-Wald der Várzea-Zone im Amazonasgebiet

diesnußgewächse (Lecythidaceae) gehörende Baum erreicht im Eté-Wald Höhen bis zu 50 m.

Von den vielen Nutzhölzern ist vor allem der Aguano *(Swietenia macrophylla)* zu nennen, dessen Holz dem von Mexiko bis Kolumbien und den Antillen wachsenden Echten Mahagonibaum *(Swietenia mahagoni)* durchaus ebenbürtig ist. Dieser bis zu 50 m hohe Baum kennzeichnet die besten Standorte des Eté-Waldes.

Besonders üppige Ausmaße erreichen im Amazonas-Regenwald die Lianen. Erwähnt seien hier nur die Gattungen *Abuta* (Menispermaceae), *Bauhinia* (Caesalpiniaceae), *Derris* (Fabaceae), *Entada* (Mimosaceae) und *Strychnos* (Loganiaceae). Aus *Abuta*- und *Strychnos*-Arten stellen die im Regenwald ansässigen Indianer Pfeilgifte (Kurare) her.

Ein auffälliges Merkmal des Amazonas-Regenwaldes ist das häufige Vorkommen von Hemiepiphyten mit drahtartigen Luftwurzeln, den sogenannten Cipos. Von den eigentlichen Epiphyten sind in erster Linie die den amerikanischen Regenwald kennzeichnenden Ananasgewächse (Bromeliaceae) zu nennen sowie einige in ihrer Verbreitung auf Amerika beschränkte artenreiche Orchideengattungen, wie *Cattleya, Epidendrum, Laelia, Maxillaria* und *Oncidium.*

Die einer regelmäßigen Überschwemmung ausgesetzte Flußaue wird in Südamerika als Várzea-Zone bezeichnet. Sie kann am Amazonas die beachtliche Breite von mehr als 100 km aufweisen und kommt auch längs der meisten Nebenflüsse vor. Die Abfolge der einzelnen Várzea-Formationen ist in der Regel folgendermaßen ausgebildet: Am Flußufer beginnt sie mit einem Ufergebüsch aus allgemeinverbreiteten Arten, wie z. B. der Humboldt-Weide *(Salix humboldtiana),* und dem durch seine reichliche Ausläuferbildung ungemein konkurrenzkräftigen Korbblütlerstrauch *Tessaria integrifolia.* Im angrenzenden Flußuferwald dominieren schnell wachsende hohe Bäume, wie der Kapokbaum *(Ceiba pentandra)* oder der Pracuuba *(Mora paraensis* bzw. *Mora excelsa),* die mit ihren mächtigen Brettwurzeln von gewaltigen Ausmaßen – sie erreichen mehr als 50 m Höhe – zu den eindrucksvollsten Gi-

Palmen sind besonders an nassen Standorten zu finden. Die Abbildung zeigt eine Buriti-Palme *(Mauritia flexuosa)* im Überschwemmungswald bei Iquitos in Peru

Várzea-Zone mit Wasserpflanzen-Gesellschaften und Überschwemmungswäldern im Amazonasgebiet. Im Vordergrund fruchtender Kalebassenbaum *(Crescentia cujete)*

ganten des Amazonas-Regenwaldes gehören. Auch der wegen seines extrem leichten Holzes begehrte Balsabaum *(Ochroma pyramidale)* und verschiedene von Ameisen bewohnte Ameisenbaum- *(Cecropia-)*Arten sind auffällige Elemente der Várzea-Formation.

Zu den charakteristischen Bestandteilen der Überschwemmungsauen gehören auch Palmen. Manche von ihnen sind wichtige Nahrungslieferanten für die im Regenwald lebenden Menschen, wie z. B. die Buritipalme *(Mauritia flexuosa)* und die Pfirsichpalme *(Bactris gasipaes)* (s. Bild S. 111).

Auch der Kakaobaum *(Theobroma cacao)* ist in den Várzea-Wäldern heimisch. Als etwa 10 m hoher Baum kommt er im Gebiet des unteren Amazonas vor. In halbwildem Zustand findet man ihn häufig in der Nähe der Indianersiedlungen, so daß sein ursprüngliches Verbreitungsgebiet heute nicht mehr genau lokalisiert werden kann.

Das an die Wälder anschließende waldfreie Gelände, das als Várzea-Kamp (Campos de Várzea) bezeichnet wird, besteht aus hochwüchsigen Wiesen, die von verschiedenen Gräsern gebildet werden. Bei Hochwasser können sich Teile dieser Flächen ablösen und als schwimmende Inseln stromabwärts treiben. Am Rande der Aue finden wir schließlich freie Wasserflächen, die als Altwässer und Flußseen oft ein Dorado für die außerordentlich üppige Sumpf- und Wasserpflanzenvegetation der Tropen sind. Während der Röhrichtgürtel wegen der großen Schwankungen des Wasserstandes oft fehlt oder nur durch wenige an diese Verhältnisse angepaßte Arten, wie z. B. *Gynerium sagittatum* oder das mehrere Meter hohe Aronstabgewächs *Montrichardia arborescens,* zusammengesetzt ist, können die Wasserpflanzengesellschaften besonders eindrucksvoll entwickelt sein. Die wohl interessanteste Art ist die in nährstoffreichen Altwässern vorkommende *Victoria amazonica,* deren Blätter bis zu 2 m Durchmesser erreichen.

Schwimmpflanzengesellschaften mit Wasserhyazinthe *(Eichhornia crassipes),* Wassersalat *(Pistia stratiotes),* Wassermohn *(Hydrocleys nymphoides),* Igelschlauch *(Echinodorus* spec.*)* sowie Schwimmfarn-*(Salvinia-),* Algenfarn-*(Azolla-),* Wasserlinsen-*(Lemna-)* und Zwergwasserlinsen-*(Wolffia-)*Arten bilden ausgedehnte Decken und sind den Várzea-Kamps oder den

Ufern des Terra-firme-Waldes als schwimmende Gürtel vorgelagert.

Die dritte Ausbildung der Tieflandsregenwälder, die vor allem in den ständig überstauten Schwarzwassergebieten vorkommt, ist in Südamerika als Igapó bekannt. Dieser Moorregenwald, durch den man bei hohem Wasserstand mit dem Boot zwischen den Kronen der Bäume entlang fahren kann, ist wesentlich artenärmer als der Eté- oder Várzea-Typ. Es gibt hochstämmige Igapó-Wälder, in denen meist verschiedene Caesalpinien- und Mimosengewächse dominieren und mehr strauchige Ausprägungen vorherrschen, die vor allem von *Eugenia*-Arten und anderen Myrtengewächsen, Rötegewächsen (Rubiaceae) und Sumachgewächsen (Anacardiaceae) geprägt werden. Auch Palmen können im Moorregenwald vertreten sein.

Die tropischen Regenwälder Afrikas

Die Regenwälder West- und Zentralafrikas weichen in ihrer floristischen Zusammensetzung erheblich von denjenigen Amerikas und Asiens ab. Neben den Hülsenfrüchtlern, die mit verschiedenen afrikanischen Gattungen der Caesalpiniaceen das Bild der oberen Baumschichten bestimmen, kommt in relativ reichlicher Zahl auch eine Reihe nur in einem eng begrenzten Gebiet heimischer (endemischer) Vertreter kleinerer Familien, wie Burseraceen, Icacinaceen, Meliaceen und Olacaceen, vor.

Die immergrünen Regenwälder auf nicht überschwemmten Standorten sind besonders in Liberia, Kamerun, Gabun und im Kongobecken noch in ursprünglicher Form erhalten. Mit Wuchshöhen von 35 bis 45 m erreichen sie nicht die Produktivität der Regenwälder des Amazonasgebietes und des indomalaiischen Raumes. Sie werden in dieser Beziehung auch noch von den halbimmergrünen Regenwäldern Nigerias, Ghanas und der Elfenbeinküste übertroffen, die aufgrund günstigerer Nährstoffverhältnisse eine höhere Stoffproduktion aufweisen. In diesen zuletzt genannten Wäldern wachsen auch die wirtschaftlich wichtigsten Edelhölzer Afrikas, verschiedene Arten der Meliaceen-Gattungen *Entandophragma* und *Khaya*, die unter der Sammelbezeichnung Afrikanischer Mahagoni gehandelt werden.

Die bekanntesten Nutzpflanzen des afrikanischen Regenwaldes sind die Kaffee-Arten *(Coffea*, Familie Rubiaceae*)* und die Colanuß-Arten *(Cola*, Familie Sterculiaceae*)*. Sie sind als niedrige Bäume für die untere bzw. mittlere Baumschicht typisch. *Coffea arabica* ist ein Element der montanen Regenwälder Südwestäthiopiens; die wirtschaftlich weniger wichtigen Arten *Coffea canephora* (Robusta-Kaffee), *Coffea dewevrei* (Excelsa-Kaffee) und *Coffea liberica* (Liberia-Kaffee) kommen ebenso wie die Colanuß-Arten *Cola acuminata* und *Cola nitida* in den Tieflandsregenwäldern West- und Zentralafrikas vor.

Die Auen- und Moorregenwälder Afrikas, die vor allem im Kongobecken beachtliche Anteile einnehmen, zeichnen sich durch ihren Reichtum an Lianen und Palmen aus. Besonders undurchdringliche Dickichte bilden die Kletterpalmen der Gattungen *Ancistrophyllum*, *Eremospatha* und *Oncocalamus*. In diesen Wäldern ist auch das natürliche Vorkommen der Ölpalme *(Elaeis guineensis)* zu suchen. An Standorten mit sehr langsam fließendem Wasser und langer Überflutungszeit können sogar reine Palmenwälder ausgebildet sein, die sich vorwiegend aus mehreren Arten der vielfach genutzten Bambuspalme *(Raphia)* zusammensetzen.

Die Epiphytenvegetation der Tieflandsregenwälder besteht vor allem aus Orchideen *(Angraecum, Bulbophyllum, Cyrtorchis, Polystachya)* und verschiedenen Farnen, wie Streifenfarn *(Asplenium)*, Geweihfarn *(Platycerium)*, Tüpfelfarn *(Polypodium)*, Bandfarn *(Vittaria)*, Krugfarn *(Davallia)* und Nischenfarn *(Drynaria)*.

An Flußarmen und Altwässern sind häufig Verlandungszonen ausgebildet, die verschiedene Überflutungsrasen- sowie Röhricht- und Wasserpflanzen-Gesellschaften tragen. Während im Röhrichtgürtel Arten von Zypergras *(Cyperus)*, Rohrkolben *(Typha)*, Schilf *(Phragmites)* und Schneide *(Cladium)* vorherrschen, sind im anschließenden Bereich zur offenen Wasserfläche hin artenreiche Seerosen- und Schwimmpflanzen-Gesellschaften ausgebildet. Die Seerosen-Gesellschaften bestehen meist aus mehreren Seerosen- (unter anderem *Nymphaea capensis*, *Nymphaea caerulea*, *Nymphaea lotus*, *Nymphaea micrantha*), Seekannen-*(Nymphoides-)*, Laichkraut-*(Potamogeton-)* und Wasserähren-*(Aponogeton-)* Arten; die Schwimmpflanzen-Gesellschaften setzen sich vorwiegend aus großen Decken des Wassersalats *(Pistia stratiotes)* und der aus Amerika eingeschleppten Wasserhyazinthe *(Eichhor-*

Sekundärwald-Gebüsch mit Palmen *(Mauritia)* und Ameisenbäumen *(Cecropia)*. Im Hintergrund aufsteigende Kumuluswolke als Vorbote des Gewitterregens

nia crassipes) zusammen. Wassernuß-*(Trapa-)*, Hornfarn-*(Ceratopteris-)*, Schwimmfarn-*(Salvinia-)*, Algenfarn-*(Azolla-)*, Wasserlinsen-*(Lemna-)*, Zwergwasserlinsen-*(Wolffia-* und *Wolffiella-)*Arten sind weitere häufige Bestandteile dieser Vegetation.

Die tropischen Regenwälder Asiens

Mehr als in den Regenwaldgebieten Amerikas und Afrikas sind die Tieflandsregenwälder des tropischen Asiens in Kulturland umgewandelt worden. Wo früher Auenregenwälder die Flüsse umsäumten, dehnen sich heute gewaltige Reisfelder, und wo der überschwemmungsfreie Tieflandsregenwald vorkam, breiten sich heute die verschiedensten Kulturen tropischer Gewächse aus. Malaysia und Indonesien liefern allein 90 % des auf der Erde erzeugten Naturkautschuks aus Plantagen des Kautschukbaumes *(Hevea brasiliensis)*, die auf den Standorten ehemaliger Regenwälder angelegt wurden.

Einige Gewächse des tropischen Regenwaldes des indomalaiischen Gebietes sind heute fast über die gesamte Region der Tropen als Kulturpflanzen verbreitet, wie z. B. der Muskatnußbaum *(Myristica fragrans)* und der Gewürznelkenstrauch *(Syzygium aromaticum)* von den Molukken, der Ceylon-Zimtbaum *(Cinnamomum verum)* aus Sri Lanka, der Echte Pfeffer *(Piper nigrum)*, eine Liane der Malabarküste, und der Mangobaum *(Mangifera indica)* aus Burma und Malaisia.

Trotz der starken Umwandlung in Kulturland sind in dem riesigen Gebiet von Burma und Sri Lanka bis zu den Pazifikinseln noch viele ursprüngliche Wälder erhalten. Große Flächen der unzugänglichen Sümpfe in Sumatra, Borneo und Neuguinea bestehen aus ausgedehnten Moorwäldern, und die zum größten Teil gebirgigen Landschaften der indomalaiisch-philippinischen Inselwelt sind noch weitgehend mit Gebirgsregenwäldern überzogen.

Bomarea spec. (Alstroemeriaceae), blühend und fruchtend, als Liane im tropischen Gebirgsregenwald in Kolumbien

Die Besonderheit des asiatischen tropischen Regenwaldes ist sein Reichtum an Dipterocarpaceen. Diese über 400 Arten und 22 Gattungen umfassende Familie ist fast nur im tropischen Asien verbreitet. Nur zwei Gattungen kommen in Afrika vor. Die weitaus überwiegende Anzahl besteht aus meist riesigen Bäumen, die als charakteristische Arten der obersten Baumschicht des Tieflandsregenwaldes in Erscheinung treten. Am artenreichsten sind die Gattungen *Shorea*, *Dipterocarpus*, *Hopea* und *Vateria*. Aus kleineren Gattungen ist vor allem *Dryobalanops aromatica* aus Sumatra zu nennen, ein Riesenbaum mit mehr als 60 m Höhe, dessen unverzweigter Stamm allein 40 m mißt.

Bemerkenswert ist auch, daß häufig eine oder mehrere Dipterocarpaceen beherrschend in Erscheinung treten, ja sogar bestandsbildend sein können. Da die Vertreter dieser Familie in der Mehrzahl keine auffälligen Blüten bilden, ist der Farbenreichtum des asiatischen Regenwaldes gegenüber dem amerikanischen und afrikanischen nicht in gleichem Maße wie dort ausgebildet.

Neben den Dipterocarpaceen sind in den obersten Baumschichten vor allem verschiedene Sapotaceen, Anacardiaceen, Meliaceen, Guttiferen und Verbenaceen vertreten. Außerdem ist für den asiatischen Regenwald die große Zahl von Feigen-*(Ficus-)* und Brotfruchtbaum-*(Artocarpus-)* Arten kennzeichnend.

Ersatzgesellschaften des tropischen Regenwaldes

Der Sekundärwald

Die wichtigste Ersatzgesellschaft des tropischen Regenwaldes, die sich nach dessen Rodung einstellt, ist der sekundäre tropische Regenwald, der gemeinhin als Sekundärwald bezeichnet wird. Er stellt sich bereits auf den vergleichsweise kleinen Flächen ein, die von den im Regenwald ansässigen Eingeborenen durch ihre extensive Anbaumethode, den Wanderfeldbau (»shifting cultivation«), meist durch Brandrodung geschaffen werden. Diese Rodungen, die öfters weniger als einen Hektar Fläche umfassen, liefern nur für kurze Zeit Ernten von Maniok, Taro, Bananen und anderen tropischen Feldfrüchten, und werden dann wieder aufgegeben. Danach findet die Regeneration des Waldes statt.

Zunächst bildet sich eine außerordentlich dichte Strauchschicht, die dann noch von einer Fülle von Lianen überzogen und durchdrungen wird. Reichlich vertreten sind in diesen Gebüschen Wolfsmilchgewächse, Rötegewächse, Nachtschattengewächse und Bambus-Arten. Später dominieren schnell wachsende, großblättrige Weichhölzer, die sich über die Gebüschbestände erheben und das charakteristische Bild des eigentlichen Sekundärwaldes bestimmen. Es handelt sich vor allem um Maulbeergewächse *(Cecropia, Musanga)*, Wolfsmilchgewächse *(Macaranga, Antidesma, Sapium, Croton)*, Ulmengewächse *(Trema)*, Lindengewächse *(Apeiba, Luhea, Heliocarpus)*, Bombacaceen *(Ochroma, Ceiba)*, Meliaceen *(Trichilia)*, Brennesselgewächse *(Myriocarpa, Boehmeria)*, Borretschgewächse *(Cordia)*, Mimosengewächse *(Inga)* und andere.

In diesen Vorwald können nach Jahrzehnten auch wieder Arten des primären Regenwaldes eindringen, so daß sich das Erscheinungsbild allmählich dem eines primären Regenwaldes annähert. Das trifft jedoch nur in den Fällen zu, wo diese Rodungen relativ klein geblieben sind. Anders verhält es sich, wenn die Rodungen generell an die Substanz des Regenwaldes gehen. Die Brandrodungen der vergangenen 40 Jahre vernichteten mehr als 6 Millionen km^2 tropischen Regenwaldes. Der größte Teil der freigesetzten mineralischen Nährstoffe wurde weggespült und durch die Flußsysteme weitgehend dem Meer einverleibt. Sie fehlen für den Wiederaufbau des Regenwaldes für Zehntausende von Jahren.

So führt ein Raubbau in den tropischen Regenwaldgebieten auch immer zu einer großflächigen Degradierung des Bodens. Wenn man die Produktivität dieser Ökosysteme erhalten will, muß man zu Anbaumethoden kommen, bei denen die Nährstoffverluste weitgehend kompensiert werden. Das ist – wenn überhaupt – z. B. durch den Anbau von Mischkulturen möglich. Bei der Rodung werden dann einzelne hohe Bäume als Schutz gegen heftige Starkregen und intensive Sonneneinstrahlung stehengelassen. Darunter legt man Kulturen niedrigerer Bäume an, die der mittleren Baumschicht des Regenwaldes entsprechen, z. B. Ölpalmen. Im Bereich der unteren Baumschicht gedeihen dann kleine Bäume, Sträucher oder hohe Stauden (z. B. Kakao, Bananen), und schließlich folgen in der untersten

Dichtes Gebüsch mit großblättrigen Sträuchern und Ameisenbaum (*Cecropia* spec.) als Folge einer Rodung

Schicht meist krautige Pflanzen, wie Mais, Maniok, Taro.

Letztlich lohnt sich aber eine landwirtschaftliche Nutzung von Regenwaldstandorten nur dort, wo nährstoffreiche vulkanische Böden vorhanden sind, wie auf Java oder Bali, oder ständig Nährstoffe zugeführt werden, wie am Fuße von Gebirgen mit mineralreichen Gesteinen.

Die Caesalpiniaceen spielen hier nicht die bedeutende Rolle wie in Amerika oder Afrika. Immerhin gehört der höchste Baum des tropischen Regenwaldes, die bis zu 90 m hohe *Koompassia excelsa* aus Indonesien zu dieser Familie.

Die Auenwälder sind oft nur noch in Bruchstücken vorhanden. Palmen und Schraubenbaumgewächse (Pandanaceen) sowie schnellwüchsige Gehölze stellen charakteristische Bestandteile der ursprünglichen Vegetation dar. In den Flußseen, aber auch in den angelegten Gräben und Reisfeldern finden wir eine üppige Schwimmpflanzenvegetation. *Euryale ferox* ist mit ihren imposanten, bis 1,50 m Durchmesser aufweisenden, bestachelten Blättern die wohl auffälligste Art dieser Gesellschaft. Daneben gibt es weitverbreitete Seerosen-Arten, wie z. B. die blaue Indische Seerose *(Nymphaea stellata)* und die rotblühende *Nymphaea rubra*. Verschiedene Seekannen-*(Nymphoides-)*, Laichkraut-*(Potamogeton-)*, Wasserähren-*(Aponogeton-)* und Wassernuß-*(Trapa-)*Arten komplettieren den Artenbestand dieser Gesellschaft. Auf nährstoffreichen Schlammböden ist an den Ufern die Indische Lotosblume *(Nelumbo nucifera)* nicht selten.

Auch die Moorregenwälder werden von den Dipterocarpaceen beherrscht. Daneben kommen meist verschiedene Palmen und Schraubenbaum-*(Pandanus-)*Arten vor. Typisch ist der hohe Prozentsatz mit Brett- oder Stelzwurzeln. Nach innen zu werden die Bäume immer niedriger und stehen lichter. An Epiphyten treffen wir in den Moorregenwäldern z. B. die Ameisenpflanzen aus den Gattungen *Myrmecodia*, *Hydnophytum* und *Dischidia* an. Die Bodenschicht enthält Sauergräser (Cyperaceen), Torfmoose und verschiedene Kannenpflanzen-*(Nepenthes-)*Arten.

In den Gebirgsregenwäldern machen die Dipterocarpaceen teilweise Florenelementen Platz, deren nahe Verwandte auch in unseren Breiten vorkommen. So treten z. B. im montanen Regenwald Javas bei 1500 m ü. NN Eichen-*(Quercus-)* und Edelkastanien-*(Castanea-)*Arten auf.

Für diese Gebirgsregenwälder ist auch eine große Anzahl von Epiphyten, die meist die Artenzahlen der anderen Lebensformen übertrifft, kennzeichnend. So gibt es unter anderem viele Farne, Orchideen *(Bulbophyllum*, *Dendrobium*, *Dendrochilum*, *Coelogyne)*, Heidekrautgewächse *(Rhododendron, Vaccinium)* und schön blühende Wachsblumen- *(Hoya-)* und *Medinilla*-Arten.

Die Mangrove

Wo an den tropischen Küsten die oft haushohe Brandung durch vorgelagerte Inseln oder Korallenriffe gebrochen wird oder Flüsse in das Meer münden, entfaltet sich eine der eigenartigsten Vegetationsformen dieser Zonen: die Mangrove. Schon die ersten spanischen und portugiesischen Seefahrer, die die Tropen bereisten, kannten sie unter diesem Namen, der vielleicht vom malaiischen Ausdruck »mangle« abzuleiten ist. Sie gaben bereits Schilderungen über die »im Meer wachsenden Bäume«, die bei Hochwasser nur mit ihren Kronen aus dem Wasser ragen, während bei Niedrigwasser auch die von Art zu Art verschiedenen Atemwurzeln erscheinen.

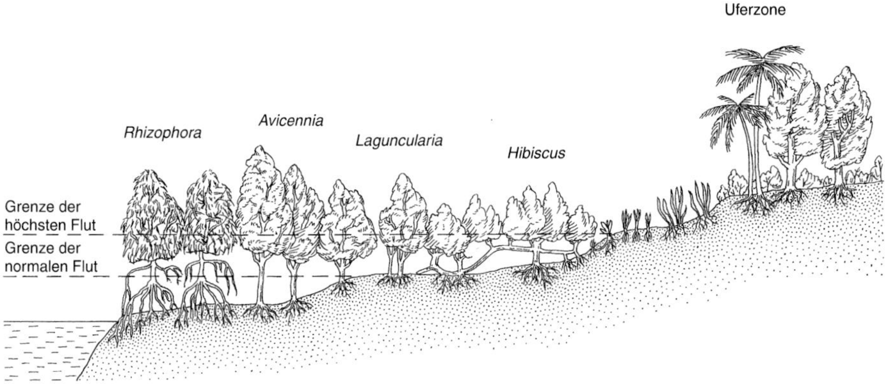

Profil durch eine Mangroveformation in Südamerika

Die Verbreitung der Mangrove ist nicht allein auf das tropische Regenwaldklima beschränkt, sondern erstreckt sich, begünstigt durch warme Meeresströmungen, bis über die Wendekreise hinaus (s. S. 90/91). Sie stellt somit eine typische azonale Vegetation dar, die z. T. bis an die warmgemäßigte Zone heranreicht. Auf der Nordhemisphäre dringt sie bei den Bermudas und in Japan bis 32° nördlicher Breite, auf der Südhalbkugel in Australien und Neuseeland sogar bis 38° südlicher Breite vor. Allerdings meidet sie Küsten mit kalten Meeresströmungen. So tritt sie an der Westküste Südamerikas erst in Äquatornähe an der Grenze von Peru und Ekuador auf, und in Afrika ist sie im atlantischen Küstenbereich nur von Senegal bis Angola anzutreffen.

Wir können eine artenreichere, an den Küsten des Indischen und westlichen Pazifischen Ozeans verbreitete östliche Mangrove sowie eine artenärmere, an den Küsten des Atlantiks und des östlichen Pazifiks vorkommende westliche Mangrove unterscheiden. Beide weisen keine gemeinsamen Arten, aber Übereinstimmungen in den Gattungen auf. Auch innerhalb dieser beiden Regionen wechselt der Anteil einzelner Arten erheblich. Während z. B. in der östlichen Mangrove im malaiisch-indonesischen Gebiet bis zu 30 Arten vorkommen können, sind in der westlichen Mangrove meist nur drei oder vier Arten am Aufbau der Gesellschaft beteiligt.

<table>
<tr><th></th><th colspan="2">östliche Mangrove</th><th></th><th colspan="2">westliche Mangrove</th></tr>
<tr><th></th><th>tropisches Asien und Australien</th><th>Ostafrika</th><th></th><th>Westafrika</th><th>tropisches Amerika</th></tr>
<tr><td>Rhizophora</td><td colspan="2">mucronata</td><td>Rhizophora</td><td>mangle</td><td></td></tr>
<tr><td>Rhizophora</td><td>apiculata</td><td></td><td>Rhizophora</td><td></td><td>racemosa</td></tr>
<tr><td>Bruguiera</td><td colspan="2">gymnorrhiza</td><td>Avicennia</td><td>africana</td><td></td></tr>
<tr><td>Ceriops</td><td colspan="2">tagal</td><td>Avicennia</td><td></td><td>germinans</td></tr>
<tr><td>Kandelia</td><td>candel</td><td></td><td>Laguncularia</td><td colspan="2">racemosa</td></tr>
<tr><td>Sonneratia</td><td colspan="2">alba</td><td></td><td></td><td></td></tr>
<tr><td>Xylocarpus</td><td colspan="2">granatum</td><td></td><td></td><td></td></tr>
<tr><td>Lumnitzera</td><td colspan="2">racemosa</td><td></td><td></td><td></td></tr>
<tr><td>Avicennia</td><td colspan="2">marina</td><td></td><td></td><td></td></tr>
<tr><td>Aegiceras</td><td>corniculatum</td><td></td><td></td><td></td><td></td></tr>
</table>

Bild Seite 118: Mangrove mit Stelzwurzeln von *Rhizophora mangle* (oben) und mit »Spargelwurzeln« von *Avicennia germinans* (unten)

Gegen die Verbreitungsgrenzen hin wird die Mangrove-Formation schließlich nur noch durch eine Art repräsentiert, in Südjapan z. B. durch *Kandelia candel*, am Golf von Akaba, in Südafrika (Durban), Südaustralien und Neuseeland durch *Avicennia marina*, die in Neuseeland sogar gelegentlich auftretende Fröste übersteht, und in Südbrasilien durch *Laguncularia racemosa*.

Das Wachstum im Bereich von Ebbe und Flut läßt in jedem Mangrove-Gürtel eine Zonierung durch das abwechselnde Vorherrschen einzelner Arten erkennen (s. Abb. S. 119), die durch die örtlichen Standortverhältnisse, insbesondere die vorhandene Salzkonzentration, bedingt wird.

Bei den außerhalb der Flußmündungen auftretenden Küstenmangroven muß man grundsätzlich zwischen ihrem Vorkommen in regenreichen (humiden) und regenarmen (ariden) Gebieten unterscheiden. Während im humiden Bereich die Salzkonzentration durch die Einwirkung des Regens auf dem zeitweise nicht vom Meerwasser bedeckten Boden landeinwärts abnimmt, findet im ariden Klima eine Anreicherung der Salzkonzentration durch die stärkere Verdunstung auf den für längere Zeit nicht überschwemmten landnäheren Standorten statt.

Da andere Standortfaktoren, wie z. B. die Nährstoffverhältnisse des Bodens, sowie die Konkurrenzkraft der einzelnen Arten ebenfalls Einfluß haben können, ist eine allgemeingültige Aussage über die Abfolge der Zonierung der einzelnen Arten nicht möglich. Die Gattung *Avicennia*, die von allen Mangrove-Pflanzen die höchste Salzresistenz aufweist, bildet in regenarmen Gebieten die innere Grenze der Mangrove, an die sich meist eine Zone anschließt, die aufgrund ihrer hohen Salzkonzentration keine Vegetation besitzt. Dagegen verträgt *Sonneratia* offensichtlich keine höhere Salzkonzentration als die des Meerwassers und ist deshalb vorwiegend am äußeren Rand der Mangrove anzutreffen.

Bei den Flußmündungsmangroven ist der Anteil des zugeführten Seewassers, der je nach Wasserführung der Flüsse, Gezeitenhub und vorherrschender Windrichtung unterschiedlich sein kann, von Bedeutung. Flußaufwärts gehen diese Mangroven über eine Brackwasserzone, die in Südostasien und Australien vor allem durch das Vorkommen der Palme *Nypa fruticans* und des Farns *Acrostichum aureum* gekennzeichnet wird, allmählich in die Vegetation des Süßwassers über.

Das Gedeihen der Mangrove-Arten unter den besonderen Bedingungen des Gezeitenbereiches wird aber nicht allein durch die Salzverträglichkeit bedingt, sondern findet auch in einigen morphologischen Anpassungen an die extremen Standortverhältnisse seinen Ausdruck. So fallen alle echten Mangrove-Arten durch ihre z. T. kuriosen Wurzelbildungen auf, die entweder als Stelzwurzeln (z. B. bei der Gattung *Rhizophora*) (s. Bild S. 118), Wurzelknie (bei den Gattungen *Bruguiera* und *Ceriops*), »Spargelwurzeln« (bei den Gattungen *Avicennia* und *Sonneratia*) oder »Bandwurzeln« (bei *Xylocarpus granatum*) ausgebildet sind. Durch neuere Untersuchungen bestätigte sich die Vermutung, daß es sich um Atemwurzeln handelt, die während des Niedrigwassers der Sauerstoffaufnahme dienen, da der Boden eine hohe Sauerstoffarmut aufweist.

Eine weitere Anpassung ist die Erscheinung des »Lebendgebärens«, der Viviparie, die bei allen Rhizophoraceen *(Rhizophora, Bruguiera, Ceriops, Kandelia)* und bei den Gattungen *Avicennia* (Verbenaceen) und *Aegiceras* (Myrsinaceen) vorkommt. Sie ermöglicht den bereits entwickelten Keimlingen, deren Keimachse (Hypokotyl) schon mehrere Dezimeter lang sein kann, eine günstige »Startphase« für die Befestigung im Boden, der von der Kraft des Wassers ständig beeinflußt wird.

Tropische Sommerregenzone

Mit zunehmender Entfernung vom Äquator, etwa zwischen dem 10. und 25. Breitengrad beider Hemisphären, beginnen die randtropischen Klimazonen, in denen das Wasser zum begrenzenden Lebensfaktor wird, während die jahreszeitlichen Schwankungen der Temperaturen noch so unerheblich sind, daß sie auf das pflanzliche Wachstum keinen Einfluß haben. Mit Ausnahme der höheren Gebirgslagen ist es immer ausreichend warm, so daß tropische Vegetation gedeihen kann. Der Überfluß an Wasser nimmt mit der Entfernung von der immerfeuchten, äquatorialen

Regenwaldzone immer mehr ab, je weiter man sich den Wendekreisen und damit dem anderen Extrem, den Wüsten, nähert. Zwischen Regenwald und Wüstenzone hat die tropische Sommerregenzone ihren Platz. Die Vegetation wird durch Savannen, Trockenwald oder Dornbusch charakterisiert, sie wird also im wesentlichen durch die Konkurrenz des Waldes mit der Graslandschaft geprägt. Dabei bestimmt das Klima, zu wessen Gunsten die Waage ausschlägt, wobei lokal auch dem Boden eine Rolle zukommt.

Größe und Klima

Die großen Unterschiede in der jährlichen Niederschlagsmenge und ihrer jahreszeitlichen Verteilung ziehen eine lückenlose Kette von Vegetationsformationen nach sich, die ineinander übergehen und an deren Endgliedern sich meist Regenwald oder Wüste befinden. Wir können deshalb nur pauschal eine Abgrenzung der tropischen Sommerregenzone über alle Kontinente geben. Der Niederschlagskarte (s. S. 124) läßt sich entnehmen, daß zwar eine Zonierung vorhanden ist, sie sich aber nirgends durchgängig über die Kontinente zieht. Bestimmte Windverhältnisse (Passate und Monsune), Gebirge, Meeresströmungen usw. sorgen immer wieder für Unterbrechungen und Verschiebungen. Im Bereich der Wendekreise finden wir im allgemeinen die ausgedehntesten Trockengebiete. Dennoch reichen bis an diese Breiten üppige, sommergrüne Monsunwälder heran, die durch reichliche Niederschläge während des sommerlichen Monsuns (arabisch *mausim* = Jahreszeit) bedingt sind, wie z. B. an den Küsten Südostasiens. Dieser jahreszeitlich die Richtung wechselnde Wind ist in den Tropen eng mit der äquatorialen Luftzirkulation (Innertropische Konvergenz = ITC) verknüpft, die ihren Ursprung im Aufeinandertreffen der Nord- und Südpassate hat. Die große Landmasse Asien bewirkt während des Sommers eine erhebliche Verlagerung der ITC und der äquatorialen Tiefdruckgebiete nach Norden, woraus die reichlichen Niederschläge des Sommermonsuns zu erklären sind.

Am typischsten ist der tropische Monsun im nördlichen Indischen Ozean und in Südostasien anzutreffen. So bringt der Südwestmonsun an der Ostküste Indiens in der Regenzeit zwischen April und Oktober Niederschlagsmengen von 900 bis 1200 mm, während die übrige Jahreszeit trocken ist (vgl. Klimadiagramm Nagpur S. 123). Die Temperaturen sind noch verhältnismäßig ausgeglichen, auch wenn sie während der winterlichen Trockenzeit etwas absinken, doch selten betragen die Mitteltemperaturen weniger als 20 °C. Die heißeste Jahreszeit liegt kurz vor Beginn der Regenzeit (vgl. Klimadiagramm Cadag S. 122). Mit zunehmender Entfernung von der Küste verringern sich die Niederschlagsmengen, und die Trockenzeiten dehnen sich bis zu acht Monaten aus. Im Nordwesten, im Bereich des Wendekreises, sinkt die Regenmasse sogar im küstennahen Bereich unter 200 mm. Dies ist das Trockengebiet des sogenannten Fünfstromlandes, des Punjab, über dem sich der Kern des sommerlichen Tiefdruckgebietes bildet.

Im Südwesten des indischen Subkontinents liegen die Extreme räumlich noch näher aneinander, da das sich an der Westküste erstreckende Gebirge der Westghats einen Stau bewirkt. Die Niederschläge im Küstenbereich zwischen 12° und 18° nördlicher Breite erreichen 3000 mm (vgl. Klimadiagramm Marmagoa S. 122), auf der Leeseite des Gebirges aber nur 600 bis 700 mm (vgl. Klimadiagramm Cadag S. 122). Deshalb sind die größten Teile des Hochlandes von Dekan im Zentrum der vorderindischen Halbinsel durch Trockenheit charakterisiert, die katastrophale Auswirkungen bringt, wenn der sommerliche Monsun einmal ausbleibt.

Monsunklima ist nicht allein auf Vorderindien beschränkt. Nördlich des Äquators trifft man auf ähnliche Verhältnisse in Hinterindien, vor allem in Burma (bedingt durch den Südwestmonsun). Südlich des Äquators weisen Ostjava und die Insel Timor unter Einfluß des australischen Kontinents ein Monsunklima mit gleichbleibend hohen Mitteltemperaturen zwischen 25 und 30 °C, einer ausgeprägten Sommerregenzeit (November bis April mit 800 bis 1400 mm) und einem Höhepunkt der Trockenzeit im Juli (Südwinter) auf.

Der Norden Australiens mit Ausnahme der nordöstlichen küstennahen Zone hat ein gleiches Klima. Die von Nordosten herangetragenen Wolken regnen bereits an den Randgebieten ab, woraus die starke Abnahme der Niederschläge zum Landesinnern zu erklären ist. Die Niederschlagsmengen, die im Küstenbereich noch zwischen 1200 und 1500 mm schwanken, sinken zwischen 15° und 20° südlicher Breite auf Werte von 700 bis 370 mm. Die Temperaturen des Südwinters gehen mit Verlängerung der Trockenperiode zurück. Die mittleren Jahreswerte von etwa 25 bis

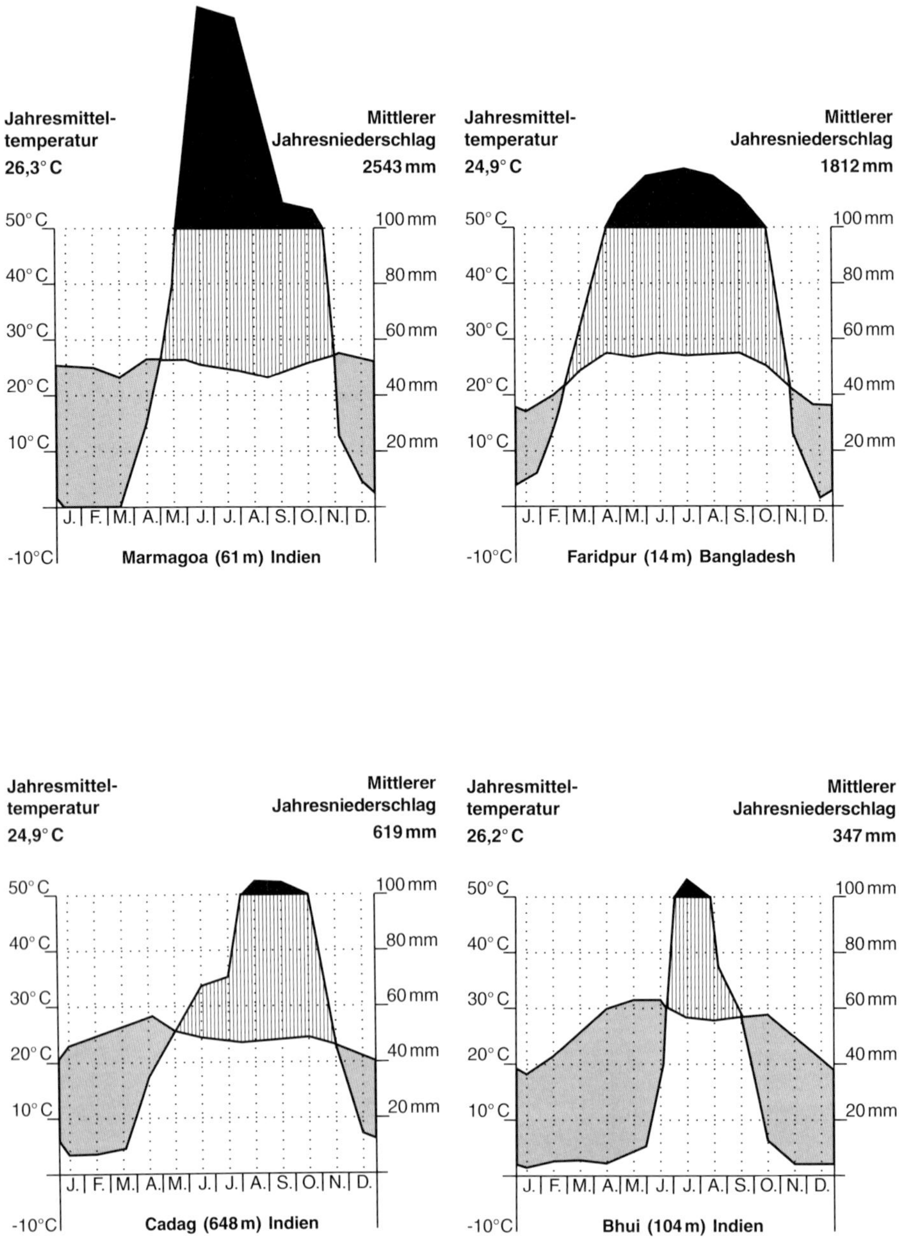

Klimadiagramme aus dem Gebiet der tropischen
Sommerregionen in Vorderindien und Ostafrika

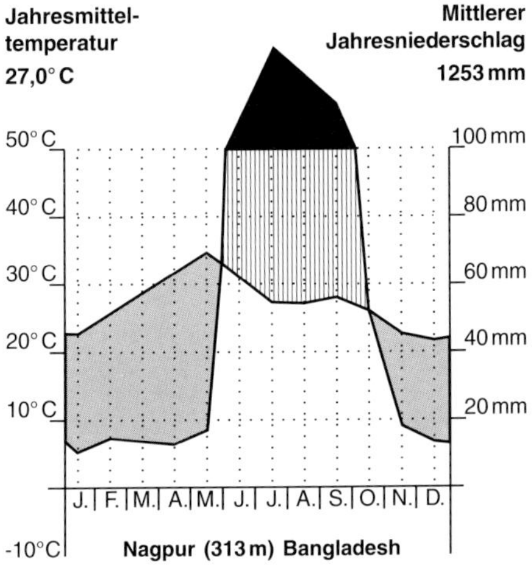

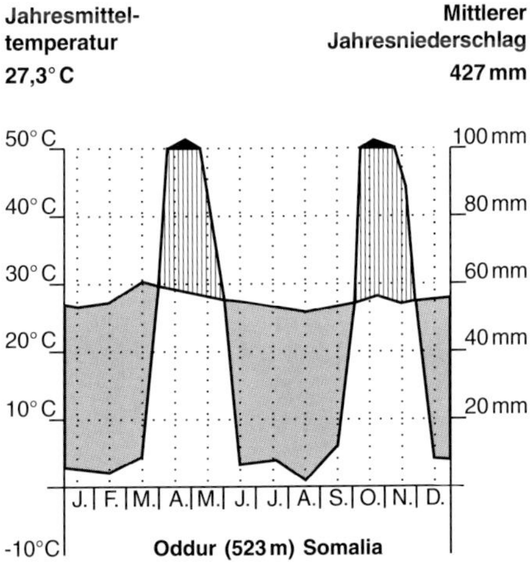

26 °C verringern sich mit zunehmender Kontinentalität um 5 bis 6 °C.

Afrika, durch dessen Zentrum der Äquator verläuft, läßt am eindrucksvollsten eine klimatische Zonierung erkennen, die sich letztlich auch in der Vegetation bemerkbar macht. Nördlich des Äquators sind diese in ost-westlicher Richtung verlaufenden Zonen am besten sichtbar (vgl. Karte S. 124).

Labile, zu Niederschlägen neigende Luftmassen der äquatorialen Tiefdruckgebiete wandern auf diesem Kontinent mit dem höchsten Sonnenstand im Juli (Nordsommer) bis zur Sahara, im Januar (Südsommer) aber bis zu den südwestafrikanischen Trockengebieten. Die Niederschläge fallen deshalb stets, wenn die Sonne im Zenit steht (Zenitalregen). Der zweimalige jährliche Sonnenhöchststand in Äquatornähe bedeutet, daß etwa zwischen 5° und 10° südlicher bzw. nördlicher Breite zwei Regenzeiten auftreten, die mit zunehmender Entfernung vom Äquator näher aneinanderrücken und schließlich zu einer einzigen verschmelzen, was mit einer Verlängerung der Trockenzeit einhergeht. An die äquatoriale immerfeuchte Zone schließen sich nördlich und südlich, aber auch östlich im Bereich des Victoriasees Gebiete mit einer deutlichen Trockenzeit von 3 bis 5 Monaten an (ähnlich Klimadiagramm Faridpur S. 122). Die jährliche Niederschlagsmenge ist noch recht hoch, sie kann im Westen 1900 mm erreichen, liegt aber meist bei 1200 bis 1400 mm. Dann folgt eine Zone mit 5 bis 7 Monaten Trockenheit und Niederschlagsmengen zwischen 900 und 1200 mm (ähnlich Klimadiagramm Nagpur, oben), die sich im Norden fast durchgängig von West nach Ost erstreckt. Dabei ist dieses Gebiet im Süden größer als im Norden. Noch trockener ist das Klima in jenen Landstrichen, die zur Halbwüste überleiten. Die Trockenperiode dauert hier 7 bis 10 Monate, und die Niederschlagsmengen erreichen nur noch Werte von 300 bis 500 mm (ähnlich Klimadiagramme Cadag und Bhui S. 122). Die Temperaturen sind im Laufe des Jahres zwar keinen auffallenden Schwankungen unterworfen, lassen aber am deutlichsten im sudanesischen Gebiet Afrikas erkennen, daß die kühlste Jahreszeit mit etwa 14 °C Tagesminimum im Dezember liegt, die heißeste aber nicht zur Zeit der sommerlichen Zenitalregen, sondern bereits im März. In diesem Monat treten nicht selten Temperaturen von 40 °C und mehr auf. Während der Regenzeit von Mai bis September/Oktober sinkt die Temperatur wieder auf Durchschnittswerte

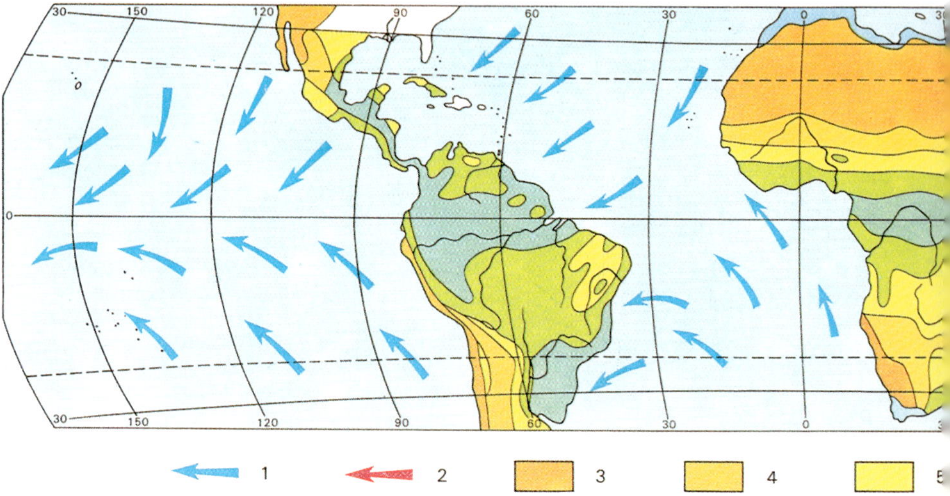

Jahreszeitliche Windrichtungen und Niederschlagsverteilung in den Tropen und Subtropen

1 Passate und Monsune im Januar
2 Monsune im Juli
3 10–12 aride (trockene) Monate
4 7–10 aride Monate
5 5–7 aride Monate
6 3–5 aride Monate
7 0–2 aride Monate
8 Winterregengebiet

von 25 bis 30 °C. Es sind außerdem Tagesschwankungen zu beobachten, die um so größer werden (bis zu 15 °C), je weiter man sich vom Äquator entfernt.

Die ostafrikanischen äquatornahen Gebiete nehmen eine Sonderstellung ein, denn hier herrschen Passatwinde. Der Südostpassat bringt zwar Regen, der jedoch nur an den Gebirgen als Stauregen fällt, während die Leeseiten im Landesinnern trocken bleiben. Im südlichen Äthiopien, Somalia und Kenia fallen die insgesamt nur 500 mm im Jahr betragenden Niederschläge während zweier deutlicher Regenzeiten (vgl. Klimadiagramm Oddur S. 123).

Südamerika hat zwar die gleichen Klimagebiete wie Afrika aufzuweisen, sie sind aber weitaus schwieriger als Zonierung erkennbar (vgl. Karte). Das Klima wird durch Passatwinde geprägt, die das ganze Jahr über vom erwärmten Atlantik her wehen. Nördlich des äquatorialen Amazonasgebietes, östlich und westlich umgeben von immerfeuchten Landschaften, liegt ein Sommerregengebiet mit dem Zentrum im Orinocobecken. Es wird während des Winters von den trockenen Luftströmungen des Südostpassates beeinflußt. Während des Sommers verschiebt sich jedoch das äquatoriale Tiefdruckgebiet nach Norden und bringt dem Orinocogebiet sehr reichliche Niederschläge zwischen 900 und 1500 mm, so daß es zu ausgedehnten Überschwemmungen kommt. Sehr trockene Landstriche trifft man im Nordosten Brasiliens, wo im Windschatten der Küstengebirge der Südostpassat nicht mehr wirksam wird. Die 700 bis 800 m Regen verteilen sich auf durchschnittlich sechs Monate.

Böden

Für die wechselfeuchten Tropen sind Latosole, auch Lateritböden genannt, von großer Bedeutung, die bereits auf S. 98 charakterisiert wurden. In der hier betrachteten Klimazone tritt eine der negativen Eigenschaften dieser Böden stärker hervor. Es bilden sich nämlich bei Austrocknung sehr harte, nicht wieder rückgängig zu machende Krusten, die von den Wurzeln nicht durchdrungen werden können. Das ist eine der Ursachen für die Behinderung neuen Pflanzenwuchses auf gerodeten und erodierten Flächen.

In den trockeneren, ariden Gebieten spielen braunrote bis rötlichbraune Böden eine Rolle, die weniger tiefgründig sind als Latosole.

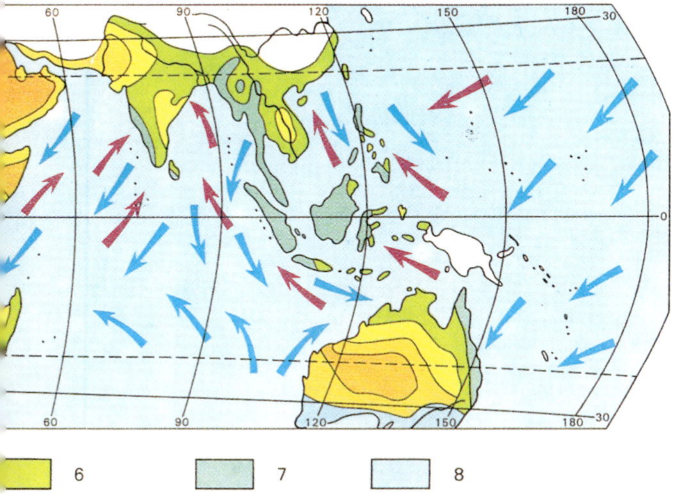

Brandfläche in einer australischen Savanne mit offen liegendem rotem Lateritboden. Im Vordergrund *Eucalyptus socialis*

Neben den Latosolen treten reliefbedingt in Senken oder in Flußniederungen dunkle, aber nicht allzu humusreiche tropische Tonböden auf, die als Grumusole bezeichnet werden. Die dunkelgraue bis fast schwarze Oberschicht ist bis zu 150 cm mächtig. Die Böden haben nur z. T. gute Eigenschaften, wie schwach alkalische Bodenreaktion (hoher Kalkgehalt) und gute Krümelstruktur. Bei starker Durchfeuchtung sind sie schlecht durchlüftet, und Bäume gedeihen selten oder gar nicht auf ihnen.

In Afrika kann man in den Trockenwaldgebieten vielerorts auch alte Sandböden beobachten, deren Herkunft in den benachbarten Wüsten zu suchen ist (Ausblasung). Die Farbe der Sande und ihre Eigenschaften lassen sich mit den Latosolen vergleichen, da sie denselben klimatischen Einwirkungen unterworfen sind. Im Sudan werden solche Sandböden (Goz-Sande) als fruchtbar angesehen, da gutes Wasserspeichervermögen mit Tiefgründigkeit gepaart ist, so daß sie gut durchwurzelt werden können.

Anpassungen an die periodische Trockenzeit

Regengrüne tropische Wälder sind das Anfangsglied einer Kette von Vegetationsformen, in denen sich die Auswirkung einer trockenen Jahreszeit äußerlich sichtbar durch den Laubfall bemerkbar macht. Gegen Ende der Trockenzeit, die nicht mehr als 5 Monate dauern darf, sind diese Wälder fast völlig entlaubt. In Gebieten mit 5- bis $7^1/_2$monatiger Trockenzeit wachsen regengrüne Trockenwälder (Savannenwald), die einen erheblich größeren Anteil an Trockenheit vertragenden Gehölzen und einen lockeren Bestand aufweisen. Schließlich geht der Trockenwald in die Savanne als Übergangsformation vom Wald zum Grasland über. Wenn die Regenfälle noch geringer werden und die Trockenzeit 7 bis 10 Monate beträgt, wird die Vegetation durch Dornbusch gebildet.

Die gleichmäßige Geschlossenheit eines äquatorialen Regenwaldes wird in den regengrünen tropischen Wäldern unterbrochen, weil vor allem die Bäume – und damit auch der ganze Wald – auf die Verminderung der Niederschläge reagieren, denn Bäume stellen ganz andere Anforderungen an die Wasservorräte des Bodens als die unter gleichen Bedingungen wachsenden Kräuter. Die transpirierende Fläche des Laubes dieser Holzpflanzen ist im Vergleich mit Kräutern oder Sträuchern wesentlich größer und weiter vom Boden entfernt. Angeregt wird die Transpiration nicht zuletzt durch die Bewegung der Luft, die im Bereich der Baumkronen stärker ist als am Boden. Je weniger das durch die Transpiration verlorene Wasser aus den Bodenvorräten ersetzt werden kann, um so geringer sind die Existenzmöglichkeiten der Bäume. So liegt nahe, daß Bäume der tropischen Sommerregenzone bei langer Trockenheit besondere Anpassungen aufweisen müssen, um in dem gehölzunfreundlichen Klima gedeihen zu können. Diese Anpassungen haben zur Wasserspeicherung und Einschränkung der Transpiration geführt.

Um die Transpiration einzuschränken, werfen viele Bäume während der Trockenzeit ihre Blätter ab. Die Erscheinung des Laubabwurfs ist uns auch aus den gemäßigten Breiten bekannt. Ein Vergleich ist aber nur insofern zulässig, als der Baum in beiden Klimazonen während des blattlosen Zustandes eine für ihn ungünstige Jahreszeit überbrückt. Während aber Laubbäume gemäßigter Breiten aufgrund eines ihnen innewohnenden Stoffwechselrhythmus auch bei Ausbleiben ungünstiger Umweltbedingungen, wie sie im Winter gegeben sind, das Laub verlieren, bleiben die tropischen Gehölze grün, wenn die Trockenzeit ausfällt und genügend Wasser im Boden vorhanden ist. Das Bild eines Trockenwaldes zur Zeit der Dürre, also der Ruhe, ist durchaus nicht mit dem eines winterlichen Laubwaldes unserer Breiten zu vergleichen. Die in der Nähe eines Gewässers stehenden Exemplare eines solchen gelegentlich laubabwerfenden Baumes können aufgrund eines ausreichenden Wasserangebotes noch grün sein, während andere auf trockeneren Standorten entlaubt sind. Das bunte Bild solcher Wälder kommt noch dadurch zum Ausdruck, daß die einzelnen Arten nie gleichzeitig das Laub abwerfen. Manche Arten sind schon entlaubt, bevor die Regenzeit beendet ist, andere Arten werfen die Blätter während einer längeren Zeit, wieder andere erst gegen Ende der Trockenzeit ab, wenn sich bereits neue Knospen entfalten.

Die Blätter der immergrünen Bäume sind trockenheitsresistent. Sie besitzen in jedem Falle Schutzeinrichtungen, die der Verringerung der Transpiration dienen, wie z. B. dicke Wachsschichten oder in die Oberhaut tief eingesenkte, windgeschützte Spaltöffnungen. Vorteilhaft sind auch kleine Blätter. Eingelagerte Festigungselemente im Gewebe machen die Blätter welkeresistent und hart, so daß sie im Winde wie Blechstreifen rascheln. Ein Beispiel dafür ist die Proteazee *Roupala complicata,* ein charakteristischer Baum der Llanos Südamerikas. Sommergrüne größere Blätter sind meist geteilt bis gefiedert und können auch beweglich sein, so daß sie eine Stellung einnehmen können, die der Sonnenstrahlung wenig Angriffsfläche bietet. Gefiederte Blätter trifft man sehr häufig an (Mimosengewächse, Johannisbrotgewächse u. a.). In den Dornsavannen spielen Gehölze eine Rolle, deren Blätter reduziert oder zu Dornen umgewandelt sind (viele Akazien Afrikas, Kakteen u. a.). Die Assimilation wird dann von den grünen Sprossen übernommen, denen oftmals auch noch Dickfleischigkeit (Sukkulenz) eigen ist.

Der Transpirationsschutz erstreckt sich auch auf die ruhenden Organe, die Blattknospen, die mit starken Schuppenhüllen versehen sind, etwa vergleichbar mit den Knospen unserer Laubbäume im Winter.

Auch die dicke Borke der kurzen, knorrigen, nicht selten recht umfangreichen Stämme der Savannenbäume, die bei *Cussonia barteri* bis 32 mm stark sein kann, dient der Einschränkung des Wasserverlustes und dem Schutz gegen Feuer. Die Borke kohlt bei Bränden nur außen an, aber das Innere des Stammes, vor allem das Kambium, bleibt wegen der schlechten Wärmeleitfähigkeit des Korkes der Borke lebensfähig. Sträucher verlieren bei Bränden zwar ihre Äste, aber in Bodennähe liegende Ruheknospen (besonders bei Akazien) treiben neu aus und ermöglichen die Regeneration.

Die zweite Anpassungsrichtung, die Fähigkeit, Wasser zu speichern (Sukkulenz), hat besonders unter den Gehölzen recht eigentümliche Gestalten hervorgebracht. Sie ist unter den Pflanzen dieser Trockengebiete weit verbreitet, besonders in Zonen mit zwei Regenzeiten. Arten mit Wasserspeicherung in den Blättern (Blattsukkulenz) spielen unter den Kräutern eine große Rolle, weniger aber bei den Bäumen. Zu solchen Kräutern gehören zahlreiche Arten, die wir als Zimmerpflanzen kultivieren (z. B. Aloë, Sansevierie, Brutblatt, Dickblatt). Auch die Wasserspeicherung im Sproß (Stammsukkulenz) ist uns von den Kakteen vertraut. In zahlreichen anderen Familien (Wolfsmilchgewächse, Korbblütengewächse, Seidenpflanzengewächse) finden wir solche kaktoiden Formen als eine Anpassung an gleiche Umweltfaktoren. Die baumartigen, kandelaberförmig verzweigten Cereen wirken zwar wie Bäume, lassen aber niemals einen Zweifel an ihrer Zugehörigkeit zu den Kakteen aufkommen. Die gleichen Kandelabergestalten entwickeln auch Wolfsmilch-Arten auf dem afrikanischen Kontinent, so daß man wegen des dortigen Fehlens der Kakteen nicht auf den Anblick solch bizarrer Pflanzen verzichten muß. Eine recht merkwürdige Baumgestalt mit wasserspeicherndem Stamm ist unter anderen der afrikanische Affenbrotbaum oder Baobab *(Adansonia digitata)* als der bekannteste Vertreter. Bei einer Gesamthöhe von 20 m kann sein Stammumfang ebenfalls 20 m betragen. Der Wasservorrat des weichen Holzes ist auf 120 000 Liter geschätzt worden. In Australien finden wir die Flaschenbäume *(Brachychiton)* und in Südamerika die Faßbäume *(Cavanillesia)*, deren Stämme zu Wasserspeichern angeschwollen sind. Dem gleichen Zweck dient auch das gewaltige unterirdische Sproßsystem des südamerikanischen Strauches *Andira laurifolia*. Im Umkreis von 10 m durchwachsen armdicke Rhizome wie ein unterirdischer Baum den Boden, während über der Erde nur dünne Zweige zu sehen sind.

In den lichten Savannenwäldern, vor allem in Südamerika, sind Aufsitzer auf Bäumen (Epiphyten) nicht selten. Unter ihnen spielen die Orchideen und die Ananasgewächse (Bromeliaceae) die wichtigste Rolle. Da ihr Wasserhaushalt unter diesen Klimabedingungen durch die vom Boden losgelöste Lebensweise und die starke Sonneneinstrahlung einer enormen Belastung ausgesetzt ist, weisen sie einen ausgesprochen xeromorphen Bau auf. Neben der Wasserspeicherung (Sukkulenz bei den Orchideen, Wasseransammlungen in den Zisternen der Bromeliazeen) sind deshalb auch besonders harte, ledrige Blätter auffallend. Zu den Epiphyten dieser Vegetationszone gehören auch poikilohydre (wechselfeuchte) Farne, deren Laub in der Trockenzeit völlig eintrocknet, bei Feuchtigkeit aber wieder auflebt.

Eine Familie, deren Arten als Halbschmarotzer vornehmlich in Trockengehölzen auftreten, sind die Mistelgewächse (Loranthaceae). Sie fallen meist nur dann auf, wenn sie in dem trockenen Geäst von Dornsträuchern oder Trockenwaldbäumen ihre farbenprächtigen Blüten entfalten. Für ihre Wasserversorgung ist die Wirtspflanze zuständig.

Neben den Bäumen sind die Gräser ein vegetationsbestimmendes Element in der wechselfeuchten tropischen Zone. In der Savanne kommen sie vor allem deshalb so vegetationsbestimmend vor, weil ihnen Brände kaum Schaden zufügen können, denn die alten, zahlreich vorhandenen Blattscheiden bieten der über dem Boden liegenden Erneuerungsknospe vor dem Feuer Schutz. Dabei stellen die äußersten verkohlenden Blattscheiden den eigentlichen Schutz dar. Die häufigsten Grasarten sind auch die feuerresistentesten, sie gehören vor allem der Gattung Bartgras *(Andropogon)* an.

Das Blühen und Fruchten der Pflanzen ist ebenfalls an die Rhythmik der Niederschläge angepaßt. Sofern die Pflanzen in der Lage sind, Reservestoffe zu speichern – das trifft vor allem auf die Bäume zu –, wird das Blühen während der Trockenzeit ermöglicht. Der erhöhten Stoffproduktion während der Fruchtbildung steht dann die gesamte Regenzeit zur Verfügung. In geringerem Maße, mehr auch gegen Ende der Trockenzeit hin, blühen auch krautige Pflanzen, die ihre Nährstoffe und die Feuchtigkeit aus unterirdischen Speicherorganen beziehen (Zwiebeln, Knollen). Der Blütenflor am Boden wird dann um so reicher, je mehr Wasser zur Verfügung steht. Es verwundert daher nicht, daß kurz nach Beginn der ersten Regen ein üppiges Blühen der Bodenflora einsetzt.

Australischer Flaschenbaum *(Brachychiton rupestris)*

Die periodische Austrocknung sorgt immer wieder von neuem für Nachschub an brennbarem Material, seien es die absterbenden Grashalme oder abgeworfenes Laub. Natürliche Brände, hervorgerufen durch Blitzeinschläge, hat es schon immer gegeben, und sie haben in der Vegetation der periodisch trockenen Gebiete zu Anpassungen der Pflanzen geführt, die ihnen das Überleben solcher Katastrophen sichern. Auf die dicke Borke bei Savannenbäumen wurde am Beispiel von *Cussonia barteri* bereits hingewiesen. Nicht ganz so dick (32 mm), aber dennoch die lebenden Gewebe vor Feuer schützend, ist die Borke bei *Butyrospermum parkii* (22 mm), *Pterocarpus erinaceus* (19 mm) oder *Piliostigma thonningii* (12 mm). Meist ist die Borke korkig. Sie kann aber auch faserig und schwammig sein, wie das von einigen Eukalyptus-Arten bekannt ist. Auch angekohlte Borke oder ein Mantel aus verkohlten Blättern können schützend wirken. Die letztere, vorwiegend bei Gräsern verbreitete Anpassung ist auch bei Bäumen möglich. So verbrennen von einigen Palmen (z. B. *Livistona*) oder bei den Espeletien in den Páramos der Anden (vergl. S. 359) nur die trockenen herabhängenden, den oberen Stamm damit einhüllenden Blätter. Eine andere Überlebensstrategie höher wachsender Pflanzen ist die ausreichende Speicherung von Nährstoffen, die bei Verlust aller Assimilationsorgane einen Neuaustrieb ermöglichen. Oberirdische Speicherorgane mit dieser Funktion haben die australischen Grasbäume (*Xanthorrhoea*, s. Bild S. 19), deren verkohlte Blattreste den Stamm schützen, sowie einige *Cycas*- und Palmen-Arten. Das Speicherorgan liegt aber meist unterirdisch. Daß dies aber nicht nur bei krautigen Zwiebel- oder Knollenpflanzen und Gräsern der Fall ist, stellen u. a. *Eucalyptus socialis* und *Banksia menziesii* unter Beweis, die sich aus einem verholzten, unterirdischen Lignotuber regenerieren. Bei einer Reihe von Pflanzen, die man als Pyrophyten bezeichnet, wirkt die Hitze eines Brandes fördernd auf ihre Entwicklung. Das ist der Fall, wenn beispielsweise stark verholzte Fruchtkapseln oder Zapfen sich erst im bzw. nach Feuer öffnen, um die – möglicherweise auch erst durch die Hitze keimfähig gewordenen – Samen freizugeben. Auf dem mineralisierten, warmen Boden in Verbindung mit dem Wasser des Gewitterregens ist die Keimrate dann sehr hoch. Solche Früchte können jahrelang geschlossen bleiben, bis ein Feuer sie dann von ihrem kostbaren Inhalt befreit. So etwas kennt man auch von Waldbäumen der gemäßigten Breiten. In den tropischen Trockenwäldern und Savannen ist diese Anpassung sehr häufig, insbesondere bei Arten der Proteaceen, Hülsenfrüchtler und Myrtengewächse.

Die regengrünen tropischen Wälder

Die regengrünen tropischen Wälder kommen hauptsächlich in den Gebieten vor, in denen jahreszeitlich wechselnde Winde die regenbringenden Wolken heranführen und eine Trockenzeit nur 2 bis maximal 5 Monate andauert. In Südostasien bewirkt dies der Monsun, in Südamerika der Passat, dementsprechend werden die davon abhängigen Wälder auch als Monsun- bzw. Passatwälder bezeichnet. In belaubtem Zustand haben sie eine große Ähnlichkeit mit den immergrünen oder halbimmergrünen tropischen Wäldern. Doch fällt auf, daß regengrüne Wälder einen weitaus lichteren Eindruck machen. Dadurch kann sich auch eine üppige, geschlossene Krautschicht unter dem Einfluß größerer Lichtintensität entwickeln. Diesen Unterwuchs zeichnet ein beachtlicher Anteil an immergrünen Pflanzen aus, so daß zur Trockenzeit zwar die oberen Etagen des Waldes kahl und grau aussehen, das unterste Stockwerk dieser als feucht bezeichneten Monsunwälder aber z. T. grün ist. Wenn sich auch noch Baumarten im Bestand befinden, bei denen der Blattfall aus irgendeinem Grund verzögert wurde, oder die schon vor Beginn der Regenzeit ergrünt sind, dann erwecken solche Wälder auch in der Trockenzeit keinen leblosen Eindruck. Sicherlich tragen dazu noch häufig anzutreffende Lianen und Epiphyten bei. Der Artenreichtum an Gehölzen ist aber gegenüber dem tropischen Regenwald merklich reduziert. Es herrschen einige Arten vor, was die Unterscheidung der verschiedenen Waldtypen erleichtert.

Südostasiatische Monsunwälder

Teakwald

Am verbreitetsten ist der Teakwald mit dem Teakbaum *(Tectona grandis)* als Charakterart. Sowohl in Indien als auch in Burma, Thailand und den trockeneren Gebieten Ostjavas ist diese Art als wesentlicher Bestandteil regengrüner Wälder anzutreffen. Begleitet wird der Teakbaum in Indien, wo nur noch sehr geringe Restbestände dieser natürlichen, zonalen Wälder vorhanden sind, vor allem von Ebenholzbäumen *(Diospyros melanoxylon* und *D. ebenum)* und dem Maradu oder Indischen Lorbeer *(Terminalia tomentosa)*, alles Arten mit wertvollem Nutzholz. Am meisten begehrt ist aber das Teakholz wegen seiner vielen guten Eigenschaften: Es ist hart, resistent gegen Pilze und Termiten sowie wenig veränderlich bei Feuchtigkeits- und Temperaturschwankungen. Deswegen wird diese Art heute auch in Afrika und Südamerika forstlich kultiviert. Aus den besonders in Thailand und Burma gut erforschten hinterindischen Monsunwäldern sind unter anderen folgende Begleiter des Teakbaumes bekannt: der Ingyinbaum *(Pentacme suavis)*, eine Rosenholzart *(Dalbergia paniculata)*, der Dahatbaum *(Tectona hamiltoniana)*, dessen Holz noch härter und schwerer als das des Teakbaumes ist, weiterhin die bastfaserliefernde *Bauhinia racemosa*, der Kiamilbaum *(Callesium grande)*, der Chinesische Dattelbaum *(Ziziphus jujuba)* und der Kurchirindenbaum *(Holarrhenia dysenteriaca)* mit weichem, weißem, für Schnitz- und Drechselzwecke verwendeten Holz. In der Strauchschicht spielt eine Bambusart *(Dendrocalamus strictus)* eine Rolle. Die Krautschicht besteht vorwiegend aus Gräsern, unter denen die Bartgräser *(Andropogon)* dominieren.

Djatiwald

In Ostjava ist der Teakwald unter der Bezeichnung Djatiwald bekannt, wobei man aber nicht genau weiß, ob der Teakbaum (Djatibaum) dort ursprünglich vorgekommen ist. Wahrscheinlich wurde die Art durch die Hindus auf diese Insel gebracht. In der Trockenzeit fallen von den Begleitern des Teakbaumes in erster Linie die immergrünen Arten auf, zu denen der Kino- oder Lackbaum *(Butea monosperma)* mit seinem feuerroten Blütenschmuck, der schirmkronige Ohi *(Albizzia stipulata)*, der Kusambi *(Schleichera trijuga)* sowie die durch ihre weiße Borke auffallende *Albizzia procera* gehören. Von den zahlreichen weiteren Begleitarten seien noch genannt: Amblabaum *(Phyllanthus emblica)*, Steifhaariger Feigenbaum *(Ficus hispida)* und einige Lianen, wie z. B. die Tubabohne *(Derris elliptica)*, deren Wurzeln ein Insektizid (Rotenon) enthalten, das auch als Fischgift Verwendung findet. Anzutreffen sind auch *Acacia pennata* und die Paternostererbse *(Abrus precatorius)*, deren korallenrote, mit einem schwarzen Fleck versehene Samen in Indien als Gewichtseinheit und von den Buddhisten für Rosenkränze verwendet werden.

Engwald

Von trockeneren und flachgründigen Standorten sind vor allem aus Oberburma der Ingyinwald (mit *Pentacme suavis)* und der Engwald (Charakterart *Dipterocarpus tuberculata)* bekannt. Einige der Begleitarten beider Waldgesellschaften sind wegen ihrer wertvollen Nutzhölzer auch in forstlicher Kultur. Hierzu gehören der Burmesische Eisenholzbaum *(Xylia xylocarpa)* mit sehr hartem, zähem und vor allem termitenbeständigem Holz, der Indische Lorbeer *(Terminalia tomentosa)*, das Schwarze Myrobalanenholz *(Terminalia chebula)*, wegen seiner Dauerhaftigkeit in der Möbeltischlerei und für landwirtschaftliche Geräte geschätzt, der Nimbaum *(Antelaea azadirachta)*, der heilige Baum der Hindu mit mahagoniartigem, für Bildhauerarbeiten und Furniere geeignetem Holz, der Blutholzbaum *(Lagerstroemia speciosa)* sowie der Strychninbaum *(Strychnos nux-vomica)*, der Strychnin und wertvolles, termitenfestes Holz liefert. Wie im Teakwald tritt auch hier Bambus im Unterwuchs auf, begleitet von der stammlosen Palme *Phoenix acaulis*.

Südamerikanische Passatwälder

Regengrüne Hochwälder sind stellenweise auch noch auf dem amerikanischen Kontinent erhalten und werden parallel zu den Monsunwäldern als Passatwälder bezeichnet. Passatwälder haben im Gebiet der Llanos am Orinoco vermutlich einmal größere Flächen bedeckt, als dies heute der Fall ist. Im oberen Orinocobecken sowie im nördlichen Teil Südamerikas zwischen den Ausläufern der Anden und den Llanos wachsen unter den gleichen Bedingungen wie in den Monsungebieten feuchte Passatwälder, die dort auch als Alisiowälder bezeichnet werden. Die Jahresniederschläge betragen 1200 bis 2000 mm. Die Alisiowälder stellen einen einheitlichen Waldtyp dar. Je nach Boden, Feuchtigkeit und Trockenzeit läßt sich eine Typenreihe unterscheiden, in der das Spektrum von regenwaldähnlich (mit hohem Anteil immergrüner Bäume) bis dornbuschartig reicht.

Wälder dieser Prägung bedecken große Flächen in Venezuela und Kolumbien. Im Westen ihres Areals werden sie durchschnittlich 30 m hoch und bestehen aus 40 bis 60 Baumarten. Zu diesen gehören etliche wirtschaftlich sehr bedeutsame, was diese Wälder für die Region sehr wertvoll macht. Häufig sind wohl die beiden Bombacaceen Kapokbaum *(Ceiba pentandra)* und der Saqui-Saqui *(Bombacopsis sepium)*, deren Holz als Möbelholz verwendet wird. Größere Bedeutung haben die Nutzhölzer der beiden Meliaceen, des Cedro *(Cedrela mexicana)* und des Mahagonibaums *(Swietenia macrophylla)*. Ersterer liefert ein hellgelbliches Holz mit scharf abgesetztem braunrotem Kern, das für Möbel und kunstgewerbliche Gegenstände, wegen seines Geruchs aber auch für Zigarrenkisten sehr begehrt ist. Der Mahagonibaum ist eine von drei *Swietenia*-Arten, die das Mahagoniholz liefern, dessen Bedeutung für Luxusmöbel und im Schiffsbau hinlänglich bekannt ist. Auch *Tabebuia*-Arten (Bignoniaceae) haben wegen ihrer Nutzhölzer Bedeutung, *T. chrysantha* insbesondere wegen der Dauerhaftigkeit des Holzes im Boden. Schließlich soll noch der Regenbaum *(Pithecellobium saman)*, ein Mimosengewächs, Erwähnung finden, dessen Holz sehr schwer und sehr hart ist. Als Schattenspender an Straßen und auf Weideplätzen erfreut er sich zusätzlicher Beliebtheit.

Die mittelamerikanischen Feuchtwälder weichen in ihrem Aussehen auch nur wenig von dem der ostasiatischen ab. Wir finden 20 bis 35 m hohe Bäume und eine z. T. immergrüne Strauchschicht. In den küstennahen Gebieten von Guatemala, El Salvador, Nikaragua und Panama treffen wir als wichtigste Baumarten in diesen Wäldern den Kapokbaum, den Guancaste *(Enterolobium cyclocarpum)* und *E. saman, Terminalia obovata* und *Anacardium excelsa* an, unter denen in der Strauchschicht die stachlige Palme *Bactris subglobosa* und verschiedene Arten von *Coccoloba* gedeihen. Ähnliche Wälder, z. T. sogar immergrüne, hat es auf den Antillen gegeben; sie sind aber dort so stark vom Menschen beeinflußt worden, daß es sich nicht lohnt, über sie zu berichten.

Die tropische Feuchtsavanne

Ausgedehnte tropische und subtropische Waldgebiete sind stets dünn besiedelt. Eine stärkere Besiedlung durch den Menschen beginnt immer mit der Rodung des Waldes, wodurch Platz für Wohnbauten und die lebensnotwendige Landwirtschaft geschaffen wird. Die halbimmergrünen Wälder aller Typen und in allen Erdteilen sind überall dort in ihrem Bestand gefährdet oder schon vernichtet, wo der Boden durch Brandrodung für Ackerbau und Viehzucht nutzbar gemacht wurde. Sie sind stärker dezimiert als die immergrünen Regenwälder, weil sich der kahle, im Winter trockene Wald leichter roden und abbrennen läßt. Sie sind aber auch für die landwirtschaftliche Nutzung besser geeignet als die Trockenwälder, da in der Zone der feuchten, regengrünen Wälder die Regenzeit regelmäßiger auftritt und auch länger andauert. Als eine primitive Form der Bewirtschaftung ist der sogenannte Wanderfeldbau in diesem Bereich verbreitet, der zu einer Verarmung und Veränderung der Vegetation führt. Nach zwei bis vier Jahren ist der Oberboden so ausgewaschen und nährstoffarm, daß er dieser extensiven landwirtschaftlichen Nutzung keine Grundlage mehr bietet. Die Felder werden verlassen und neue Waldflächen gerodet. Mehrmaliges Roden und Abbrennen einer solchen sich zunächst mit einem Sekundärwald bedeckenden Fläche führen letztlich zur Vernichtung des geschlossenen Waldes, wofür es in dieser Klimazone auf allen Kontinenten Beispiele gibt. Auf den ausgelaugten Böden vermögen zwar noch Gräser, aber nur noch vereinzelt Bäume zu gedeihen. So entsteht eine Vegetationsform, deren Erscheinungsbild wohl der Savanne entspricht – ein Grasland mit lockerem Baumbestand –, aber nicht der ursprünglich möglichen Vegetation. Diese von Menschen geschaffenen Savannen nehmen bereits beträchtliche Flächen ein.

Neben der Brandrodung spielt das Feuer auch für das Offenhalten freier Weideflächen eine entscheidende Rolle. Dabei vernichten die Flammen aber nicht die Gräser, die nach Bränden wegen der größeren Wärmekapazität des schwarzen Bodens sogar schneller und besser austreiben. Durch das Feuer werden die Parasiten und Krankheitserreger abgetötet, was für die Siedler ohne Zweifel auch ein Grund zum Entfachen der Savannenbrände ist.

In Afrika grenzt Regenwald bereits überall ohne Übergang an solche offenen Formationen, obwohl die Niederschlagsmengen günstige Bedingungen für die Entwicklung eines tropischen Sommerregenwaldes feuchter Prägung bieten würden. Das gleiche trifft für Indien zu, dem natürliche Grasländer fremd waren und nur dem Wirken des Menschen zuzuschreiben sind. Von den Bäumen bleiben im allgemeinen jene übrig, die von den Bränden am wenigsten geschädigt werden.

An die Stelle der natürlichen Wälder sind so durch den Einfluß des Menschen sogenannte Feuchtsavannen getreten, die man von den klimatisch bedingten Savannen nur außerordentlich schwer unterscheiden kann. In jedem Falle wird aber die Vegetation der Savanne von Gräsern und Bäumen geprägt. Gras und Baum schließen sich in ihren ökologischen Ansprüchen jedoch weitestgehend aus. Es ist deshalb bemerkenswert, daß beide Antagonisten in der Savanne vereint

Afrikanische Feuchtsavanne

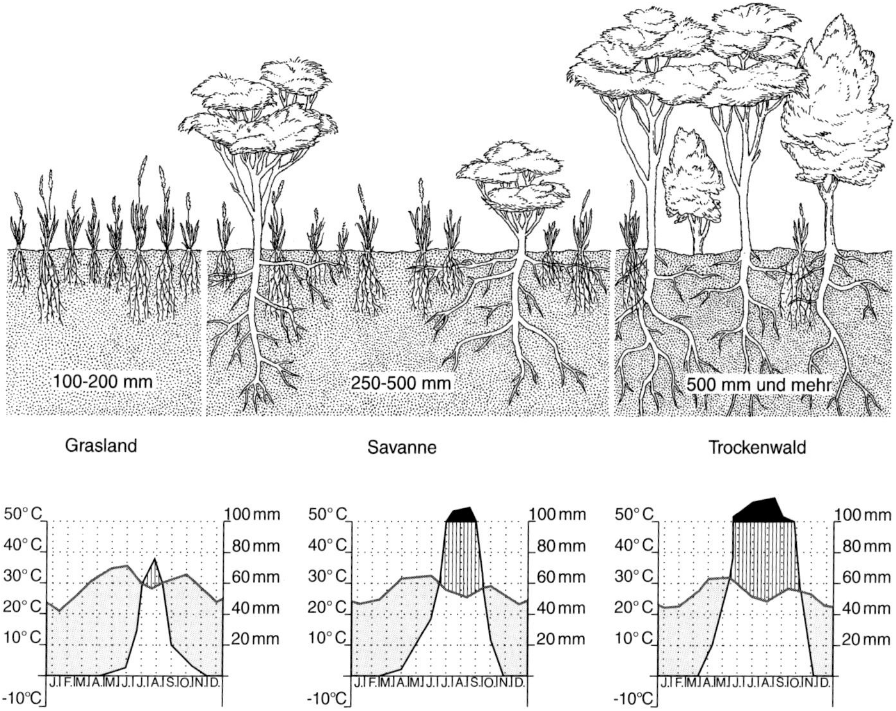

Entwicklung der Vegetationsformen tropischer Sommerregengebiete in Abhängigkeit von den Niederschlagsmengen

vorkommen, in ihrer Gemeinsamkeit überhaupt das Wesen der Savanne ausmachen.

Von den Bäumen wissen wir, daß sie ihre Transpiration steuern, indem sie die Spaltöffnungen an der Blattunterseite bei Trockenheit und Wasserdampfdefizit der Luft schließen, bei ausreichender Wasserzufuhr aber öffnen. Schon sehr geringe Schwankungen der Wasserbilanz genügen, um die entsprechende Reaktion auszulösen. Trotz aller schützenden Anpassungen transpirieren die Bäume aber auch in der Dürrezeit. Obwohl die Wassermengen, die dabei abgegeben werden, sehr gering sind, müssen sie aus dem Speicherwasser des Bodens ersetzbar sein.

Ganz anders verhalten sich die Gräser. Sie schränken ihre Transpiration nicht ein, so daß es bei Wassermangel zu dem auch in unseren Breiten bekannten »Verbrennen« kommt. Dabei vergilben und vertrocknen sehr rasch fortschreitend die frischen Grasflächen. Doch sterben nur die Blätter ab, Wurzelsystem und Erneuerungsknospen liegen, vor Austrocknung geschützt, unter der Decke vertrockneter Blätter. Auch Gräser verbrauchen während der Dürre Wasser, aber nur sehr geringe Mengen im Vergleich zu den Bäumen.

Den unterschiedlichen Lebensweisen und Anpassungen von Gras und Baum entsprechen ebenso unterschiedliche Wurzelsysteme und Bodenansprüche. Die weit ausgebreiteten, mitunter sehr tief reichenden Wurzeln der Bäume vermögen auch Böden großer steiniger und felsiger Struktur zu durchziehen, um die Wasserreserven zu erschließen. So wurden von einer *Acacia tortilis*-Pflanze noch in 50 m Entfernung vom Stamm Wurzeln festgestellt. Gräser stehen naturgemäß viel dichter beieinander, so daß ein ausgedehntes Wurzelsystem der Einzelpflanze wenig effektiv ist. Es muß deshalb den zur Verfügung stehenden Bodenraum weitestgehend, d. h. intensiv durchziehen, was wiederum nur bei feinkörnigem Material möglich ist. Auf grob strukturierten Böden haben die Gräser ohnehin wenig Existenzmöglichkeiten, weil das Wasser in tiefere Schichten versickert. Hier können nur Bäume oder Sträucher gedeihen. Bei feinerem Boden ist die Menge der sommerlichen Niederschläge entscheidend für die Vorherrschaft der Gräser oder der Bäume oder für ein Gleichgewicht zwischen beiden. In Gebieten mit weniger als 500 mm Jahresniederschlag herrschen Gräser vor. Sie binden in den oberen Bodenschichten das Wasser, so daß nur wenig in die tieferen Schichten gelangt. Bei mehr als 500 mm Niederschlag dominieren Bäume, die die Gräser beschatten und auf diese Weise schwächen.

Feuchtsavannen nehmen in verschiedener Ausbildung größere Landstriche im westlichen Afrika, in der sogenannten Guinea-Zone, ein. Der auch als Guinea-Savanne bezeichnete Vegetationstyp erstreckt sich nördlich des Regenwaldgebietes von Guinea über das nördliche Nigeria bis zum südlichen Sudan. Er weist von Süden nach Norden eine deutliche Gliederung auf. Die Waldsavanne mit Inseln tropischen Hochwaldes, an den sie grenzt, entwickelt sich unter dem Einfluß hoher Niederschlagsmengen (vgl. Klimadiagramm Faridpur S. 122). Diesem schmalen Gürtel schließt sich die eigentliche Guinea-Savanne an, die im Norden an die Trockensavanne grenzt. Auch sie läßt sich den klimatischen Gegebenheiten gemäß gliedern. Südlich des Regenwaldgebietes wiederholt sich die Zonierung zwischen Kongobecken, Südostgabun und Katanga.

Die Nachbarschaft der Regenwälder macht sich im Artenreichtum der Feuchtsavannengehölze bemerkbar. Aber auch die engen Beziehungen zu den angrenzenden Trockenwäldern sind nicht zu leugnen. So kommen in der Feuchtsavanne sowohl Arten von Regenwaldgattungen *(Daniella, Cophira, Nauclea)* als auch Arten typischer Trockenwaldgattungen vor. Im trockeneren Norden der Guinea-Zone bilden *Isoberlinia*-Gehölze den Übergang zu Trockenwäldern. In ihnen haben Arten aus der Familie der Johannisbrotgewächse (Caesalpiniaceae) die Vorherrschaft. Neben den Charakterarten *Isoberlinia dalziellii* und *I. doka* gehören noch der Shibutterbaum *(Butyrospermum parkii)*, der Kamelfußbaum *(Piliostigma thonningii)* und der wegen seiner kuriosen Früchte von den Reisenden so genannte Portemonnaiebaum *(Afzelia africana)* dazu. Im allgemeinen sind diese Gehölze mit hohen Gräsern vergesellschaftet, die ihrerseits auch reine Feuchtsavannenrasen ausbilden, wenn der Baumwuchs z. B. durch ungünstige Bodenverhältnisse behindert ist. Zu den hohen Gräsern gehört eine beachtliche Anzahl von Arten aus nur wenigen Gattungen. Die höchste Grasschicht wird durch die 2 bis 5 m hohen *Hyparrhenia*- und *Andropogon*-Arten gebildet, die den Boden bis zu 80 % bedecken. Auffallend sind die breiten Blätter dieser Gräser. Im Höhenbereich zwischen 50 und 150 cm finden wir Arten der zu den Hirsen gehörenden Gattungen *Panicum* und *Setaria, Chloris* sowie *Schizachyrium* u. a. Dazu gesellen sich noch Kräuter, deren Bedeutung angesichts der Masse an Gräsern nur gering ist.

Im mittelamerikanischen Raum treten interessanterweise Kiefern und Eichen als Savannenbäume in Erscheinung. In den kubanischen Kiefern-Eichen-Savannen gehören dazu die Karibische Kiefer *(Pinus caribaea)*, die Tropen-Kiefer *(Pinus tropicalis)*, die Kubanische Kiefer *(Pinus cubensis)* und die Virginia-Eiche *(Quercus virginiana)*. Die Bäume dieser Savannen bilden im westlichen Kuba auch geschlossene Wälder, deren Reichtum an Schwarzmundgewächsen (Melastomataceae) in der Strauchschicht bemerkenswert ist, wie z. B. *Clidemia hirta*.

In die Kategorie der Feuchtsavannen sind auch die Campos cerrados einzuordnen, die mehr als die Hälfte Zentral-Brasiliens bedecken. In ihrer gemäßigten Trockenheit ordnen sie sich auch räumlich zwischen die im Nordosten liegende sehr trockene Caatinga (siehe weiter unten) und die westlichen, ebenfalls sehr trockenen Chaco-Gebiete sowie die feuchten Wälder des Amazonasbeckens und im Süden Brasiliens ein. Das Klima dieses Gebietes ist tropisch halbfeucht (Niederschläge 1100 bis 2000 mm) mit einer scharf abgegrenzten Trockenzeit von Mai bis September (Südwinter).

Interessant ist die Tatsache, daß die Pflanzen der Cerrados keineswegs an große Trockenheit angepaßt sind. Sie verfügen nicht wie andere Pflanzen in Trockengebieten über die Fähigkeit, ihre Transpiration wesentlich einzuschränken. Etliche der Holzgewächse haben sogar große, immergrüne Blätter. Das widerspricht der Auffassung jener Botaniker, die in der Vegetation der Campos cerrados ein Produkt der großen Trockenheit sehen.

Die sehr artenreiche Vegetation stellt einen offenen Wald von geringer Höhe dar. Die meisten Bäume erreichen mit 3 bis 4 m nur die Größe höherer Sträucher. Nur an begünstigten Stellen stehen Gruppen höherer Bäume mit aufrechten Stämmen, wie z. B. *Dalbergia*- oder *Bombax*-Arten. Es fehlt auch nicht die in Mittel- und Südamerika fast allgegenwärtige *Curatella americana*. Die große Artenliste der Gehölze wird auch durch einige Palmen bereichert, wie z. B. *Cocos petraea* und *C. acaulis* oder die Sternnußpalme *(Astrocaryum arenarium)*, die als Futtergrundlage für die Viehbestände Bedeutung haben, darunter auch die Palme *Attalea exigua* mit unterirdischem Stamm, höchstens 1 m hoch wachsend.

Die tropischen Trockenwälder und Trockensavannen

Unter dem Sammelbegriff Trockenwälder werden die trockenen regengrünen Wälder zusammengefaßt. Wegen der in die Trockenwälder eingestreuten Trockensavannen (große Grasländer mit vereinzelten Bäumen) werden sie auch als Savannenwälder bezeichnet.

Sehr eindrucksvoll schildert der Geograph S. Passarge einen afrikanischen Trockenwald: »Kahl, tot, braun und gelb sieht solch ein Steppenbuschwald (Savannenwald, der Autor) in der Trockenzeit aus, geschwärzt der Boden von der Asche abgebrannter Gräser und verräuchert die Stämme. Heiß flutet das grelle Licht der Tropensonne durch die schattenarme Landschaft. Allein, wenn Trockenheit und Hitze den Gipfel erreichen, wenn alles glüht und dörrt, dann gerade bedecken sich viele Bäume mit hellgrünem, wie lackiert glänzendem Laub, entwickeln sich lange Kätzchen mit Blüten, die der Wind bestäubt, und große Blüten entsenden einen betäubenden Duft. Setzen aber die Gewitterstürme ein, klatscht der Regen prasselnd nieder, dann schießen Gräser, Stauden, Kräuter mit überraschender Schnelligkeit empor, dann bedecken sich auch die letzten kahlen Bäume mit Laub, dann blüht und duftet es überall, und ein Heer von Insekten summt und flattert durch die Lüfte.« Innerhalb kurzer Zeit ist die Landschaft, begünstigt durch Wärme und Wasser, ergrünt und erblüht. Man kann sich dann nur schwer vorstellen, wie wenige Monate später durch Wassermangel wieder jener Zustand erreicht ist, der am Beginn des Zitats geschildert wird.

Afrikanische Trockenwälder

Wir unterscheiden in Afrika bei solchen Trockenwäldern vier wichtige Typen, die wir uns genauer ansehen wollen.

Miombowälder

Eine im südlichen Zentralafrika (zwischen 5° und 20° südl. Br.) von Angola über Sambia bis Moçambique reichende Formation, die stellenweise von anderen Trockenwaldtypen durchsetzt ist, stellt der Miombowald dar. Entsprechend dem Relief dieses Teiles von Afrika kommt er in Höhen zwischen 800 und 1800 m vor und bestimmt dort das Vegetationsbild.

Die Charakterarten dieses Trockenwaldtyps sind vorwiegend Johannisbrotgewächse (Caesalpiniaceae): *Brachystegia, Berlinia* und *Isoberlinia, Julbernardia, Burkea*, größere Anteile haben aber auch *Parinari* (Rosaceae), *Monotes* (Dipterocarpaceae) und *Uapaca* (Euphorbiaceae). Einige von ihnen, allen voran die der Gattung *Brachystegia*, tragen in den Bantusprachen die Bezeichnung Miombo. Die Arten der beteiligten Gattungen sind dornenlos, meist fieder-, dabei aber verhältnismäßig großblättrig und haben im Kronenbereich nur lockeren Schluß. So gelangt ausreichend Licht bis zum Boden und ermöglicht in der Regenzeit Sträuchern und Kräutern ein gutes Gedeihen. Sieben bis drei Wochen bevor die Miombobäume zu Beginn der Regenzeit ergrünen, beginnen einige der Begleitarten zu blühen und bringen erste Farben in den noch kahlen, braunen Wald: Blaßviolett leuchten die großen Blütenglocken des noch blattlosen Bignoniengewächses *Stereospermum kunthianum*; ihnen folgen die großen weißen Blüten von *Bauhinia thonningii* (Caesalpiniaceae) und die Kerzen feuerroter Schmetterlingsblüten von Korallenstrauch-Arten *(Erythrina)*. Wenn alles grün ist, dann entfalten *Markhamia obtusifolia* (Bignoniaceae) ihre gelben und das Ostafrikanische Ebenholz *(Dalbergia melanoxylon)* seine weißen Blüten. In der Strauch- und Krautschicht unter all diesen und etlichen anderen Baumarten kommt dann die bunte Palette von Kräutern und Sträuchern zur Geltung. Dicht über dem Erdboden macht mit seinen goldgelben Blüten ein Baum auf sich aufmerksam, dessen dicke Äste unterirdisch wachsen.

Viele Kräuter, welche nun auch zu neuem Leben erwachten, haben ebenfalls unter der Erde

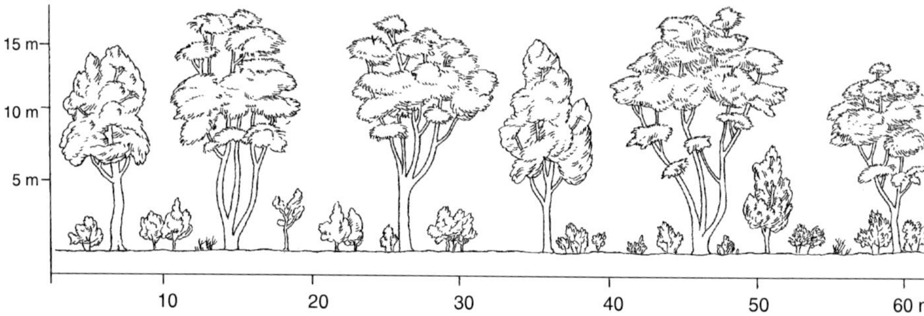

Vegetationsprofil eines südwestafrikanischen Mopane-Trockenwaldes (nach Knapp)

mit Speicherorganen ausgeharrt. Dazu gehören z. B. Ingwergewächse, wie Gewürzlilie *(Kaempferia)*, oder Amaryllisgewächse, wie Blutblume *(Haemanthus)*.

Die weite Verbreitung und die Konkurrenzfähigkeit der Miombowälder gegenüber anderen Pflanzenformationen beruhen darauf, daß sie verschiedenartige, z. T. auch ungünstige Böden (z. B. felsige Hänge) zu besiedeln vermögen. Hinzu kommt noch, daß sowohl der Miombo als auch die meisten seiner Begleitarten außerordentlich resistent gegenüber Feuer sind, so daß die Wälder fast nie durch Brände gelichtet werden. Es ist auch zu wenig trockenes Material vorhanden, als daß sich größere Brände entwickeln könnten. Die Samen der Miombobäume erlangen nach Bränden ihre Keimbereitschaft. Sie sind aber auch ohne Feuer ab November zur nächsten Regenzeit keimbereit.

Nur selten überschreiten die Bäume eine Höhe von 20 m. Selbst durch die fortschreitende Erschließung und Industrialisierung afrikanischer Länder werden die Miombowälder relativ wenig beeinflußt und sind recht günstig für die Landschaftserhaltung (Erosionsschutz). Die blütenreichen Wälder sind eine gute Bienenweide.

Mopane-Trockenwälder

Der Miombowaldzone mit relativ hohen Niederschlägen (700 bis 1300 mm im Jahr) schließt sich zwischen 10° und 25° südlicher Breite das Gebiet der Mopane-Trockenwälder an. Für diese Wälder sind die klimatischen Voraussetzungen im südwestlichen Afrika, in Angola, Simbabwe, Sambia, Transvaal und Moçambique erfüllt. In diesem Gebiet fallen in etwa 4 Monaten 400 bis 800 mm Regen.

Die Charakterart, der Mopanebaum *(Colophospermum mopane)*, ist wohl das einzige Beispiel im Bereich der tropischen Sommerregenzone für die fast ausschließliche Vorherrschaft (90 %) einer einzigen Baumart. Die Einzelbäume stehen verhältnismäßig locker, und auch ihre Begleitarten bedecken den Boden nicht völlig. Erwähnenswert ist, daß die großen, frischgrünen, für diese Art sehr typischen Blätter noch lange in der Trockenzeit an den Bäumen verbleiben, die je nach Standort 5 bis 17 m hoch werden können. Im Habitus ähnelt der Mopanebaum unseren eu-

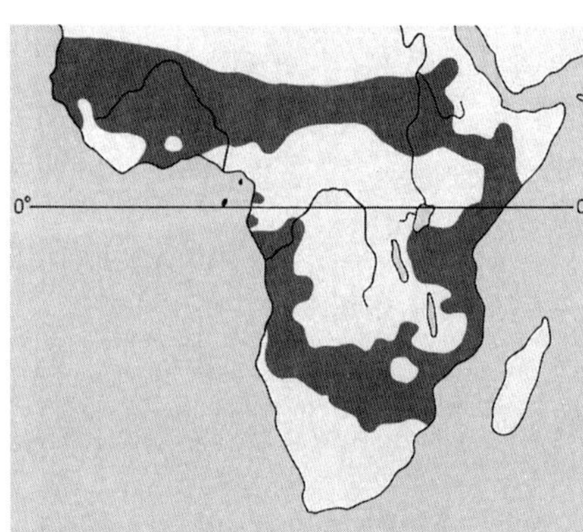

Die Verbreitung des Affenbrotbaumes *(Adansonia digitata)* in den Savannengebieten nördlich und südlich der afrikanischen Äquatorzone (nach Knapp)

ropäischen Eichen, er hat auch wie diese eine längsrissige, graue Borke, und sein Laub verfärbt sich im Herbst.

Es hat sich herausgestellt, daß solche Mopane-Trockenwälder eine ausgezeichnete Viehweide darstellen. Die eiweißreichen Blätter (12,6 % Eiweiß) werden von Rindern gern gefressen. Für Elefanten sind sie eine Delikatesse, und Antilopen verzehren sogar noch das trockene Laub.

Der Baobab *(Adansonia digitata)* ist die imposanteste Baumgestalt afrikanischer Savannen. Man erkennt den weithin sichtbaren Riesen an seinem unförmig dicken Stamm und den meist waagerechten Ästen.

Baobab-Trockenwälder

Eine der markantesten Baumarten Afrikas mit weit ausgebreiteten Ästen und dickem Stamm, der Baobab oder Affenbrotbaum *(Adansonia digitata)*, bildet in weiten Gebieten dieses Kontinents (vgl. Verbreitungskarte S. 136) zusammen mit vielen anderen Holzgewächsen die artenreichen Baobab-Trockenwälder. Für diese Wälder ist der lockere Baumbestand typisch, unter dem sich eine wesentlich umfang- und artenreichere Strauchschicht (meist Dornsträucher) als in den vorher genannten Trockenwäldern entwickelt. Baobab-Trockenwälder stellen hohe Ansprüche an den Boden. Am besten gedeihen sie auf nährstoffreichen, frischen Standorten. Da der Baobab

Afrikanisches Trockengehölz mit den Schirmkronen als einer typischen Wuchsform der Savannenbäume

Obstgartensavanne in Ostafrika (Ikorongo), Nähe Victoriasee

in vieler Hinsicht für den Menschen von Bedeutung ist, sind Affenbrotbäume häufig in der Nähe menschlicher Siedlungen zu finden, teils als Relikt der ehemaligen Vegetation, teils auch angepflanzt. Das Interesse, das der Mensch dem Baobab entgegenbringt, beruht weniger auf der merkwürdigen Gestalt als auf seiner vielseitigen Nutzbarkeit. Die Samen enthalten bis zu 15 % Fett und werden wie auch das Fruchtfleisch gegessen. Junge Blätter eignen sich als Gemüse. Die Rinde liefert einen brauchbaren Bast. Auch in der Volksmedizin hat der Baobab seinen Platz, denn insbesondere das Fruchtfleisch wird mit Erfolg gegen Fieber und Ruhr eingesetzt.

Combretum-Trockengehölze

In der Sudanzone und in Ostafrika sind *Combretum*-Trockengehölze großflächig verbreitet, die z. T. auch Degradationsstadien von anderen Trockenwäldern darstellen können. Die wesentlichen Komponenten solcher Gehölze sind *Combretum*-Arten und diverse Hülsenfrüchtler.

In Ostafrika, am Fuße des Kilimandscharo, tritt eine besondere Form der *Combretum*-Trockengehölze auf, die Obstgartensavanne. Der dichte, bis 2 m hohe Grasunterwuchs und die knorrigen, höchstens 10 m hohen, breitkronigen, aber sich nie mit ihren Kronen berührenden Bäume führten zu dem Vergleich mit einer Obstplantage. Bei der Ausbildung dieser Vegetationsform hat zweifellos das Feuer mitgewirkt, denn wenn dieses nicht eingesetzt wurde, kam es zur Entwicklung von Dickichten mit Baobab, während *Combretum*-Arten die letzten Bäume sind, die vom Feuer aus dem Vegetationsbild verdrängt wurden. Darauf beruht ihre Vorherrschaft in diesem Savannentyp.

Südamerikanische Trockenwälder

Obstgartensavannen sind nicht auf Afrika beschränkt, auch aus Mittel- und Südamerika sind sie bekannt. Auf den Antillen und in Mittelamerika kommen sie als *Curatella-Byrsonima*-Savannen vor, denen außer *Curatella americana*, *Byrsonima crassifolia* und anderen Bäumen auch der Cashewnußbaum *(Anacardium occidentale)* angehört. Sowohl in Ostperu, wo die Bezeichnung Obstgartensavanne überhaupt geprägt wurde, als auch in einigen Staaten Brasiliens (Mato Grosso, Bahia, Minas Gerais) ist dieser habituell geprägte Savannentyp noch vertreten. Auch hier spielt die in Amerika weit verbreitete immergrüne *Curatella americana* eine dominierende Rolle.

Agresteswald

In einem breiten Übergangsbereich von den Regenwäldern der brasilianischen Küstengebirge zur Caatinga (s. S. 144) erstrecken sich Trockengebiete mit günstigeren Feuchtigkeitsverhältnissen, als sie in der Caatinga vorzufinden sind. Dort ist auf nahezu humusfreien, steinigen oder sandigen Böden ein Trockenwald verbreitet, der als Agrestes bezeichnet wird. Die locker stehenden, relativ niedrigen Bäume mit krumm wachsenden Stämmen gehören in erster Linie zu den Hülsenfrüchtlern, Combretazeen, Bignoniazeen und Myrtengewächsen. Sofern eine Bodenschicht ausgebildet ist, hat sie große Ähnlichkeit mit der in den Dornbuschdickichten der Caatinga. Auch die Wachspalme *(Copernicia copaifera)* kommt hier vor, obwohl ihre Hauptvorkommen die grundwassernahen Niederungen in Flußtälern sind. Dort bildet sie stellenweise große Bestände. Diese Fächerpalme liefert das weltweit begehrte Carnauba-Wachs, aus dem sich nicht nur Kerzen herstellen lassen. Für Seife, Bohnerwachs und Lederpflege wird es gleichfalls verwendet. Für die Bevölkerung hat diese Palme daher eine große wirtschaftliche Bedeutung.

Algarrobowald

Das wohl größte zusammenhängende Trockenwaldgebiet Südamerikas erstreckt sich auf einer Länge von ca. 1500 km und einer Breite von ca. 750 km, wobei Argentinien und Paraguay gleiche Anteile an 87 % der Fläche haben und 12 % in Bolivien liegen. Nur 1 % der etwa 800 000 km^2 großen Fläche berühren Brasilien. Es ist das Gebiet des Gran Chaco. Die Landschaft wird geprägt durch eine grenzenlose Ebene mit erdrückender Eintönigkeit. Während der Trockenzeit besteht der Oberboden aus einer dicken Staubschicht, während der Regenzeit (November bis April) kommen die Niederschläge oft als Sturzregen, die oberflächlich abfließen und austrocknende Erosionstäler hinterlassen. Flüsse und Bäche gehören zu den großen Raritäten dieser Landschaft, dafür gibt es im sehr trockenen zentralen Chaco gelegentlich Salzböden.

Der Algarrobo *(Prosopis)*, ein Mimosengewächs, ist das beherrschende Gehölz der gleichnamigen Wälder. Auf dem Bild *Prosopis limensis* aus Westekuador in Blüte

Diesen extremen Bedingungen entsprechen auch die Waldtypen, die in diesem riesigen Gebiet trotz der erwähnten Eintönigkeit zu unterscheiden sind. Die Bäume wachsen selten über 20 m Höhe hinaus. Einer der beiden wichtigsten Waldtypen ist der Algarrobowald auf humusfreien, sehr trockenen, häufig salzigen Standorten, in dem die als Algarrobo bezeichneten *Prosopis*-Arten die Vorherrschaft haben. Die Hülsen dieser Mimosengewächse waren früher eine Nahrungsgrundlage der Indianer des Gran Chaco. *Prosopis alba*, der Weiße Algarrobo, ist als krummwüchsiger, sommergrüner Baum mit schirmförmiger Krone repräsentativ für diesen Wald. Fast alle seine Bestandteile sind nutzbar: Das harte Holz für Werkzeuge, Pfähle und Möbel, die Früchte zur Herstellung eines alkoholischen Getränkes oder als Viehfutter und die Rinde zum Gerben. Die strauchigen Begleiter des Algarrobo sind meist mit Stacheln oder Dornen bewehrt. Die starke Nutzung der Wälder bedeutet eine Verringerung des Baumbestandes und ein Ausbreiten dieser Sträucher oder der sehr stachligen Bodenbromelien *Bromelia hieronymi* und verschiedener *Dyckia*-Arten.

Quebrachowald

Der andere (vgl. Algarrobowald), in den Ebenen des zentralen Chaco noch weiter verbreitete Waldtyp ist der Quebrachowald. Er gedeiht unter den gleichen klimatischen Voraussetzungen wie der Algarrobowald, nur meidet er die salzigen Böden. Sein Areal wird durch Raubbau immer mehr eingeschränkt bzw. der Charakter der ursprünglichen Wälder verändert sich. Auch in diesem Waldtyp nehmen die nicht nutzbaren Begleitarten die Plätze der herausgeschlagenen Bäume ein. Dazu gehören trockenheitsresistente Kapernstrauch-Arten *(Capparis)*, *Maytenus, Mimosa, Acacia* und *Ephedra* und zahlreiche Kakteen unterschiedlichen Wuchses, vor allem Opuntien und Cereen, von denen die baumförmigen durch den Holzeinschlag der Bäume gefördert werden. Die beiden wichtigsten Nutzholzbäume sind der Quebracho blanco (*Aspidosperma quebracho-blanco*, ein Hundsgiftgewächs) und der zu den Cashewnußgewächsen gehörende Quebracho colorado *(Schinopsis quebracho-colorado)*. Das Holz des Quebracho colorado ist das wertvollere. Sein dunkelbrauner, an der Luft rasch nachdunkelnder Kern ist von hellrötlichem Splint umgeben. Es ist extrem hart und sehr schwer (die deutsche Bedeutung des Namens Quebracho ist »Beilbrecher«). Doch durch seine wertvollen Eigenschaften und vielseitigen Verwendungsmöglichkeiten ist es für mehrere Industriezweige unentbehrlich geworden. Andere markante Bäume dieses Waldes gehören zu den Palmen *(Trithrinax biflabellata, Copernicia australis)* oder zu den Wollbaumgewächsen (Bombacaeae), wie der durch seinen tonnenförmigen, mit Stacheln bewehrten Stamm auffallende Faßbaum *Chorisia insignis.*

Trockensavannen

Am Anfang dieses Kapitels erwähnten wir, daß in die Trockenwälder auch Trockensavannen eingestreut sein können. Es ist recht schwer, beide voneinander zu trennen; denn überall dort, wo ge-

In den afrikanischen Savannen stellen kaktoide Wolfsmilch-Arten *(Euphorbia)* eine der sukkulenten Anpassungsformen dar. Während der Regenzeit bilden die Schirmkronen der Bäume in der Talsenke ein wirksames Schattendach.

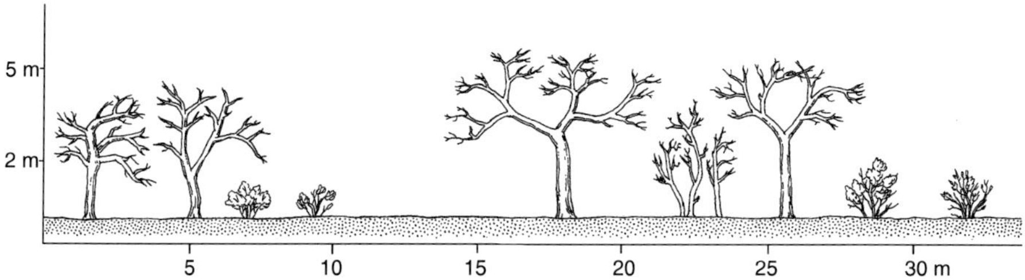

Vegetationsprofil eines Myrrhen-Trockengehölzes als Beispiel für die Dornsavanne Ostafrikas. Hohe und baumartige Balsamsträucher dominieren (nach Knapp)

schlossene Trockenwälder nicht gedeihen, finden wir die Savanne, die zum Busch- oder Grasland überleitet. Die zur Vorherrschaft gekommenen Gräser sind dieselben Arten wie in den Trockenwäldern, wobei unter den verschiedenen Hirsen und Bartgräsern immer wieder *Andropogon gayanus* dominiert. Es hat hohen Futterwert und für die Weidewirtschaft den Vorteil, daß es in der Trockenzeit nicht völlig verdorrt. Mit dem Einsetzen der ersten Regen treibt es auch sehr schnell wieder aus.

Wegen der Gefahr der Bodenerosion ist in einigen Ländern Afrikas das Abbrennen der Savanne untersagt worden, und es wurden auch einige Schutzmaßnahmen gegen das Ausbreiten natürlicher Brände eingeleitet. Dadurch kommt es auf stark und unwirtschaftlich beweideten Flächen vielerorts zur Verbuschung. Auf durch Beweidung kahlgefressenen Flächen werden die Keimung und Entwicklung von Holzpflanzen begünstigt, wobei es sich bei den Büschen fast immer um dornige Akaziensträucher handelt, da sie vom Vieh gemieden werden. Das sich entwickelnde Dornbuschdickicht macht die Weideflächen schließlich unbrauchbar. Erst über Jahrzehnte hin kann die Vegetationsentwicklung dann wieder zur Savanne führen.

Die Dornsavannen

Mit der Verringerung der Jahresniederschläge auf 500 mm bis z. T. weniger als 200 mm bei 8 bis 10 Monaten Dürre nimmt der Anteil der Bäume an der Vegetation weiter ab. Die Holzpflanzen werden mehr und mehr durch Sträucher oder niedrige, strauchförmig wachsende Bäume vertreten. Es fällt ein hoher Anteil an dornigen oder stachligen Pflanzen auf, so daß man die Bezeichnungen Dornsavanne, Dornbusch oder Dornbuschdickichte prägte.

Myrrhen- und Weihrauch-Trockengehölze

In Afrika treffen wir noch in den dünn besiedelten östlichen und südlichen Gebieten (Somalia, Zentraltansania, Botswana) auf weitgehend natürliche Dornsavannenvegetation. Charakteristisch für die afrikanische Dornsavanne sind die Myrrhen-Trockengehölze, 1,50 bis 4 m hohe, meist recht dichte Gehölze mit nur spärlichem Unterwuchs. Auffallend ist ihr Artenreichtum, an dem in erster Linie die Gattung Myrrhe oder Balsamstrauch *(Commiphora)* beteiligt ist. Viele Arten dieser Burserazeen-Gattung sondern an Wundstellen ein Harz ab, das ähnlich Weihrauch Verwendung findet, aber heute auch in der Medizin benötigt wird. Erwähnenswert sind auch mehrere Arten der Kapernstrauchgewächse (Capparidaceae), der Zachunbaum *(Balanites aegyptiaca)* mit fettreichen, eßbaren Früchten, der Zahnbürstenbaum *(Salvadora persica)*, dessen ausgefranste Enden der abgeschnittenen Zweige als Zahnbürsten dienen, sowie einige Sukkulenten, unter denen die Kandelaber-Wolfsmilch *(Euphorbia candelabrum)* und der Bogenhanf *(Sansevieria cylindrica)* hervorgehoben werden können.

Sehr ähnlich in der Zusammensetzung, aber mit nur einem unbedeutenden Anteil an der Gesamtvegetation sind die Weihrauch-Trockengehölze, die hier nur wegen des Vorkommens der *Boswellia*-Arten genannt seien. *Boswellia* liefert den Weihrauch, der schon seit dem Altertum für kultische Zwecke Bedeutung hat.

Schirmakazien, auffällige Bäume der sehr trockenen Dornsavanne. Sie sind auch im Übergang zu den Halbwüsten anzutreffen.

Akazien-Trockengehölze

Wesentlich ausgedehnter sind im Bereich der Dornsavannen die Akazien-Trockengehölze, in denen die bekannten Schirmakazien anzutreffen sind. Das ist besonders in der Sahel-Zone, also im nördlichen Übergangsbereich zur Halbwüste, und in Südwestafrika im Gebiet der Kalahariwüste der Fall. Auch Elemente der Myrrhen-Trockengehölze sind an dieser Vegetationsform beteiligt. Als Schirmakazien werden mehrere Arten bezeichnet, deren Krone flach und schirmartig verbreitert ist. Am häufigsten wird dieser Wuchstyp repräsentiert durch die Schirm-Akazie *(Acacia spirocarpa)* und die Giraffen-Akazie oder Kameldorn *(Acacia erioloba)*. Von den anderen Arten sollen *Acacia tortilis, A. senegal* (Arabischer Gummibaum, Haschabbaum) und *A. nilotica* genannt werden. Die Dornsavannen haben, wie schon angedeutet wurde, für die Gewinnung einiger wertvoller Stoffe Bedeutung. Mehrere Akazienarten sind Lieferanten des Gummi arabicum, eines wasserlöslichen Klebstoffes, der von Somalia, Senegal und Sudan, wo man deswegen *Acacia senegal* auch anbaut, exportiert wird.

Ein blühender Korallenbaum *(Erythrina* spec.) in der Bildmitte, Säulenkakteen *(Armatocereus cartwrightianus)* und windende Trockensträucher im Vordergrund, wie *Ipomoea carnea*, sind typische Elemente der Dorngebüsche des pazifischen Südamerika.

Tillandsia rauhii mit einem bis zu 2 m hohen Blütenstand ist eine der imposantesten Bromeliaceen in den Trockenwäldern Nordperus.

Caatinga

Die Dornsavanne besitzt auch in Südamerika in der Caatinga eine Parallele. Mit diesem Namen haben die Indianer einen hellen, offenen Wald bezeichnet. Tatsächlich wird die Sonne, die hier jährlich etwa 3200 Stunden scheint, von den sehr locker stehenden Bäumen kaum an der Einstrahlung bis zum Boden behindert. Unter diesem Einfluß und dem der großen Trockenheit haben sich laubabwerfende, trockenheitsresistente, kleine bis mittelhohe Bäume und dornige Sträucher mit stachligen Bromelien und Kakteen zu einer Vegetation zusammengefunden, die weite Gebiete im Nordosten Brasiliens bedeckt. Je nach Vorherrschen des einen oder anderen Elementes werden Busch- oder Baum-Caatinga unterschieden. Die jahreszeitlichen Aspekte sind denen in den anderen geschilderten Trockenwäldern vergleichbar. Den wesentlichsten Anteil am Baumbestand haben einige Gattungen der Hülsenfrüchtler, der Cashewnußgewächse und der Joazeiro *(Ziziphus joazeiro)*, ein Charakterbaum der Caatinga, der als einziges Holzgewächs seine nicht einmal ledrigen Blätter auch während der Trockenzeit trägt. Am bemerkenswertesten sind jedoch die Flaschenbäume oder Faßbäume *(Cavanillesia arborea)* mit ihren tonnenförmigen, wasserspeichernden Stämmen von mehreren Metern Durchmesser. Schirmkronen sind häufig zu beobachten, z. B. bei *Spondias lutea.* Zwei wertvolle Kautschukpflanzen der Wolfsmilchgewächse gehören ebenfalls dieser Vegetation an. Es sind *Manihot dichotoma* und *M. glaciovii.* Letztere Art ist neben dem Kautschukbaum *(Hevea)* der wichtigste Kautschuklieferant der Welt (Ceara-Kautschuk). Filzig behaarte *Croton*-Arten, zur gleichen Familie gehörend, dominieren stellenweise in der Strauchschicht. Unter den bereits erwähnten Kakteen ist die Gattung *Cereus* mit zahlreichen Schlanksäulenarten und Kandelabern vertreten. Aber auch niedrige Kakteen, wie *Opuntia, Melanocactus* und *Pilocereus,* kommen vor. Die Bromelien gedeihen hier weniger als Epiphyten, wie z. B. die als langer Schleier von den Ästen der Bäume herabhängende *Tillandsia usneoides,* sondern mehr als große Bodenbewohner mit harten, spitzen, scharf gezähnten Blättern (z. B. *Pitcairnia).* Reichlich vorhanden sind auch epiphytische Orchideen.

Dornwälder sind auf dem südamerikanischen Subkontinent weiter verbreitet, als dies die Caatinga ist. Ein Mosaik von Dorn- und Sukkulentenwäldern ist in Venezuela als Espinar bekannt. Dieser besteht aus kleinblättrigen Bäumen mit trichterförmiger Verzweigung und daraus resultierender Schirmkrone, wie bei den hier vorherrschenden Mimosen- oder Johannisbrotgewächsen. Nur gelegentlich sind andere Bäume, wie der gleichfalls kaum 5 m Höhe erreichende Frangipani *(Plumeria alba)* und Kandelaberkakteen *(Cereus jamacaru)* vertreten. Sie lassen dem Unterwuchs reichlich Licht. Am Boden breitet sich meist nur eine sehr schüttere Vegetation aus, in denen ebenso wie in der Baumschicht dornige Pflanzen ein Durchqueren dieser Vegetation zum Alptraum werden lassen. Auch hier sind Bromelien wie in der Caatinga wehrhafte Bodenbewohner.

Bodenabhängige Vegetationstypen der tropischen Sommerregenzone

Galeriewälder

Im unmittelbaren Bereich von Gewässern kann man in Trockengebieten auch hohe Wälder beobachten, denen sogar immergrüne Arten angehören. Die für den Baumwuchs günstige Bodenfeuchtigkeit in der Nähe der Gewässer ermöglicht das Vordringen von Arten feuchter Vegetationszonen in die trockeneren. Solche Wälder werden als Galeriewälder bezeichnet. Am Oberlauf der Flüsse sind wegen des wenig schwankenden Wasserstandes nur schmale Ufersäume bewaldet. Das ändert sich, wenn der Fluß seinen Lauf durch Hochwasser häufig ändert. Dann flankieren weitaus breitere Waldflächen das Gewässer. Auffallend ist die Artenarmut, ja sogar Pflanzenlosigkeit am Boden, was auf häufige Überschwemmungen zurückzuführen ist.

Parklandschaften

Überall dort, wo inselartig Unterschiede in der Bodenbeschaffenheit auftreten, kann sich eine Vegetation entwickeln, die parkartig anmutet. In den meisten Fällen handelt es sich um sehr ebenes Gelände, von dem Regenwasser nur zögernd abfließen kann (Überflutung) oder in dem es sich in Senken ansammelt, wo es über tonigen Böden

An Gewässern kommen auch in Trockengebieten mitunter breite Waldgürtel vor, sogenannte Galeriewälder

bis zur Verdunstung stehenbleibt. Solche Tonpfannen werden in Afrika als Vley bezeichnet, in denen Sumpfpflanzen gedeihen. Geringfügige Bodenerhebungen, die oft nur einen halben Meter ausmachen, genügen schon, um solch stehendes Wasser zu überragen, so daß sich darauf Wald entwickeln kann. Diese Bodenerhebungen können auch den Termiten zu verdanken sein, deren meterhohe Bauten nach dem Verlassen zerfallen und dann von Bäumen besiedelt werden. So entsteht ein Mosaik aus Grasland und Gehölzen, das als Termitensavanne bezeichnet wird. Die Termiten lockern den Boden bis in tiefe Schichten auf, was dem Baumwuchs förderlich ist. Es gibt sogar Arten, die sich auf solche Termitenhügel spezialisiert haben.

Palmensavannen

Die Stagnation des Regenwassers über wasserundurchlässigen Horizonten ist auch ein wesentlicher Grund für die Ausbildung von Palmensavannen. Palmen können auf wechselfeuchten Standorten besser gedeihen als andere Holzpflanzen. Besonders reich an Arten sind die Palmensavannen im mittelamerikanischen Raum einschließlich der Antillen. In Südamerika ist diese Vegetation unter der Bezeichnung Palmares bekannt. Charakterart solcher Savannen ist die Fächerpalme *Copernicia tectorum,* die einzeln stehend oder in kleinen Beständen vorkommt. Zu ihr gesellen sich noch Laubbäume wie die schon erwähnte *Roupala* oder *Byrsonima* und *Curatella americana.* An feuchten, sumpfigen Stellen kann die Merichepalme *(Mauritia flexuosa)* dichte Bestände bilden. Eine andere Art dieser Gattung, *Mauritia vinifera,* kommt in den zeitweise überschwemmten Savannen des Gran Chaco Argentiniens und Paraguays vor. Sie wird als eine der schönsten Palmen beschrieben, die die stattliche Höhe von 40 bis 50 m erreichen kann.

Die afrikanischen Palmensavannen werden von nur zwei Arten charakterisiert, der Dumpalme *(Hyphaene thebaica)* und der Delebpalme *(Borassus aethiopum).* Die Dumpalme ist eine vielseitige

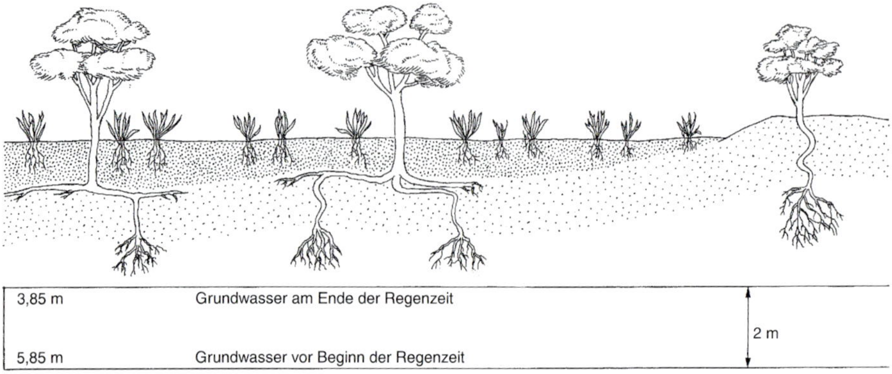

Bodenbeschaffenheit und Pflanzenwuchs in den südamerikanischen Llanos (nach Walter)

Llanos am Orinoco

Nutzpflanze der sehr regenarmen Gebiete nahe der Sahara. Delebpalmen sind auf den lange Zeit unter Wasser stehenden ebenen Flächen der Feuchtsavanne anzutreffen, wo zwischen ihnen meterhohe Gräser gedeihen. An besonders lange überfluteten Stellen entwickeln sich Riesengrasrasen, in denen das 5 m hohe Elefantengras *(Pennisetum purpureum)* und das nicht minder hohe Antilopengras *(Echinochloa pyramidalis)* angetroffen werden.

Llanos

Eine Savanne, die durch die Bodenverhältnisse bedingt wird, ist die im Orinocobecken Venezuelas anzutreffende Landschaft der Llanos. Es handelt sich um die riesige Ebene eines tertiären Meeresbeckens, das durch Ablagerungen aufgefüllt wurde. Dieses Gebiet wird zum größten Teil von der schon erwähnten Palmensavanne mit *Copernicia* und den als Matas bezeichneten Baumgruppen aus *Curatella, Byrsonima* und *Bowdichia* eingenommen. Dazwischen wachsen großflächig niedrige, bis 50 cm hohe Gräser, so daß der Eindruck einer Trockensavanne entsteht. Bei 1300 mm jährlichen Niederschlägen müßte aber wenigstens ein Trockenwald gedeihen. Das Vorherrschen der Gräser muß deshalb durch den Boden bedingt sein.

Der Geobotaniker H. Walter führt die Vegetationsentwicklung in den Llanos am Orinoco auf verhärtete Lateritschichten (Arecife) zurück, die stellenweise an der Oberfläche erscheinen, sonst aber in 30 bis 80 cm Tiefe liegen. Unter diesen Schichten ist reichlich Wasser vorhanden, weshalb die Bäume der Gattung *Curatella* auch grün bleiben. Die obersten Bodenschichten werden von Gräsern besiedelt, deren Wurzeln aber nur bis zu den Lateritschichten vordringen können. Die unregelmäßige Verteilung der Holzgewächse führt Walter auf unregelmäßige Strukturen der Arecife zurück, die es den Baumwurzeln nur an manchen Stellen ermöglichen, durch Gänge in die unteren, wasserführenden Schichten einzudringen, wobei bei großen Gängen auch mehrere Bäume davon profitieren können.

Felsfluren

Anstehendes Gestein oder freiliegende Lateritpanzer sind im Bereich der Savannen keine Seltenheit. Auf solchen abweichenden Standorten ist eine ganz andere Vegetation anzutreffen. In Abhängigkeit von der Beschaffenheit des Untergrundes (geringe Feinerdeauflage, spaltenreicher Fels oder Schotter) siedeln verschiedene Pflanzengemeinschaften.

Eine dieser Gesellschaften stellen die sukkulentenreichen Felsfluren dar, an denen Vertreter einiger Familien beteiligt sind. Während in Amerika vornehmlich Kakteen in mannigfaltigen Formen auftreten, trifft man in Afrika ähnliche Pflanzengestalten aus ganz anderen Familien an. Hier bilden insbesondere die Wolfsmilchgewächse mit der Gattung Wolfsmilch *(Euphorbia)* solche stammsukkulenten Arten. Zu nennen sind vor allem die baumartigen kandelaberförmigen Euphorbien (z. B. *Euphorbia candelabrum* und *E. grandicornis).* Desgleichen kommen kaktoide Formen auch aus der Familie der Seidenpflanzengewächse (Asclepiadaceae) vor (z. B. *Huernia oculata, Tavaresia grandiflora* u. a.). Ergänzt werden die wasserspeichernden Pflanzen durch die Blattsukkulenten, bei denen die Gattung *Aloë* mit einer Fülle von Arten am auffälligsten vertreten ist (z. B. *Aloë macrantha* und *A. rubrolutea).* Auch verschiedene Sansevierien und Dickblattgewächse *(Kalanchoe farinacea, K. robusta, Crassula natalensis)* finden in diesem Biotop günstige Existenzbedingungen vor. Es sind aber auch einige Arten der Dornsavanne an diese exponierten Standorte angepaßt und hier mit den Sukkulenten vergesellschaftet, wie z. B. die Süße Myrrhe *(Commiphora dulcis)* oder die mit giftigem Milchsaft ausgestattete, zu den Hundsgiftgewächsen gehörende Wüstenrose *(Adenium obesum),* einer der unscheinbarsten, jedoch zur Blütezeit schönsten Sträucher.

Tropische Sommerregen-Vegetation in Australien

Die australischen Sommerregengebiete sind bisher unberücksichtigt geblieben, weil auf diesem Kontinent eine ganz andersartige Vegetation auftritt. Die zonalen Vegetationstypen, wie sie von anderen Kontinenten her bekannt sind, kann man hier nicht klar voneinander unterscheiden, da Vertreter der Gattung *Eucalyptus* mit fast ausschließlich immergrünen Arten in allen Zonen auftreten. Dabei besteht zwischen den feuchteren und trockeneren Eukalyptuswäldern vom äußeren Erscheinungsbild her kaum ein Unterschied, es sei denn im Deckungsgrad, der in der trockenen Variante 30 bis 50 % beträgt. Diese Wälder machen also einen lichten Eindruck, vor allem auch wegen der vorherrschenden, aber locker stehenden Eukalypten, deren senkrecht hängende Blätter nur wenig Schatten werfen. Die weißen Stämme fallen besonders auf und lassen die Eukalyptusbäume zu einer stattlichen Erscheinung in diesen Wäldern werden. Ihnen beigemischt ist der Brisbane-Mahagoni *(Tristania*-Arten), Myrtenheide *(Melaleuca*-Arten), die Australische Fluß-

Degradierte Felsflur mit blühender *Aloë*

eiche *(Casuarina cunninghamiana),* verschiedene dornenlose Akazien und neben vielen anderen Proteazeen auch die Ufer-Banksie *(Banksia integrifolia),* deren Holz zusammen mit dem anderer Bäume dieser Familie als „Australische Platane" oder „Seideneiche" bekannt und geschätzt ist. In der Strauchschicht fallen die merkwürdigen Gestalten der Grasbäume *(Xanthorrhoea)* auf.

Savannen, in Australien als Woodlands bezeichnet, bedecken in Ost-, Nord- und Nordwest-Australien weite Flächen. Sie bilden den Übergang von den Trockenwäldern zum Buschland der ariden Gebiete. Ihre Gehölze erreichen nur noch einen Deckungsgrad von 10 bis 30 %. Auch hier haben die Eukalypten die Vorherrschaft. Der Boden wird von Gräsern und dem über die ganze Erde verbreiteten Adlerfarn *(Pteridium aquilinum)* bedeckt.

Weite Gebiete Nordostaustraliens werden von dem sogenannten Brigalow-Scrub eingenommen, dessen Charakterbaum die Brigalow-Akazie *(Acacia harpophylla)* ist. Die oft strauchig wachsenden Bäume erinnern an die Gewächse der Trockenwälder Afrikas und Südamerikas, so daß mit dieser Formation am ehesten ein Vergleich mit anderen Kontinenten möglich wäre. Knorrige, unregelmäßig verzweigte Stämme, trockenheitsresistente, blaugrüne Blätter charakterisieren diese Gebüsche. Sofern nicht die Brigalow-Akazie allein die fast unterwuchsfreie Vegetation beherrscht, können sich noch andere Arten dazugesellen. An den besonders dichten Stellen dieses Trockenwaldes stehen die australischen Flaschenbäume *(Brachychiton rupestris).* Sie fallen durch ihre grünen, dicken, wie Flaschen aussehenden Stämme auf. Zum Zentrum des Kontinents hin grenzt der Brigalow-Scrub an Wüsten.

Australisches Woodland, ein Eukalyptus-Trockenwald, im Vordergrund Gräser und Adlerfarn

Halbwüsten- und Wüstenzone

»Je weiter nach Süden man kommt, um so spärlicher wird die Grasnarbe. Die Steppe geht allmählich in den riesigen Wüstengürtel über, der ganz Innerasien in West-Ost-Richtung durchzieht. Einige Male werden niedrige Bergzüge überschritten, dazwischen liegen wieder endlose Märsche durch flache Sand- und Kieswüste, in der man tagelang keine Antilope, überhaupt kein Tier erblickt. Wasserlos und kahl ist das mit Kies und Schotter, stellenweise auch mit Sand oder Lößlehm bedeckte Gelände. Nur an den Hängen der Hügel, an den Rändern der Salzböden und Flugsanddünen und längs der ausgetrockneten Regenrinnen wachsen spärliche Gräser und krüppliges Gesträuch. Die niedrigen Dornenbüsche stehen in zähem Kampf mit dem tödlichen Sand, der sich über ihnen anhäuft und sie zu ersticken droht. Diese kleinen Hügel, aus denen dorniges Gezweig heraussprießt, gleichen riesenhaften Igeln mit gesträubten Stacheln.

Jenseits der letzten östlichen Ausläufer des Gobi-Altai nimmt die Sandwüste überhand. Nur knorrige Saksaulstämme starren hier und da wie abgestorben aus dem Boden. Tagelang wandert man inmitten eines endlosen Sandmeeres. Gigantischen Wellen gleich erhebt sich vor den Augen des müden Reisenden eine Düne nach der anderen, kurze gelbe Horizonte eröffnend. Selbst wenn man auf eine höhere Erhebung steigt, sieht man nichts anderes, nur Sand, Sand, Sand. Tierisches Leben ist weder zu sehen noch zu hören; man vernimmt nur den schweren, beschleunigten Atem der Kamele und das Rascheln ihrer breiten Füße. Wie eine Riesenschlange windet sich die Kamelkarawane durch die Sandwüste, bald die Kämme der Dünen erklimmend, bald zwischen ihren ungleichmäßigen Hängen abwärts steigend…«

Diese Schilderung gibt der bedeutende russische Zentralasienforscher Koslow von der Durchquerung der Wüste Gobi am Ende des vorigen Jahrhunderts. Doch es ist nur eines der Wüstengebiete in der die ganze Erde umspannenden Wüstenzone.

Vorkommen und Verbreitung

Die Zone der Halbwüsten und Wüsten ist vornehmlich in der Nordhemisphäre zu finden, wo sie sich in einem Gürtel unterschiedlicher Ausdehnung zwischen dem 15. und 50. Breitengrad erstreckt. Mehr als ein Viertel der gesamten Erdoberfläche ist dieser Zone zuzuordnen. Dabei lassen sich die subtropischen heißen Wüsten und Halbwüsten und die gemäßigten winterkalten Wüsten und Halbwüsten unterscheiden. Erstere treffen wir polwärts bis zum 30. oder 35. Breitengrad an. Ihre Nordgrenze ist auch gleichzeitig die Nordgrenze des Dattelpalmenanbaues. Wüsten und vor allem Halbwüsten, die ausgedehnten Übergangsbereiche zu den eigentlichen Wüsten, gehen in die vielfältigsten Vegetationstypen über. Bei den subtropischen Wüsten und Halbwüsten sind es äquatorwärts die Vegetationsformationen der tropischen Savannen, Dornsteppen und Dornwälder sowie der tropischen Grasländer und polwärts die Winterregengebiete mit Hartlaubvegetation und subtropischen wintergrünen Steppen. Die gemäßigten winterkalten Wüsten und Halbwüsten (Wüstensteppen) grenzen im allgemeinen an winterkalte Grassteppen.

Zu den wichtigsten subtropischen Halbwüsten und Wüsten zählen auf der Nordhemisphäre die nordafrikanisch-arabischen Wüsten (von denen die Sahara nur wenig kleiner als Europa ist), die Wüsten im iranisch-pakistanisch-indischen Raum (Luth und Thar) sowie die Wüsten und Halbwüsten im südwestlichen Nord- und Mittelamerika (Sonora-Wüste). Auf der Südhemisphäre sind es die Chilenisch-Peruanische Küstenwüste in Südamerika, die Küstenwüste Namib, die Kalahari und die Halbwüste Karroo in Südwestafrika sowie die Halbwüsten Zentral- und Südaustraliens. Zu den gemäßigten winterkalten asiatischen Trockengebieten gehören die mittelasiatischen Wüsten und Halbwüsten mit dem Irano-Turanischen Wüstengebiet (nördlicher Iran, Aralo-Kaspische Niederung mit Karakum- und Kysylkum-Wüste) und dem Kasachstano-Dsungarischen Halbwüstengebiet mit der Hungersteppe (Kasachstan von der unteren Wolga über das Aralseegebiet bis zum Balchaschsee), die zentralasiatischen Wüstengebiete der Mongolei und Nordchinas (mit den Wüsten Gobi, Takla-Makan, Beischan, Alaschan, Ordos und Tsaidam) sowie die kalten tibetanischen Hochgebirgswüsten (Kältewüsten). In Nordamerika befindet sich eine winterkalte Halbwüste im Bereich der Beckenlandschaft des Great Basin zwischen den Gebirgszügen der Rocky Mountains und der Sierra Nevada. Die Südhemisphäre besitzt schließlich in Argentinien im Regenschattengebiet der Anden in Form der ausgedehnten patagonischen Zwergstrauchhalbwüste winterkalte Halbwüsten.

Klima und Boden

Wüsten und Halbwüsten sind eine charakteristische Erscheinung der ariden Klimagebiete der Erde. Allgemein sind aride Gebiete durch geringen Niederschlag bei hoher Verdunstung gekennzeichnet. In diesen Gebieten übersteigt die jährliche Verdunstungshöhe einer freien Wasserfläche die jährliche Niederschlagsmenge. In ariden Klimagebieten kommt es oft zur Bodenversalzung durch einen überwiegend aufsteigenden Bodenwasserstrom (verbrackte Böden). Auch treten oft abflußlose Seen und vorübergehend fließende Wasserläufe auf. In Wüsten und Halbwüsten kommen lediglich größere Ströme vor, deren Quellgebiete außerhalb arider Zonen liegen. Sie verlieren sich jedoch oft in Wüstenseen, sogenannten Endseen. Diese Landschaften sind also Binnenentwässerungsgebiete ohne einen oberflächigen Abfluß.

Die einzelnen Wüsten- und Halbwüstengebiete haben ein sehr vielfältiges Klima. So können wir sie – wie bereits erwähnt – einmal nach den Temperaturverhältnissen in die subtropischen heißen und in die gemäßigten winterkalten Wüsten- und Halbwüstengebiete sowie die Kältewüsten von Hochgebirgsstöcken unterteilen. Nach den Niederschlägen lassen sich mehrere Gruppen unterscheiden, die von extrem ariden Gebieten mit gänzlich fehlenden oder nur gelegentlichen Regen bis zu ariden Gebieten mit Sommerregen und einer Winterdürrezeit bzw. mit Winterregen und einer Sommerdürrezeit oder auch zwei kurzen Regenzeiten reichen. Ferner gibt es aride Gebiete, deren Feuchtehaushalt fast ausschließlich durch Nebel gespeist wird (Nebelwüsten).

Die besonders für die subtropische Zone charakteristischen niederschlagsarmen Gebiete sind durch annähernd permanente Hochdruckzentren bedingt, die mit ihrer absinkenden Luftbewegung stets zur Auflösung der unteren Wolken und damit zu Trockenheit führen. Es wehen ganzjährig trockene Passate. Dieser im wesentlichen durch Gesetzmäßigkeiten der Luftzirkulation bedingte, auf die westlichen Teile der Kontinente beschränkte subtropische Gürtel mit Trockengebieten (Niederkalifornien und westliches Südamerika, Sahara und Südwestafrika sowie Südwestaustralien) dehnt sich im Regenschatten hoher Gebirge bis tief in die gemäßigten Breitengrade aus, wie das Great Basin (Große Becken) der amerikanischen Felsengebirge, Patagonien im Regenschatten der Anden sowie die von Hochgebirgen umsäumten zentralasiatischen Wüsten- und Halbwüstengebiete.

Die Wolkenarmut in Wüsten und Halbwüsten führt zu extremen Temperaturunterschieden zwischen Tag und Nacht. Mittags können sich bodennahe Luftschichten auf über 60 °C erwärmen, während die Temperatur nachts bis auf wenige Grade über dem Gefrierpunkt absinken kann, so daß tägliche Temperaturunterschiede von 40 bis 50 Grad keine Seltenheit sind.

Neben dem Großklima spielt für die Vegetationsausprägung unter den extremen Bedingungen der niederschlagsarmen Gebiete auch das in starkem Maße durch die Oberflächengestalt bestimmte Kleinklima eine wesentliche Rolle. Durch diese unterschiedliche Oberflächengestalt sowie unterschiedliche Bodensubstrate kommt es zu einer relativ großen Vielfalt der Vegetationsdifferenzierung innerhalb der einzelnen Wüsten und Halbwüsten. Da in dieser Vegetationszone vor allem das Wasser der begrenzende Faktor für die Pflanzenwelt ist, spielt die wasserhaltende Kraft der einzelnen Böden im Zusammenhang mit der Reliefsituation eine entscheidende Rolle.

Allerdings ist der Wasserhaushalt der einzelnen Böden in niederschlagsarmen ariden Gebieten gerade entgegengesetzt dem bei uns in niederschlagsreichen humiden Gebieten. Unter unseren Klimabedingungen sind die tonigen Böden mit der größten Wasserbindungskraft (Haftwasser) die feuchtesten Böden, die Sandböden sowie steinige Felsböden sind die trockensten. Da in ariden Gebieten die Böden durch die geringen Niederschläge niemals ganz durchfeuchtet und mit Wasser gesättigt sind, werden von Ton- und Lößböden hier nach Regenfällen nur kurzzeitig die obersten Schichten durchfeuchtet. Die starke Verdunstung nach dem Regen führt zum raschen Austrocknen der obersten Bodenschicht, und es kommt zur Rißbildung durch Bodenschrumpfung. Sandböden mit gut ausgeprägter Versickerungseigenschaft speichern dagegen das Bodenwas-

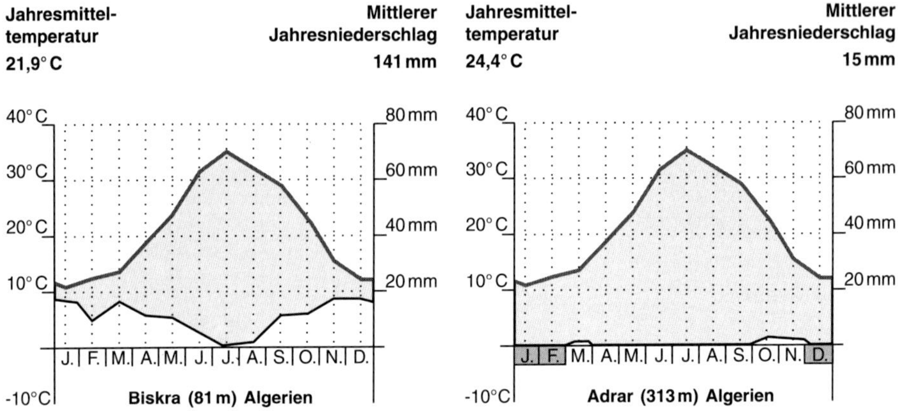

Klimadiagramme aus der Nord-, Zentral- und Südsahara

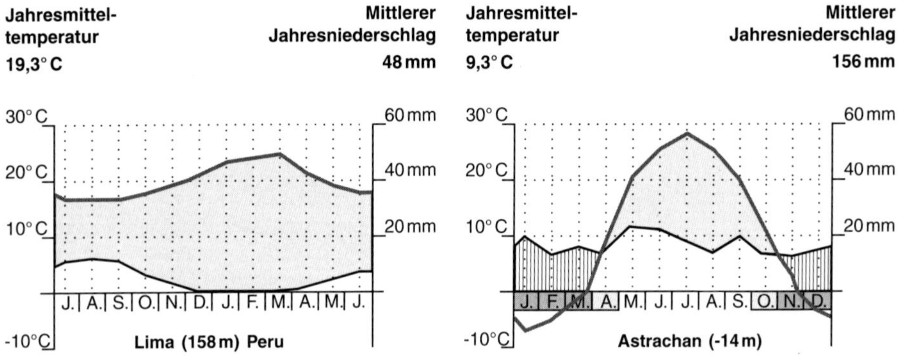

Klimadiagramme aus der chilenischen Küstenwüste, der mittelasiatischen Halbwüste und der zentralasiatischen Wüste

ser in hohem Maße, durch die großen Bodenporen reißt der kapillare Wasserfaden ab, es kann nur die oberste Schicht austrocknen, und der größte Teil der Regenmenge bleibt auf derartigen Standorten erhalten. Auf felsigen Böden versickert das Niederschlagswasser in den mit Feinerde ausgefüllten Spalten, hier findet die geringste Verdunstung statt, und das Speichervermögen ist optimal. So überrascht es kaum, daß in ariden Gebieten tonige Standorte fast vegetationslos bleiben, ebene Sandstandorte Gras- und Zwergstrauchvegetation tragen und auf felsigen Standorten oft sogar Baumwuchs möglich ist. Es entwickelt sich in Wüsten und Halbwüsten entsprechend den Bodenverhältnissen auch bei geringsten Niederschlagsmengen an zahlreichen Stellen noch eine Vegetation; zur Ausbildung einer geschlossenen Pflanzendecke kommt es jedoch nicht. Für den Pflanzenwuchs günstige Standortbedingungen weisen Trockentäler in sandigen Gebieten auf, da sich hier ein oberflächennaher Grundwasserkörper ausbildet. Optimale Verhältnisse herrschen an Süßwasseraustrittsstellen (Quellen), die als Oasen bekannt sind.

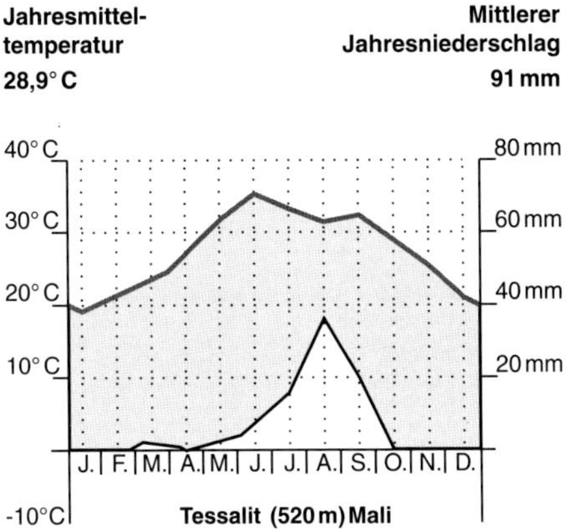

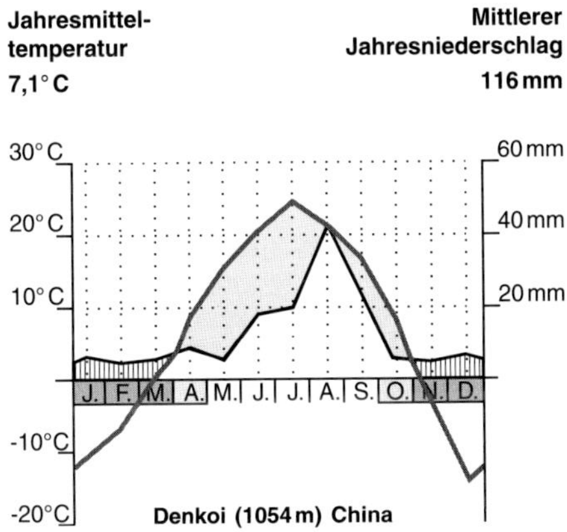

Allgemein kommt es in niederschlagsarmen Klimazonen kaum zu einer Bodenentwicklung. Als Ursachen dafür sind extreme Winderosion durch die geringe Vegetationsbedeckung des Bodens, die geringe Bedeutung der Vegetation für Bodenbildungsprozesse (z. B. keine Humusbildung) und ein kaum entwickeltes Bodenleben zu sehen. Da Bodenwasser nur selten und auch nur kurzzeitig vorhanden ist, hat es ebenfalls kaum Bedeutung für die Bodenentwicklung. Die Eigenschaften dieser Böden werden also fast nur durch die Körnungsart (Substrat) bestimmt. Die jeweiligen geologischen Ablagerungen und deren Aufbereitung, bei der die physikalische Verwitterung bei weitem dominiert (chemische und biologische Prozesse spielen aufgrund des Wassermangels eine untergeordnete Rolle), bedingen die Wüstentypen Sandwüste, Kieswüste, Fels- oder Steinwüste sowie Ton- und Lößwüste (letztere meist als Salzwüste).

Pflanzenwuchs

Die auffallendste Erscheinung aller ariden Gebiete der Erde ist die von den umliegenden Steppen und Savannen zu den Wüstenzentren hin ständig zunehmende Vegetationsauflichtung. Mit der immer geringer werdenden Niederschlagsmenge wird auch die Vegetationsdichte immer geringer. Unter niederschlagsarmen Bedingungen können pro Flächeneinheit nur noch sehr wenige Pflanzen existieren. Der Pflanzenbewuchs drängt sich in den Wüsten an hydrologisch bevorzugten Standorten, wie Unterhängen, Tälern und Senken (Zulaufpositionen), zusammen. Die in Halbwüsten meist noch diffus über die ganze Fläche verteilte Vegetation geht in den Wüsten zu teilweise völlig vegetationslosen Flächen über.

Um die Wasserversorgung der Pflanzen in ariden Gebieten zu gewährleisten, besitzen die Pflanzenarten die vielfältigsten Anpassungen und Fähigkeiten, das wenige vorhandene Wasser maximal auszunutzen bzw. aufgenommenes Wasser durch verminderte Verdunstung (Transpiration) zurückzuhalten. Allgemein kann man bei Wüstenpflanzen beobachten, daß sie bei einer zunehmenden Reduktion der Blattfläche eine stärkere Entwicklung des Wurzelsystems aufweisen. Häufig sind Pflanzen mit ausgedehntem, flach ausstreichendem Wurzelsystem, wobei die Wurzeln ein Vielfaches der Fläche der oberirdischen Organe ausmachen (s. Abb. S. 154). So sind sie in der Lage, die Niederschläge aus einem großen Einzugsgebiet rasch aufnehmen zu können. Dagegen bilden sich besonders bei den verholzenden Sträuchern viele Meter tiefe Pfahlwurzeln (bzw. weitverzweigte Wurzelsysteme) aus, um so das vor allem in Sandwüsten vorhandene Grundwasser zu erschließen (s. Abb. S. 154). Als extremes Beispiel kann hierfür die von der Sahara bis zur Wüste Gobi verbreitete Strauchgattung *Calligonum* aus der Familie der Knöterichgewächse genannt werden, die bis zu 30 m tief reichende Wurzeln ausbildet. Schließlich gibt es Arten mit

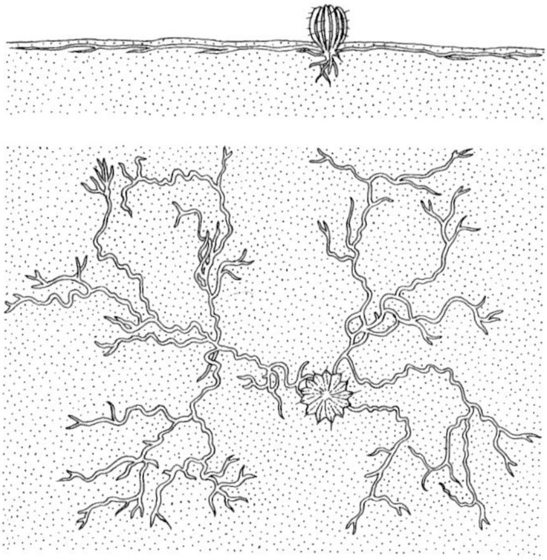

Weitausstreichendes, oberflächennahes Wurzelsystem des Faßkaktus *(Ferocactus wislizenii)*. Oben: Querprofil, unten: Aufsicht (aus Walter)

rechte Seite:
Blühende Wüste mit *Palaua rhombifolia* im Küstengebiet Perus

Zur Drosselung der Wasserabgabe befinden sich die Blüten mancher Wüstenpflanzen, hier *Hymenocallis amancaës*, eine Zwiebelpflanze der Küstenwüste Zentralperus, dicht am Boden.

großen, flach dem Erdboden aufliegenden Blattorganen, mit denen die Pflanzen den sich trotz der geringen Luftfeuchtigkeit in den Morgenstunden entwickelnden Tau auszunutzen vermögen.

Neben der spezialisierten Wasseraufnahme kommt bei Wüstenpflanzen der Fähigkeit, die z. T. mehrjährigen Dürreperioden zu überdauern, große Bedeutung zu. In dieser Hinsicht lassen sich die Wüstenpflanzen verschiedenen ökologischen Gruppen zuordnen. Als erste Gruppe sollen die sogenannten ephemeren Annuellen erwähnt werden. Das sind kurzlebige Pflanzen, die während der zeitweisen Regenfälle sofort keimen und innerhalb von oft wenigen Tagen ihren gesamten Vegetationszyklus bis zur Samenbildung vollziehen. Es kommt dann zu der seltenen Erscheinung, daß eine Wüste blüht (s. Bild). Die langen Dürreperioden werden in Form der Samen (latenter Lebenszustand) überdauert.

Bei einer weiteren Gruppe, den ephemeren Geophyten, handelt es sich um Pflanzen mit ausgeprägten unterirdischen Speicherorganen, wie Knollen und Zwiebeln. Diese ausdauernden, oft sehr alt werdenden Wüstenpflanzen entwickeln nur kurzfristig nach Regenfällen oberirdische Blatt- und Fruktifikationsorgane. Die z. T. mehrjährigen Dürrephasen werden von den unterirdi-

Vegetations- und Wurzelprofil aus der Sahara. Die Pflanzenwurzeln nutzen die Feuchtigkeit der Felsspalten (aus Walter)

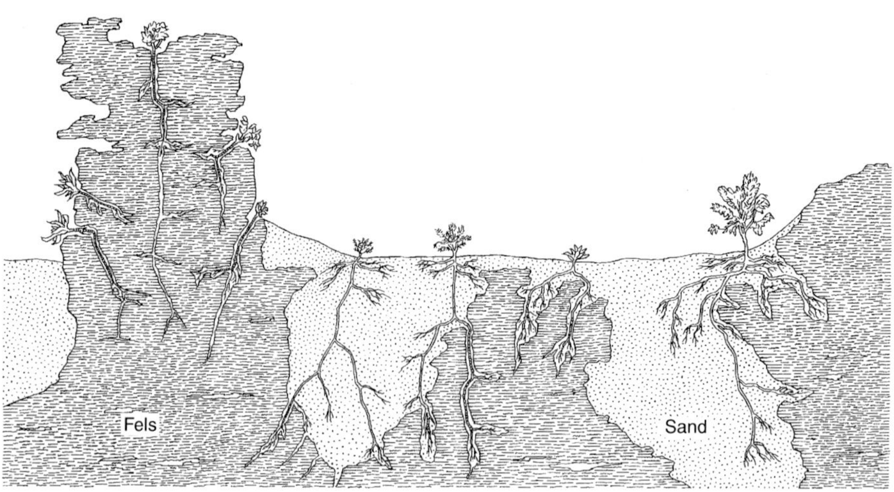

Pflanzen, die den Verwehungen in Sandwüsten standhalten, müssen besonders widerstandsfähig sein, hier *Capparis angulata*.

schen, im Ruhezustand befindlichen Speicherorganen überdauert.

Zu einer dritten Gruppe, den poikilohydren Gewächsen und als wechselfeucht zu bezeichnenden Arten, gehören überwiegend niedere Wüstenpflanzen, wie bestimmte Blaualgen, Flechten, Moose, einige Moosfarn-*(Selaginella-)* und Farnarten sowie wenige Blütenpflanzen. Alle besitzen die Fähigkeit, die Dürrephasen als ganze Pflanze im Ruhezustand zu überdauern. Die in den Trockenzeiten völlig dürren Gewächse ergrünen, wachsen und fruchten nach jedem Regen kurzzeitig, um dann wieder zu verdorren.

Eine weitverbreitete Gruppe von Wüstenpflanzen sind die Xerophyten. Bei ihnen bleiben die oberirdischen Organe auch während der Dürreperioden am Leben. In den Wüsten und Halbwüsten handelt es sich bei den Vertretern dieser Gruppe überwiegend um strauchige Holzgewächse (sklerophylle Xerophyten), die sich durch ihre weitverzweigten und tiefgehenden Wurzelsysteme meist auch während der Dürrephasen noch in geringem Maße mit Wasser versorgen können. Um die Verdunstung einzuschränken, sind die Blätter dicht behaart oder stark reduziert. In Extremfällen stellen die Sproßachsen das assimilierende Organ als blattlose Ruten oder auch Dornen dar. Zur Drosselung der Wasserabgabe können in Dürrezeiten die Blätter oder ganze Ästegruppen abgeworfen werden. Bei Wassermangel schließen die Gewächse die Spaltöffnungen (Stomata). Charakteristische Sippen xerophytischer Wüsten- und Halbwüstenpflanzen sind die Gattungen *Tamarix* aus der Familie der Tamariskengewächse (Tamaricaceae), *Calligonum* aus der Familie der Knöterichgewächse (Polygonaceae), Jochblatt *(Zygophyllum)* aus der Familie der Jochblattgewächse (Zygophyllaceae) sowie ferner zahlreiche Arten der Familien Meerträubelgewächse (Ephedraceae) und Kaperngewächse (Capparidaceae).

Als letzte Gruppe sollen die Sukkulenten erwähnt werden. Die echten (nicht halophilen) Sukkulenten besitzen in ihren Blättern, Stengeln, im Stamm oder in den unterirdischen Teilen Wasserspeicher, die während der Regenperioden aufgefüllt werden. In den Dürrephasen wird durch fast hermetischen Abschluß sowohl gegen die Atmosphäre als auch gegen den Boden die Verdunstung stark eingeschränkt. Gleichzeitig sind die

Stoffwechselvorgänge und damit das Wachstum weitgehend reduziert. Typische Vertreter dieser Gruppe stellen die Kakteengewächse (Cactaceen) der amerikanischen Halbwüsten dar sowie den Kakteen morphologisch z. T. sehr ähnliche Arten aus mehreren Familien (Wolfsmilchgewächse, Dickblattgewächse, Kreuzkraut- und *Aloë*-Arten u. a.), die besonders in der südafrikanischen Halbwüste (Karroo) auftreten.

Vor allem in den Sandwüsten kommt es durch den Wind zu starken Bodenverfrachtungen, die von den ausdauernden Gewächsen ebenfalls spezifische Anpassungen verlangen. Ähnlich unseren heimischen Dünengräsern müssen diese Pflanzen den Zuwehungen widerstehen, indem ihre Sprosse stark wachsen. Die sich um strauchige Holzgewächse und Gräser anlagernden Sandwehen müssen immer wieder durchwachsen werden (s. Bild S. 156).

Neben dem Wassermangel und der starken Winderosionstätigkeit ist für die Vegetation in ariden Gebieten die Bodenversalzung ein weiterer wesentlicher Standortfaktor. Durch die hohe Verdunstung kommt es vor allem an periodischen und ständigen Naßstandorten zu einer zunehmenden Anreicherung leichtlöslicher Salze im Boden. Das trifft für grundwassernahe Gebiete mit aufsteigendem Bodenwasserstrom, für Senkenstandorte mit Wasserlachenbildungen nach Regenfällen sowie für die abflußlosen Wüstenseen zu. An allen vom Bodenwasserhaushalt her bevorzugten Wüsten- und Halbwüstenstandorten besteht also die akute Gefahr der Bodenversalzung (Verbrackung). Das gilt auch für Gebiete mit künstlicher Bewässerung. Für viele aride Gebiete sind in Niederungen ausgedehnte Salzpfannen mit Solonez- und Solonzakböden charakteristisch. Vorherrschend sind Natrium- und Magnesiumchloridböden, ferner Kalziumsulfatböden (Gipsböden). Letztere haben aber wegen der geringen Löslichkeit der Salze für die Verbrackung eine untergeordnete Bedeutung. Auf diesen Salzböden bildet sich eine typische Salzvegetation (Halophytenvegetation) aus. Die Pflanzenarten dieser vom Wasserhaushalt her relativ günstigen Standorte müssen also bestimmte Anpassungen an den relativ hohen Salzgehalt aufweisen, um hier existieren zu können. Voraussetzung ist eine den Salzpflanzen (Halophyten) eigene Salzresistenz des Zellplasmas durch eigene Aufnahme und Anreicherung von Salzen im Zellsaft. So lassen sich im Zellsaft von Salzpflanzen chloridhaltiger Böden (Chloridhalophyten) größere Mengen Natriumchlorid nachweisen. Die auf das Protoplasma quellend wirkenden Chlorionen führen zu einer Vergrößerung (Hypertrophie) der Zellen, womit sich die Dickfleischigkeit (Sukkulenz) dieser Pflanzengruppe erklärt. Bei den Alkalihalophyten ist ebenfalls eine Sukkulenz festzustellen, während die Sulfathalophyten wegen der entquellenden Wirkung der Sulfationen im Protoplasma nicht sukkulent sind. Der Anteil löslicher Salze an der Trockensubstanz beträgt bei Salzpflanzen bis zu 35 %.

Nach der Darstellung der allgemeinen Bedingungen für das Pflanzenleben in Wüsten und Halbwüsten und den spezifischen Anpassungsformen der Gewächse an diese Bedingungen sollen nachfolgend die wichtigsten Wüsten und Halbwüsten der Erde mit ihren jeweiligen Vegetationsverhältnissen dargestellt werden.

Die Wüste Sahara

Die Sahara, die größte Wüste der Erde, bedeckt Nordafrika vom Atlantischen Ozean bis zum Niltal. Die Ost-West-Ausdehnung beträgt über 6000 km, die Nord-Süd-Ausdehnung mehr als 1800 km. Das entspricht einem Territorium von etwa 9 Millionen km^2. In der nördlichen Sahara fallen maximal bis 200 mm Niederschlag, und zwar während der Wintermonate. Nach Süden zu nehmen die Niederschläge immer mehr ab, in der zentralen Sahara fällt nur noch vorübergehend im Abstand von mehreren Jahren Regen (vgl. Klimadiagramm S. 152). So sind hier weite Gebiete völlig vegetationslos. Südwärts, in der sogenannten Sahel-Zone (dem Übergang der Südsahara in die sudanische Savanne), nehmen die Niederschläge, allerdings nun in Form von Sommerregen, allmählich wieder zu. Die zwischen Nord- und Südsahara andersartige Regenverteilung und Temperatursituation bedingen eine sehr unterschiedliche Flora. Die zentrale Sahara stellt damit die Grenzlinie zwischen den beiden großen Florenreichen Paläotropis und Holarktis dar. Holarktische Florenelemente (vor allem Arten des Mittelmeergebietes) finden wir in der nördlichen Sahara in den Gattungen Tragant *(Astragalus)*, Resede *(Reseda)*, Wegerich *(Plantago)*, Salzkraut *(Salsola)*. Paläotropische Florenelemente der südlichen Sahara enthalten die hier auftretenden Gattungen Indigo *(Indigofera*, Familie Schmetterlingsblütler), Eibisch *(Hibiscus*, Familie Malvengewächse), *Cleome* (Familie Kaperngewächse) und Akazie *(Acacia,* Familie Mimosengewächse) sowie die Gräsergattungen Liebesgras *(Eragrostis)* und Zypergras *(Cyperus).* Weiterhin kommen zahlreiche nur in der Sahara verbreitete Arten (Endemiten) vor, die etwa 25 % der Gesamtflora ausmachen!

Die Flora der Sahara ist zehnmal artenärmer als die Flora von Südeuropa. Immerhin werden aber in der Zentralsahara noch 450 Blütenpflanzenarten und 75 Arten an Niederen Pflanzen gefunden. Am verbreitetsten sind die Familien der Gänsefußgewächse (Chenopodiaceen) mit 17 Gattungen, der Kreuzblütler (Brassicaceen) mit 31 Gattungen und der Jochblattgewächse (Zygophyllaceen) mit 7 Gattungen. Um dabei eine Vorstellung über den Artenreichtum in verschiedenen Territorien der Erde zu geben, sei folgender Vergleich angeführt: Auf einer Fläche von 10 000 km^2 kommen in den Tropen etwa 3000 bis 4000 Arten, in Europa 1000 bis 2000 und in der Sahara kaum 150 Arten vor.

Je nach dem geologischen Aufbau, den Abbauprozessen, den Erosionsvorgängen sowie dem Wasserhaushalt lassen sich in der Sahara mehrere Wüstentypen unterscheiden.

Steinwüsten (Hamada)

So stellen Steinwüsten die durch Wind erodierten Abtragungsflächen dar, wie sie für die Tafellandschaften charakteristisch sind. Alle feinen Verwitterungsprodukte werden weggeweht, an der Oberfläche reichern sich handgroße Gesteinsstücke an, die das sogenannte Steinpflaster bilden. Da es sich bei den Deckgesteinen meist um marine Ablagerungen handelt, sind sie stark mit Alkali- und Erdalkalisalzen angereichert. Sie sind von dunkelbraunem bis braunschwarzem »Wüstenlack« überzogen, welcher den Steinwüsten ihr düsteres Aussehen verleiht. Wegen des Wassermangels und hohen Salzgehaltes ist die Hamada fast vegetationslos. In Gebieten mit einer schwachen Regenzeit besiedelt spärliche Vegetation nur Felsspalten und Klüfte.

Kieswüsten (Serir)

In alluvialen Niederungen, in denen sich durch das Herauswehen des feinen Materials geschlossene oberflächliche Kiesschichten anreichern, entstehen die Kieswüsten. Da diese »Kiespanzer« kaum von Pflanzen durchdrungen werden können, sind vor allem in niederschlagsarmen Teilen der Sahara die Kieswüsten völlig vegetationslos. Lediglich Erosionstäler und -rinnen mit Sandüberdeckung tragen eine lichte (diffuse) Vegetationsdecke von Kameldorn (*Haloxylon*, Familie Gänsefußgewächse), Borstgras (*Aristida*-Arten), mehrjährigen Kräutern mit unterirdischen Überdauerungsorganen (Geophyten) und Einjährigen (Annuellen). Kieswüsten sind meist salzarm.

Sandwüsten (Erg)

Etwa 20 % der Sahara nehmen die Sandwüsten ein. Sie bilden oft gewaltige Sandmeere mit charakteristischen Dünenformen, den Sicheldünen oder Barchanen, deren Hänge auf den Luvseiten flach ausstreichen und auf den Leeseiten steil abfallen. Die Sandkörner sind durch Eisenoxide leuchtendrot, bei etwas größerem Feuchtigkeitsgehalt gelbbraun überzogen. Oft ist ein hoher Kalkgehalt vorhanden. Durch die günstige Wasserspeicherungseigenschaft der Sande kommt es trotz insgesamt recht geringer Niederschläge zu einer erstaunlichen Vegetationsentwicklung. Zwar sind die beweglichen, sich ständig umlagernden Sanddünen vegetationslos, aber die festgelegten Sande, bei denen die tiefwurzelnden Gewächse die feuchten Erdschichten erreichen, tragen eine spärliche Vegetation strauchiger Pflanzen, wie die Tamariske *Tamarix articulata,* das Meerträubel *Ephedra alata,* den Ginster *Genista saharae, Calligonum comosum* sowie das Borstgras *Aristida pungens.* Durch Sandanlagerung entsteht um jede Pflanze eine kleine Düne, die diese zu durchwachsen sucht.

Trockentäler (Wadis)

Vor allem in Stein- und Kieswüsten treten Erosionsrinnen auf, die sich oftmals zu Talsystemen vereinigen. Sie sind mit Kiesen und Sanden angefüllt und nehmen das nach gelegentlichen Regenfällen oberflächlich zusammenfließende Niederschlagswasser auf. Je größer die Einzugsgebiete dieser sogenannten Trockentäler sind, um so günstiger sind diese Standorte für die Vegetationsentwicklung. Teilweise kommt es hier auch zur Ausbildung eines ständigen Grundwasserstromes. Bei solchen für Wüstenbedingungen op-

Flußoase in der westlichen Sahara mit Dattelpalmen

timalen Verhältnissen können sich sogar kleine Gehölze mit Akazien (*Acacia*-Arten) entwickeln. Weitere charakteristische Sippen sind die Rispenhirse *Panicum turgidum,* zahlreiche dornige Sträucher, wie *Zizyphus* (Kreuzdorngewächs), *Maerua* (Kaperngewächs), *Balanites* (Jochblattgewächs), *Ephedra* (Meerträubelgewächs) und auf salzhaltigen Böden *Tamarix* (Tamariskengewächs), *Zygophyllum* (Jochblattgewächs), Salzkraut-*(Salsola-)*Arten sowie weitere Gänsefußgewächse.

Pfannen (Daxas und Sebchas)

In Mulden, wo toniges Feinmaterial zusammengeschwemmt wird, bilden sich sogenannte Pfannen aus. Wenn diese Tonpfannen einen unterirdischen Abfluß haben, kommt es zu keiner Verbrackung, sondern nach Niederschlägen entfalten sich kurzlebige einjährige Pflanzen (ephemere Annuelle). Sind die Senken aber abflußlos, so daß das gestaute Niederschlagswasser nach kurzer Zeit total verdunstet, entwickeln sich sogenannte Salzpfannen. Die pflanzenarme Salzpflanzenvegetation (vornehmlich Gänsefußgewächse) setzt sich auf trockenen Böden aus Salzkraut-Arten und *Zygophyllum album* zusammen, bei größerer Feuchtigkeit bestimmen Tamarisken *(Tamarix)* und Sode-*(Suaeda-)*Arten das Bild. Queller-*(Salicornia-)*Arten und *Halocnemum strobilaceum* (ebenfalls ein Gänsefußgewächs) ertragen die höchsten Salzwerte. Die mit Salzkrusten bedeckten Tonböden sind im allgemeinen vegetationslos.

Oasen

Verschiedentlich treten in Beckenlandschaften inmitten der Wüste Quellen auf, die oft aus großen Tiefen Süßwasser an die Oberfläche befördern. Teilweise handelt es sich auch um artesisches Grundwasser (gespanntes Wasser), das man durch Bohrungen erschließt. An derartigen Stellen entstehen Oasen mit einer von der umgebenden Wüste völlig abgewandelten Vegetation. In den Kleingewässern finden wir Süßwasserpflanzen, wie Laichkraut *(Potamogeton),* Wasserschlauch *(Utricularia),* Teichlinse *(Lemna)* und Hornkraut *(Ceratophyllum),* und am Rande entwickeln sich Röhrichte von Schilf *(Phragmites)* und Rohrkolben

(Typha). Ohne Einfluß des Menschen sind die Oasen von lichten Gehölzen aus Akazien *(Acacia alba* u. a.), Dumpalmen *(Hyphaene thebaica)* und zahlreichen weiteren Bäumen und Sträuchern bestanden. Fast generell wurden die Oasen aber vom Menschen in Kultur genommen.

Das südafrikanische Wüstengebiet

Auch im westlichen Teil Südafrikas finden wir ein zusammenhängendes arides Gebiet. Dabei liegt im westlichsten Küstensaum die Wüste Namib, die als Nebelwüste zum Schluß des Kapitels betrachtet werden soll. Den größten Raum im Schatten der großen Gebirgszüge an der Südspitze Afrikas nimmt die in mehreren Becken und einem Hochland ausgebildete Halbwüste Karroo ein. Nördlich des Oranjeflusses bis in Höhe des südlichen Wendekreises dehnt sich dagegen die Sandebene der Kalahari-Halbwüste aus.

Durch ihren großen Reichtum an Sukkulenten und vielen anderen auffälligen oder ökologisch interessanten Blütenpflanzen ist die Halbwüste Karroo ein für den Botaniker besonders anziehendes Gebiet und soll deshalb nachfolgend etwas eingehender dargestellt werden. Sie liegt zwischen dem Winterregengebiet des Kaplandes und dem Sommerregengebiet des nördlich anschließenden Tafellandes und ist durch zwei kurze Regenzeiten (im Winter und im Sommer) gekennzeichnet, wodurch der Pflanzenwuchs in besonderer Weise begünstigt wird.

Bedingt auch durch Überweidung, ist die Karroo-Halbwüste heute überwiegend eine Zwergstrauchhalbwüste. Es dominieren niedrige Zwergsträucher zahlreicher Korbblütlerarten sowie Arten der bekannten Sukkulentengattung Mittagsblume *(Mesembryanthemum*, Familie Eiskrautgewächse), die mit 300 Arten fast gänzlich auf Südafrika beschränkt ist. Weiterhin treten dornige Bocksdorn-Sträucher *(Lycium*-Arten) und *Zygophyllum*-Büsche auf. Nach Regenfällen entfalten sich in dieser Halbwüste vor allem sehr zahlreiche Arten der Schwertliliengewächse, Liliengewächse und Amaryllisgewächse. Besonders charakteristisch sind die vielen großen *Aloë*-Arten (Familie Liliengewächse), die in Afrika mit über 100 Arten vorkommen.

In den Erosionsrinnen mit günstigerem Wasserhaushalt treten schon kleinere Bäumchen von Sumacharten *(Rhus)*, Arten der auf Südafrika beschränkten Gattung *Royena* (Familie Ebenholzgewächse) mit sehr hartem Kernholz sowie Akazien *(Acacia*-Arten, Familie Mimosengewächse) auf.

Auf konkurrenzschwachen Standorten, wie steilen steinigen Hängen, entfalten sich in besonders starkem Maße die Sukkulenten. Diese Artengruppe setzt sich hier aus Vertretern der verschiedensten Familien, wie Dickblattgewächsen, Wolfsmilchgewächsen, Seidenpflanzengewächsen, Korbblütlern, Storchschnabelgewächsen u. a. zusammen. Im Habitus unterscheiden sich die Sukkulenten oft wenig von den amerikanischen Kakteen. Die stammsukkulente »Kaktusform« mit fleischigen, verdickten Stengeln ist eines der eindrucksvollsten Beispiele für die Konvergenz (eine durch natürliche Auslese bedingte gleichartige Gestaltung systematisch weit auseinanderstehender Sippen) durch die Anpassung an Trockenklimate mit regelmäßigen, aber kurzfristigen Niederschlägen. Neben der Stammsukkulenz treten Stengel- und Blattsukkulenz, d. h. verdickte, fleischige Stengel und Blätter, auf. Eine charakteristische Gruppe sind weiterhin Sukkulenten mit unterirdischen Wasserspeichern, wie verdickten Wurzeln, Rhizomen und Knollen.

Vor allem Großsukkulenten, die oft 1 bis 2 m Höhe erreichen, geben den felsigen Hängen der Karroo-Halbwüste ihr Gepräge. Typisch sind die blattsukkulenten Butterbaumarten *(Cotylodon)* und verschiedene Dickblattarten, wie z. B. Baumartiges Dickblatt *(Crassula arborea)* u. a., weiterhin große stammsukkulente Wolfsmilcharten *(Euphorbia)*, Seidenpflanzengewächse (z. B. *Stapelia, Huernia, Huerniopsia* und *Hoodia*), Storchschnabelgewächse (z. B. *Sarcocaulon*) sowie hochstämmige *Aloë*-Arten.

Die sehr mannigfaltige Kleinsukkulentenflora entwickelt sich bevorzugt auf kleinflächigen Sonderstandorten wie Quarzgeröllflächen. Diese aus der Ferne völlig kahl und vegetationslos aussehenden Flächen bieten bei näherer Betrachtung eine große Artenfülle, da sie sich vornehmlich aus in die Erde versenkten oder wie Steine aussehenden Pflanzen zusammensetzt. Bei diesen Arten handelt es sich überwiegend um Blattsukkulen-

Aloë dichotoma, eine der drei baumförmigen Aloë-Arten Südafrikas. Das Heimatgebiet liegt beiderseits des Unterlaufs des Oranje-Flusses in den Vegetationsformen Karroo und Sukkulentenkarroo.

ten. Die ganze Pflanze ist oft auf zwei Blätter reduziert. Charakteristische Vertreter finden wir vor allem in den formenreichen Gattungen *Mesembryanthemum* sowie den Gattungen *Pleiospilos, Argyroderma* (Familie Eiskrautgewächse) und *Kleinia* (Familie Korbblütler). Besonders hervorzuheben sind die sogenannten Lebenden Steine der Gattung *Lithops.* Man bezeichnet sie auch als Fensterpflanzen, weil durch eine durchscheinende Zellschicht (Fenster) an der Erdoberfläche das Sonnenlicht den unter der Erde liegenden Assimilationsgeweben zugeführt wird. Nach Regenfällen entfalten diese unscheinbaren Pflanzen ihre großen, bunten und z. T. eigenwillig gestalteten Blüten.

Die nordamerikanische Sonora-Wüste

Im Gebiet des südwestlichen Teils der USA (Arizona) und des nördlichsten Teils von Mexiko (Sonora), in gewisser Weise den Golf von Kalifornien umrahmend, befindet sich die Sonora-Wüste. Mit Jahresniederschlägen von 55 mm am unteren Colorado (Wüstenzentrum) bis maximal 400 mm an der östlichen Gebirgsgrenze handelt es sich eigentlich nicht um eine Wüste, sondern eine Halbwüste. Da es aber der trockenste Teil der USA ist, wird die Sonora-Wüste allgemein als desert (Wüste) bezeichnet. Ähnlich wie im südafrikanischen Wüstengebiet besitzen große Teile der Sonora-Wüste zwei Regenzeiten: die kühle Winterregenzeit und die sich in einzelnen starken Gewittergüssen äußernde Sommerregenzeit. Die diesen Bedingungen besonders angepaßten Sukkulenten sind die auffälligste Erscheinung, wobei es sich im Gegensatz zu den südafrikanischen Wüsten fast ausschließlich um Kakteen handelt. Wegen ihres großen Kakteenreichtums wird die Sonora-Wüste oft auch als »Kakteenwüste« bezeichnet.

Allgemein wurzeln die Kakteen sehr flach, z. T. nur wenige Zentimeter tief, sind dafür aber seitlich weit verzweigt (s. Abb. S. 154). Dadurch können sie nach Regenfällen aus den oberen Bodenschichten reichlich Wasser aufnehmen und im Stamm speichern. Während der Dürrephasen sterben die Wurzelspitzen dann ab, und die Pflanzen leben allein von den gespeicherten Wasserreserven. So kann der riesige, 10 bis 12 m hohe Kandelaberkaktus *(Carnegia gigantea)* 2000 bis 3000 l Wasser speichern und über ein Jahr ohne Wasseraufnahme existieren. Lebende Seitenäste an einem bereits toten Stamm können noch im nächsten Jahr blühen. Die nur in der Sonora-Wüste verbreitete Kakteenart wird 150 bis 200 Jahre alt und kann dabei ein Gewicht von maximal 6 bis 7 t erreichen. Der Wassergehalt der Pflanzen beträgt 85 bis 91%. In Abhängigkeit von Wasseraufnahme und Wasserverbrauch haben die Kakteen eine charakteristische Jahreskurve der Dickenänderung. Jeder Regen spiegelt sich in einer Umfangserweiterung der Pflanzen wider, die durch den blasebalgartigen Mechanismus der Rippen ermöglicht wird. Bei Wasserverbrauch treten die Rippen zusammen, nach Regen wieder auseinander, dadurch wird das Stammvolumen immer größer.

Die Kakteen der Sonora-Wüste weisen bei großer Artenfülle auch eine große Formenvielfalt auf. Neben den hohen Kakteen mit Säulenwuchsform, wie dem bereits erwähnten, in der Mitte verzweigten Kandelaberkaktus und dem an der Basis verzweigten Orgelpfeifenkaktus *(Lemaireo-cereus thurberi),* treten Kugelformen wie z. B. der bis zu einem Meter hoch werdende Faßkaktus *(Ferocactus wislizenii),* Polsterformen wie der Angelhakenkaktus *(Mammilaria microcarpa)* sowie zahlreiche Arten von Opuntien mit gegliederten Sproßteilen auf. Hier lassen sich die weitverbreiteten Flachopuntien, wie der Feigenkaktus *(Opuntia engelmanii),* von Zylinderopuntien, wie dem Chollakaktus *(Opuntia bigelovii),* unterscheiden.

Ein charakteristischer, nur in der Sonora-Wüste vorkommender Strauch ist der Ocotillo *(Fouquieria splendens),* der bis zu 25 unverzweigte, in alle Richtungen stehende Ruten ausbildet. An den Langtrieben erscheinen nach Regenfällen zu allen Jahreszeiten innerhalb weniger Tage zarte Blättchen, die bei Trockenheit rasch vergilben und abfallen; die Blattstiele werden zu Dornen. So können im Jahr bis zu sechsmal neue Blätter gebildet werden. Die Zweige der Sträucher sind durch Korkschichten vor Wasserabgabe geschützt. Gegen Ende der Winterregenzeit entwickeln sich die Blüten als endständige, weithin sichtbare, leuchtendrote Trauben.

Die Aloë-Arten der südafrikanischen Halbwüsten vertritt in der Sonora-Wüste die ebenfalls zu den Liliengewächsen zählende rein amerikanische Gattung Palmlilie *(Yucca),* die z. T. mächtige verzweigte und unverzweigte Schopfbäume mit prächtigen Blütenständen bildet.

Beaucarnea recurvata, ein auffallender Baum in der Sonoraregion Mittelamerikas

Neben zahlreichen weiteren Holzpflanzen , wie z. B. der Gattung *Ceridium* mit grünen Stämmen und winzigen Blättchen sowie dem Kresotebusch *(Larrea divaricata),* der bis zu einem Jahr ohne Regen auskommen kann und dessen Blätter einen lackartigen Überzug aus dem intensiv riechenden Kreosot aufweisen, kommen in der Sonora-Wüste auch niedrige Halbsträucher, die weich behaarte Blätter tragen (z. B. *Eucelia, Franseria),* zeitweise völlig vertrocknete (poikilohydre) Farnarten und zahlreiche kurzlebige Pflanzen (Ephemeren) vor. Entsprechend den zwei Regen-

Bestand von Palmlilien *(Yucca brevifolia)* in den Trockengebieten Nordamerikas

zeiten lassen sich winterephemere und sommerephemere Arten unterscheiden. Nach Regenzeiten entfalten diese Pflanzen in der Sonora-Wüste ähnlich wie in anderen Halbwüsten eine reiche Blütenpracht, die allerdings nur einige Wochen währt und in regenarmen Jahren gänzlich ausfallen kann. So verwandelt sich die Kakteenwüste zeitweise in einen bunten Blumengarten.

Die Wüsten und Halbwüsten Asiens

Innerasiatische Trockengebiete

Innerhalb der gemäßigten Klimazone stellt das innerasiatische Trockengebiet das größte Wüsten- und Halbwüstenareal dar.

Es erstreckt sich mit einigen Unterbrechungen durch Gebirgsketten (Tienschan, Mongolischer Altai) vom Kaspischen Meer (50° östlicher Länge) bis weit nach China (110° östlicher Länge) und hat eine Nord-Süd-Ausdehnung vom 35. bis 50. Breitengrad. Dieses Gebiet läßt sich in die mittelasiatischen Wüsten und Halbwüsten, die vor allem auf dem Territorium Rußlands liegen, und in die zentralasiatischen Wüsten und Halbwüsten, die sich auf mongolischem und chinesischem Gebiet befinden, unterteilen.

Charakteristisch für die Wüstengebiete Innerasiens ist die Umrahmung der Wüste mit ausgedehnten Halbwüsten, die allmählich in die Steppen überleiten. Diese Halbwüsten als typische Übergangsbereiche besitzen keine eigene Artengarnitur, sie zeichnen sich durch die allmählich zunehmende Dichte der Vegetationsdecke der Wü-

Turkmenische Wüste im Herbst – die Sträucher sind kahl, die Gräser vergilbt

stenpflanzen und den wachsenden Anteil von Steppenarten (vor allem Gräsern) aus. Häufig werden sie deshalb auch als Wüstensteppen bezeichnet. Während die Produktion an organischer Trockenmasse in den Wüsten kaum 100 bis 200 kg/ha im Jahr übersteigt, beträgt sie in den Wüstensteppen bis 500 kg/ha und liegt in den eigentlichen Steppen mit maximal 1500 kg/ha wesentlich darüber. Ursache dafür ist die Zunahme der Niederschläge von den Wüstenzentren mit Werten von allgemein unter 100 mm, die zudem sehr unregelmäßig oft im Abstand von mehreren Jahren fallen, bis zu den Steppen, wo die Niederschläge über 250 mm betragen. Von besonderer Bedeutung für die Vegetationsausbildung in Trockengebieten der gemäßigten Klimazone ist aber die jahreszeitliche Dynamik des Niederschlagsgeschehens. Wenn die Sommer regenlos sind, kommt es trotz Winterniederschläge bis zu 200 mm noch zur Ausbildung von Wüsten (z. B. der mittelasiatischen Wüsten Kysylkum und Karakum); sind diese Niederschläge aber über das ganze Jahr verteilt, so entwickeln sich Halbwüsten.

Die innerasiatischen Wüsten und Halbwüsten zeichnen sich durch ein ausgeprägtes Kontinentalklima mit starken Gegensätzen zwischen der winterlichen Abkühlung und der sommerlichen Erwärmung aus. So betragen die mittleren Januartemperaturen in diesen Gebieten zwischen –10 °C und –20 °C, während die mittleren Julitemperaturen bei 20 bis 30 °C (vgl. die Klimadiagramme S. 152) liegen.

Zwischen den Wüsten und Halbwüsten Mittelasiens und denen Zentralasiens bestehen deutliche edaphische und klimatische Unterschiede, die sich ihrerseits auch in der Vegetation widerspiegeln. Die ariden Gebiete Mittelasiens liegen in

Halbwüste in der Mongolei mit Viehherden. Die blühende, salztolerante Schwertlilie *(Iris lactea)* wird vom Vieh gemieden.

Höhenlagen unter 500 m ü. NN (am Kaspischen Meer bis unter den Meeresspiegel reichend), die Wüstengebiete Zentralasiens finden wir dagegen in Höhen von 1000 m (Wüste Gobi) bis 3000 m ü. NN (Wüste Tsaidam). Die mittelasiatischen Wüsten und Halbwüsten erhalten ihre Niederschläge aus dem atlantischen Einzugsgebiet, die im nördlichen Teil meist gleichmäßig über das ganze Jahr verteilt fallen, im Süden treten sie dagegen hauptsächlich im Winter (mediterraner Typus) auf. In den zentralasiatischen Wüsten und Halbwüsten kommen die Niederschläge aus dem pazifischen Raum (Monsungebiet) und fallen somit im Sommer. Insgesamt sind die zentralasiatischen Wüsten aufgrund der Meeresferne und weitgehenden Umrahmung mit Hochgebirgen wesentlich trockener. Durch die Trockenheit im Winter und Frühjahr fehlen hier die für die mittelasiatischen ariden Gebiete so charakteristischen Frühlingsephemeren (kurzzeitig gedeihende einjährige Arten).

In der floristischen Zusammensetzung der mittelasiatischen Wüsten herrschen irano-turanische Florenelemente vor. Die relativ junge Flora weist keine nur in diesem Gebiet verbreitete Arten (Endemiten) auf. Etwa 10 % der Arten treten auch in den ägyptischen Wüsten auf. Die zentralasiatischen Wüsten setzen sich überwiegend aus ostchinesisch-mongolischen Florenelementen zusammen. Es sind strauchförmige Sukkulenten, z. B. Schwarzer Saksaul *(Haloxylon aphyllum)*, und strauchförmige Psammophyten (auf sandigem Boden gedeihende Arten) der Gattungen Erbsenstrauch *(Caragana)*, Süßklee *(Hedysarum)* und Beifuß *(Artemisia)* charakteristisch. Typische Arten der Halbwüsten sind *Reaumurea songorica* und das durch Besiedlung geförderte *Peganum nigellastrum*. In den Kieswüsten fallen vor allem *Anabasis brevifolia* (Gänsefußgewächs) und die Rhabarberart *Rheum nanum* auf.

Halbwüste Gobi mit blühendem Erbsenstrauch *(Caragana)*

Entsprechend den Ausgangsgesteinen und deren Aufbereitung sowie den hydrologischen und klimatischen Verhältnissen lassen sich ähnlich wie in der Sahara verschiedene Vegetationstypen unterscheiden, von denen nachfolgend die wichtigsten kurz vorgestellt werden sollen. Wir wollen uns dabei auf die relativ gut bekannten mittelasiatischen Wüsten und Halbwüsten beschränken.

Mittelasiatische Sandhalbwüsten

Die in einem breiten Gürtel vor allem im südwestlichen und mittleren Kasachstan (Kaspische Niederung) auftretenden Sandhalbwüsten vermitteln zwischen den Grassteppen Nordkasachstans und den Sandwüsten der Aralo-Kaspischen Niederung. Sibirische Kälteeinbrüche bedingen, daß die Böden im Winter bei der geringen Schneebedeckung bis zu einem Meter tief gefrieren. Die mittelasiatischen Sandhalbwüsten stellten für die ursprünglich nomadisierenden Bewohner wichtige Weidegebiete dar, die auch im Winter genutzt werden konnten, da sie fast schneefrei waren. So wurden die natürlicherweise mit lichter Vegetation bedeckten unbeweglichen Sandböden durch die sich seit dem vorigen Jahrhundert ständig vergrößernden Viehherden und durch Ackerkultur in großen Teilen in kaum noch nutzbare Wanderdünengebiete umgewandelt. Die zwischen den Sanddünengebieten freigelegten lehmigen Böden sind überwiegend verbrackt, wofür die marinen Ablagerungssubstrate mit einem aufsteigenden Grundwasserstrom und meist hoch liegendem Grundwasser die Ursache sind.

Die natürliche Vegetation dieser Gebiete besteht aus Beifuß- und Grasarten, die den Boden etwa zu 50 % bedecken. Dominierend sind Strandbeifuß *(Artemisia maritima)*, von den Gräsern die Queckenarten *Agropyron sibiricum, Agropyron ramosum, Agropyron cristatum*, ferner der Schwingel *Festuca sulcata*, das Liebesgras *Eragrostis minor* und das Blaugrüne Schillergras *(Koeleria glauca)*. Im Frühjahr prägen außerdem zahlreiche kurzlebige Arten das Vegetationsbild.

Verschiedentlich wurden Versuche unternommen, diese Sandböden mit Pappeln und Weiden (vor allem *Populus nigra* und *Salix acuminata*) aufzuforsten. Nach anfänglich gutem Gedeihen gingen die Bestände aber nach einigen Jahren ein, da für die zunehmend hohe Transpiration der Bodenwasservorrat nicht ausreichte.

Mittelasiatische Lößhalbwüsten (Ephemeren-Halbwüsten)

Die sogenannte Hungersteppe westlich des Balchaschsees in Südkasachstan ist eine typische Ephemeren-Halbwüste. Die salzfreien Lößböden oder auch anlehmigen Sande bieten vor allem im Frühjahr günstige Vegetationsbedingungen. Hauptsächlich im März und April fallende Niederschläge führen zu einer Bodendurchfeuchtung bis in 1 bis 2 m Tiefe. Aber bereits Ende Mai trocknen diese Böden völlig aus und werden steinhart. Somit drängt sich die Vegetationszeit auf die Wochen von Anfang März bis Mitte Mai zusammen. Daraus erklärt sich, daß nur kurzlebige (ephemere) Pflanzenarten und Arten mit unterirdischen Dauerorganen (Geophyten) auftreten. Die Geophyten mit ihren Rhizomen, Knollen und Zwiebeln entstammen vor allem den Gattungen Hahnenfuß *(Ranunculus)*, Zackenschote *(Bunias)*, *Haplophyllum* (Familie Rautengewächse), Schwarzwurzel *(Scorzonera)*, Winterstern *(Eranthis)*, Tulpe *(Tulipa)*, Goldstern *(Gagea)* und Storchschnabel *(Geranium)*. Die beiden wichtigsten Arten sind aber das Riedgras *Carex hostii* und das Knollige Rispengras *(Poa bulbosa)*. Sie treiben bereits Anfang März und können bis zu 80 % der Fläche bedecken. Für alle diese Arten ist typisch, daß die ungeschlechtliche (vegetative) Vermehrung dominiert. Am bekanntesten ist die Brutknospenbildung bei *Poa bulbosa* var. *vivipera*. Die meisten Arten setzen trotz reichlichen Blühens nur selten keimfähige Samen an.

Die Ephemeren-Halbwüste ist aber vor allem durch zahlreiche einjährige (annuelle) kurzlebige Arten (Therophyten) gekennzeichnet. Bei dieser hier etwa 40 bis 50 Arten ausmachenden Pflanzengruppe dauert der gesamte Vegetationszyklus von der Samenkeimung bis zur Samenreife nur 30 bis 45 Tage. Häufige zu dieser Gruppe gehörende Arten der Hungersteppe, die auch bei uns vorkommen, sind die Doldenspurre *(Holosteum umbellatum)*, der Reiherschnabel *(Erodium cicutarium)* und das Frühlingshungerblümchen *(Erophila verna)*. Weitere Arten sind einjährige Gräser der Gattungen Trespe *(Bromus)*, Lieschgras *(Phleum)* und Quecke *(Agropyron)* sowie Vertreter aus den bekannten Pflanzengattungen Mohn *(Papaver)*, Rittersporn *(Delphinium)*, Steinkraut *(Alyssum)*, Ehrenpreis *(Veronica)*, Sandkraut *(Arenaria)* und Hirtentäschel *(Capsella)*. Je nach Niederschlag und Temperaturentwicklung weist diese Vegetation jährlich große Unterschiede auf. Die im Frühjahr geschlossene Vegetationsdecke mit wiesenartigem Charakter ist bereits im Juni verschwunden, dann herrscht ein wüstenhafter Eindruck vor.

Durch Bewässerung sind die ursprünglich als gute Frühjahrsweiden dienenden Ephemeren-Halbwüsten mit ihrem ebenen Relief und den an sich fruchtbaren Böden heute überwiegend in Ackerstandorte mit Baumwollanbau überführt worden.

Mittelasiatische Salzwüsten (Halophyten-Wüsten)

Salzwüsten sind eine verbreitete Erscheinung innerhalb der mittelasiatischen Wüsten und Halbwüsten. Typische Ausbildungen sind die sogenannten Takyre, große Niederungen mit tonigen, stauenden Böden, die nach Niederschlägen von Oberflächenwasser überflutet werden. Sie kommen am Rande von Flußniederungen auf alluvialen Ablagerungen, aber auch in Ausblasungsgebieten inmitten von Sandwüsten vor. Salzwüsten umrahmen weiterhin in oft großer Ausdehnung die Wüstenseen; schließlich treten in Senken mit hohem Grundwasserstand Salzpfannen (russ. Schory) auf.

Der bestimmende ökologische Faktor dieser Standorte, die hohe Salzkonzentration, wird von nur relativ wenigen Pflanzen ertragen. Es sind überwiegend sukkulente Arten mit z. T. weltweiter Verbreitung aus der Familie der Gänsefußgewächse (Chenopodiaceen), wie Queller *(Salicornia herbacea)* und *Holocnemum strobilaceum*, weiterhin Sode-*(Suaeda-)* und Salzkraut-*(Salsola-)*Arten. Einige Vertreter aus dieser Familie sind Holzpflanzen, z. B. der Schwarze Saksaul *(Haloxylon aphyllum)*, ferner Arten der Gattungen *Kalidium*, *Seidlitzia* und *Halostachys*. Weitere Halophyten entstammen den Familien der Strandnelkengewächse (Plumbaginaceen), der

Saksaul-Halbwüste im Vorfrühling

Nelkengewächse (Caryophyllaceen), der Borretschgewächse (Boraginaceen) und auch der Tamariskengewächse (Tamaricaceen). In einer ziemlich großen Mannigfaltigkeit sind in den Takyrflächen Algen nachgewiesen worden. Über die Hälfte der fast 150 festgestellten Arten machen dabei die Blaualgen (Cyanophyceen) aus. Die Gesamtmenge der Algen wird mit 500 bis 600 kg/ha angegeben! Weniger feuchte Standorte werden von bestimmten Flechtenarten besiedelt.

Mittelasiatische Sandwüsten (Psammophyten-Wüsten)

Die bekanntesten mittelasiatischen Sandwüsten sind die Wüsten Karakum (Schwarzer Sand) und Kysylkum (Roter Sand). Infolge des guten Wasserspeichervermögens der Sande machen diese Wüsten unter ungestörten Bedingungen durch den lichten Bewuchs mit Rutensträuchern sowie zahlreichen anderen Bodenpflanzen keinen extrem vegetationsfeindlichen Eindruck. Die vielen holzigen Pflanzen (von denen hier etwa 50 Arten auftreten) und unter ihnen besonders die Rutensträucher geben den mittelasiatischen Sandwüsten ihr besonderes Gepräge. Diese ausdauernden Pflanzen besorgen sich das benötigte Wasser aus den feuchten Bodenschichten bis 1,5 m Tiefe. Um die Verdunstung stark einzuschränken, besitzen die Arten vielseitige Anpassungen vor allem in Form der Oberflächenverringerung. So ist z. B. die mit 30 Arten verbreitete Strauchgattung *Calligonum* (Familie der Knöterichgewächse) völlig blattlos, ihre grünen assimilierenden Kurztriebe werden im Sommer abgeworfen. Bei der Charakterart dieser Wüsten, dem bis zu 4 m hohen Weißen Saksaul *(Haloxylon persicum)*, liegen ähnliche Verhältnisse vor. Die strauchförmigen, bis zu 5 m hohen Salzkraut-*(Salsola-)*Arten und die Tragant-*(Astragalus-)*Arten haben stark reduzierte Blattflächen. Die strauchige, nur in diesem Gebiet verbreitete *Smirnovia turkestana* aus der Familie der Schmetterlingsblütler verliert die kleinen, herzförmigen Blätter im Sommer; *Acanthophyllum* aus der Familie der Nelkengewächse trägt zu Dornen umgewandelte Blätter.

Neben den zahlreichen Sträuchern finden wir in diesen Wüsten noch etwa 100 krautige Pflanzenarten, vor allem Frühjahrsephemeren, die bis zu 50 % der Bodenfläche bedecken können. Die Lebensgrundlage dieser Pflanzen bildet die Frühjahrsfeuchtigkeit der oberen Sandschichten. Neben den Ephemeren tritt noch eine größere Zahl ausdauernder Gräser auf, von denen sich besonders die Borstengras-*(Aristida-)*Arten den Sandverlagerungen angepaßt haben. Die bis zu einem Meter hohe *Aristida karelini* wächst selbst dann, wenn sie bis zu den Blattspitzen eingeweht wird, wieder aus dem Sand heraus, indem sie ständig neue Wurzeln in höheren Horizonten bildet.

Die kleinhügeligen mittelasiatischen Sandwüsten zeigen einen immer wiederkehrenden Vegetationswechsel. Dabei werden die beweglichen Dünenkämme von Gräsern besiedelt, die oberen Teile der Hänge sind von Sträuchern bestanden, die unteren Teile von krautigen Pflanzen, und die verdichteten Sande der Senken tragen Ephemeren-Fluren (Therophyten und Geophyten).

Flußauen inmitten der Wüsten und Halbwüsten

Um das Bild über die innerasiatischen Wüsten und Halbwüsten abzurunden, soll abschließend noch kurz die Vegetation der Flußauen besprochen werden. Die Flußauen sind in gewisser Weise mit den Oasen der Sahara zu vergleichen. Das von den Flüssen herangeführte Süßwasser bedingt eine charakteristische, reiche Auenvegetation inmitten der sonst relativ vegetationsarmen ariden Gebiete. Die aus den umgebenden Hochgebirgen kommenden Flüsse versiegen meist in den Wüstenzentren oder bilden abflußlose Wüstenseen.

Da diese Gebiete gering besiedelt sind, haben zahlreiche Flußauen zumindest abschnittsweise noch eine naturnahe Vegetation. In Abhängigkeit von Überflutungs- und Ablagerungsvorgängen lassen sich im wesentlichen drei Vegetationskomplexe unterscheiden.

Die jungen Ablagerungsböden im Bereich starker Hochwasserstandsschwankungen und der sich ständig neu bildenden Flußläufe tragen eine Pioniervegetation. Je nach der Ablagerungsart, Großablagerung (Sande und Kiese) in rasch strömenden flußnahen Bereichen und Feinablagerung (Lehme und Tone) in flußfernen Stillwasserbereichen, bildet sich eine deutlich unterschiedliche Vegetation aus. Neben zahlreichen einjährigen Pflanzen sind für Sandstandorte besonders das Reitgras *Calamagrostis dubia* und der Rohrkolben *Typha pallida* charakteristische Arten.

Ältere, nicht mehr durch Hochwasser zerstörte Ablagerungsböden tragen eine üppige Hochgras- und Staudenvegetation. Die Oberschicht bilden 2 bis 4 m hohe Gräser, wie das Riesengras *(Erianthus purpurascens)*, das Zuckergras *(Saccharum spontaneum)* und das Gemeine Schilf *(Phragmites communis)*. Die Unterschicht setzt sich aus dem Schmetterlingsblütler Süßwurzel *(Glycyrrhiza glabra)*, aus dem Rohrkolben *Typha elephantina*, Ästigem Schachtelhalm *(Equisetum ramosissimum)* und zahlreichen anderen Pflanzenarten zusammen. Die gute Nährstoffversorgung bei fast ständiger Feuchtigkeit und großer Wärme bedingt ein üppiges Wachstum und damit eine hohe Stoffproduktion dieser Überschwemmungszone.

Standorte mit kurzzeitigen Überstauungen, die außerdem durch ein phasenhaftes Absinken des Grundwassers geprägt sind, tragen lichte Wälder mit Pappel- und Weidenarten *(Populus pruinosa, Populus diversifolia, Salix acmophylla)*, Ölweiden *(Elaeagnus angustifolia* und *Elaeagnus orientalis)* und Schlinggewächsen der Klimmerart Orientalische Waldrebe *(Clematis orientalis)*, dem Sibirischen Schwalbenwurz *(Cynanchum sibiricum)* sowie dem Persischen Spargel *(Asparagus persicus)*. Sobald keine Überflutungen mehr auftreten und auch der Grundwassereinfluß aufhört, bilden sich wieder Wüsten und Halbwüsten aus.

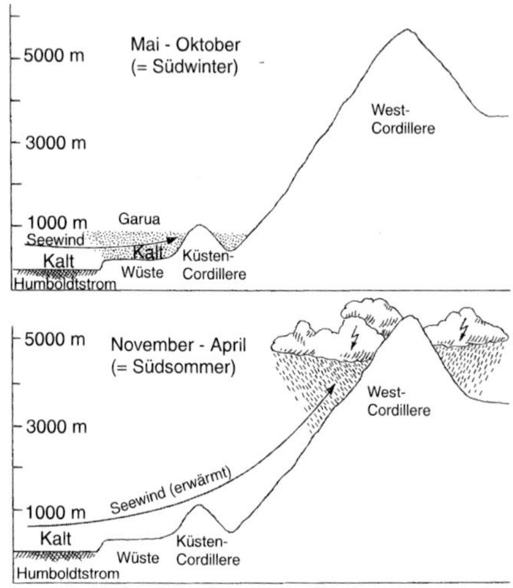

0–600 (-1000) m = Nebelzone
600 (1000) m = niederschlagarme Zone
oberhalb 2400 m = Sommerregenzone

Schema der jahreszeitlichen Niederschlagsverteilung in Zentral- und Südperu (nach Rauh, 1958)

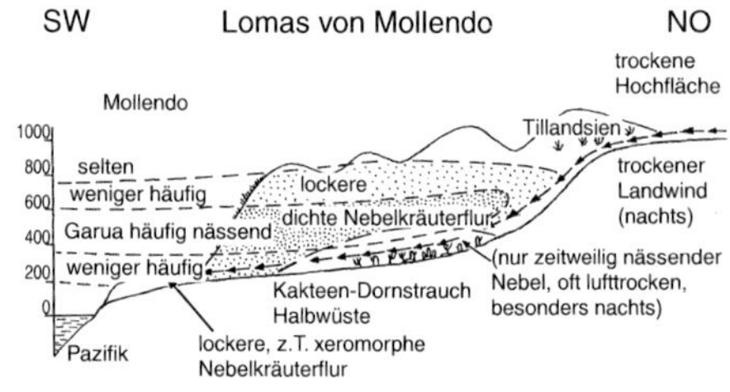

Schematischer Schnitt durch die Lomas von Mollendo, die sich zur Küste hin an ein wüstenhaft trockenes Hochplateau anschließen. Sukkulenten herrschen auch hier nur, wo die Nebelkräuterflur nicht dichtschließt, und zwar auf dem Talboden, der nachts von trockener Luft durchflossen wird (nach Ellenberg 1981)

Die Küstenwüsten (Nebelwüsten)

Eine besondere Stellung innerhalb der subtropischen Wüsten nehmen die Nebelwüsten ein, die sich an den Küsten des pazifischen Südamerikas und des atlantischen Südwestafrikas befinden. Es handelt sich um die Peruanisch-Chilenische Küstenwüste und die Namib. Als Ursache ihrer Entstehung sind die aus dem antarktischen Gebiet kommenden kalten Meeresströmungen, der Humboldt- oder Perustrom und der Benguelastrom anzusehen, deren kaltes Tiefenwasser an einigen Stellen der betreffenden Küsten an die Oberfläche kommt und eine starke Abkühlung der darüberliegenden Luftschichten bewirkt. Somit wird im Südwinter in der Regel eine dichte Nebeldecke ausgebildet. Ihre nässenden sprühregenartigen Niederschläge werden in Peru und Chile als Garua oder Llovizna bezeichnet. Da diese Gebiete im Regenschatten der bis über 6000 m hohen Kordillerenkette bzw. des mehr als 3000 m hohen Riegels der Drakensberge liegen, an denen sich der feuchte Südostpassat abregnet, ersetzen die Nebelniederschläge zum Teil den fehlenden Regen. Zwischen beiden Gebieten gibt es jedoch starke ökologische Unterschiede, die sich – abgesehen von den floristischen Verschiedenheiten

Tillandsia latifolia in der Küstenwüste Zentralperus

– auf die Zusammensetzung der Vegetation entsprechend auswirken, so daß die beiden Gebiete hier getrennt besprochen werden.

Peruanisch-Chilenische Küstenwüste

Das an den Pazifik angrenzende Gebiet der Küstenwüste ist nur ein schmaler, höchstens 100 km breiter Streifen, der sich von 8° s. Br. bei Trujillo in Peru bis etwa 28° s. Br. bei Copiapó in Chile erstreckt. Er umfaßt das Gebiet vom Strand bis zum Westhang der Anden bei etwa 1000 m Höhe. In der Regel ist diese Küstenregion eine sanft ansteigende Ebene, die als Pampa oder Tablada bezeichnet wird. Teilweise wird sie von Ost nach West durch Flüsse zerschnitten, die in den Anden entspringen und in der Wüste typische Flußoasen ausbilden. Aus der Pampa ragen z. T. noch einzelne Berge oder zusammenhängende Bergketten hervor, die in ihrer Gesamtheit die Küstenkordillere bilden. Es handelt sich dabei meist um abgerundete Kuppen, deren Hänge von Verwitterungsmaterial dicht bedeckt sind und aus denen einzelne Felsen oder Felsmassive herausragen. Charakteristisch sind tiefe Erosionsschluchten, sogenannte Quebradas und Schotterstränge mit grobem Geröll, die am Fuß der Berge in regelrechte Schotterfelder auslaufen, die sogenannten Pedregales. Vor den Hängen befinden sich oft dünenartige Sandhügel, die vom ständig wehenden Wind angeweht werden.

Die Besonderheit des Klimas wird im wesentlichen durch den kühlen Humboldtstrom bedingt. An bestimmten Teilen der Küste steigt – im Winter stärker als im Sommer – sein kaltes Tiefenwasser an die Oberfläche. Die vom Pazifik ständig wehenden warmfeuchten Westwinde werden so über dem Wasser stark abgekühlt, und es kommt zu einer Kondensation der Feuchtigkeit in Form einer mehr oder minder dichten Nebeldecke. Sie schiebt sich über den Küstenstreifen und kann sich bis zu einer Höhe von etwa 1000 m erstrecken. Im Südsommer hingegen kommt es nur selten zu einer Nebelbildung über dem Land. Wohl bildet sich oft eine Wolkenschicht über dem Meer; sie dringt aber nun infolge der stärkeren Erwärmung des Landes nur selten über die Strandlinie vor. Die feuchte Luft steigt am Westhang der Kordillere aufwärts, um sich erst oberhalb von

Ephemeren-Loma mit *Nolana humifusa* (Nolanaceae) und *Palaua rhombifolia* (Malvaceae) in der Umgebung von Lima (Peru)

etwa 3000 m Höhe abzukühlen und Wolken zu bilden. Damit beginnt die Sommerregenzeit der Hochkordillere. An den einzelnen Küstenabschnitten wirkt sich der Humboldtstrom allerdings unterschiedlich aus. So gibt es bestimmte Zentren des Auftriebes von kaltem Tiefenwasser und Stellen, an denen die Wirksamkeit weitgehend fehlt. Außerdem können die jährlich schwankende Intensität des Kaltwasserauftriebes, das zeitweise stärkere Vordringen des von Norden kommenden warmen Niñostromes, die unterschiedliche Erwärmungskapazität je nach Breite des Wüstenstreifens und andere Einflüsse ökologisch bedeutsam sein. In den Klimadiagrammen von Orten der Küstenwüste, z. B. von Lima (s. Abb. S. 152), kommt die Menge des pflanzenverfügbaren Wassers in den Werten nicht zum Ausdruck. Die Messung des Nebelniederschlags an Kondensationszentren, z. B. unter Bäumen, ergab Werte, die etwa das 30fache des normal gemessenen Niederschlags ausmachen. Der Aufenthalt an nebelreichen Tagen an diesen Standorten ist beeindruckend, da man selbst zum Kondensationsort wird und sich die Nebelfeuchtigkeit an den Körpervorsprüngen (Nase, Ohren, Haare) in Tröpfchenform wandelt. So ist verständlich, daß Felsvorsprünge, Sträucher oder Bäume, ja selbst die Kräuter im Bereich des Erdbodens Orte höherer Präzipitation sind.

Die Temperaturen können im Winter in der Regel in den Nebelgebieten 5 bis 10 °C niedriger sein als im Sommer. Auch oberhalb der Nebeldecke ergibt sich dieser Temperatursprung. Die Werte schwanken z. B. an verschiedenen Stationen der peruanischen Küstenwüste zwischen 25 bis 28 °C im Sommer (mittl. Maximum Februar) und 8 bis 15 °C im Winter (mittl. Minimum Juli).

Baum-Loma mit *Caesalpinia tinctoria* während der Nebelzeit (August). Am Boden hat sich eine dichte Decke von *Sicyos baderoa*, einer annuellen Cucurbitacee, ausgebreitet.

Gleiche Stelle bei Beginn des Südsommers (November). *Sicyos baderoa* ist bereits vertrocknet. Tiefwurzelnde Bäume und Sträucher – im Mittelpunkt *Heliotropium arborescens* – sind belaubt.

In den Gebieten, wo der Auftrieb von Tiefenwasser des Humboldtstromes fehlt, wie im peruanischen Wüstengebiet von Ica / Nazca und in der Atacama-Wüste in Nord-Chile, sind auch die Temperatur- und Niederschlagsverhältnisse zwischen Sommer und Winter nicht so verschieden ausgeprägt.

Die nebelbedingte Vegetation der Peruanisch-Chilenischen Küstenwüste wird in der Literatur als Loma-Vegetation bezeichnet. Loma bedeutet im Spanischen »Grüner Hügel« und bezieht sich in diesem Fall auf die zur Nebelzeit grünenden Wüstenflächen. Darunter ist aber keine in sich einheitliche Pflanzenformation zu verstehen. Je nach der Intensität des Nebeleinflusses, die sehr unterschiedlich sein kann, und den jeweiligen Bodenverhältnissen sind bestimmte Gruppen von Pflanzengesellschaften zu unterscheiden.

In den Randzonen, wo die Nebel nur vorübergehend und meist nächtlich auftreten, entwickeln sich die Tillandsiales, umfangreiche, dem Boden aufliegende Herden verschiedener *Tillandsia*-Arten aus der Familie der Bromeliaceen, z. B. *Tillandsia latifolia, Tillandsia purpurea, Tillandsia paleacea, Tillandsia werdermannii*. Diese »Wurzellosen« oder »Grauen« Tillandsien (s. Bild S. 171) sind die einzigen echten homoiohydren Nebelpflanzen, die ihre Wasseraufnahme ausschließlich über die Saugschuppen ihrer Blätter regeln. Ihre Nährstoffe beziehen sie aus dem Feinmaterial des Bodens, das als Staub auf die Blätter geweht wird. Diese Tillandsien-Gesellschaften gedeihen nur dort, wo sie nicht in Konkurrenz zu den eigentlichen Lomapflanzen stehen.

An Orten, wo der Nebel den Boden stärker befeuchtet, dieser aber von Zeit zu Zeit wieder austrocknet, stellen sich Kryptogamen-Gesellschaften ein. Es handelt sich um trockenheitsertragende Landalgen wie *Trentepohlia aurea* und Flechten der Gattungen *Cladonia, Parmelia, Ramalina* u. a. Auf feuchteren Bodenoberflächen entwickeln sich oft massenhaft die gallertigen Lager der Blaualge *Nostoc commune*.

Auf Schotterböden und felsigen Standorten am Rande der eigentlichen Loma, aber auch auf Sandböden, spielen Kakteen und sukkulente Geophyten eine Rolle. Diese »Kakteen-Loma« setzt sich vor allem aus Arten der Gattungen *Haageocereus, Loxanthocereus, Neoraimondia, Islaya, Trichocereus, Eulychnia, Copiapoa* u. a. zusammen, dazu kommen verschiedene Geophyten, wie *Oxalis-, Boussingaultia-, Anthericum-* und *Alstroemeria*-Arten. In ausgesprochenen »Loma-Jahren«, die alle 5 bis 10 Jahre auftreten, können auch sukkulente Therophyten vorkommen. Dabei spielen z. B. verschiedene Arten der Gattungen *Nolana* (Nolanaceae), *Calandrinia* (Portulacaceae), *Tetragonia* (Aizoaceae) eine große Rolle. Sie leiten über zur sogenannten Ephemeren-Loma, die aus annuellen kurzlebigen Kräutern besteht, die bei der oberflächlichen Durchfeuchtung des Bodens keimen, sich innerhalb weniger Wochen bis zum Blühen und Fruchten entwickeln und die häufig langdauernde Periode bis zum nächsten Lomajahr als widerstandsfähige Samen überdauern. Bei den gleichzeitig vorkommenden Geophyten schützen dicke Korkschichten oder trockene Zwiebelhüllen die Überdauerungsorgane vor Austrocknung. Im Bereich des stärksten Garua-Einflusses können sogar Sträucher und selbst einzelne Bäume gedeihen (s. Bild S. 173). Man vermutet sogar, daß diese Standorte früher stärker bewaldet waren und durch die verstärkte Nebelkondensation besser gedeihen konnten. Wahrscheinlich werden es trotzdem Ausnahmestandorte gewesen sein.

Während der äußere Gürtel der Lomazone, der noch zeitweiligen Trockenphasen ausgesetzt ist, vorwiegend von widerstandsfähigen sukkulenten Therophyten und Geophyten besiedelt wird (s. o.), befinden sich im inneren Gürtel Pflanzen, die keine Schutzeinrichtungen gegen Austrocknung besitzen, z. B. in Zentralperu *Palaua rhombifolia* und *Cristaria multifida* (Malvaceae), *Salvia rhombifolia* (Lamiaceae), *Cryptantha granulosa* (Boraginaceae), *Loasa urens* (Loasaceae), *Erigeron leptorhizon, Villanova oppositifolia, Sigesbeckia flosculosa, Galinsoga caligensis* (Asteraceae) und viele andere mehr.

In der Strauchloma gehören in Zentralperu zu den häufigsten Vertretern *Carica candicans* (Caricaceae), *Dunalia arborescens* (Solanaceae), *Croton alnifolius* (Euphorbiaceae), *Heliotropium arborescens* (Boraginaceae), *Pouteria lucuma* (Sapotaceae), *Lantana scabiosaeflora* (Verbenaceae), *Tournefortia microcalyx* (Boraginaceae) u. a.

In diesen Gesellschaften ist durch eine starke anthropogene Beeinflussung (Holzentnahme, Weidewirtschaft, Anlage von Siedlungen) eine große Zahl von Ackerunkräutern aus Europa eingeschleppt worden, deren gutes Gedeihen darauf hinweist, daß an diesen Standorten keine speziellen Anpassungen vorliegen müssen. In der Umgebung von Lima gedeihen in der Loma-Vegetation z. B. *Anagallis arvensis, Sonchus oleraceus,*

Medicago polymorpha, Veronica persica, Torilis nodosa, Poa annua, Euphorbia peplus, Silene gallica, Fumaria capreolata und *Erodium moschatum.* Eine größere Zahl mediterraner Vertreter weist auf die Herkunft aus dem westlichen Mittelmeergebiet hin.

Namib-Wüste

Die Namib erstreckt sich in einem knapp 2000 km langen Streifen an der Atlantikküste von Süd-Angola (15 °S) bis zum Oranje-Fluß an der Grenze zur Republik Südafrika (29 °S). Die Ausdehnung ins Landesinnere beträgt 80 bis 150 km und führt in einer allmählichen Steigung auf etwa 1000 m Höhe vom Strand bis zum Steilabfall des südwestafrikanischen Hochlandes. An dieses bis über 2000 m hohe Gebirge schließt sich im Osten das große Kalaharibecken an, das nach dem Indischen Ozean hin durch die Drakensberge abgeschlossen wird. Die Landschaft besteht in ihrem nördlichen und zentralen Teil vor allem aus fast ebenen sandigen Flächen, deren Oberfläche mit Feingeröll bedeckt ist. Im südlichen Teil sind ausgeprägte bewegliche Dünenkomplexe vorhanden. Innerhalb dieser Ebenen ragen einzelne Inselberge und Gesteinsrücken aus schwer verwitternden Quarziten, Doleriten und Marmoren heraus. Das gesamte Gebiet wird außerdem durch viele Erosionsrinnen und Trockentäler der nur zeitweise wasserführenden Namibflüsse und durch die Flußoasen der Fremdflüsse durchzogen.

Das Klima der Namib wird ebenso wie bei der Peruanisch-Chilenischen Küstenwüste durch den Auftrieb kalten Tiefenwassers vor der Küste und die Barriere eines Gebirges, die den Südost-Passat unwirksam werden läßt, entscheidend beeinflußt. Trotzdem gibt es durch die nicht so scharfe Trennung des Gebietes vom übrigen Teil des Kontinentes infolge der weniger hohen Gebirge am Ostrand wesentliche Unterschiede.

Innerhalb der Namib kann man einen äußeren Teil mit nur episodischen Regen und einen inneren mit regelmäßigeren Sommerregen von 50 bis 100 mm pro Jahr unterscheiden. Umgekehrt verhält es sich mit der Nebelhäufigkeit. Im äußeren Abschnitt handelt es sich um eine extrem regenlose Wüste mit hoher Luftfeuchtigkeit und nässenden Nebeln. Im inneren Abschnitt ist die Nebelhäufigkeit wesentlich geringer und ökologisch kaum wirksam. Dabei muß man zwischen sogenannten Treibnebeln und Bodennebeln unterscheiden. Bodennebel entstehen nachts durch starke Ausstrahlung. Sie erzeugen Taunieder-schläge und werden am Tage durch die Sonneneinstrahlung wieder aufgelöst. Treibnebel werden vom Ozean mit der am Tage wehenden Seebrise über das Land getrieben und erzeugen meist einen leichten Nieselregen, der mit der Garua in Südamerika vergleichbar ist. Die Nebelniederschläge sind aber bedeutend geringer und betragen bei etwa 200 Nebeltagen nur ca. 40 bis 50 mm (Swakopmund).

Typisch ist auch in der Namib der ständige Wechsel zwischen dem stärkeren Einfluß warmer Fallwinde aus dem östlichen Hochland und dem kühler und feuchter Seewinde vom Ozean her. Die Kampfgrenze zwischen trockener Ostluft und feuchter Westluft verschiebt sich ständig in die eine oder anderer Richtung und ist die Ursache für einen oft raschen Wandel der Temperatur- und Feuchtigkeitsbedingungen.

Der Unterschied zwischen Äußerer und Innerer Namib ist auch in den Temperaturwerten abzulesen. Während die Monatsmittel des wärmsten und kältesten Monats in Swakopmund (Äußere Namib) 18,4 °C (Februar) und 12,6 °C (August) betragen, weisen sie in der Uis-Mine (Innere Namib) mit 26,1 °C (März) und 18,7 °C (Juli) beträchtlich höhere Werte auf.

Bei der Beschreibung der Vegetation muß man grundsätzlich zwischen den Standorten der stärker nebelbeeinflußten Äußeren Namib und der zeitweise regenbeeinflußten Inneren Namib unterscheiden. In der Äußeren Namib nehmen den größten Teil die fast ebenen Flächen ein, die die leicht geneigte Namib-Plattform bilden. Ihre Oberfläche besteht aus meist hellen Quarzkieseln, die auf dem sandigen Grundsubstrat aufliegen. Es ist der Standort verschiedener Kryptogamen-Gesellschaften, deren Vertreter als echte Nebelpflanzen angesehen werden können. Einmal sind es die sogenannten »Fensteralgen«, Grün- oder Blaualgen, die sich unter den durchsichtigen, der Bodendecke aufliegenden Quarzitgesteinen entwickeln und die geringe Feuchtigkeit ausnutzen, die sich durch die Nebelkondensation an der Bodenoberfläche unter den Steinen ansammelt.

Noch auffälliger sind die Flechten-Gesellschaften, die an einigen Standorten bis zu 60 % des Bodens bedecken können. Vor allem *Teloschistes-*, *Ramalina-* und *Parmelia*-Arten können größere Bestände bilden.

Welwitschia mirabilis in der Namib (Brandberge)

Eine Vegetation aus Höheren Pflanzen bringt die relativ geringe Nebelfeuchtigkeit an diesen Standorten nicht zuwege. Nur wenn ausnahmsweise nach mehreren Jahrzehnten Trockenheit einmal Regen fällt, zeigt sich die »blühende Wüste«. Dann können auch diese Standorte eine Decke kurzlebiger sukkulenter Kräuter, vor allem Mittagsblumengewächse (Aizoaceae) hervorbringen.

Vollkommen ohne Vegetation ist das ausgedehnte Sanddünengebiet, das sich südlich der Kuisebmündung über 400 km bis nach Lüderitzbucht zieht. Auf dem beweglichen Sand, der vom Nebel nur oberflächlich befeuchtet wird und wieder schnell trocknet, ist kein Pflanzenleben möglich.

Dagegen ist eine artenreiche Vegetation auf den Felsrücken und Schottern der Inselberge ausgebildet, wo die kondensierte Nebelfeuchtigkeit in die Felsspalten und Schotterzwischenräume sickert und vor Verdunstung geschützt bleibt. Hier findet man verschiedene Kleinsukkulenten aus den Gattungen *Euphorbia, Lithops* (»Lebende Steine«), *Trichocaulon, Hoodia* u. a. oder Xerophyten mit sukkulenten Sprossen und vergänglichen Blättern, wie Arten der Gattungen *Pelargonium, Sarcocaulon, Adenia, Kleinia, Othonna.* An günstigen Standorten finden sich auch größere Sukkulenten, wie die Kandelaber-Wolfsmilch *Euphorbia viscosa* und einige *Aloë-* und *Cotyledon*-Arten. Auch Kräuter können vorübergehend dort gedeihen. Auf die Vegetation grundwassernaher Standorte, der Trockenbetten der Flüsse, die als Riviere oder Wadis bezeichnet werden, sei hier nur kurz hingewiesen, da sie auch außerhalb der Küstenwüste gleichartig vorkommen.

Eine Besonderheit der Namib und ihre in der Literatur bekannteste Pflanze, die als lebendes Fossil angesehen wird, ist *Welwitschia mirabilis.* Sie ist sowohl in der Äußeren als auch in der Inneren Namib zu finden. Dieses zu den Nacktsamern gehörende, aber dort systematisch völlig isoliert stehende Gewächs kann ein Alter von 1000 Jahren erreichen (s. Bild S. 176). Über ihre Wasserversorgung ist in der Vergangenheit viel spekuliert worden. Heute weiß man, daß sie mit ihrem stark entwickelten Wurzelsystem die Grundfeuchtigkeit der Riviere und ihrer Ränder nutzen kann und ihr Auftreten in keinem Fall mit der Nebelfeuchtigkeit in Verbindung gebracht werden darf.

Die Vegetation der Inneren Namib unterscheidet sich grundsätzlich von der Äußeren Namib. Da Nebel hier kaum noch eine Rolle spielen, hängt der Pflanzenwuchs von den Sommerregen ab, die allerdings in sehr unterschiedlicher Intensität ausgeprägt sind. Während in trockenen Jahren die ebenen Sandflächen fast vegetationslos sind, kann nach ausgiebigem Regen eine dichte Grasdecke ausgebildet werden. Sie wird vor allem von verschiedenen Arten der Gattung *Stipagrostis* zusammengesetzt. An den steinigen und felsigen Standorten findet man bereits Bäume und Sträucher (*Acacia erioloba, Rhus marlothii, Parkinsonia africana, Commiphora saxicola* u. a.), Kräuter und Sukkulente, wie *Euphorbia avasmontana,* die zur Vegetation der Kalahari überleiten.

Steppenzone

Größe und Grenzen

Steppen bedecken weite Flächen der gemäßigten Klimazone. In den kontinentalen Landmassiven der Nordhemisphäre erreichen sie zwischen dem 35. und 55. Breitengrad ihre größte Ausdehnung. Nordwärts gehen sie hier über die Waldsteppe in sommergrüne Laubwälder bzw. in die Nadelwälder der borealen Zone über. Südwärts werden sie meist von Wüsten und Halbwüsten abgelöst.

Das größte Steppengebiet stellt die eurosibirische Steppenzone dar. Sie erstreckt sich in einem bis zu 1000 km breiten Gürtel von Osteuropa (Donaumündung) bis nach Ostasien (Amurgebiet). In diesem Raum wurde der heute oft für das gesamte von Natur aus baumfreie Grasland der gemäßigten Klimazone gebrauchte Begriff

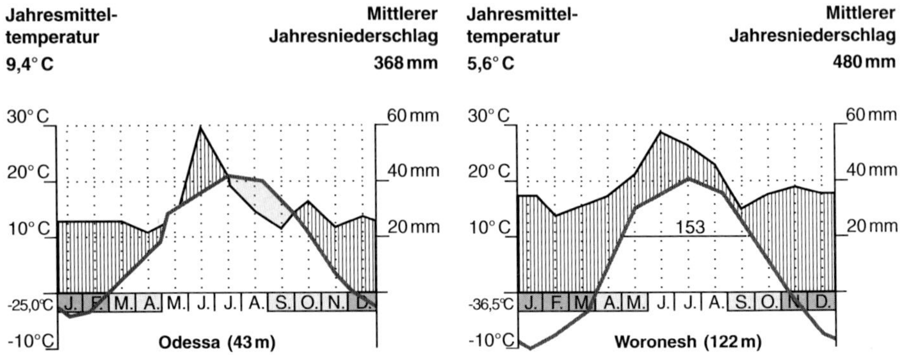

Klimadiagramme aus der osteuropäischen Wald- und Grassteppe

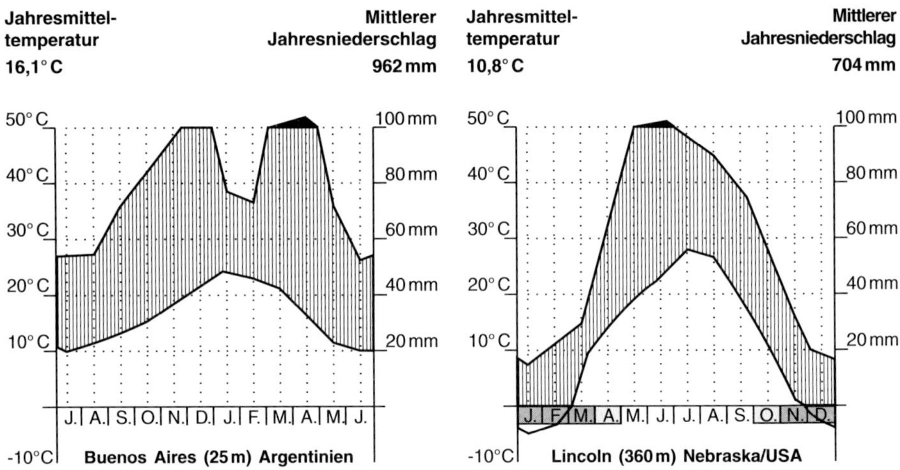

Klimadiagramme aus der südamerikanischen Pampa sowie der nordamerikanischen Langgras- und Mischgrasprärie

Steppe geprägt, der von dem russischen Namen stepj abgeleitet ist. Die eurosibirische Steppenzone läßt sich nach edaphisch-klimatischen Gesichtspunkten in die osteuropäischen Steppen, die westsibirischen Steppen (mit ihrer größten Ausdehnung in Nordkasachstan) und die zentralasiatischen Steppen (die vor allem in der Mongolei und im nördlichen Teil von China verbreitet sind) untergliedern.

Bei der bekannten Pußta in Ungarn handelt es sich nicht um eine echte Steppe. Sie hat sich erst durch anthropogene Umwandlungen in den letzten 250 Jahren herausgebildet.

Die Steppengebiete in den zentralen Teilen Nordamerikas werden als Prärien bezeichnet. Sie erstrecken sich im Mittleren Westen bis zum Ostabfall der großen Felsengebirge, nordwärts bis zum südlichen Kanada und nach Süden fast bis zum Golf von Mexiko.

Die Südhemisphäre mit ihrer geringen Landmasse im gemäßigten Klimabereich besitzt wenig Steppengebiete. Natürliche Grasländer sind vor allem in Argentinien ausgebildet, man nennt sie Pampa. Schließlich gibt es in Ontago auf der Südinsel von Neuseeland noch eine natürliche Steppe, das sogenannte Tussock-Grasland.

Klima und Boden

Die winterkalten Steppen in der gemäßigten Klimazone gehören bereits zu den regenarmen (ariden) Gebieten. Der Übergangsbereich zu den Wäldern, die Waldsteppe, wird als halbarid (semiarid) bezeichnet. In den Steppen ist ähnlich wie in den Wüsten und Halbwüsten die Verdunstung höher als der Niederschlag. Die jährlich mögliche Verdunstung übersteigt die Niederschläge etwa um das Doppelte.

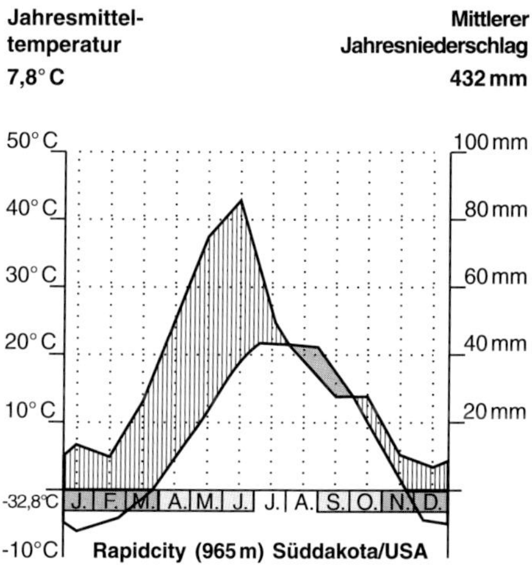

Steppen sind durch warme Sommer mit mittleren Julitemperaturen von 20 bis 25°C und kalte Winter mit Durchschnittstemperaturen weit unter dem Gefrierpunkt gekennzeichnet. Der starke Gegensatz von Sommer und Winter hat für die Ökologie der Steppen große Bedeutung. Die durchschnittliche Niederschlagshöhe beträgt 300 bis 450 mm, wobei das jahreszeitliche Niederschlagsgeschehen in den einzelnen Steppen sehr unterschiedlich ist (s. Klimadiagramme). Auch weist die Regenintensität in Steppengebieten in den einzelnen Jahren große Schwankungen auf, so daß immer wieder ausgesprochene Dürrejahre auftreten.

Für den Wasserhaushalt der meisten Steppen ist die winterliche Schneedecke sehr wichtig. Sie kann in nördlichen Steppen 20 bis 40 cm stark sein. Die Dauer der winterlichen Schneebedeckung beträgt in einzelnen Steppengebieten zwischen 80 und 140 Tagen. Das Abtauen des Schnees führt im Frühjahr zu der für die Vegetationsentwicklung vieler Steppen entscheidenden Bodendurchfeuchtung. Schneearme Winter wirken sich auf den Pflanzenwuchs negativ aus.

Infolge der meist ebenen Lage der Steppen und des fehlenden Baumbewuchses können sich hier Stürme ungehindert entfalten. So toben während der Sommermonate oft tagelang heiße Stürme mit starker Staubentfaltung, die dem Boden die letzte Feuchtigkeit entziehen.

Das bestimmende Bodensubstrat der Steppengebiete ist der Löß. Er besitzt meist eine Korngrößenzusammensetzung von 0,05 bis 0,01 mm, liegt damit also wesentlich unter der der Sandgruppe. Der Ton- und Sandanteil beträgt im Löß weniger als die Hälfte des Substrates. Lößablagerungen sind strohgelb, porös, zeigen keine deutliche Schichtung und haben meist einen Kalkgehalt von 10 bis 15 %. Der typische Löß ist eine durch den Wind bedingte (äolische) Ablagerung, die sich während der Eiszeit und Nacheiszeit in weiten Gebieten südlich der Eisrandlagen ablagerte. Wir finden Löß heute als verbreitetes Bodensubstrat in den ariden bis mäßig regenreichen (humiden) Klimagebieten der gemäßigten Breiten Eurasiens sowie Nord- und Südamerikas, wo er als Schleier, Deckschicht oder auch als viele Meter mächtige Ablagerung auftritt.

Unter dem Einfluß von Klima und Vegetation entstanden nun auf diesen Lößsubstraten die typischen Steppenböden: Schwarzerden (Tschernoseme) und kastanienfarbene Böden (Kastanoseme). Für die Entstehung der Schwarzerden sind ein semiarides Klima, das Vorherrschen von Grasvegetation sowie ein tiefgründiger, kalkhaltiger Untergrund Voraussetzungen. Schwarzerden weisen zwei Horizonte auf: einen mächtigen tiefschwarzen Oberboden (A-Horizont), der dem hohen Humusgehalt von 4 bis 10 % seine Farbe verdankt, und unterhalb des zur Tiefe hin allmählich abnehmenden Humusgehaltes des Oberbodens den humusfreien Löß als C-Horizont. Typisch für diese Böden sind Zonen mit starken Kalkanreicherungen (Karbonat-Ausfällungshorizonte). Schwarzerden besitzen eine stabile Krümelstruktur und einen hohen Nährstoffvorrat, was ihre außerordentliche Fruchtbarkeit bedingt. Sie sind durch ein überaus reiches Bodenleben gekennzeichnet. Das mächtig entwickelte Graswurzelsystem wird nach dem Absterben sogleich zu Humus. Mit zunehmender Trockenheit des Klimas und damit geringerer Produktivität der Pflanzendecke aufgrund des begrenzenden Wasserfaktors nehmen Humusgehalt und Mächtigkeit des Oberbodens ab. Für Osteuropa läßt sich die Schwarzerdezone z. B. folgendermaßen unterteilen: Das Gebiet der Mächtigen Schwarzerde weist Humusprofile bis zu 170 cm auf. Das südlich anschließende Gebiet der Gewöhnlichen Schwarzerde hat Humushorizonte von maximal 75 cm Mächtigkeit, und im Gebiet der Südlichen Schwarzerde erreichen die Humushorizonte kaum 50 cm. Mit der Verringerung der Stärke des humosen Oberbodens wandern gleichzeitig die Kalkanreicherungshorizonte nach oben.

In südlicheren Gebieten werden unter ariden Klimabedingungen die Schwarzerden von den kastanienfarbenen Böden abgelöst. Die zunächst auftretenden Dunklen Kastanoseme haben einen dunkelbraunen Oberboden mit Humusgehalten von 3 bis 6 %. Die humusfreien Karbonatanreicherungshorizonte beginnen bei 50 bis 70 cm Tiefe. Die Mittleren Kastanoseme enthalten bei A-Horizonten von weniger als 40 cm Stärke nur noch einen Humusgehalt unter 3 %, und die humusarmen Hellen Kastanoseme vermitteln bereits zur Wüstensteppe (Halbwüste). Sie gehen schließlich über Buroseme in die humusfreien Wüstenböden (Seroseme) über. In den Gebirgssteppen der nördlichen Mongolei lassen sich je nach Hanglage und -neigung (Exposition) der geschilderte Bodenwechsel und damit auch der Wechsel der Vegetation auf kleinstem Raum beobachten.

Neben den Schwarzerden und kastanienfarbenen Böden treten in der Steppenzone besonders in den Gebieten mit hoher Verdunstung und leicht löslichen Boldensalzen verbreitet auch Salzböden auf. Die Solonschakböden entwickeln sich auf durch das Grundwasser geprägten Standorten, während Solonezböden auf zeitweilig nassen Standorten vorkommen. Schwarzerdeböden, die Wald tragen, werden degradiert, was sich in einer Zerstörung der Krümelstruktur, Verringerung der Mächtigkeit des A-Horizontes einschließlich des Humusgehaltes und Podsolierung äußert. Es entstehen dann Ausgelaugte Schwarzerden, die unter längerem Waldbestand zu Grauen Waldböden werden.

Von der Waldsteppe zur Baumlosigkeit der eigentlichen Steppen

Im Gegensatz zur subtropischen Zone, wo die Wälder über eine breite Savannenzone mit lichtem Gehölzwuchs in die ariden Graslandformationen und schließlich die Halbwüsten und Wüsten übergehen, findet in der gemäßigten Klimazone der Übergang von den Wäldern in die offenen Steppen über eine Zone mit inselhafter Waldauflösung statt. Dieser Gürtel wird als Waldsteppenzone bezeichnet. Dabei handelt es sich keinesfalls um lichte, versteppte Waldkomplexe mit reichhaltig entwickelter Steppenvegetation, wie sie bei uns in trockenwarmen Gebieten im allgemeinen durch Übernutzung der Wälder (Holzeinschlag bzw. Weide) auftreten. Vielmehr sind in der Waldsteppenzone die Waldinseln scharf von den Wiesensteppen abgegrenzt, meist ist nicht einmal ein schmaler Gebüschgürtel ausgebildet. Wenn Unterwuchs vorhanden ist, setzt er sich aus Arten des Waldes zusammen. Diese Grenzen zwischen Wald und Steppe können somit nicht durch das dort herrschende Großklima bedingt sein. In der Gebirgs-Waldsteppe beobachtet man die Waldinseln auf den kühlfeuchten Nordhängen, die im nördlichen Zentralasien als Dauerfrostbodenstandorte eine wesentlich höhere Bodenfeuchtigkeit als die anderen Standorte aufweisen. In ebenen Lagen der Übergangszone zwischen Wald und Steppe finden wir Gehölzwuchs vornehmlich in Bodendellen und Erosionsrinnen, also an Wasserzulaufstellen. Weiterhin bilden sandige Bodensubstrate inmitten von Lößgebieten wegen ihrer günstigen Versickerungseigenschaft und damit des höheren Wasserspeicherungsvermögens für den Gehölzwuchs relativ günstige Voraussetzungen. Ebenso siedelt sich auf Felsrücken, in deren Klüften eine Wasserspeicherung möglich ist, die Steppengräser sich jedoch nicht voll entfalten können, Gehölzwuchs an. Auf derartigen Standorten sind im semiariden Klimabereich die Gehölze zunächst der Konkurrenzkraft der Gräser gegenüber, die tiefgründige Böden benötigen, überlegen. Doch besteht ein labiles Gleichgewicht zwischen den Waldinseln und dem Grasland, so daß oft schon kleinste Begünstigungen zur Verschiebung der Grenzen führen. So fördern Brände und Beweidung die Steppenbildung. Ein savannenartiger Baumbestand aber ist in den Steppen der gemäßigten Klimagebiete mit ihren

Lößböden nicht möglich, da sich die Gehölzkeimlinge hier nicht gegen die Graskonkurrenz durchsetzen können.

In der eigentlichen Steppenzone fehlt schließlich natürlicherweise jeder Baumbestand. Entscheidend dafür ist der Wassermangel der Böden im Sommer. Begrenzend wirken vor allem die relativ häufig auftretenden Trockenjahre (Dürrejahre). Wenn auch in den eigentlichen Steppen Gehölzwuchs prinzipiell möglich ist, wie zahlreiche Gehölzpflanzungen, z. B. die Windschutzstreifen in den Steppen im europäischen Teil Rußlands, zeigen, läßt sich daraus aber keinesfalls ableiten, daß die Steppen durch Wälder verdrängt werden könnten. Am ehesten ist Gehölzwuchs noch im semiariden Klima im Bereich der Mächtigen Schwarzerden möglich, wenn auf derartigen Standorten durch Einwirkungen des Menschen die Konkurrenzkraft der Gräser zurückgehalten wird oder eine Beweidung ausbleibt. Eine mäßige Beweidung der Steppen ist dagegen für die Entwicklung stabiler Steppenpflanzengesellschaften wichtig. Ursprünglich sorgten die großen Huftierherden (Wildpferde, Bisons, Antilopen) zusammen mit den stark entwickelten Populationen der Steppennagetiere (Ziesel, Steppenmurmeltiere, Hamster und Mäuse) dafür. Später traten an ihre Stelle immer mehr die großen Haustierherden.

Auf geringmächtigen Schwarzerde- und Kastanosemstandorten ist ohne Bewässerung ein bleibender Baumbestand nicht zu erhalten. Zwar gedeihen in Steppengebieten in den Anfangsjahren Aufforstungen gut, mit zunehmendem Alter wachsen die Bäume wegen steigender Transpirationsleistung aber immer schlechter und gehen schließlich in Dürrejahren ein. Wie zahlreiche Untersuchungen zeigten, ist der Wasserverbrauch pro Flächeneinheit durch die Steppenvegetation wesentlich geringer als bei Gehölzwuchs. Es ließ sich aber auch nachweisen, daß in grundwassernahen Steppengebieten bei Baumwuchs das Grundwasser ständig absinkt, bis es schließlich von den Bäumen nicht mehr erreicht wird und diese absterben. Im allgemeinen werden Baumbestände in Steppengebieten 20 bis 30, selten 40 Jahre alt, dann ist praktisch alles ausnutzbare Wasser aufgebraucht. Zwar könnten sich einzelne Bäume länger erhalten, doch kommen diese aus Konkurrenzgründen in den Steppen des gemäßigten Klimagebietes nicht zur Entwicklung.

In welchem Maße in den Steppen das Wasser der begrenzende Faktor ist, wird uns deutlich, wenn in trockenen Spätsommern die oberirdische Steppenvegetation oft völlig vertrocknet. Selbst für Steppenpflanzen ist dann der Wasservorrat erschöpft. Im Gegensatz zu Bäumen überstehen die Steppenpflanzen aber derartige extreme Zeiten.

Wir wollen uns nun die Vegetationsverhältnisse einiger Steppengebiete unserer Erde etwas eingehender ansehen.

Die osteuropäischen Steppen

In geradezu klassischer Weise läßt sich in Osteuropa der Wandel der Vegetationszonen von Nord nach Süd verfolgen. Bis in das Gebiet Kiew–Gorki–Kasan–Ufa reicht die Mischwaldzone, südwärts anschließend folgt bis in den Raum Kischinjow–Charkow–Saratow–Kuibyschew–Orenburg die Waldsteppenzone. Sie wird dann von der eigentlichen Steppenzone abgelöst, die am Nordrand des Schwarzen Meeres ihre Grenze findet. Im Südosten, im Raum von Wolgograd zum Kaspischen Meer hin, kommen schließlich noch Wüstensteppen vor.

In der Waldsteppenzone treten an hydrologisch bevorzugten Standorten Waldinseln auf. Es handelt sich dabei um Baumarten der gemäßigten Klimazone, die sich in offener Landschaft allein nicht behaupten können und unter natürlichen Bedingungen stets geschlossene Bestände bilden. Laubwälder herrschen vor. Die bestimmende Baumart ist die Stieleiche *(Quercus robur)*, weitere Arten sind die Feldulme *(Ulmus minor)*, die Winterlinde *(Tilia cordata)*, die Gemeine Esche *(Fraxinus excelsior)*, der Spitzahorn *(Acer platanoides)*, der Feldahorn *(Acer campestre)*, der Tatarische Ahorn *(Acer tataricum)*, die Espe *(Populus tremula)*, die Eberesche *(Sorbus aucuparia)* und der Wildapfel *(Malus silvestris)*. An Sträuchern treten Haselnuß *(Corylus avellana)*, Warzenspindelstrauch *(Euonymus verrucosa)* und Schlehdorn *(Prunus spinosa)* auf. Vereinzelt kommen auch Kiefern- und Birkenwäldchen vor. Die Bodenflora wird von den auch bei uns aus Laubwäldern bekannten Kräutern, wie Waldbingelkraut *(Mercurialis perennis)*, Waldmeister *(Galium odoratum)*, Echtem Lungenkraut *(Pulmonaria officinalis)*, Frühlingsplatterbse *(Lathyrus vernus)*, Haselwurz *(Asarum europaeum)*, Wunderveilchen *(Viola mirabilis)*, Goldnessel *(Lamium galeobdolon)*, Riesenschwingel *(Festuca gigantea)*, Waldschwingel *(Festuca altissima)*, Behaarter Segge

(Carex pilosa) und auch Meerzwiebel *(Scilla cernua)*, gebildet.

Zwischen diesen Laubwaldinseln herrschen von Natur aus die krautreichen Wiesensteppen vor, die in den nördlichen, noch relativ feuchten Gebieten vor allem durch ihren Reichtum an auffälligen, großblumigen Blütenpflanzen gekennzeichnet sind. Die Steppengräser treten hier zurück. Von Alechin (1926, zitiert in Berg 1958) liegt über die Wiesensteppen des Kursker Gebietes eine anschauliche Schilderung vor, die wir hier gekürzt wiedergeben wollen:

»Im zeitigen Frühling, wenn die Steppe noch graubraun vom vorjährigen Gras erscheint, blühen als erste die Fingerkuhschellen *(Pulsatilla patens)*, deren große lilafarbene Glocken über die ganze Steppe verstreut sind. Zur gleichen Zeit blüht die Erdsegge *(Carex humilis)*, die mit ihren zahlreichen Rasenpolstern die gesamte Steppe überzieht. Sehr schnell, innerhalb einer Woche, gesellt sich zur Kuhschelle das hellgelbe Frühlingsadonisröschen. Damit beginnt allmählich die zweite Periode mit *Adonis vernalis* neben Veilchen *(Viola hirta* und *Viola arenaria)*, Hyazinthe *(Hyacinthus leucophaeus)*, Goldstern *(Gagea erubescens)* und Fingerkraut *(Potentilla heptaphylla* und *Potentilla alba)*. Unmittelbar auf die Phase des Adonisröschens folgt die Phase der Wiesenschlüsselblume *(Primula veris)*. Diese zwei Perioden umfassen den April und Anfang Mai. Danach erscheinen das Große Windröschen *(Anemone sylvestris)*, die Schwertlilie *(Iris aphylla)* und die gelblichweißen Waldroßwicken *(Orobus albus)*. Die Steppe ist jetzt schon von einem dichten grünen Teppich mit zahlreichen blühenden Pflanzen überzogen. Ende Mai oder Anfang Juni hat die Steppe vom Waldvergißmeinnicht *(Myosotis sylvatica)* einen zart himmelblauen Ton, zu dem sich die Ehrenpreisarten, sowohl Gamanderehrenpreis *(Veronica chamaedrys)* als auch der Gestreckte Ehrenpreis *(Veronica prostrata)* gesellen. In diesen blaugrünen Grund der während dieser Zeit völlig mit frischen grünen Pflanzen bedeckten Steppe sind die hellgelben Punkte von Feldkreuzkraut *(Senecio campestris)*, Abbiß-Pippau *(Crepis praemorsa)* und Buschhahnenfuß *(Ranunculus polyanthemos)* eingestreut. Anfang Juni bietet die Steppe schon ein vollkommen anderes Bild: Es herrscht der dunkellilafarbene Wiesensalbei *(Salvia pratensis)* vor, zu dem sich hier und da *Salvia nutans* gesellt. Aus der Ferne sieht die Steppe lila aus. Etwas später treten wieder andersfarbige Pflanzen hinzu: der hellgelbe Wiesenbocksbart *(Tragopogon pratensis)*, die Morgenländische Zackenschote *(Bunias orientalis)*, die Weiße Wucherblume *(Chrysanthemum leucanthemum)*, das Kleine Mädesüß *(Filipendula vulgaris)* und der Bergklee *(Trifolium montanum)*. Die letztere Periode, die durchschnittlich bis Ende Juni andauert und die ein ungewöhnlich herrliches, bunt schimmerndes Mosaik der verschiedenartig blühenden Pflanzen bietet, ist zusammen mit der Maiperiode die farbenprächtigste Zeit mit ungewöhnlich effektvoller Wirkung. Ende Juni ist der Salbei verblüht, es treten jetzt Pflanzen mit weißen Blüten hervor – Wucherblume, Bergklee, Mädesüß –, zu denen der blaulilafarbene Ton der Sibirischen Glockenblume *(Campanula sibirica)* und die Pfirsichblättrige Glockenblume *(Campanula persicifolia)* kommen. Mitte Juli wird die Farbe der Steppe durch das üppige Blühen der Saatesparsette *(Onobrychis viciifolia)* bestimmt, die ihr eine rosalila, schmutzige Färbung verleiht. Gleichzeitig blühen unter anderem das Echte Labkraut *(Galium verum)* und die Ackerwitwenblume *(Knautia arvensis)*. Ab Mitte Juli wird die Zahl der blühenden Pflanzen immer geringer, auch die neu aufblühenden Arten nehmen ständig ab. Die Pflanzenwelt der Steppe erhält durch die vielen schon abgestorbenen Pflanzen allmählich eine zunehmend graubraune Tönung. Während dieser Zeit beginnt der Hohe Rittersporn *(Delphinium litwinowi)* zu blühen, dessen blaue Blüten in großer Menge die Steppe überziehen. Wenige Tage später gesellt sich zum Rittersporn noch der ebenfalls hochwüchsige Schwarze Germer *(Veratrum nigrum)* mit dunkelfarbigen, langen Blütenständen. Dies ist die letzte Periode im Vegetationsjahr der Steppe; denn danach sind blühende Arten selten. In den August fällt die Dürreperiode.«

Heute sind aber diese Wiesensteppen, die auf Mächtigen Schwarzerden stocken, bis auf wenige Naturschutzgebiete umgebrochen und in Ackerland verwandelt worden. Lediglich an Wegrainen und Waldkanten kann man die Blumenfülle noch in ihrem jahreszeitlichen Wechsel beobachten. Die Waldinseln blieben dagegen im wesentlichen erhalten.

Die eigentlichen Grassteppen (Federgrassteppen) treten auf den Gewöhnlichen und Südlichen Schwarzerden auf. Allgemein ist mit der Abnahme des Humusprofils auch eine Abnahme des Anteils von Kräutern in der Steppenvegetation festzustellen. Auf den Südlichen Schwarzerden treten nur noch krautarme Federgrassteppen auf. Im südlichen Teil der Ukraine sind diese Steppen heute

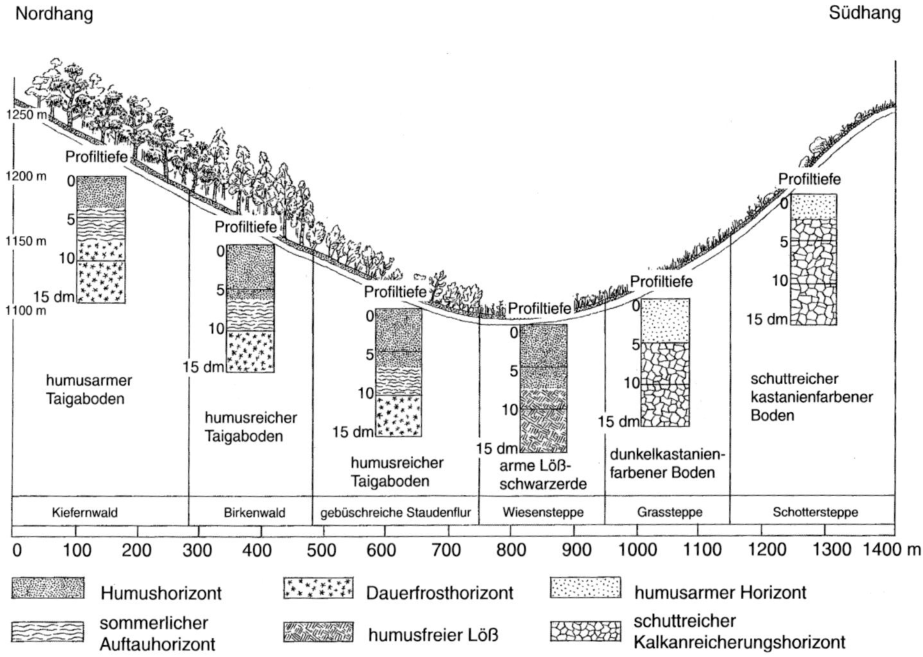

Vegetations- und Bodenabfolge in der Gebirgs-Waldsteppenzone der nördlichen Mongolei

ebenfalls in Ackerland überführt worden. Der Steppentyp läßt sich auch nur noch in Naturreservaten studieren. Eines der bedeutendsten Steppenschutzgebiete ist Askania Nowa südlich des untersten Dnjeprstausees (Kachowkastausee). Die Böden sind Südliche Schwarzerden in Kontakt mit Kastanosemen. Auch die Vegetation der Grassteppen soll nach einer Schilderung von Berg dargestellt werden:

»Mitte März erwacht in der Steppe von Askania Nowa das Leben. Zwischen dem jungen Grün der Steppengrasbüschel zeigt als erster Frühlingsblüher das Frühlingshungerblümchen *(Erophila verna)* seine weißen Blüten. Gleichzeitig blühen zwei Goldsternarten *(Gagea pusilla* und *Gagea bulbifera)* mit kleinen lilafarbenen und gelben Blüten. Diese Frühjahrsephemeren nehmen den Raum zwischen den einzelnen Grasbüscheln ein. Mitte April beginnt das Zwiebelrispengras *(Poa bulbosa* var. *vivipera)* zu grünen, an dessen Rispen sich an Stelle von Blüten kleine zwiebelartige Knospen bilden, die durch das Vieh in den Boden getreten werden und der Pflanze den Samen ersetzen. Auf den stark beweideten jungfräulichen Steppen ist dieses Rispengras sehr häufig. Mitte April beginnt auch in der beweideten Steppe die Blütezeit einer Segge *(Carex stenophylla)* und am 20. April die Blütezeit der Tulpen *(Tulipa schrenki)*. Manchmal hat diese Art gelbe, bisweilen aber auch rosa und andersfarbige Blüten. Weitere Tulpenarten mit kleineren gelben Blüten wie die *Tulipa biebersteiniana* sind örtlich recht üppig. Im Frühjahr wird die Steppe durch die Zwergschwertlilie mit ihren großen verschiedenfarbigen Blüten belebt. Weiter blühen im Frühjahr Baldrian *(Valeriana tuberosa)*, Schmalblättriger Milchstern *(Ornithogalum tenuifolium)*, zwei Tragantarten, Hahnenfuß *(Ranunculus oxyspermus)*, eine Hyazinthenart *(Bellevalia sarmatica)* mit schmalblättrigen purpurfarbenen Blüten u. a. Die hauptsächlichsten Steppengräser, wie Furchenschwingel *(Festuca stricta)* und die Pfriemengräser *(Stipa lessingiana, Stipa ukrainica)*, blühen erst im Mai. Weiter sind das Schlanke Schillergras *(Koeleria gracilis)* und eine Quecke *(Agropyron pectinatum)* zu erwähnen. Wenn das Frühjahr hinreichend feucht war, bietet die Steppe während der Entwicklung des Lessing-Pfriemengrases ein un-

gewöhnlich schönes Bild. Sie ist dann mit einem eigentümlichen, geschlossen silbergrau schimmernden, aus den zahllosen »Federn« des Pfriemengrases bestehenden Teppich bedeckt, der bei Wind einer endlos wogenden Wasserfläche gleicht. Mitte Juni beginnen die Grannen des Lessing-Pfriemengrases abzufallen. Die Steppe färbt sich allmählich gelb. Wenn der Steppenboden im Sommer noch genügend Feuchtigkeit enthält, entwickelt sich das Pfriemengras *(Stipa capillata)* sehr üppig und bedeckt Ende Juli die Steppe mit einem geschlossenen, blühenden Teppich. Dieses Gras reicht im gewöhnlichen Zustand, d. h. mit geneigten Rispen, einem erwachsenen Menschen bis an die Knie und höher. In ausgestreckter Form ist es sogar mannshoch und erreicht maximal bis 1,80 m Länge. Im Herbst werden die Halme des Haarförmigen Pfriemengrases gelb, und die begrannten Körner fallen teilweise ab, teilweise winden sich die Grannen spiralig. Im Winter ragen die aufrecht stehenden Halme aus der mehr oder weniger gleichmäßigen Schneedecke heraus.«

Birken-Nordhangwälder auf Dauerfrostboden mit *Trollius asiaticus* und *Pyrola incanata*

Die zentralasiatischen Steppen

Ein weiteres großes Steppengebiet, das zentralasiatische Steppen- und Waldsteppengebiet, konzentriert sich im wesentlichen auf den nördlichen und mittleren Teil der Mongolei. An die den nördlichsten Teil dieses Landes einnehmende sibirische Gebirgstaiga schließt die Waldsteppenzone an, die hier in Höhenlagen von 1000 m bis maximal über 3000 m ü. NN (Gobi-Altai) als Gebirgs-Waldsteppe ausgebildet ist. Grassteppen finden wir vor allem auf der Ostmongolischen Platte. Daran schließt sich eine Wüstensteppe an, die fließend in die den südlichen Teil der Mongolei einnehmende Wüste Gobi übergeht. Diese Vegetationszonierung kommt auch sehr schön in den Bodenzonen zum Ausdruck. Während die Gebirgstaiga auf Dauerfrostböden (Kryo-Taigabö-

Montane Wiesensteppe mit *Anemone narcissiflora* und *Polemonium coeruleum*

den) stockt, herrschen in der Waldsteppe Tschernoseme und Dunkle Kastanoseme vor (z. T. noch mit Dauerfrostböden), treten in den Grassteppen Mittlere und Helle Kastanoseme, in den Halbwüsten Buroseme und in der zentralen Wüste Gobi schließlich die Seroseme auf.

Während Steppen allgemein durch eine Kälteruhe im Winter und eine Trockenruhe im Sommer gekennzeichnet sind und die Hauptentwicklungsphase der Vegetation das Frühjahr mit seiner relativ hohen Bodendurchfeuchtung ist, kommt es unter den hochkontinentalen Bedingungen Zentralasiens zu einer extrem langen, durch Kälte und Trockenheit bedingten Ruhephase von September bis Mai. Da sich praktisch keine winterliche Schneedecke ausbildet und die Niederschläge erst im Juni einsetzen, herrscht während des kurzen Frühjahrs große Trockenheit, so daß die für Steppengebiete sonst so charakteristischen Frühjahrseinjährigen weitgehend fehlen. Da die Periode der größten Erwärmung mit der Phase der größten Niederschläge zusammenfällt, kommt es zu einer enormen sommerlichen Vegetationsentfaltung. So herrschen in den Monaten Juli und August zumindest in der Waldsteppenzone bioklimatologisch kaum Unterschiede zur Mischwaldzone Europas. Weil die trockene Jahreszeit weitgehend mit der Frostperiode zusammenfällt, wirken die klimatischen Bedingungen einer Versalzung der Böden entgegen. Die in der Waldsteppenzone noch verbreiteten Dauerfrostböden haben im Sommer einen wesentlich günstigeren Feuchtehaushalt, als es die atmosphärischen Niederschläge erwarten lassen (Dehydration im Winter, Auftauwasser und Staukörper im Sommer).

In den mongolischen Waldsteppen und Steppen wurde erst in jüngster Zeit mit dem Ackerbau begonnen, und es ist bisher nur ein kleiner Teil der Böden in Ackerkultur überführt worden. So lassen sich hier die Steppenpflanzengesellschaften und

Im Mai entfalten einige niedrige Pflanzen auf dem dürren Boden ihre Blüten.

ihre Ökologie noch heute in geradezu idealer Weise studieren. Eine besonders große ökologische Vielfalt und damit floristische Mannigfaltigkeit weist die Waldsteppenzone auf. In dieser Berglandschaft stellen die kühlfeuchten Nordhänge mit ihren Dauerfrostböden Waldstandorte dar. An den Ost- und Westhängen und z. T. auch in den Tälern entfalten sich auf Schwarzerden Wiesensteppen, während sich an den Südhängen auf schuttreichen Böden Schottersteppen entwickeln. Die Talunterhänge und höheren Talterrassen auf Kastanosemböden tragen Grassteppen. Schließlich können sich in den grundwassergeprägten Niederungen Dauereissümpfe und Eismoore mit Aufeishügeln bilden, die in starkem Maße an die Tundren nördlich des Polarkreises erinnern. In der Berg-Waldsteppe spiegeln die Vegetations- und damit auch Bodenabfolge von einem Nord- zu einem Südhang in gewisser Weise einen breiten Ausschnitt der Vegetationszonen der nördlichen Hemisphäre wider, lösen doch auf kleinstem Raum Nadelwald, Laubwald, buschreiche Staudenflur, Wiesensteppe, Grassteppe und Schottersteppe einander ab.

Die Wäldchen am Nordhang werden von Waldkiefern *(Pinus sylvestris)*, Sibirischen Lärchen *(Larix sibirica)*, Birken *(Betula platyphylla)* und Espen *(Populus tremula)* gebildet. In der Strauchschicht finden wir verschiedene Spierstraucharten – vor allem den Akeleiblättrigen Spierstrauch *(Spiraea aquilegiifolia)*. Die Kiefernwälder ziert der bereits im Mai blühende Dahurische Rhododendron *(Rhododendron dahuricum)*. Die Bodenvegetation dieses Waldtyps wird hektarweise von dem großblütigen Fleischfarbenen Birnkraut *(Pyrola incarnata)* geprägt. In den durch höhere Feuchtigkeit ausgezeichneten Birkenwäldern beginnt Anfang Juni der Blumenflor mit goldfarbenen Blüten der Asiatischen Trollblume *(Trollius asiaticus)* und denen der weißen vielblumigen Narzissenanemone *(Anemone narcissiflora)*. Ende Juni öffnen sich die großen roten Blüten der Großblütigen Pfingstrose *(Paeonia anomala)*.

Weit verbreitet sind als Saum um die Gehölzinseln, z. T. aber auch großflächig in montanen Tallagen buschreiche Bergstaudenfluren. Als Waldgrenzstandorte stellen sie durch Weide und Brand bedingte Ersatzgesellschaften von Wäldern dar, die sich bei Fortfall einer Nutzung wieder zu Wäldern entwickeln dürften. Der günstige Wasserhaushalt dieser Standorte (Dauerfrostböden) ermöglicht eine üppige Vegetationsentfaltung. Lockere, niedrige Gebüsche von Fünffingerstrauch *(Dasyphora parviflora)*, einer Wildrosenart *(Rosa acicularis)* und von Zwergmispelarten *(Cotoneaster)* wechseln mit wiesenartigen Beständen. Im zeitigen Frühjahr (Mitte bis Ende Mai) leitet die Gelbe Kuhschelle *(Pulsatilla flavescens)* mit ihren hellgelben, fast handtellergroßen Blüten die Vegetationsperiode ein. Die mit den großen gelben Blütenglocken übersäten Flächen gehören zu den schönsten Vegetationsaspekten der nordmongolischen Waldsteppenzone. Ab Ende Mai sind viele Berghänge durch die Ruthenische Schwertlilie *(Iris ruthenica)* blau gefärbt. Erst ab Mitte Juni entfalten die zahlreichen Hochstauden ihre Blütenpracht: die hellblau blühende Glockenblumenart *Adenophora stenanthina*, der Rittersporn *Delphinium cheilanthum*, der Wiesenstorchschnabel *(Geranium pratense)*, die gelb blühende Eisenhutart *Aconitum barbatum*, das tiefblau blühende Drachenmaul *(Dracocephalum ruyschiana)*, die weißen Blüten der Wiesenrautenart *Thalictrum minus*, die Blaue Himmelsleiter *(Polemonium coeruleum)* und die dunkelroten Blütenköpfe des Großen Wiesenknopfes *(Sanguisorba officinalis)*. Der Anteil der Gräser beträgt in dieser Pflanzengesellschaft oft weniger als 25 %.

An den von der Bodenfeuchtigkeit nicht mehr so begünstigten Ost- und Westhängen sowie in grundwasserfernen, tieferen Tallagen bilden sich die Wiesensteppen auf gering-mächtigen (armen) Tschernosemen aus. Eigentliche Kennarten fehlen den Wiesensteppen. Ihre Artengarnitur setzt sich aus Vertretern der Berg-Staudenfluren und solchen der Grassteppen zusammen. Die Produktivität dieser Wiesensteppen liegt mit 10 bis 25 dt Trockenmasse je Hektar unterhalb derjenigen der Staudenfluren (20 – 50 dt/ha), aber andererseits noch höher als in den Grassteppen (5 – 10 dt/ha). Der Anteil der Gräser beträgt etwa 50 %. Auf den Standorten der Wiesensteppen kann sich natürlicherweise kein Baumwuchs mehr entfalten.

Im Vergleich zu den Bergstaudenfluren und auch den Schottersteppen sind die Wiesensteppen recht blütenarm. Im Hochsommer wird die hochwüchsige Steppentaubnessel *(Phlomis tu-*

Waldsteppenzone mit Waldresten an Nordhängen auf Dauerfrostboden

berosa) mit ihren schmutzigweißen Blütenständen aspektbestimmend. Die wohl prächtigste Steppenpflanze ist die Schmalblättrige Lilie *(Lilium tenuifolium)*. Da die Standorte der Wiesensteppe, soweit sie nicht bereits in Ackerkultur überführt wurden, meist intensiv beweidet werden, sind Stellen mit Überweidung sehr verbreitet. Dabei werden vor allem giftige, bittere, dornige, drüsige und wollige Pflanzenarten durch Weideselektion stark gefördert. Schwache Überweidung wird durch das Vorkommen der hellrosa blühenden giftigen *Stella chamaejasne* aus der Familie der Spatzenzungengewächse (Thymelaeaceen) angezeigt. Bei stärkerer Beweidung dominieren schließlich der bittere Eisbeifuß *(Artemisia frigida)*, die wollig-filzige Edelweißart *Leontopodium campestre*, die purpurrot blühende, drüsig behaarte Fahnenwickenart *Oxytropis glandulosa* sowie die leuchtendblau blühenden Arten Liegender Enzian *(Gentiana decumbens)* und Großblütiger Rittersporn *(Delphinium grandiflorum)*.

Der am meisten verbreitete Steppentyp Zentralasiens ist die Grassteppe, die nur auf kastanienfarbenen Böden vorkommt. Während die südlichen Grassteppen auf Hellen Kastanosemen nur noch für eine extensive Weidewirtschaft geeignet sind, kann auf den nördlichen Grassteppen mit Mittleren und Dunklen Kastanosemen Ackerbau erfolgreich durchgeführt werden. Gräser herrschen in diesem Vegetationstyp absolut vor, sie geben ihm ein relativ eintöniges graugrünes Aussehen. Dabei ist das Dominieren einer Grasart über weite Flächen charakteristisch. Wir treffen hier Arten wie das Federgras *Stipa krylovii*, das Zierliche Schillergras *(Koeleria gracilis)*, die Kammquecke *(Agropyron pectinatum)*, das Süßgras *Aneurolepidium pseudoagropyron* oder das Rispengras *Poa botryoides* an, ferner die Segge *Carex duriuscula*.

Aufgrund der geringen oder fehlenden Schneedecke und der »Gefriertrocknung« der Vegetation durch die gegen Ende der Vegetationsperiode kraß einsetzenden Fröste wird in den Steppen während des ganzen langen Winters geweidet. Mitte Mai entfalten dann einige ausdauernde krautige Rosetten- und Polsterpflanzen (Geophyten) auf dem dürren, lichten Boden ihre Blüten: eine violett blühende Kuhschelle *(Pulsatilla turczaninovii)*, die blau blühende Schwertlilienart *Iris tigrida*, das gelb blühende Stengellose Fingerkraut *(Potentilla acaulis)*, der milchweiß blühende Mannsschild *(Androsace incana)* und die himmelblauen Vergißmeinnichtblüten von *Amblynotus obovatus*. Im Frühsommer dominiert oft das Goldgelb der Steppenlupine *(Thermopsis lanceolata)* zusammen mit den großen leuchtend hellgelben Rachenblüten von *Cymbaria dahurica*. Im Hochsommer bestimmen die blühenden Gräser das Vegetationsbild, spärlich durchsetzt vom Gelb des Echten Labkrautes *(Galium verum)*, dem Blau eines Ehrenpreises *(Veronica incana)* sowie der Nelken- und Asternarten und den weißwolligen Edelweißköpfen. Im Spätsommer beherrschen Beifußarten (Artemisia) mit graugrünen Farbtönen des Vegetationsbild.

Anschließend soll noch kurz auf die Schottersteppen eingegangen werden, die sich auf den flachgründigen, schuttreichen Böden südexponierter Hanglagen vor allem der Berg-Wald-Steppenzone ausbilden. In der lichten Vegetationsdecke herrschen krautige und halbstrauchige Pflanzen vor. Diese Arten sind hier den Gräsern überlegen, die mit ihrem intensiven Bewurzelungssystem Feinerdeböden benötigen. Schottersteppen zeichnen sich je nach Höhenlage, Ausgangsgestein, Flachgründigkeit und Humusgehalt des Bodens sowie Beweidungseinfluß durch eine große, stark wechselnde Artenmannigfaltigkeit aus. Es sind die blütenreichsten und farbigsten Pflanzengesellschaften des nördlichen Zentralasiens. Vom Frühling bis zum Hochsommer lösen sich die Blühaspekte z. T. wöchentlich ab. Die Produktivität der Schottersteppe ist aber mit 1 bis maximal 7 dt Trockenmasse pro Hektar und Jahr nur sehr gering.

Im Frühjahrsaspekt ähneln sie den Grassteppen, die allerdings eine weit größere Artenfülle zeigen. Charakteristisch sind die dem Boden aufliegenden blaßgelben Blütenpolster der Feldfahnenwicke *(Oxytropis caespitosa)*. Anfang Juni werden die Schottersteppen von Läusekrautarten mit auffälligen roten und gelben Blütentrauben geschmückt *(Pedicularis rubens* und *Pedicularis flava)*. Ende Juni erscheinen dann die großen roten Blütenköpfe der Einblütigen Flockenblume *(Centaurea monanthos)*, und die Felsrippen überziehen sich mit dem intensiven Gelb von *Haplophyllum dahuricum*. Im Spätsommer schließlich werden weite Flächen der Schottersteppen von einem gelben Blütenmeer des Sibirischen Rainfarns *(Tanacetum sibiricum)* eingenommen, und zwischen den Spalten des Felsgesteins ragen die langen gelben Blütenähren von *Orostachys spinosa* auf. Jetzt blüht auch die lila Strandnelkenart *Goniolimon speciosum*.

Die nordamerikanischen Prärien

In den Steppengebieten Nordamerikas, die als Prärien bekannt sind, nimmt die Temperatur von Nord nach Süd zu, und die Niederschläge gehen von Ost nach West zurück (s. die Klimadiagramme S. 178). Das Nord-Süd-Gefälle der Temperaturen und das Ost-West-Gefälle im Niederschlag bedingen eine Vielzahl spezifischer Prärietypen.

Im Gegensatz zu den eurosibirischen Steppen treten in den nordamerikanischen Prärien spätblühende tropisch-subtropische Gräsergattungen, wie z. B. Bartgras *(Andropogon)* und Rispenhirse *(Panicum)*, auf. Das hat seine Ursachen im Fehlen abriegelnder Gebirgszüge zu den südlichen Vegetationszonen. In den Prärien sind Horstgräser vorherrschend, die im regenreichen Osten hoch werden und im regenarmen Westen klein bleiben. Nach der Höhe dieser Gräser läßt sich die nordamerikanische Prärie in drei wichtige, sich jeweils in Nord-Süd-Richtung erstreckende Zonen untergliedern: in die Langgras-Prärie, die Mischgras-Prärie (mit langen und kurzen Gräsern) und die Kurzgras-Prärie.

In der Zone der Langgras-Prärie, die auch als Echte Prärie bezeichnet wird, betragen die Niederschläge 600 bis 1000 mm, eine Niederschlagsmenge, die Baumwuchs erwarten läßt. Doch durch die starke Konkurrenz der hohen Gräser sowie natürliche und vom Menschen angelegte Brände und nicht zuletzt die früher hier weidenden riesigen Bisonherden wurde aufkommender Baumwuchs vernichtet und die Entwicklung von Grasland begünstigt. Die Böden sind in der Langgras-Prärie bis zum Grundwasser voll durchfeuchtet, die Wurzeln der Gräser reichen 2,5 m tief. Kalkanreicherungshorizonte, wie sie für die Schwarzerden typisch sind, treten nicht auf. Die spezifischen Prärieböden sind sehr fruchtbar, weshalb sie schon im vorigen Jahrhundert fast gänzlich in Ackerland überführt wurden.

Je nach Bodenfeuchtigkeit und in Abhängigkeit vom Relief läßt sich die Langgras-Prärie in drei Typen untergliedern: In der Prärie der Hochflächen dominiert das Bartgras *Andropogon scoparius* mit 30 bis 40 cm hohen Blättern und 50 bis 100 cm hohen Blütenständen. Es kommt zusammen mit dem Federgras *Stipa spartea,* dem Schleudersamengras *Sporobolus heterolepis*, dem Mezquitegras *Bouteloua curtipendula*, der Quecke *Agropyron smithii* und dem Schillergras *Koeleria cristata* vor. Die Niederungsprärie mit noch besserer Wasserversorgung weist höhere Gräser auf. So beträgt bei dem Bartgras *Andropogon geradi* die Blatthöhe 0,5 bis 1 m, und die Blütenstände ragen 1,5 bis 2 m hoch. Weitere Arten dieses Typs sind *Sorghastrum nutans*, die Rispenhirse *Panicum virgatum* und der Strandroggen *Elymus canadensis.* In den nassen Senken werden schließlich die Gräser über 2 m und die Blütenstände bis 3 m hoch, wie z. B. beim salzliebenden Schlickgras *Spartina pectinata*. Doch lediglich im Bereich von Flußniederungen konnten sich derartige Hochgrassteppen noch heute erhalten.

Ähnlich der osteuropäischen und zentralasiatischen Wiesensteppe ist auch die Echte Prärie krautreich, so daß sich hier ebenfalls eine auffällige Blütenaspektfolge ergibt. Da, abgesehen von Extremjahren, keine ausgesprochene Dürrephase auftritt, gehören Spätsommerblühaspekte zum typischen Bild der Echten Prärien. Anfang September ist dann bei den meisten Arten die Vegetationsentwicklung abgeschlossen. Insgesamt ist der Artenreichtum in den Prärien sogar noch größer als in den eurasischen und asiatischen Steppen.

Im östlichen Randbereich der Prärie tritt ähnlich der Waldsteppe Osteuropas eine Eichenwaldprärie auf. Die vorherrschende Baumart ist die Kletteneiche *(Quercus macrocarpa)*, die wegen ihrer sehr dicken Borke feuerresistent ist und deshalb durch Brände nicht vernichtet wurde. Im Grenzbereich zu den Wäldern werden zunächst die trockeneren Kuppen von Grasland besiedelt, schließlich finden wir Wälder nur noch auenartig in Niederungen. Weitere Baumarten dieser Waldauflichtungszone sind die Schwarzlinde *(Tilia americana)*, die Amerikanische Esche *(Fraxinus pennsilvanica)*, die Ulmenarten *Ulmus americana* und *Ulmus fulva,* die Amerikanische Platane *(Platanus occidentalis)* und der Silberahorn *(Acer saccharinum)*. In Erosionsrinnen dringen Gehölze am weitesten in die offene Prärie vor, wie vor allem der Eschenblättrige Ahorn *(Acer negundo)*, eine Pappelart *(Populus deltoides)* und einige Weiden-*(Salix-)*Arten.

Die Mischgras-Prärie stellt einen Übergang von der Echten Prärie zur Kurzgras-Prärie dar. Als Böden herrschen vor allem Schwarzerden vor, die eine Durchwurzelungstiefe von 1 m aufweisen. Bei stärkerer Beweidung verschwinden die hohen Gräser als erste (vor allem *Andropogon scoparius*), so daß eine Degradation zur Kurzgras-Prärie stattfinden kann. Dominierende niedrige Gräser sind die Mezquitegräser *Bouteloua gracilis* und *Bouteloua hirsuta*. Die Anzahl der krautigen Pflanzen ist in diesem Prärietyp wesentlich geringer als in der Echten Prärie. Auch die Zone der Mischgras-Prärie ist überwiegend in Ackerland umgewandelt worden.

Die Kurzgras-Prärie wird dagegen meist als Weideland genutzt. Die Böden sind Kastanien-Braunerden und Braunerden, die einen geringmächtigen Humushorizont aufweisen. In dieser Präriezone herrschen aride Klimabedingungen. Die niedrige Büffelgrasart *Buchloë dactyloides*, das Buffalogras, bildet meist einen geschlossenen Teppich. Ein weiteres oft anzutreffendes Kurzgras ist *Bouteloua gracilis*. Krautige Pflanzen treten stark zurück, so daß derartige Prärien recht artenarm sind. Bei starker Überweidung werden in der Kurzgras-Prärie Opuntien (Kakteen) sehr gefördert, die dann die Weiden wertlos machen.

Die südamerikanische Pampa

Das vierte große Steppengebiet, die Pampa Südamerikas, bedeckt in Ostargentinien eine Fläche von 0,5 Millionen km^2. Dieser natürliche Graslandstandort wird im Norden und Westen von Savannen umgeben, die teilweise in Halbwüsten übergehen. Östlich grenzt eine den Waldsteppen entsprechende Gehölzpampa an. Im Gegensatz zu den Steppen und Prärien der Nordhemisphäre gibt es in der Pampa keine kalten Winter. Nur vereinzelt treten im Winterhalbjahr Fröste auf. Die günstigen Temperaturverhältnisse sind mit relativ hohen Niederschlägen von 500 bis 1000 mm gekoppelt (vgl. das Klimadiagramm von Buenos Aires S. 178). Ähnlich wie in der Echten Prärie ist es deshalb verwunderlich, daß in der Pampa von Natur aus keine Gehölze aufkommen. Während man früher annahm, daß die Pampa kein natürliches Grasland ist und die Baumlosigkeit eine Folge menschlicher Maßnahmen, vor allem der von Indianern angelegten Brände sei, belegen neuere standortkundliche Forschungen immer mehr den natürlichen Steppencharakter dieses nach den Klimawerten an sich regenreichen Gebietes. Hier wirken sich regelmäßig auftretende Dürrejahre sowie stark verdichtete Unterböden (Tonböden) auf Baumwuchs sehr ungünstig aus, so daß sich die Gehölze im natürlichen Wettbewerb mit den Gräsern unter Weidebedingungen nicht behaupten konnten. Nur auf durchlässigen Böden und an Hängen von Talterrassen entwickelt sich von Natur aus Gehölzwuchs. Eine charakteristische Erscheinung der überwiegend ebenen Pampa sind zahlreiche abflußlose Seen und Tümpel, die im Sommer z. T. austrocknen. Das Wasser in diesen Senken ist stark alkalisch, und es findet eine Sodaanreicherung statt. Damit sind alle durch Grundwasser beeinflußten Böden ähnlich wie in den eurasiatischen Steppengebieten mehr oder weniger stark versalzen.

Die Pampa ist heute ein relativ dicht besiedeltes, durch Ackerbau und Viehzucht intensiv erschlossenes Gebiet, so daß von der ursprünglichen Vegetationsdecke kaum noch etwas vorhanden ist. Reservate, wie wir sie von den osteuropäischen Steppen und den nordamerikanischen Prärien kennen, wurden nicht angelegt. Die einst herrschende Vegetation der regenreicheren nördlichen Pampa bestand aus artenreichen Federgrassteppen. Die dominierenden Gräser erreichten hier Höhen bis 1,2 m. An einst wichtigen Gräsern seien genannt: die Federgräser *Stipa neesiana* und *Stipa papposa,* die hirseartigen Gräser der Gattungen *Piptochaetium, Panicum* und *Paspalum*, das Bartgras *Bothriochloa (Andropogon) lagurioides,* die Trespe *Bromus unioloides,* das Zittergras *Briza triloba*, das Perlgras *Melica rigida*, das Rispengras *Poa lanigera* und das Liebesgras *Eragrostis lugens.* Kräuter traten in diesen Steppen kaum auf, sie waren nur als Rosettenpflanzen und in der Mittelschicht (bis 30 cm Höhe) vorhanden.

Im September und Oktober, den Frühjahrsmonaten der Südhemisphäre, begann die Vegetationsentwicklung der Pampa mit frischen Blättern der Gräser und den Blüten der einjährigen Pflanzen sowie der Arten mit unterirdischen Überdauerungsorganen, wie vor allem Lilien- und Schwertliliengewächsen. Im November und Dezember war mit dem bestimmenden Aspekt der Federgräser die volle Vegetationsentfaltung erreicht. Im Hochsommer, den Monaten Januar und Februar, folgte dann eine relative Ruhephase mit einem Vergilben der Blätter. Im März war durch spätblühende Pflanzen, vor allem das Bartgras, noch einmal eine gewisse Vegetationsentwicklung zu verzeichnen, die dann allmählich in die Winterruhephase überleitete.

Die südliche Pampa war vor allem durch das Vorherrschen von Horstgräsern (sogenannten-Tussock-Gräsern) charakterisiert. Diese hier besonders bei den Federgrasarten *Stipa brachychaeta* und *Stipa trichotoma* ausgebildete Wuchsform ist allgemein für die Grasländer der Südhemisphäre mit ihren milden Wintern sehr typisch. Die Gräser bilden bis zu einem Meter hohe Horste, in denen die harten, alten, abgestorbenen Blätter lange erhalten bleiben und zwischen den immergrünen lebenden Blättern stehenbleiben. Die Tussock-Steppen sehen somit nie frischgrün aus. Heute trägt die umgebrochene südliche Pampa überwiegend Kulturgräser mit zahlreichen vom Weidevieh nicht gefressenen Unkräutern.

Hartlaubvegetation der Winterregengebiete

Klimatisch gesehen sind heiße trockene Sommer, aber feuchte und milde Winter für die hier zu besprechenden Gebiete kennzeichnend. Die Jahresniederschlagswerte liegen im Mittel zwischen 300 und 1000 mm.

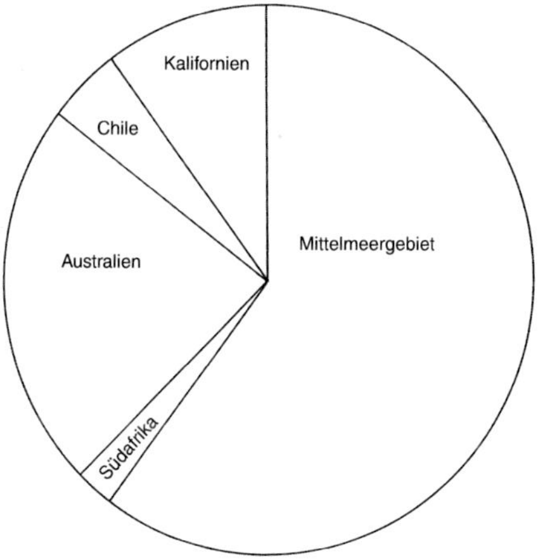

Gebiete mit mediterranem Klima und deren relativer Anteil (nach di Castri)

Die fünf Regionen der Erde mit diesem »mediterranen Klima« sind das Mittelmeergebiet, Teile von Kalifornien, Mittelchile, Südafrika sowie Südwest- und Südaustralien. Diese werden auch nach den im Griechischen »Etesien« genannten, trockenen Nord- und Nordwestwinden, die besonders von April bis Oktober im östlichen Mittelmeer vorherrschend sind, als Etesiengebiete bezeichnet. Sie treten an der Südwest- und Südseite der Kontinente im Bereich zwischen 35 und 40 Grad nördlicher bzw. südlicher Breite auf. Im Sommer liegen die Gebiete innerhalb des subtropischen Hochdruckgürtels, im Winter greifen die zyklonalen Luftströmungen auf sie über und verursachen Regenfälle bei kühlen Temperaturen.

Viele Pflanzen dieser Regionen besitzen Einrichtungen zur Hemmung der Wasserabgabe (Sklerophyllie). Zu diesen gehören:

- Verdickung der Epidermis-Außenwände, vor allem Verdickung der Kutikula und verstärkte Wachseinlagerungen,
- mehrschichtige Epidermen,
- Ausbildung von Wachs-, Harz- und Kalküberzügen,
- Verengung und Versenkung der Spaltöffnungen oder Überwölbung derselben mit (toten) Haarfilzen, wodurch wasserdampferfüllte, windstille Räume geschaffen werden, die die Sättigungsdifferenz zwischen Interzellularen und umgebender Luft herabsetzen und dadurch die Verdunstung reduzieren,
- große Spaltöffnungsdichte, die den Pflanzen die Möglichkeit gibt, bei günstiger Wasserversorgung und offenen Stomata die Photosynthese zu intensivieren,
- Ausbildung von Roll-, Falt- oder nadelförmigen Blättern,
- Reduktion der Blätter und Übernahme der Photosynthese durch das Sproßsystem (Phyllokladien, Rutensträucher mit grünen Sproßachsen),
- tief- und weitreichendes Wurzelsystem.

Die Blätter sind häufig lederartig und saftarm (»Hartlaub«), das Mesophyll durch Sklerenchym-Elemente verstärkt, die auch bei Wassermangel und nachlassender Turgeszenz die Steifigkeit und Formstabilität des Blattes sicherstellen. Diese Hartlaubgehölze können auch im milden Winterklima wachsen, weil sie ständig belaubt sind.

Bemerkenswert ist, daß die Wasserversorgung im Sommer kaum gestört ist, denn die Transpirationswerte ändern sich linear mit den Evaporationswerten das ganze Jahr hindurch. Nur an besonders heißen Tagen wird die Tageskurve der

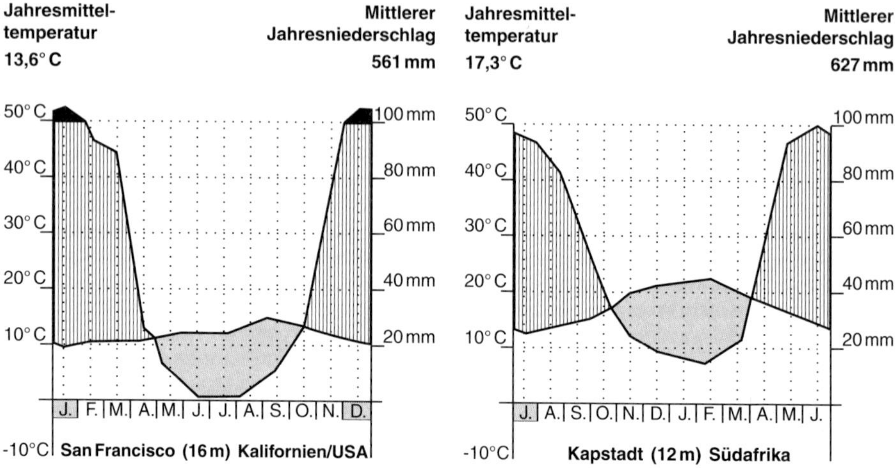

Klimadiagramme San Francisco (16 m), Kalifornien/USA – Valparaiso (41 m), Chile – Kapstadt (12 m), Republik Südafrika – Adelaide (48 m), Australien

Transpiration leicht zweigipflig, da sich die Stomata zur Mittagszeit etwas schließen. Offensichtlich erhalten die Wurzeln ausreichend Feuchtigkeit aus tieferen Bodenschichten.

Unter den Kräutern gibt es viele kurzlebige Pflanzen, die ihren Lebenszyklus zu Beginn der Trockenzeit abschließen. Diese haben im Boden in verdickten Sproßachsen (Knollen, Rhizomen), Blättern (Zwiebeln) oder spindelförmigen Wurzeln Wasser- und Nährstoffspeicher, mit denen sie die sommerliche Trockenperiode überstehen können.

Zwar wird immer die physiognomische Ähnlichkeit der Etesiengebiete betont, doch kann man dies im wesentlichen nur auf die trockenen, sonnigen Sommer, die relative Nähe zu gebirgigen Meeresküsten oder die gleichartig anthropogen überformte Landschaft mit Wein-, Citrusfrucht-, Olivenanbau und angepflanzten Pyramiden-Zypressen oder schirmförmigen Pinien beziehen. Si-

Klimadiagramme mediterraner Höhenstufen am Beispiel der Apennin-Halbinsel. Malta (56 m), mediterran – Desulo (920 m), submediterran – Ospedaletto (1 100 m), mediterran-montan (nach Mayer)

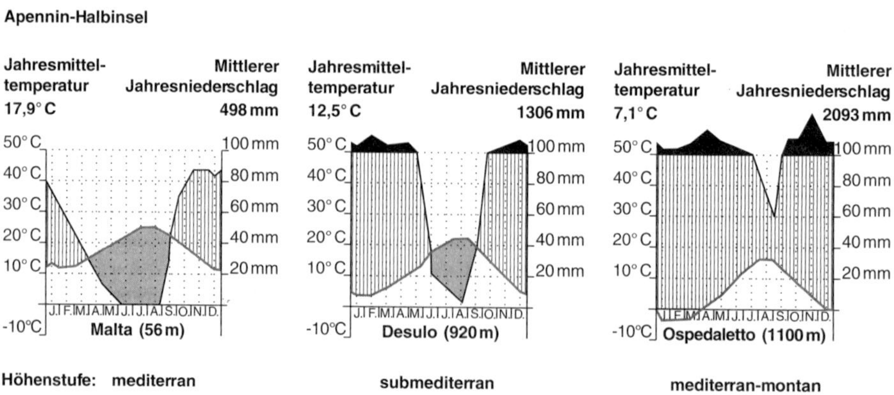

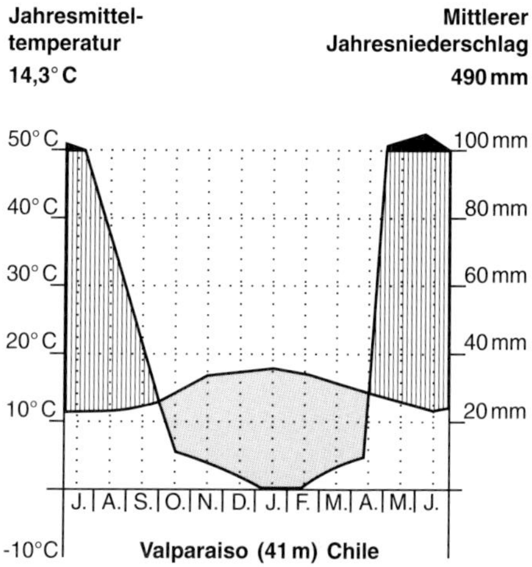

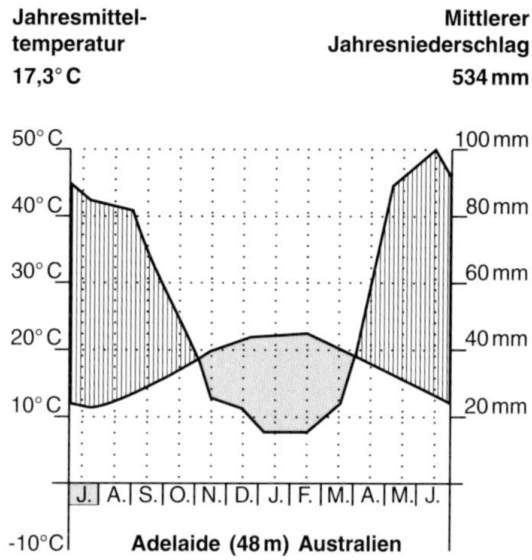

cher ist die Sklerophyllie eine recht markante und durchgängige Erscheinung. Auch lassen sich Beispiele hervorragender Konvergenz bei einzelnen Sippen finden wie z. B. den Rosaceen *Heteromeles arbutifolia* (in Kalifornien beheimatet) und *Kageneckia oblonga* (Chile) sowie dem Erdbeerbaum *(Arbutus unedo)*, einer Ericacee aus dem Mittelmeergebiet.

Dem Reisenden werden aber vielleicht eher die Unterschiede in Erinnerung bleiben, wie sie sich z. B. zwischen einem Eichen-Hartlaubwald, einem südwestaustralischen Eukalyptuswald, einem kapländischen Proteaceen-Gehölz oder dem wenig sklerophyllen chilenischen Gebüsch ergeben.

Die Unterschiede werden verständlich, wenn man bedenkt, daß die Etesiengebiete vier verschiedenen Florenregionen angehören und die aufbauenden Sippen entsprechend ganz unterschiedlichen Verwandtschaftskreisen zuzuordnen sind. Aufgrund der Zugehörigkeit von Mittelmeergebiet und Kalifornien zu einem Florenreich, der Holarktis, lassen sich hier neben den physiognomischen Ähnlichkeiten auch floristische Verwandtschaftsbeziehungen (Vikarianzen) aufzeigen.

Die Rolle des Feuers: Aufgrund der extremen Sommerdürre sind die Etesiengebiete häufig Feuersbrünsten ausgesetzt, die einen natürlichen klimatischen Faktor darstellen und auch früher, als es noch keine Menschen dort gab, auftraten. An Brände sind zahlreiche Pflanzen aus diesen Regionen in besonderer Weise angepaßt. Zu den vielfältigen Überlebensstrategien dieser »Pyrophyten« mit Beispielen aus der australischen Flora gehören:

- Die ausreichende Speicherung von Reservestoffen, die es den Pflanzen ermöglichen, nach Verlust der Blätter eine Zeitlang ohne Assimilation auszukommen, wie dies verschiedene *Eucalyptus*- und *Acacia*-Arten sowie der Grasbaum *Xanthorrhoea preissii* demonstrieren.
- Unterirdische Speicherorgane stellen auch die Lignotuber genannten Gebilde dar, die eine verholzte Anschwellung der unteren Internodien im Bereich der Kotyledonen und Primärblätter inklusive Wurzelhals darstellen. Aus diesem Reserveorgan werden neue Sprosse hervorgebracht. Lignotuber-Bildungen sind bei vielen *Eucalyptus*-Arten oder einigen Banksien (z. B. *Banksia menziesii)* zu beobachten.
- Die Verlagerung von Vegetationspunkten in die Erde, da der Boden als guter Isolator gegen Hitze fungiert. Zahlreiche Monokotyle überstehen einen Brand mit Hilfe von Rhizomen, Zwiebeln oder Knollen, so die Orchideen, Restionaceen, Liliaceen und Haemodoraceen – unter letzteren Vertreter der bei uns als Schnittblume im Handel erhältlichen Känguruhblume *(Anigozanthos)*. Andere Pflanzen wie zahlreiche Australheidegewächse (Epacridaceae) regenerieren sich aus Wurzelknospen.
- Besitz dicker, feuerresistenter Borke zum Schutz schlafender Knospen. Je nach Ausbildung unterscheidet man Strang-, Kork- und Papierborke.

- Viele Proteaceen *(Banksia, Hakea, Grevillea)* und Myrtaceen *(Callistemon, Leptospermum)* entlassen die Samen aus den an den Pflanzen jahrelang verbleibenden oder bereits am Boden liegenden holzigen Früchten erst, wenn diese durch die Hitze eines Feuers aufspringen. Die Samen finden in den oberen Bodenschichten dann reichlich pflanzenverfügbare Mineralstoffe wie Phosphate und Stickstoffverbindungen vor, was die weitere Entwicklung sehr begünstigt.

Ein Brand kann die Mineralisierung der toten, oberirdischen organischen Substanz in kurzer Zeit durchführen, während ansonsten der Abbau durch die Destruenten bei großer Trockenheit gehemmt ist. Feuer stellt demnach keine Katastrophe, sondern eine eher übliche Störung dar, wenngleich heutzutage z. B. durch unbedacht weggeworfene glimmende Zigaretten die Brandquellen deutlich zugenommen haben. Nach Brandereignissen setzt in der Regel eine schnelle Wiederbesiedlung ein.

In bezug auf die Nährstoffvorräte in den Böden unterscheiden sich die Etesiengebiete erheblich. Im Mittelmeergebiet, in Kalifornien und Chile überwiegen nährstoffreiche Standorte; hier sind die Gesteine, die durch Verwitterung die Böden liefern, recht jung. In Südafrika und in Australien hingegen sind die Böden sehr nährstoffarm; sie gehen aus alten Gondwana-Gesteinen hervor.

Die Vegetation des Mittelmeergebietes

Das Mediterrangebiet umfaßt einen unterschiedlich breiten Streifen der Mittelmeerküste von Südeuropa, Vorderasien und Nordafrika und ist somit zwischen den mitteleuropäischen gemäßigten Vegetationszonen und den nordafrikanischen und vorderasiatischen Wüsten gelegen. Die mediterrane Vegetation ist in der Regel auf die Küstengebiete und niederen Lagen angewiesen, fast nur hier kann man echte Hartlaubwälder und -gebüsche finden. Jedoch bereitet die Abgrenzung des Mediterrangebietes Schwierigkeiten.

Von den vielen unterschiedlichen Auffassungen hat sich allgemein eine Abgrenzung durchgesetzt, die in etwa dem Verbreitungsareal des Ölbaumes *(Olea europaea)* entspricht. Damit werden auch submediterrane Bereiche, die allerdings noch einen relativ hohen Anteil mediterraner Arten beherbergen, in das Gebiet einbezogen.

Unter diesem Aspekt erstreckt sich das Mediterrangebiet von Südportugal, dem südlichen Zentralspanien und der spanischen und französischen Mittelmeerküste nach Italien. Hier sind die gesamte Halbinsel südlich der Po-Ebene und einige sehr kleine Flächen an besonders begünstigten Standorten der Südalpen hinzuzurechnen. Weiter von Istrien (Alt-Jugoslawien) in schmalen Streifen entlang der Adria bis Griechenland. Dort sind nur die Gebirge im Westen des Festlandes auszuschließen. Schließlich wieder in einem mehr oder weniger schmalen Streifen entlang des Mittelmeeres bis Israel. Die Küsten Ägyptens und Lybiens sind für die mediterrane Vegetation zu trocken, nur in der Cyrenaica (Westlibyen) gibt es ein gesondertes Vorkommen. Außerdem sind

Verbreitung von Hartlaubgehölzen und deren Degradationsstadien im Mittelmeergebiet (nach Quézel).

noch die nördlichen Gegenden von Tunesien, Algerien und Marokko einzubeziehen.

Weiterhin schließt man auch die Gebirge mit ihren verschiedenen Vegetationsgürteln, die innerhalb dieses Gebietes liegen, in den Mittelmeerraumbereich ein, auch wenn das Wesen ihrer Pflanzendecke häufig dem nördlicherer Vegetationszonen entspricht. In den Wintermonaten fällt in den Gebirgen regelmäßig Schnee, wodurch sich z. B. die Hochlagen des Atlas als Skigebiete eignen.

Klimatologisch gehört das Mittelmeergebiet dem Nordrand der Subtropen an, mit dauerhaft trockenen und heißen Sommern. Im Winter verlagert sich jedoch das dafür verantwortliche Azorenhoch nach Süden, und das europäische Tief greift auf die mediterrane Region über und verursacht hier die winterlichen Regenfälle und tieferen Temperaturen.

Die Summe der Jahresniederschläge ist für die verschiedenen Bereiche des Mittelmeeres sehr unterschiedlich. Der atlantische Einfluß im Westen und der kontinentale im Osten sorgen für ebenso große Unterschiede wie die Wirkung der Gebirge, die die Regenmengen bereits über geringe Entfernungen bedeutend verändern können. Stark vereinfacht kann man von einer allgemeinen Abnahme der Niederschläge von West nach Ost und von Norden nach Süden sprechen. In den nördlichen Bereichen sind sie teilweise überraschend hoch (Genua 1114, Split 914 mm/Jahr), selbst in Nordafrika liegen sie noch bei 800 mm/Jahr (Tanger 887, Algier 762 mm/Jahr), hingegen hat z. B. Athen nur 384 mm Jahresniederschlag.

Die Temperaturen betragen im Jahresmittel etwa 18 °C, im Sommer liegen die mittleren Tagestemperaturen um 26 °C, im Winter um 10 °C, jedoch sind auch diese Werte in den verschiedenen Gebieten abweichend. Längere Frostperioden fehlen im mediterranen Bereich dadurch, daß zwischen dem Meer, welches die im Sommer erhaltene Wärme noch lange Zeit speichert, und dem Land ein Energieaustausch stattfindet, der den Temperaturabfall im Winter stark mäßigt.

Namentlich auf anstehendem Kalkgestein fallen leuchtend rote Böden auf, die man als »Terra rossa« bezeichnet. Es handelt sich um fossile Bildungen aus der Tertiärzeit mit einem warmen Sommerregenklima – etwa vergleichbar den tropischen Savannengebieten. Sie blieben in ebenen Lagen bis heute erhalten. Bei den rezenten Böden handelt es sich, soweit nicht durch Degradation zerstört, um mediterrane Braunerden.

Pflanzengeographisch läßt sich das Gebiet in zwei Unterregionen teilen, eine *ostmediterrane*, die viele Einflüsse des pontischen Florenelementes zeigt, und eine *westmediterrane*, mit einer Reihe von Arten, die auf diese beschränkt sind.

*ost*mediterrane Elemente

Östlicher Erdbeerbaum
(Arbutus andrachne)
Libanonzeder
(Cedrus libani)
Dornbuschwolfsmilch
(Euphorbia acanthothamnus)
Dorniger Ginster
(Genista acanthoclada)
Dornige Bibernelle
(Sarcopoterium spinosum)
Echter Storaxbaum
(Styrax officinalis)

*west*mediterrane Elemente

Stacheliger Dornginster
(Calicotome spinosa)
Atlaszeder
(Cedrus atlantica)
Zwergpalme
(Chamaerops humilis)
Weiße Zistrose
(Cistus albidus)
Korkeiche
(Quercus suber)

Historisch gesehen ist zu berücksichtigen, daß die natürliche Pflanzendecke durch jahrtausendelange landwirtschaftliche Nutzung weitgehend verändert oder zerstört worden ist und der enorme Beweidungsdruck durch Schafe und Ziegen weiter anhält.

Unter den Kulturpflanzen kann der Ölbaum *(Olea europaea* ssp. *europaea)* als Leitpflanze des gesamten Mittelmeerraumes gelten, der mit seinen immergrünen, lanzettlichen, unterseits silberglänzenden Blättern ein typisches Erscheinungsbild bietet. Das

Ölbaumplantage mit reichem Krautunterwuchs

Mesokarp der Steinfrüchte enthält bis zu 50 % Öl.

Viele mediterrane Pflanzen finden bereits in der Bibel Erwähnung oder lassen sich einer dortigen Beschreibung zuordnen, so der Christusdorn *(Paliurus spina-christi),* der möglicherweise für die Dornenkrone Christi verwendet wurde, der Judasbaum *(Cercis siliquastrum)*, an dem sich nach der Überlieferung Judas erhängt haben soll, oder der Granatapfel *(Punica granatum)*, der als Symbol der Fruchtbarkeit gilt.

Immergrüne Laubwaldstufe

Kennzeichnend für die potentiell natürliche Vegetation des engeren mediterranen Bereiches sind die von *Quercus ilex* aufgebauten Steineichenwälder. Vor der Rodung durch den Menschen erstreckten sich diese in mehr oder weniger dichten Beständen fast über das gesamte Mittelmeergebiet. Die Steineiche ist mit ihren xeromorphen Blättern besonders gut an die im Sommer lange Zeit trockene subhumide Stufe angepaßt. Im Maghreb kommt sie z. B. nicht in den tieferen Lagen unterhalb von 400 m vor, steigt aber bis 2400 m, vereinzelt bis 2900 m, auf.

Charakteristische Arten sind – neben *Quercus ilex* – Kermeseiche *(Quercus coccifera)*, Erdbeerbaum *(Arbutus unedo)*, Steinlinde *(Phillyrea latifolia)*, Stechender Mäusedorn *(Ruscus aculeatus)*, Lorbeer *(Laurus nobilis)*, Buxbaum *(Buxus sempervirens)*, Stechpalme *(Ilex aquifolium)* sowie unter den Kletterpflanzen Stechender Spargel *(Asparagus acutifolius)*, Klettenkrapp *(Rubia peregrina)* und Rauhe Stechwinde *(Smilax aspera)*. Wegen der durch die ständige Laubführung bedingten starken Beschattung des Bodens und der großen Sommertrockenheit gedeiht nur eine spärliche Kraut- und Strauchschicht.

Im westlichen Mittelmeergebiet wird *Quercus ilex* durch die nahe verwandte Rundblättrige Eiche *(Q. rotundifolia)* ersetzt, und auch die halbimmergrüne Portugiesische Eiche *(Q. faginea)* baut

An dem teilweise abgeschälten Stamm der Korkeiche *(Quercus suber)* erkennt man die mächtige Korkschicht.

Wälder auf. Bei höheren Niederschlägen und auf Silikatböden tritt die Korkeiche *(Q. suber)* auf. Letztere bildet in nicht zu nassen, kalten Lagen gut erhaltene Korkeichenbestände aus, die wegen ihrer wirtschaftlichen Bedeutung sorgfältig gepflegt werden. In den unteren Höhenlagen werden die Vorkommen auf tiefgründigen Lehmböden durch Gebüsche aus der Wildform des Ölbaumes *(Olea europaea* ssp. *oleaster)* und des Mastixstrauches *(Pistacia lentiscus)* abgelöst, auf Kalk durch Aleppokiefer *(Pinus halepensis)* und im Küstenbereich durch Sternkiefer *(P. pinaster)* und Phönizischen Wacholder *(Juniperus phoenicea).* In Portugal kommt das Taublatt *(Drosophyllum lusitanicum)* in diesen Wäldern vor, eine mit unserem Sonnentau verwandte insektenfangende Pflanze.

Zur Korkernte müssen die *Quercus suber*-Bäume eine Höhe zwischen 6 und 15 m haben. An kräftigen Exemplaren ist acht- bis zehnmalige Schälung mit einer dazwischenliegenden Regenerationszeit von jeweils 10 bis 12 Jahren möglich. Voraussetzung ist, daß beim Entfernen der Korkschicht – mittels oberflächlicher Quer- und Längsschnitte – vorsichtig genug verfahren wird, ohne das Korkkambium zu verletzen. Dieses sekundäre Bildungsgewebe der Rinde, das bei den meisten Arten bald seine Tätigkeit einstellt und später im Laufe des Dickenwachstums in tieferen Schichten neu angelegt wird, ist bei der Korkeiche lebenslang aktiv.

Arganienwälder

Das dominierende Gehölz im südwestlichen Marokko ist die Arganie *(Argania spinosa)*, ein hier endemischer Vertreter der sonst nur tropisch verbreiteten Breiapfelgewächse (Sapotaceae). Die Arganie ist gewöhnlich immergrün und wirft nur in sehr trockenen Sommern ihre Blätter ab. Sie wächst auf den verschiedensten Bodentypen mit Ausnahme von beweglichen Sanden und zeigt ihre optimale Konkurrenzkraft im ariden Klimabereich mit Niederschlagswerten zwischen 150 und 300 mm/Jahr. Mit steigender Humidität wird sie von der Berberthuja *(Tetraclinis articulata)* abgelöst. Ihr Verbreitungsgebiet erstreckt sich vom Küstenbereich bis auf 1500 m hinauf. Diese Höhenstufe korreliert mit der Untergrenze winterlichen Schneefalls.

Der Argan- oder Eisenholzbaum hat durch den hohen Nährwert seiner Früchte (Ölgehalt bis

Knorrig gewachsene Arganien *(Argania spinosa)* bauen die Vegetation im westlichen Marokko auf. Die Früchte enthalten im Nährgewebe der Samen hohe Ölanteile.

68 %) und die harte und elastische Beschaffenheit des schweren, kieselsäurehaltigen Holzes eine große wirtschaftliche Bedeutung. Der Holzeinschlag erfolgt in Niederwaldwirtschaft, da sich die Art durch großes Ausschlagsvermögen auszeichnet. Während der sommerlichen Trockenzeit spielt die Arganie für die Zusatzweide eine große Rolle. Über die oft schräg geneigten Stämme können Ziegen bis in die Krone klettern – ein beliebtes touristisches Fotomotiv.

Schon seit dem ersten Eingreifen der Phönizier und Römer ist ständig eine Südwärtsverlagerung der Nordgrenze des Argan-Areals festzustellen. Von dem ehemals den gesamten westlichen Teil Marokkos überziehenden dichten Arganwald ist nur ein kleiner Restbestand mit sehr verstreut liegenden, offenen Gehölzen erhalten geblieben.

Im östlichen Mittelmeergebiet sind es die meist strauchig bleibende Kermeseiche *(Quercus coccifera*, inkl. der durch mehr baumförmigen Wuchs ausgezeichneten Kleinart *Q. calliprinos)* und die halbimmergrüne Walloneneiche *(Q. macrolepis)*, die gelegentlich waldbildend auftreten.

Hartlaubgebüsche

Die Wälder des *Quercus ilex*-Gürtels sind schon seit Tausenden von Jahren den Bedürfnissen der Menschen zum Opfer gefallen. Die Bedeutung der Seefahrt für die alten Kulturen und die damit verbundene Holzgewinnung zum Schiffbau, die große Wertschätzung des sehr harten Steineichenholzes (Name!) als Brennholz und zur Holzkohlegewinnung sowie der Ackerbau reduzierten die ehemals üppigen Wälder auf kleine Restbestände, auch wenn die Steineiche in anthropogen überformten Landschaften eher als andere mediterrane Waldarten überlebt, da sie noch aus Baumstümpfen und verletzten Wurzeln auszutreiben vermag.

Offenwälder aus der Eiche *Quercus calliprinos*, bei Shaubak, Hochland von Edom, Jordanien. Mediterrane Vegetationseinheiten sind hier auf die Hochlagen beschränkt.

Die damit verbundene Bodenerosion und Verkarstung, die auch heute noch durch starke Beweidung mit Schafen und Ziegen gefördert wird, degradierten die Vegetation auf niedrige, mehr oder weniger dichte Strauchgesellschaften, die sogenannten Macchien. Sie prägen jetzt neben den Kulturflächen (besonders der des Ölbaums) entscheidend das Bild der Landschaft.

Die Macchie ist also mit seltenen Ausnahmen eine durch menschliche Eingriffe entstandene und erhaltene Dauergesellschaft. Der anthropogene Einfluß besteht nicht nur in der Brennholznutzung, sondern vor allem in der Brandrodung zur Weidegewinnung. So wurde in Korsika alle 10 Jahre einmal die Macchie abgebrannt. Daher sind Feuerresistenz und rasches Ausschlagvermögen eine wichtige Voraussetzung für den Fortbestand der Macchie.

Die Artenzusammensetzung ist dabei allerdings fast die gleiche geblieben. Kümmerformen der Bäume des ehemaligen Hartlaubwaldes, regelmäßig vom Weidevieh abgefressen und meist nur 1 bis 3 m hoch, bilden den Hauptteil der Pflanzen in den Macchien, in denen auch die meisten Kräuter des Waldes noch wachsen. In lockeren Beständen kommen lichtbedürftige Therophyten und Geophyten hinzu.

Der Begriff Maccie ist abgeleitet von dem korsischen Wort »maquis«, mit dem der auf der Insel großflächige, dichte und oft undurchdringliche Buschwald bezeichnet wird. Der Lichtmangel im Inneren läßt kaum Unterwuchs zu. Die Artenzusammensetzung ist eher eintönig: Hauptvertreter sind Stein- und Kermeseiche sowie Baumheide *(Erica arborea)* und Erdbeerbaum *(Arbutus unedo)*.

Neben vielen Arten der Steineichenwälder ist ein verstärktes Auftreten lichtliebender Elemente wie der Myrte *(Myrtus communis)* und Zistrosen-Arten *(Cistus monspeliensis, C. salvifolius)* kennzeichnend. In anderen Teilen des Mittelmeerraumes können der Johannisbrotbaum *(Ceratonia siliqua)*, dessen zuckerhaltige Früchte (Karoben) eßbar sind und dessen getrocknete Samen früher wegen ihres konstanten Gewichtes von etwa 205 mg als Juwelen- und Goldgewichte (Karat) verwendet wurden, oder auch der sommergrüne Judasbaum *(Cercis siliquastrum)* vorherrschen.

Aufgelichtete Macchie mit reichlich Johannisbrotbaum *(Ceratonia siliqua)*, Südtürkei

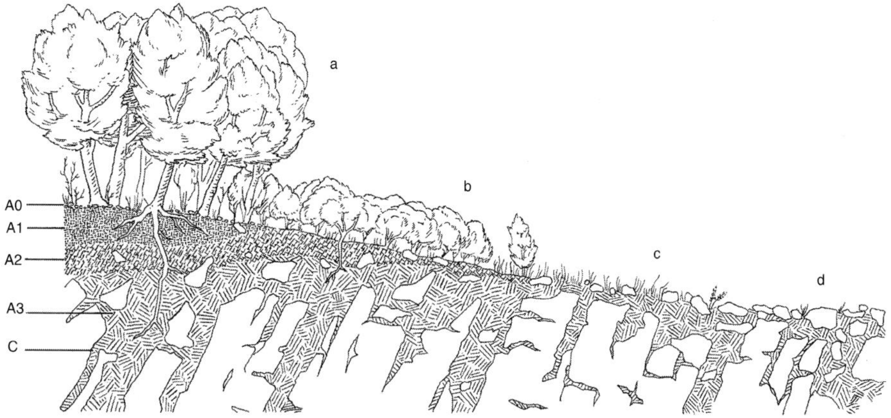

Verlauf der Degradation auf Kalk. Von wenigen natürlichen Ausbildungen abgesehen, sind Macchien und Garigues Stadien einer Degradationsreihe, die bei wechselnder Einwirkung von Axt, Brand und Beweidung von den immergrünen Wäldern über Macchien und Garigues zu den für die Hirten erwünschten Grasfluren und schließlich zu Felsfluren führt. Mit dieser Degradation verbunden ist eine Abschwemmung und Verarmung der Böden, so daß die umgekehrte Entwicklung, die Regeneration zu Macchien und Wäldern, wenn überhaupt, nur sehr langsam möglich ist.

a = Macchie mit Steineiche *(Quercus ilex)*, b = Garigue mit Kermeseiche *(Q. coccifera)*, c = Felsheide, d = Karstweide. Das Bodenprofil (unter a) besteht aus A0 = Laubstreu, A1 = humusreiche, schwärzliche Feinerde (Rendzina-ähnlich), A2 = humusarme Übergangsschicht, A3 = fast humusfreier Rotlehm (fossile Terra rossa) und C = kompakter Jurakalk (nach Braun-Blanquet)

Gebunden ist die vergleichsweise dichte und hohe Macchie allerdings an relativ hohe Niederschläge bzw. Feuchtigkeit, so daß die Vorkommen an den West- und Nordhängen der Gebirge konzentriert und allgemein in den niederschlagsreicheren Teilen des westlichen und zentralen Mittelmeergebietes stärker vertreten sind.

Entlang von Straßenrändern, insbesondere auf Kalk, bildet der Pfriemenginster *(Spartium junceum)* eine auffallende Erscheinung. Bei diesem Rutenstrauch übernehmen die grünen Sproßachsen die Photosynthese.

Als natürliche Vegetation säumen macchienähnliche, immergrüne Gebüsche des Oleanders *(Nerium oleander)* die Ufer der Bäche, die im Sommer meist nur ausgetrocknete Schotterflächen darstellen. Zur Blütezeit im Mai ein herrlicher Anblick! Typische sommergrüne Begleiter sind der wegen seiner Verwendung als Antaphrodisiakum Keuschbaum genannte *Vitex agnus-castus* sowie der Echte Storaxbaum *(Styrax officinalis)*.

Zwergstrauchvegetation

Bei noch stärkerer Degradierung und sehr geringen Niederschlägen bzw. an trockeneren Standorten, vor allem auf Kalkgestein, kommt an Stelle der Macchie eine kaum meterhohe, sehr vielgestaltige Zwergstrauchformation vor, die in Frankreich als Garigue, in Spanien als Tomillares, in Griechenland als Phrygana, auf Zypern als Trachiotis und in Israel als Batha bezeichnet wird – mit jeweils örtlich abweichender floristischer Zusammensetzung. Wir wollen im folgenden den Sammelnamen Garigue für diese Zwerggesträuche verwenden.

Die Garigue ist hauptsächlich aus sehr niedrigen Zwergsträuchern wie Dornige Bibernelle *(Sarcopoterium spinosum)*, Kopfigem Thymian *(Coridothymus capitatus)*, Dornigem Ginster *(Genista acanthoclada)*, Dornbuschwolfsmilch *(Euphorbia acanthothamnos)* u. a. aufgebaut, wobei die Artenzusammensetzung lokal sehr schwankt. Hinzu kommen viele Einjährige und Pflanzen mit unterirdischen Überdauerungsorganen (Geophyten). Die Bedeckung des Bodens durch Pflanzen beträgt während der meisten Zeit des Jahres vielfach weniger als 50 %. Die Böden sind zudem meist sehr flachgründig, so daß der Fels zutage tritt.

Die Bestände sind überaus blumenreich, wozu zahllose Orchideen nicht unwesentlich beitragen, und machen den eigentlichen Reiz für viele Liebhaber der Mittelmeerflora aus. Am schönsten sind jene Garigues, die aus sehr vielen Sträuchern, etwa Zistrosen *(Cistus)* und Dornginstern *(Genista),* verschiedenen Lippenblütlern sowie Mastixstrauch *(Pistacia lentiscus)* und *Juniperus*-Arten bunt gemischt sind. Auch die Baumheide *(Erica arborea)* kommt vor, deren Wurzelholz zu Pfeifenköpfen verarbeitet wird, da es infolge des hohen Kieselsäuregehaltes äußerst widerstandsfähig gegen glühenden Tabak ist.

Als weiterer Degradationszeiger sind im westlichen Mediterrangebiet die infolge des Ziegenfraßes nicht größer als 80 cm hoch werdenden Exemplare der Zwergpalme *(Chamaerops humilis)* hervorzuheben. Diese liefert kräftige Fasern (»vegetabilisches Roßhaar«), die zu Matten und Flechtwerk verarbeitet werden. Neben der auf Kreta und in Anatolien verbreiteten Kretischen Dattelpalme *(Phoenix theophrastii),* der Wildform der nur in Kultur bekannten *P. dactylifera,* gehört sie zu den beiden einzigen in Europa wild vorkommenden Palmenarten!

Viele Arten schützen sich durch Dornen oder bittere Inhaltsstoffe (ätherischen Ölen) vor den unzähligen Ziegen- und Schafherden und bilden als »Weideunkräuter«, da vom Vieh gemieden, Massenbestände wie Affodill *(Asphodelus*-Arten) und Meerzwiebel *(Urginea maritima).*

Zahlreiche Wildformen unserer Duft- und Küchengewürze wie Basilikum *(Ocimum basilicum),* Bohnenkraut *(Satureja hortensis)*, Fenchel *(Foeniculum vulgare)*, Lavendel *(Lavandula angustifolia)*, Majoran *(Origanum majorana)*, Oregano *(Origanum vulgare)*, Rosmarin *(Rosmarinus officinalis)*, Salbei *(Salvia officinalis),* Thymian *(Thymus vulgaris)*, Ysop *(Hoyssopus officinalis)* und Zitronenmelisse *(Melissa officinalis)* entstammen diesem Vegetationstyp.

An Felsen und Mauern ist der Kapernstrauch *(Capparis spinosa)* anzutreffen, dessen eingelegte Blütenknospen als Gewürz Verwendung finden. Felsfluren und Felsspalten besiedeln auch der Milzfarn *(Ceterach officinarum)* und die Pelzfarne *Cheilanthes (= Notholaena) marantae* und *C. vellea*, die aufgrund ihrer Poikilohydrie und einen dichten Spreuschuppenbesatz auf der Wedelunterseite, der vor allzu großem Wasserverlust schützt, in besonderem Maße an diese Standorte angepaßt sind.

Die Vegetationshöhe in der ostmediterranen Batha erreicht kaum mehr als 50 cm

Sukkulentengebüsche

Sukkulenz tritt am Mittelmeer – abgesehen die atlantischen Trockengebiete Marokkos – selten auf, wenn auch einige eingeführte Sippen diese Morphologie zeigen. Zu den bemerkenswertesten unter ihnen gehören die Mittagsblumen *Carpobrotus edulis* (wegen ihrer eßbaren fleischigen Früchte auch Hottentottenfeige genannt) und *C. acinaciformis* aus Südafrika, mit im Querschnitt auffällig dreieckigen Blättern und großen gelben oder karminroten Blüten. Sie bilden niederliegende, dichte Matten und werden zur Befestigung von Dünen und Böschungen gepflanzt.

Arganien-Baumfluren *(Argania spinosa)* mit Säulen-Euphorbien *(Euphorbia echinus)*, typische Xerothermvegetation an der südmarokkanischen Küste

Der aus dem tropischen Amerika stammende und stellenweise die natürliche Vegetation verdrängende Feigenkaktus *Opuntia ficus-indica* wird als Heckenpflanze und wegen der Früchte kultiviert, deren saftiges Fleisch eßbar ist. Doch ist Vorsicht geboten, da die Schale mit widerhakigen spröden Borsten (Glochidien) besetzt ist, die sich leicht in die Haut einbohren und Entzündungen hervorrufen. Die Kaktusschildlaus Cochenille *(Dactylopius cacti)*, deren Zucht auf Opuntien im 19. Jahrhundert vor Erfindung der Anilinfarben im großen Stil in Algerien und auch auf den Kanaren betrieben wurde, vermehrt sich noch heute auf verwilderten Pflanzen. Der aus dem Körpersaft gewonnene purpurrote Farbstoff wird weiterhin in der Lebensmittelindustrie und in Kosmetika (z. B. für Lippenstifte) verwendet.

Die ursprünglich nur in Mexiko beheimatete *Agave americana* wird seit dem 16. Jahrhundert kultiviert und ist im ganzen Mittelmeergebiet verwildert. Ihre bis zu 8 m hohen Blütenschäfte bilden eine auffällige Erscheinung.

Sukkulentengebüsche erfahren ihre optimale Entfaltung im westlichen Marokko unter dem ozeanischen Einfluß des Atlantik. Auf flachgründigen, felsigen Böden und windreichen Standorten nahe der Küste stellen sie die edaphischen oder klimatischen Klimaxgesellschaften dar, wenngleich sie durch die zunehmende Degradation der Arganiengehölze eine sekundäre Ausbreitung erfahren haben. Sie bauen sich aus verschiedenen Wolfsmilcharten wie *Euphorbia officinarum (= E. beaumieriana)* und *E. regis-jubae,* weiter im Süden auch aus *E. echinus* auf. Beigesellt ist der stammsukkulente Korbblütler *Senecio (= Kleinia) anteuphorbium.* Eine weitere Wolfsmilch, *Euphorbia resinifera*, ist in den unteren Höhenlagen des westlichen Mittleren Atlas lokal dominant.

Die engen Beziehungen zwischen Makaronesien und dem nordwestlichen Afrika zeigen sich im Vorkommen nahe verwandter oder identischer Arten in beiden Gebieten. So werden die marokkanischen *Euphorbia officinarum* und *E. echinus* auf den Kanaren durch *E. canariensis* vertreten, *Senecio anteuphorbium* durch *Senecio kleinia (= Kleinia neriifolia).* Auch der Arganbaum *(Argania*

spinosa) hat seinen nächsten Verwandten mit *Sideroxylon marmulano (= Argania marmulana)* auf den Kanarischen Inseln. *Euphorbia regis-jubae* kommt in beiden Gebieten vor. Pflanzengeographisch kommt dieser Umstand in der Fassung einer Kanaro-madeirischen Unterregion innerhalb der Mediterranen Region zum Ausdruck.

Die Schirmkronen der Pinien *(Pinus pinea)* können wir in vielen Landschaften des Mittelmeergebietes antreffen, wie hier in Zentral-Spanien

Sommergrüne Gehölze

Mit abnehmender Temperatur, d. h. weniger heißen Sommern und längeren Frostperioden, wird der *Quercus ilex-Gürtel* in den Gebirgen und im Norden des Gebietes vom Flaumeichengürtel *(Quercus pubescens)* abgelöst, dessen Elemente eine deutliche Vegetationsruhe im Winter aufweisen (Laubabwurf). Diese oft lichten, strauch- und unterwuchsreichen submediterranen Wälder reichen bis an den Südfuß der Alpen, aber auch westlich und östlich um die Alpen herum bis zum Kaiserstuhl und nach Niederösterreich. Selbst nach Mitteleuropa sind einige Vorposten an klimatischen Gunststandorten vorgedrungen.

Neben *Quercus pubescens* sind in diesen Wäldern noch eine Reihe weiterer Gehölzarten vertreten, z. B. der Montpellierahorn *(Acer monspessulanum)*, die Elsbeere *(Sorbus torminalis)*, die Terpentinpistazie *(Pistacia terebinthus)*, Hopfenbuche *(Ostrya carpinifolia)*, Orientalische Hainbuche *(Carpinus orientalis)*, Zürgelbaum *(Celtis australis)*, Mannaesche *(Fraxinus ornus)* oder die halbimmergrüne Zerreiche *(Quercus cerris)*. Andere Eichen wie die Pyrenäeneiche *(Q. pyrenaica)* im westmediterranen Bereich sowie Ungarische Eiche *(Q. frainetto)* und Walloneneiche *(Q. macrolepis)* in der Ostmediterraneis sind nur lokal beigemischt.

Unter den sommergrünen Sträuchern sind Blasenstrauch *(Colutea arborescens)*, Strauchige Kronwicke *(Coronilla emerus)*, Perückenstrauch *(Cotinus coggygria)* und Mandelblättrige Birne *(Pyrus amygdaliformis)* hervorzuheben. Ständig belaubt sind Immergrüner Kreuzdorn *(Rhamnus alaternus)*, Immergrüne Rose *(Rosa sempervirens)* oder Stechender Mäusedorn *(Ruscus aculeatus)*.

Die Atlaszeder *(Cedrus atlantica)* ist durch ihre weitausladenden Äste unverkennbar. An der unteren Verbreitungsgrenze ist sie mit der Steineiche *(Quercus ilex)* verzahnt.

Aus der reichhaltigen Krautschicht dringen einige Arten bis in die wärmsten Gebiete Mitteleuropas vor, unter diesen Purpurblauer Steinsame *(Lithospermum purpurocaeruleum)*, Immenblatt *(Melittis melissophyllum)*, Violetter Dingel *(Limodorum abortivum)* und Gemeine Schmerwurz *(Tamus communis)*.

Charakterbaum des Kulturlandes ist hier die Eßkastanie *(Castanea sativa)*, und auch der Weinbau ist noch weit verbreitet.

Vorwiegend auf der Balkanhalbinsel findet sich in der submediterranen Stufe der sommergrünen Laubwälder gelegentlich eine Gebüschformation, Schibljak genannt, die vorwiegend aus sommergrünen Sträuchern aufgebaut ist. Kennzeichnende Arten für eine solche Formation sind Christusdorn *(Paliurus spina-christi)*, Mandelblättrige Birne *(Pyrus amygdaliformis)*, Perückenstrauch *(Cotinus coggygria)*, Granatapfel *(Punica granatum)*, Judasbaum *(Cercis siliquastrum)* oder der immergrüne Feuerdorn *(Pyracantha coccinea)*.

In ariden Höhenlagen fällt die Stufe laubwerfender Gehölze aus, die durch verschiedene Nadelbäume ersetzt werden. Es sind dies die Aleppokiefer *(Pinus halepensis)* oder in Südanatolien *Pinus brutia*, in Nordafrika Berberthuja *(Tetraclinis articulata)* oder auf Kreta, Zypern und in der Cyrenaica *Cupressus sempervirens*.

Nadelwälder

In der mediterranen Stufe sind es vor allem zwei Kiefern-Arten, die vegetationsbestimmend sind, und zwar die Pinie *(Pinus pinea)* und die Aleppokiefer *(P. halepensis)*. Da die Kronen der Kiefern lichter bleiben als die der immergrünen Eichen, sind Kiefernwälder gewöhnlich unterwuchsreicher als Eichenwälder und wohl der ursprüngliche Standort vieler Arten, die heute in Macchie und Garigue weit verbreitet sind. Die Pinie wird schon seit dem Altertum wegen ihrer eßbaren Samen (»Pinienkerne«) kultiviert, so daß ihre natürliche Verbreitung heute nicht mehr feststellbar ist. Sie dürfte aber für die küstennahen Sandböden des westlichen Mittelmeergebietes anzunehmen sein. Die zudem wegen ihrer prächtigen Schirmkrone oft gepflanzte Pinie stellt im ganzen Mittelmeerraum eine auffällige Gestalt dar (s. Bild S. 204).

Die Aleppokiefer ist in der Hartlaubstufe weit verbreitet und tritt vor allem auf Kalkgestein auf. Sie wird heute auch wegen ihrer Anspruchslosigkeit und ihres guten Holzertrages viel gepflanzt. Im östlichen Mittelmeergebiet wird sie durch die nahe verwandte Brutiakiefer *(Pinus brutia)* ersetzt.

Die bis über 20 cm große Zapfen ausbildende Sternkiefer *(Pinus pinaster)* kommt auf trockenen, sauren Urgesteins- und Silikatböden im westlichen Mittelmeergebiet vor. Bis in die Bergstufe reichen die Bestände der Schwarzkiefer *(Pinus nigra)* hinauf.

Die Berberthuja *(Tetraclinis articulata)*, auch Sandarak- oder Araarbaum genannt, löst die Steineiche in Gebieten mit größerer Sommertrockenheit ab. Diese Cupressacee ist in der Verbreitung i. w. auf Nordafrika beschränkt, mit Ausnahme kleiner Populationen auf Malta und in Südost-Spanien. Sie stockt auf Lithosolen und ist im allgemeinen auf die ozeanisch geprägten, semiariden Gebiete zwischen 0 und 1500 m begrenzt. Vielfach wurden diese Bestände jedoch weitgehend vernichtet bzw. durch Gestrüppe der Zwergpalme *(Chamaerops humilis)* ersetzt.

Das langsam wachsende, polierfähige Holz des Sandarak ist sehr witterungsbeständig und eignet sich auch hervorragend zur Holzkohleherstellung. Die als »Loupes« bezeichneten Maserknollen, die am Grund des Stammes bis 1 m Durchmesser erreichen, waren bis zum Ende des 20. Jahrhunderts wegen ihrer ästhetischen Maserung sehr begehrt zur Herstellung von Möbeln. Das aromatisch riechende Harz fand zur Herstellung von Firnissen und als Weihrauchmittel Verwendung. Die nächstverwandte Gattung des in den Atlas-Ländern subendemischen Tertiärrelikts findet sich mit der Cupressacee *Widdringtonia* im südlichen Afrika.

Unter den meist nur kleinräumig verbreiteten Tannen sind die Igeltanne *(Abies pinsapo)*, die in Südwestspanien lichte Bergwälder bildet, die Griechische oder Apollotanne *(A. cephalonica)* in den Gebirgen Südgriechenlands, und die Cilicische Tanne *(Abies cilicica)* aus der Türkei erwähnenswert. Die heimische Weißtanne *(A. alba)* geht – meist in Begleitung der Buche – bis in die Pyrenäen, den Apennin und die Gebirge der nördlichen und mittleren Balkanhalbinsel vor.

Die Mittelmeerzypresse *(Cupressus sempervirens* f. *horizontalis)*, deren Pyramidenform *(C. sempervirens* f. *sempervirens)* in der ganzen Mediterraneis als Gartenpflanze beliebt ist, bildet in hochmontanen Lagen des östlichen Mittelmeerraumes stellenweise Waldbestände. Ihr Verbreitungsgebiet reicht bis nach Vorderasien (Himalaya, Nordiran).

In der humiden Zone des Rif-Gebirges, des Mittleren Atlas und des östlichen Hohen Atlas sowie der Bergregionen Algeriens wächst in den höchsten Waldstufen die Atlaszeder *(Cedrus atlantica)* mit reichlichem Besatz an epiphytischen Kryptogamen wie z. B. der Wolfsflechte *(Letharia vulpina)*. Die obere Verbreitungsgrenze der Atlaszeder liegt bei 2800 m, wo sie von dem Wacholder *Juniperus thurifera* abgelöst wird, der den trockenkalten Verhältnissen dieser Höhenlagen besser angepaßt ist. Die Baumgrenze liegt dabei im Hohen Atlas zwischen 2800 und 3150 m. Die untere Höhengrenze der Atlaszeder, die zum Teil bis auf 1350 m hinuntergeht, ist sehr stark durch menschlichen Einfluß verwischt worden. *Cedrus atlantica* wird hier durch *Quercus ilex*, Zedernwacholder *(Juniperus oxycedrus)* u. a. abgelöst, kommt aber nie mit der Berberthuja *(Tetraclinis articulata)* in Berührung.

Die Atlaszeder stellt neben der Korkeiche *(Quercus suber)* den wertvollsten Baum Nordafrikas dar. Die Bäume erreichen bei einem Höchstalter von 250 bis 400 (–750) Jahren eine Wipfelhöhe zwischen 35 und 40 m, in Extremfällen sogar 60 m. Durch ihre weitausladende Krone erhalten sie einen charakteristischen, tischförmigen Habitus.

In der subalpinen Stufe der östlichen Mediterraneis (Türkei, Libanon, Syrien, Zypern) findet man die Libanonzeder *(Cedrus libani)*. Dazu kommen auch hier verschiedene Wacholder-Arten *(Juniperus)*, die meist die Waldgrenze bilden.

Im Westhimalaya schließlich – und damit bereits außerhalb des mediterranen Bereichs – trifft man auf *Cedrus deodora*. Die isolierten Gebirgsvorkommen der Zedern sind als Relikte einer einst weiteren Verbreitung in zurückliegenden Erdzeitaltern zu deuten.

Dornpolsterformationen

Kompakte, meist dornige Kugelsträucher oder Dornpolster beherrschen in den semiariden Gebirgen des südlichen Mittelmeerraumes und vor allem des Vorderen Orients, wo sie aufgrund der stärkeren kontinentalen Prägung eine besonders starke Entwicklung erfahren haben, weithin das Bild der subalpinen Vegetation. Sie bilden hier sogar eine eigene Höhenstufe, nach dem Dorntragant *Astragalus tragacantha* auch als Tragacanth-Stufe bezeichnet, aus. Stellenweise haben sie auch eine zweite ökologische Nische an Fels- und Schottersträndern im Sprühbereich des Salzwassers sowie in den am stärksten degradierten meernahen Felsheiden gefunden.

Es handelt sich bei diesen »Igelpolstern« um Zwergsträucher, deren Äste von der Wurzel ausgehend wie die Radien eines Kreises angeordnet sind und aufgrund gleichen Längenwachstums einen halbkugelförmigen Pflanzenkörper aufbauen. Dabei sind unterschiedliche Organe bei den diversen Arten verdornt (z. B. Blattspindeln, Fiederblätter, Doldenstrahlen).

Über die Entstehung dieser Lebensform kann man am ehesten Aufklärung finden, wenn man ihre heutigen Lebensbedingungen betrachtet. Hauptverbreitung und optimale Entwicklung haben sie oberhalb der Waldgrenze, in den heißesten, trockensten Gebirgen des südlichen Mittelmeergebietes (Atlas, Sierra Nevada, Sizilien, Kreta, Anatolien, Libanon). Dieses südmediterrane Hochgebirgsklima ist durch große Strahlungsintensität, sehr geringe Niederschläge, mindestens vier Monate Sommerdürre und häufige starke Winde gekennzeichnet. Fröste treten regelmäßig auf. Der Boden ist oft stark degradiert.

Die kompakte, halbkugelige Wuchsform der Polster wirkt sich günstig auf das Mikroklima aus. Infolge der hohen Windreduktion wird Feuchtigkeit im Polster festgehalten. Das im Polster gesammelte (eingewehte) Feinmaterial stellt vor allem an windexponierten Standorten einen noch besseren Wasserspeicher dar als Luft. Die Dornpolstervegetation ist also offenbar eine optimale Anpassungsform, die es den Pflanzen ermöglicht hat, diesen extremen Lebensraum zu erobern.

Degradation des Waldes und Beweidung begünstigen die Ausbreitung von Dornpolsterfluren, so daß diese in den Atlasländern bis unter 2000 m in den Bereich der oberen Eichenwaldstufe einwandern und die Lichtungen besiedeln. Die obere Verbreitungsgrenze liegt hier bei 3900 m. Auf

Dornpolstervegetation im Atlas, Marokko

Kreta erstreckt sich der subalpine Zwergstrauch-Gürtel oberhalb der Waldgrenze zwischen 1450 und 2450 m.

Innerhalb verschiedener Verwandtschaftskreise hat sich diese Wuchsform konvergent entwickelt, so bei den Doldenblütlern (Dorniges Hasenohr – *Bupleurum spinosum)*, Schmetterlingsblütlern (Dorntragant – *Astragalus tragacantha*, Igelginster – *Erinacea anthyllis)*, Kreuzblütlern (Dorniges Steinkraut – *Ptilotrichum spinosum)*, Nelkengewächsen (Stechendes Sandkraut – *Arenaria pungens)*, Wolfsmilchgewächsen (Dornige und Dornbusch-Wolfsmilch – *Euphorbia spinosa, E. acanthothamnos)*, Korbblütlern (Abschreckende und Dornige Flockenblume – *Centaurea horrida, C. spinosa)* und Bleiwurzgewächsen (Polsterstechnelke – *Acantholimon glumaceum)*.

Zentralsaharische Gebirge

Das Hoggar-Massiv (2908 m) im Süden Algeriens gehört neben dem 3360 m hohen Tibesti-Gebirge (Tschad) zu den bedeutendsten zentralsaharischen Erhebungen. Als Überbleibsel vulkanischer Tätigkeit bedeckt Lavagestein weite Flächen, aus denen gewaltige Basaltdome als Schlote ehemaliger Vulkane emporragen.

Isolierte Vorkommen der Atlaspistazie *(Pistacia atlantica)* legen hier Zeugnis davon ab, daß in den

Pluvialzeiten des Pleistozäns noch Gebirgswälder mit zahlreichen sklerophyllen Arten vorhanden waren. Auch die in den größeren Höhenlagen lebenden zahlreichen zentralsaharischen Endemiten sind als Relikte mit ehemals weiterer Verbreitung anzusehen. Zu ihnen gehören *Myrtus nivellei* (Myrtaceae), die mit der Myrte *(M. communis)* aus dem Mittelmeergebiet verwandt ist, *Olea laperrini* (auch auf dem Jebel Marra, Westsudan), die lokale Vikariante des mediterranen Ölbaums (*O. europaea* ssp. *europaea*) und die sich durch Lavendelgeruch auszeichnende *Lavandula antineae*.

Offene Wasserstellen finden sich in Felsbecken, sogenannten Gueltas, in denen sich Quell- oder Regenwasser oft jahrelang hält und die verstreut in den zentralsaharischen Gebirgsregionen anzutreffen sind. Zu den charakteristischen Begleitarten gehört hier – wie im Mediterrangebiet – der Oleander *(Nerium oleander)*.

In den unteren Höhenlagen der zentralsaharischen Gebirge sind dagegen bereits viele für die Sahelzone typische Elemente anzutreffen.

Die kalifornische Hartlaubvegetation

Das Winterregengebiet des südwestlichen Nordamerika erstreckt sich zwischen Sierra Nevada und dem Pazifischen Ozean. Es umfaßt damit große Teile Kaliforniens sowie den nordwestlichen Zipfel der bereits zu Mexiko gehörenden Halbinsel Baja California. Die jährlichen Niederschlagswerte liegen zwischen 200 und 1000 mm, wobei Zweidrittel davon in den Monaten November bis April niedergehen und ein deutliches Klimagefälle mit zunehmender Trockenheit von Nord nach Süd zu beobachten ist.

Im Vergleich zum Mittelmeergebiet, das floristisch wie Kalifornien zur Holarktis zählt, spielen nur Eichen-*(Quercus-)* und Kreuzdorn-Arten *(Rhamnus)* eine ähnlich vegetationsbestimmende Rolle, während ansonsten »Chamise« *(Adenostoma)*, Bärentraube *(Arctostaphylos)*, Säckelblume *(Ceanothus)*, Sumach *(Rhus)* sowie die Rosengewächse *Cercocarpus* und *Heteromeles arbutifolia* tonangebend sind.

Die Flora wurde durch die Eiszeiten kaum beeinflußt, sie ist entsprechend formenreich. Gattungen wie Erdbeerbaum *(Arbutus)* und Eiche *(Quercus)* sind mit einer großen Anzahl von Arten vertreten. Innerhalb der Erikagewächse treten an die Stelle der Baumheide *(Erica arborea)* des Mittelmeergebietes zahlreiche Bärentraubenarten *(Arctostaphylos)*. Es lassen sich die folgenden großräumigen Vegetationstypen unterscheiden.

Immergrüne Wälder und Offenwälder

Diese vorwiegend aus immergrünen Eichen wie *Quercus agrifolia* und *Q. engelmanni* sowie Kalifornischer Walnuß *(Juglans californica)* aufgebauten Gesellschaften, Encinal genannt, besiedeln vor allem ebene bis leicht hängige Standorte im Höhenbereich bis 500 m, stellenweise bis 1050 m und in Einzelfällen sogar bis 1700 m. Sie sind generell auf feuchte, kühlere Tal- und Hügellagen mit guter Bodenauflage beschränkt.

Die Spitzblättrige Eiche *(Quercus agrifolia)*, deren Jungpflanzen sehr verbißempfindlich sind, was die Verjüngung auf beweideten Flächen unterbindet, besiedelt dabei vornehmlich tiefgründige Böden auf Nordhängen und Schwemmlandterrassen. Auch Engelmanns Eiche *(Q. engelmanni)* benötigt tiefgründige lehmhaltige Böden, die, da in ihrem Vorkommen begrenzt, heute weitgehend in Kultur genommen sind, so daß typische Bestände kaum noch angetroffen werden. Dieses Gehölz verliert einige Blätter im Winter, ist also nur halbimmergrün.

Soweit Flächen nicht in Acker umgewandelt wurden, wird der Baumwuchs für die Beweidung gefördert. Sträucher sind dann unerwünscht, und deren Aufkommen wird unterdrückt. Die Bäume stehen oft weit auseinander (»Eichen-Savannen«), wozu die Beweidung mit Verbiß des Gehölzjungwuchses entscheidend beiträgt. Es handelt sich physiognomisch zumeist um Offenwälder. Die Zusammensetzung des Unterwuchses hat sich seit dem vergangenen Jahrhundert mit der Einschleppung von Annuellen, hierunter die mediterranen Trespen-Arten *Bromus rigidus* und *B. rubens*, stark gewandelt.

In größeren Höhenlagen (etwa 1050 bis 1550 m) und in Canyons treten Berglorbeer *Umbellularia californica* (Lauraceae), Pazifischer Erdbeerbaum *(Arbutus menziesii)* und sommergrüne Arten wie die Eiche *Quercus chrysolepis* (»Canyon Oak«) sowie Koniferen, unter ihnen Weihrauchzeder *(Calocedrus decurrens)* und Coulters Kiefer *(Pinus coulteri)*, hinzu.

Im Norden Kaliforniens werden die Wälder unter starker Nebeleinwirkung immer dichter und

Zone der immergrünen Eichenwälder in Kalifornien, durch die Nutzung als Rinderweiden in Offenwaldbestände umgewandelt.

erreichen Höhen bis zu 40 m. Sie werden hier bereits von den nordwestpazifischen Feuchtkoniferenwäldern mit dem Küstenmammutbaum *(Sequoia sempervirens)* abgelöst.

Hartlaubgebüsche

Speziell auf steilen Berghängen und ausgewaschenen Ebenen mit dünner Bodenauflage kommen physiognomisch sehr einheitliche, aber verschiedenartig zusammengesetzte Hartlaubgebüsche vor, die im Schnitt nur eine Vegetationshöhe von 1 bis 3 m erreichen. Diese Chaparral-Vegetation ist über weite Flächen zwischen der Sonora- und Mojave-Wüste und der Küste landschaftsbestimmend und dabei von 0 bis über 2000 m ü. NN anzutreffen. Sie wird von mehr als 100 immergrünen Straucharten aufgebaut.

Das mit kurzen, nadelartigen Blättern ausgezeichnete Rosengewächs *Adenostoma fasciculatum* gehört zu den am weitesten verbreiteten Chaparral-Sträuchern. Dank ihrer in Form eines Lignotubers angelegten Reservestoffe kann sie nach Bränden rasch wieder austreiben.

Die Hartlaubgebüsche sind sehr leicht brennbar und stellen für Siedlungen, die inmitten von Chaparral-Vegetation liegen, ein großes Risiko dar. Feuer treten vor allem im Juli oder August zur Zeit der größten Trockenheit auf. Insbesondere die ersten Winterregen stellen eine Gefahr für frisch abgebrannte Flächen dar, da sie die Bodenerosion vorantreiben. Es hat daher nicht an Versuchen gefehlt, durch Anpflanzung weniger brennbarer Sträucher wie z. B. mediterraner Zistrosen *(Cistus)* die Entflammbarkeit des Chaparral zu verringern. Andererseits erfolgt die Regeneration der Brandflächen innerhalb weniger Jahre, da die Chaparral-Arten schnell wieder ausschlagen.

Im Gegensatz zur Mittelmeerregion sind im Winterregengebiet im südwestlichen Nordamerika noch in weit umfangreicherem Maße naturnahe Hartlaubgehölze vorhanden, da die großen Siedlungen und Städte in den reichen Tallandschaften angelegt wurden und der menschliche Einfluß sich auf diese Bereiche konzentriert.

Immergrüne Hartlaubgehölze ähnlicher Zusammensetzung tragen auch Landschaften in Arizona und New Mexico – wiewohl durch mehr als 200 km Wüste von den kalifornischen getrennt. Allerdings fallen hier 35 % der Niederschläge im Zuge sommerlicher Gewitter. Aufgrund der hohen Evaporation zu dieser Zeit kommt das Wasser den Pflanzen aber kaum zugute.

Dort, wo die Niederschläge für die Entwicklung immergrüner Eichenwälder oder Chaparralgesellschaften zu gering sind, d. h. an steilen Südhängen oder unterhalb des Verbreitungsbereichs des Chaparrals, sind Kleinstrauchheiden mit Salbei *(Salvia)* und Kalifornischem Beifuß *(Artemisa californica)*, verschiedenen *Eriogonum*-Arten (Polygonaceae) und *Encelia californica* (Asteraceae) ausgebildet. Diese tragen als Transpirationsschutz ein mehr oder weniger dichtes weißes bis graues Haarkleid.

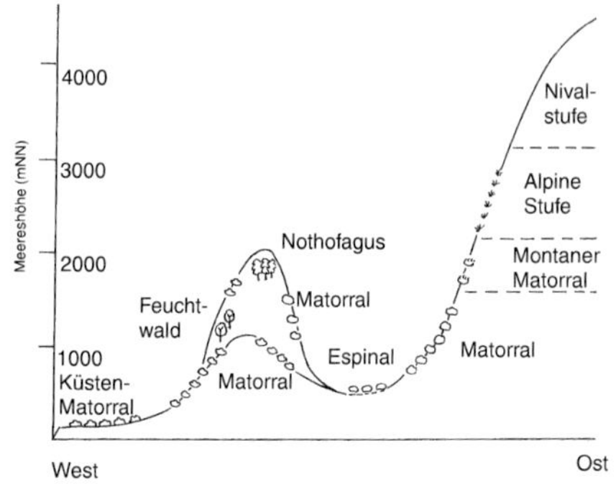

Vegetationstransekt durch Mittelchile. Westhänge der Küstenkordillere mit mehr oder weniger ganzjährig guter Wasserversorgung beinhalten bereits Elemente des valdivianischen Regenwaldes und der Südbuchenwälder *(Nothofagus)* (nach Rundel).

Das chilenische Hartlaubgebiet

Die »Matorral« genannten Hartlaubgehölze Chiles beherbergen viele Arten mit immergrünen Blättern vom Myrtaceentyp, im Süden der Region in zunehmendem Maße auch mit größeren Blättern vom Lorbeertyp; sie sind in geringer Zahl durchsetzt von laubabwerfenden Baumarten. In der großräumigen Vegetationsgliederung lassen sich zwei Ausbildungen unterscheiden, von denen die Anacardiacee *Lithraea caustica* (»Litre«) als Leitart für die mehr xerophytischen und die Lauracee *Cryptocarya rubra* (»Peumo«) für die feuchteren Verhältnisse gelten kann.

Die spanischen Kolonisatoren ließen sich in diesem, für sie klimatisch ansprechenden Gebiet zuerst nieder und führten viele mediterrane Pflanzen ein, die heute die Kulturlandschaft prägen.

Die Zusammensetzung des Matorral variiert sehr stark. In der typischen Ausbildung sind neben *Lithraea caustica*, einem 10 bis 15 m hohen Baum mit aromatisch duftendem ungeteiltem Laub, das Seifenbaum genannte Rosengewächs *Quillaja saponaria* dominant, dessen Borke Saponin und Tannin enthält, die in der Medizin Verwendung finden. Andere wichtige Arten sind *Colliguaya odorifera* (Euphorbiaceae), *Kageneckia oblonga* (Rosaceae) und *Schinus polygamus* (Anacardiaceae).

Stellenweise erreichen trockenkahle, verdornte Sträucher mit photosynthetisch aktiver Rinde höhere Deckungswerte, von denen die Rhamnacee *Colletia spinosissima* mit ihren eine Vergrößerung der assimilierenden Oberfläche bewirkenden, walzlichen bis abgeflachten Dornen beispielhaft erwähnt sei.

Auf trockenen, nordexponierten Hängen sind bereits Sukkulente vegetationsbestimmend, zu denen der 2 bis 4 m hohe Säulenkaktus *Trichocereus chilensis* gehört. Ein weiterer typischer Vertreter dieser Standorte ist die Bromelie *Puya berteroniana*, eine Schopfrosettenpflanze mit langen Blütenständen.

Feuchtere, südorientierte Hänge sowie Schluchten werden bevorzugt von der Lauracee *Beilschmiedia miersii* (»Belloto«) und der Monimiacee *Peumus boldus* (»Boldo«) eingenommen, die mit weiteren Arten zu dichten Hartlaubwäldern zusammentreten.

In den küstennahen Ausbildungen (Küsten-Matorral) nehmen die malakophyllen Arten zu, deren weiche Blätter weit weniger Trockenstreß als die der sklerophyllen Sippen ertragen können. Montane Ausbildungen des Matorral sind oberhalb von 1200 bis 1500 m zu verzeichnen. Hier dominieren immergrüne niedrige Sträucher mit schmaleren, xeromorpheren Blättern wie *Valenzuelia trinervis* (Sapindaceae), *Kageneckia angustifolia* (Rosaceae) und *Colliguaya integerrima* (Euphorbiaceae). Die genannten Arten haben jeweils nahe (breitblättrigere!) Verwandte im Matorral der unteren Höhenlagen.

Unter den Kletterpflanzen ist die halbstrauchige bis strauchige Schönranke *(Eccremocarpus scaber)* hervorzuheben, die mit Hilfe ihrer Fiederranken 2 bis 4 m emporzuklimmen vermag. In den europäischen Gärten wird dieses Bignoniengewächs wegen seiner auffallenden orange-roten Blüten als Sommerannuelle kultiviert. Ein windender Kletterstrauch ist die chilenische Nationalblume *Lapageria rosea*, eine Liliacee mit rosa- oder karminroten Blüten, die feuchte Standorte bevorzugt.

In den trockeneren Gebieten dieser Region, insbesondere am Fuß der Anden und an warmen Nordhängen sowie in Degradationsphasen ist allgemein die sommergrüne, mit auffälliger Schirmkrone versehene *Acacia caven* dominant. Sie baut zusammen mit anderen bewehrten Gehölzen wie der vereinzelt auftretenden Mimosacee *Prosopis chilensis* »Espinares« genannte offene Dorngebüsche auf, die einen savannenartigen Eindruck vermitteln.

Die über 25 m hohe, mit einem flaschenförmig verdickten Stamm versehene Honigpalme *(Jubaea chilensis)* ist in ihrem Vorkommen auf die Nordhälfte des Hartlaubgebietes beschränkt. Sie bildete dort auf wasserzügigen Standorten ehemals ausgedehnte Palmengehölze, ist aber heute aufgrund der starken Übernutzung und Durchweidung im Rückgang begriffen.

Die Vegetation des Kaplandes

Von hartlaubigen Arten geprägte Vegetationseinheiten nehmen die äußerste Südwestspitze des afrikanischen Kontinents ein. Sie gehen nach Norden in die Halbwüste der Karroo über, entlang der Küste in Richtung Osten schließen sich immergrüne Wälder an (Kap-Lorbeerwälder).

Die Niederschlagswerte betragen 300 bis 2500 mm/Jahr. Im Kerngebiet fallen 60 bis 80 % der Niederschläge im Winter.

Obwohl diese kapländische Vegetation nur eine vergleichsweise kleine Fläche einnimmt, ist die Artenvielfalt und Eigenständigkeit enorm. Wir befinden uns zugleich in einem eigenen Florenreich, der Capensis. Die Gattung *Erica* ist allein mit über 500 Arten vertreten. Weitere formenreiche Sippen stellen die Gattungen *Aspalathus* (Fabaceae), *Euryops* und *Felicia* (Asteraceae), *Protea* (Proteaceae), *Crassula* (Crassulaceae) sowie die Orchideengattung *Disa*. Von letzterer ist die »Stolz des Tafelberges« genannte *D. uniflora* die bekannteste, die wegen ihrer bis 10 cm großen, scharlachrot und orangefarben gefärbten Blüten in Gewächshäusern weithin kultiviert wird. Wichtige endemische Familien sind Bruniaceae *(Berzelia intermedia, Brunia albiflora)* und Penaeaceae *(Penaea mucronata)*. Die genannten Sippen treten zum Teil vegetationsbestimmend auf.

Die Vegetation kann am besten durch ihr äußeres Erscheinungsbild charakterisiert werden, da die Zusammensetzung von Bergkette zu Bergkette schwankt und kennzeichnende Arten im herkömmlichen Sinne fehlen. Vegetationsbestimmend sind vor allem zahlreiche Proteaceen und Ericaceen sowie Restionaceen (Monocotyledoneae), die ökologisch die Nischen der Gräser besetzen. Generell unterscheidet sich die kapländische Vegetation durch die stetige Präsenz von Restionaceen von der Vegetation anderer Regionen mit einem ähnlichen Klima.

Nach der Blatt- oder Wuchsform lassen sich physiognomisch unterschiedlich dominierte Vegetationstypen differenzieren. So treten zwei grundsätzliche Blattformtypen auf. Die »ericoiden« Blätter sind klein und schmal mit umgerolltem Blattrand. Sie kommen in vielen Fynbos-Familien vor, wie z. B. bei *Erica* (Ericaceae), *Brunia* (Bruniaceae), *Aspalathus* (Fabaceae) und vielen anderen. »Proteoide« Blätter sind meist elliptisch oder lanzettlich, bis 15 cm lang, sehr hartlaubig und für viele Vertreter der Proteaceae (z. B. *Leucadendron, Leucospermum, Mimetes, Protea*) typisch. Entsprechend unterscheidet man ericoide und proteoide Vegetation.

Die Wuchsform vieler Restionaceen ist durch Horst- oder Rhizombildung, ähnlich vielen Cyperaceen, gekennzeichnet. Ihre grünen röhrenförmigen oder drahtigen Sprosse tragen reduzierte Blätter bzw. photosynthetisch inaktive Schuppen. Da Restionaceen vielfach landschaftsprägend sind, spricht man entsprechend von »restioider« Vegetation.

Die 1 bis 3 m hohen Hartlaubgebüsche werden Fynbos oder auch Kap-Macchie genannt. Im Gegensatz zur mediterranen Macchie stellen sie aber das natürliche Endstadium der Vegetationsentwicklung dar. Sie beherbergen vereinzelt größere Sträucher und seltener weit auseinanderstehende Bäume wie die Proteaceen *Brabejum stellatifolium* (vor allem an feuchteren Stellen) und den Silberbaum genannten *Leucadendron argen-*

Protea cynaroides, eine typische Pflanze der Hartlaubvegetation des Kaplandes

teum (nur im äußersten Süden) sowie die Südzedern *Widdringtonia cedarbergensis* und *W. schwarzii*. *Brabejum* gehörte zu den ersten heimischen Arten, die die weißen Siedler im 17. Jahrhundert für Pflanzungen verwendeten und so über das ursprünglich auf das südliche Kap beschränkte Gebiet hinaus verbreiteten. An extremen Standorten kommen physiognomisch Restionaceen zur Dominanz wie zum Beispiel *Chondropetalum mucronatum* auf dem Tafelberg bei Kapstadt oder die wie ein großer Schachtelhalm aussehende *Elegia capensis (= E. verticillaris)*.

Wasserläufe in den Bergen werden von Ufergehölzen begleitet, in denen bereits viele afromontane Arten dominierend auftreten.

Fynbos-Vegetation auf der Kap-Halbinsel mit weißblühender *Berzelia* (Bruniaceae) und Restionaceen-Horsten

Ärmere, zum Teil degradierte Standorte anzeigende Gebüsche werden als »Rhenosterbos« bezeichnet und von dem Korbblütler *Elytropappus rhinocerotis* bestimmt. Ursprünglich dürften hier viele tropische Arten oder auch Sippen der Karroo vegetationsbestimmend gewesen sein.

Probleme bereiten die ursprünglich zur Befestigung von Dünen und Sandfeldern ausgebrachten australischen Akazien, namentlich *Acacia cyanophylla* und *A. cyclops*. Bei diesen übernehmen verbreiterte Blattstiele (Phyllodien) die Funktion der fehlenden Blattspreiten. Dank ihrer Fähigkeit zur Bindung von Luftstickstoff konnten sie sich auf den armen Sandböden rasch etablieren, blieben aber nicht auf diese Gebiete beschränkt, sondern breiteten sich aggressiv aus und verdrängen die ursprüngliche (heimische) Vegetation. Nach Möglichkeiten, ihre Ausbreitung einzudämmen, wird intensiv geforscht. Auch die gleichfalls aus Australien stammende Proteacee *Hakea sericea (= H. acicularis)* und die im Mittelmeergebiet beheimatete Sternkiefer *(Pinus pinaster)* haben stellenweise zu einer kompletten Verdrängung der Fynbos-Vegetation geführt.

Die Fynbos-Vegetation ist sehr leicht brennbar, insbesondere während der heißen, trockenen und windigen Jahreszeit. Man nimmt heute an, daß sich Fynbos unter der regelmäßigen Wiederkehr von natürlichen Brandereignissen entwickelt hat und zu seinem Erhalt erforderlich ist. Die meisten Fynbos-Arten – wie z. B. *Protea arborea*, *Euclea lancea* (Ebenaceae), die meisten Restionaceen – treiben auch nach den heftigsten Feuern wieder aus. Andererseits sind ihre Samen durch holzige Zapfenschuppen sehr effektiv geschützt *(Leucadendron salicifolium, Widdringtonia)*. Wird der Feuereinfluß durch den Menschen künstlich gering gehalten oder gar ausgeschlossen, gehen andere Arten in ihrer Dominanz zurück, wie z. B. viele Restionaceen. Einige seltene Arten, wie die Proteacee *Orothamnus zeyheri*, sind aufgrund übermäßigen Schutzes vor Feuer nahezu ausgestorben.

Fynbos-Vegetation mit *Acacia cyclops* auf der Kap-Halbinsel

Das australische Hartlaubgebiet

Zwischen den Winterregengebieten von Südafrika und Australien sind viele gemeinsame Züge festzustellen, die im Vorkommen gemeinsamer Familien wie der Proteaceae, Restionaceae und anderer begründet liegt. Gleichwohl sind z. B. die vertretenen Gattungen der Proteaceen grundsätzlich verschieden. In Australien sind *Grevillea* und *Hakea* besonders artenreich vertreten; die Australische Silbereiche *(G. robusta)* gehört dabei zu den beliebtesten Zierbäumen der Tropen.

Vom Vegetationsbild her dominieren in Australien darüber hinaus Bäume, die der Gattung *Eucalyptus* angehören. Da deren Blätter senkrecht stehen, machen die australischen Wälder trotz der starken Laubbildung der Eukalypten einen auffällig lichten Eindruck. Eine Differenzierung der Waldtypen erweist sich aufgrund der Dominanz und Allgegenwärtigkeit der Gattung *Eucalyptus* allerdings als schwierig. Bei mehr als 130 Arten tritt eine Lignotuber-Bildung auf, d. h. die Stammbasen sind verdickt und dienen als Reservestoffspeicher, aus denen eine schnelle Regeneration über Stockausschläge erfolgen kann.

Eukalypten werden weltweit forstlich kultiviert, da sie durch den Gehalt an ätherischen Ölen weitgehend vor Fraß geschützt sind und eine hohe Produktivität aufweisen. Die angepaßten australischen Schadinsekten fehlen in den Anbaugebieten.

Im humiden Teil des Winterregengebietes mit über 1250 mm Jahresniederschlag ist die vorherrschende Art der »Karri« *(Eucalyptus diversicolor)*, der bis zu 85 m hoch wird und mit geraden, schlanken Stämmen ausgezeichnet ist. Die Böden dieser humid-mediterranen, zu den warmtemperierten Regionen überleitenden Karri-Wälder sind meist tiefgründig, tonig und in ihrer Reaktion neutral, doch nährstoffarm. Auch Insektivoren fehlen hier nicht: An offenen, sumpfigen Stellen kommt die seltene Kannenpflanze *Cephalotus follicularis* vor.

Der Charakterbaum des humid- bis eumediterranen Klimabereiches (625 – 1250 mm Jahresniederschlag) ist *Eucalyptus marginata*; er bildet den sogenannten Jarrah-Wald, der meist eine Höhe von 15 bis 20 m erreicht, wiewohl *E. marginata* bis 40 m hoch werden kann. Eine untere Baumschicht wird von Känguruhbäumen *(Casuarina)* und *Banksia*-Arten (Proteaceae) aufgebaut. In der Strauchschicht kommen weitere xeromorphe Proteaceen, Hülsenfrüchtler (insbesondere Phyllodien tragende Akazien) und Myrtengewächse wie Vertreter der Zylinderputzer genannten Gattung *Callistemon* vor, deren Früchte jahrelang geschlossen bleiben und sich erst öffnen, wenn ein Feuer darüber hinweggegangen ist.

In der Hartlaubvegetation Australiens spielen *Banksia*-Arten eine große Rolle

Mit abnehmenden Niederschlägen ersetzen andere niederwüchsige *Eucalyptus*-Arten die baumförmigen Vertreter. Bei sandigen Böden wird jedoch der *Eucalyptus*-Wald durch die australische Heidevegetation ersetzt, die sich durch einen großen Artenreichtum auszeichnet.

Bei trockeneren klimatischen Verhältnissen (400 – 250 mm/Jahr) herrschen gebüschartige Wälder oder heideartige Gebüsche vor, die man als Mallee-Vegetation bezeichnet. Diese ist sehr vielgestaltig und von Proteaceen gekennzeichnet, Eukalypten fehlen dagegen stellenweise. Der Begriff »mallee« stammt aus der Sprache der australischen Ureinwohner und bezieht sich auf die zahlreichen Stockausschläge, die dem Bestand das Aussehen eines Niederwaldes geben.

Bemerkenswert sind die unter der Bezeichnung Grasbäume bekannten Vertreter der in die Lilienverwandtschaft gehörenden Xanthorrhoeaceae wie *Xanthorrhoea preisii* und *Kingia australis*, deren scheidige, schopfig stehende Blätter bei den größeren Arten auf wenig oder nichtverzweigten Stämmen inseriert sind. Beide sind sehr feuerresistent und werden durch Brände begünstigt, zumal sie unmittelbar nach derartigen Ereignissen neue Blätter aus geschützten apikalen Meristemen bilden können und selbst die verbrannten Blätter am Stamm ihr basales Wachstum fortsetzen. Bei *X. preisii* werden Stammhöhen von über 2 m und Blattlängen von 1 m erreicht, bei einer Blütenstandshöhe von 3 bis 3,50 m. Einige Sippen dieser im Deutschen »Gelbharzbaum« genannten Gattung liefern ein Harz, das zur Herstellung von Firnissen verwendet wird. Stellenweise ist die Cycadeengattung *Macrozamia* verbreitet, deren Arten sich durch weit ins Erdreich reichende Stämme vor Feuereinwirkung schützen.

In der Feldschicht gehören viele Australheidegewächse (Epacridaceae), die eng mit den Ericaceae verwandt sind und diese in Australien ersetzen, zu den dominierenden Vertretern. Stellenweise bilden sie ausgedehnte Heidelandschaften, ähnlich jenen, die von *Erica* und *Calluna* in anderen Weltgegenden beherrscht werden. Auch auffallend viele Goodeniaceen sind hier anzutreffen. Die Familie enthält einige außergewöhnliche Zierpflanzen, wie die bei uns wegen ihrer zahlreichen blauen Blüten in Blumenkästen kultivierte Fächerblume *Scaevola saligna (= S. aemula)*.

Herausragend ist der Reichtum an carnivoren Sonnentauarten *(Drosera)*, von denen über 40 der etwa 110 bekannten Arten in Südwestaustralien beheimatet sind. Deren weite Verbreitung und häufiges Auftreten kann als Kennzeichen der Bodenarmut dienen. Die sommerliche Dürrezeit wird von ihnen teils durch gut geschützte Knospen an der Erdoberfläche, teils als Knolle im Boden überdauert. Neben kleinen bis großen Rosettenpflanzen gibt es Vertreter, deren mit wechselständigen kleinen Blättern besetzte schwache, lange Sprosse an Zweigen von Sträuchern bis auf 1 m hinaufklettern. Als Haftorgane fungieren die klebrigen Tentakel, die auch dem Insektenfang dienen.

Vor allem in dem schon früh besiedelten Südaustralien bedecken heute aus dem Mittelmeer oder Südafrika eingeschleppte Arten als aggressive Unkräuter weite Flächen, namentlich Affodill *(Asphodelus)*, Natternkopf *(Echium)* und die südafrikanische Composite *Arctotheca.*

Warmtemperierte Feucht- und Lorbeerwälder

Die hier zu behandelnden Wälder nehmen eine Übergangsstellung zwischen den tropischen Regenwäldern und den sommergrünen Laubwäldern ein. Sie zeigen einen reichen Gehölzwuchs, der vorwiegend aus immergrünen Arten besteht. Im allgemeinen sind die Blätter der Gehölze aber deutlich kleiner als die der Bäume des tropischen Regenwaldes und oft etwas ledrigsteif wie die des mediterranen Lorbeers. Man spricht daher von Lorbeerwäldern.

Neben der Vertretern tropischer Familien wie den Lorbeer- (Lauraceae) und Teegewächsen (Theaceae), treten häufig Vertreter von Sippen der gemäßigten Breiten auf wie Eichen, Magnolien, Kastanien. Besonders auf der Südhalbkugel sind altertümliche, oft breitblättrige Nadelgehölze der Araukariengewächse (Araucariaceae) und Steineibengewächse (Podocarpaceae) verbreitet.

Im Gegensatz zu den tropischen Gebirgsregenwäldern fehlen hier weitestgehend die Lianen und Epiphyten sowie Palmen, Bananen, Ingwer- (Zingiberaceae) und Aronstabgewächse (Araceae).

Charakteristisch für alle Feucht- und Lorbeerwälder ist die hohe Zahl systematisch isolierter, altertümlicher Arten, deren Entwicklung schon im Tertiär oder noch früher abgeschlossen war. Die Zugehörigkeit der Wälder zu verschiedenen Florenreichen bedingt eine unterschiedliche Ausbildung, so daß sie im folgenden landschaftsweise behandelt werden. Gebiete, die der Lorbeerwald einnahm, sind vielfach in Kultur genommen worden. Im asiatischen Raum wurden hier vornehmlich Teeplantagen angelegt.

Vegetationsgeschichte und Verbreitung

In Europa wirkten sich die Eiszeiten im Pleistozän noch fast bis zur Mittelmeerküste aus – unter Ausmerzung aller anspruchsvollen Holzarten. In Nordafrika drang die Wüste von Süden her immer weiter gegen das Mittelmeer vor. Die immergrüne wärmebedürftige tertiäre Flora starb deshalb in Europa völlig aus. Nur auf den Kanarischen Inseln und auf Madeira blieben unter den stabilen ozeanischen Bedingungen und aufgrund der insulären Lage Reste erhalten, die als Lorbeerwald die nebelreichen – und damit die sommerlichen Dürreperioden mildernden – Nordhänge bedecken.

Ganz wenige Relikte sind in Europa noch erhalten geblieben, wie die Palme *Chamaerops humilis*, die Caesalpiniaceen *Ceratonia siliqua* und *Cercis siliquastrum* sowie die krautigen Gesneriaceen *Haberlea* und *Ramonda.*

Das größte Refugium der tertiären Flora ist die Kolchis im westlichen Kaukasien und dessen Ausläufer am Schwarzen Meer sowie der kaspische Tieflandswald im nördlichen Iran. Aber auch hier findet man immergrüne nichtsklerophylle Arten nur im Unterwuchs, in der Baumschicht blieben nur laubwerfende Gehölze erhalten.

In Ostasien (China, Korea und Japan) hingegen, wo sich die Eiszeiten kaum auswirkten, ist diese tertiäre, wärmeliebende, immergrüne Flora noch reichlich vertreten.

Eine Sonderstellung nehmen die berühmten Küstenmammutbaumwälder der südwestlichen USA ein, in denen Nadelhölzer vorherrschen. In Südchile und Südargentinien sind Feuchtwälder weit verbreitet, während sie in Südafrika auf die weitere Kapregion beschränkt bleiben, sich aber als afromontane Vegetationseinheiten bis in die Hochlagen von Ost- und Westafrika ziehen.

Entlang der niederschlagsreichen Ostseiten der Kontinente treffen wir feuchte, warmtemperierte Waldtypen in Florida, Australien, Tasmanien und Neuseeland an.

Klimabedingungen

Für die Existenz derartiger Wälder sind ganzjährig hohe Luftfeuchtewerte, die bis zur Sättigung der Luft mit Wasser reichen können, unerläßlich. Dabei erreichen die Niederschläge entweder über das ganze Jahr gleichmäßig hohe Werte, oder Trockenperioden werden durch ständige und hohe Nebelfeuchte kompensiert. Aus diesen hohen Luftfeuchtewerten ergibt sich, daß die Temperaturunterschiede zwischen der kalten und der warmen Jahreszeit und auch die Unterschiede zwischen Tages- und Nachttemperaturen nur gering sind.

Weiterhin benötigen diese Feuchtwälder für ihr Gedeihen vorwiegend frostfreie und milde Winter. Solche warmtemperierten Feuchtklimata kennzeichnen vor allem meeresnahe Gebiete mit benachbarten Gebirgszügen, an denen ein ständiger Feuchtigkeitsstau zu verzeichnen ist, wie z. B. an der Ostküste des Schwarzen Meeres, in den südamerikanischen Gebirgszügen, auf Tasmanien und Neuseeland. Auf den atlantischen Inseln befindet sich der Lorbeerwald im Bereich der aufsteigenden, feuchtigkeitsgesättigten Passatwinde in den mittleren Gebirgslagen.

Die Ostküsten der Kontinente sind den Passat- und Monsunwinden ausgesetzt und empfangen das Regenmaximum in der warmen Jahreszeit. Großflächig ausgeprägt ist dieser Klimatyp in Ostasien im Übergangsbereich vom sommerfeuchten und wintertrockenen Monsunklima der Subtropen zum Jahreszeitenklima der sommergrünen Laubwaldzone.

Der makaronesische Lorbeerwald

Unter Makaronesien werden die atlantischen Inselgruppen Azoren, Madeira, Kanaren und Kapverden zusammengefaßt. Von diesen sind die Azoren und Madeira generell am feuchtesten und waldreichsten. Früheren Angaben und Berichten zufolge wurde das Vegetationsbild letzterer fast ausschließlich von Wäldern geprägt. Die Namen »Isola di Legname« (= Holzinsel) der Florentiner Seekarte (1351) und »Madeira« (*port.* = Holz) verdeutlichen dies. Die Kapverden dagegen sind deutlich trockener und ohne Ausbildung einer Lorbeerwaldstufe.

Die Kanarischen Inseln sollen im folgenden detaillierter besprochen werden, da sie als botanisches und ökologisches Demonstrationsobjekt einzigartig sind. In der Abbildung werden die wesentlichen Vegetationszonen am Beispiel von Teneriffa verdeutlicht.

Die Kanaren liegen im Einflußbereich des niederschlagsarmen Nordostpassats und sind in tieferen Lagen von Wüsten- und Halbwüstenvegetation bedeckt. Durch die an der Nordabdachung

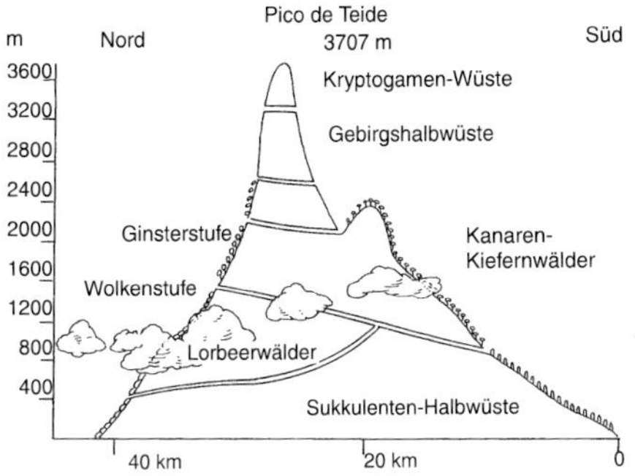

Profil durch die Kanareninsel Teneriffa (n. Oberdorfer)

aufsteigenden Luftmassen kommt es regelmäßig zur Ausbildung einer im Laufe des Tages immer dicker werdenden Wolkenbank, die meist zwischen 600 und 1600 m über dem Meeresspiegel liegt. Dadurch entsteht eine stabile Inversionswetterlage. Die Vegetation in dieser Höhe ist daher ständig einem nässenden Nebel ausgesetzt, der auch in den trockenen Sommermonaten für eine gewisse Bodenfeuchtigkeit sorgt. Auf vegetationsbestandenen Flächen liegt diese bis zu dreimal über derjenigen einer Freifläche. Hinzu kommen mittlere Jahresniederschläge von mehr als 1500 mm. Diese Standortfaktoren begünstigen die Ausbildung eines feuchten Lorbeerwaldes (»Laurisilva«), in dem die bestimmenden Arten durch ihre immergrüne laurophylle Beblätterung auffallen. Die Böden sind hier besonders tiefgründig und humös, während ansonsten lockere und durchlässige Böden – entsprechend der vulkanischen Ausgangsmaterialien Basalt, Lava, Asche – überwiegen. Über dieser humiden *Nebelwaldstufe* folgt wieder eine trockene *Hochgebirgsstufe.*

Physiognomisch handelt es sich bei diesem Nebelwald um eine dichte und dunkle Waldgemeinschaft, die durch Epiphytenreichtum sowie dichten Bodenbewuchs gekennzeichnet und bevorzugt auf den Nordhälften der Inseln in der »Zone der Wolken« zwischen 500 und 1000 m ausgebildet ist. Auf den Kanaren wurden die Bestände auf allen Inseln stark reduziert. Sie sind gegenwärtig noch am besten auf Teneriffa und La Gomera erhalten. Echter Primärwald ist – wie allenthalben – allenfalls in schwerzugänglichen Schluchtlagen zu erwarten.

Von den rund 20 Gehölzarten, die die Baumschicht aufbauen, gehören vier zur formationsbestimmenden Familie der Lorbeergewächse (Lauraceae), von denen der Kanarenlorbeer *(Laurus azorica = L. canariensis)* am häufigsten ist und auch in offenen Felslagen und stark degradierten Sekundärwäldern zu überleben vermag. Ähnlich anpassungsfähig ist die Barbuzano genannte *Apollonias barbujana (= A. canariensis),* die früher wegen ihres braunroten Kernholzes als »Kanarisches Ebenholz« exportiert wurde. Anspruchsvoller sind Stinkholz *(Ocotea foetens)* und Kanarische Persea *(Persea indica),* die eine stetige Bodenfeuchtigkeit verlangen. Alle vier vorgenannten Arten gelten als makaronesische Endemiten.

Zu den Aquifoliaceen gehören die Stechpalmenarten *Ilex canariensis* und die mit mehreren Unterarten vertretene *I. perado*. Zu den tropischen Elementen der Lorbeerwaldflora zählen die beiden Myrsinaceen *Ardisia bahamensis (= Heberdenia excelsa)* und *Pleiomeris canariensis,* die allerdings mehr auf felsige Hänge und Klippen beschränkt bleiben.

Ferner kommen das »Palo blanco« genannte Ölbaumgewächs *Picconia excelsa* (auf den Azoren durch *P. azorica* abgelöst) und der Kanarische Erdbeerbaum *(Arbutus canariensis)* vor. Unter den Epiphyten sind die Farne *Davallia canariensis* und der Südliche Tüpfelfarn *(Polypodium macaronesicum)* hervorzuheben; daneben treten aber vor allem Flechten, Moose und Pilze in großer Fülle auf.

In der Strauchschicht ist das Rankwerk immergrüner Lianen wie des Stattlichen Mäusedorns *(Semele androgyna)* anzutreffen, dessen Sproß mit blütentragenden Scheinblättern (Phyllokladien) versehen ist. Im Unterwuchs bedeckt der Wurzelnde Kettenfarn *(Woodwardia radicans)* mit seinen großen, überhängenden und ledrigen Wedeln größere Flächen. Unter den Kräutern sind zartblättrige Vertreter vorherrschend wie die rotblütige Kanaren-Glockenblume *(Canarina canariensis)* oder ziegelrote Fingerhutarten der Gattung *Isoplexis.*

Wo ungünstige Boden- und Klimaverhältnisse das Aufkommen des typischen Lorbeerwaldes verhindern bzw. nach dessen Zerstörung, entwickelt sich ein Gagelbaum-Heidebuschwald (»Fayal-Brezal«) mit der Gagelart *Myrica faya* sowie Baum- und Rutenheide *(Erica arborea, E. scoparia).* Der Nebel kann hier nicht mehr feuchtigkeitsspendend wirken, und die sommerliche Dürre setzt sich durch. In der Bergstufe, wo die

Wolkenbildung abnimmt, werden größere Flächen vom Kanarenkiefernwald eingenommen. Die dreinadelige *Pinus canariensis* kämmt mit ihren langen, feinen Nadeln aus den vorbeitreibenden Wolken Wassertropfen aus, was zu einer Befeuchtung des Bodens führt. Der Unterwuchs ist hier deutlich artenärmer, er wird von Zistrosen *(Cistus)* sowie Geißklee- *(Cytisus-)* und Drüsenhülsen-Arten *(Adenocarpus)* gebildet.

In der unteren Stufe gedeiht an vielen Stellen ein sukkulentenreicher Trockenbusch, in dem verschiedene Wolfsmilch- *(Euphorbia canariensis, E. regis-jubae, E. balsamifera)* und *Aeonium*-Arten sowie das Kanarische Greiskraut *(Senecio kleinia = Kleinia neriifolia)* und die zu den Asclepiadaceen zählende Gabelige Leuchterblume *(Ceropegia dichotoma)* bestimmend auftreten. Diese zeigen zugleich Beziehungen zu den – gleichfalls sukkulentenreichen – atlantischen Halbwüstengebieten Marokkos auf.

Auf Madeira besiedelt die 1826 aus Mittelamerika eingeführte *Opuntia tuna* heute weite Bereiche des Küstensaumes. Diese diente zur Zucht der Kaktusschildlaus Cochenille *(Dactylopius cacti)* zur Gewinnung eines purpurroten Farbstoffes. Auf den Kanaren bürgert sich zunehmend *Opuntia dillenii* in der unteren Stufe ein.

Entlang von wasserzügigen Rinnen kommt in der Natur die Kanarische Dattelpalme *(Phoenix canariensis)* vor, die im Mittelmeergebiet häufig als Zierbaum gepflanzt wird. Ihre ungenießbaren Früchte bleiben klein und mesokarparm – im Gegensatz zu ihrem Namensvetter, der Echten Dattelpalme *(Phoenix dactylifera).*

In der feuchteren Waldstufe ist, heute nur noch an schwer zugänglichen Stellen, der berühmte Drachenbaum *(Dracaena draco)* anzutreffen. Das Alter der legendären Riesenexemplare auf den Kanarischen Inseln beträgt nach neueren Erkenntnissen etwa 500 bis 600, nicht aber Tausende von Jahren.

Die Kanaren sind reich an endemischen Sippen, deren Speziation erst im Zuge einer »adaptiven Radiation« nach der Einwanderung stattgefunden hat. Schöne Beispiele finden sich in den Gattungen Dachwurz *(Aeonium)*, Natternkopf *(Echium)*, Gliedkraut *(Sideritis)* und Gänsedistel *(Sonchus)*. Bemerkenswert ist ferner, daß viele Gattungen, die sonst im wesentlichen krautige Formen aufweisen, auf den Kanaren durch verholzte, strauchige Arten vertreten sind, wie z. B. wiederum bei *Echium* und *Sonchus*, aber auch bei Johanniskraut *(Hypericum)*, Wegerich *(Plantago)* und anderen.

Der Kanarenlorbeer *(Ilex canariensis)* ist eine kennzeichnende Art der Lorbeerwälder, Teno-Gebirge, Teneriffa

Die kolchischen Wälder

Das Verbreitungsgebiet der kolchischen Wälder umfaßt zum einen das Dreieck zwischen dem Schwarzen Meer von Suchumi bis Batumi, der Hauptkette des Kaukasus im Nordosten und den transkaukasischen Gebirgen im Südosten (Kolchis). Verarmte Ausbildungen ziehen sich als schmaler Streifen entlang der türkischen Schwarzmeerküste (Pontisches Gebirge) bis weit nach Westen (»euxinisches Waldgebiet«). Das »hyrkanische Waldgebiet« am Südwestufer des Kaspischen Meeres (Elburs-Gebirge) bildet die Fortsetzung der Kolchis nach Osten.

Das Klima in diesem Raum ist ständig feucht (mit Niederschlagswerten bis zu 2500 mm/Jahr), warm und nahezu frostfrei und ermöglicht vielen immergrünen Arten ein Auskommen.

Diese kolchischen Wälder bilden im europäisch-vorderasiatischen Raum die reichste Ausbildung der Laubwälder, da die Auswirkungen der Eiszeit, trotz Vergletscherung des Kaukasus, durch die wärmere Kolchis gemildert wurden und ein Großteil der Waldarten diese Zeit überdauern konnte. Die Wälder beinhalten zahlreiche Relikte der arkto-tertiären und indomalaiischen Flora.

Die Baumschicht wird von sommergrünen Laubbäumen gebildet. In der unteren, mediterran geprägten Stufe mit ausgeprägter Sommerdürre sind dies im euxinischen Waldgebiet vornehmlich Eichen *(Quercus iberica, Q. frainetto)*, Kastanien *(Castanea)* und Silberlinde *(Tilia tomentosa)*, denen an trockenen Standorten Hartlaubarten wie Steineiche *(Quercus ilex)*, Steinlinde *(Phillyrea media)*, Erdbeerbaum *(Arbutus unedo* und *A. andrachne)*, Lorbeer *(Laurus nobilis)* und Myrte *(Myrtus communis)* beigesellt sind. Ferner kommen die sommergrüne Terpentinpistazie *(Pistacia terebinthus)*, der immergrüne Gerbersumach *(Rhus coriaria)*, die Baumheide *(Erica arborea)* vor.

In der oberen Stufe ist die Orientbuche *(Fagus orientalis)* absolut vorherrschend, der die Orientalische Hainbuche *(Carpinus orientalis)* beigemischt ist.

Kastanienwald der unteren Bergstufe des Kaukasus mit intensiv gelb blühendem *Rhododendron luteum*. Im Gegensatz zu *R. ponticum* ist dieser sommergrün.

Charakteristisch ist der immergrüne Unterwuchs von niedrigen Bäumen und Sträuchern, die kein Hartlaub besitzen. Unter ihnen ist der Pontische Rhododendron *(Rhododendron ponticum)* hervorzuheben, der stellenweise undurchdringliche Dickichte bildet. Ein zweites Teilareal besitzt die vor der Eiszeit wahrscheinlich durch ganz Südeuropa verbreitete Art auf der iberischen Halbinsel – Ausdruck der tertiären Florenwandlungen.

Weitere immergrüne Vertreter sind Stechpalme *(Ilex aquifolium)*, Pontische Lorbeerkirsche *(Prunus laurocerasus)*, die Heidelbeere *Vaccinium arctostaphylos*, Buchsbaum *(Buxus sempervirens)* und Pontischen Seidelbast *(Daphne pontica)*.

Die oberste Waldstufe wird von der Tanne *Abies bornmülleriana* gebildet, einer Kleinart der Nordmanns-Tanne *(Abies nordmanniana)*.

Im hyrkanischen Waldgebiet treten immergrüne Arten mehr zurück, dagegen fallen Reliktarten wie die Liane *Dioscorea caucasica* (Yamswurzel) stärker ins Auge. Vorherrschende Eiche ist hier *Quercus castaneifolia*, die in den oberen Höhenlagen ab 2000 m von der Persischen Eiche *(Quercus macranthera)* abgelöst wird. Weitere wichtige vegetationsbestimmende Gehölze umfassen Kaukasische Zelkove *(Zelkova carpinifolia)* und Kaukasische Flügelnuß *(Pterocarya fraxinifolia)*, letztere mit intensiver Bildung von Wurzelschößlingen. Das Eisenholz *(Parrotia persica)* besticht durch seine leuchtend gelbe, orange oder orangerote herbstliche Laubverfärbung. Die Früchte der Lotuspflaume *(Diospyros lotus)* schmecken recht fade, im Gegensatz zu der aus Ostasien stammenden und im Mittelmeergebiet als Fruchtbaum viel gepflanzten Kakipflaume *(D. kaki)*. Ferner sind Kaspische Gleditschie *(Gleditsia caspica)*, Seidenakazie *(Albizia julibrissin)* und Kolchische Pimpernuß *(Staphylea colchica)* erwähnenswert.

Das ostasiatische Lorbeerwaldgebiet

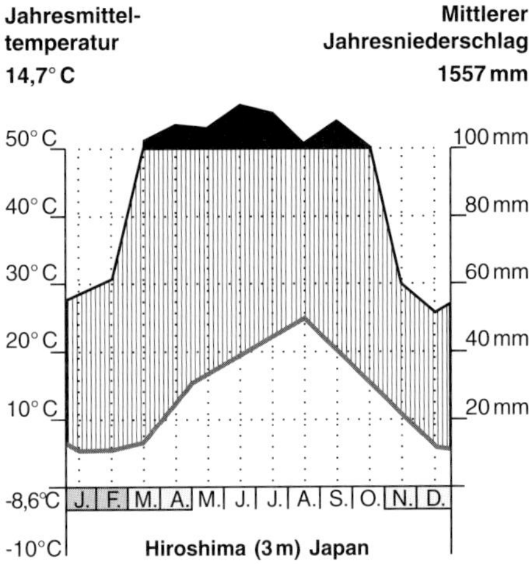

Klimadiagramm aus der Lorbeerwaldzone Südjapans – Hiroshima (3 m)

Immergrüne, warmtemperierte Wälder aus Eichen *(Quercus, Castanopsis, Lithocarpus)*, der Theacee *Schima wallichii* und Lauraceen *(Cinnamomum, Litsea, Machilus)*, denen verschiedene Kiefern beigemischt sind, kommen in Asien vornehmlich in Südchina vor und ziehen sich über die Südspitze der Koreanischen Halbinsel bis nach Südjapan. Die Zahl der Holzarten ist aufgrund geringer eiszeitlicher Beeinflussung sehr groß, was die Gliederung der Wälder sehr erschwert.

Zu berücksichtigen ist, daß diese Vegetationszone seit langer Zeit unter Kultur genommen wird und Reste der ursprünglichen Vegetation nur auf flachgründigen Gebirgshängen zu erwarten bzw. auf die Umgebung von Buddhistischen Tempeln und Shinto-Schreinen beschränkt sind.

Das Klima wird vom ostasiatischen Monsun bestimmt, der für ausgeglichene Humidität mit Jahresniederschlagswerten zwischen 1200 und 3000 mm im Gesamtgebiet sorgt. Die Regenmaxima fallen in den Sommermonaten. Begrenzender Faktor ist die Temperatur, die von Süd nach Nord und entsprechend im Gebirge abnimmt.

China

Im ausgedehnten chinesischen Verbreitungsgebiet sind diese Wälder regional sehr unterschiedlich zusammengesetzt. Die von ihnen eingenommenen Höhenstufen schwanken beträchtlich.

Im mittelchinesischen Tsilingebirge etwa ist der immergrüne Laubwald zwischen 500 und 800 m NN ausgebildet. Er wird hier von verschiedenen *Quercus*-Arten dominiert, unter ihnen der (sommergrünen) Eiche *Q. acutissima*. Hinzu kommen die bis Japan beheimatete Japanische Wollmispel *(Eriobotrya japonica)* – ein beliebter Fruchtbaum in den Subtropen der Alten und Neuen Welt, dessen birnenförmige, etwa pflaumengroße, dunkelgelb-orangenen Früchte wollig behaart sind und angenehm säuerlich schmecken. Der Chinesische Guttaperchabaum *(Eucommia ulmoides)* enthält eine guttaperchaähnliche Substanz, die beim Zerreißen der Blätter als weiße fädige Substanz sichtbar wird. Ferner treten Spießtanne *(Cunninghamia lanceolata)*, verschiedene Magnolien *(Magnolia)* und der für die Seidenraupenzucht verwendete Amberbaum *Liquidambar formosana* im Gebiet auf.

In den darüberliegenden Stufen herrschen sommergrüne Gehölze, wie wiederum verschiedene *Quercus*-Arten, Chinesische Birke *(Betula albo-sinensis)* sowie Nadelgehölze, darunter die durch bemerkenswert dick-walzliche Zapfen auffallende Armands Kiefer *(Pinus armandii)*, vor.

In der Provinz Yünnan, die das südöstliche Ende des Himalaya beinhaltet, sind die warmtemperierten bis warm-gemäßigten Höhenstufen von 1200 bis 2500 m ausgebildet. Neben den bereits genannten Gehölzen kommen vor allem Kampferbaum *(Cinnamomum)* – aus *C. camphora* wurde früher Kampfer gewonnen –, Stechpalmen *(Ilex)* und Kamelien *(Camellia)* hinzu. In den unteren Höhenlagen dominieren die Theacee *Schima wallichii* und die Fagacee *Castanopsis indica*. Im Unterwuchs sind Bambusgewächse regelmäßig vertreten. In der Strauchschicht der oberen Höhenlagen sind zahlreiche *Rhododendron*-Arten anzutreffen, die hier eines ihrer Mannigfaltigkeitszentren haben. Die Vegetationsstufen finden ihre Fortsetzung im östlichen Himalaya bis nach Nepal hinein.

Die Zone unterhalb 1200 m NN ist bereits tropisch geprägt. In den Wäldern ist der Salbaum *(Shorea robusta)*, eine Dipterocarpacee, vorherrschend.

Japan

Die typische Zusammensetzung der japanischen Wälder dieser Vegetationszone wird von breitblättrigen, immergrünen Arten aufgebaut, unter denen Eichen *(Quercus)* und Scheinkastanien *(Castanopsis)* in der oberen Baumschicht vorherrschend sind.

Feuchtere Standorte küstennaher Bereiche werden so von den Buchengewächsen *Castanopsis cuspidata* und *C. cuspidata* var. *sieboldii* besiedelt, denen große Bäume der Lauracee *Machilus (= Persea) thunbergii* beigemischt sind. Im Unterwuchs werden die Kamelie *Camellia japonica* (Theaceae) sowie die Lorbeergewächse *Neolitsea (= Litsea) aciculata* (die Gattung *Litsea* ist fossil seit dem Eozän bekannt) und der Fieberstrauch *Lindera (= Benzoin) erythrocarpa* angetroffen.

Trockene Standorte werden von der Eiche *Quercus phillyraeoides* eingenommen, die mit ihren kleinen, dicken, lederigen Blättern und ihren dichten Beständen an die Steineichenwälder des Mittelmeergebietes erinnert. Hier ist auch *Myrsine seguinii (= Rapanea neriifolia)* beheimatet, die mit ihren oleanderartigen Blättern das mediterrane Ambiente untermalt. Sandige, sturmgepeitschte Biotope der Küste sind das Revier der Japanischen Schwarzkiefer *(Pinus thunbergii)*.

Gegenwärtig werden allerdings die Hanglagen aufgrund des Holzeinschlages und nachfolgender Degradation vielerorts von der Japanischen Rotkiefer *(Pinus densiflora)* geprägt.

In den höheren Lagen ist der Wald überwiegend aus immergrünen Eichen *(Quercus)* aufgebaut. Weitere Arten umfassen hier *Distylium racemosum*, eine Hamamelidacee mit auffallend roten Staubblättern, die wegen ihres Schmuckwertes auch kultiviert wird, die Rechenblume *Symplocos prunifolia* (Symplocaceae) und den Kampfer *Chinnamomum japonicum.*

Vornehmlich auf Felsstandorten und an steilen Berghängen kommen verschiedene Nadelgehölze zur Dominanz, von denen Tannen *(Abies)* und Hemlocktannen *(Tsuga)* die häufigsten sind und eigene Waldgesellschaften bilden. Als weitere wichtige Arten können Japanische Nußeibe *(Torreya nucifera)*, die »Hinoki« genannte, mit stumpfen, schuppenförmigen Blättern versehene Feuer-Scheinzypresse *(Chamaecyparis obtusa)*, Sicheltanne *(Cryptomeria japonica)* und die durch verwachsene Doppelnadeln ausgezeichnete Schirmtanne *(Sciadopytis verticillata)* aufgeführt werden. Letztere war im europäischen Tertiär zeitweilig so häufig, daß die fossilen Nadelmassen in der Braunkohle bezeichnende Horizonte bilden (Graskohle). Auf reicheren Böden wird *Cryptomeria japonica* und auf ärmeren *Chamaecyparis obtusa* im großen Stil in Forstplantagen angebaut.

Die Feuchtwälder des südöstlichen Nordamerika

Feuchtwälder sind in den südöstlichen USA, vom Mississippi-Bassin bis Florida, nördlich bis Norfolk anzutreffen. Die Böden sind hier geologisch relativ jung, größtenteils handelt es sich um sandige (Küsten-)Ebenen. Die Winter sind mild, die Jahresniederschläge mit Werten zwischen 1200 und 1500 mm recht hoch. Vermoorungen sind häufig. Brände haben wichtigen Einfluß auf die Vegetationszusammensetzung.

Kiefernwälder stellen heute in den Ebenen des südöstlichen Nordamerika, von den Flußtälern und vermoorten Senken abgesehen, die verbreitetsten und auf weiten Strecken vorherrschenden Waldgesellschaften dar. Wesentlicher Faktor für ihre Entstehung sind regelmäßig wiederkehrende Brände. Die *Pinus*-Arten werden, da unempfindlicher gegenüber Feuer als die meisten Laubhölzer, gefördert. Sie wären sonst nicht in der Lage, unter dem dichten Schirm von Laubhölzern zu keimen und aufzuwachsen (Licht!). Nach heftigen Feuern und in sehr offenen Beständen breitet sich das Drahtgras *(Aristida stricta)*, dessen Blühfreudigkeit nach Brandperioden stark ansteigt, aus. Man spricht von Kiefernsavannen.

In den hier zu besprechenden feuchten Ausbildungen spielen die Kiefern *Pinus taeda, P. caribaea, P. palustris (= P. australis)* und *P. serotina* eine dominante Rolle. Die Böden sind sandig und recht sauer, der Wasserstand während der feuchten Jahreszeit hoch, gefördert noch durch wasserstauende Horizonte. Für die Vegetationsentwicklung ist das starke Austrocknen der oberen Bodenschichten in regenarmen Zeiten wesentlich.

Die südöstlichen Kiefernwälder haben große wirtschaftliche Bedeutung für die Holz-, Zellulose- und Papierindustrie. Früher spielte auch die Harzgewinnung eine wichtige Rolle.

Sandige Ebene mit Kiefern und der gewöhnlich strauchig bleibenden Palmettopalme *Serenoa repens*, deren Blattstiele mit scharfen, starren, gekrümmten Stacheln besetzt sind.

Sumpfzypressen-Tupelo-Wälder mit *Taxodium distichum* und *Nyssa aquatica* wachsen auf ganzjährig unter Wasser stehenden Böden, die allerdings in extremen Dürrejahren trockenfallen. Dieses Trockenfallen ist für die Naturverjüngung der beiden Gehölze zwingend notwendig, da deren Samen unter Wasser nicht keimen. Ein Unterwuchs fehlt in diesen Sumpfwäldern meist ganz. Epiphytisch wachsen der Tüpfelfarn *Polypodium incanum* und das zu den Bromelien zählende »Louisiana-Moos« *(Tillandsia usneoides)*, das wegen der irreführenden Bezeichnung und seines bartflechtenähnlichen Aussehens wohl besser Greisenbart zu nennen wäre; es entnimmt seine Nährstoffe ausschließlich dem Niederschlagswasser. Die Sumpfzypresse verfügt über einen breiten Stammansatz, ihr Wurzelsystem ist flach streichend. Hierin ist eine Anpassung zu sehen, die die Standsicherheit in sumpfigem Boden, auf denen sie überwiegend vorkommt, erhöht. Ferner verfügt sie über charakteristische Wurzelkniee, die wenige Dezimeter bis über einen Meter hoch sind und über die Boden- und Wasseroberfläche hinausragen. Inwieweit sie der Versorgung des Wurzelsystems mit Sauerstoff dienen, ist bisher nicht genau bekannt. *Taxodium-Nyssa*-Sumpfwälder ziehen entlang der Mississippi- und Ohio-Flußbereiche weit ins Landesinnere hinein.

Auf flußfernen Standorten und versauerten Böden wachsen Moorwälder mit den Baumarten *Taxodium adscendens* und *Nyssa biflora.* Als Begleiter kommen die Stechpalme *Ilex myrtifolia* und die nach Proserpina, der Göttin der Unterwelt, benannte Haloragacee *Proserpinaca palustris* vor. Auch hier tritt als Epiphyt wieder *Tillandsia usneoides* auf.

Zwischen den Flußläufen breiten sich zum Teil ausgedehnte Moorgebiete aus, in denen immergrüne Arten, unter ihnen viele Vertreter der Stechpalmen *(Ilex)*, dominieren und auch Lianen wie die Lorbeerblättrige Stechwinde *(Smilax laurifolia)* nicht selten sind. Diese Gehölzgesellschaften werden als Pocosin-Moorgehölze bezeichnet. Ausgeprägt ist der starke Wechsel in der Wasserversorgung mit stellenweise überstauten Böden in den feuchten Jahreszeiten und nachfolgenden ausgedehnten Dürreperioden. Während letzterer spielen Brände eine wichtige vegetationsprägende Rolle. Die pH-Werte bewegen sich zwischen 4 und 5 und damit im sauren Bereich.

In küstennahen Gebieten werden Moorwälder von der Kugel-Scheinzypresse *(Chamaecyparis thyoides)* aufgebaut. Auch für deren Verjüngung sind Brände erforderlich.

Am Ende der Vegetationsentwicklung stehen *Persea-Magnolia*-Moorwälder. Unter den bestimmenden Arten finden sich die durch aromatisch duftende, immergrüne Blätter ausgezeichneten Lauraceen *Persea borbonia* und *P. pubescens* sowie die sommer- oder halbimmergrüne Sumpfmagnolie *(Magnolia virginiana)*, mit rahmweißen duftenden Blüten.

Eingelagert sind Moore mit der Venusfliegenfalle *(Dionaea muscipula)* und der Kannenpflanze *Sarracenia*. Beide sind durch ihre insektivore Lebensweise hervorragend an nährstoffarme Verhältnisse angepaßt.

Bekanntestes Feuchtgebiet in den südöstlichen USA sind die »Everglades«. Die Sumpfwälder stehen dort mit einem vornehmlich aus der Schneide *Cladium jamaicense* gebildeten nassen Cyperaceen-Moor, in dem die Sabalpalme *(Sabal palmetto)* inselartig verbreitet ist, in engem Kontakt. Da der Meeresspiegel ein Absinken des Grundwassers in Dürreperioden verhindert, fallen die Flächen nicht trocken und geben Gehölzen nur geringe Aufwuchsmöglichkeiten. Auf erhöhten trockenen Sanden siedelt die Elliotts Kiefer *(Pinus elliotti)*, die aufgrund ihrer starken Wüchsigkeit einen wichtigen Wirtschaftsbaum darstellt und auch in Australien, Neuseeland und Südafrika forstlich kultiviert wird.

An den salzbeeinflußten Küsten schließen sich Mangrovebestände mit *Avicennia germinans, Rhizophora mangle* und weiteren Arten an.

Die Mammutbaumwälder der südwestlichen USA

Die bis über 100 m Höhe aufragenden Wälder des Küstenmammutbaumes *(Sequoia sempervirens)* sind in ihrem Vorkommen auf die nebelreiche Küstenzone des südwestlichen Oregon bis zum nordwestlichen Kalifornien beschränkt und nur selten mehr als 20 km landeinwärts anzutreffen. Sie steigen dabei von der Küste bis in Höhenlagen von 700 m, ausnahmsweise auch bis 1000 m auf. Es handelt sich um Wälder mit enormen Wuchsleistungen, die von großer forstwirtschaftlicher Bedeutung sind.

Im Verbreitungsgebiet sind hohe, größtenteils winterliche Niederschlagsmengen bis zu etwa 2500 mm/Jahr kennzeichnend. Die Humidität des Klimas wird durch die häufigen Nebel erheblich gesteigert, so daß selbst in den trockeneren Sommermonaten die Böden nicht vollständig austrocknen, zumal diese zumeist aus tiefgründigen tonigen bis sandigen Lehmen bestehen, die von Natur aus eine hohe Wasserspeicherkapazität aufweisen. Die Temperaturgegensätze zwischen Sommer und Winter sind recht ausgeglichen.

Sequoia sermpervirens gehört mit Wuchshöhen bis 112 m zu den höchsten Bäumen der Erde. Die durchschnittliche Lebenserwartung beträgt 500 Jahre, als Maximalalter werden 1800 Jahre angegeben. Ungewöhnlich für ein Nadelgehölz ist das gute (Stock-)Ausschlagsvermögen. Die auch »Redwood« genannte Art wurde früher wegen ihres ausgezeichneten Schnittholzes intensiv genutzt, so daß heute nur noch 5 % der ehemals eingenommenen Fläche vorhanden sind, von denen etwa 50 % unter Naturschutz stehen wie z. B. im »Redwood National Park«.

Die floristische Zusammensetzung der Redwood-Wälder ändert sich entsprechend ihrer von 36° bis über 41° nördlicher Breite erstreckenden Verbreitung sehr stark. Während im Norden die bis Alaska vorkommende Sitkafichte *(Picea sitchensis)* beigemischt ist und im mittleren Verbreitungsgebiet die Douglasie *(Pseudotsuga menziesii)* codominant auftritt, ergeben sich im Süden Beziehungen zur Chaparral-Vegetation und zu immergrünen Eichenwäldern.

In der Strauch- und unteren Baumschicht tritt der Pazifische Blumenhartriegel *(Cornus nuttallii)* auf, dessen auffällig gefärbte Hochblätter die Schauwirkung der Blüten beträchtlich erhöhen. In der Feldschicht ist die Heidelbeere *Vaccinium ovatum* häufig.

Wegen seiner gleichfalls beeindruckenden Größe soll hier der verwandte Riesenmammutbaum *(Sequoiadendron giganteum)* erwähnt werden, wiewohl die von ihm aufgebauten Wälder nicht mehr zu den warmtemperierten Typen gehören. Besiedelt werden die Hochlagen der

Die Stämme des Küstenmammutbaumes *(Sequoia sempervirens)* recken ihre Wipfel weit himmelwärts.

Sierra Nevada Kaliforniens zwischen 1500 und 2400 m, bei Jahresniederschlagswerten von 1100 bis 1500 mm und z. T. mächtigen Schneelagen im Winter. Mit einem geschätzten Alter bis zu 3800 Jahren gehören die Bäume zu den Methusalems im Pflanzenreich. Sie erreichen Stammhöhen bis zu 85 m. Mit einer Masse von über 6000 Tonnen und einem durchschnittlichen basalen Stammdurchmesser von 9,4 m gilt der 83 m hohe »General Sherman« im Sequoia National Park als »greatest living thing on earth«. Nach einer Phase der exzessiven Ausbeutung sind die Bestände heute fast sämtlich in Nationalparken geschützt.

Natürliche, durch Blitzschlag entstehende Feuer sind für die Keimung von außergewöhnlicher Bedeutung! Die Zapfen schließen nämlich so dicht, daß sie sich erst nach Feuereinfluß öffnen und die Samen entlassen. Andererseits haben die Keimlinge einen hohen Licht- und Nährstoffbedarf, der auf frisch abgebrannten Flächen am besten befriedigt werden kann. Die Bäume sind durch ihre dicke, schwammige, korkige Borke ausreichend geschützt, so daß die saftführenden und das Wachstum aufrechterhaltenden Schichten nicht beeinträchtigt werden. Um die Naturverjüngung zu verbessern, werden heute – nach einer Phase der Unterbindung – künstliche Feuer in den Waldreservaten gelegt.

Küsten- und Riesenmammutbaum schließen sich in ihrer Verbreitung aus. Heute ausgestorbene Arten dieser den Taxodiaceen zuzurechnenden Nadelgehölze waren in der Kreidezeit und im Tertiär noch über die gesamte Nordhemisphäre verbreitet und hatten einen wesentlichen Anteil an den Braunkohlewäldern.

Die südamerikanischen Feuchtwälder

Die andino-patagonischen Waldregionen können aufgrund ihres Niederschlagsreichtums als Regenwälder der gemäßigten Breiten bezeichnet werden. Ihr Verbreitungsgebiet erstreckt sich entlang der Küstenkordillere von Mittelchile bis nach Feuerland. Mit Jahresniederschlagswerten von über 4000 mm gehören die Bereiche zu den regenreichsten Südamerikas. Beachtenswert ist die Tatsache, daß die Niederschläge mit zunehmender Entfernung vom Andenhauptkamm rapide abnehmen, so daß innerhalb von etwa 50 km in westöstlicher Richtung die Werte auf nur 300 mm/Jahr in der patagonischen Steppe abfallen.

Die hier beheimatete Inkalilie *Alstroemeria aurea*, die Escallonie *Escallonia rubra* und die Scharlachfuchsie *(Fuchsia magellanica)* gehören zu den Stammformen des europäischen Zierpflanzensortimentes.

Valdivianischer Regenwald

Hohe Luftfeuchtigkeit, Nebel und üppige Niederschläge charakterisieren das Klima dieser immergrünen, durch großen Artenreichtum gekennzeichneten Waldregion, die die Westhänge der Kordilleren bis 500 m über dem Meeresspiegel einnimmt. Die Jahresniederschläge liegen bei 2000 bis 4000 mm, die durchschnittlichen Jahrestemperaturen bewegen sich zwischen 10 und 12 °C. Die ganze Region ist praktisch frostfrei.

Unter den günstigen klimatischen Bedingungen erreichen die valdivianischen Regenwälder Bestandshöhen von 40 bis 50 m. Die aufbauenden Arten sind meist mit großblättrigem Laub vom Typ der Magnolien- oder Lorbeerblätter versehen. Die meterhohen Brettwurzeln einiger Arten und eine üppige Lianenflora erinnern an tropische Regenwälder. Pflanzengeographisch von Bedeutung ist der Reichtum an endemischen Sippen mit tropisch-tertiärem Charakter, die hier die Eiszeiten überdauert haben.

Aufgrund der hohen Baumartenzahl sind die Unterschiede in der Gehölzzusammensetzung sehr groß und es können im folgenden nur einige typische Arten genannt werden. Eine dem mediterranen Ölbaum ähnliche Belaubung sowie die an Oliven erinnernden Früchte zeichnen den »Tique« *(Aextoxicon punctatum*, Aextoxicaceae) aus, nach dem der valdivianische Wald auch Tiquewald genannt wird. Weitere Elemente – allesamt mit großen, derben, immergrünen Lorbeerblättern – sind *Eucryphia cordifolia* (Eucryphiaceae), *Laurelia aromatica* und *L. serrata* (Monimiaceae).

Regional sind die laubabwerfenden Südbuchen *Nothofagus obliqua* und N. alpina *(= N. procera)*, die sich im Norden oberhalb 40° südlicher Breite zu eigenständigen sommergrünen Südbuchenwäldern zusammenschließen, am Aufbau beteiligt.

Die Feuchtigkeit dieses Biotops wird belegt durch Hautfarne wie *Hymenophyllum pectinatum*,

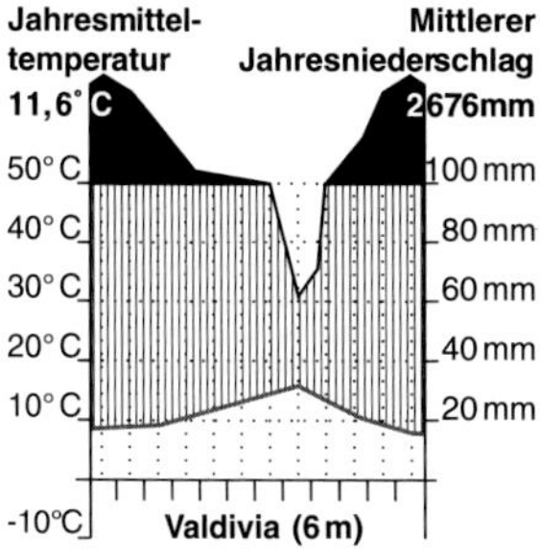

Klimadiagramm von Valdivia (Chile)

die bodennahe Baumwurzeln oder umgestürzte Baumstämme mit einem filigranen Geflecht überziehen. Tropische Blütenformen mit roter Färbung zeigen *Desfontainia spinosa* (Endemit der valdivianischen Region) und *Mitraria coccinea* (Gesneriaceae); beide Arten werden von Kolibris bestäubt.

Auf sumpfigen Standorten tiefer Lagen als auch am oberen nebelreichen Grenzsaum tritt im nördlichen Verbreitungsgebiet des valdivianischen Regenwaldes die »Alerce« genannte Patagonische Zypresse *(Fitzroya cupressoides)* bestandsbildend auf. Diese bildet mit Wipfelhöhen von über 60 m, einer Stammdicke von 4 m und einem Alter bis zu 3000 Jahren beeindruckende Baumgestalten, die im geschlossenen Bestand dicht mit Bartflechten *(Usnea)* behangen sind, was vor allem Berghänge in der Nähe der oberen Waldgrenze betrifft. Das Alerceholz ist sehr widerstandsfähig. Die Gattung ist benannt nach dem englischen Admiral R. Fitzroy, Kapitän der Beagle, mit der C. Darwin 1831 bis 1836 seine fünfjährige Weltreise unternahm, die ihn unter anderem nach Südamerika führte.

Offene Felsfluren werden von verschiedenen Pantoffelblumen *(Calceolaria)* besiedelt, die im tropischen und temperierten Südamerika, besonders aber entlang der Anden, artenreich vertreten sind.

Das bei uns als Solitärstaude gepflanzte Mammutblatt *Gunnera tinctoria (= G. chilensis)* kommt entlang von Bachläufen vor. Die Blattstiele werden auf den Märkten angeboten und wie frisches Gemüse roh gegessen.

Auenbereiche werden durch die Myrtacee *Myrceugenella apiculata* (»Arrayan«) besiedelt, die dort eine distinkte Zone bildet. Die bis 10 m hohen Stämme zeigen eine auffällig zimtbraune Borke. Stämme und Äste bilden ein zumeist undurchdringliches Gewirr.

Innerhalb der Höhenstufengliederung der valdivianischen Regenwaldregion folgen gipfelwärts Gürtel mit *Nothofagus dombeyi* (immergrün) und darüber ein solcher mit *Nothofagus pumilio* oder *N. antarctica* (beide sommergrün). Diese stellen Ausstrahlungen der sich polwärts anschließenden Südbuchenwälder dar, die geringere Wärmeansprüche stellen.

Auch in südlicher Richtung klingen die valdivianischen Arten allmählich aus, und es kommt zu Verzahnungen mit der patagonisch-magellanischen Regenwaldregion.

Patagonisch-magellanische Regenwaldregion

Das Vegetationsbild wird hier über weite Strecken von den dem antarktischen Florenkreis zuzurechnenden Südbuchen *(Nothofagus)* bestimmt, die auf der Südhalbkugel in den entsprechenden Klimaregionen unsere nordhemisphärisch verbreiteten Buchen *(Fagus)* ersetzen.

Häufige Besiedler der Südbuchen sind Halbparasiten aus der für das temperierte Südamerika endemischen Gattung *Misodendrum* (Federmistel, Misodendraceae), deren Vertreter dem Betrachter – ähnlich den mitteleuropäischen Misteln – als dichte Büschel in den Baumkronen auffallen.

Je nach Dominanz der Arten lassen sich der Coihuewald mit *Nothofagus dombeyi*, der aufgrund seiner Verbreitung als Patagonischer immergrüner Regenwald anzusprechen ist und niederschlagsreichere Standorte bevorzugt, sowie der Guindowald mit *N. betuloides* (Magellanischer immergrüner Regenwald) unterscheiden. Es werden die unteren und mittleren Höhenlagen besiedelt. Coihue- und Guindowald greifen nur wenig auf die Ostflanke der Anden über.

Auf Feuerland ist der Wald aufgrund der starken Stürme häufig auf windgeschützte Mulden beschränkt.

Die obere Höhenstufe wird vom »Lenga« *(Nothofagus pumilio)* aufgebaut (Waldgrenze im Norden bei etwa 1200 bis 1400 m NN, im Süden rasch abfallend, am Beagle-Kanal bei 200 m), der bereits zu den sommergrünen Laubwäldern überleitet.

Die Niederschläge erreichen im Jahresmittel Werte über 4000 mm im Norden, sie fallen auf Feuerland bis zu 600 mm ab, wobei Hagel und Schnee selbst im Sommer nicht selten sind. Aufgrund des kühlgemäßigten Klimas ist die Evaporation sehr gering und die Feuchtigkeit ganzjährig hoch.

Die Nordgrenze zu den valdivianischen Regenwäldern ist im Bereich 42° und 43° südlicher Breite anzusetzen, wo sich der Coihuewald als Gürtel oberhalb der Zone der Tiquewälder erstreckt, doch sind gerade hier die Übergänge sehr fließend. Im Süden läuft der patagonische Wald zwischen 47° und 48° S aus. Neben der bei weitem dominierenden *Nothofagus dombeyi* ist die im Frühling von weißen Blüten überzogene, bereits aus dem valdivianischen Regenwald bekannte *Eucryphia cordifolia* in der oberen Baumschicht beigesellt, die ein 35 bis 40 m hohes, trotz der kleinen *Nothofagus*-Blätter beeindruckend dichtes Kronendach bildet. Eher vereinzelt ist die Steineibe *Podocarpus nubigenus* anzutreffen. Die Bestände sind noch reich an Epiphyten, vor allem Moosen und Hautfarnen. Stellenweise bildet der 4 bis 6 m hohe Bambus *Chusquea culeou* bis in die Hochlagen hinein nahezu undurchdringliche Dickichte.

Besonders in niederschlagsreichen niederen Lagen trifft man auf die Winterrinde *(Drimys winteri)*, die aufgrund verschiedener Merkmale als eine der ursprünglichsten derzeit lebenden bedecktsamigen Pflanzen gilt. In der wärmeren Jahreszeit ist der zu den Proteaceen gehörende Feuerbusch *(Embothrium coccineum)* mit seinen leuchtend roten Blüten unübersehbar. An offenen Standorten finden sich »Calafate«-Sträucher mit angenehm säuerlich schmeckenden Früchten, von denen die Buchsblättrige Berberitze *(Berberis buxifolia)* die bekannteste ist, oder auch Vertreter der Rosaceengattung *Acaena* wie *A. magellanica*, deren zu widerhakigen Dornen umgewandelte Kelche zum deutschen Namen Stachelnüßchen beigetragen haben.

Auf vermoorten, sauren Böden erreicht die in den weiteren Verwandtschaftskreis der Schuppenzedern gehörende *Cupressacee Pilgerodendron uviferum (= Libocedrus tetragona)* höhere Deckungswerte.

Südlich des 48. Breitengrades sind die Sommer wesentlich kühler und die Vegetationsperiode deutlich kürzer. Hier beginnt das Reich des »Guindo« *(Nothofagus betuloides)*, der beiderseits der Kordillere weite zusammenhängende Flächen besiedelt und den Magellanischen immergrünen Regenwald aufbaut. Das Kronendach erreicht hier nur noch günstigenfalls eine Höhe von 20 m und fällt auf den Inseln südlich des Beagle-Kanals auf 6 bis 8 m ab. Die Baumschicht wird sehr artenarm und eintönig und nur von wenigen Gehölzen bereichert. Die obere Grenze der Guindowälder wird bei 600 m (im Norden) und 400 m auf Feuerland erreicht.

An der Südspitze Feuerlands prägen immergrüne und sommergrüne Südbuchenwälder mit reichem Unterwuchs und ausgedehnte Moore das Landschaftsbild. Oberhalb der Baumgrenze, die hier bei 500 bis 600 m liegt, finden sich alpine Zwergstrauch-, Polster- und Rasengesellschaften. Es herrscht ein kühl gemäßigtes, feuchtes Klima mit Niederschlägen zwischen 550 und 750 mm pro Jahr vor.

Bestimmende Gehölze und Vegetationsstrukturen entlang von drei Transekten im westlichen Südamerika. Dunkle Signaturen kennzeichnen immergrüne, helle sommergrüne Arten (nach Garleff).

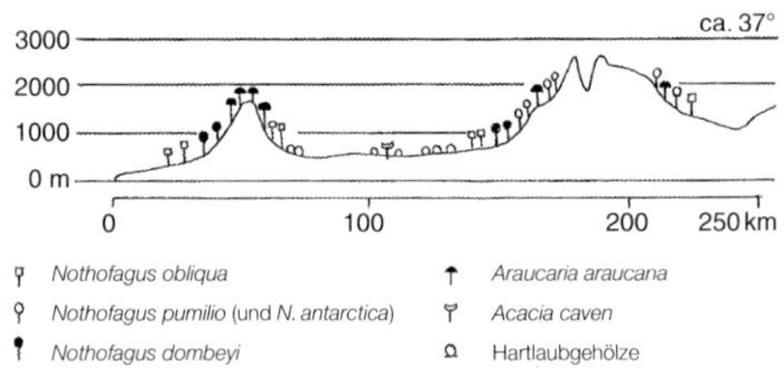

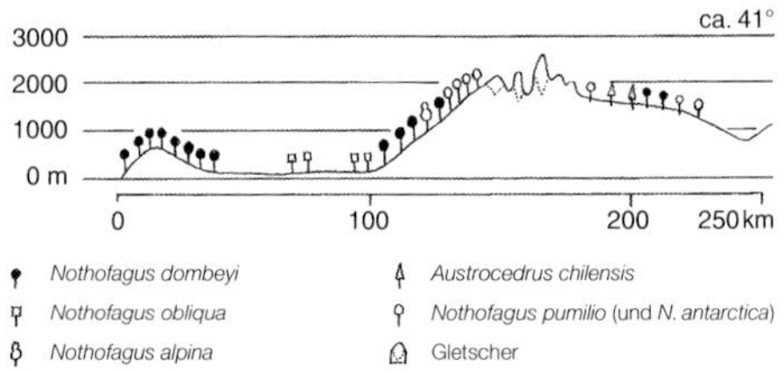

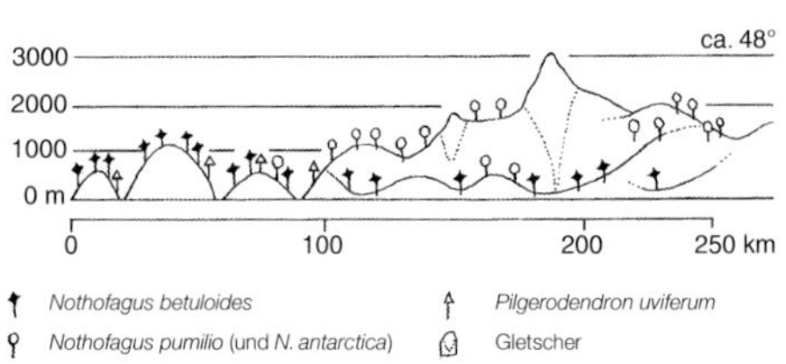

Nadelwälder

Im mittelchilenisch-argentinischen Gebirgsraum herrschen zwei immergrüne, sehr trockenresistente Nadelgehölze vor, denen große wirtschaftliche Bedeutung zukommt.

In Höhenlagen von 600 bis 1800 m sind Araukarienwälder ausgebildet, in denen die Andentanne *(Araucaria araucana)* dominiert. Deren Zweige sind dicht mit dreieckigen, steifen und stechenden, sich dachziegelig überdeckenden Blättern besetzt, die dem Baum ein urtümliches Erscheinungsbild geben. Die jährlichen Niederschläge betragen 600 bis über 1200 mm. An trockeneren Standorten sind meist reine Bestände ausgebildet und die Stämme stehen recht lückig. In niederschlagsreicheren Gebieten und in feuchten Senken entwickeln sich Mischwälder, in denen verschiedene *Nothofagus*-Arten beigesellt sind.

Entlang der andinen Ostabdachung wird die Chilenische Flußzeder *(Austrocedrus [= Libocedrus] chilensis)* vegetationsbestimmend, deren Bestände im Osten an die patagonische Steppe grenzen, wo sie bei etwa 600 bis 700 mm Jahresniederschlag noch vorkommen und von der Anspruchslosigkeit des auch Südzypresse genannten Baumes zeugen.

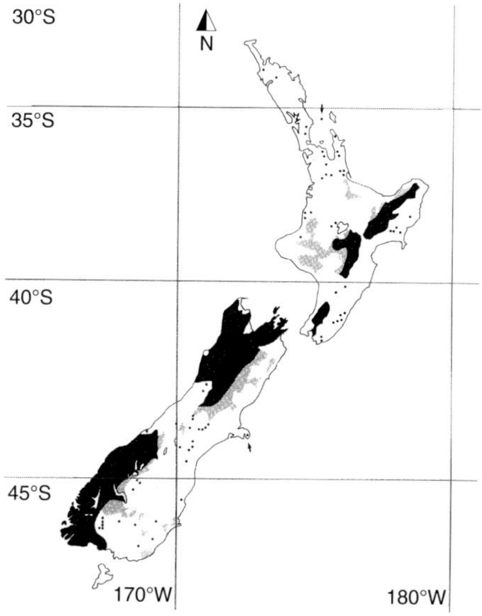

Vorkommen der Südbuche *(Nothofagus)* auf Neuseeland. Einzelne Punkte kennzeichnen isolierte Nachweise, Punktraster Gebiete mit Verbreitungslücken und schwarze Flächen Waldbestände (nach Wardle).

Die Feuchtwälder Australiens, Tasmaniens und Neuseelands

Die Ostküste, sowie zum Teil auch die Südwestküste Australiens, der Westteil von Tasmanien (das vor allem in den Wintermonaten den regenreichen »Westwinden« ausgesetzt ist und ausgeglichene Niederschläge mit 2500 mm/Jahr erhält) und Teile von Neuseeland, in dessen Bergregionen Werte von 6000 bis über 10 000 mm/Jahr zu registrieren sind, zeichnen sich durch ein das ganze Jahr hindurch feuchtes Klima aus.

Vegetationskundlich spielt die Gattung *Eucalyptus* , deren über 500 Arten zahlreiche Waldtypen aufbauen und von denen *Eucalyptus regnans* seine schlanken Stämme bis über 75 m Höhe reckt, in ganz Australien sowie Tasmanien eine beherrschende Rolle. Auf höheren Plateaus mit gelegentlichen Frösten im Winter treten Wälder mit den Araukarien *Araucaria bidwillii* und *A. cunninghamii* auf, mit einem immergrünen Baumunterwuchs und Baumfarnen.

In Südvictoria und Tasmanien sind warmtemperierte Eukalyptus-Südbuchenwälder anzutreffen, in denen die obere Baumschicht von Eukalypten beherrscht wird. Die untere Baumschicht wird von der immergrünen Südbuche *Nothofagus cunninghamii* und *Atherosperma moschatum* (Monimiaceae) gebildet. Darunter baut *Dicksonia antarctica* eine häufig geschlossene Baumfarnschicht auf.

Die Zusammensetzung dieser Wälder hängt stark von der Brandhäufigkeit ab. In je engeren Abständen es zu Bränden kommt (man rechnet hier in Größenordnungen von einigen hundert Jahren), desto stärker dominieren *Eucalyptus*-Arten. Neben der oben genannten treten dabei *E. gigantea* und *E. obliqua* auf. Die Eukalypten können im Schatten dichter *Nothofagus*-Bestände nämlich kaum keimen und werden daher auf Brandflächen gefördert.

Eine größere Rolle spielen entsprechende Wälder auf Neuseeland, die sich floristisch allerdings sehr stark von den oben dargestellten unterscheiden. So gibt es hier keine autochthonen *Eucalyp-*

tus- oder *Acacia*-Arten, ein Zeichen dafür, daß sich diese Inseln schon sehr frühzeitig von Australien getrennt haben.

Der von Nord nach Süd an der Küste bzw. der Westflanke der neuseeländischen Alpen vor sich gehende temperaturbedingte Wandel betrifft vor allem die Abnahme von kälteempfindlichen Arten. Die Extrema der verschiedenartig zusammengesetzten neuseeländischen Wälder werden von der Kaurifichte *(Agathis australis)* mit üppiger Begleitflora im tropisch-subtropischen Bereich und den reinen Südbuchenbeständen *(Nothofagus)* mit kümmerlichem Moos- und Flechtenbesatz in kühlgemäßigten Regionen gekennzeichnet. Eine Zwischenstellung nehmen die Lorbeer-Coniferen-Wälder ein, in denen auch die Nikaupalme *(Rhopalostylis sapida)* beheimatet ist.

Agathis-Wälder kommen auf der Nordinsel Neuseelands bis etwa 38° südlicher Breite vor. Die Bestände wurden wegen des im Boden angereicherten fossilen Kauriharzes weitgehend ausgebeutet. Zu den wichtigsten Begleitern gehört das wegen seines Holzes geschätzte Lorbeergewächs *Beilschmiedia*. Bemerkenswert ist die Lianenfülle und der enorme Epiphytismus. Im Unterwuchs bilden »Kaurigras«-Dickichte aus über mannshohen Horsten von *Astelia trinervia* (Liliaceae) und *Gahnia* (Cyperaceae) eine auffällige Schicht.

Weit auf die Südinsel, z. T. bis über 42° S hinausgehend, greifen die immergrünen Regenwälder mit verschiedenen lorbeerblättrigen Sippen wie Eisenholzbaum *(Metrosideros)* und der Cunoniacee *Weinmannia* sowie Podocarpaceen wie Gelbholz *(Podocarpus)* und »Rimu« *(Dacrydium cupressinum)* über, obwohl es hier doch bereits merklich kühler ist. Unter den wechselnden Coniferen-Begleitern nehmen ferner die Flußzeder *Libocedrus bidwillii* und die Blatteibe *Phyllocladus asplenifolius (= P. alpinus)*, die blattartige Kurztriebe trägt und deren Nadeln nur in Form kleiner Schuppen ausgebildet sind, eine bevorzugte Stellung ein. Im Unterholz fallen Keulenlilien *(Cordyline)* durch ihren schopfigen Wuchs auf.

Baumfarn im Regenwald von Neuseeland

Immergrüner Regenwald in Neuseeland mit Südbuchen und Baumfarnen

Bemerkenswert ist das häufige Auftreten verschiedener Jugend- und Altersformen derselben Species, wie z. B. bei der Harzeibe *Dacrydium cupressinum*, zu beobachten. Diese immergrünen Bäume besitzen schuppenartige Nadeln, wobei die Jugendblätter mehr nadelartig und größer sind als die Altersblätter. Ausgefallen ist das altersabhängige Verhalten eines so wichtigen Waldbildners wie dem Myrtengewächs *Metrosideros robusta*. Dieses beginnt seinen Lebenszyklus häufig als Epiphyt in der Astgabel eines größeren Baumes, wo sich bereits Humussubstanz angesammelt hat. Im Laufe der weiteren Entwicklung sendet *Metrosideros* Luftwurzeln aus, die am Stamm der Wirtspflanze nach unten laufen. Sobald die Nährstoffversorgung über Erdwurzeln eine deutliche Stabilisierung erfahren hat, erstarkt die Pflanze zunehmend und wächst selbst zu einem mächtigen Baum heran. Die ehemaligen Luftwurzeln können dabei untereinander Verbindungen eingehen (Anastomosen), die im Zuge des sekundären Dickenwachstums ein Netz bilden, das die Wirtspflanze – ähnlich dem Verhalten vieler tropischer Würgefeigen – förmlich »erdrückt«.

In den höheren Lagen ist fast überall *Nothofagus*, von der insgesamt fünf Arten in wechselnden Anteilen auftreten, für die Zusammensetzung der Wälder tonangebend. Derartige kühlgemäßigte Waldtypen kommen – zusammen mit Baumfarnen *(Cyathea, Dicksonia)* – bis zu den Auckland-Inseln, also fast bis 51° S, vor.

Durch Brand oder Waldzerstörungen entstandene Lichtungen werden von der sehr anpassungsfähigen *Leptospermum scoparium* (Myrtaceae) besiedelt. Feuchtere Standorte werden gern von dem schon den Maoris als Nutzpflanze bekannten Neuseeländer Flachs *(Phormium tenax)* eingenommen. Dessen Bestände konnten sich durch menschliche Förderung sekundär ausbreiten, bieten aber durchaus noch einen urwüchsigen Anblick.

Unter den Lianen ist die Pandanacee *Freycinetia* hervorzuheben mit fleischigen, leuchtend orangerot gefärbten Hochblättern. Ungewöhnlich für einen Europäer ist das Vorkommen von baumförmigen Violaceen. Die bei uns als Zierpflanze bekannte Strauchveronika *(Hebe)* hat in Neuseeland ihr Mannigfaltigkeitszentrum; die Gattung ist insgesamt südhemisphärisch verbreitet.

Die Wälder bedeckten den größten Teil Neuseelands zur Zeit der ersten Maori-Einwanderer um 950 v. Chr. Sie wurden von diesen und später von den europäischen Siedlern bis auf urwüchsige Bestände in den Berglagen gerodet. Für diese stellen ausgesetzte und sich – aufgrund des Fehlens jeglicher natürlicher Feinde – massiv reproduzierende faunenfremde Tiere wie Rothirsch *(Cervus elaphus)* und Opossum *(Trichosurus vulpecula)* eine große Gefahr dar, die durch Rindenverbiß die Vitalität der Bäume und durch die Vernichtung des Gehölz-Jungwuchses die Naturverjüngung stark hemmen. Beide Arten wirken dabei synergistisch und haben bereits zu einer Änderung der Vegetationszusammensetzung geführt.

Andererseits wurden Wälder in für die Farmer ertragreichere Weiden umgewandelt, die in ihrer floristischen Zusammensetzung – da künstlich angesät – praktisch den europäischen entsprechen. Selbst die Weideunkräuter wie Adlerfarn *(Pteridium aquilinum)*, Besenginster *(Cytisus scoparius)*, Stechginster *(Ulex europaeus)* und Weinrose *(Rosa rubiginosa)* stammen aus Europa.

Afromontane Wälder

Immergrüne Feuchtwälder warmtemperierten Klimas sind im afrikanisch-arabischen Raum inselartig in den nebelreichen Hochlagen anzutreffen. Ihr Verbreitungsgebiet erstreckt sich so von den Drakensbergen im südlichen Afrika (Kap-Lorbeerwälder) über die Gebirgssysteme beiderseits des ostafrikanischen Grabenbruchs bis nach Südwestarabien. Im westlichen Afrika befinden sich Enklaven vor allem auf dem Kamerunberg sowie im Hochland von Sierra Leone. Die jährlichen Niederschlagswerte bewegen sich gewöhnlich zwischen 800 und über 2500 mm.

Aufgrund der enormen longitudinalen Ausdehnung verwundert es nicht, daß afromontane Waldgesellschaften verschiedenartig zusammengesetzt und mit unterschiedlichsten Vegetationstypen verzahnt sind bzw. von diesen nach Degradation abgelöst werden. Es sind dies im südlichen Afrika vor allem die Fynbos-Vegetation, im mittleren Verbreitungsgebiet je nach Höhenlage Savannen, Bambuswälder oder afroalpine Vegetation und im Norden im wesentlichen Trockengehölze bzw. Zwerggesträuche.

Entsprechend den klimazonalen Verhältnissen verschiebt sich der Gürtel afromontaner Wälder in Richtung Norden orographisch immer weiter nach oben. Während im südlichen Afrika entspre-

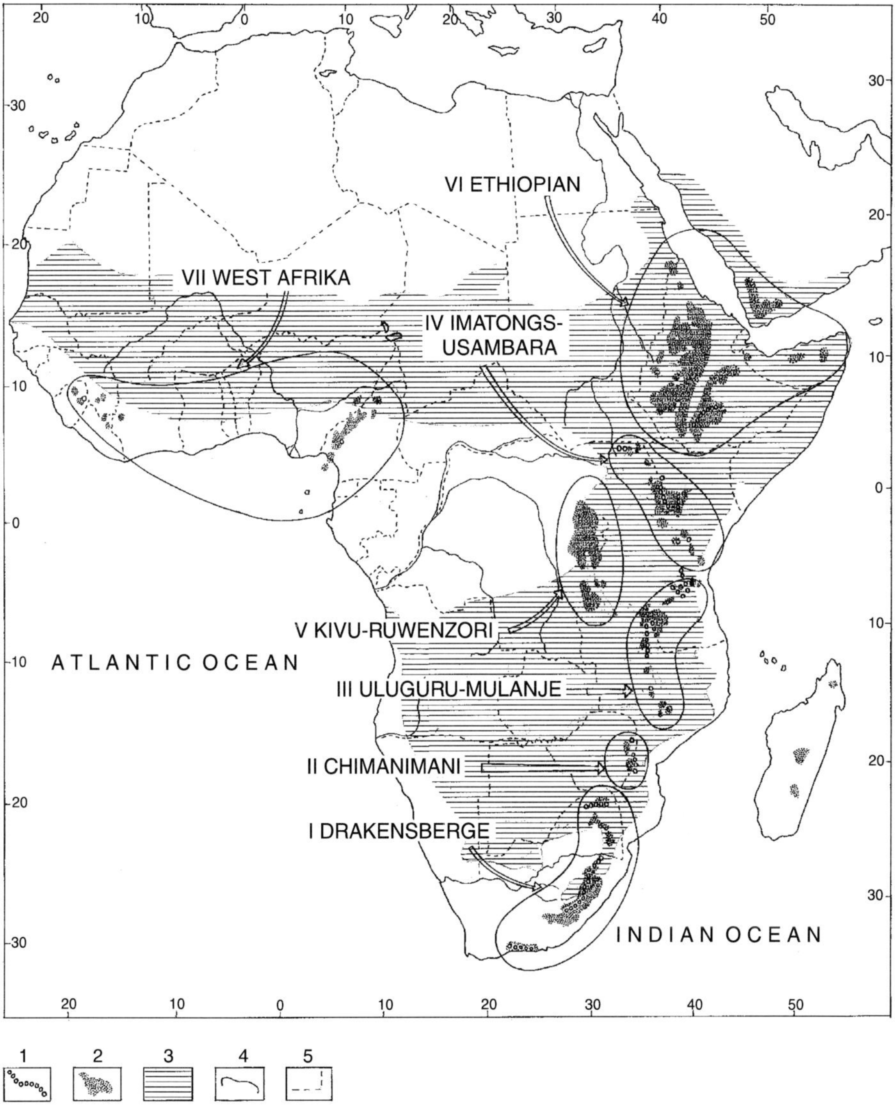

Gebirgssysteme (I bis VII) mit afromontaner Vegetation und Verbreitung von Savannen und Trockengehölzen in Afrika und Südwestarabien (nach White)

1 Bergkette, 2 Afromontane Vegetation, 3 Savannen und Trockengehölze, 4 Gebirgssystem, 5 Staatsgrenzen

chende Waldgesellschaften noch Höhenlagen bis hinunter auf wenige 100 Meter über Meeresniveau besiedeln (südliche Breitenlage kompensiert Höhe!) und einzelne Arten in luftfeuchten Tälern und Schluchten selbst am Fuße des Tafelberges bei Kapstadt angetroffen werden, liegen die Werte am Mt. Kenya (Ostafrika) bei etwa 2000 bis 3000 m. Besonders häufig sind diese Wälder aber zwischen 1200 und 2500 m anzutreffen.

Sehr gut erhaltene Bestände lassen sich im Naturschutzgebiet »Knysna Forest« (Republik Südafrika) studieren. Die obere Baumschicht wird hier von den Steineibenarten *Podocarpus falcatus* und *P. latifolius (= P. milanjianus)* aufgebaut. Das als »Big Tree« bekannte Exemplar von *P. falcatus* erreicht eine Höhe von 40 m, bei einem Stammumfang von 6,5 m und einem Alter von etwa 1500 Jahren. Ältere Bäume von *P. latifolius* bilden Brettwurzeln aus.

In der unteren Baumschicht bestimmen *Cunonia capensis* und *Platylophus trifoliatus* (Cunoniaceae), Assegaibaum *(Curtisia dentata)*, der wegen seiner leuchtend roten Blüten als »Baumfuchsie« bezeichnete Rachenblütler *Halleria lucida*, Kaplorbeer *(Ocotea bullata)*, Kapölbaum *(Olea capensis = O. laurifolia)*, die Stechpalme *Ilex mitis*, *Apodytes dimidiata* (Icacinaceae), Kapbuche *(Rapanea melanophloeos)*, *Nuxia floribunda* (Loganiaceae) und der wegen seines rötlich gefärbten Holzes geschätzte Natalmahagoni *(Kiggelaria africana)* das Vegetationsbild. Ein wertvolles Möbelholz liefern auch die als »Yellowwood« *(Podocarpus)* und »Stinkwood« *(Ocotea bullata)* gehandelten Vertreter. Die meisten der genannten Arten sind durch dick-ledrige Blätter ausgezeichnet.

Unter den Epiphyten sind der Zwergpfeffer *Peperomia tetraphylla*, die Drehfrucht *Streptocarpus rexii*, zahlreiche Farne wie der Zungenfarn *Elaphoglossum angustatum*, die Tüpfelfarngewächse *Microsorium ensiforme* und *Pleopeltis macrocarpa*, der Bandfarn *Vittaria isoëtifolia* und der Bärlapp *Lycopodium gnidioides* sowie die Bartflechte *Usnea exasperata* beispielhaft hervorzuheben.

Vielfach werden die Wälder, vornehmlich am Rande ihres Verbreitungsoptimums oder nach menschlichen Eingriffen, von einzelnen Arten dominiert. Hervorzuheben sind hier Wacholderwälder mit *Juniperus excelsa (= J. procera)*, die in den trockeneren Hochlagen des nordöstlichen und östlichen Afrika sowie des südwestlichen Arabien vegetationsbestimmend sind. Beigesellt sind die afrikanische Unterart des wilden Ölbaums *(Olea europaea* ssp. *africana)*, Breitblättrige Steineibe *(Podocarpus latifolius)* und die im eritreo-arabischen Raum endemische, einem Ölbaum ähnelnde *Barbeya oleoides*, die in den weiteren Verwandtschaftskreis der Ulmaceen gehört.

Im südlichen Afrika nimmt die Stellung von *Juniperus* die gleichfalls zu den Cupressaceen gehörende *Widdringtonia cupressoides* ein.

In Ostafrika bildet der 6 bis 15 m hohe Bambus *Arundinaria alpina* ausgedehnte Dickichte, die etwa am Mt. Kenya um 3000 m Höhe verbreitet sind. Dort bildet auch der Kossobaum *(Hagenia abyssinica)* eine eigene Stufe.

Bambusdickichte in Ostafrika

Kap-Lorbeerwald mit der Steineibe *Podocarpus falcatus*, Knysna-Wald, Südafrika

Sommergrüne Laubwaldzone

Ganz Mitteleuropa liegt im Gebiet der sommergrünen Laubwaldzone. Diese Laubwälder stellen hier die Klimaxvegetation dar, d. h. diejenige Vegetationsform, die mit dem Großklima in Übereinstimmung steht. Sommergrüne Laubwälder beherrschten schon vor 5000 Jahren unser Gebiet; nur offene Wasserflächen, Dünen, salzbeeinflußte Bereiche, Hochmoore und Talmoore konnten von ihnen nicht besiedelt werden. Insgesamt nehmen diese laubwaldfreien Gebiete aber so wenig an Fläche ein, daß sie vernachlässigbar klein erscheinen. Von Natur aus wäre Mitteleuropa ein Waldland. Eine Auflockerung erfuhren diese Wälder – wieder bezogen auf Mitteleuropa – erstmalig zu Beginn der Jungsteinzeit, dem Neolithikum, als Menschen in unser Gebiet einwanderten, die Ackerbau und Viehhaltung kannten und mitbrachten. Zu großflächigen Entwaldungen kam es aber noch lange Zeit nicht. Diese setzten erst viel später ein, in Südwestdeutschland mit der Karolingerzeit und nach Osten mit zunehmender zeitlicher Verzögerung, in Nordostdeutschland gar erst mit der mittelalterlichen Kolonisation im 12. Jahrhundert. Dann allerdings erfolgte der Waldrückgang sehr rasch und in zunehmendem Maße, so daß in Nordostdeutschland die jetzige Wald-Feld-Verteilung schon im 14., allenfalls im 15. Jh. erreicht wurde. Laubmischwälder blieben nur erhalten an Stellen, die sich für den Ackerbau nicht eigneten, wie an Steilhängen, oder weil sie zu naß oder zu trocken für eine landwirtschaftliche Nutzung waren. Erheblich größer sind die Laubwaldflächen, die aus Besitzgründen erhalten blieben, wie Waldflächen in städtischem, staatlichem, kirchlichem oder herrschaftlichem Besitz. Nicht selten wurden Institutionen Wälder vom Landesfürsten übereignet, damit sie sich auf diese Weise finanzieren konnten. Dadurch wurde z. B. die Greifswalder Universität zum größten Waldbesitzer in Vorpommern!

Nicht nur hinsichtlich ihrer Fläche, auch in ihrer Holzartenzusammensetzung erfuhren die Laubwälder im Laufe der Zeit erhebliche Veränderungen. Es kam, besonders im Mittelalter, oft zu selektiven Änderungen, die durch die überwiegende Entnahme bestimmter Holzarten hervorgerufen wurden, wie der Entnahme von Eichen als Bauholz, für den Schiffsbau usw. Bestände mit einer naturnahen Bestockung sind daher sehr selten geworden und oft nur noch in Naturschutzgebieten anzutreffen. Großflächig wurden Laubwälder – wenn nicht in Ackerland oder Grünland – in Nadelholzforste überführt, wobei Fichten und Kiefernforste überwiegen, da diese Holzarten ra-

Klimadiagramme aus dem Eichen-Birkenwaldbereich Westeuropas sowie dem nordamerikanischen und ostasiatischen sommergrünen Laubwaldgebiet

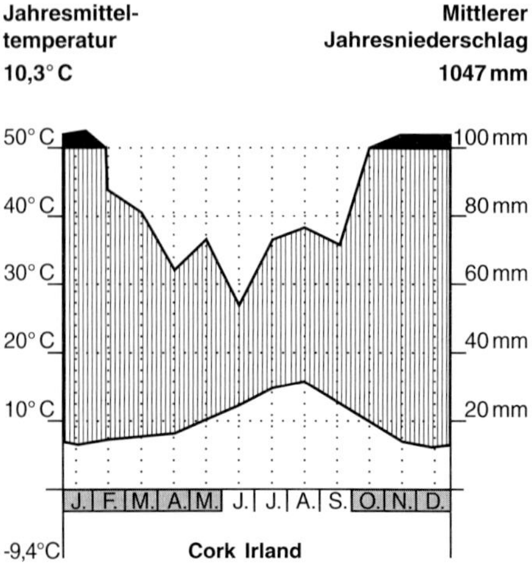

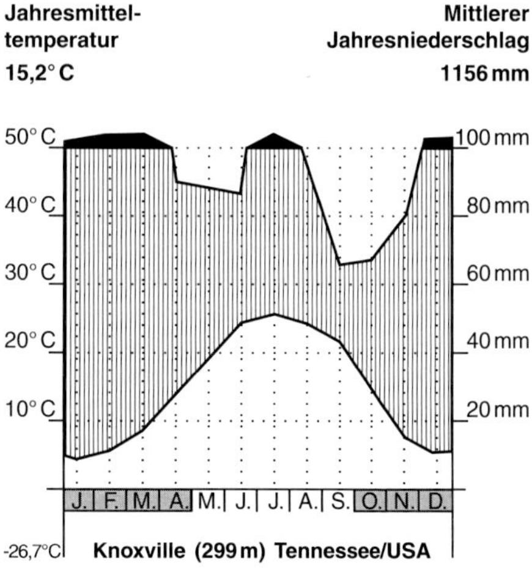

scherwüchsig als die Laubholzarten sind und einen weit höheren Ertrag einbringen. Dazu trug auch bei, daß Manufakturen und Fabriken entstanden, für die Nadelholz viel günstiger zu verarbeiten war als Laubholz. Die Auswirkung des Nadelholzanbaues (vor allem der Fichte, *Picea abies*) auf die Bodenentwicklung war anfangs nicht bekannt. Nachdem man die Erfahrung machen mußte, daß ein Fichtenanbau in der 2. oder 3. Generation manche Böden irreparabel schädigte, tendierten viele Forstwirte wieder zum Laubholzanbau.

Auch manche Umweltfragen, die man früher entweder nicht beachtete oder die man nicht beurteilen konnte, spielen nach deren Erkennen für eine Entwicklung in Richtung naturnaher Bestockung eine Rolle, z. B. die hervorragende Wirkung von Laubwäldern als Regulatoren des Wasserhaushaltes ganzer Landschaften. Während der Belaubung werden gut 10 % der Niederschläge vom Kronendach zurückgehalten, und 50 bis 60 % der Niederschläge verbrauchen die Laubwälder selbst. Trotzdem ist die wasserhaltende Wirkung des Laubwaldes sehr erheblich, was schon daraus ersichtlich wird, daß nach großflächigen Entwaldungen in Mittelgebirgen verheerende Überschwemmungen auftraten: der wasseraufnehmbare »Schwamm« war eingeschränkt oder beseitigt worden.

Waldflächen wirken auch klimatisch ausgleichend und mindern Extremwerte. Auf waldreichen

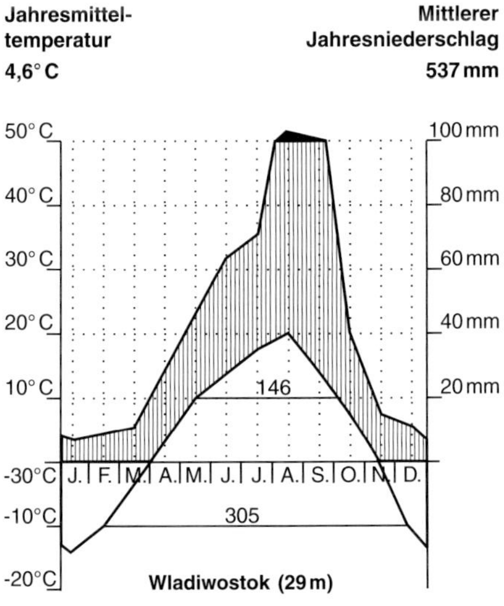

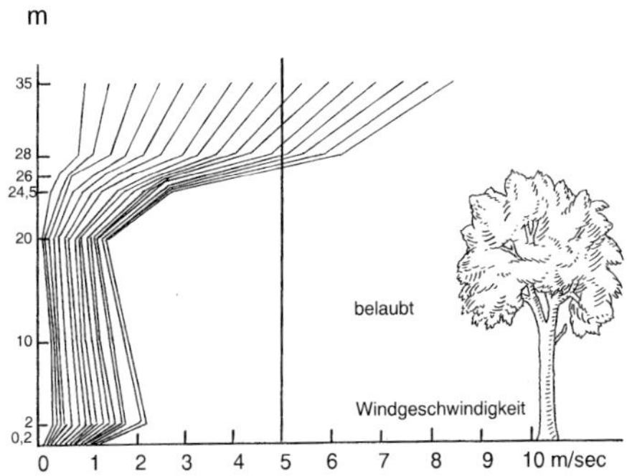

Windbremsung durch einen ausgedehnten Buchenwald auf der Hochfläche des Sollings

Die Gradienten verschieben sich mit der Windgeschwindigkeit, die oberhalb des Waldes herrscht, behalten aber ihre charakteristische Gestalt. Stets ist es in Bodennähe am wenigsten windig. Im Vergleich zu einem Meßpunkt 5 m über den höchsten Zweigen verringert das belaubte Kronendach die Windgeschwindigkeit auf etwa 1/6.

Flächen kann der mittlere Temperatur-Tageshöchststand bis zu 11 °C höher liegen, der mittlere Tagestiefstwert dagegen um 2 bis 3 °C niedriger als im Laubwald. Daß es im Wald tagsüber kühler ist als im offenen Gelände, ist jedem bekannt, ebenso, daß die Windgeschwindigkeit bereits wenige Dekameter vom Waldrand entfernt stark abnimmt (s. Abb. oben). Nicht zu vergessen ist auch die weitgehende Staubfreiheit im Laubwald, da Stäube – auch radioaktive – zum allergrößten Teil in den Baumkronen abgefangen werden.

Laubwälder weisen eine deutliche *Schichtung* auf. Je nach Waldtyp können 1 oder 2 Baumschichten unterschieden werden: eine Hochbaumschicht und eine niedere Baumschicht, deren Ausbildung vor allem vom verfügbaren Licht gesteuert wird. Buchenwälder bilden z. B. stets nur eine Hochbaumschicht aus, Eichenmischwälder weisen oft zwei Baumschichten auf. Auch eine Strauchschicht wird je nach Waldtyp unterschiedlich stark ausgebildet, wenn man von natürlichen oder künstlichen Lichtungslöchern absieht. Es folgt die Krautschicht, die aus Kräutern und Stauden gebildet wird und meist kaum mehr als einen Meter Höhe erreicht. Eine Moosschicht als unterste Vegetationsschicht ist nur bei bestimmten Laubwaldtypen stärker entwickelt, oft kommt sie kaum zur Ausbildung oder ist auf die Baumstümpfe beschränkt.

Größe und Grenzen

Die sommergrüne Laubwaldzone bildet keinen geschlossenen Gürtel in der Nordhemisphäre, wie es etwa bei der borealen Nadelwaldzone der Fall ist. Da sommergrüne Laubwälder nur in kühlgemäßigten, ozeanisch beeinflußten Klimaten gedeihen können, sind sie vor allem in drei Gebieten ausgebildet: im gemäßigten West- und Mitteleuropa einschließlich des südlichen Teiles von Skandinavien, dann im gemäßigten Ostasien sowie im östlichen Nordamerika. Die Verbreitungskarte des Buschwindröschens *(Anemone nemorosa)* im weiteren Sinn, s. Karte S. 21) gibt die Ausdehnung der sommergrünen Laubwälder recht gut wieder. Mit zunehmender Entfernung vom Meer und damit verbunden abnehmenden Niederschlägen und niedrigeren Wintertemperaturen werden den Laubwäldern Verbreitungsgrenzen gesetzt: Sie werden im Norden von den Nadelwäldern der Taiga, im Osten bzw. Südosten von baumlosen Grasländern, wie Steppen und Prärien, und im Süden von der Hartlaubvegetation abgelöst. Diese Grenzen sind vielfach nicht scharf ausgebildet, und es gibt nicht wenige Übergangsformen zu Taiga oder zu Steppen, wie z. B. die als Waldsteppen bezeichneten Bereiche.

Das sommergrüne Laubwaldgebiet von Europa erstreckt sich von der Atlantikküste der Iberischen Halbinsel bis etwa 58° nördlicher Breite nach Südskandinavien. Es reicht damit weiter nach Norden als das nordamerikanische Laubwaldgebiet, das sich nur bis etwa 50° nördlicher Breite erstreckt, und das von Ostasien, das kaum über 54° Nord hinausreicht. Diese europäische Besonderheit ist bekanntlich eine Folge des Golfstromes mit seinem enormen Wärmetransport bis in hohe Breiten.

Mit zunehmender Kontinentalität des Klimas wird das Laubwaldgebiet nach Osten immer schmaler; es keilt aus. Im Osten reicht es bis zum Dnepr, auch wenn es sich als schmaler Steifen noch bis jenseits des Ural fortsetzt. In Übergangsgebieten gibt es eine vielfältig entwickelte Mischwaldzone, die von Südschweden über das untere Newagebiet bis zur unteren Kama und bis Swerdlowsk reicht.

Klimaverhältnisse

Die Siedlungsgebiete der sommergrünen Laubwälder liegen, wie erwähnt, in den kühlgemäßigten Bereichen der Nordhalbkugel, also Gebieten, die zu allen Jahreszeiten Niederschläge empfangen. Die Höhe der Niederschläge ist während des ganzen Jahres größer als die Verdunstung, es herrscht somit ein Wasserüberschuß vor, oder, anders formuliert, es liegen humide Klimaverhältnisse vor. Ausgesprochene Trockenzeiten, d. h. höhere Verdunstung als Niederschläge, gibt es als regelmäßige Erscheinung nicht. Das bedeutet allerdings keineswegs, daß es nicht gelegentlich zu einigen oder sogar mehreren trockenen Wochen kommen kann. Im langjährigen Mittel erscheinen Trockenperioden jedoch nicht, wie die

Klimadiagramme aus den Buchenwaldgebieten der sommergrünen Laubwaldzone Mitteleuropas

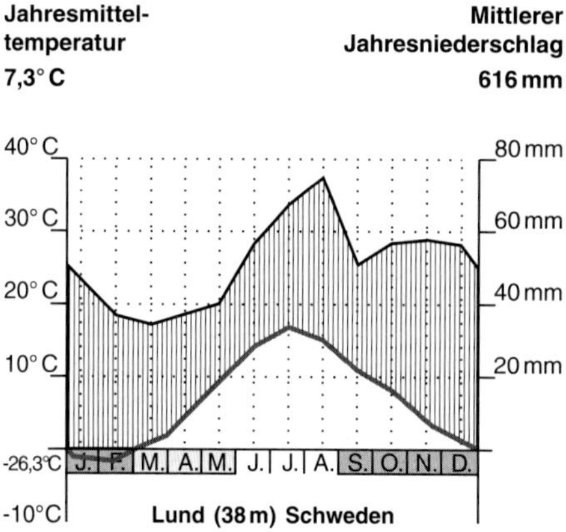

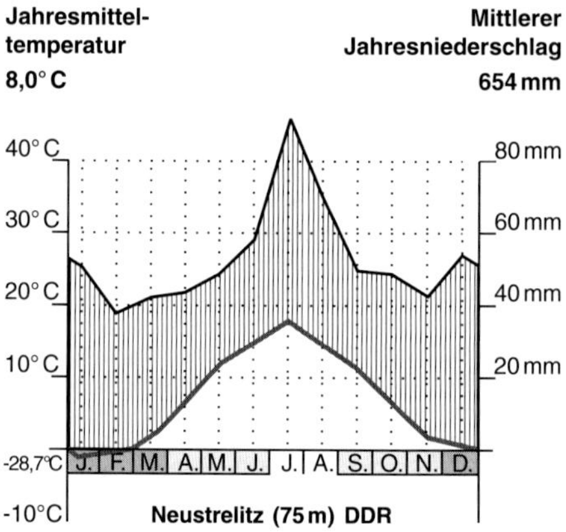

Die pflanzengeographischen Beziehungen der sommergrünen westeurasischen Laubmischwälder (nach Hempel)

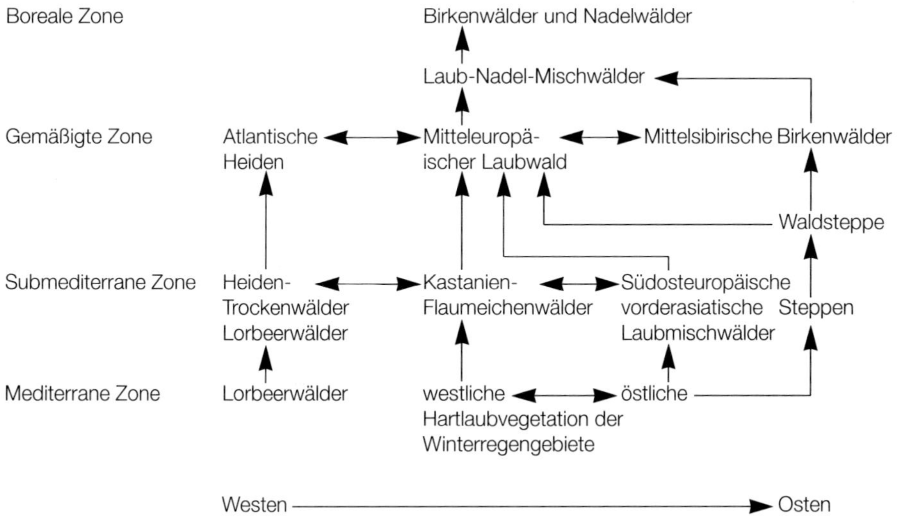

Klimadiagramme zeigen. Ein weiteres Klimakennzeichen ist eine 3 bis 4 Monate dauernde kalte Winterperiode, die zwar kurzzeitig bis etwa 30 Minusgrade erreichen kann, im langjährigen Durchschnitt aber meist nur wenig unter dem Nullpunkt liegt. Immerhin bedingt die kalte Jahreszeit eine

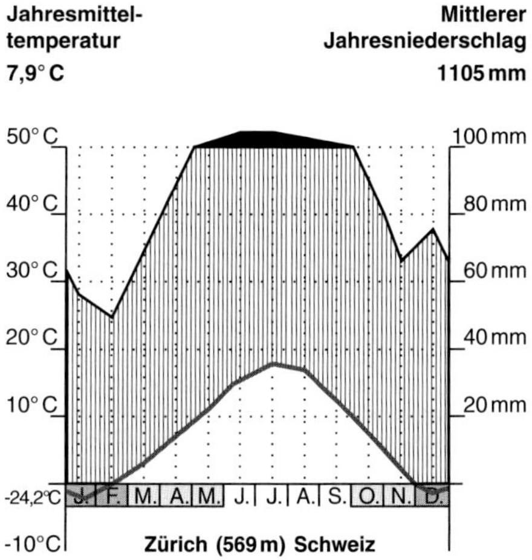

Unterbrechung des Pflanzenwachstums, was sich bei Bäumen im herbstlichen Blattfall und damit verbunden im Aufhören des Holzzuwachses und der Bildung von Jahresringen äußert. Fehlender Holzzuwachs und Jahresringe treffen auch für immergrüne Gehölze zu, wie die Nadelhölzer. Die Krautschicht verschwindet zumindest optisch im Winter weitgehend. Wintergrüne Kräuter gibt es nur recht wenige, und sie sind nirgends vegetationsbestimmend.

Die Grenze zu den borealen Nadelwäldern wird sowohl durch die abnehmende Länge der Vegetationsperiode als auch durch Früh- und Spätfröste bedingt, die vor allem die Blüten schädigen und damit die Reproduktion behindern oder verhindern. Gegenüber Steppen wird die Laubwaldgrenze im Osten vor allem durch die zunehmende Sommertrockenheit begrenzt.

Bei der insgesamt doch recht großen Ost-West- und Nord-Süd-Erstreckung der europäischen sommergrünen Laubwälder ist es eigentlich selbstverständlich, daß die klimatischen Verhältnisse unterschiedlich sind. Wir haben aus der großen Zahl vorhandener Klimadiagramme, die die Verhältnisse der wichtigsten Klimafaktoren übersichtlich darzustellen gestatten, nur sechs

»Indianersommer«. Eichen-Nußbaum-Ahornwälder in Herbstfärbung

ausgewählt. So ist der atlantiknahe Teil von Europa und Nordamerika (Diagramme von Cork Irland und Knoxville) durch verhältnismäßig lange und kühle, niederschlagsreiche Sommer und milde, den Gefrierpunkt nicht unterschreitende Winter ausgezeichnet. Hier erfolgt somit keine vollständige Winterruhe. Immergrüne Arten finden hier geradezu optimale Bedingungen und reichen mit ihrem Verbreitungsgebiet am weitesten nach Norden (vergl. Karte von *Ilex aquifolium* S. 27). Wintergrün bleiben hier auch andere Kräuter und Stauden, die in anderen Teilen von Mitteleuropa mit Beginn der kalten Jahreszeit absterben.

Im küstenferneren Mitteleuropa, repräsentiert durch die Klimadiagramme von Lund und Neustrelitz, herrscht ein subozeanisches Klima vor. Hier gibt es ähnlich warme, aber kürzere Sommer, während die Winter deutlich länger sind und die Temperaturen im Mittel unter Null Grad absinken. Auch die Niederschläge sind signifikant geringer. In dieser Bereichen wirken sich auf die Vegetationsausbildung oft lokalklimatische Einflüsse stärker aus, wie z. B. eine Differenzierung je nach Hangneigung, Exposition oder Höhenlage. Modifiziert werden diese Einflüsse auch durch Gebirge, wie das Klimadiagramm von Zürich zeigt.

Je weiter entfernt vom Atlantik ein Gebiet liegt, desto stärker nimmt der ausgleichende ozeanische Klimacharakter ab. Wärmere Sommer, kältere Winter und geringere Niederschläge setzen schließlich Grenzen für das Gedeihen sommergrüner Gehölze, aber auch nicht weniger Arten der Kraut- und Staudenflora.

Ähnliche Klimaverhältnisse wie im westlichen Europa sind auch in den ostasiatischen und nordamerikanischen Laubwaldgebieten ausgebildet. Beide Bereiche weisen aber deutlich höhere Sommertemperaturen auf (langjähriges Mittel des wärmsten Monats bis 26 °C). Der vielbeschriebene nordamerikanische »Indianersommer«, der in Wirklichkeit ein Herbststadium ist, zeichnet sich durch eine prächtige Herbstverfärbung der Blätter vor deren Abfall aus, in dem kräftige Rottöne vorherrschen.

Ebenfalls höhere Temperaturen im Sommer, jedoch mildere Winter kennzeichnen das Klima der sommergrünen Laubwälder im nördlichen Japan und in Korea, während das festländische ostasiatische Laubwaldgebiet verhältnismäßig kalte und niederschlagsarme Winter aufweist (s. Klimadiagramm von Wladiwostok). Die sommerliche Niederschlagshöhe von mehr als 1000 mm ist im ostasiatischen Laubwaldbereich jedoch weit größer als im europäischen oder nordamerikanischen.

Böden

Die geschilderten Klimaverhältnisse sind auch für die Ausbildung der Böden maßgeblich. Sie bewirken eine nur langsame Zersetzung bzw. Mineralisierung der organischen Substanz. So kommt es zur Bildung einer Laubstreudecke, unter der die im oberen Teil mit Humusstoffen angereicherte Verwitterungsschicht des Bodens liegt. In großen Teilen der Laubwaldzone sind die Niederschläge zu gering, so daß die Humussäuren im Laubhumus nicht gelöst und Eisenverbindungen nicht in tiefere Bodenschichten ausgewaschen werden können. Unter diesen Bedingungen umgibt das Eisenhydroxid im Boden die Bodenteilchen gleichmäßig und verleiht ihnen eine kennzeichnende braune Färbung; es entstehen so die für weite Gebiete der sommergrünen Laubwälder kennzeichnenden Braunerden oder *Braune Wald-*

Bodenprofil eines Eisen-Humus-Podsols, südliche Ostseeküste

STANDORTS-CHARAKTER	ALLGEMEIN	ZONAL			EXTRA-ZONAL				AZONAL						
	KURZ-BEZEICHNUNG	SAND S	LEHM L	KALK K	SCHATT-HANG		SONN-HANG		FLUSSAUE		DÜNE	BRUCH		MOOR	
	Ausgangs-gesteine	Sand (silikatarm) Sandstein u.ä.	Löß Moräne Silikat-gesteine	Kalk-stein Dolomit	S L	K	S L	K	Aue-lehm bis Fein-sand	Aue-sand, Kies	Flug-sand	(Torf) *Trophie-grad* *ol*	*mes eu*	(Torf) *ol*	*mes eu*
	Reife Bodentypen	stark saure Braunerde	Parabr.-u. Braunerde	Rendzina					Vega	Paternia	Ranker Podsol	Carr	Fen		
	Humusform unter Laubwald	Moder	Mull	Mull	Mod	Mull	Mod	Mull	Mull	(Mull)	Mör	Mör	Br.-torf	Hoch-moor	Nieder-moor
± SUBOZEANISCH	HÖHENSTUFE subalpin	**Fi**	Ah Fi **Bu**	Ah **Bu**	Fi		(Fi) Ah Bu		–	Grün-erle	–	Fi	Ta Fi	–	
	montan	Ta Fi Bu	**Ta Bu**	(Ta) **Bu**	Fi Ta	Bu (Fi) Ta	(Kie)	Ta Bu	– (Esche)	Grau-erle	–	(Bi) Fi	Ta Fi	(Fi) Berg-Kie	gehölzfrei
	submontan	**Ei Bu**	(Ei) **Bu**	**Bu**	Bu Ta	Ta Bu	(Kie)	Ei Bu	(Esche) Ei	Wei	Ei	(Fi) (Kie) Bi	(Fi) Schwarz-erle	Kie (Bi)	
	collin-planar	Bu **Ei**	**Ei Bu**	(Ei) **Bu**	Bu	Li u.a. (Bu)	(Kie)	Submedit.-Ei-Mischw.	(Ulme) Ei	Wei	(Kie) Ei	(Kie) Bi	(Bi) Schwarz-erle	(Kie) (Bi)	
± KONTINENTAL	HÖHENSTUFE montan	(Bu) (Ta) **Fi**	(Bu) Ta **Fi**	(Fi) **Ta Bu**	Fi		(Kie) Ta Fi		Fi (Esche)	Grau-erle	–	(Kie) Fi	Fi	Fi Berg-Kiei	
	submontan	Ei Bu **Kie**	Kie Fi Ei Bu	**Ei Bu**	Fi Kie Bu	Fi Ta Bu	Kie Ei	Kie Ei	(Esche) Ei	Wei	(Ei) Kie	(Bi) (Fi) (Kie)	(Bi) Schwarz-erle	Kie	
	collin-planar	(Ei) **Kie**	Li Ei **Hb**	Ei **Hb**	(Bu) Ei Kie	(Bu) Fi Hb	Kie Kontin. Ei-Mischw.		(Ulme) Ei	Wei	Kie	(Bi) Kie	(Bi) Schwarz-erle	Kie	

Ah = Bergahorn, Bi = Moorbirke, Bu = Rotbuche, Ei = Eiche, Fi = Fichte, Kie = Waldkiefer, Hb = Hainbuche, Li = Linde, Ta = Weißtanne, Wei = Weide

Herrschende Baumarten der zonalen, extrazonalen und azonalen Vegetation von Mitteleuropa. Hauptholzarten fetter gedruckt. (nach Ellenberg)

böden. Diese bieten beste Voraussetzungen für eine ackerbauliche Nutzung.

Über anstehendem Kalkgestein werden sie von flachgründigen *Rendzinaböden* abgelöst, deren Krume oft kaum mehr als eine Handspanne mächtig ist. Bei stagnierendem Grundwasser bilden sich Pseudogley- und Gleyböden heraus, die an ihrer charakteristischen »Fleckung« leicht zu erkennen sind, und wenn das Wasser während des ganzen Jahres zu hoch ansteht, wird der Streuabbau gehemmt oder so gut wie verhindert und es entstehen *Torfböden.*

In küstennahen Gebieten oder in Gebirgslagen bewirken hohe Niederschläge eine weitgehende bis fast völlige Auswaschung der Eisenverbindungen aus den oberen Bodenschichten. Es entstehen dort im oberen Horizont Bleicherden, während in tieferen Horizonten eine Anreicherung der Eisenverbindungen erfolgt, die als dunkelbraune bis rostbraune Orterde oder Ortstein in Erscheinung treten. Solche Böden werden als Podsole bezeichnet (s. Bild S. 241). Diese mehr oder weniger festen Orterde- oder Ortsteinschichten stellen für die Wurzeln der Bäume ein ernsthaftes Hindernis dar. Während Orterdeschichten von Tiefwurzlern, wie z. B. der Kiefer, ohne weiteres durchdrungen werden können, stellen Ortsteinschichten für fast alle Holzarten ein Durchwurzelungshindernis dar. Hier können Gehölze nur ganz flach wurzeln und sind dementsprechend windwurfgefährdet. Podsolböden eignen sich für eine landwirtschaftliche Nutzung ebensowenig wie die flachgründigen Rendzinen.

Ganz im Gegensatz dazu bieten Schwarzerdeböden oder schwarzerdeähnliche Böden die besten Voraussetzungen für die Landwirtschaft. Es ist sicher kein Zufall, daß die jungsteinzeitlichen Bandkeramiker, die den Ackerbau mitbrachten, in Mitteleuropa zuerst in oder am Rande solcher Böden siedelten. Schwarzerden sind nur in den wärmsten und trockensten Gebieten ausgebildet. Da sie, wie aus Osteuropa seit langem bekannt, kennzeichnend für Steppen sind, hielt man lange Zeit auch die in Mitteleuropa vorkommenden Schwarzerden für Steppenböden und diese Gebiete für von Natur aus waldfrei. Diese Auffassung konnte inzwischen überwunden werden: Schwarzerden konnten sich bei entsprechenden Klimaverhältnissen auch bei Bewaldung ausbilden.

Der sommergrüne Laubwald in Europa

Die Ausbildung sommergrüner Laubwälder weist, vereinfacht dargestellt, eine dreifache Differenzierung auf: eine West-Ost-Differenzierung, die auf dem Klimagegensatz ozeanisch-kontinental beruht, eine Süd-Nord-Differenzierung (die ungefähr auch einer Höhendifferenzierung entspricht), die auf Unterschiede im Wärmehaushalt und die Niederschlagshöhe zurückgeht, und schließlich eine Differenzierung je nach Trophiegrad der Böden, also deren Nährstoffreichtum. Man kann sie grob unterteilen in arme Sandböden, mittlere bis bessere Lehmböden und reiche Kalkböden. Dieses Schema betrifft die mit dem Großklima in Übereinstimmung befindliche zonale Vegetation. Im Schema S. 242 sind die wichtigsten, vegetationsbestimmenden Holzarten der einzelnen Gebiete angegeben. Wir wollen dieses Schema nur an zwei Beispielen erläutern. In der Ebenen- und der Hügelstufe des subozeanischen Gebietes bildet die Stieleiche *(Quercus robur)* auf armen Sandböden die Hauptholzart, oft begleitet von der Buche *(Fagus sylvatica).* Auf Lehmböden ändert sich die Holzartenzusammensetzung: Hier herrscht die Buche vor, aber die Eichen (Stiel- und Traubeneichen) sind noch gleichberechtigte Partner. Auf Kalkböden, wie der Rügener Kreide, ist die Buche eindeutig Hauptholzart, Eichen treten nur noch untergeordnet auf. In kontinentaleren Gebieten, wie etwa im herzynischen Trockengebiet, haben auf Lößböden Traubeneiche, Winterlinde und Hainbuche ihren Verbreitungsschwerpunkt, während auf Kalkböden dort Stieleichen und Hainbuchen dominieren.

Als extrazonale Vegetation werden Vegetationsformen bezeichnet, die in südlich oder südöstlich gelegenen Gebieten ihr »zonales« Vorkommen haben, in Mitteleuropa jedoch nur lokal gedeihen können, was durch Hanglage oder Exposition ermöglicht wird, die wärmere oder trockenere Lokalitäten hervorrufen. Eine extrazonale Vegetation ist daher schon von verhältnismäßig geringen Klimaänderungen abhängig und von Natur aus mehr oder weniger gefährdet. Auch hier ist, wie das Schema zeigt, eine je nach Klimagebiet (subozeanisch bis kontinental) recht verschiedenartige Holzartenkombination anzutreffen.

Einen Sonderfall stellt die Vegetation in den Auen der Stromtäler und auch die auf extrem nassen Böden dar, da auf solchen Standorten nur wenige Gehölze wachsen können. Eine solche Vegetation wird als azonal bezeichnet, da sie in ganz ähnlicher Ausbildung in verschiedenen Vegetationszonen aufzutreten vermag. Eine azonale Vegetation ist in erster Linie abhängig von Ökofaktoren, wie sehr hohem Grundwasserstand oder regelmäßigen Überschwemmungen, also Faktoren, die über weite Gebiete unabhängig vom Großklima wirken. Zu diesen azonalen Vegetationsformen gehören Auwälder, aber auch Erlen- und Birkenbrüche.

Die sommergrünen Laubwälder sind hinsichtlich der Artenzusammensetzung der Baumschicht außerordentlich stabil. Wohl konnte die Forstwirtschaft weite Bereiche dieser Laubwälder in Nadelholz-Kunstforste umwandeln, eine Etablierung von fremden Laubholzarten gelang jedoch so gut wie nicht. Allenfalls in einigen trockeneren, nährstoffärmeren Gebieten, wie Teilen von Brandenburg, die von Natur aus kiefernreich sind, konnte sich die Robinie *(Robinia pseudoacacia)* nach Einführung durch die Forstwirtschaft halten und stellenweise sogar ausbreiten.

Etwas anders sind die Verhältnisse bei den Sträuchern zu bewerten. Die Artenzusammensetzung der Strauchschicht ist innerhalb des Waldes ebenfalls sehr stabil. Es gelang eigentlich nur einer einzigen Art, in die Strauchflora einzudringen und sich auszubreiten: der aus Nordamerika stammenden Späten Traubenkirsche *(Prunus serotina).* Auch sie wurde forstlicherseits eingeführt, ist auf leichten Böden dann rasch verwildert und breitet sich z. T. stark aus; sie ist stellenweise bereits zu einer Gefahr für die heimische Strauchflora geworden. Dies gilt nicht für gelegentliche Verwilderungen oder Anpflanzungen von Straucharten an Waldrändern, die in einem bestimmten Gebiet zwar nicht heimisch sind, jedoch der mitteleuropäischen Wildflora angehören, wie z. B. die in den nördlichen Teilen von Deutschland gelegentlich auftretende Rote Heckenkirsche *(Lonicera xylosteum)* oder den Liguster *(Ligustrum vulgare),* für die es in manchen Gebieten bis jetzt nicht möglich ist, eine eindeutige Grenze zwischen spontanen und verwilderten Vorkommen zu ziehen.

Auch in der Bodenflora, der Krautschicht, sind die sommergrünen Laubwälder Mitteleuropas ungemein stabil. Wohl findet man Ackerwildpflanzen oder Ruderalarten nicht selten an Waldwegen, aber sie sind auf diese beschränkt und nicht in der Lage, in die eigentliche Waldbodenflora einzudringen. Nur eine Art macht eine Ausnahme: das Kleinblütige Springkraut *(Impatiens parviflora)*, das aus Mittelasien stammt. 1837 wurde die Art im Großen Garten von Dresden und im Botanischen Garten von Genf kultiviert, verwilderte bald und war schon um die Jahrhundertwende in Mitteleuropa weit verbreitet. Sie ist gebietsweise bereits zu einem ernsthaften Verdrängungskonkurrenten der heimischen Laubwaldflora geworden.

Trotz dieser wenigen Gegenbeispiele können die sommergrünen Laubwälder insgesamt als die wohl stabilste Vegetationsform in Mitteleuropa angesehen werden. Es handelt sich bei ihnen um »gesättigte Pflanzengesellschaften«, die es kaum einer weiteren Art ermöglichen, in ihnen dauerhaft Fuß zu fassen, obwohl das Angebot an eingewehten oder durch Tiere eingebrachten Samen und Früchten jedes Jahr sehr groß ist.

Die europäischen Laubwälder sind im Gegensatz zu den nordamerikanischen oder gar den ostasiatischen recht artenarm. Dies ist eine Folge der Eiszeiten. Bedrängt vom Inlandeis im Norden, konnten die Laubwaldarten in Mitteleuropa nicht ungehindert nach Süden ausweichen, wie das in Nordamerika möglich war, da die vergletscherten Alpen und Karpaten ein unüberwindliches Hindernis darstellten. So blieben nur wenige »Fluchtwege« offen, wie am Mittelmeer östlich der Pyrenäen und vor allem westlich des Kaukasus, in der Kolchis. Hier hat sich bis jetzt ein Großteil der voreiszeitlichen Flora halten können. In Ostasien wirkten sich die Eiszeiten dagegen kaum aus; die Laubwälder sind dort am artenreichsten. Die nach jeder Eiszeit stärkere Florenverarmung in Europa wurde bereits auf S. 62 in einem Schema dargestellt. Die Florenverarmung kommt auch deutlich zum Ausdruck, wenn man die Gesamtartenzahl der wichtigsten Baumgattungen mit den jetzt in Mitteleuropa vorkommenden Arten vergleicht.

Gattung	Artenzahl gesamt		Artenzahl in Mitteleuropa
Buche *(Fagus)*	10		1
Hainbuche *(Carpinus)*	26		1
Eiche *(Quercus)*	200–600	je nach Auffassung	4
Ahorn *(Acer)*	über 200		5
Linde *(Tilia)*	18–65	je nach Auffassung	2
Ulme *(Ulmus)*	16–45	je nach Auffassung	3
Birke *(Betula)*	33		5
Erle *(Alnus)*	etwa 30		3
Pappel *(Populus)*	etwa 160		3
Tanne *(Abies)*	etwa 50		1
Eibe *(Taxus)*	8		1

Zunächst seien die wichtigsten Waldgesellschaften der zonalen Vegetation vorgestellt.

Der größte Teil der sommergrünen Wälder Mitteleuropas wird von Baumarten der Gattungen Buche *(Fagus)*, Hainbuche *(Carpinus)*, Eiche *(Quercus)*, Linde *(Tilia)*, Ulme *(Ulmus)*, Ahorn *(Acer)* und Esche *(Fraxinus)* beherrscht. Zu ihnen treten mit geringeren Anteilen Vogelkirsche *(Cerasus avium)* und andere. Diese »Edellaubwälder« werden in der Pflanzensoziologie in der Ordnung Fagetalia zusammengefaßt. Pflanzengesellschaften dieser Ordnung sind ökologisch in ihrer floristischen Zusammensetzung und auch standörtlich stark gefächert und werden daher in mehrere pflanzensoziologische Verbände gegliedert. Der in Mitteleuropa wichtigste Verband, der auch flächenmäßig mit Abstand vorherrscht, ist das Fagion, das die Buchen- und Buchenmischwälder umfaßt.

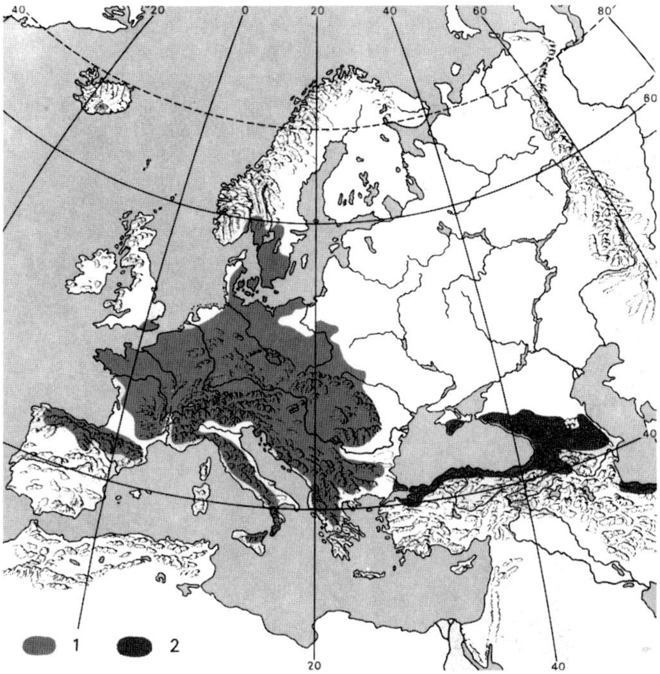

Verbreitung der Rotbuche *(Fagus sylvatica)* (1) und Orientbuche *(Fagus orientalis)* (2)

Buchen- und Buchenmischwälder

Die Gesellschaften dieses Verbandes besiedeln so gut wie alle Bodentypen außer Schwarzerden und Torfböden. Es werden somit nur zu nasse, zeitweilig überstaute oder überschwemmte, und extrem trockene Standorte gemieden. Die ökologische Spanne der Fagion-Gesellschaften ist demnach sehr groß.

Wichtigste und beherrschende Holzart ist in diesen Wäldern die Buche, die auch als Rotbuche *(Fagus sylvatica)* bezeichnet wird. Ihr Verbreitungsgebiet ist auf der Karte oben dargestellt. Daraus geht hervor, daß sie einerseits die atlantiknächsten Gebiete von Westeuropa meidet und schon an der Weichsel und am Ostrand der Karpaten ihre Ostgrenze erreicht. Auch nach Norden ist ihr Areal begrenzt: Es reicht nur bis ins südliche Skandinavien. In Südeuropa (Pyrenäen, Italien und auf dem Balkan) kann die Buche nur in höheren Lagen gedeihen, in der Bergstufe, wie aus dem Schema S. 31 hervorgeht. Damit ist auch das Verbreitungsgebiet des Fagion umrissen. Schwerpunkte der Buchenwälder stellen in Mitteleuropa das baltische Jungmoränengebiet und die Mittelgebirge dar.

Die Buche bildet hier hallenartige Bestände, und durch das dichte Laub der Kronen kann nur wenig Licht – etwa 2 % – bis zum Boden gelangen. Daher fehlt eine Strauchflora oder ist nur sehr gering entwickelt; eine Bodenflora ist im Sommer stellenweise gar nicht oder nur fleckenweise ausgebildet und setzt sich aus schattenertragenden Arten zusammen. Reich ist dagegen die Bodenvegetation *vor* der Belaubung der Buchen im Vorfrühling und im Frühling entwickelt. Der Boden ist meist mit einer geschlossenen Decke von weißen und gelben Buschwindröschen *(Anemone nemorosa* und *A. ranunculoides)*, Goldsternen *(Gagea*-Arten), Scharbockskraut *(Ranunculus ficaria)* und an etwas feuchteren Stellen von Lerchensporn *(Corydalis cava)* überzogen. Wenn die Buche ihr Laub entfaltet, haben diese Arten ihre vegetative Entwicklung bereits abgeschlossen.

Bei Buchen- und Buchenmischwäldern kann eine bemerkenswerte Bestandsrhythmik festgestellt werden, die eine pflanzensoziologische Untersuchung allerdings erschwert. Beginnen wir bei der *Optimalphase.* Sie zeichnet sich durch einen besonders starken Zuwachs der noch jungen Bäume aus. Dichter Jungwuchs und Stangenholzausbildung wechseln einander ab, und die Bestände erreichen am Ende dieser Phase schon ein hallenartiges Aussehen. Die in zeitlicher Hinsicht wohl am längsten währende Phase ist die *Terminalphase,* bei der die Buchen und die Begleitholzarten als Starkhölzer vorherrschen und den kennzeichnenden Hallenwald bilden. Diese Phase umfaßt Bestände bis zu einem Alter von gut 300 bis 350 Jahren. In der darauffolgenden *Zerfallsphase* brechen die Altbäume allmählich zusammen, es entstehen natürliche Lichtungslöcher, die das Aufkommen von krautigen »grünen Inseln« und von Jungwuchs ermöglichen. Das bekannte Naturschutzgebiet »Heilige Hallen bei Feldberg« in Mecklenburg befindet sich zur Zeit in dieser Phase. Die *Verjüngungsphase* beginnt punktuell schon in der Zerfallsphase, ist aber als eigenständige Phase im Waldzyklus eindeutig zu erkennen. Hier spielen anfangs Beiholzarten wie Ahorne – besonders der Bergahorn –, aber auch Eschen eine größere Rolle. Die Buche setzt sich erst allmählich, dann aber immer stärker durch, so daß späte Teile dieser Phase fast unmerklich zur Optimalphase überleiten.

Dieser Entwicklungszyklus ist in vollem Umfang jetzt nur noch ganz selten anzutreffen. Nur in wenigen, lange Zeit unter Schutz stehenden Totalreservaten lassen sich diese Rhythmen studieren. Die verständlicherweise auf Wirtschaftlichkeit ausgerichtete Forstwirtschaft ist nur an der späten Optimal- bis frühen Terminalphase interessiert. Bei einem Baumalter von etwa 100 bis 130 Jahren erfolgt bei der Buche die forstliche Nutzung und Umwandlung der Bestände in der Verjüngungsphase.

Als ökologisch zentralen Bereich der Pflanzengesellschaften des Fagion betrachten wir die Assoziationen der Perlgras-Buchenwälder (Melico-Fagetum) und der Waldmeister-Buchenwälder (Galio odorati-Fagetum), die einander nahestehen. Beide Waldgesellschaften wachsen auf Braunen Waldböden. Diese Braunerden sind hinsichtlich Nährstoff- und Wasserversorgung so günstig, daß auf ihnen fast alle mitteleuropäischen Baumarten gedeihen können. Daß die Buche oft allein auftritt und Reinbestände bildet, während Ahorn und andere Holzarten nur in geringem Maß beigemischt sind, geht darauf zurück, daß die Buche kräftiger und rascher wächst und sich ausgezeichnet verjüngt.

Buchenwald im Frühjahr. Buschwindröschen, gelbes Windröschen und Scharbockskraut schmücken den Waldboden

Diese Assoziationen sind in weiten Teilen Mitteleuropas anzutreffen. Der Perlgras-Buchenwald stellt geradezu die Leitgesellschaft der baltischen Buchenwälder dar. Das Galio odorati-Fagetum wächst meist auf etwas besseren, nährstoffreicheren Standorten als das Melico-Fagetum. Beide Assoziationen haben zwar keine eigenen »Charakterarten«, sind aber dennoch gut zu erkennen nach dem Vorkommen des Einblütigen Perlgrases *(Melica uniflora),* des Flattergrases *(Milium effusum),* der Waldsegge *(Carex sylvatica),* von Bingelkraut *(Mercurialis perennis),* Waldmeister *(Galium odoratum),* Goldnessel *(Galeobdolon luteum),* Vielblütiger Weißwurz *(Polygonatum multiflorum)* und anderen. Auch Farne, wie Frauenfarn *(Athyrium filix-femina)* und an etwas wasserzügigen Stellen der Wurmfarn *(Dryopteris filix-mas)* treten in diesen Gesellschaften nicht selten auf.

Auf etwas feuchteren, jedoch keineswegs nassen Standorten ist oft ein »frischer Buchenmischwald« anzutreffen, der auch als Eschen-Buchenwald (Traxino-Fagetum) bezeichnet wird. Wie der Name sagt, ist hier die Esche *(Fraxinus excelsior)* regelmäßig in mittleren Anteilen beigemischt und zeigt hervorragende Wuchsleistung. Nachwuchs der Esche findet sich öfters in der Strauchschicht ein, besonders in der Verjüngungsphase. In der Bodenflora unterscheidet sich der Eschen-Buchenwald von den vorher genannten durch das Auftreten einiger gegen Trockenheit empfindlicher Arten wie Hexenkraut *(Circaea lutetiana)*, Waldziest *(Stachys sylvatica)* oder Hain-Sternmiere *(Stellaria nemorum)*. Auch Farne treten hier häufiger auf. Das Fraxino-Fagetum stockt ebenfalls auf Braunen Waldböden, die aber in tieferen Horizonten meist rostartige und z. T. auch hellere Flecken aufweisen. Man bezeichnet diese Änderungen als Vergleyung und den Bodentyp danach als gleyartige Braunerde.

In eine andere Richtung weisen waldschwingelreiche Buchenwälder. Kennzeichnend für dieses Festuco-Fagetum ist das Auftreten des Waldschwingels *(Festuca altissima)*, der mit seinen kräftigen Horsten das Bild der Bodenflora bestimmt. Das Festuco-Fagetum ist sowohl im baltischen Jungmoränengebiet als auch in den Mittelgebirgen zu finden, meist auf durch Windwirkung leicht verhagerten und schwach versauerten Böden. Es stellt einen der vielen Übergänge zum Luzulo-Fagion dar. Ob das Luzulo-Fagion als selbständiger Verband oder nur als Unterverband aufgefaßt wird, ist Ansichtssache, worauf nur am Rande verwiesen sei.

Der Hainsimsen-Buchenwald (Luzulo-Fagetum) stellt den nährstoffärmsten und bodensauersten Flügel der Buchenwälder dar. Diese Wälder gedeihen auf Verwitterungsböden von Sandstein, Granit und Gneis oder sandigen Grundmoränen. Es handelt sich meist um schwach podsolig veränderte Braune Waldböden. Mit den anderen Fageten haben die Hainsimsen-Buchenwälder die Vorherrschaft der Buche gemeinsam, damit den hallenartigen Eindruck und die Lichtökologie. Letztere bewirkt, daß auch hier Sträucher weitgehend fehlen und die Bodenflora nur von recht wenigen Arten gebildet wird, die meist Säureanzeiger sind. Genannt seien Schlängelschmiele *(Avenella flexuosa)*, Pillensegge *(Carex pilulifera)*, Sauerklee *(Oxalis acetosella)*, Wald-Habichtskraut *(Hieracium murorum)* und Echter Ehrenpreis *(Veronica officinalis)*. Die Schmalblättrige Hainsimse *(Luzula luzuloides)*, auf die der Name der Pflanzengesellschaft zurückgeht, kommt nur in den Mittelgebirgen und im südlichen Deutschland vor.

Charakterarten oder Kennarten besitzt das Luzulo-Fagetum ebenfalls nicht. Alle Arten der Krautschicht und der meist nur sehr gering entwickelten Moosschicht kommen auch in anderen bodensauren Pflanzengesellschaften vor. Luzulo-Fageten sind jetzt meist nur auf kleinen Flächen anzutreffen, da der größte Teil der Vorkommen entweder in landwirtschaftlich genutzte Flächen oder in Nadelholzforste überführt wurde.

Die Luzulo-Fageten leiten über zu den mehr oder weniger bodensauren Birken-Eichenwäldern, die später vorgestellt werden.

Zunächst sei jedoch das andere Extrem der Buchenwälder betrachtet: der nährstoffreichste Flügel, der von Kalkbuchenwäldern eingenommen wird.

Kalkbuchenwälder

Kalkreiche Gesteine, wie z. B. mesozoische Muschelkalke, die hoch anstehen und die Ausbildung von nur handspannentiefen Rendzina- oder Pararendzinaböden zur Folge haben, sind kennzeichnend für diesen Waldtyp. Kalkbuchenwälder sind zu finden in Hanglagen von Kalkgebieten, wie im Schweizer-, Schwäbischen und Fränkischen Jura, im herzynischen Gebiet, in Südpolen, den nördlichen und südlichen Kalkalpen und Karpaten. In diesen Gebieten haben sich Kalkbuchenwälder oft erhalten können, da diese flachgründigen Böden weder für die Landwirtschaft noch für einen Nadelholzanbau geeignet sind. Auch die Vorkommen an steilen Hanglagen trugen zu ihrer Erhaltung bei.

Auch Kalkbuchenwälder machen in der Optimal- und Terminalphase einen hallenartigen Eindruck, allerdings ist die Wuchshöhe der Bäume erheblich geringer. Eine Strauchschicht fehlt auch hier weitestgehend. An Arten der Krautschicht seien genannt die Frühlingsgeophyten Buschwindröschen *(Anemone nemorosa)* und Aronstab *(Arum maculatum)*, der allerdings auf westlich liegende Gebiete bis etwa in Höhe der Wismar-Bucht beschränkt ist. In der sommerlichen Bodenvegetation treten anspruchsvollere Arten auf, wie Nickendes Perlgras *(Melica nutans)*, Frühlingsplatterbse *(Lathyrus vernus)*, Teufelskralle *(Phyteuma spicatum)*, Zahnwurz-Arten *(Dentaria bulbifera, D. heptaphylla* und *D. pentaphyllos)*, Türkenbundlilie *(Lilium martagon)* und einige Orchideen, wie das Bleiche Waldvöglein *(Cephalanthera damasonium)*, um nur einige zu nennen. Da auch andere Orchideenarten in diesen Wäldern vorkommen, werden die Kalkbuchenwälder zum Verband des Cephalanthero-Fagion gestellt – den Orchideen-Buchenwäldern –, obwohl Orchideen darin keineswegs vorherrschen, aber botanische Edelsteine darstellen.

Schlucht- und Hangwälder

Je nach Art des Ausgangsgesteins zwar unterschiedlich ausgebildet, andererseits durch ähnlich wirkende Umweltverhältnisse wiederum verbunden, haben Schlucht- und Steilhangwälder manches Gemeinsame. Wir stellen diese Wälder als Beispiele für eine Vegetation an Sonderstandorten vor, die im Siedlungsgebiet der Buchenwälder meist nur kleinflächig auftreten. Da sie oft in unmittelbarer Nachbarschaft zu Kalk- oder Braunerdebuchenwäldern auftreten, haben sie mit diesen nicht wenige floristische Gemeinsamkeiten und können bei der Darstellung in diesem Buch wohl am besten an die Buchenwälder angeschlossen werden.

Es handelt sich um Wälder an schattseitigen Steilhanglagen oder um natürliche Blockhalden in Mittelgebirgen mit einer mehr oder weniger starken Bodendynamik, ganzjährig guter Wasserversorgung und hoher Luftfeuchtigkeit. Hier vermögen »normale« Buchenwälder, obwohl im »Buchenklima« gelegen, nicht mehr zu gedeihen. Die Buchen werden von Bergahorn, Esche, Linden – vor allem von Sommerlinde – und Bergulme abgelöst, wobei letztere durch das Ulmensterben in manchen Gebieten stark dezimiert wurde.

Es lassen sich im wesentlichen zwei Waldgesellschaften unterscheiden: der eigentliche Schluchtwald, das Aceri pseudoplatani-Fraxinetum und der Ahorn-Linden-Blockschuttwald, das Aceri-Tilietum, die beide zum Verband der Linden-Ahornmischwälder (Tilio platyphyllo-Acerion) gestellt werden.

In der Bodenflora sind für die Schluchtwälder besonders der Hirschzungenfarn *(Phyllitis scolopendrium)*, der Stachelige Schildfarn *(Polystichum aculeatum)* und das Silberblatt *(Lunaria rediviva)* kennzeichnend. Auch der Waldgeißbart *(Aruncus dioicus)* ist in dieser Gesellschaft anzutreffen, auch wenn er nicht auf Schluchtwälder beschränkt ist. Dagegen weist der Ahorn-Linden-Blockschuttwald in der Bodenflora keine für ihn spezifischen Arten auf. Artenreich und üppig sind jedoch stein- und rindenbesiedelnde Moose entwickelt.

Eichen-Hainbuchenwälder

Vorwiegend in wärmeren und stärker kontinental klimageprägten Gebieten der Flach- und Hügelländer gelangen auf nährstoffreichen Böden Eichen-Hainbuchenwälder zur Vorherrschaft. Sie würden unter naturnahen Verhältnissen weite Teile von Mittel- und Osteuropa einnehmen, wie die Verbreitungskarten von Hainbuche *(Carpinus betulus)* und Winterlinde *(Tilia cordata)* auf S. 249 erkennen lassen.

Eichen-Hainbuchenwälder unterlagen jahrhundertelang einer mehr oder weniger intensiven Nutzung, die sie in vielen Gebieten weitgehend beeinflußte. Auf die Holzartenzusammensetzung wirkte sich die bis zur Einführung einer modernen Forstwirtschaft in der ersten Hälfte des vorigen Jahrhunderts durchweg übliche extensive Waldweide nachhaltig aus, da nur verbißfeste Holzarten überdauern konnten. Ebenso auslesend wirkte sich die Niederwaldwirtschaft aus, bei der im Abstand von wenigen Jahrzehnten einzelne Stämme entnommen werden, die aus Stockausschlägen wieder nachwachsen. Holz war ja ein unentbehrlicher Rohstoff, der sowohl zur Feuerung, als Bauholz oder zur Herstellung der verschiedensten Gerätschaften benötigt wurde. In küstennahen Gebieten spielte auch die Verwendung als Schiffsbauholz eine nicht zu unterschätzende Rolle. Dafür besonders geeignet war Eichenholz, das jedoch nicht nur aus Eichen-Hainbuchenwäldern, sondern auch aus Birken-Eichenwäldern gewonnen wurde.

Duch Beweidung und Niederwaldwirtschaft wurden Eichen, Hainbuchen und Linden gefördert, da diese ein großes Stockausschlagsvermögen besitzen. Solche Wälder sind im Kronenbereich viel lichtdurchlässiger als Buchenwälder und geben daher auch einer viel artenreicheren Strauch- und Bodenflora Lebensmöglichkeit.

Laubmischwälder, bei denen die Hainbuche neben den meist vorherrschenden Traubeneichen *(Quercus petraea)* eine Rolle spielt, werden in der Pflanzensoziologie zum Verband des Carpinion

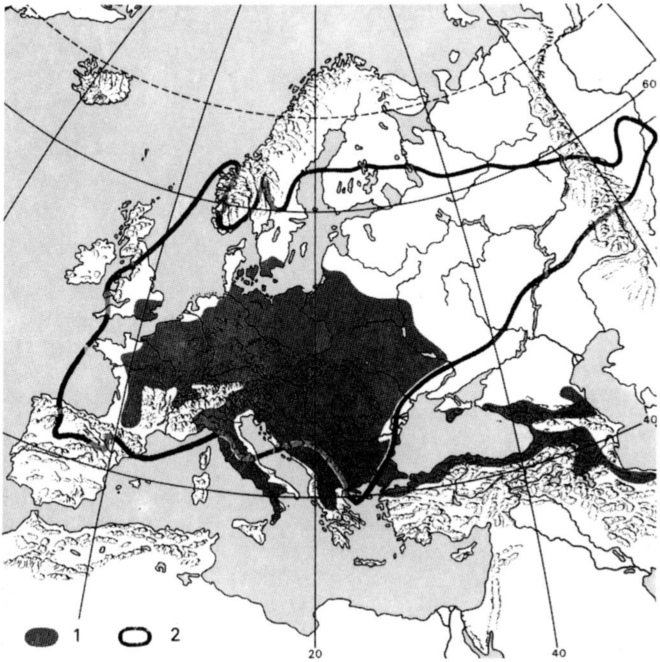

Verbreitung von Hainbuche *(Carpinus betulus)* (1) und Winterlinde *(Tilia cordata)* (2)

betuli zusammengefaßt. Bei dem großen Areal, das von Westeuropa bis Osteuropa reicht, ist es nicht überraschend, daß zahlreiche Assoziationen dieses Verbandes unterschieden werden. Wir müssen uns auf die Darstellung einiger weniger beschränken.

In noch stärker vom ozeanischen Klima beeinflußten und kühleren Gebieten von West- und Mitteleuropa ist der Sternmieren-Eichen-Hainbuchenwald (Stellario-Carpinetum) die wichtigste Assoziation des Carpinion. Diese Waldgesellschaft tritt inselartig im westlichen und zentralen Mitteleuropa auf, ihr Schwerpunkt liegt jedoch im mittleren und östlichen Flachland von Polen bis etwa zur Weichsel. Kennzeichnende Arten des Stellario-Carpinetum sind Echte Sternmiere *(Stellaria holostea)*, Wald-Knaulgras *(Dactylis polygama)* oder Schattensegge *(Carex umbrosa)*, die jedoch nicht nur auf diese Assoziation beschränkt sind. Im wesentlichen ist diese Waldgesellschaft nur negativ zu charakterisieren, indem die im nächsten Absatz genannten Arten hier nicht auftreten.

Auf reichen Böden, wie z. B. auf Löß, ist in etwas stärker subkontinental beeinflußten Gebieten mit verhältnismäßig trocken-warmen Sommern der Waldlabkraut-Eichen-Hainbuchenwald (Galio-Carpinetum) ausgebildet. Er enthält mehrere wärmeliebende Arten wie die Elsbeere *(Sorbus torminalis)*, in der Strauchschicht Liguster *(Ligustrum vulgare)*, Feldahorn *(Acer campestre)*, Blutroten Hartriegel *(Cornus sanguinea)*, Rote Heckenkirsche *(Lonicera xylosteum)* und in der Bodenflora Waldlabkraut *(Galium sylvaticum)*, Erdbeer-Fingerkraut *(Potentilla sterilis)*, Bergsegge *(Carex montana)*, Fingersegge *(Carex digitata)* oder Verschiedenblättrigen Schwingel *(Festuca heterophylla)*.

Am weitesten nach Osten reichen die Linden-Eichen-Hainbuchenwälder (Tilio-Carpinetum). Sie sind in besonders warmen Gebieten mit verhältnismäßig stark kontinental geprägtem Klima ausgebildet. Solche Wälder sind im herzynischen Trockengebiet, im nördlichen Harzvorland und auf entsprechenden Böden vielfach in Polen und Rußland bis zum Ural anzutreffen. Sie überschreiten dabei im Osten das Verbreitungsgebiet der

Hainbuche (s. Karte) und werden dort zu Eichen-Lindenmischwäldern. In pflanzensoziologischer Hinsicht werden jedoch auch diese als Tilio-Carpinetum bezeichnet.

Bodensaure Eichenmischwälder

Sie siedeln auf extrem nährstoffarmen Standorten wie Vorschüttsanden (Sandern) im Vorland von Endmoränen der letzten Vereisung oder ausgewaschenen Sanden älterer eiszeitlicher Ablagerungen bzw. anderen armen Sandsedimenten. Solche Standorte sind auf das Tiefland des nördlichen Mitteleuropa beschränkt. Die Nährstoffarmut der Böden und die saure Humusdecke stellen die gesellschaftsbedingenden Merkmale dar, die Feuchtigkeitsverhältnisse können jedoch verschieden sein. Birken-Eichenwälder treten sowohl an sehr grundwassernahen als auch an trockenen Bereichen auf. Dementsprechend unterschiedlich sind die Bodenprofile. Während die trockenen Birken-Eichenwälder meist auf podsoligen Böden stocken, sind die der feuchten Birken-Eichenwälder Gleypodsole mit oft mächtiger Humusauflage.

Unter diesen Nährstoffbedingungen können nur wenige Arten gedeihen. In der Baumschicht sind es Stieleiche *(Quercus robur)* und Birke, zu denen sich gelegentlich noch Vogelbeere *(Sorbus aucuparia)* gesellt. In der Verjüngungsphase dominieren Birken, da deren kleine, leicht vom Wind verwehbare Früchte in großer Zahl eintreffen und keimen und bald einen Birkenvorwald bilden können. Die schweren Eicheln bedürfen dagegen einer Verbreitung durch Vögel; die Eichen setzen sich daher erst allmählich durch, und in der Terminalphase überwiegen sie gegenüber den Birken. Bei der trockenen Ausbildung der Birken-Eichenwälder handelt es sich um Hängebirken *(Betula pendula)*, bei der feuchten um Moorbirken *(Betula pubescens)*. Im östlichen Mitteleuropa tritt von Natur aus noch die Waldkiefer *(Pinus sylvestris)* hinzu, deren Anteil umso größer wird, je weiter östlich man kommt. Die Strauchschicht setzt sich aus Nachwüchsen der genannten Baumarten sowie Faulbaum *(Frangula alnus)* und in westlichen, atlantisch getönten Gebieten auch aus Stechpalme *(Ilex aquifolium)* zusammen. Wegen der Nährstoffarmut gedeihen Bäume und Sträucher nur mäßig und lassen daher viel Licht zum Boden gelangen. Dies bedingt eine recht geschlossene Bodenvegetation, auch wenn diese nur aus wenigen Arten besteht. Stellenweise bildet der Adlerfarn *(Pteridium aquilinum)* mächtige, vor allem in den feuchteren Ausbildungen bis mehr als 2 m hohe Bestände, das Deutsche Geißblatt *(Lonicera periclymenum)* windet sich als Liane oft hoch in die Bäume. Fast immer anzutreffen sind Blaubeere und Preiselbeere *(Vaccinium myrtillus* und *V. vitis-idaea)* sowie Heidekraut *(Calluna vulgaris)* und die Schlängelschmiele *(Deschampsia flexuosa = Avenella flexuosa)*, die manchmal den Boden über größere Flächen geschlossen überzieht. Das Weiche Honiggras *(Holcus mollis)* tritt wegen seiner Lichtbedürftigkeit meist am Rande von Waldwegen auf. Von weiteren Arten der Bodenflora seien genannt: Harzlabkraut *(Galium harcynicum)*, Wiesenwachtelweizen *(Melampyrum pratense)*, Doldenhabichtskraut *(Hieracium umbellatum)* und Salbeigamander *(Teucrium scorodonia)*. Letzterer ist auf die westlichen, stärker atlantisch beeinflußten Gebiete beschränkt, was in noch höherem Maß für das Schöne Hartheu *(Hypericum pulchrum)* und den Ranken-Lerchensporn *(Corydalis claviculata)* gilt, die kaum die Ostgrenze von Schleswig-Holstein überschreiten.

Bei den feuchten Birken-Eichenwäldern wird die Bodenvegetation fast nur von Pfeifengras *(Molinia caerulea)* gebildet, das meist in geschlossenen Beständen auftritt. So weit diese Art bultbildend wächst, können sich auf diesen Bulten gelegentlich andere Arten ansiedeln.

Verhältnismäßig reich entwickelt sind Moose, wobei es sich durchweg um säureertragende Arten handelt, wie das Schöne Widertonmoos *(Polytrichum formosum)*, Gabelzahnmoos *(Dicranum scoparium)*, Rotstengelmoos *(Pleurozium schreberi)* oder das fast überall anzutreffende Zypressenmoos *(Hypnum cupressiforme)*.

Bleibt noch zu erwähnen, daß die Birken-Eichenwälder in der Pflanzensoziologie jetzt als Assoziation Betulo-Quercetum roburis bezeichnet werden, während früher der von dem Altmeister der Pflanzensoziologie R. Tüxen geprägte Name Querco-Betuletum üblich war. Diese Assoziation wird, da recht eigenständig, zum Verband Quercion roburi-petraeae und diese wiederum zur Ordnung Quercetalia roburi-petraeae gestellt. Da diese Ordnung aber nur den einen Verband enthält, sind die Charakteristika von Verband und Ordnung dieselben. Ob diese Ordnung zur Klasse der europäischen Fallaubwälder, den Querco-Fagetea, gerechnet oder als selbständige Klasse der

Eichen-Birkenwälder (Quercetea roburi-petraeae) betrachtet wird, ist immer noch umstritten.– Den trockenen und den feuchten Ausbildungsformen wird traditionell meist nur der Rang von Untereinheiten einer Assoziation (Subassoziationen) zugebilligt.

Verfolgt man die Birken-Eichenwälder von West nach Ost, zeigt sich, daß die Artengarnitur derart verschieden ist, daß die Unterscheidung in wenigstens drei Assoziationen gerechtfertigt scheint: einen vorwiegend im westlichen Mitteleuropa vorkommenden stechpalmenreichen Birken-Eichenwald (Ilici-Quercetum), einen an Differenzialarten armen mittleren Bereich (das zentrale Betulo-Quercetum) sowie eine östliche verbreitete und dort ihren Schwerpunkt aufweisende Gesellschaft der Kiefern-Eichenwälder (Pino-Quercetum).

Birken-Eichenwälder sind, besonders in der trockenen Ausbildungsform, jetzt kaum noch anzutreffen, da sie durch jahrhundertelange Beweidung, Streunutzung und Niederwaldwirtschaft überaus stark verändert wurden. Hochwälder gibt es von diesem Waldtyp offenbar nicht mehr, sondern nur noch mehr oder weniger stark veränderte Forstgesellschaften mit Kiefernanbau. Nur von den feuchten bis nassen Birken-Eichenwäldern (Betulo-Quercetum molinietosum) existieren noch geringe Reste, z. B. nahe der Ostseeküste von Mecklenburg-Vorpommern.

Erlen-Eschenwälder

Als letztes sei auf die Erlen-Eschenwälder eingegangen, die an der Grenze zwischen zonalen und azonalen Waldgesellschaften stehen.

Sie treten vor allem an zwei Bereichen auf: als bachbegleitende Wälder, die als Bach-Erlen-Eschenwälder bezeichnet werden, sowie an dauernd feuchten Gebieten mit hoch anstehendem, nährstoffreichem Grundwasser, wo sich Erlen-Eschenwälder auch auf größeren Flächen ausbilden können. Die Anteile der beiden wichtigsten Holzarten sind je nach Trophiegrad der Standorte verschieden: An etwas weniger nährstoffreichen Stellen dominiert die Schwarzerle *(Alnus glutinosa)*, an stärker nährstoffreichen die Esche *(Fraxinus excelsior)*. Für die verschiedenen Ausbildungen, die mit gleitenden und kaum scharf faßbaren Übergängen verbunden sind, spielen auch die Geschwindigkeit der Bodendurchströmung und andere Faktoren eine Rolle. In jedem Fall meiden Erlen-Eschenwälder stagnierendes Bodenwassser.

Erlen-Eschenwälder an Bachläufen werden zum Carici remotae-Fraxinetum, solche an flachen Standorten zum Alno-Fraxinetum gestellt. In beiden Gesellschaften erreicht die Schwarzerle optimale Wuchsleistungen, obwohl sie keineswegs vorherrscht. In den nährstoffreichsten Ausbildungen des Alno- Fraxinetum tritt in der Strauchschicht, gelegentlich auch in der unteren Baumschicht, die Traubenkirsche *(Padus avium)* auf. Für die Bodenvegetation des Carici remotae-Fraxinetum sind besonders kennzeichnend die der Gesellschaft den Namen gebende Entferntährige Segge *(Carex remota)*, das Wechselblättrige Milzkraut *(Chrysosplenium alternifolium)*, Blutampfer *(Rumex sanguineus)* und andere feuchtigkeitsliebende Kräuter wie Waldziest, Hexenkraut oder Echte Nelkenwurz *(Geum urbanum)*. Die Bodenflora des Alno-Fraxinetum unterscheidet sich nur wenig von der erstgenannten Assoziation, indem die Winkelsegge zurücktritt, dafür aber Sumpfdotterblume *(Caltha palustris)* im Frühjahr während ihrer Blütezeit einen auffallenden Aspekt bietet, oder Echtes Mädesüß *(Filipendula ulmaria)*, Waldengelwurz *(Angelica sylvestris)*, Wasserdarm *(Myosoton aquaticum)* und Echter Baldrian *(Valeriana officinalis)* recht regelmäßig auftreten.

Nicht wenige Alno-Fraxineten sind aus Erlenbrüchern hervorgegangen, besonders aus der standörtlichen reicheren *Symphytum*-Subassoziation; schon eine leichte Entwässerung ist ausreichend, um der Esche das Aufkommen zu ermöglichen.

Erlen- und Birkenbruchwälder

Diese und die Auenwälder stellen *azonale* Waldgesellschaften dar, da sie viel weniger vom Großklima als vielmehr vom Faktor Bodenwasser abhängen. Während Birkenbruchwälder in den meisten Teilen von Deutschland und Mitteleuropa inzwischen zu den seltenen Waldgesellschaften gehören, sind Erlenbruchwälder noch öfter anzutreffen, wenn auch meist nur kleinflächig. Ob es zur Ausbildung eines Birkenbruchwaldes oder eines Erlenbruchwaldes kommt, ist in erster Linie eine Frage der Nährstoffarmut oder des Nährstoffreichtums an den betreffenden Standorten. Wesentlicher Standortsfaktor ist hoch anstehendes, mehr oder weniger stagnierendes Grund-

Farnreicher Erlen-Bruchwald in Südwestfinnland

Birken-Kiefernbruch, Südwestfinnland

wasser, das entweder ganzjährig, meist aber nur im Frühjahr und im Herbst zutage tritt und so gut wie kaum Nährstoffe mit sich bringt. Die hydrologischen Verhältnisse sind daher gundlegend andere als bei den Auenwäldern, bei denen die Frühjahrsüberschwemmung für Nährstoffzufuhr sorgt. Eine externe Zufuhr von organischen Sedimenten erfolgt somit bei den Bruchwäldern nicht. Der Flachmoortorf, auf dem diese Wälder wachsen, wird von diesen selbst gebildet und ist von unterschiedlicher Mächtigkeit; er beträgt wenigstens 10 bis 20 cm, kann aber auch viel mächtiger sein.

Die Schwarzerle *(Alnus glutinosa)* ist die einzige Baumart, die solche Standorte zu besiedeln vermag. Ihre Wuchskraft hängt von den Wasserstandsverhältnissen ab und ist sehr verschieden. Die hydrologischen Verhältnisse sind auch ausschlaggebend für die Ausbildung verschiedener Erlenbruchwaldgesellschaften.

Das hydrologische Extrem wird von Wasserfeder-Erlenbruch (Hottonio-Alnetum) eingenommen. Diese jetzt sehr seltene und nur noch in einigen Naturschutzgebieten anzutreffende Assoziation ist während des ganzen Jahres von Wasser überstaut und so gut wie unbetretbar. Die sehr schlechtwüchsigen Erlen bilden hohe Bulte aus. Solche Erlenbrüche weisen eine derart geringe Produktivität auf, daß sie als forstliche Ausschlußflächen gelten und eine Holznutzung unterbleibt. Zwischen den Erlenbulten wachsen Wasserpflanzen, wie Wasserfeder *(Hottonia palustris)*, Froschbiß *(Hydrocharis morsus-ranae)*, Kleine und Untergetauchte Wasserlinse *(Lemna minor* und *L. trisulca)*, gelegentlich auch die Schlangenwurz *(Calla palustris)*.

Am weitesten verbreitet ist der Normaltyp, der nasse Erlenbruch, das Carci elongatae-Alnetum. Hier erfolgt eine Überstauung nur im Frühjahr und Herbst. Die meist gutwüchsigen Schwarzerlen bilden ebenfalls Bulte, und zwischen diesen ist eine reichhaltige Bodenflora entwickelt, von der wir einige Arten erwähnen wollen, wie Sumpfreitgras *(Calamagrostis canescens)*, Sumpfschwertlilie

(Iris pseudacorus), Sumpffarn *(Thelypteris palustris)*, Gemeines Helmkraut *(Scutellaria galericulata)*, Wolfstrapp *(Lycopus europaeus)* oder Bittersüßer Nachtschatten *(Solanum dulcamara)*. Die Langährige Segge *(Carex elongata)*, auf die die wissenschaftliche Bezeichnung der Gesellschaft zurückgeht, tritt vorwiegend am Fuß oder am Rande der Erlenbulte auf.

Erfolgt während des ganzen Jahres keine Überstauung, bildet sich der feuchte Erlenwald heraus, das Urtico-Alnetum. Die Erlen bilden in dieser Gesellschaft keine Bulte mehr und sind meist sehr gutwüchsig. Die Bodenflora wird vor allem von Großer Brennessel *(Urtica dioica)* und Himbeere *(Rubus idaeus)* beherrscht, zu denen sich noch weitere Feuchtwaldpflanzen gesellen. Urtico-Alneten sind eigentlich schon ein Grenzfall von Bruchwäldern.

Erlenbruchwälder haben ein sehr großes Verbreitungsgebiet und kommen in Europa von Irland bis nach Rußland vor. Die ökologisch zentral stehenden nassen Erlenbruchwälder (Carici elongatae-Alnetum) weisen eine deutliche geographische Differenzierung von West nach Ost auf, die von manchen Pflanzensoziologen als eigene Assoziationen, aber wohl besser als geographische Rassen aufgefaßt werden. Die westeuropäischen Erlenbruchwälder, die von Irland, Großbritannien und Frankreich bis ins westliche Rheingebiet reichen, können als Gebietsausbildung der Glatten Segge *(Carex laevigata*-Rasse) bezeichnet werden; für sie ist auch der stattliche Königsfarn *(Osmunda regalis)* kennzeichnend. Die mitteleuropäische Ausbildungsform wird vor allem von der erwähnten Langährigen Segge *(Carex elongata)* charakterisiert; sie umfaßt das Gebiet bis etwa zur Weichsel, ist aber auch im ehemaligen Ostpreußen noch anzutreffen. In der nordosteuropäischen Ausbildungsform, die im östlichen Polen, den baltischen Ländern bis Südfinnland verbreitet ist, kommt bereits öfter die Fichte *(Picea abies)* und in der Krautschicht der Kamm-Wurmfarn *(Dryopteris cristata)* vor. Auch die niedrig-kriechend wachsende Stein-Brombeere *(Rubus saxatilis)* erreicht hier einen Vorkommensschwerpunkt.

Trotz dieser Unterschiede ist das Artengefüge der Erlenbruchwälder von der Biskaya bis nach Weißrußland und von Finnland bis Kroatien im wesentlichen übereinstimmend – eben ein Kennzeichen für azonale Pflanzengesellschaften.

Die Erlenbruchwälder stehen in ökologischer und damit auch in pflanzensoziologischer Hinsicht derart isoliert gegenüber anderen Gesellschaften der sommergrünen Laubwälder, daß sie nicht nur zu einem eigenen Verband (Alnion glutinosae), sondern auch in eine eigene Ordnung und sogar Klasse (Alnetalia glutinosae und Klasse Alnetea glutinosae) gestellt werden. Außer der Eigenschaft »sommergrün« haben sie kaum Beziehungen zu anderen Laubwaldgesellschaften.

Auf sehr nährstoffarmen, vor allem basenarmen Bruchwaldstandorten erreicht die Schwarzerle ihre Existenzgrenze. Bei recht ähnlichem Wasserhaushalt tritt dann an die Stelle der Erle die Moorbirke *(Betula pubescens)*. Solche Birkenbrücher (Betuletum pubescentis) sind oder waren vor allem in West- und im westlichen Mitteleuropa ausgebildet. Auch sie gehören, durch Meliorationen, Düngungen u. a. in »ertragsreichere« Waldgesellschaften umgewandelt, jetzt zu den nur selten anzutreffenden Bruchwaldgesellschaften. Sie wachsen auf feuchten bis nassen, nährstoffarmen Torfen. In der Strauchschicht tritt regelmäßig der Faulbaum *(Frangula alnus)* auf, und die Bodenvegetation wird meist vom Pfeifengras *(Molinia caerulea)* beherrscht. In den ärmsten Ausbildungen treten in unterschiedlichem Mengengrad bereits Torfmoose (*Sphagnum* -Arten) auf.

Auenwälder

Die großen Flüsse wie Rhein, Donau, Elbe und Oder und ihre unteren Nebenflüsse durchströmen, wo sie nicht durch Gebirge eingeengt werden, oft kilometerbreite Auen. Frühjahrshochwässer, die durch die Schneeschmelze hervorgerufen werden, gehören untrennbar zum Auebegriff. Weniger bekannt ist, daß sich wohl keine einzige der europäischen Auen an den Mittel- und Unterläufen noch im Naturzustand befindet. Frühjahrsüberschwemmungen hat es in den großen Flußtälern immer schon gegeben, aber das Wasser führte früher kaum Schwebstoffe mit sich. Die Auen waren damals Kies- bzw. Schotterauen mit einer Vegetation, die sich heute kaum rekonstruieren läßt. Denn Eingriffe in die Wälder der oberen Einzugsgebiete der Flüsse erfolgten schon sehr früh und je nach Gebiet zu verschiedenen Zeiten. Diese Veränderungen der Wälder waren eine Folge von Beweidung und Ackerbau, sobald Menschen in diese Regionen vordrangen. Das erfolgte in manchen Gebieten schon in der Römerzeit. Durch diese Eingriffe in den Wasserhaushalt der großen Stromsysteme wurde die Bodenero-

sion verstärkt, die Wasserführung wurde immer unregelmäßiger. Hochwasserkatastrophen, die letztlich durch die menschliche Tätigkeit hervorgerufen werden, treten bis in die Gegenwart immer häufiger auf und sind keineswegs mehr auf das Frühjahrshochwasser beschränkt. Die Veränderungen einer Auenlandschaft im Laufe der Zeit sind in den Schemata auf S. 76 dargestellt.

Die hohe Belastung mit durchweg sehr nährstoffreichen Sedimenten während der Frühjahrshochwässer führte zur Bildung von Aulehmdecken von z. T. großer Mächtigkeit. Auf diesen Böden stellte sich verständlicherweise eine ganz andere Vegetation ein als die, die früher auf den Kies- und Schotterböden wuchs.

Die jetzige Auwaldvegetation ist also eine durch menschliche Tätigkeit bedingte, auch wenn sie auf den Laien einen sehr »naturnahen« Eindruck macht. Aber selbst diese anthropogen bedingten Auenwälder werden immer stärker zurückgedrängt, und es gibt jetzt nur noch wenige Stellen in Mitteleuropa, wo Auenwälder nicht durch Deiche »geschützt« und nicht in Grünland oder Äcker überführt wurden.

Da die Flüsse in den Auen immer wieder ihren Lauf änderten, entstand eine ungemein abwechslungs- und artenreiche Auenlandschaft mit Altwässern, die im Laufe der Zeit verlanden, zeitweiligen Schotterbänken und dem Auenbereich mit einem ausgeprägten Mikrorelief. Auf die Wasserpflanzen-, Sumpf- und Röhrichtvegetation wollen wir hier nicht eingehen und beschränken uns auf die bewaldeten Flächen.

Die Vegetation der Auen läßt eine deutliche Zweigliederung erkennen: in die ufernahe Weichholzaue und die mehr oder weniger uferferne Hartholzaue. Erstere bildet oft nur ein schmales Band am Rande der Flüsse, während die Hartholzaue die »eigentlichen« Auwälder darstellt.

Die Weichholz-Auenwälder setzen sich vorwiegend aus Weiden und Pappeln zusammen, Bäumen, die sehr raschwüchsig sind und deren Holz leicht und wenig dauerhaft ist. Silberweide *(Salix alba)*, Bruchweide *(S. fragilis)*, Hohe Weide *(S. rubens)*, ein artfester Bastard aus den beiden erstgenannten Arten, sowie die Mandelweide *(S. triandra)* treten in den Weichholzauen überall in Mitteleuropa auf, ebenso Schwarzpappel und Silberpappel *(Populus nigra* und *P. alba)*. In welchen Mengenverhältnissen die Pappelarten in ungestörten Auenwäldern vorkommen würden, läßt sich allerdings jetzt kaum beurteilen. – Weiden wie Pappeln lassen verhältnismäßig viel Licht bis zum Boden durch – auch der seitliche Lichteinfall spielt in der Weichholzaue eine Rolle –, so daß die Entwicklung einer krautigen Vegetation nicht behindert wird. Es sind vor allem nitratliebende Arten wie Rohrglanzgras *(Phalaris arundinacea)*, Riesenschwingel *(Festuca gigantea)* oder Große Brennessel *(Urtica dioica)*, die größere Bestände bilden. Kennarten haben diese Wälder in der Krautschicht nicht. Pflanzensoziologisch werden die Weichholzauenwälder als Salicetum albae und Salicetum fragilis bezeichnet, Assoziationen, die zum Verband der Weidenauenwälder, dem Salicion albae, zusammengefaßt werden.

Auf den höher gelegenen Partien der Auen, die nur gelegentlich überflutet werden, kommen Hartholz-Auenwälder zur Ausbildung. Sie wachsen auf sehr nährstoffreichen lehmigen oder auch tonigen Böden, die als Braune Aueböden oder Braune Vega bezeichnet werden. Da diese Böden nicht aus einer Verwitterung am Vorkommensort hervorgegangen, sondern durch Hochwässer nur mitgebracht und abgelagert wurden, spricht man von einer *allochthonen* Vega.

Die Baumschicht dieser Wälder setzt sich aus Edellaubholzarten wie Bergulme *(Ulmus glabra)*, Flatterulme *(U. laevis)*, Feldulme *(U. minor)*, Eschen *(Fraxinus excelsior)* und Stieleichen *(Quercus robur)* zusammen, zu denen noch der Feldahorn *(Acer campestre)* und andere kommen können. Die quantitative Zusammensetzung dieser Holzarten ist je nach Gebiet, ob am Mittel- oder Unterlauf gelegen, und je nach Höhe des sommerlichen Grundwasserstandes verschieden. Dies kann bis zu Hartholzauenwäldern führen, in denen die Stieleiche zur vorherrschenden Baumart wird.

Auch die Strauchschicht ist in den Auenwäldern sehr reich ausgebildet; es seien nur Traubenkirsche *(Prunus avium = Prunus padus)* – die gelegentlich sogar bis in die Baumschicht reichen kann –, Pfaffenhütchen *(Euonymus europaeus)*, Hasel *(Corylus avellana)* oder Weißdorn-Arten *(Crataegus)* genannt. Oft windet sich Hopfen *(Humulus lupulus)* hoch in die Bäume. Diese Art dürfte in den Auenwäldern ihre Heimat haben, ebenso der Wilde Wein *(Vitis vinifera)*, der jedoch nur an Rhein und Donau auftritt.

In der Bodenvegetation fallen im Frühjahr z. T. Massenvorkommen von Geophyten auf, wie Hoh-

Typische Hartholzaue im Vorfrühlingsaspekt mit blühender Hasel *(Corylus avellana)* bei Leipzig

ler Lerchensporn *(Corydalis cava)*, Scharbockskraut *(Ranunculus ficaria)*, Weißes und Gelbes Buschwindröschen (*Anemone nemorosa* und *A. ranunculoides*) oder Wald-Goldstern *(Gagea lutea)*. Die sommerliche sehr artenreiche Krautschicht wird u. a. von Gräsern wie Rohrglanzgras *(Phalaris arundinacea)*, Waldzwenke *(Brachypodium sylvaticum)*, Riesenschwingel *(Festuca gigantea)* und Rasenschmiele *(Deschampsia cespitosa)* und vielen Kräutern und Stauden gebildet, von denen nur wenige genannt werden können: Giersch *(Aegopodium podagraria)* – dieses von Kleingärtnern gefürchtete »Unkraut« hat in den Auenwäldern sein natürliches Vorkommen –, Echtes Mädesüß *(Filipendula ulmaria)*, Echtes Springkraut oder Rühr-mich-nicht-an *(Impatiens noli-tangere)*.

Diese Ulmen-Eschen-Auenwälder der Hartholzauen werden als Assoziationen Fraxino-Ulmetum bezeichnet, die zum Verband des Alno-Ulmion gestellt wird.

Ersatzgesellschaften der sommergrünen Laubwälder

Wie bereits auf S. 236 erwähnt, wäre Mitteleuropa von Natur aus von Wald bedeckt. An terrestrischen Flächen wären nur Dünen und salzbeeinflußte Stellen, Hochmoore und Talmoore, einige Felskuppen und selbstverständlich die über der Waldgrenze liegenden alpinen Matten waldfrei. Auf die Römer, die schon um die Zeitrechnungswende in stark entwaldeten Landschaften lebten, machten die dichten Wälder Germaniens einen geradezu überwältigenden Eindruck, wie man aus dem Hauptwerk von Tacitus (55–120 n. Chr.), der »Germania«, entnehmen kann. Er charakterisiert Germanien schlechthin als »... sylvis horrida aut paludibus foeda«, d. h. bedeckt von abstoßenden Wäldern und entstellt von Sümpfen. Davon ist durch die jahrhundertelange menschliche Einwirkung nicht mehr viel erhalten geblieben. Die Vegetation wird in Mitteleuropa längst von Ersatzgesellschaften beherrscht, die in weiten Teilen fast 100 % an Fläche einnehmen. Denn auch die Wälder sind ja nur noch zum kleinsten Teil naturnahe.

Ersatzgesellschaften sind in erheblich größerer Zahl als naturnahe Waldgesellschaften ausgebildet. Da die ausgleichende Wirkung des Kronendaches fehlt, werden Temperatur-, Feuchtigkeits-, Windverhältnisse und andere Faktoren viel schärfer »herausmodelliert«, was sich auf die Pflanzendecke auswirkt. Es darf auch nicht übersehen werden, daß jede Wirtschaftsform ihre spezifischen Ersatzgesellschaften zur Folge hat. Sollen bestimmte Ersatzgesellschaften erhalten werden, ist das meist nur durch Beibehaltung der Wirtschaftsweise möglich, die sie hervorgebracht haben. Hierin liegt eines der Probleme des gegenwärtigen Arten- und Naturschutzes, denn solche antiquierten, extensiven Wirtschaftsweisen beizubehalten oder zu simulieren, ist oft überaus schwer und vor allem mit hohen Kosten verbunden.

Den größten Reichtum an Ersatzgesellschaften dürfte es in der Zeit zwischen 1700 und etwa 1900 gegeben haben, in der Vorindustriellen und zu Beginn der Industriellen Kulturlandschaft. Seitdem nimmt ihre Mannigfaltigkeit durch Intensivierung und Chemisierung der Wirtschaftsflächen rapide ab.

Aus der Fülle der Ersatzgesellschaften seien im folgenden Trocken- und Halbtrockenrasen, Wiesen und Weiden, Ackerwildkraut- und Ruderalfluren vorgestellt.

Trocken- und Halbtrockenrasen

Sie gehen auf eine jahrzehnte- bis jahrhundertelange extensive Beweidung, meist durch Schafe und Ziegen, zurück. Dadurch wurde der Nachwuchs von Bäumen und Sträuchern unterbunden. Unterbleibt die Beweidung, verbuschen sie in kurzer Zeit und entwickeln sich in Richtung Wald.

Mit der Beweidung wurden Nährstoffe entzogen, da eine Düngung unbekannt war. Diese Vegetationsformen werden daher auch als Magerrasen bezeichnet.

Je nach Ausgangsgestein, besonders dem Kalkgehalt des Bodens, bildeten sich zwei in ihrem Artengefüge ganz unterschiedliche Magerrasen heraus: die überaus artenreichen Kalktrockenrasen und die Sandtrockenrasen. Beide sind in ihrem Florengehalt so verschieden, daß sie in der Pflanzensoziologie zu selbständigen Klassen gestellt werden: erstere zu den Festuco-Brometea, letztere zu den Sedo-Scleranthetea.

Betrachten wir zunächst die Kalktrockenrasen. Sie stellen in Mitteleuropa die artenreichsten Pflanzengesellschaften dar und sind daher für Botaniker wie Zoologen äußerst interessante und

»Wiesensteppe« mit Federgras *(Stipa pennata)* am Rande des Odertals

daher vielfach untersuchte Vegetationsformen. Je nach Exposition und Hangneigung, was sich in erster Linie auf die Temperatur- und Feuchtigkeitsverhältnisse auswirkt, sowie je nach Flach- oder Tiefgründigkeit der Böden bilden sich verschiedene Pflanzengesellschaften aus. Da die eben genannten Bedingungen rasch von Ort zu Ort wechseln können, treten oft verschiedene Gesellschaften unmittelbar nebeneinander auf. Lokalklimatische und lokale Bodenverhältnisse sind somit für das Vorkommen bestimmter Kalktrockenrasengesellschaften oft maßgeblich.

Auf verhältnismäßig tiefgründigen Böden haben sich in Trockengebieten Mitteleuropas Artenverbindungen eingestellt, die in ähnlicher Weise in den osteuropäischen Steppen, dort früher auf weiten Flächen verbreitet, ausgebildet sind. Diese »Wiesensteppen« sind eine durch kontinentales Klima geprägte Vegetationsform. Sie werden innerhalb der Festuco-Brometea zur Ordnung der Steppenrasen (Festucetalia valesiacae) gestellt. Von Ost nach West, entsprechend der abnehmenden Kontinentalität des Klimas, werden diese Steppenrasen immer artenärmer und untypischer. Die Artengarnitur ist daher je nach dem Ort ihrer Vorkommen recht unterschiedlich.

Eine besonders auffallende Pflanzengesellschaft stellen die Federgras- und Haargrassteppen (Stipetum capillatae) dar, die an südexponierten, nicht zu steilen Hängen westwärts bis ins herzynische Gebiet, selten nicht weiter, reichen. Kennzeichnend für diese Pflanzengesellschaft sind Federgräser (Sammelart *Stipa pennata)*, Pfriemengras *(Stipa capillata)*, die mit ihren zur Fruchtzeit bis zu 30 cm langen, weißen Grannen zu den attraktivsten Gräsern gehören, Walliser Schwingel *(Festuca valesiaca)*, Goldhaar-Aster *(Aster linosyris)*, Hügel-Meier *(Asperula cynanchica)*, Stengelloser Tragant *(Astragalus excapus)* und viele andere.

Von den subkontinentalen Halbtrockenrasen, die etwas weniger trockenheitsextreme Standorte besiedeln, sei aus dem Verband des Cirsio-Brachypodion pinnati der Adonisröschen-Fiederzwenkenrasen (Adonido vernalis-Brachypodietum pinnati) genannt, der aus wärmeliebenden Laubwäldern hervorgegangen ist. Kennzeichnende Arten der meist auf nicht sehr stark geneigten Hängen vorkommenden Gesellschaft sind Adonisröschen *(Adonis vernalis)*, das im Frühjahr einen auffallenden Blütenaspekt bietet, der Halbschmarotzer Mittleres Leinblatt *(Thesium linophyllon)*, Dänischer Tragant *(Astragalus danicus)*, Kleines Mädesüß *(Filipendula vulgaris = F. hexapetala)* oder die Wiesensalbei *(Salvia pratensis)*. An Gräsern herrscht meist die Fiederzwenke *(Brachypodium pinnatum)* vor.

Bei anderen Kalktrockenrasen sind Elemente, deren Verbreitungsschwerpunkt im Mittelmeerraum liegt, wesentlich an der Vegetationszusammensetzung beteiligt. Diese Gesellschaften werden zur Ordnung der Brometalia erecti, den submediterranen Trocken- und Halbtrockenrasen, zusammengefaßt. Sie unterscheiden sich von den bisher behandelten Trockenrasen in (klein-) klimatischer Hinsicht; ihre Standorte weisen im allgemeinen im Winter nicht so tiefe, vor allem nicht lang andauernde Minus-Temperaturen und keine oder nur wenige Spätfröste im Frühjahr auf. Am üppigsten entwickeln sie sich in Jahren nach milden Wintern. Hinsichtlich der Sommertemperaturen und der sommerlichen Trockenheit gibt es zu den Trockenrasen der kontinentalen »Wiesensteppen« keine merklichen Unterschiede.

Im Gegensatz zu den Wiesensteppen, die in Mitteleuropa ein Ost-West-Gefälle zeigen, weisen die Brometalia erecti ein Süd-Nord-Gefälle auf. Daß sich in manchen Gebieten, in denen sich diese beiden Gefällsrichtungen kreuzen, Trockenrasen ausbilden, die Arten beider Ordnungen aufweisen und daher pflanzensoziologisch schwer einzuordnen und zu charakterisieren sind, ist nicht verwunderlich. Thüringen wurde zu Recht von dem Botaniker Otto Schwarz als »Kreuzweg der Blumen« bezeichnet, da für dieses Land das eben gesagte in besonderem Maß zutrifft.

Auch bei den Brometalia erecti gibt es eine Differenzierung nach dem Wasserfaktor. An den trockensten Standorten gelangen Gesellschaften des Xerobromion (Trocken-Trespenrasen) zur Ausbildung. Kennzeichnende Arten dieses Verbandes sind: Aufrechte Trespe *(Bromus erectus)*, Heideröschen *(Fumana procumbens)*, Echte Kugelblume *(Globularia punctata)*, Gemeine Küchenschelle *(Pulsatilla vulgaris)*, Berg- und Traubengamander *(Teucrium montanum* und *T. botrys)* oder das Wimper-Perlgras *(Melica ciliata)* mit seinem langen, weißen, fast kolbenartigen Blütenstand.

Etwas weniger trockene Partien nehmen die Halbtrocken-Trespenrasen, der Verband des Mesobromion, ein. Sie besiedeln in Mitteleuropa meist ost- oder südexponierte Hänge mit tiefgründigen Lehmböden. Auch von diesen Gesellschaften seien einige kennzeichnende Arten genannt: vor allem herrscht die Fiederzwenke *(Brachypodium pinnatum)* vor, die durch ihre etwas gelblich-grünen Blätter schon von Ferne leicht zu erkennen ist. Darin wachsen eingestreut: Silberdistel *(Carlina acaulis)*, Saat-Esparsette *(Onobrychis viciifolia)*, Gemeines Sonnenröschen *(Helianthemum nummularium)*, Gelbe und Graue Skabiose *(Scabiosa ochroleuca* und *S. canescens)* oder die Geschlitztblättrige und Großblütige Braunelle *(Prunella laciniata* und *P. grandiflora)*. Besonders markant sind die Mesobrometen jedoch durch ihren Orchideenreichtum. Sie dürften sogar die orchideenreichsten Pflanzengesellschaften Mitteleuropas sein. Knabenkräuter, wie das Dreizähnige, Affen-, Helm- oder Brand-Knabenkraut *(Orchis tridentata, O. simia, O. militaris* und *O. ustulata)*, die in der Blütenform Insekten nachbildenden Ragwurz-Arten, wie Fliegen-, Spinnen-, Hummel- oder Bienenragwurz *(Ophrys insectifera, O. sphegodes, O. holosericea [= arachnites], O. apifera)*, Pyramiden-Spitzorchis *(Anacamptis pyramidalis)*, und selbst die zu den größten botanischen Kostbarkeiten zählende Bocksriemenzunge *(Himantoglossum hircinum)* mit ihrer in der mitteleuropäischen Flora wohl einmaligen bizarren Blütenform kommen schwerpunktmäßig in Mesobrometen vor.

In krassem Gegensatz dazu stehen die Sandtrockenrasen, die zwar gegenüber den Kalktrockenrasen eine kaum geringere Gesellschaftsvielfalt aufweisen, jedoch ungleich artenärmer sind. Sie werden zu einer eigenen Klasse, den Sedo-Scleranthetea, gestellt. Auch bei ihnen gibt es eine westlich-atlantische und eine östlich-kontinentale Ausbildung, die jedoch durch mannigfache Übergänge verbunden sind.

Die vorwiegend im ozeanisch und subozeanischen Klimaeinfluß wachsenden Sandtrockenrasen werden – soweit es sich um Ersatzgesellschaften handelt – zu zwei pflanzensoziologischen Gruppen gestellt. Die Silbergrasfluren, die zum Verband des Coryneophorion canescentis gehören, stellen eine Pioniervegetation auf lockeren, noch vom Wind bewegbaren Sanden dar. Sie können sowohl als natürliche Gesellschaften auftreten, was allerdings nur unmittelbar an der Ostseeküste möglich ist, als auch als Ersatzgesellschaften, wenn z. B. durch Fahrspuren oder andere Eingriffe eine Vegetation auf Sandböden vernichtet wurde. Die wichtigste Art ist das horstig wachsende, graugrüne und an der Basis der Sprosse weinrot gefärbte Silbergras *(Corynephorus canescens)*. Im ersten Pionierstadium tritt es als einzige Art auf, meist gesellen sich bald die unauffälligen, kleinwüchsigen Arten Frühlings-Spergel (oder -Spörgel) *(Spergula morisonii)* und Bauernsenf *(Teesdalie nudicaulis)* hinzu. In späteren Stadien entwickeln sich zwischen den Silbergrashorsten Strauchflechten, vor allem aus der artenreichen Gattung *Cladonia*, deren Untersuchung allerdings auf Flechten-Spezialisten beschränkt bleibt. Da das Wachstum der Blütenpflanzen wie auch der Flechten nur sehr gering ist, können sich solche Silbergrasfluren mehrere Jahrzehnte halten, bevor sie sich zu anderen Pflanzengesellschaften wie Sandtrockenrasen oder Sandheiden weiterentwickeln.

Vorwiegend im subatlantischen Gebiet kommen Grasnelken-Rasen vor, die zum Verband des Armerion elongatae gehören. Sie waren früher in Sandgebieten des mitteleuropäischen Flachlandes weit verbreitet, sind jedoch durch Düngung oder Aufforstungen an vielen Orten stark zurückgegangen. Kennzeichnende Arten sind Grasnelke *(Armeria maritima* ssp. *elongata)*, Schafschwingel

(Festuca ovina), Rotes Straußgras *(Agrostis capillaris = tenuis)*, die für Trockensträuße geschätzte Sandstrohblume *(Helichrysum arenarium)*, das blau blühende Sandknöpfchen *(Jasione montana)* oder die Heidenelke *(Dianthus deltoides)*.

Unter stärker subkontinentalen Klimabedingungen gedeihen im östlichen Mitteleuropa Blauschillergras-Fluren (Verband Koelerion glaucae), für die Blaugrünes Schillergras *(Koeleria glauca)*, Sandschwingel *(Festuca psammophila)*, Grünblütiges und Ohrlöffel-Leimkraut *(Silene chlorantha* und *S. otites)* sowie Ebensträußiges Gipskraut *(Gypsophila fastigiata)* charakteristisch sind. Fast alle Arten der Blauschillergras-Fluren sind Tiefwurzler, so daß ihre Wasserversorgung auch bei längeren Trockenperioden gesichert ist.

Wiesen und Weiden

Wie die Trockenrasen gehen auch Wiesen und Weiden auf menschliche Tätigkeit zurück. Mahd und Beweidung verhindern das Aufkommen von Gehölzen und sind somit die wichtigsten Faktoren für die Erhaltung dieser Vegetationsformen. Während Wiesen stets oder überwiegend durch Mähen genutzt werden und weder eine Selektion durch das Weidevieh, noch Bodenverdichtungen durch Tritt eine Rolle spielen, sind diese für Weiden die wichtigsten Faktoren. Dazu kommt noch, daß die Mahd für die Wiesenpflanzen einen plötzlichen Eingriff darstellt, der alle Pflanzen gleichermaßen und zur gleichen Zeit trifft; bei Weiden besteht eine Gleichzeitigkeit des Verbisses durch das Vieh jedoch nicht oder längst nicht so extrem. Nur Umtriebsweiden nähern sich in dieser Hinsicht den Wiesen. Wiesen- und Weidepflanzen müssen somit über ein großes Regenerationsvermögen verfügen. Durch die Mahd werden sie sogar gefördert, da Arten aus anderen Vegetationsbereichen eine solche nicht überstehen und so keine Konkurrenz zu Wiesenpflanzen darstellen.

Eine weitere Eigenschaft von Wiesen- und Weidepflanzen ist, daß sie alle lichtliebend sind.

Selbstverständlich wirkt es sich auf die Artenzusammensetzung von Wiesen aus, wie oft und zu welcher Zeit eine Mahd erfolgt. Einschürige Wiesen sind oft artenreicher als zweischürige, und das Extrem wird bei den vielmals im Jahr gemähten Parkrasen erreicht, die nur noch aus wenigen Arten bestehen, die solche starken Eingriffe aushalten können. Eine Mahd im Frühsommer liefert zwar ein besonders eiweißreiches Futter, hat aber einen hohen Entzug von Stickstoff und Phosphor zur Folge. Selbst nur einmal im Jahr gemähte Wiesen müssen daher von Zeit zu Zeit gedüngt werden, sollen sie nicht verarmen.

Man unterschied früher Streu- und Futterwiesen. Streuwiesen wurden erst im Herbst gemäht, wenn die Pflanzen längst Reservestoffe gebildet hatten und die Entnahme der abgestorbenen Halme nur einen sehr geringen Nährstoffentzug bedeutete. Eine Düngung war daher kaum erforderlich. Diese Nutzungsform von Wiesen ist jetzt kaum noch anzutreffen, da für Stallstreu so gut wie keine Verwendung besteht.

Wiesen und Weiden werden nicht selten als »Grünland« bezeichnet. Dieser Begriff ist zweifellos umfassender, wird jedoch nicht einheitlich gehandhabt. Von vielen Botanikern werden zum »Grünland« auch Röhrichte, Großseggenriede und Salzwiesen gerechnet, somit Vegetationsformen, die natürliche und keine (oder nur zum Teil) Ersatzgesellschaften sind. Manchmal werden zum »Grünland« auch Trocken- und Halbtrockenrasen gerechnet.

Wiesen- und Weidegesellschaften werden pflanzensoziologisch zur Klasse der Molinio-Arrhenatheretea, das Salzgrünland zur Klasse der Asteretea tripolii gestellt. Auf sie wollen wir uns im folgenden beschränken. Die Namen der beiden Klassen sind von kennzeichnenden Grünlandarten abgeleitet: von Pfeifengras *(Molinia caerulea)*, Glatthafer *(Arrhenatherum elatior)* und der Salzaster *(Aster tripolium)*.

Glatthaferwiesen aus dem Verband des Arrhenaterion elatioris gehören zu den wichtigsten Wirtschaftswiesen Mitteleuropas. Sie treten vor allem im subozeanischen Gebiet auf und haben im großen und ganzen ein Verbreitungsgebiet, das dem der Rotbuche sehr ähnlich ist (s. Karte S. 245), jedoch weniger in die Höhe und nicht so weit nach Norden reicht. Am reichsten sind Glatthaferwiesen im südwestlichen Teil Deutschlands und den angrenzenden Territorien ausgebildet; dort liegt offenbar ihr Optimalgebiet. Im Gegensatz zur Buche bevorzugen Arrhenathereten wärmere Gebiete. Optimale Standorte stellen für diese Wiesen tiefgründige, nährstoffreiche und frische Lehmböden dar. Je nach verfügbaren Nährstoffen – ein Faktor, der über die Düngung geregelt wird –, dem Wasserhaushalt des Bodens und den Temperaturverhältnissen bilden sich verschiedene Formen von Glatthaferwiesen aus, die meist als Subassoziationen aufgefaßt werden.

Extensiv genutzte Frischwiese (Goldhaferwiese) mit Margeriten, Teufelskralle, Bocksbart, Hahnenfuß, Wiesenknöterich und Rotklee. Schwäbische Alb

Glatthaferwiesen besitzen einen Stamm von Arten, die sie gut charakterisieren. Genannt seien an Gräsern der namengebende Glatthafer, Gemeines Knaulgras *(Dactylis glomerata)*, die zu den Korbblütengewächsen gehörende Wiesenmargerite *(Leucanthemum vulgare)*, Wiesenpippau *(Crepis biennis)* und Wiesenbocksbart *(Tragopogon pratensis)*, die Doldenblütler Große Pimpinelle *(Pimpinella major)* und Pastinak *(Pastinaca sativa)*, Wiesenlabkraut *(Galium mollugo)*, Ackerknautie *(Knautia arvensis)* oder Wiesenglockenblume *(Campanula patula)*. Dazu kommt noch eine nicht geringe Zahl allgemein verbreiteter Wiesenpflanzen, wie Wiesenflockenblume *(Centaurea jacea)*, Kuckuckslichtnelke *(Lychnis flos-cuculi)*, Scharfer Hahnenfuß *(Ranunculus acris)*, der mit seinen gelben Blüten einen Spätfrühlingsaspekt bildet, oder der Wiesensauerampfer *(Rumex acetosa)*. Bei Gülledüngung nehmen die Doldenblütler Wiesenkerbel *(Anthriscus sylvestris)* und Wiesenbärenklau *(Heracleum sphondylium)* überhand; sie sind als Wiesenunkräuter unerwünscht, da sie mit ihren großen Blättern wertvolleren Wiesengräsern Konkurrenz machen, als Futterpflanzen aber wertlos sind, da ihre Blätter bald zerfallen und die holzigen Stengel vom Vieh nicht angenommen werden.

Von den im wesentlichen feuchtigkeitsbedingten Ausbildungen der Glatthaferwiesen seien nur zwei erwähnt. An feuchteren Standorten treten zu den oben genannten Arten noch Brustwurz *(Angelica sylvestris)*, Großer Wiesenknopf *(Sanguisorba officinalis)* mit seinen auffallenden eilänglichen, dunkelroten Blütenständen, Bachnelkenwurz *(Geum rivale)* oder Echtes Mädesüß *(Filipendula ulmaria)* dazu.

Auf trockeneren und meist auch wärmeren Standorten kommen zur üblichen Artengarnitur der Glatthaferwiesen noch Arten hinzu, die ihren Schwerpunkt in Halbtrockenrasen haben, wie die blau blühende Wiesensalbei *(Salvia pratensis)*, Taubenskabiose *(Scabiosa columbaria)* oder Aufrechte Trespe *(Bromus erectus)*. Die Böden dieser Salbei-Glatthaferwiesen weisen meist einen höheren Kalkgehalt auf.

Goldhaferwiesen. In montanen bis subalpinen Gebieten, zwischen 350 und vereinzelt bis etwa 1500 m, werden auf nährstoffreichen Böden die Arrhenathereten von Goldhaferwiesen abgelöst. Für ihr Auftreten sind niedrigere Sommertemperaturen, höhere Niederschläge und damit verbunden eine stärkere Bodenauswaschung die maßgeblichen Faktoren. Von Einfluß ist sicher die Verkürzung der Dauer der Vegetationsperiode. Diese »Berg-Fettwiesen« stellen sehr wertvolle Wirtschaftswiesen dar.

Die Goldhaferwiesen haben in ihrem Artenbestand zwar viele Gemeinsamkeiten mit den Glatthaferwiesen, sind andererseits aber doch erheblich abweichend und werden daher zu einem eigenen Verband, dem Trisetion, gestellt. Wegen der Gemeinsamkeiten werden beide Verbände zur Ordnung der Arrhenatheretalia zusammengefaßt.

An kennzeichnenden Arten der Triseteten seien genannt: die namengebende Art, der Goldhafer *(Trisetum flavescens)*, obwohl er auch in Arrhenathereten nicht selten auftritt und daher keineswegs als »Charakterart« bezeichnet werden kann. Weiterhin Wolliges Honiggras *(Holcus lanatus)*, Weicher Pippau *(Crepis mollis)*, Große Sterndolde *(Astrantia major)*, Perückenflockenblume *(Centaurea pseudophrygia)* und in höheren Lagen die aromatische Bärwurz *(Meum athamanticum)*. Nicht selten treten Frauenmantelarten auf *(Alchemilla* spec.).

Trollblumen-*(Trollius europaeus-)*Aspekt einer bodensauren, montanen Naßwiese

Feuchtwiesen. Auch sie gedeihen auf nährstoffreichen, tiefgründigen und meist lehmigen Böden. Einige Feuchtwiesen kommen auch auf stark humosen bis moorigen Böden vor. Je nach Klimabedingungen, Wasserführung und Bodenbeschaffenheit lassen sich eine ganze Reihe von Feuchtwiesengesellschaften unterscheiden. Sie alle sind jedoch abhängig von Düngung oder anderweitiger mehr oder weniger kontinuierlicher Nährstoffzufuhr. In allen diesen Feuchtwiesen tritt die Sumpfdotterblume *(Caltha palustris)* auf, die im Frühjahr einen auffallenden Blühaspekt bietet. Nach ihr wird der Verband Calthion benannt, auch wenn *Caltha* keineswegs auf Feuchtwiesen beschränkt ist; wir hatten sie bereits bei der Besprechung von feuchten Laubwäldern kennengelernt. Von Übergängen abgesehen, fehlen dem Calthion Arrhenatherion-, Trisetion- und Molinion-Arten weitgehend; der Verband ist floristisch somit nur negativ zu kennzeichnen. Von den Trophieverhältnissen her betrachtet, stellt das Calthion den nährstoffreichsten Flügel der Feuchtwiesen dar, die zur Ordnung der Molinietalia zusammengefaßt werden.

Die wohl wichtigste und am weitesten in Mitteleuropa verbreitete Assoziation des Calthion ist (oder war) die Kohldistelwiese, das Angelico sylvestris-Cirsietum oleracei. Sie stellt geradezu den Typus gedüngter Feuchtwiesen dar. Andere Wiesengesellschaften sind bei geringer Entwässerung und Düngung leicht in Kohldistelwiesen umzuwandeln. Im Frühjahr bilden Wiesenschaumkraut *(Cardamine pratensis)* mit ihren hellila Blüten und Sumpfdotterblume den ersten Blühaspekt, ihm folgen Rotaspekte durch Kuckuckslichtnelke *(Lychnis flos-cuculi)*, Schlangenknöterich *(Polygonum bistorta)*, eine für diese Wiesen sehr kennzeichnende Art, und Wiesenampfer *(Rumex acetosa)*. An Gräsern treten vor allem Wiesenfuchsschwanz *(Alopecurus pratensis)*, Wiesenschwingel *(Festuca pratensis)*, Gemeines Rispengras *(Poa trivialis)*, und etwas später auch das Wollige Honiggras *(Holcus lanatus)* auf. Nach dem ersten Schnitt erfolgt die hauptsächliche Entwicklung der Kohldistel *(Cirsium oleraceum)* und der Brustwurz *(Angelica sylvestris)*, deren Blütenstände die anderen Gräser und Kräuter überragen. Kohldistel und Schlangenknöterich sind die auffallendsten Arten, so daß es verständlich erscheint, daß diese Assoziation früher als Cirsio oleracei-Polygonetum bistortae bezeichnet wurde. Kohldistelwiesen des Tieflandes wie des Berglandes tragen als besonderen Schmuck auch die Trollblume *(Trollius europaeus)*.

Fast ausschließlich auf das ozeanisch beeinflußte Tiefland Mitteleuropas beschränkt ist die Wassergreiskrautwiese, die Assoziation Senecioni aquatici-Brometum racemosi. Diese Wiesengesellschaft kommt auf etwas weniger nährstoffreichen Standorten als die Kohldistelwiese vor und gelangt vor allem auf stark humosen bis moorigen Böden zur Ausbildung. Es ist eine der verhältnismäßig wenigen Assoziationen des Molinion, die mit Wasser-Greiskraut *(Senecio aquaticus)* und Trauben-Trespe *(Bromus racemosus)* echte »Charakterarten« enthält, d. h. Arten, die praktisch auf diese Assoziation beschränkt sind. Diese Gesellschaft stellt den nährstoffärmeren Flügel des Calthion dar, ohne deshalb »nährstoffarm« zu sein. Sie bildet sich bei schwächerer Düngung aus, kann aber auch ohne künstliche Düngung existieren, wenn Nährstoffe z. B. durch Hangdruckwasser regelmäßig zugeführt werden. *Bromus racemosus* ist allerdings leicht zu übersehen und nur zu früher Jahreszeit erkennbar, da ihre Rispen bald abfallen.

Kurz hingewiesen sei auf die Brenndoldenwiesen, die vor allem im östlich-kontinentalen Bereich in Stromtälern auftreten. Sie reichen gerade noch bis Ostdeutschland hinein. Bei diesen Brenndoldenwiesen, die zu einem besonderen Verband der Molinietalia, dem Cnidion, gestellt werden, handelt es sich um durch Hochwässer natürlich gedüngte Wiesen. An kennzeichnenden Arten seien erwähnt: Brenndolde *(Cnidium dubium)*, Kantiger Lauch *(Allium angulosum)*, Gottes-Gnadenkraut *(Gratiola officinalis)*, Blutweiderich *(Lythrum virgatum)* oder Silau-Pferdesaat *(Oenanthe silaifolia)*.

Pfeifengraswiesen. Pfeifengraswiesen waren in Mitteleuropa im vorigen Jahrhundert und in vielen Gebieten vor dem Einsetzen tiefgreifender Meliorationen und Bewirtschaftungsumstellungen bis um 1960 bis 1965 häufig und so gut wie überall anzutreffen. Jetzt sind sie vielerorts völlig verschwunden, und der Geobotaniker ist hocherfreut, wenn er irgendwo doch noch einen kleinen Rest dieser artenreichen Gesellschaften findet.

Diese Wiesengesellschaften, von denen mannigfache Assoziationen unterschieden wurden, bilden den Verband der Pfeifengraswiesen, das Molinion caeruleae. Der wichtigste Faktor für ihr Entstehen und ihre Erhaltung ist, daß sie ungedüngt bleiben. Bei Düngung gehen sie schnell ins Calthion über. Die Molinieten sind daher in der Regel nährstoffarm. Sie liefern nur ein minderwertiges Heu, so daß Landwirte kaum an der Erhaltung von Molinieten interessiert sind. Der Wasserfaktor ist zwar maßgebend für die Ausbildung mancher Untergesellschaften (Subassoziationen), sonst aber spielt er keine begrenzende Rolle und entspricht den Verhältnissen des Calthion. Molinieten wachsen allerdings stets auf feuchteren Standorten als Arrhenathereten.

Die oft geäußerte Angabe, eine Wechselfeuchtigkeit sei ein wesentlicher Standortsfaktor für Molinieten, muß korrigiert werden. Messungen zeigten, daß auch Calthion- und Arrhenatherion-Gesellschaften auf wechselfeuchten Stellen vorkommen, wobei selbst die Amplitudenhöhe annähernd gleich ist. Es gibt zwar Molinieten mit starken Wasserstandsschwankungen während des Jahres, aber ebenso solche, bei denen sie minimal sind und keine vegetationswirksame Bedeutung haben.

Die hauptsächliche Differenzierung beruht auf dem Basengehalt des Bodens. Danach lassen sich – um nur auf die Extreme einzugehen – Kalk-Pfeifengraswiesen und Binsen-Pfeifengraswiesen unterscheiden. Für den Botaniker sind nur erstere interessant.

Kalk-Pfeifengraswiesen (Molinietum caeruleae) gehören zu den artenreichsten Grünlandgesellschaften Mitteleuropas. Schon lange vor dem Austreiben des Pfeifengrases *(Molinia caerulea)*, bereits im Frühjahr, leuchten die Blüten der Hohen Primel *(Primula elatior)*, der Niedrigen Schwarzwurzel *(Scorzonera humilis)* oder des Salep-Knabenkrautes *(Orchis morio)*. Es klingt kaum glaubhaft, daß es größere Flächen, z. B. auf dem Darß, gab, durch die man nicht gehen konnte, ohne einige dieser Orchideen zu zertreten! Auch später sind die Molinieten sehr farbenprächtig. Rote Blüten haben Gemeine Betonie *(Betonica officinalis)* und Färberscharte *(Serratula tinctoria)*, gelbe der Weidenblättrige Alant *(Inula salicina)* und die

Gelbe Wiesenraute *(Thalictrum flavum)*, blaue der Teufelsabbiß *(Succisa pratensis)* und der Lungenenzian *(Gentiana pneumonanthe)*, rosa oder auch weiße die Prachtnelke *(Dianthus superbus)*, die wegen ihrer feinzerschlitzten Kronblätter den Namen wohl verdient, Kümmelsilge *(Selinum carvifolia)* und weiße schließlich das Nordische Labkraut *(Galium boreale)* und die Sumpf-Schafgarbe *(Achillea ptarmica)*. Die Natternzunge *(Ophioglossum vulgatum)*, die so gar nicht farnartig aussieht, ist ebenfalls in Molinieten nicht selten zu finden.

Einen ganz anderen Eindruck machen die Binsen-Pfeifengraswiesen (Junco-Molinietum), die auf sauren Böden wachsen. Außer dem Pfeifengras und dem Wolligen Honiggras, gelegentlich Sumpfkratzdistel *(Cirsium palustre)* oder Sumpfhornklee *(Lotus uliginosus)* bestimmen Horste der Flatterbinse, seltener der Knäuelbinse *(Juncus effusus* und *J. conglomeratus)* das Bild dieser Gesellschaft. Junco-Molinieten sind meist Ersatzgesellschaften von feuchten Birken-Eichenwäldern oder Birkenbrüchen, in denen das Pfeifengras von Natur aus verbreitet ist.

Weiden. Weiden gehörten schon immer zu den artenärmsten Grünlandgesellschaften. Verbiß und Vertritt durch das Weidevieh sind die wichtigsten Umweltfaktoren, und diesen Einwirkungen sind nicht viele Arten gewachsen. Nur solche Arten können sich halten, die ein enormes Regenerationsvermögen besitzen. Die Zusammensetzung der Weiden ist weitgehend abhängig von der Art der Beweidung, d. h. von der Bewirtschaftung, die ja vom Landwirt bestimmt wird. Die Triftweide ist eine extensive Nutzungsform, bei der sich die Tiere auf einer großen Weidefläche ihr Futter suchen. Da die Tiere durchaus »Geschmack« haben, suchen sie sich die »schmackhaftesten« Pflanzen aus. Nur diese werden verbissen, andere weniger, oder unbeliebte Arten werden stehengelassen, so daß es bei »Weideunkräutern« (z. B. Ackerkratzdistel, *Cirsium arvense*, auch anderen Distelarten oder manchen Binsen, wie Flatterbinse) zu einer Anreicherung kommt. Diese negative Selektion wird somit durch die Unterweidung gefördert. Auch die Standweide, bei der den Tieren eine zwar umgrenzte, aber immer noch recht große Weidefläche zur Verfügung steht, haben diese noch eine gewisse Selektionsmöglichkeit; die Zahl der Weideunkräuter verringert sich merklich. Erst bei der modernen Umtriebsweide werden praktisch alle Pflanzen genutzt, da die Tiere in kleinen Parzellen gehalten werden, die erst dann verlegt werden, wenn die Weidepartie abgefressen ist. Dadurch können Weideunkräuter weitgehend ausgeschaltet werden. Andererseits können diesen in einer Vegetationsperiode vielmaligen »Streß« nur Arten überstehen, die außer dem großen Regenerationsvermögen raschwüchsig und nicht hochwüchsig sind.

Selbstverständlich spielen für die Artenzusammensetzung und die Quantität der Vorkommen von Weiden auch klimatische Faktoren und die Bodenfeuchtigkeit eine Rolle. Im nördlichen und nordwestlichen mitteleuropäischen Flachland einschließlich den Niederlanden waren Weiden seit Jahrhunderten sehr verbreitet und stellten ein wichtiges und wertvolles Wirtschaftsgrünland dar. In diesem stark ozeanisch klimabeeinflußten Gebiet wirkt sich eine Sommertrockenheit, die den Weidebetrieb behindert oder bei »Ausbrennen« der Weiden zum Erliegen führt, recht gering aus und ermöglicht fast einen Dauerweidebetrieb. Ähnliches gilt für niedrigere Bergländer.

Unterschiedliche Bodenverhältnisse sind dagegen bei Weiden von keiner oder nur sehr untergeordneter Bedeutung, da diese durch Düngung ausgeglichen werden. Da spielt es kaum eine Rolle, ob Weiden auf Sand-, Lehm- oder selbst torfigen Böden wachsen. Da bei Weiden die Biomasseentnahme durch die Weidetiere stets einen starken Nährstoffentzug bewirkt, muß dieser durch Düngung kompensiert werden. Regelmäßige Düngung gehört daher zu den wesentlichen Bewirtschaftungsmaßnahmen.

In pflanzensoziologischer Hinsicht sind Weiden zwar gut zu umgrenzen und leicht zu kartieren, aber nur durch wenige Arten zu charakterisieren. Sie werden zum Verband des Cynosurion cristati gestellt, der mit dem Weidekammgras *(Cynosurus cristatus)* auch eine gute Charakterart enthält, die in neuerer Zeit allerdings immer seltener zu finden ist.

Von Weidegesellschaften im Rang von Assoziationen seien nur zwei kurz erwähnt. Die häufigste und vorherrschende Assoziation ist die Weidelgras-Weißklee-Weide, das Lolio-Cynosuretum. Deutsche und wissenschaftliche Bezeichnung sind leider nicht übereinstimmend. Wohl ist der Weißklee *(Trifolium repens)* in dieser Gesellschaft immer und meist in größerer Menge anzutreffen, aber es kommt nicht nur hier, sondern auch in anderen feuchten Pflanzengesellschaften vor. Kammgras und Weidelgras *(Lolium perenne)* sind kennzeichnende Arten, auch wenn letzteres in Rasenansaaten so oft verwendet wird, daß es als allgemein verbreitete Kulturrasenart bezeichnet werden muß. Außer diesen drei Arten seien noch erwähnt: Rotschwingel *(Festuca rubra)*, Weiche Trespe *(Bromus hordeaceus)*, Rotklee *(Trifolium pratense)*, Herbst-Löwenzahn *(Leontodon autumnalis)* oder Spitzwegerich *(Plantago lanceolata)*.

Während das Lolio-Cynosuretum als Tieflandgesellschaft verbreitet ist, wird es im Bergland von Rotschwingel-Weißklee-Weiden (Festuco-Cynosuretum) abgelöst, das sich im Artenbestand nur wenig vom Lolio-Cynosuretum unterscheidet.

Wiesen und Weiden gab es in der Naturlandschaft Mitteleuropas nicht. Sie haben sich erst unter dem Einfluß des Menschen und seiner Viehhaltung herausgebildet. So entsteht die Frage nach der Herkunft der Wiesenpflanzen.

Es zeigte sich, daß das Spektrum der Pflanzengesellschaften, aus denen die Wiesenarten stammen, erstaunlich groß ist. Arten der Glatthaferwiesen (Arrhenatherion) haben ihre natürlichen Vorkommen in Röhrichten und Großseggenrieden, wie Rohrglanzgras oder Sumpfsegge, in Auenwäldern, wie Knaulgras, Echtes Mädesüß, Wiesenlabkraut, Wiesenkerbel, Bärenklau usw., in Erlenbrüchen (Sumpfdotterblume) und verschiedenen feuchten Eichen-Hainbuchenwäldern. Selbst Wiesensteppen dürften die Herkunftsgesellschaften einiger Arten sein, wie Wiesenpippau, Wiesenbocksbart oder Wiesenglockenblume. – Arten der ungedüngten Feuchtwiesen (Molinion) stammen aus feuchten Birken-Eichenwäldern, wie Pfeifengras, Ruchgras, Birkenbrüchen oder wärmeliebenden Kalk-Eichenwäldern, wie Färberscharte, Weidenblättriger Alant oder Nordisches Labkraut.

Es handelt sich bei Wiesenpflanzen durchweg um Arten, die der mittel- oder osteuropäischen Flora entstammen. Es gelang keiner Art, die durch Verkehr und Handel eingeschleppt wurde, sich in Wiesengesellschaften dauernd zu etablieren. Glatthafer *(Arrhenatherum elatior)* und Welsches Weidelgras *(Lolium multiflorum)* sind gezüchtete Kulturpflanzen, die erst in jüngster Zeit angesät wurden und sich dann ausbreiten konnten. Aber auch deren Ausgangsarten stammen aus der mitteleuropäischen Flora.

Man könnte meinen, daß die Pflanzen der oben genannten Sumpf- und Waldgesellschaften nicht auf Verbiß und schon gar nicht auf eine Mahd eingestellt zu sein brauchten. Dieser Eindruck entsteht, wenn man die derzeitigen Röhrichte oder Wälder betrachtet, aus denen die großen Pflanzenfresser wie Bison oder Hirsche ganz oder weitgehend verschwunden sind. Bei dem Wildbesatz zu früheren Zeiten hat die Äsung sicher dazu geführt, daß Verbißschäden durch Regeneration wieder ausgeglichen wurden. So war die Fähigkeit, Verbiß auszuhalten, schon bei der Flora der ursprünglichen Pflanzengesellschaften vorhanden.

Salzgrünland

Der Abschnitt ist generell überschrieben mit »Ersatzgesellschaften sommergrüner Laubwälder«. Für das Salzgrünland trifft dies gewiß nicht zu, denn hier stockten niemals Laubwälder. Die Pflanzengesellschaften des Salzgrünlandes sind zwar zweifellos in ihrer Flächenausdehnung, also quantitativ, durch menschliches Wirtschaften, wozu ja auch die Viehweide gehört, gefördert worden. Auf die Frage, ob es sich dabei um Ersatzgesellschaften handelt, werden wir später eingehen. Zunächst seien die wichtigsten Gesellschaften vorgestellt.

Der entscheidende Faktor für Ausbildung und Zusammensetzung der Salzgrünlandgesellschaften ist der Salzgehalt. Salzstandorte sind für Pflanzen Extremstandorte, und nur recht wenige Arten sind in der Lage, sie zu besiedeln. Je höher der Salzgehalt, desto weniger Arten vermögen an solchen Stellen zu wachsen. Darauf beruht auch die deutliche Differenzierung der Salzgrünlandgesellschaften in west-östlicher Richtung an der Ostseeküste. Die Böden des Salzgrünlandes sind durchweg reich an Stickstoff und Kalk, wobei dieser aus zerriebenen Muschelschalen stammt. »Saure« Salzgrünlandböden gibt es daher nicht. Alle Salzpflanzen sind lichtliebend, was wohl auch mit ihrem Ursprungsgebiet aus innerasiatischen Halbwüstengebieten zusammenhängt.

Andelrasen (Puccinellietum maritimae) sind die Besiedler der salzreichsten Standorte. Sie bilden zunächst unzusammenhängende Flecke und schließen sich erst im Laufe der Sukzession zu geschlossenen Rasen. Wichtigste Art ist der Andel *(Puccinellia maritima)*, zu dem nur wenige andere Arten treten, wie Flügelsamige Schuppenmiere *(Spergularia maritima = S. media)* oder Strand-Salzmelde *(Halimione portulacoides)*. Gelegentlich treten auf den Horsten des Andel auch schon die Strandaster *(Aster tripolium)* oder andere Salzpflanzen auf, die ihren Vorkommensschwerpunkt erst in den später genannten Pflanzengesellschaften haben. Das Puccinellietum maritimae, das zu einem selbständigen Verband, dem Puccinellion maritimae, gestellt wird, kommt sowohl an der Nordsee wie an der Küste der westlichen Ostsee vor, überschreitet aber die Wismar-Bucht kaum nach Osten, obwohl der Andel als Art vereinzelt bis zur Weichsel auftreten kann. Das Puccinellietum stellt eine wertvolle Weide-Gesellschaft dar; eine Artenverschiebung oder -beeinträchtigung durch Beweidung ist nicht bekannt. Die Gesellschaft ist somit keine Ersatzgesellschaft.

Bis zu den tiefgreifenden Meliorationen, d. h. Eindeichungen und Vollumbrüchen, die in Ostdeutschland um 1965 erfolgten, war die Strandbinsenweide, das Juncetum gerardii, die wichtigste und am weitesten verbreitete Salzgrünlandgesellschaft. Die von Ellenberg vorgeschlagene deutsche Bezeichnung verdient den Vorzug gegenüber der im Schrifttum meist verwendeten »Boddenbinsenwiese« (oft fälschlich »Bo*tt*enbinsenwiese« geschrieben, da vielen der Begriff »Bodden« unbekannt ist), da es sich hierbei nicht um Mähwiesen, sondern um Weiden handelt. Nur in unmittelbarer Nähe von Siedlungen wurden »Boddenbinsenwiesen« auch gemäht. Das Juncetum gerardii besiedelt verhältnismäßig schwach salzhaltige und nicht zu oft von

Salzwiese mit *Limonium*

Salzwasser überflutete Bereiche. Die wichtigsten Arten dieser Assoziation, die zum Verband der Strandnelkenrasen (Armerion maritimae) gestellt wird, sind die namengebende Bodden-Binse *(Juncus gerardii)*, das sehr weiche, niederliegende Rasen bildende Salzstraußgras *(Agrostis stolonifera* ssp. *maritima)*, Milchkraut *(Glaux maritima)*, Strandwegerich *(Plantago maritima)* und Strand-Dreizack *(Triglochin maritimum)*.

Seltener, wenn auch mehr oder weniger regelmäßig, findet man in dieser Gesellschaft auch Salz-Hornklee *(Lotus tenuis)*, Entferntährige Segge *(Carex distans)* oder die schönen rotblütigen Tausendgüldenkraut-Arten: Zierliches und Strand-Tausendgüldenkraut *(Centaurium pulchellum* und *C. littorale)*. Das Juncetum gerardii weist fast überall je nach durchschnittlichem Nässegrad drei Untergesellschaften auf: eine nasse mit Wenigblütiger Sumpfsimse *(Eleocharis quinqueflora)*, eine normale und eine (relativ) trockenere; für letztere ist das Auftreten des Herbst-Löwenzahnes *(Leontodon autumnalis)* kennzeichnend.

Das Juncetum gerardii wurde jahrhundertelang nur extensiv beweidet. Die Auswirkung der Beweidung auf das Artengefüge ist minimal. Allenfalls ein etwas stärkeres Auftreten des Erdbeerklees *(Trifolium fragiferum)* oder der Salzaster *(Aster tripolium)* deuten darauf hin.

In der pflanzensoziologischen Literatur ist bis in die neueste Zeit die immer wiederholte Behauptung zu finden, das Juncetum gerardii sei ausschließlich durch Beweidung entstanden und es würde nur durch Beweidung erhalten. Letzteres ist nach unseren Kenntnissen zutreffend, das erstere nicht. Es gibt z. B. an der Außenküste von Rügen zwischen Strandgeröll Stellen, wo, zwar nur auf kleinen Flächen, die Artenkombination des Juncetum gerardii so gut wie vollständig ausgebildet ist. Schon wegen der Steilküste ist mit Sicherheit auszuschließen, daß dort jemals eine Beweidung stattfand. Wir halten solche Kleinbiotope für die Keimzellen des Juncetum gerardii; die großflächige Ausbildung dieser Gesellschaft ist dagegen ebenso sicher eine Folge der Viehwirtschaft. Denn wenn diese aufhört, und dafür gibt es viele Belege, wandeln sich diese Salzwiesen innerhalb weniger Jahre in Röhrichte um, in denen sich die lichtliebenden Salzwiesenarten zwar noch eine Weile zu halten vermögen, aber immer stärker zurückgehen. Von Schilf *(Phragmites australis)* dominierte Röhrichte sind an der Ostseeküste östlich der Darßer Schwelle die natürlichen Gesellschaften dieser Standorte, und Salzwiesen stellen hier nur deren Ersatzgesellschaften dar. Westlich der Darßer Schwelle ist der Salzgehalt des Ostseewassers zu hoch für ein Gedeihen des Schilfes. Hier übernimmt der Strand-Beifuß *(Artemisia maritima)* die Rolle des Schilfes; bei Ausbleiben der Beweidung gehen die Salzwiesen in Strandbeifuß-Grünland (Artemisietum maritimae) über.

Der allergrößte Teil der Vorkommen der Strandbinsenweiden sind somit tatsächlich Ersatzgesellschaften (gewesen).

Ackerwildkrautvegetation

Diese Überschrift vermag wahrscheinlich bei nicht wenigen Lesern Verwunderung hervorzurufen, denn üblicherweise wird von Acker-»unkraut«-Vegetation gesprochen. Die Bezeichnung »Unkraut« hat implizit eine weitere Gedankenassoziation zur Folge: es handelt sich um etwas Unerwünschtes, das zu beseitigen das Ziel ist. »Unkrautlose Äcker« waren stets ein Traumziel vieler Landwirte.

Durch Masseneinsatz von Herbiziden ist dieses Ziel auf den meisten Ackerflächen fast erreicht worden: die Äcker sind »leergespritzt«. Sicher: Ackerunkräuter oder Ackerwildkräuter brauchen auch für ihre Entwicklung Nährstoffe und Feuchtigkeit, die den Kulturpflanzen entzogen werden. Die Frage ist allerdings, in welchem quantitativem Ausmaß das erfolgen kann oder tolerierbar ist. Versuche haben gezeigt, daß der absolut »unkrautfreie« Acker keineswegs das ökologische und wirtschaftliche Optimum darstellt.

Nicht wenige Acker»unkräuter« sind durch die Intensivierung und vor allem Chemisierung der Ackerkulturen inzwischen so selten, daß sie »naturschutzwürdig« geworden und in den »Roten Listen« der gefährdeten Arten enthalten sind. Tatsächlich sind »Ackerunkräuter« auf armen Sandböden oder skelettreichen Kalkböden jetzt so selten, daß sie geradezu botanische Kostbarkeiten darstellen. Für diese Arten besteht eine »Schutzwürdigkeit« im Sinne einer Verhinderung einer weiteren Florenverarmung der betreffenden Gebiete. Es ist vielen Menschen, verständlicherweise gerade Landwirten, schwer verständlich zu machen, daß sie Arten in ihren Äckern schonen und erhalten sollen, die schlechthin als »Unkräuter« gelten. Werden diese Arten als »Acker*wild*kräuter« bezeichnet, ist eine psychologische Barriere überwunden.

Die Ackerwildkrautgesellschaften sind eindeutig Ersatzgesellschaften, verdienen daher eine kurze Darstellung in diesem Abschnitt des Buches.

Je nach Bodengüte sind unter Wintergetreide verschiedene Pflanzengesellschaften ausgebildet. Deutlich wirkt sich auch der Klimaeinfluß aus. Auf ganz armen, sandigen Böden kommt in atlantisch beeinflußten Gebieten die Lammkrautflur (Teesdalio-Arnoseretum) vor. Kennzeichnende Arten für diese Gesellschaft sind Lämmersalat *(Arnoseris minima)*, Bauernsenf *(Teesdalia nudicaulis)*, Grannen-Ruchgras *(Anthoxanthum puelii)*, Kahles Ferkelkraut *(Hypochoeris glabra)* u. a. Diese Assoziation ist jetzt kaum noch anzutreffen, da solche Äcker durch entsprechende Düngung in ertragreichere überführt wurden, die dann andere Wildkrautgesellschaften haben.

Wohl die häufigste Wildkrautgesellschaft auf sandigen Lehm- bis Lehmböden stellt die Ackerfrauenmantel-Kamillenflur (Aphano-Matricarietum) dar. In ihr findet man regelmäßig die Echte Kamille *(Matricaria chamomilla = Chamomilla recutita)*, den unscheinbaren Ackerfrauenmantel *(Aphanes arvensis)*, Klatschmohn *(Papaver rhoeas)* oder Efeublättrigen und Persischen Ehrenpreis *(Veronica hederifolia* und *V. persica)*.

Ackerwildkräuter (Klatschmohn, Kornblume und Echte Kamille)

In etwas stärker kontinental getönten Gebieten wächst auf nährstoffreichen Löß- und Lehmböden die Nachtlichtnelken-Wolfsmilch-Gesellschaft (Euphorbio-Melandrietum) mit der Ackerlichtnelke *(Silene noctiflora = Melandrium noctiflorum)*, Kleiner Wolfsmilch *(Euphorbia exigua)*, Ackerröte *(Sherardia arvensis)*, um nur wenige zu nennen.

Am artenreichsten war die Ackerwildkrautflora jedoch in Getreidefeldern auf warmen, flachgründigen Kalkböden. In der Haftdolden-Adonisröschen-Flur (Caucalido-Adonidetum) gediehen die namengebenden Arten Acker-Haftdolde *(Caucalis platycarpos)*, Sommer- und Flammen-Adonisröschen *(Adonis aestivalis* und *A. flammea)*, Breitsame *(Orlaya grandiflora),* Ackerkohl *(Coringia orientalis)* oder Acker-Steinsame *(Lithospermum arvense)*. Solche Äcker machten einen geradezu buntblühenden Eindruck. Das dürfte der Vergangenheit angehören, denn Äcker auf solchen Standorten sind wegen Unrentabilität wohl durchweg aufgegeben worden.

Von vielen Pflanzensoziologen werden die eben genannten Gesellschaften der Wintergetreidefelder zu einer eigenen Klasse, den Getreidewildkraut-Gesellschaften oder Secalinetea gestellt.

Hackfruchtäcker und Sommergetreidefelder tragen andere Wildkrautgesellschaften. Sie werden meist zu einer anderen Klasse, den Hackfruchtwildkraut-Gesellschaften (Chenopodietea) gerechnet. Dies ist eigentlich überraschend, da Kulturen von Hack- und Halmfrüchten abwechselnd an derselben Stelle vorgenommen werden und Samen von Wildkräutern der Wintergetreide- und Hackfruchtäcker zusammen in großer Zahl vorhanden sind. Die Unterschiede zwischen Halm- und Hackfruchtgesellschaften, d. h. die Frage, welche Wildkrautgesellschaft zur Ausbildung kommt, hängt gar nicht so sehr von der Deckfrucht, sondern mehr vom Ausmaß der Düngung ab; Hackfrüchte werden i. d. R. stärker gedüngt. Entscheidend ist auch der Zeitpunkt der Bodenbearbeitung; erfolgt das Hacken bzw. die Bodenbearbeitung im Spätherbst oder im Vorfrühling, entwickelt sich eine Getreide-Wildkrautgesellschaft. Wird dagegen erst im Mai oder Juni oder gar noch später gehackt, oder wird davor das »Unkraut« chemisch bekämpft, entsteht eine Hackfrucht-Wildkrautgesellschaft. Weiterhin zeigte sich, daß die Keimungstemperaturen von wesentlicher Bedeutung für das Entstehen von Halm- oder Hackfrucht-Wildkrautgesellschaften sind. Die meisten Wildkrautarten der Halmfruchtäcker sind Kaltkeimer, die ihr Optimum für die Keimung bei Temperaturen von 10 °C und darunter haben; die der Hackfrüchte sind dagegen meist Warmkeimer, für deren Keimung 20 °C und mehr am günstigsten sind. Die Kaltkeimer haben unter Wintergetreide so einen zeitlichen Vorlauf und sind gegen später aufkommende Warmkeimer im Konkurrenzvorteil.

Selbstverständlich ist diese Differenzierung nicht immer scharf ausgeprägt. Sie hängt auch vom Witterungsverlauf des jeweiligen Jahres ab, und es gibt auch Wildkrautarten, die sich gegenüber der Keimungstemperatur recht indifferent verhalten.

Für die Ausbildung der Hackfrucht-Wildkrautgesellschaften spielen natürlich auch Feuchtigkeits- und Nährstoffverhältnisse der Böden eine Rolle, wobei letztere durch die Düngung immer mehr ausgeglichen werden.

Fast in allen Hackfruchtfeldern sind zu finden: Weißer Gänsefuß *(Chenopodium album)*, Vogelmiere *(Stellaria media),* Hirtentäschel *(Capsella bursa-pastoris),* Acker-Vergißmeinnicht *(Myosotis arvensis)* oder Feld-Stiefmütterchen *(Viola arvensis).*

Die standörtlich armen Gesellschaften der Chenopodietea, die auf sauren, sandigen oder sandig-lehmigen Böden vorkommen, werden zum Verband der Spergel-Sauerklee-Fluren (Spergulo-Oxalidion) zusammengefaßt. Kennzeichnende Arten hierfür sind die Gräser Kahle und Blutrote Fadenhirse *(Digitaria ischaemum* und *D. sanguinalis)*, Grüne und Fuchsrote Borstenhirse *(Setaria viridis* und *S. pumila)*, Hühnerhirse *(Echinochloa crus-galli)*, Gehörnter Sauerklee *(Oxalis corniculata)*, Ackerspergel *(Spergula arvensis)* oder Kleinblütiges und Zottiges Franzosenkraut *(Galinsoga parviflora* und *G. ciliata)*. Auf etwas besseren Böden treten öfters Acker-Krummhals *(Anchusa [=Lycopsis] arvensis)* und die mit ihren großen gelben Blüten auffallende Saat-Wucherblume *(Chrysanthemum segetum)* auf.

Auf nährstoffreichen und meist frischen Böden kommen dagegen die Gesellschaften des Verbandes Fumario-Euphorbion zur Ausbildung. Auch für ihn seien einige kennzeichnende Arten angeführt. Der Name des Verbandes ist abgeleitet vom Gemeinen Erdrauch *(Fumaria officinalis)* und der Gartenwolfsmilch *(Euphorbia peplus)*. Auch die Sonnenwendwolfsmilch *(Euphorbia helioscopia)* oder der Flohknöterich *(Polygonum persicaria)* treten regelmäßig auf. Erwähnt seien auch die Ehrenpreisarten Acker-, Persischer und

Glanz-Ehrenpreis *(Veronica agrestis, V. persica* und *V. opaca).*

Bliebe noch etwas über die Herkunft der Ackerwildkräuter zu sagen. Etliche Arten sind Wildpflanzen der mitteleuropäischen Flora, die auf Spülsäumen am Rande von Seen und Flüssen und der Ostseeküste ihre natürlichen Vorkommen haben. Viel größer ist die Zahl derjenigen Arten, die von den jungsteinzeitlichen und späteren Ackerbauern unbewußt mit dem Saatgut mitgebracht und verschleppt wurden (Archäophyten). Und schließlich gelangten Samen und Früchte vieler Arten durch Handel und Verkehr aus anderen Ländern oder Erdteilen zu uns und konnten sich an den stets offene Stellen bietenden Äckern und Gärten ansiedeln und ausbreiten. Selbst botanische Gärten oder Kulturversuche von Hobbybotanikern waren Quellen zur Erweiterung der Ackerwildkrautflora. So kultivierte z. B. der botanisch sehr interessierte Pastor Homann im vorigen Jahrhundert in Pommern das Kleinblütige Franzosenkraut, das bald aus seinem Garten »ausriß«; dasselbe passierte um 1955 in Vorpommern mit dem Zottigen Franzosenkraut, das im Garten eines Institutes der Greifswalder Universität angebaut wurde. Die Ackerwildkrautflora ist also nichts Abgeschlossenes; mit weiteren Einschleppungen und Einbürgerungen von Neophyten, d. h. Arten, die erst in historischer Zeit bei uns Fuß fassen konnten, ist zu rechnen. Im Gegensatz zur äußerst stabilen Flora der Wälder und Wiesen, die keinen »Fremdlingen« eine Einbürgerung ermöglichte, ist die Ackerwildkrautflora und -vegetation weit weniger »gesättigt« und instabil.

Wie oben angeführt, werden die Wildkrautgesellschaften der Hackfruchtäcker und der Sommergetreidefelder pflanzensoziologisch zur Klasse der Chenopodietea gestellt. Zu dieser Klasse werden auch – wenngleich als eigene Ordnungen – die Ruderalgesellschaften gerechnet. Ihr standörtliches Hauptmerkmal ist der Stickstoff-, Phosphor- und Kalireichtum ihrer Böden, der in erster Linie auf dort abgelagertes organisches Material zurückgeht. Es werden kurzlebige Ruderalgesellschaften, die Raukengesellschaften (Verband Sisymbrion), die vor allem im Siedlungsbereich auftreten, von ausdauernden Eselsdistelfluren (Verband Onopordion acanthii) unterschieden. Ruderalgesellschaften siedeln fast stets auf anthropogen stark, oft seit Jahrhunderten irreversibel veränderten Standorten, wie auf meterhohen Siedlungsschichten oder gar Mülldeponien, wo eine natürliche oder naturnahe Ausgangsgesellschaft – und eine solche ist ja die Voraussetzung für die Bewertung einer Pflanzengesellschaft als Ersatzgesellschaft – gar nicht mehr gegeben ist bzw. auch nicht rekonstruiert werden kann.

Erwähnt sei nur, daß Ruderalgesellschaften den höchsten Anteil von Neophyten haben und für solche Bereicherungen der Flora nach wie vor und auch künftig die günstigsten Voraussetzungen bieten: hoher Stickstoffgehalt, warme Böden (auch durch Zersetzung organischen Materials bedingt) sowie warmes Stadtklima und konkurrenzarme, offene Stellen.

Zwergstrauchheiden

Zwergstrauchheiden sind jetzt nur noch ganz selten in Schutzgebieten und an der Küste zu finden. Dabei sind viele von ihnen schon sehr früh entstanden. Durch pollenanalytische Untersuchungen konnte nachgewiesen werden, daß sie in einigen Gebieten schon um 3500 v. Chr. auftraten und um 300 v. Chr. gebietsweise bereits große Flächen einnahmen. Im 4. und 5. Jahrhundert n. Chr. erreichten Zwergstrauchheiden wohl ein Verbreitungsmaximum. Die von ihnen eingenommenen Flächen schwankten zwar mehrfach – oft kriegsbedingt –; einen letzten Höchststand erreichten sie etwa zwischen 1800 und 1850; damals waren – aus heutiger Sicht – ungemein weite Flächen verheidet. Nach 1850 wurden Zwergstrauchheiden durch Meliorationen, Düngung, Aufforstungen und Bewirtschaftungsumstellungen immer stärker zurückgedrängt.

Die allermeisten Zwergstrauchheiden sind oder waren menschlich bedingt. Es gibt jedoch auch natürliche Zwergstrauchheiden, die allerdings stets nur verhältnismäßig kleine Flächen einnahmen, nämlich dort, wo durch verschiedene Einflüsse Bäume bzw. ein Wald nicht aufkommen konnten. Solche natürlichen Heiden gibt es auf entkalkten Dünen in unmittelbarer Küstennähe, wo der Wind eine Bewaldung verhindert, wie auf Teilen der Insel Hiddensee, auf Sylt oder in Irland und Schottland; dann am Rand von Hochmooren und schließlich auf extrem sauren Torfböden, wo sauerstofffreies Grundwasser zumindest zeitweise hoch ansteht. Unter den beiden erstgenannten Bedingungen entstehen Krähenbeer- und Heidekraut-Heiden, bei den letztgenannten Feuchtheiden.

Die weiteste Verbreitung hatten *Calluna*-Heiden, bei denen das Heidekraut *(Calluna vulgaris)* die vorherrschende Art darstellt. Diese Zwergstrauchheiden kommen in erster Linie im atlantisch geprägten Gebiet und vorwiegend im Tiefland vor, treten in leicht abgewandelter Form aber auch in höheren Lagen der Mittelgebirge auf. Sie werden zum Verband der Ginster-Sandheiden, dem Genisto-Callunion, gestellt und sind wie alle Heidegesellschaften sehr artenarm. Außer dem Heidekraut sind zu nennen: Englischer und Haar-Ginster *(Genista anglica* und *G. pilosa)*, Blaubeere und Preiselbeere *(Vaccinium myrtillus* und *V. vitis-idaea)*, Schlängelschmiele *(Deschampsia [= Avenella] flexuosa)*, sowie etliche Moos- und Flechtenarten, wie Rotstengelmoos *(Pleurozium schreberi)*, Heide-Schlafmoos *(Hypnum jutlandicum*, das zu dem formenreichen Sippenkreis des zypressenartigen Schlafmooses gehört), Island-Flechte *(Cetraria islandica)* oder viele *Cladonia*-Arten.

Für die Erhaltung der *Calluna*-Heiden ist der Verbiß durch Schafe ein überaus wichtiger Faktor. Früher spielte auch das Abplaggen eine große Rolle, wodurch der Rohhumus stellenweise entfernt und der Mineralboden freigelegt wurde. – *Calluna*-Pflanzen sterben normalerweise nach 25 bis 30 Jahren ab, wenn sie nicht durch Verbiß verjüngt werden. Verbiß durch die genügsamen Heidschnucken, wie in der Lüneburger Heide mit Erfolg praktiziert, schädigt die Heidepflanzen somit nicht, sondern ist zu ihrer Erhaltung lebensnotwendig. Statt des aufwendigen Plaggenhiebes, den man sich selbst in Schutzgebieten nicht mehr leisten kann, wirkt Abbrennen sehr fördernd für die Keimung und Verjüngung von *Calluna*, da dadurch die Rohhumusdecke zerstört wird.

Sehr charakteristisch sind die Böden der *Calluna*-Heiden. Unter einer sehr sauren Rohhumusschicht, die vom Heidekraut gebildet wird, folgt ein grauvioletter bis aschgrauer Bleichsandhorizont, unter dem ein rotbrauner bis kaffeebrauner Einschwemmhorizont, die Humusorterde oder Ortstein liegt, der von gelbem Sand unterlagert wird, der wiederum von feinen horizontalen braunen Bändern durchzogen wird. Ein solcher Bodentyp wird als Eisenhumuspodsol bezeichnet (s. Abb. S. 241).

Im Gegensatz zu den *Calluna*-Heiden haben die Krähenbeer-Heiden ihren Schwerpunkt in Nordeuropa und strahlen von hier bis an die Nord- und Ostseeküste aus. Sie kommen nur in unmittelbarer Küstennähe auf alten Dünen oder Sandfeldern vor, wo durch den ständig stark wehenden Wind ein Aufkommen von Bäumen verhindert wird. Es handelt sich bei diesen Heiden somit um *natürliche* Zwergstrauchheiden. Kennzeichnende und vorherrschende Art ist die Krähenbeere *(Empetrum nigrum)*. Sie bildet niedrig bleibende Polster oder Decken und verträgt gelegentliche Flugsandeinwehungen. Zur Krähenbeere gesellen sich oft Kriechweide *(Salix repens)* und Sandsegge *(Carex arenaria)*, die ebenfalls windhart sind und mit ihren Ausläufern bzw. Rhizomen den Boden durchziehen und damit festigen. Podsole bilden sich unter Krähenbeer-Heiden nicht aus. Diese Heiden werden zu einem eigenen Verband, dem Empetrion boreale, gestellt.

Während die bisher behandelten Heiden in der Pflanzensoziologie zur Klasse der Nardo-Callunetea, den Borstgras-Rasen und Zwergstrauchheiden gehören, werden die Feuchtheiden zu einer ganz anderen Klasse, den Oxycocco-Sphagnetea, gerechnet, wozu die Gesellschaften der Hochmoore und Moorheiden zusammengefaßt werden.

Auf feuchten bis nassen, nährstoffarmen Sanden sind in Küstennähe Feuchtheiden anzutreffen. Sie waren früher im atlantisch beeinflußten Mittel- und Westeuropa weiter verbreitet, gehören jetzt jedoch zu den seltenen Pflanzengesellschaften. Auch bei ihnen handelt es sich um natürliche Zwergstrauchheiden, die Standorte besiedeln, an denen Gehölze nicht aufkommen können. Als entscheidende Standortsfaktoren haben sich hoch anstehendes, stagnierendes und vor allem sauerstoffarmes Grundwasser und wohl auch der Mangel an Phosphor erwiesen.

Auffallendste und beherrschende Art ist die Glockenheide *(Erica tetralix)*, mit der in stark ozeanisch getönten Klimagebieten die Ährenlilie *(Narthecium ossifragum)*, sonst auch Rasensimse *(Trichophorum germanicum)* und Sparrige Binse *(Juncus squarrosus)* vergesellschaftet sind. Auch Rundblättriger Sonnentau *(Drosera rotundifolia)* ist fast immer zu finden. Dazu kommen gelegentlich noch Torfmoose *(Sphagnum*-Arten, wie *S. compactum* und *S. molle)*.

Daß die Glockenheide die häufigste Art ist, hängt damit zusammen, daß sie vom Vieh nicht gefressen wird und sich so anreichern kann. Diese Feuchtheiden werden zum Verband der Glockenheide-Gesellschaften, dem Ericion tetralicis, gestellt. Die wichtigste Assoziation, das Ericetum tetralicis, reicht an der Ostseeküste kaum

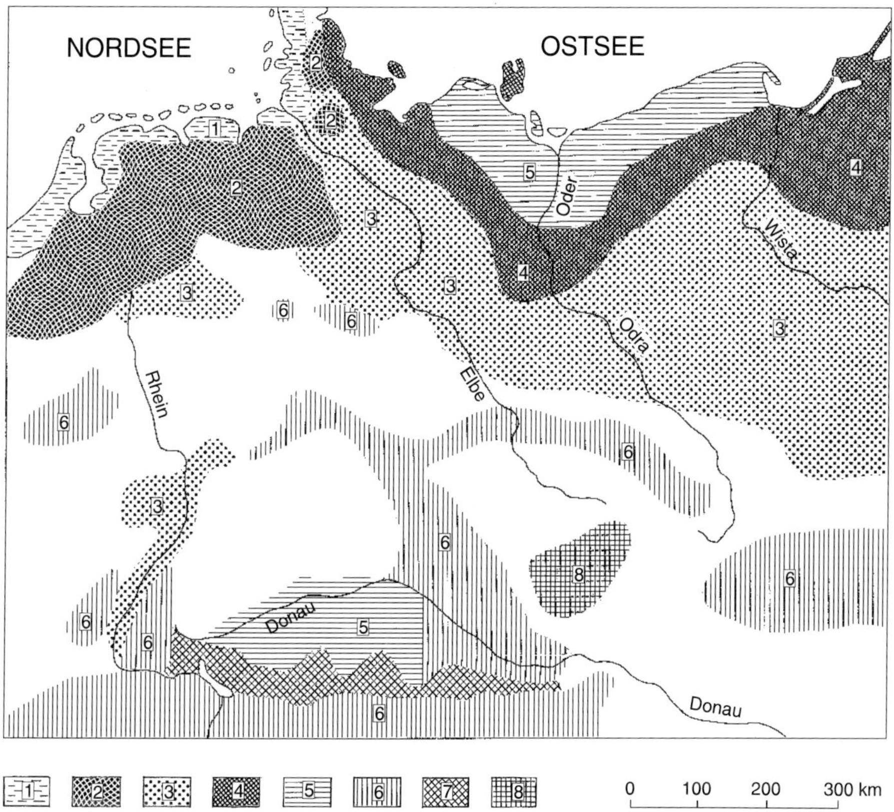

Moorgebiete Mitteleuropas. Gliederung nach vorherrschenden hydrologischen Moortypen (nach Succow-Jeschke 1986):

1 Landschaften mit dominierendem Auftreten von Küstenüberflutungsmooren
2 Landschaften mit dominierendem Auftreten von Küstenregenmooren
3 Landschaften mit dominierendem Auftreten von Versumpfungsmooren
4 Landschaften mit dominierendem Auftreten von Verlandungs- und Kesselmooren
5 Landschaften mit dominierendem Auftreten von Durchströmungsmooren
6 Landschaften mit dominierendem Auftreten von Gebirgsregenmooren
7 Landschaften mit dominierendem Auftreten von Verlandungs- und Gebirgsregenmooren
8 Landschaften mit dominierendem Auftreten von Versumpfungs- und Hangmooren.
Landschaften mit einem Mooranteil unter 1% weiß.

weiter als bis zur Insel Rügen, die Art jedoch bis zur Kurischen Nehrung. Die Feststellung, daß das Verbreitungsgebiet einer Art viel weiter reicht als die Pflanzengesellschaft, selbst wenn sie ihr den Namen gibt, läßt sich auch bei anderen Arten treffen.

Die Moore der sommergrünen Laubwaldzone

Moore sind ein charakteristischer Bestandteil in der Zone der sommergrünen Laubwälder. Ihr Flächenanteil beträgt im Mittel um die 5 %. Im küstennahen Tiefland oder auch am Nordrand der Hochgebirge kann ihr Flächenanteil bis auf 15 oder gar 20 % ansteigen. Nach Hydrologie und Genese lassen sich zwei Haupttypen unterscheiden: die geogenen, d. h. von Grund- und

Regenmoor im Erzgebirge. Bergkiefern prägen das Gelände.

Oberflächenwasser gespeisten Moore, sowie die ombrogenen, d. h. allein von Niederschlag gespeisten Moore. Letztere werden auch als Hochmoore, oder naturwissenschaftlich eindeutiger als Regenmoore bezeichnet. Regenmoore sind an den niederschlagsreichen Küstenraum sowie das Gebirgsvorland und die Mittelgebirge gebunden. Die geogenen, also von Mineralbodenwasser ernährten Moore finden sich dagegen in allen Landschaftszonen. Ihren größten Flächenanteil haben sie in den jungpleistozän geformten Landschaften. Zusammenfassend werden sie auch als Niedermoore bezeichnet. Nach der Wasserspeisung, also ihrer Hydrologie, lassen sie sich weiter untergliedern in: Versumpfungsmoore, die dem alleinigen Grundwasseranstieg in Niederungen ihre Entstehung verdanken; Hang-

Kesselmoor mit fruchtendem Wollgras *(Eriophorum vaginatum)*

Meso- bis oligotroph-saures Versumpfungsmoor

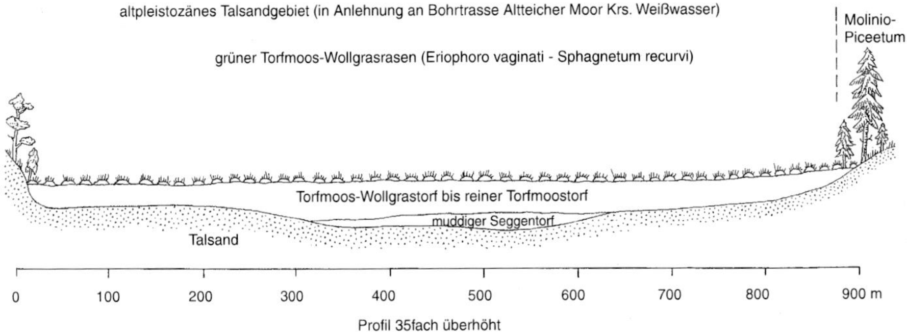

Schwingmoorverlandung eines nährstoffarm-sauren Kleinsees

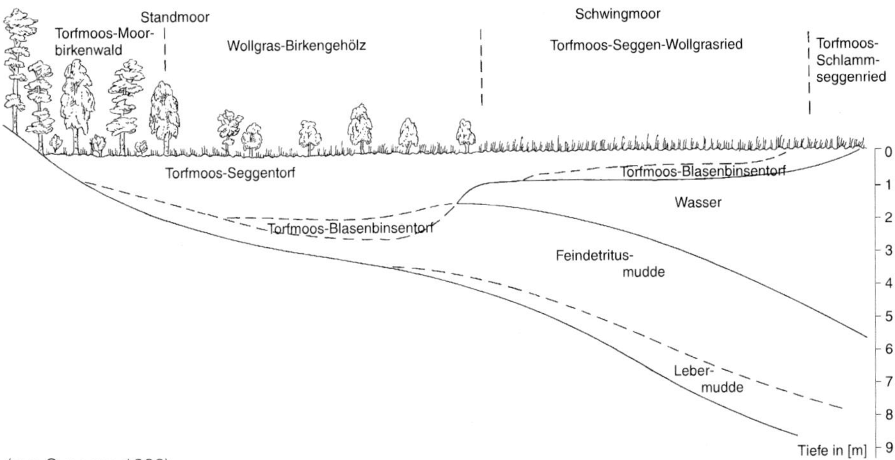

(aus Succow, 1988)

moore, die vor allem im Mittelgebirgsraum an Hängen auftreten; Quellmoore an Austritten von gespanntem Grundwasser; Überflutungsmoore, die an Fluß- und Bachauen sowie Küstenniederungen gebunden sind; Verlandungsmoore, die mit dem Verlanden eines Sees entstehen; Kesselmoore, als meist kleine Moorkessel in der Jungmoränenlandschaft, die dem spätglazialen Austauen von Toteisblöcken ihre Entstehung verdanken und schließlich Durchströmungsmoore, die vor allem die Flußtäler der im Jungglazial gestalteten Landschaft ausfüllen. Aus Abb. S. 271 ist die regionale Verteilung dieser sogenannten hydrologischen Moortypen in Mitteleuropa zu ersehen.

In Abhängigkeit vom Nährstoffgehalt sowie den Säure-Basen-Verhältnissen des das Moor speisenden Wassers lassen sich des weiteren in der sommergrünen Laubwaldzone fünf sogenannte ökologische Moortypen ausweisen, die sich sehr eindrucksvoll in einer differenzierten Moorvegetation widerspiegeln. Die Abb. S. 274 zeigt diese ökologische Grundgliederung mit ihrer jeweiligen Leitvegetation. Bei den oligotroph-sauren Mooren handelt es sich in der Regel um Regenmoore. In wachsendem Zustand sind zwergstrauchreiche Wollgras-Torfmoosrasen bezeichnend. Die Abb. S. 275 bringt eine Zusammenschau der verschiedenen Regenmoortypen mit ihrer Leitvegetation und den Vegetationsreihen in Gefolge von Moorentwässerungen. Da unsere Regenmoore fast überall mehr oder weniger stark entwässert worden sind, finden wir heute weitestgehend in der Natur die sogenannten anthropogenen Abwandlungsreihen, also Heide-Gesellschaften, Moor-Gebüschvegetation oder Moor-Wälder bzw. Grünlandgesellschaften bis hin zu Saat-Grasland. Letzteres unterscheidet sich dann durch nichts mehr von dem entsprechenden Grasland auf Mineralböden. In der Übersicht sind neben dem Vegetationsbild mit ausgewählten Arten auch die jeweiligen Wasserverhältnisse und die sich im Torfsubstrat abspielenden Prozesse mit angegeben.

Die anderen vier ökologischen Moortypen sind an geogene Moorbildungen gebunden. In der Natur stellt jedes Einzelmoor eine spezifische Verknüpfung von einem oder auch mehreren hydrologischen und ökologischen Moortypen dar. Das bezeichnen wir dann als Moor-Naturraumtypen. Dieses Zusammenspiel von Genese, Morphologie und Stratigraphie sowie Trophie- und pH-Verhältnisse äußert sich in einer spezifischen Vegetationsausbildung. Die größte Verbreitung hatten einst die mesotroph-basenreichen Durchströmungsmoore und Verlandungsmoore sowie die eutrophen Versumpfungsmoore und Küsten- bzw. Auen-Überflutungsmoore.

Übersicht zur ökologischen Moorgliederung (aus Succow u. Jeschke 1986)

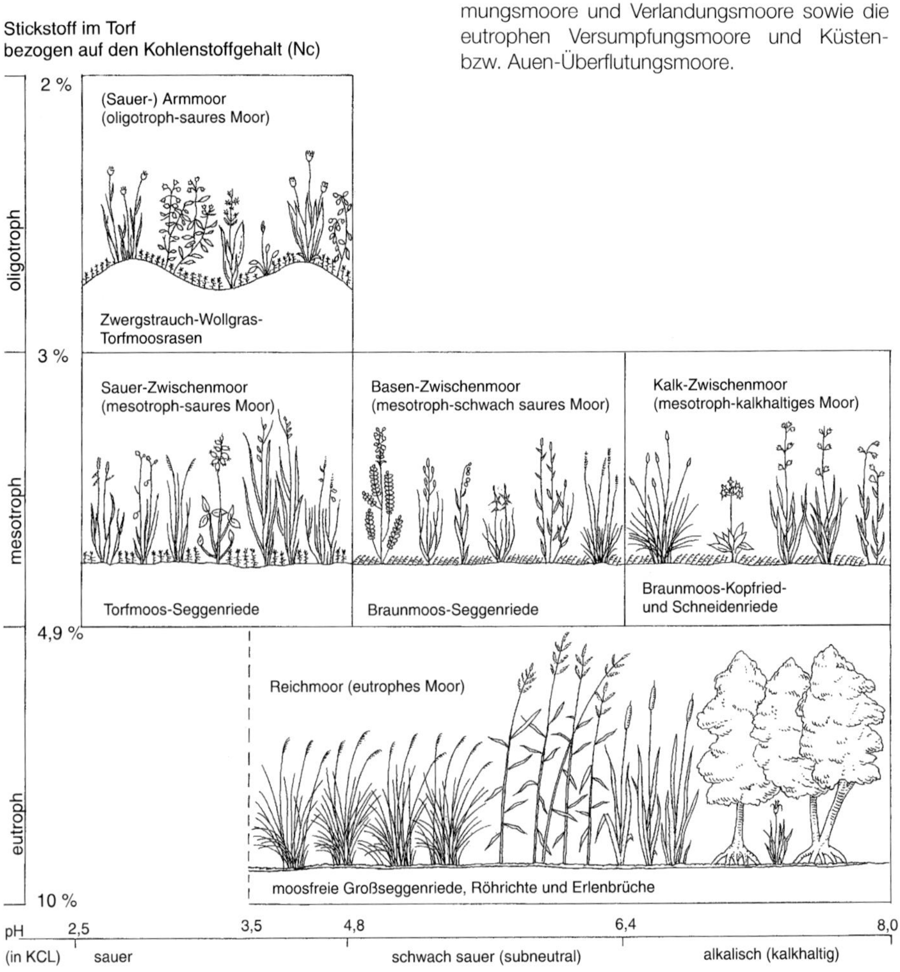

Übersicht der ökologischen und hydrologischen Moortypen Mitteleuropas (Moor-Naturraumtypen)

mesotroph-saures eutrophes oligotroph-saures	Versumpfungsmoor	oligotroph-saures mesotroph-saures mesotroph-subneutrales mesotroph-kalkhaltiges eutrophes	Verlandungsmoor
mesotroph-saures mesotroph-subneutrales mesotroph-kalkhaltiges eutrophes	Hangmoor	mesotroph-saures mesotroph-subneutrales mesotroph-kalkhaltiges	Durchströmungsmoor
mesotroph-saures mesotroph-subneutrales mesotroph-kalkhaltiges eutrophes	Quellmoor	oligotroph-saures mesotroph-saures mesotroph-subneutrales	Kesselmoor
eutrophes (Küsten-, Auen-)	Überflutungsmoor	oligotroph-saures (Tieflands-, Mittelgebirgs-)	Regenmoor

Vegetationsentwicklungsreihen oliogotroph-saurer Moore (Regenmoore) im Ergebnis von Entwässerungen (aus Succow u. Jeschke 1986)

1 Scheidiges Wollgras *(Eriophorum vaginatum)*, 2 Glockenheide *(Erica tetralix)*, 3 Beinbrech *(Narthecium ossifragum)*, 4 Gemeine Moosbeere *(Oxycoccus palustris)*, 5 Rasige Haarsimse *(Trichophorum cespitosum)*, 6 Wenigblütige Segge *(Carex pauciflora)*, 7 Torfmoorpolster (*Sphagnum*-Polster), 8 Heidekraut *(Calluna vulgaris)*, 9 Waldkiefer *(Pinus sylvestris)*, 10 Rauschbeere *(Vaccinium uliginosum)*, 11 Bergkiefer *(Pinus mugo)*, 12 Birke (*Betula* spec.), 13 Sumpfporst *(Ledum palustre)*, 14 Pfeifengras *(Molinia caerulea)*, 15 Gemeine Fichte *(Picea abies)*, 16 Heidelbeere *(Vaccinium myrtillus)*

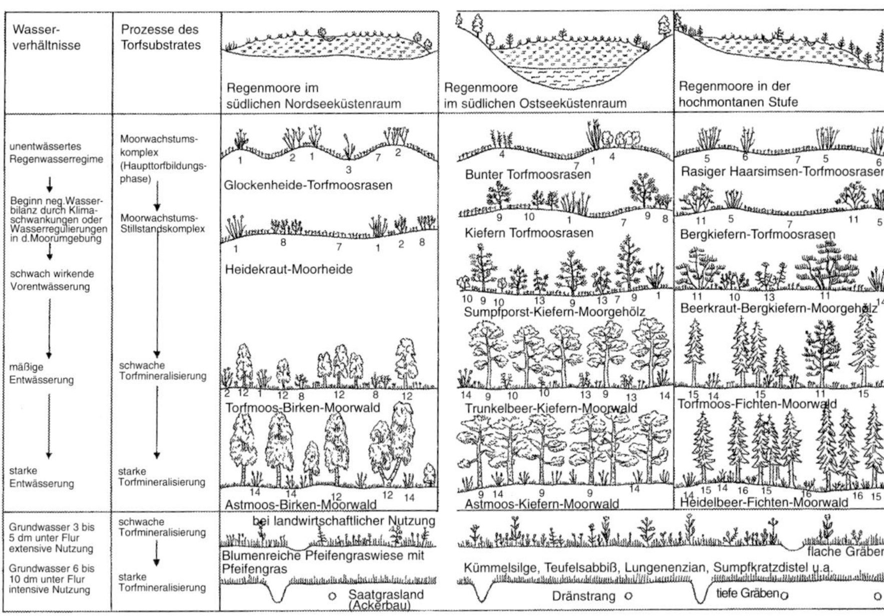

Gleich den Regenmooren sind auch die Niedermoore heute weitestgehend entwässert, somit findet keine Torfbildung mehr statt. Eine anthropogen bedingte Ersatzvegetation kennzeichnet heute weiträumig die einstigen Niedermoore. Vorherrschend sind sie in Grünlandstandorte überführt. Gegenwärtig sind sie zum Teil in Nutzungsauflassung und so von Staudenfluren und Landröhrichten eingenommen. Schon seit längerem nicht mehr genutzte Standorte haben sich zum

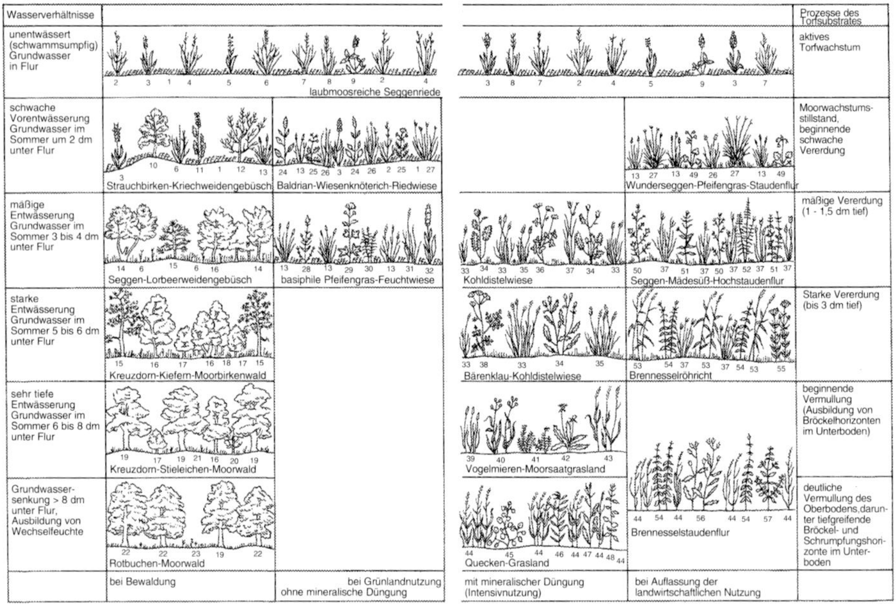

Vegetationsentwicklungsreihen primär mesotroph-basenreicher Niedermoore im Zuge von Entwässerungen (aus Succow u. Jeschke 1986)

1 Braunmoosteppich, 2 Saumsegge *(Carex hostiana)*, 3 Steifblättriges Knabenkraut *(Dactylorhiza incarnata)*, 4 Fadensegge *(Carex lasiocarpa)*, 5 Sumpfsitter *(Epipactis palustris)*, 6 Schnabelsegge *(Carex rostrata)*, 7 Schuppenfrüchtige Gelbsegge *(Carex lepidocarpa)*, 8 Sumpfdreizack *(Triglochin palustre)*, 9 Fieberklee *(Menyanthes trifoliata)*, 10 Niedrige Birke *(Betula humilis)*, 11 Karlszepter *(Pedicularis sceptrum carolinum)*, 12 Kriechweide *(Salix repens)*, 13 Pfeifengras *(Molinia caerulea)*, 14 Lorbeerweide *(Salix pentandra)*, 15 Waldkiefer *(Pinus sylvestris)*, 16 Moorbirke *(Betula pubescens)*, 17 Purgierkreuzdorn *(Rhamnus cathartica)*, 18 Rasenschmiele *(Deschampsia cespitosa)*, 19 Stieleiche *(Quercus robur)*, 20 Haselnuß *(Corylus avellana)*, 21 Fiederzwenke *(Brachypodium pinnatum)*, 22 Rotbuche *(Fagus sylvatica)*, 23 Alpenhexenkraut *(Circaea alpina)*, 24 Wiesenknöterich *(Polygonum bistorta)*, 25 Kleiner Baldrian *(Valeriana dioica)*, 26 Stumpfblütige Binse *(Juncus subnodulosus)*, 27 Schwarzschopfsegge *(Carex appropinquata)*, 28 Nordisches Labkraut *(Galium boreale)*, 29 Kümmelsilge *(Selinum carvifolia)*, 30 Purgierlein *(Linum catharticum)*, 31 Teufelsabbiß *(Succisa pratensis)*, 32 Große Händelwurz *(Gymnadenia conopsea)*, 33 Wiesenrispengras *(Poa pratensis)*, 34 Kohldistel *(Cirsium oleraceum)*, 35 Weißes Straußgras *(Agrostis stolonifera)*, 36 Waldengelwurz *(Angelica sylvestris)*, 37 Sumpfsegge *(Carex acutiformis)*, 38 Wiesenbärenklau *(Heracleum sphondylium)*, 39 Wiesenlieschgras *(Phleum pratense)*, 40 Gemeines Knaulgras *(Dactylis glomerata)*, 41 Vogelmiere *(Stellaria media)*, 42 Gemeiner Löwenzahn *(Taraxacum officinale)*, 43 Wiesenschwingel *(Festuca pratensis)*, 44 Gemeine Quecke *(Agropyron repens)*, 45 Gundermann *(Glechoma hederacea)*, 46 Flohknöterich *(Polygonum persicaria)*, 47 Krauser Ampfer *(Rumex crispus)*, 48 Weißer Gänsefuß *(Chenopodium album)*, 49 Bachnelkenwurz *(Geum rivale)*, 50 Echtes Mädesüß *(Filipendula ulmaria)*, 51 Gemeines Schilf *(Phragmites australis)*, 54 Große Brennessel *(Urtica dioica)*, 55 Wasserdost *(Eupatorium cannabinum)*, 56 Ackerkratzdistel *(Cirsium arvense)*, 57 Bunter Hohlzahn *(Galeopsis speciosa)*

anderen natürlich bewaldet. Die eutrophen Versumpfungs- und Überflutungsmoore, zum Teil auch Quellmoore und Hangmoore, tragen auch im wachsenden Zustand oft eine Waldvegetation: die verschiedenartigsten Erlenbruchwälder.

Insgesamt sind wachsende, also lebende Niedermoore heute in Mitteleuropa nur noch äußerst selten anzutreffen, am ehesten noch in eutrophen Ausbildungen bei der Verlandung nährstoffreicher Seen. Die ursprüngliche Vegetation der Kalkniedermoore ist fast vollständig vernichtet. Innerhalb der mesotroph-sauren Moore begegnet man höchstens noch in Kesselmooren naturnahen Vegetationsverhältnissen. Mit Abb. S. 276 soll eine Übersicht über die Vegetationsentwicklungsreihen der einstmals sehr verbreiteten Basen-Zwischenmoore gegeben werden. Als Beispiel dient hierbei die Vegetationsvielfalt von Flußtalmooren (Durchströmungsmooren) im südbaltischen Raum. Moororchideen haben hier sowohl in naturnahen Mooren als auch bei mäßiger Entwässerung und Wiesennutzung eine große Artenvielfalt.

Die Seen und ihre Verlandung im Bereich der sommergrünen Laubwaldzone

Neben den Mooren bilden die vielen Gewässer, insbesondere die Seen, einen weiteren landschaftlichen und floristischen Höhepunkt in der Laubwaldzone. Ähnlich den Mooren sind sie vor allem in den Jungmoränenlandschaften zu finden. Auch hier lassen sich nach ihrer Landschaftseinbettung, und damit Wasserspeisung, wiederum spezifische hydrologische Seentypen unterscheiden, die mit ökologischen Seentypen – als spezifischen pH- und Trophie-Kombinationen – zu verbinden sind und so eine überschaubare Fülle an See-Naturraumtypen ergeben. Die Übersicht Seite 278 zeigt uns die Bindung spezifischer Lebensformengruppen der Wasservegetation an die Sichttiefen eines Gewässers, was wiederum von der Wassergüte, also dem trophischen Status mitbestimmt wird. Auch lassen sich gute Beziehungen des ökologischen Seentyps zum Gewässersediment feststellen.

Hydrologische Grundformen der südbaltischen Seen (Jungmoränenlandschaft, humides Klima)

Seetyp	Landschaftsbindung	Morphologie	Einzugsgebiet	Primäre Trophie- und Säure-Basen-stufe
Himmelsee (→ Regenmoor)	Sander, Endmoränen	kleine Hohlformen, oft in äolischen Gebieten	diffus; Wasserhaushalt durch Niederschlag und Verdunstung bestimmt, ohne Austausch	oligotroph-sauer bis subneutral
Kesselsee (→ Kesselmoor)	Endmoränen, Wurzelsander mit bindigen Böden	kleine tiefe Hohlformen, Toteisschmelzen	Wasserzulauf aus der Umgebung und Niederschlag; geringer unterirdischer Abfluß	oligo-mesotroph, subneutral
Quellsee (→ Quellmoor)	Endmoränen, Gletscherzungenbecken	tiefe Becken und Rinnen	großes Einzugsgebiet, Zulauf aus Quellen, oberirdischer Abfluß	kalkreich – meso-oligotroph
Durchströmungssee (→ Durchströmungsmoor)	Durchbruchsander, Talsandgebiete, Rinnensysteme in Grundmoränen	flache bis tiefe Becken und Rinnen	Grundwasserdurchzug, oft mit oberirdischem Zufluß und Ausfluß	kalkreich – oligo- bis mesotroph
Flußsee (→ Überflutungsmoor)	Auen, Urstromtäler, Talsandgebiete	seenartig erweiterte Flußabschnitte	sehr großes Einzugsgebiet, hoher Wasserdurchsatz	+/– kalkreich, eutroph

Die entsprechende ökologische Seen-Typisierung mit der jeweiligen Leitvegetation zeigt die Übersicht:

Trophie-stufen	Säure-Basenstufen		
	sauer* (pH < 5,5)	subneutral (pH 5,5 – 7.5)	alkalisch (pH > 7.5)
oligotroph	Knollenbinsen-Grundrasen (Seesand)	Brachsenkraut-Grundrasen (in Ostdeutschland ausgestorben) (Seesand)	Armleuchteralgen-Grundrasen [Seekreide]
mesotroph	Knollenbinsen-Laichkraut-Tauchfluren (Sandmudde)	Strandlings- und Wechseltausendblatt-Tauchfluren (Sandmudde)	Armleuchteralgen-Laichkraut-Tauchfluren [Kalkmudde]
eutroph			Tausendblatt-Wasserrosen-Schwimmblattrasen [Organomudde]
polytroph			Hornblatt-Wasserrosen-Schwimmblattrasen [Organosapropel]
hypertroph			Makrophytenfrei [Organosapropel]

* als Tagebauverlandung

Ähnlich den Mooren sind nährstoffarme Seentypen heute weitestgehend verschwunden. Wirklich oligotrophe Seen dürfte es in Mitteleuropa heute nicht mehr geben, unsere von der Wassergüte her besten Seen haben einen mesotrophen Status. Aber auch natürlich eutrophe Seen mit ihrer großen Pflanzenfülle sind heute schon recht selten geworden. Es dominieren bei weitem polytrophe Seen, erste Seen haben schon den hypertrophen Status erreicht. Mit den Abb. S. 280/281 soll ein Überblick über die Vegetation in Beziehung zu Sedimentationsprozessen ausgewählter Entwicklungsetappen kalkreicher Seen im Zuge der allgemeinen Eutrophierung gegeben werden. Die kalkreichen Seen waren entsprechend dem Kalkreichtum der Jungmoränenlandschaften sowohl des nördlichen Alpenvorlandes wie auch des nordostdeutschen Tieflandes einst bei weitem dominierend. Generell handelte es sich dabei um Klarwasserseen, vorherrschend mit mesotrophem Status. Sauer-oligotrophe Seen dürften schon immer größte Seltenheit gehabt haben, ihr Vorkommen ist natürlicherweise an Regenmoore gebunden. Als Sekundärgewässer finden sie sich heute kurzphasig in den sogenannten Braunkohlerestlöchern, wie sie im Zuge des Braunkohlentagebaus in Altmoränenlandschaften, insbesondere in der Lausitz, immer wieder entstehen. Die subneutralen, auch als wechselalkalisch bezeichneten Klarwasserseen, mit oligo- bis mesotrophem Status, kamen dagegen ursprünglich in Sandergebieten der Jungmoräne bzw. auch der Altmoräne vor, aber insgesamt immer schon recht selten. Diese sogenannten Brachsenkraut-Wasserlobelien-Seen (*Isoëtis-Lobelia*-Seen) sind heute in Deutschland nahezu ausgestorben. Lediglich in Nordwestpolen ist uns noch eine geringe Zahl dieser hochinteressanten Seen in einsamen Waldgebieten erhalten geblieben. Aber auch ihre Tage sind gezählt. Luftemissionen oder geringe Badebelastung führen bei diesen äußerst schwach gepufferten, also sehr empfindlichen See-Öko-

Moorseen sind oft nährstoffarme, schwach saure Seen mit torfmoosreicher Verlandungsvegetation

systemen rasch zu Eutrophierungserscheinungen und damit zum Verlust der spezifischen Ufer- und auch Unterwasservegetation.

Die Fließgewässer im Bereich der sommergrünen Laubwaldzone

Fließendes Wasser stellt für Höhere Pflanzen (Gefäß-Sporenpflanzen und Samenpflanzen) ein Sonderbiotop dar, das zu besiedeln nur verhältnismäßig wenigen Arten gelang. Unter den Bärlappen, Schachtelhalmen und Farnen gibt es in Mitteleuropa keine einzige Art, die in Fließgewässern lebt, ebenso fehlen den Nacktsamern Wasserpflanzen völlig. Aber auch bei den Bedecktsamern (Angiospermen) sind Wasserpflanzen selten und treten nur in recht wenigen Familien auf, vor allem bei den Laichkrautgewächsen (Potamogetonaceae), die eigentlich die Wasserpflanzenfamilie ist. Hier wie bei Vertretern aus anderen Familien handelt es sich um Wasserpflanzen-Arten (z. B. Kammlaichkraut, *Potamogeton pectinatus*, den Tausendblattarten der Gattung *Myriophyllum*, oder einigen Wasserhahnenfußarten wie dem Flutenden Wasserhahnenfuß, *Ranunculus fluitans*, oder dem Brackwasser-Hahnenfuß, *R. baudotii*). In anderen Formenkreisen sind es nicht Arten, die zum Wasserleben übergegangen sind, sondern Formen einer Art. Solche Wasser-Formen bilden z. B. das Pfeilkraut *(Sagittaria sagittifolia* f. *vallisneriifolia)*, die Schwanenblume *(Butomus umbellatus* f. *submersa)*, Schmalblättriger Merk *(Berula erecta* f. *submersa)*, Ästiger Igelkolben *(Sparganium erectum* f. *submersa)* oder Wasserschwaden und Flutender Schwaden *(Glyceria maxima* f. *submersa* und *G. fluitans* f. *submersa)*. Da diese Formen in den meisten Bestimmungsbüchern nicht verschlüsselt sind, bereitet ihre Bestimmung oft Schwierigkeiten, zumal sie mit ihren viel längeren flutenden, bandförmigen Blättern recht ähnlich aussehen.

Für die Besiedlung von Fließgewässern durch Höhere Pflanzen spielen die nachstehend angeführten Faktoren oder Faktorenkomplexe eine wichtige Rolle, wobei mit der Reihenfolge ihrer Nennung keine Wertung verbunden ist.

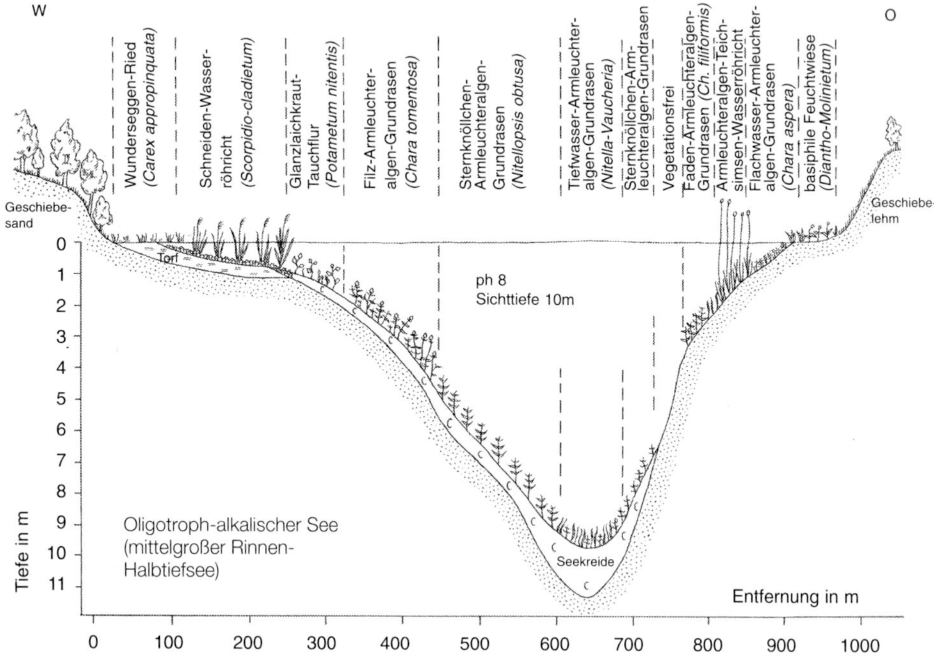
W
O
Wunderseggen-Ried (Carex appropinquata)
Schneiden-Wasser-röhricht (Scorpidio-cladietum)
Glanzlaichkraut-Tauchflur (Potametum nitentis)
Filz-Armleuchter-algen-Grundrasen (Chara tomentosa)
Sternknöllchen-Armleuchteralgen-Grundrasen (Nitellopsis obtusa)
Tiefwasser-Armleuchter-algen-Grundrasen (Nitella-Vaucheria)
Sternknöllchen-Arm-leuchteralgen-Grundrasen
Vegetationsfrei
Faden-Armleuchteralgen-Grundrasen (Ch. filiformis)
Armleuchteralgen-Teich-simsen-Wasserröhricht
Flachwasser-Armleuchter-algen-Grundrasen (Chara aspera)
basiphile Feuchtwiese (Diantho-Molinietum)
Geschiebe-sand
Geschiebe-lehm
Torf
ph 8
Sichttiefe 10m
Seekreide
Oligotroph-alkalischer See (mittelgroßer Rinnen-Halbtiefsee)
Tiefe in m
Entfernung in m

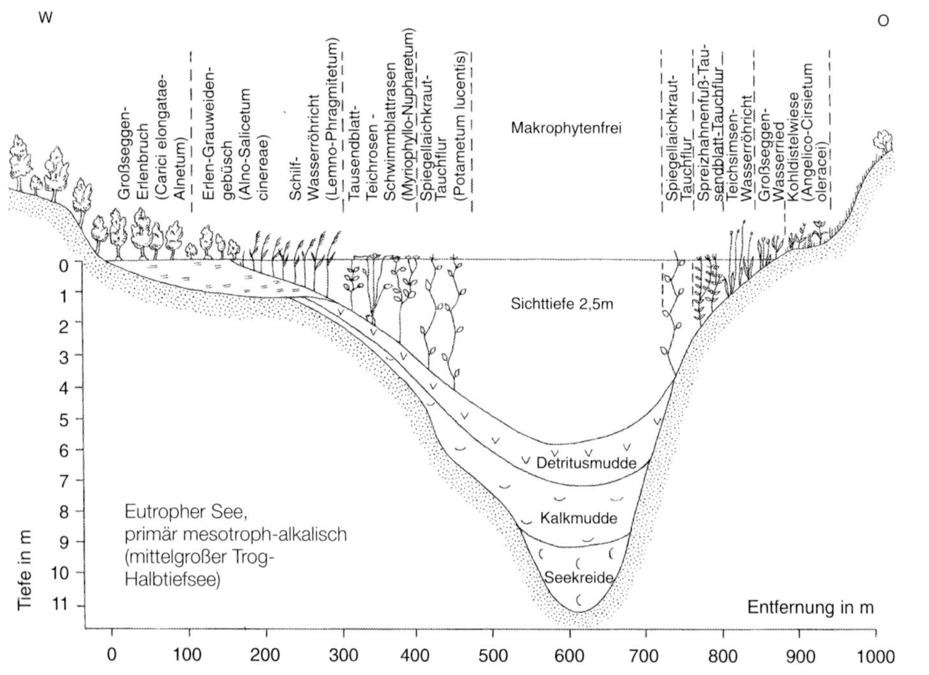
W
O
Großseggen-Erlenbruch (Carici elongatae-Alnetum)
Erlen-Grauweiden-gebüsch (Alno-Salicetum cinereae)
Schilf-Wasserröhricht (Lemno-Phragmitetum)
Tausendblatt-Teichrosen-Schwimmblattrasen (Myriophyllo-Nupharetum)
Spiegellaichkraut-Tauchflur (Potametum lucentis)
Makrophytenfrei
Spiegellaichkraut-Tauchflur
Spreizhahnenfuß-Tausendblatt-Tauchflur
Teichsimsen-Wasserröhricht
Großseggen-Wasserried
Kohldistelwiese (Angelico-Cirsietum oleracei)
Sichttiefe 2,5m
Detritusmudde
Kalkmudde
Seekreide
Eutropher See, primär mesotroph-alkalisch (mittelgroßer Trog-Halbtiefsee)
Tiefe in m
Entfernung in m

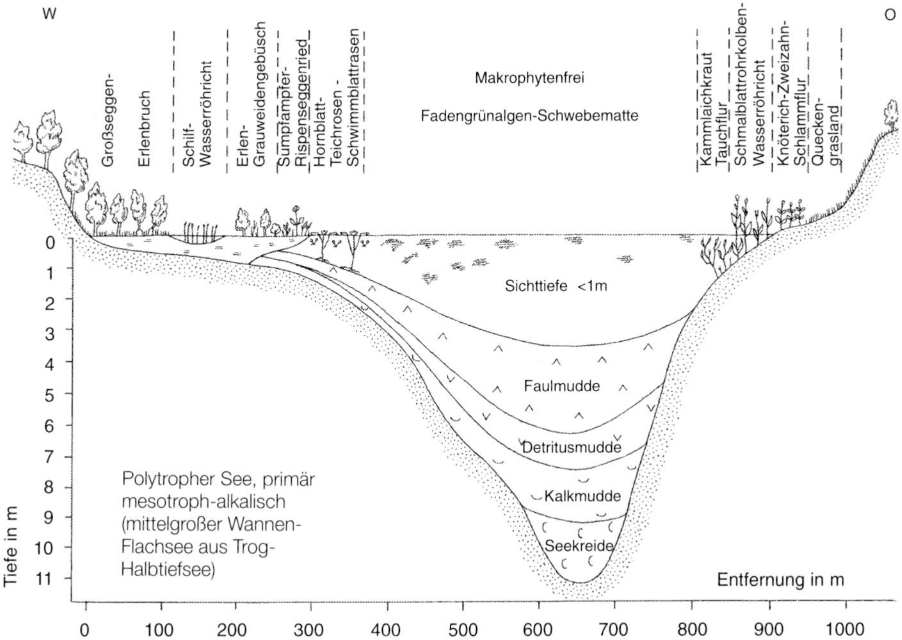
W
O
Großseggen-
Erlenbruch
Schilf-
Wasserröhricht
Erlen-
Grauweidengebüsch
Sumpfampfer-
Rispenseggenried
Hornblatt-
Teichrosen -
Schwimmblattrasen
Makrophytenfrei
Fadengrünalgen-Schwebematte
Kammlaichkraut
Tauchflur
Schmalblattrohrkolben-
Wasserröhricht
Knöterich-Zweizahn-
Schlammflur
Quecken-
grasland
Sichttiefe <1m
Faulmudde
Detritusmudde
Kalkmudde
Seekreide
Polytropher See, primär
mesotroph-alkalisch
(mittelgroßer Wannen-
Flachsee aus Trog-
Halbtiefsee)
Tiefe in m
Entfernung in m
0
1
2
3
4
5
6
7
8
9
10
11
0 100 200 300 400 500 600 700 800 900 1000

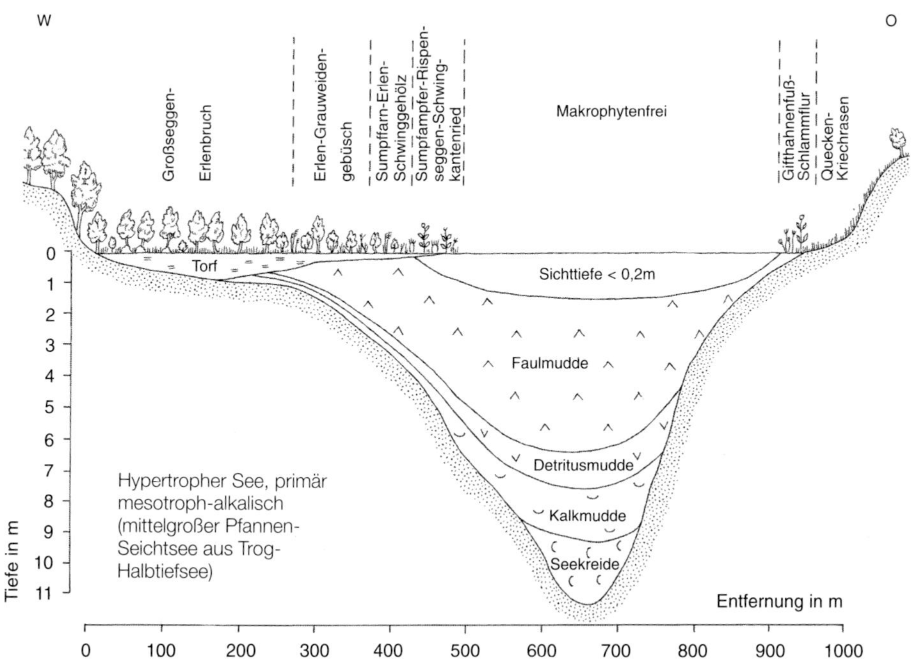
W
O
Großseggen-
Erlenbruch
Erlen-Grauweiden-
gebüsch
Sumpffarn-Erlen-
Schwinggehölz
Sumpfampfer-Rispen-
seggen-Schwing-
kantenried
Makrophytenfrei
Gifthahnenfuß-
Schlammflur
Quecken-
Kriechrasen
Torf
Sichttiefe < 0,2m
Faulmudde
Detritusmudde
Kalkmudde
Seekreide
Hypertropher See, primär
mesotroph-alkalisch
(mittelgroßer Pfannen-
Seichtsee aus Trog-
Halbtiefsee)
Tiefe in m
Entfernung in m
0
1
2
3
4
5
6
7
8
9
10
11
0 100 200 300 400 500 600 700 800 900 1000

Tiefe des Fließgewässers. Höhere Pflanzen vermögen wegen des mit der Wassertiefe rasch abnehmenden Lichteinfalls nur bis zu einer bestimmten Tiefe vorzudringen, was selbstverständlich auch von der Klarheit oder Trübung des Wassers abhängt. Tiefe Ströme wie die Elbe oder der Rhein haben im Fließbereich keine Wasserpflanzen; solche können sich nur in den flacheren Randbereichen bei geringerer Strömungsgeschwindigkeit ansiedeln.

Strömungsgeschwindigkeit. Sie ist von wesentlicher Bedeutung für die Ausbildung von Fließwasserpflanzengesellschaften. Darauf geht nicht nur das Vorhandensein verschiedener Gesellschaften im Ober-, Mittel- und Unterlauf von Bächen und Flüssen zurück oder eine Differenzierung in Gebirgs-, Mittelgebirgs- und Tiefland-Bächen und Flüssen, sondern auch die bestimmter, einzelner Fließgewässer. Bei sehr geringer Fließgeschwindigkeit wird die Wasserpflanzenvegetation immer ähnlicher derjenigen von Stillgewässern, d. h. Seen und Teichen. Mit der Strömungsgeschwindigkeit ist auch die Zufuhr von Sauerstoff und Nährstoffen verbunden; mäßig schnell fließendes Wasser sichert eine ausreichende Versorgung der Wasserpflanzen. Vielfach werden bei pflanzensoziologischen Untersuchungen von Fließgewässern nur zwei Bereiche unterschieden: langsam fließende Gewässer mit einer Fließgeschwindigkeit unter 0,5 m/s und rasch(er) fließende mit mehr als 0,5 m/s. Diese Grenzziehung ist zwar mehr oder weniger willkürlich, hat sich aber bei vielen Untersuchungen, zumindest im Tiefland, als brauchbares Kriterium erwiesen.

Beschaffenheit des Untergrundes. Der »Boden« der Fließgewässer hat für die Pflanzen nur eine Verankerungsfunktion. Mächtigere Schlickauflagen bieten keine sichere Bewurzelungsgrundlage und bleiben daher pflanzenleer. Am günstigsten ist ein sandiger Untergrund. Der Chemismus des Bodens spielt dagegen bei Wasserpflanzen kaum eine Rolle, da sie die Nährstoffe aus dem Wasser entnehmen, und wirkt sich nicht gesellschaftsdifferenzierend aus.

Wasserchemismus. Von entscheidendem Einfluß auf die Ausbildung von Fließwasser-Pflanzengesellschaften ist der Wasserchemismus, auch wenn z. T. Zusammenhänge mit der Fließgeschwindigkeit bestehen. Für die Pflanzengesellschaften sehr signifikant sind alle Parameter, die mit dem Sauerstoffregime zusammenhängen, wie Sauerstoffgehalt, Sauerstoffsättigung, Restsauerstoff und der BSB_5-Wert. Letzterer, der »Biochemische Sauerstoff-Bedarf in 5 Tagen«, bezieht sich auf eine Untersuchungsmethode, die ein sehr feines Kennzeichen für die Belastung eines Gewässers mit organischen Schmutzstoffen abgibt. Signifikante Zusammenhänge bestehen auch zwischen dem Ammonium-Gehalt (NH_4) und Pflanzengesellschaften, während sich Chlorid- (= Salz-), Sulfat- und Kalziumgehalt kaum in dieser Hinsicht auswirken, wenn nicht extreme Verhältnisse vorliegen, wie etwa beim Salzgehalt der Werra.

Nach dem Grad der Belastung eines Gewässers mit organischen Schmutzstoffen – nur auf diese sei hier Bezug genommen, nicht auf Phenole, verwehte Pestizide oder andere auf die Pflanzen als Gifte wirkende Substanzen – lassen sich mehrere Stufen unterscheiden, die den Nährstoffhaushalt eines Gewässers zur Grundlage haben. Am saubersten sind oligotrophe (nährstoffarme) Gewässer, die zugleich recht artenarm sind. Sie sind jetzt kaum noch anzutreffen. Eine leichte Belastung weisen Beta-mesotrophe Gewässer auf, die meist am artenreichsten sind. Bei den schon recht stark verschmutzten Alpha-mesotrophen Fließgewässern geht die Artenzahl bereits merklich zurück, und in den polytrophen, die sehr stark verschmutzt sind, können nur noch wenige Arten gedeihen. Das kann bis zum völligen Verschwinden von Blütenpflanzen gehen, so daß dann nur noch der Abwasserpilz *Sphaerotilus natans* übrigbleibt.

Alle Pflanzengesellschaften des Süßwassers in stehenden wie in fließenden Gewässern werden in der Klasse der Potamogetonetea zusammengefaßt. Da dieser Name fast ein Zungenbrecher ist, wird er meist zu »Potametea« verkürzt. Die Klasse hat nur eine Ordnung, die Potametalia, und diese wird in drei Verbände gegliedert, von denen wir nur auf zwei einzugehen brauchen.

Der Verband Potamion (eigentlich Potamogetonion) umfaßt die Unterwasser-Laichkraut-Gesellschaften. Dazu gehören Gesellschaften von stehenden und fließenden Gewässern. Meist sind es Assoziationen von langsam fließenden Gewässern. Kennzeichnende Arten und Formen sind z. B. Durchwachsenes Laichkraut *(Potamogeton perfoliatus* f. *cordato-lanceolata)*, Berchtolds-

Pflanzengesellschaften des Süßwassers. Im Vordergrund Seekanne *(Nymphoides peltata)*

Laichkraut (*P. berchtoldii*, das von einigen Taxonomen nur als Unterart [Subspecies] des Zwerg-Laichkrautes *[P. pusillus]* angesehen wird), Krauses Laichkraut *(P. crispus)*, das ebenso wie die folgende Art stärkere Verschmutzungen verträgt und diese anzeigt, Kamm-Laichkraut *(P. pectinatus* var. *interruptus)* und die Wasserpest *(Elodea canadensis)*, die bessere Wasserverhältnisse indiziert.

Die Gesellschaften des Verbandes Ranunculion fluitantis, zu dem die Fluthahnenfuß-Gesellschaften zusammengefaßt werden, haben ihren hauptsächlichen Vorkommensbereich in schnell(er) fließenden Gewässern. Für diese Gesellschaften seien an Pflanzen genannt: Flutender Wasserhahnenfuß *(Ranunculus fluitans)*, Schmalblättriger Merk oder Bachberle *(Berula erecta* f. *submersa = Sium erectum* f. *submersum)*, Wechselblütiges Tausendblatt *(Myriophyllum alterniflorum)*, das in nährstoff- und kalkärmeren Gewässern auftritt, eine Form des Sumpf-Vergißmeinnichtes *(Myosotis palustris* f. *submersa)*, die schon erwähnte Form des Pfeilkrautes *(Sagittaria sagittifolia* var. oder f. *vallisneriifolia)* und die beiden flutenden Formen des Ästigen Igelkolbens *(Sparganium erectum* f. *submersum)* und des Einfachen Igelkolbens *(Sparganium emersum* f. *fluitans)*.

Die Assoziationen der Fließgewässer gestatten nur eine verhältnismäßig grobe ökologische Charakterisierung und Interpretation. Für praxisrelevante Aussagen wie nach dem Grad der Belastung haben sich Pflanzengesellschaften auf der Ebene von Untergesellschaften (Subassoziationen) oder Varianten am günstigsten erwiesen. Auf diese einzugehen, würde jedoch den Rahmen dieses Buches überschreiten.

Die mittelsibirischen Birkenwälder

Zwischen Taiga und Steppe, vom Ural bis zum Altai erstreckt sich ein schmaler Gürtel lichter Birkenhaine, der besonders typisch zwischen den Städten Irbit, Tjumen und Kolywan ausgebildet ist. Diese mittelsibirische Landschaft wurde 1902 von Tanfiljew sehr anschaulich geschildert: »Nach welcher Richtung hin wir auch immer das Land durchfahren, es scheint stets, als ob wir uns einem geschlossenen Birkenwald nähern, weil der Horizont fast überall von Wäldern eingenommen wird. Doch braucht man nur genügend nahe an den Rand des ›Waldes‹ zu kommen, um zu sehen, wie er in einzelne Wäldchen, die ›Kolki‹, zerfällt …« Dieser ständige Wechsel von Birkenhainen, Wiesen und eingestreuten Flachmooren ist für die nördliche »Waldsteppenregion« typisch, die auch den südwärts anschließenden Bereich mit lichten Eichenwäldern auf Schwarzerdeböden umfaßt. Obwohl das Klima mit kalten Wintern als kontinental bezeichnet werden muß, genügt doch die kurze und warme Vegetationszeit für die Entwicklung von Fallaubwäldern. In diesem Gebiet weisen die Niederschläge ein jährliches Mittel von 400 mm auf, die mittleren Julitemperaturen liegen bei +20 °C. Die Niederschläge reichen aus, um dem Boden während der Vegetationsperiode genügend Feuchtigkeit für das Gedeihen von Laubgehölzen zuzuführen. Da die Verdunstungswerte wegen der lang dauernden kühlen Jahreszeit hinter denen der Niederschläge zurückbleiben, tendieren die Böden wie in der borealen Zone zur Podsolbildung.

Lichte Birkenwälder am Rand der Steppenzone östlich des Baikalsees

Die Wäldchen bestehen fast ausschließlich aus Birken. Die Hängebirke *(Betula pendula)* nimmt dabei die trockeneren, die Moorbirke *(Betula pubescens)* die feuchteren Partien ein. Regelmäßig ist die Zitterpappel oder Espe *(Populus tremula)* beigemischt. Im Unterholz gedeihen Weiden (*Salix*-Arten). Trockene, erhöhte Stellen der nur wenig gegliederten Landschaft sind die Wuchsorte der Gemeinen Kiefer *(Pinus sylvestris)*.

Viele Bodenpflanzen der mittelsibirischen Birkenwälder sind auch noch in Mitteleuropa vorhanden. So treten der Weidenalant *(Inula salicina)* und die Zweiblättrige Waldhyazinthe *(Platanthera bifolia)* bei uns vor allem im östlichen Eichen-Birkenwald-Bereich und in den Pfeifengraswiesen auf, während Nickendes Leimkraut *(Silene nutans)*, Echter Salomonssiegel *(Polygonatum odoratum)*, Seidelbast *(Daphne mezereum)* und Hohe Schlüsselblume *(Primula elatior)* unseren Eichen-Hainbuchen-Bereich bevorzugen. Manche südsibirischen Arten erreichen nur den östlichen Rand Mitteleuropas, z. B. der Lupinenklee *(Trifolium lupinaster)* und die Schellenblume *(Adenophora liliifolia)*. Außerdem besitzen einige der in Südsibirien weitverbreiteten Arten in Mitteleuropa nur Reliktvorkommen, wie z. B. der Giftheil *(Aconitum anthora)* und der hochwüchsige Sibirische Goldkolben *(Ligularia sibirica)*.

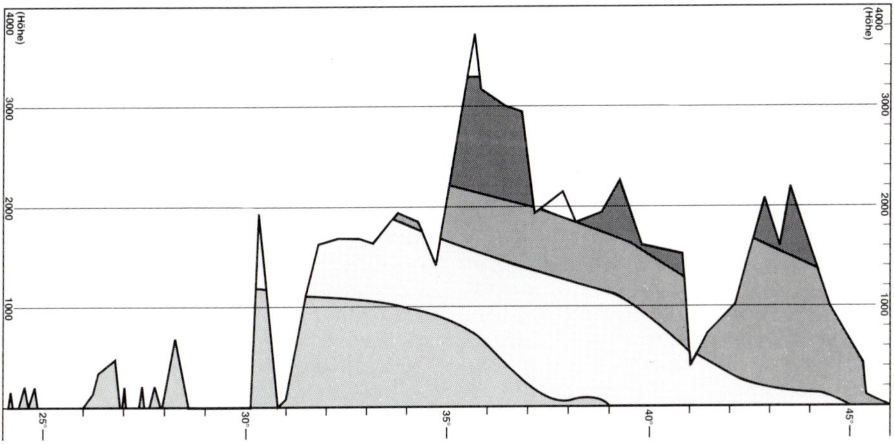

Süd-Nord-Vegetationsprofil von Japan mit der potentiell natürlichen Vegetation. Erläuterung s. Text.

- Alpine Matten und *Pinus pumila*-Gesellschaft
- Nadelwaldzone, Vaccinio-Piceetea japonicae
- Sommergrüne Laubwälder, Querco-Fagetea crenatae
- Immergrüne Lorbeerwälder, Carmellietea japonicae

Der ostasiatische sommergrüne Laubwald

Wie aus der Karte der Vegetationsformationen (s. S. 90) zu entnehmen ist, erstrecken sich die sommergrünen Laubwälder Ostasiens auf das östliche China (einschließlich der Mandschurei), Korea und Japan, kleine Anteile liegen auch im russischen Sibirien. Ihre Umgrenzung kann etwa wie folgt angegeben werden: Die Westgrenze bildet mehr oder weniger das Chingan-Gebirge (Großer Chingan) bis zum Strom Huangho (Huanghe) im Süden. Die Nordgrenze wird im Nordwesten erreicht an der Schnittstelle Großer Chingan – Amur, etwa bei Blagowestschensk, und folgt im großen und ganzen dem Amur und Ussuri. Ob die Halbinsel Sichote-Alin und die Insel Sachalin noch zur sommergrünen Laubwaldzone zu rechnen sind, ist umstritten; wir schließen diese Gebiete, die z. T. Übergangscharakter haben, aus den Betrachtungen aus. Weniger eindeutig ist die Südgrenze der sommergrünen Laubwälder anzugeben: sie liegt in China etwa halbwegs zwischen den beiden großen Strömen Huangho und Jangtsekiang. Da aber gerade dieses Gebiet zu den intensivst genutzten Gebieten Chinas gehört, ist eine genauere Ermittlung des Grenzverlaufes der Vegetationszonen jetzt wohl kaum möglich. Die Ostgrenze schließlich ist durch den Pazifischen Ozean eindeutig gegeben.

Dieses so umgrenzte Gebiet ist zu einem großen Teil jahrtausendealtes Kulturland, besonders in China. Daher fanden zur Gewinnung von landwirtschaftlich genutzten und Siedlungsflächen großräumige Rodungen statt, die eine Rekonstruktion der ursprünglichen, natürlichen Waldverhältnisse sehr erschweren, z. T. sogar unmöglich machen. Jedoch ist die recht allgemein verbreitete Vorstellung einer »totalen« Entwaldung für manche Länder der ostasiatischen Laubwaldzone überhaupt nicht zutreffend. Es ist in Mitteleuropa weitgehend unbekannt, daß gerade Korea und Japan weltweit diejenigen Länder sind, die mit Abstand den höchsten Bewaldungsgrad aufweisen! Dieser beträgt für Korea 68,6 % – das ist der Weltspitzenwert! – und für Japan nur ein halbes Prozent weniger: 68,1 %; im Vergleich dazu Deutschland mit nur 28,1 % Waldbedeckung. Aber wie nicht selten, kann eine statistisch durchaus richtige Prozentzahl die wahren Verhältnisse verdecken. Sie geht z. B. für Japan darauf zurück, daß die Japaner, die ein ausgesprochen »wärmeliebendes« Volk sind, sich möglichst nur in der warmen Lorbeerwaldzone ansiedelten. Diese Zone ist in den Ebenen so gut wie völlig entwaldet, Waldreste sind nur im Bereich von Shinto-Schreinen erhalten geblieben. Die Gebiete der kühlen sommergrünen Laubwälder und schon gar die der Nadelwälder wurden, wo immer es möglich war, von einer Besiedlung gemieden. Dort gibt es jetzt noch große Flächen, die sich praktisch noch im Naturzustand befinden (s. Bild S. 288), oder die sogar fast unbekannt sind.

Das Vorkommen von sommergrünen Laubwäldern ist in Ostasien – wo sie sich ja über ein großes, von Süd nach Nord reichendes Gebiet erstrecken – vielfach an bestimmte Höhenstufen gebunden, wie wir es aus Europa auch kennen (s. Abb. Höhenverbreitung von Rotbuche und Tanne S. 31).

Diese Höhenstufeneinbindung sei am Beispiel von Japan erläutert, da dort die vegetationskundliche (pflanzensoziologische) Erforschung von allen ostasiatischen Ländern mit großem Abstand am weitesten fortgeschritten ist, die Untersuchungen durchweg mit den in West- und Mitteleuropa vorherrschenden pflanzensoziologischen Methoden der BRAUN-BLANQUET-Schule durchgeführt wurden und somit sehr gut vergleichbar sind. Das Schema S. 285 reicht von den Ryukyu-Inseln im Süden bis zur Nordinsel Hokkaido. Die Höhenzonierung ist im wesentlichen temperaturbedingt.

Die unterste Vegetationsstufe nehmen Lorbeerwälder ein, die nach der fast überall in der Strauchschicht vorkommenden Kamelie *(Camelia japonica)* als pflanzensoziologische Klasse der Camellietea japonicae bezeichnet werden. Diese Lorbeerwälder, die einen mit Worten nicht beschreibbaren angenehmen Duft ausströmen – es wird gesagt, daß japanische Pflanzensoziologen selbst einzelne Assoziationen nach deren Duft kartierten –, reichen von der Inselkette der Ryukyus über die Südinseln Kyushu und Shikoku bis weit auf die Hauptinsel Honshu. Während sie die Inseln der Ryukyus und von Okinawa vollständig bedecken, auf der Insel Miyanoura-Dake etwas südlich von Kyushu immerhin noch bis zu etwa 1200 m Höhe reichen, ist auf der Spitze dieser Insel bereits ein sommergrüner Laubwald ausgebildet. Auf Kyushu, Shikoku und dem südlichen Teil von Honshu haben Lorbeerwälder den weitaus größten Flächenanteil. Ab etwa 35° Nord geht ihre Höhenerstreckung rasch zurück, und etwas nördlich von Tokyo bei etwa 39° Nord erreichen

Scharfe Vegetationsgrenze in den Hakkoda-Bergen im nördlichen Honshu zwischen sommergrünen Laubwäldern mit *Fagus crenata* und Nadelwäldern mit Veitsch-Tanne, *Abies veitchii*

sie den Meeresspiegel und keilen aus. Die Lorbeerwälder werden überlagert von sommergrünen Laubmischwäldern, die zur Klasse der Querco-Fagetea crenatae gestellt werden. Diese in Japan sehr genau studierten Wälder entsprechen der mittel- und westeuropäischen Klasse der Querco-Fagetea (sylvaticae). Auch bei diesen Wäldern ist ein deutliches Absteigen der Besiedlungshöhe in Richtung Norden zu verzeichnen. Im nördlichen Teil von Honshu werden 500 bis 600 m kaum überschritten, im südlichen Hokkaido an die 300 m und bei etwa 45° Nord enden auch die sommergrünen Laubwälder in Meeresspiegelhöhe.

Die über den sommergrünen Laubwäldern ausgebildete Vegetationszone wird von Nadelwäldern eingenommen, die zu einer den nordeuropäischen Nadelwäldern entsprechenden Klasse, den Vaccinio-Piceetea japonicae, gestellt werden. Sie nehmen nur auf Hokkaido größere Flächen ein und gehörten noch vor 20 Jahren zu den wenig erforschten Gebieten Japans. An der Obergrenze der Vaccinio-Piceetea japonicae wird der Wald immer lichter und geht schließlich in alpine Matten und *Pinus pumila*-Bestände über, die etwa dem europäischen Krummholzbereich entsprechen. Deren flächenmäßiger Anteil ist äußerst gering. Eine nivale Stufe spielt in Japan so gut wie keine Rolle und ist wegen ihrer Kleinräumigkeit auf Landeskarten nicht darstellbar.

Nun zur »mittleren Stufe«, die von Sommergrünen Laubmischwäldern beherrscht wird: Die Zusammensetzung dieser Wälder ist in zweierlei Hinsicht differenziert: einmal in eine pazifiknahe und eine Japanseenahe Ausbildung, und zum anderen eine nach der Höhenlage innerhalb der Laubwaldzone. Die überall dominierende Baumart ist jedoch die Kerbbuche, *Fagus crenata.* In den pazifiknahen Buchenwäldern treten als Mischholzarten die Nikko-Tanne *(Abies homolepis)* und die Momi-Tanne *(Abies firma)* auf, letztere ist an ihren in zwei scharfen Spitzen endenden Nadeln leicht zu erkennen. Beide Tannenarten können lokal auch kleinere Reinbestände bilden.

Den tiefer gelegenen, an die Lorbeerwälder angrenzenden Buchenwäldern sind verständlicherweise Arten beigemischt, die ihren Schwerpunkt dort haben und in die Buchenwälder übergreifen, wie die Seidenraupen-Eiche, *Quercus acutissima (= serrata)*, die Japanische Kastanie *(Castanea crenata)* oder Siebolds Hemlocktanne *(Tsuga sieboldii)*. Zu den Arten mit diesem Verbreitungsschwerpunkt gehören auch die Sicheltanne, *Cryptomeria japonica* – in Japan als »Sugi cedar« bezeichnet – und die Feuer-Scheinzypresse, *Chamaecyparis obtusa* (japanisch Hinoki). Da beide Arten ein sehr wertvolles, seit jeher geschätztes und vielseitig verwendbares Holz haben, werden sie auf überaus großen Flächen in Kunstforsten angepflanzt, etwa vergleichbar mit unseren Fichten- und Kiefernforsten.

In tieferen Lagen gesellen sich zu *Fagus crenata* auch Japanische Buche *(Fagus japonica)*, Mongoleneiche *(Quercus mongolica)*, Hainbuchen-Ahorn *(Acer carpinifolia)*, dessen Blattform hainbuchenartig aussieht, Vielmännige Euptele *(Euptelea polyandra)* und die zu den Ulmengewächsen gehörende Japanische Zelkove *(Zelkovia serrata)*. In Tälern tritt nicht selten *Cercidiphyllum japonicum* mit fast kreisrunden Blättern auf, mit dessen deutscher Bezeichnung »Kuchenbaum« aber wohl nicht viele Leser etwas verbinden können. Im Herbst fallen besonders einige Ahornarten durch die intensive Rot- und Gelbfärbung ihrer Blätter auf, wie Thunbergs Fächerahorn *(Acer japonicum)*, Japanischer Spitzahorn *(Acer mono)* oder Weißdornahorn *(Acer crataegifolium)*.

Sehr kennzeichnend für ostasiatische und besonders japanische Laubwälder ist das Vorkommen zahlreicher *Magnolia*- und *Rhododendron*-Arten, wie z. B. die Kobushi-Magnolie, *Magnolia kobus* oder *Rhododendron albrechtii*; letzterer ist vor allem an rasch fließenden Bächen zu finden.

Die Bodenflora ist vielfach sehr artenreich und üppig entwickelt und erinnert habituell an europäische Auenwälder, was auf die hohen Niederschläge zurückzuführen ist. Sie enthält zahlreiche endemische Arten, z. B. aus den Gattungen *Anemoniopsis*, *Glaucidium*, *Ranzania* oder *Schizoco-*

Sommergrüner Laubwald im Oirase-Tal im nördlichen Honshu mit bambusoiden Gräsern

don, um nur wenige zu nennen. Es treten aber auch nicht wenige Arten auf, deren verwandte Arten in der mitteleuropäischen Flora vorkommen, z. B. Arten der Gattungen Hahnenfuß *(Ranunculus)*, Winterling *(Eranthis)*, Wiesenraute *(Thalictrum)*, Johannisbeere *(Ribes)*, Milzkraut *(Chrysosplenium)*, Alpenscharte *(Saussurea)* oder Kratzdistel *(Cirsium)*.

Für viele japanische Wälder ist ein dichter Unterwuchs von Zwergbambus sehr charakteristisch (s. Bild S. 288). *Sasa*-Arten treten in allen Vegetationszonen auf, haben ihre Hauptverbreitung jedoch in den sommergrünen Wäldern, besonders im nördlichen Honshu. Die wichtigsten Zwergbambus-Arten sind *Sasa paniculata* und *S. kurilensis*. Auf der pazifiknahen Seite treten *Sasa nipponica* und andere Arten hinzu. Im vegetativen Zustand sind die Arten schwer zu unterscheiden. Sie bilden schilfähnliche Dickichte, die diese Wälder sehr unübersichtlich und z. T. fast unzugänglich machen. Die Dauer der vegetativen Phase ist nicht genau bekannt, sie beträgt aber mit Sicherheit mehrere Jahrzehnte. Es gibt Angaben von einer Dauer von gut 80 Jahren. Die Bestände kommen dann auf einmal zur Blüte, die ein oder zwei Jahre anhält, und sterben danach ab. Junge Schößlinge gehen nach 2 bis 3 Jahren aus Samen oder verbleibenden Rhizomen hervor und bilden rasch wieder geschlossene Dickichte. Die dichten *Sasa*-Bestände stellen das größte Hindernis für die Forstwirtschaft dar, da eine natürliche wie künstliche Verjüngung der Buchen und anderer Gehölze schon durch Lichtmangel unmöglich gemacht wird.

Der nordamerikanische sommergrüne Laubwald

Im Gegensatz zu Europa kam es in Nordamerika (wie auch in Ostasien) durch die Eiszeiten nicht zu einer Verarmung der Pflanzendecke, da die Arten nach Süden ausweichen konnten und nach Rückzug der Eismassen eine Wiederbesiedlung stattfand. Im Vergleich zu den europäischen Verhältnissen ist der Artenreichtum der für die Waldvegetation wichtigen Holzarten daher außer-

Eichenwald im Oktoberaspekt (Shenodoa-Nationalpark)

ordentlich groß. Entsprechend spielen Mischwälder aus mehreren Arten eine bedeutende Rolle. Besonders vielgestaltig sind Eiche *(Quercus)*, Birke *(Betula)* und Hickorynuß *(Carya)* vertreten. Am reichsten sind diese Wälder in mittleren Höhenlagen der südlichen Appalachen entwickelt.

Mit der Besiedlung durch die europäischen Einwanderer nahm die Waldvernichtung beträchtliche Formen an, während die lokalen Indianerstämme jahrhundertelang nur in der Umgebung ihrer Siedlungen in bescheidenem Umfang Rodungen durchgeführt hatten. Nur in unzugänglicheren Gebieten der Appalachen findet man heute daher noch natürliche Bestände.

Die Niederschläge weisen ein deutliches Sommermaximum und einen relativ regenarmen Spätherbst auf, der die intensiven herbstlichen Laubverfärbungen, in Amerika »indian summer« genannt, noch verstärkt. Das Klima ist ganzjährig humid und kontinentaler als in Mitteleuropa mit starken Kälteeinbrüchen im Winter und zum Teil recht heißen Sommertagen. Generell kann man sagen, daß es von Süd nach Nord etwas kälter wird und die Niederschlagsmengen von Ost nach West abnehmen.

Auf den reichsten Standorten ist ein deutlicher Frühlings- bis Frühsommeraspekt in der Krautschicht zu verzeichnen. Neben den in Mitteleuropa auftretenden Gattungen wie Windröschen *(Anemone)*, Leberblümchen *(Hepatica)*, Weißwurz *(Polygonatum)*, Veilchen *(Viola)* sind hier Vertreter von Feuerkolben *(Arisaema)*, des Berberitzengewächses *Caulophyllum*, Claytonie *(Claytonia)*, Herzblume *(Dicentra)*, Hundszahn *(Erytronium)*, Maiapfel *(Podophyllum)*, Blutwurz *(Sanguinaria)*, Waldlilie *(Trillium)* und Trauerglocke *(Uvularia)* vorhanden, die sich zum Teil im europäischen Zierpflanzensortiment wiederfinden.

Der Sommeraspekt ist durch hohe Stauden gekennzeichnet, von denen Silberkerze *(Cimicifuga)*, Türkenbundlilien wie *Lilium superbum* und verschiedene Korbblütler wie Astern *(Aster)*, Wasserdost *(Eupatorium)*, Goldrute *(Solidago)* hervorzuheben sind, die bevorzugt an Waldlichtungen auftreten. Auch hier haben sich wiederum viele Vertreter bei uns als beliebte Gartenstauden etabliert.

Vereinfachend kann folgende Vegetationsgliederung für Böden mit hoher bis mittlerer Nährstoffversorgung und zugleich trockenen bis frischen Standorten vorgenommen werden.

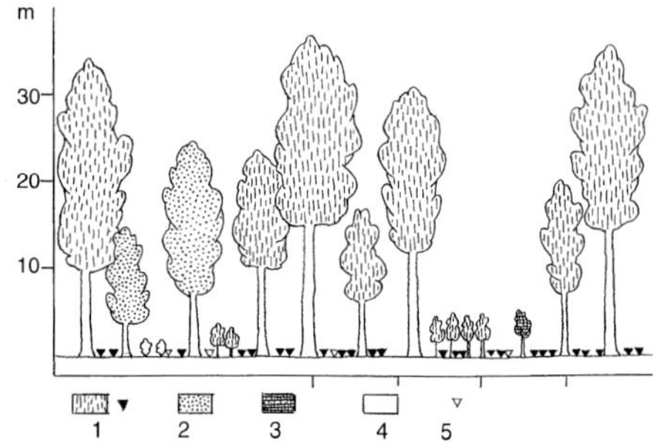

Profil-Diagramm eines Buchen-Zuckerahorn-Waldes

1 = Zuckerahorn *(Acer saccharum)*,
2 = Amerikanische Buche *(Fagus grandifolia)*,
3 = Weißesche *(Fraxinus americana)*,
4 = Weißulme *(Ulmus americana)*,
5 = Nördliche Roteiche *(Quercus rubra* var. *borealis)*
(nach Knapp)

Die Eichen-Tulpenbaum-Mischwälder gehören zu den holzartenreichsten Wäldern Nordamerikas außerhalb der Auenbereiche. Die Bestände sind in der Regel vielfach geschichtet. Der durchschnittlich 30 m hohe Tulpenbaum *(Liriodendron tulipifera)* gehört mit einer Maximalhöhe von 60 m zu den höchsten amerikanischen Laubbäumen. Die ehemals codominante und im Gesamtbereich der sommergrünen Wälder vertretene Amerikanische Kastanie *(Castanea dentata)* ist durch Befall mit einem um 1900 aus Ostasien eingeschleppten parasitischen Schlauchpilz (Ascomycet), der den Kastanienkrebs erzeugenden *Endothia parasitica,* stark im Rückgang begriffen. Auf ihre Kosten haben sich Eichen, namentlich Rot- *(Quercus rubra)*, Kastanien- *(Q. prinus)* und Weißeiche *(Q. alba)*, sowie Rote Hickorynuß *(Carya ovalis)*, Rotahorn *(Acer rubrum)* und Zuckerbirke *(Betula lenta)* ausgebreitet.

Buchen-Zuckerahorn-Wälder mit den namengebenden *Fagus grandifolia* und *Acer saccharum* schließen sich im Norden und in den höheren Lagen an, wobei bereits Nadelgehölze, hier vor allem die Kanadische Hemlocktanne *(Tsuga canadensis)*, beigemischt sein können. Da die Bestände einen relativ dichten Kronenschirm bilden, gelangt nur wenig Licht auf den Erdboden. Die Kraut- und Strauchschicht ist entsprechend schwach und artenarm ausgebildet.

In diesen Waldtypen ist die Spätblühende Traubenkirsche *(Prunus serotina)* verbreitet, die zu den ersten nordamerikanischen Gehölzarten gehörte, die nach Europa eingeführt wurden. Lange Zeit fand sie hier, wohl wegen ihrer attraktiven Blüten und Früchte, nur als Zierpflanze in Gärten und Parks Verwendung. Ab etwa 1920 und bis in die erste Hälfte der 50er Jahre hinein wurde die Art von den Forstbehörden massiv zur Bepflanzung von nährstoffarmen Sandböden und zur Steigerung der Bodenfruchtbarkeit in Nadelholzkulturen verwendet. Aufgrund des Fehlens natürlicher Antagonisten hat sich *Prunus serotina* danach vornehmlich in Eichen- und Kiefernwäldern armer Standorte massenhaft ausgebreitet, wobei die Arten der Baumschicht (durch Behinderung der Naturverjüngung) und der Krautschicht sowie die Pilzflora qualitativ und quantitativ stark zurückgehen. Als Ursache hierfür konnte sowohl die Veränderung des Lichtklimas als auch die Abgabe allelopathischer Substanzen nachgewiesen werden. Die Spätblühende Traubenkirsche stellt demnach in Europa ein eindringliches Beispiel für Florenverfälschung dar.

Westlich der Appalachen herrschen unter kontinentalerem und trockenerem Klima Eichen-Hickory-Wälder mit *Quercus*- und *Carya*-Arten vor, die – von Sonderstandorten abgesehen – das Vegetationsbild bis an den Rand der Prärie prägen, wo sich die geschlossenen Bestände allmählich auflösen und in offene Gehölze übergehen.

Stark säuretolerante Eichenwälder besiedeln – im Wechsel mit Kiefern – Böden auf Sandsteinen und quarzitreichen Untergründen unter humidem Klima. Im Unterwuchs finden sich zahlreiche, an nährstoffarme Verhältnisse angepaßte Erikagewächse wie verschiedene Heidelbeerarten *(Vaccinium)*, Breitblättrige Lorbeerrose *(Kalmia latifolia)*, Nacktblütige Azalee *(Rhododendron nudiflorum)* und Niederliegende Rebhuhnbeere *(Gaultheria procumbens)*. Letztere wird wegen ihres nach der Blüte größer und fleischig werdenden Kelches, der die Fruchtkapsel umschließt und so eine Beere vortäuscht, auch »Scheinbeere« genannt. Ferner sind Adlerfarn *(Pteridium aquilinum)*, Schlängelschmiele *(Deschampsia flexuosa)* und die Segge *Carex pensylvanica* kennzeichnend. Üppig ist die Moosschicht entwickelt, in der das Gabelzahnmoos *Dicranum scoparium*, Weißmoos *(Leucobryum glaucum)* und das Frauenhaarmoos *Polytrichum ohioense* massenhaft auftreten.

Höhenstufenfolge

Die Abfolge der Höhenstufen soll am Beispiel der Appalachen, die besonders gut erhaltene originäre Waldgesellschaften aufweisen, dargestellt werden. Diese sind vom Charakter her ein Mittelgebirge mit Erhebungen von knapp über 2000 m, wobei alpine Formen nicht ausgebildet sind. Eine andauernde Schneedecke fehlt im Winter selbst in Höchstlagen. Es handelt sich um ein sehr altes Gebirge (Kaledonische Faltung), das im Laufe der geologischen Geschichte abgetragen wurde. Kalkgesteine sind nicht vorhanden.

In der submontanen Laubwaldstufe (500 bis 1000 m) sind der Tulpenbaum *(Liriodendron tulipifera)* und der Hartriegel *(Cornus florida)* für mittlere und reiche Standorte kennzeichnend. Die armen Böden werden hochstet von Strobe *(Pinus strobus)*, der mit ungeteilten oder dreilappigen Blättern versehenen Lauracee *Sassafras albidum*,

Zu den charakteristischen nordamerikanischen Gehölzen gehört der Tulpenbaum *(Liriodendron tulipifera)*, er kann bis 60 m hoch werden.

dem wegen seiner säuerlich schmeckenden Blätter Sauerbaum genannten *Oxydendrum arboreum* (Ericaceae) sowie Waldtupelo *(Nyssa sylvatica)* und Scharlacheiche *(Quercus coccinea)* besiedelt – die beiden letzteren mit intensiver roter Herbstfärbung.

In der montanen Stufe (1000 – 1500 m) gewinnen Gurkenmagnolie *(Magnolia acuminata)*, Zuckerahorn *(Acer saccharum)* und die Kastanie *Castanea dentata*, an armen Standorten auch Bergmagnolie *(Magnolia fraseri)* sowie die Eichen *Quercus alba* und *Q. prinus* – von der submontanen Zone heraufziehend – an Stetigkeit. Rotahorn *(Acer rubrum)* und Roteiche *(Quercus rubra)* sind gleichermaßen in der submontanen und montanen Stufe vertreten. Der Saft des Rotahorns liefert – wie auch der des eigentlichen Zuckerahorns *(Acer saccharum)* – den in Amerika geschätzten Ahornzucker. Der Saft der Stämme enthält bis zu 3 % Rohrzucker.

Die hochmontane Stufe (1500 – 1750 m) ist auf armen Standorten bereits eine Mischwaldregion, in der die subalpinen Nadelgehölze bestimmend auftreten. In der dürftigen Krautschicht ist der Farn *Dennstaedtia punctilobula* häufig. Ansonsten dominieren mit Gelbbirke *(Betula lutea)* und Amerikanischer Buche *(Fagus grandifolia)* die Laubgehölze.

Die subalpine Stufe (1750 - 2000 m) wird von Nadelwäldern geprägt, die von der Tanne *Abies fraseri* und der Rotfichte *(Picea rubens)* aufgebaut werden.

Auenwaldgebiete und Moorgebüsche

Ausgedehnte Auenwaldgebiete sind in den großen Flußtälern, namentlich des Mississippi, aber auch an der Südost- und Ostküste mit ihren zahlreichen Strömen ausgebildet.

Nach der Überflutungsdauer lassen sich – analog zu den europäischen Verhältnissen – zwei Auenwaldtypen unterscheiden. Die Weichholzaue ist langandauernd überflutet. Auf kiesigen und sandigen Böden der Flußufer wachsen vor allem Weidenarten *(Salix nigra* häufig dominant, ferner *S. lucida, S. rigida, S. sericea* u. a.), die vom Knopfstrauch *(Cephalanthus occidentalis,* einer Rubiacee), der Urticacee *Boehmeria cylindrica* und der Oleacee *Forestiera acuminata* begleitet werden. Auf groben Kiesbänken und an steinigen Ufern mit sehr starker Strömung halten sich nur die Weide *Salix caroliniana* und der Seidenhaarige Hartriegel *(Cornus amomum)*. An den uferferneren Standorten bildet die Kanadische Schwarzpappel *(Populus deltoides)* ausgedehnte Dominanzbestände. Aufgrund der häufigen Überflutung und nachfolgender Bodenverlagerungen ist die Krautschicht sehr artenarm.

Bei zurückgehender Überflutungsdauer geht die Weichholzaue in die Hartholzaue über, in der Ulmen-Silberahorn-Wälder bestimmend auftreten, die am besten auf reichen Schlickböden entwickelt sind. In der oberen Baumschicht sind Silberahorn *(Acer saccharinum)*, Amerikanische Platane *(Platanus occidentalis),* verschiedene Eschen *(Fraxinus americana, F. nigra, F. pennsylvanica, F. quadrangularis)* und Eichen *(Quercus bicolor, Q. imbricata, Q. palustris, Q. alba)* dominant. Die untere Baumschicht ist von Eschenahorn *(Acer negundo)*, Amerikanischer Hainbuche *(Carpinus caroliniana)* und den Ulmen *(Ulmus campestris, U. fulva)* aufgebaut.

Daneben sind Schwarznuß *(Juglans nigra)*, Ohio-Roßkastanie *(Aesculus glabra)*, Nordamerikanischer Zürgelbaum *(Celtis occidentalis)* und Nordamerikanische Gleditschie *(Gleditsia triacanthos)* kennzeichnend. Ferner treten Amerikanischer Amberbaum *(Liquidambar styraciflua)*, Butternuß *(Juglans cinerea)* und Amerikanische Linde *(Tilia americana)* auf.

Unter den Lianen sind Uferweinrebe *(Vitis riparia)*, Fünfblättrige Jungfernrebe *(Parthenocissus quinquefolia)*, die aufgrund ihrer mit Haftscheiben versehenen Sproßranken gern für Fassadenbegrünungen verwendet wird, die Stechwinde *Smilax herbacea* und Amerikanischer Mondsame *(Menispermum canadense)* hervorzuheben. Strauch- und Krautschicht sind üppig entwickelt.

In kleineren Bachtälern im Gebirgsbereich stocken auf überschwemmten Flächen Bachauenwälder mit Erlen (vornehmlich *Alnus serrulata)* und Schwarzbirke *(Betula nigra).*

An verlandeten Gewässern oder in den nassen Randlagen (Lagg) der Hochmoore sind Moorgebüsche verbreitet, die von der meist strauchförmig bleibenden Runzelblättrigen Erle *(Alnus rugosa)* aufgebaut werden. Beigesellt sind der – mittels Wurzelschößlingen und sich bewurzelnden niederliegenden Zweigen – ausgedehnte Polykormone bildende Hartriegel *Cornus sericea (= C. stolonifera)* sowie Perlfarn *(Onoclea sensibilis)* und verschiedene Königsfarn-Arten *(Osmunda).*

Südbuchenwald in Nordpatagonien am Mt. Tronador, ca. 42° S und 1500 m NN

Der südamerikanische sommergrüne Laubwald

Sommergrüne Laubwälder sind im südlichen Amerika von Chile bis Feuerland verbreitet. Sie treten hier mit den Hartlaubgehölzen Mittelchiles, vor allem aber mit den von immergrünen *Nothofagus*-Arten aufgebauten Südbuchenwäldern in engen Kontakt, mit denen sie ein ähnliches Klimaregime teilen. Saisonale Trockenheit oder ausgeprägte kalte Jahreszeiten bzw. abnehmende Ozeanität begünstigen dann allerdings laubwerfende Gehölze.

Im Norden Chiles schiebt sich zwischen die Hartlaubgehölze und die valdivianische Regenwaldregion eine bezeichnende Zone mit sommergrünen Bäumen, von denen die 35 bis 40 m Wipfelhöhe erreichenden Südbuchen »Roble« *(Nothofagus obliqua)* und »Rauli« *(N. alpina)* die bezeichnendsten sind. In diesen Roble-Rauli-Wäldern treten nur an grundwassernahen oder luftfeuchten Standorten immergrüne Arten hinzu.

Patagonische und magellanische sommergrüne Wälder ziehen sich vornehmlich entlang der Ostabdachung der Anden von der Zone der immergrünen Nadelwälder mit Andentanne *(Araucaria araucana)* und Chilenischer Flußzeder *(Austrocedrus chilensis)* im Norden bis nach Feuerland im Süden. Von den immergrünen Wäldern der Westkordilleren sind sie durch das patagonische Inlandeis stellenweise über eine Strecke von mehr als 500 km getrennt.

An den Westhängen der Kordilleren bauen sie oberhalb der von den wärmebedürftigen »Coihue« *(Nothofagus dombeyi)* und »Guindo« *(N. betuloides)* gebildeten immergrünen Waldstufen den »Höhenwald« auf, der die Kampfzone gegen die baumfreien andinen Rasen- und Felsfluren darstellt.

Vegetationsbestimmend sind die beiden *Nothofagus*-Arten »Lenga« *(N. pumilio)* und »Ñire« *(N. antarctica)*. Letztere wird in der Regel kaum mehr als 3 bis 6 m hoch und nimmt mit den schlechtesten Böden vorlieb. Es treten nur wenige andere Gehölze oder Halbsträucher wie die

Johannisbeere *Ribes magellanicum*, *Escallonia-* und *Berberis*-Arten sowie die Torfmyrte *Pernettya mucronata* auf.

Häufig finden sich Kletterpflanzen der auf Südamerika beschränkten Korbblütlergattung *Mutisia*, namentlich *M. retusa* und *M. decurrens*, deren Blattfiedern und Blattspindeln zu Ranken umgebildet sind und deren kugeliger Fruchtstand mit seinen großen gefiederten Pappusstrahlen eine auffällige Erscheinung bildet.

Tropische Formenkreise sind nur noch in verschwindend geringer Zahl vorhanden. Hingegen wird der krautige Unterwuchs von Gattungen aufgebaut, deren Vertreter auch in mitteleuropäischen Laubwäldern kennzeichnend sind.

Besonders in den von Gletschern geschaffenen breiten und ebenen Trogtälern bedecken Moore große Flächen, in denen das Torfmoos *Sphagnum magellanicum* durch seine leuchtend rote Färbung physiognomisch bestimmend auftritt. Beigesellt sind der sehr niedrigwüchsige Einblütige Sonnentau *(Drosera uniflora),* die Torfmyrte *Pernettya pumila* sowie Sauergräser und Binsengewächse. Unter letzteren ist *Marsippospermum grandiflorum* mit vergleichsweise großen Blüten ausgestattet, die für den durch Windblütigkeit geprägten Verwandtschaftskreis ungewöhnlich sind. Vereinzelt kommt die Südbuche *Nothofagus antarctica* auf, die generell an moorigen Stellen und in Frostlöcher vorzudringen vermag.

Boreale Nadelwaldzone

Etwa 10 Stunden dauert der 8000-km-Flug von Tokio bis Moskau. Mehr als 7 Stunden – und das sind über 6000 km – führt der Flug dabei über die Nadelwaldtaiga – ein unendlich scheinendes Gebiet unvorstellbarer Weite und Unberührtheit, das wie ein gleichmäßig weggezogener Teppich unter den Augen vorübergleitet. Das Stanowoigebirge mit seinen rundkuppigen Bergzügen zeigt sich mit überaus licht stehenden, fast schütter wirkenden Nadelwäldern bestanden, und auch westlich davon herrscht das Bild einer Berglandschaft mit gerundeten Formen und lichter Taiga vor. Sie wird von vielen Flüssen durchzogen, die selbst Mitte Juni z. T. noch vereist sind. Am Jenissei, der sogar aus 10 000 m Höhe noch wie ein breites Band erscheint, ändert sich das Bild schlagartig: An die Stelle der bisherigen Bergtaiga tritt die Sumpf- oder Moortaiga der westsibirischen Ebene. Bis zum Ob, über mehr als 1000 km, blickt der Reisende auf geradezu endlose, unwegsame Sümpfe und Moore, die nur von schmalen, ganz locker mit Bäumen bewachsenen Riegeln unterbrochen werden. Erst im östlichen Vorland des Ural tritt wieder die Nadelholztaiga auf. Hier sind es aber verhältnismäßig dichte Wälder, die uns bis zum Oberlauf der Dwina begleiten und nach Westen zu immer stärker von landwirtschaftlichen Kulturflächen und Siedlungen durchsetzt werden.

Größe und Grenzen

Die boreale Nadelwaldzone, von der wir einen kleinen Ausschnitt aus der Vogelperspektive vorgestellt haben, ist mit weitem Abstand die größte Vegetationszone der Erde. Wenn man von den Ozeanen absieht, zieht sie sich ohne nennenswerte Unterbrechungen rund um die gesamte nördliche Halbkugel. In Eurasien erstreckt sie sich in West-Ost-Richtung am Polarkreis über etwa 7000 km, in Höhe des 60. Breitenkreises sogar über rund 8000 km und in Nordamerika über mehr als 5000 km. Die nord-südliche Ausdehnung beträgt in Eurasien wie in Nordamerika im Mittel etwa 1000 bis 1200 km, in manchen Teilen, wie zwischen Jenissei und Lena, sogar fast das Doppelte. Die boreale Nadelwaldzone umfaßt also ein geradezu riesiges Gebiet.

Trotz dieser Größe ist sie über weite Bereiche sehr einförmig in der Vegetation und auch verhältnismäßig einheitlich in wirtschaftlicher Hinsicht. Sie ist die einzige Vegetationszone der Erde, bei der hinsichtlich der Pflanzennutzung eindeutig die Holzgewinnung dominiert. Die borealen Wälder stellen für die Holzwirtschaft der Erde sogar einen überaus wichtigen Faktor dar. Fast 80 % des auf der Erde gewonnenen Nutzholzes ist Nadelholz; davon stammen etwa 70 % aus der borealen Zone. So wundert es nicht, daß in Ländern mit einem hohen Anteil an dieser Zone die Holzgewinnung und -verarbeitung einen wesentlichen Teil der Gesamtwirtschaft ausmachen (z. B. in Finnland oder Schweden) oder wie in Kanada sogar deren Hauptgrundlage darstellen. Auch in der ehemaligen Sowjetunion spielt die holzverarbeitende Industrie eine große Rolle, besitzt diese Region doch rund ein Viertel des Gesamtwaldbestandes der Erde! Bisher unterliegt allerdings nur ein relativ kleiner Teil der borealen Nadelwälder einer Nutzung, nämlich der verkehrsgünstiger gelegene. Riesige Gebiete des Nadelwaldgürtels sind bis jetzt noch so gut wie unberührt und harren der wirtschaftlichen Erschließung.

Die Grenzen der borealen Nadelwaldzone sind sowohl im Süden als auch im Norden vielfach nicht scharf zu ziehen, da Übergangsgebiete zu anderen Vegetationszonen bestehen.

Im ozeanisch beeinflußten Europa grenzen die borealen Nadelwälder südwärts an sommergrüne Laubmischwälder, wobei zwischen beiden ein Übergangsgebiet eingeschaltet ist, eine »boreonemorale Übergangszone«, in der entweder Mischbestände zwischen Laub- und Nadelholzarten auftreten, häufiger aber noch eine mosaikartige Mischung stattfindet, die meist von den Bodenverhältnissen abhängt. Im großen und ganzen läßt sich in Europa die Südgrenze der eigentlichen borealen Zone etwa mit der nördlichen Verbreitungsgrenze der Stieleiche *(Quercus robur)* gleichsetzen.

Im westlichen Sibirien grenzen die Nadelwälder im Süden an eine verhältnismäßig schmale Zone lichter Birkenwälder und in den östlichen kontinentalen Teilen Sibiriens an Steppen oder sogar Halbwüsten.

Ähnlich liegen die Verhältnisse in Nordamerika. Auch hier gehen die borealen Nadelwälder im östlichen, stärker atlantisch beeinflußten Teil, wie z. B. im Gebiet der Großen Seen, südwärts in sommergrüne Laubwälder über, während sie im kontinentaleren Westen an Prärien stoßen.

Im Norden schließt sich an den borealen Nadelwald überall die Tundra an. Mancherorts ist diese Grenze sehr scharf, vielfach aber lockert sich der Nadelwald inselartig auf, so daß eine sogenannte Waldtundra entsteht. Sie nimmt vor allem im östlichen Sibirien und in manchen Teilen von Nordamerika große Flächen ein. Unter den Geobotanikern bestehen unterschiedliche Auffassungen darüber, ob die Waldtundra noch zur Nadelwaldzone oder schon zur Tundra zu rechnen ist. Je nachdem, wie diese Zuordnung vorgenommen wird, ergeben sich z. B. verschiedene Angaben über die Flächenerstreckung dieser Vegetationszonen. Auf einige Fragen der Wald- und Baumgrenze wird im folgenden Abschnitt bei der Besprechung der Tundra noch eingegangen werden.

Klimabedingungen

Die Grenzen der borealen Nadelwälder wie auch ihre Ausdehnung sind klimatisch bedingt. Dort, wo das Klima für die großblättrigen Laubgehölze zu ungünstig wird, d. h. die Sommer zu kurz und die Winter zu lang werden, beginnt die Herrschaft

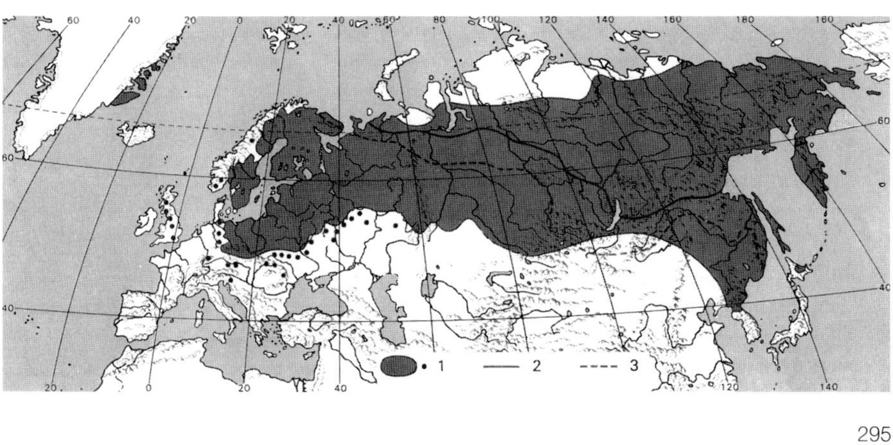

Verbreitung des Sumpfporstes *(Ledum palustre)* in Eurasien (1) und Südgrenze des geschlossenen Dauerfrostbodens (2) sowie Südgrenze des Frostbodens (3)

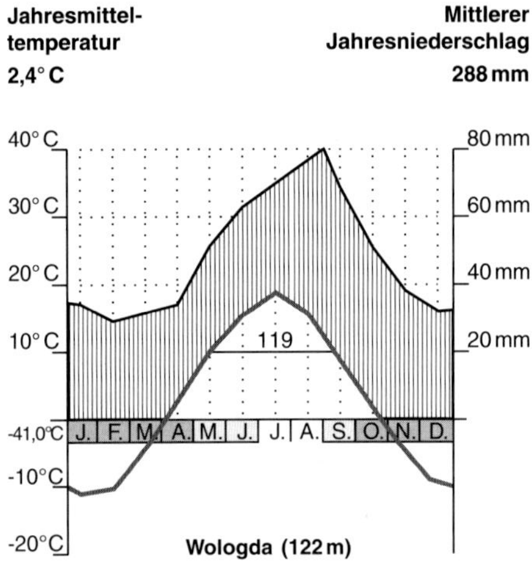

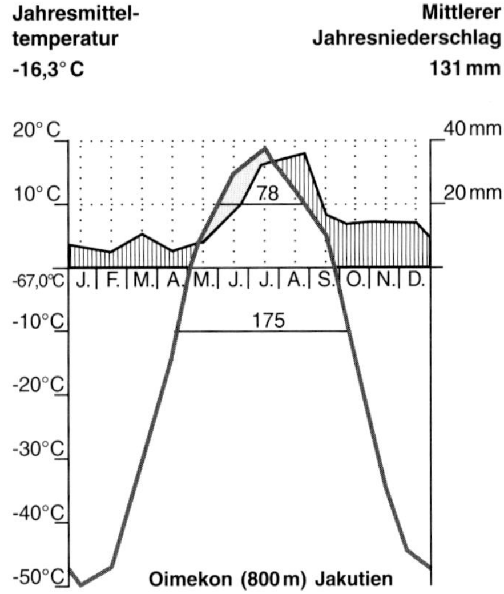

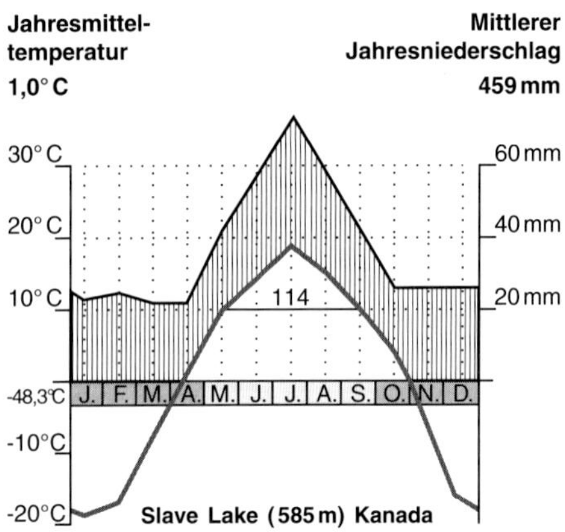

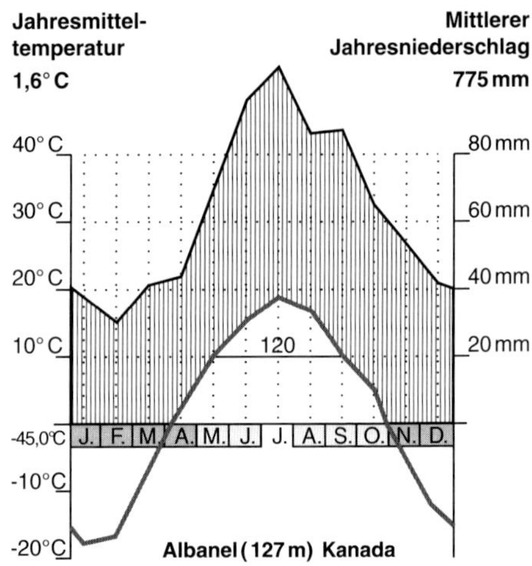

der Nadelwälder. Als begrenzende Werte können ein Tagesmittel von über 10 °C an weniger als 120 Tagen im Jahr und eine kalte Jahreszeit von über 6 Monaten gelten. Beträgt letztere jedoch etwa 8 Monate und weisen nur noch höchstens 30 Tage ein Tagesmittel von mehr als 10°C auf, können auch Nadelhölzer nicht mehr recht gedeihen. Hier liegt die Grenze zur arktischen Tundrenzone. Es ist also vor allem die Dauer der wärmeren Zeit – worunter die Tage mit Mittelwerten über 10°C verstanden werden –, die als begrenzender Faktor wirkt, nicht die Höhe der Sommertemperaturen an sich und auch nicht die Tiefe der winterlichen Temperaturen. Selbst im Bereich der Kältepole der Nordhalbkugel, im nordostsibirischen Werchojansk und in Oimekon, wo Wintertemperaturen von –60 °C nichts Seltenes sind, gedeihen durchaus noch Nadelwälder!

Selbstverständlich ist die Temperatur nicht der einzige Klimafaktor, der sich auf die Vegetationszusammensetzung oder auf die Grenzen der Nadelwaldzone auswirkt. Auch die Geländeform, die

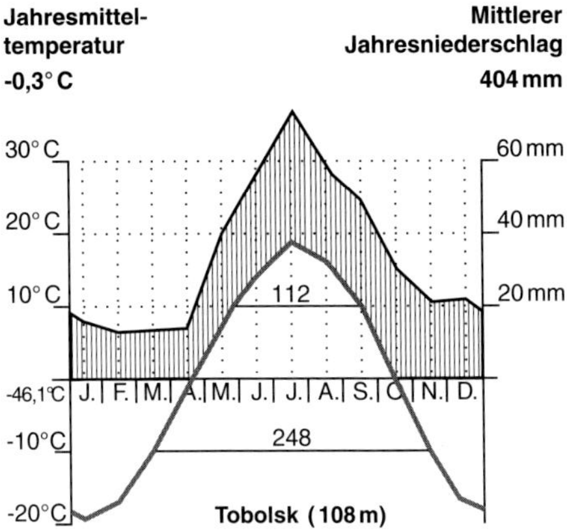

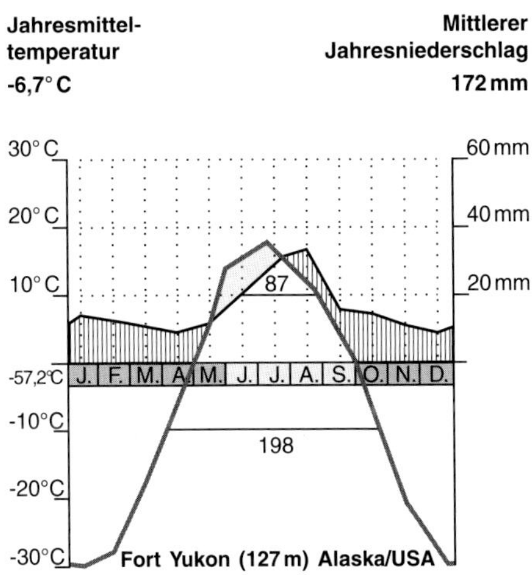

Klimadiagramme aus der borealen Nadelwaldzone des nördlichen Europas, Asiens und Nordamerikas

z. B. für Windwirkungen von Bedeutung ist, die Bodenverhältnisse usw. spielen hierbei eine Rolle. Jedoch wirken sich diese Einflüsse mehr kleinräumig aus.

Das Klima der borealen Zone ist auch keineswegs einheitlich, was bei der weiten Erstreckung verständlich ist. Es sind vor allem zwei Klimabereiche zu unterscheiden: ein kalt-ozeanischer und ein kalt-kontinentaler Bereich. Aus den Klimadiagrammen (s. Abb. oben) sind die Unterschiede deutlich zu ersehen. Der Vergleich von Stationen in Eurasien mit solchen aus Nordamerika zeigt aber auch, daß die Klimaverhältnisse beider Kontinente ganz ähnlich sind. In Eurasien reicht der kalt-ozeanische Typ von Skandinavien über Westsibirien bis zum Jenissei. Dieses Gebiet ist mit 400 bis 500 mm Niederschlägen im Jahresdurchschnitt noch verhältnismäßig niederschlagsreich. Die Niederschläge, die auch im Winter fallen und eine hohe Schneedecke bewirken, stammen vor allem von Luftmassen, die vom Atlantik herangeführt werden. Diese haben auch wesentlichen Einfluß auf die Tiefe der Wintertemperaturen, die ein starkes West-Ost-Gefälle aufweisen: Während die Winter in Skandinavien mit Mittelwerten von –7 bis –10 °C noch recht mild sind, betragen die Mittelwerte am Jenissei bereits um –30 °C. Insgesamt aber ist die Temperaturamplitude noch nicht allzu hoch (vgl. dazu die Klimadiagramme von Wologda, Albanel, Tobolsk und Slave Lake).

Der kalt-kontinentale Klimabereich erstreckt sich vom Jenissei bis zum Stillen Ozean, wobei der Jenissei dabei nicht nur für das Klima, sondern auch für die Vegetation, das Relief usw. eine schroffe Grenze zwischen West- und Ostsibirien darstellt. Diese Grenze beeindruckte frühere Forschungsreisende so stark, daß z. B. Gmelin sogar die Scheide zwischen Europa und Asien hier zu ziehen vorschlug.

In dem Gebiet stehen heißen, kontinentalen Sommern mit Hitzegraden von 30 bis 38 °C ungemein harte Winter mit Mittelwerten bis –50 °C und Extremtemperaturen über –60 °C gegenüber. Die Temperaturschwankungen, die unter anderem als Kennzeichen des Kontinentalitätsgrades gewertet werden, erreichen mit z. T. über 100 Grad Ausmaße, die größer sind als sonstwo auf der Erde. Das im Winter über Ostsibirien kräftig ausgebildete Luftdruckhoch bewirkt absteigende Luftströmungen und damit eine geringe Bewölkung sowie kaum Niederschläge. Die Winter sind daher sehr trocken, und bei der geringen Schneedecke – die z. B. bei Jakutsk nur 30 bis 40 cm beträgt – kann auch der Boden tief gefrieren. Das ist wiederum ein wichtiger Faktor für die Erhaltung des ewigen Frostbodens. Auch im Sommer fallen nur sehr wenig Niederschläge, die vor allem aus der Verdunstung der Vegetation und der Wasserflächen gespeist werden. Jahresniederschläge von weniger als 300 mm, stellenweise sogar von unter 150 mm entsprechen Verhältnissen, wie sie sonst in Halbwüsten und Wüstengebieten angetroffen werden (vgl. die Klimadiagramme von Oimekon und Fort Yukon)! Daß trotzdem genügend Wasser für die Vegetation vorhanden ist und humide Klimaverhältnisse vorliegen, hängt mit der Bodengefrornis zusammen. Aus den im Sommer auftauenden oberen Bodenschichten können die Pflanzen ihren Wasserbedarf decken.

Hier sei eingeschaltet, daß Dauerfrostböden fast im gesamten Ostsibirien vorkommen, in Westsibirien gut ein Drittel, aber in Nordeuropa nur einen schmalen Streifen am Nordrand des Nadelwaldgürtels einnehmen (s. Karte unten). Auch in Nordamerika sind sie weit verbreitet und kommen in Kanada in mehr als der Hälfte des borealen Gebietes vor. Mit ihnen hängt auch die starke Versumpfung bzw. Vermoorung zusammen, da das Wasser nicht in den Boden eindringen kann. Die »Ewige Gefrornis« ist wohl ein Überbleibsel der Eiszeit.

Auf der anderen Seite wird der Einfluß der Trockenheit in manchen Zügen der Vegetation und der Bodenbildung deutlich. In Jakutien treten z. T. schwarzerdeähnliche Steppenböden, ja sogar Solonez-Böden mit einer steppenartigen Vegetation auf.

Böden

Der am weitesten verbreitete Bodentyp der borealen Nadelwaldzone ist der Podsol, der sich hier auf fast jedem Muttergestein ausbildet (s. Bild S. 241). Als Folge zu geringer Wärme während eines großen Teiles des Jahres wird die mikrobielle Zersetzung der Nadelstreu gehemmt, so daß eine Rohhumusschicht entsteht. Bei der ständig hohen Durchfeuchtung des Bodens erfolgt eine Auswaschung der im Rohhumus gebildeten Humussäuren, die wiederum in dem darunterliegenden Mineralhorizont eine vollständige Auslaugung der Basen und Eisenverbindungen bewirken. So verbleibt in dieser Schicht schließlich nur ausgebleichter Quarzsand. Ein solcher Bleichhorizont ist für Podsole ebenso charakteristisch wie der in tieferen Schichten durch Ausfällung der Humussole und Eisenverbindungen entstehende dunkelbraune oder rostrote Anreicherungshorizont, die Orterde- oder Ortsteinschicht. Podsolbildung und Bodengefrornis wirken sich auf die Durchwurzelung gleichartig aus: Selbst Holzgewächse können nur die obersten Bodenhorizonte aufschließen und bilden lediglich ganz flache Wurzelteller. Das aber bedingt andererseits den lichten Charakter der Wälder, der noch durch die vorherrschenden schmalen Kronenformen verstärkt wird.

All dies hat selbstverständlich auch Einfluß auf die Zusammensetzung der Vegetation.

Die Vegetationsverhältnisse der borealen Nadelwälder

Holzarten

Keine andere Vegetationszone der Erde, sofern in ihr Wälder eine Rolle spielen, ist so extrem artenarm an Holzarten wie die borealen Nadelwälder.

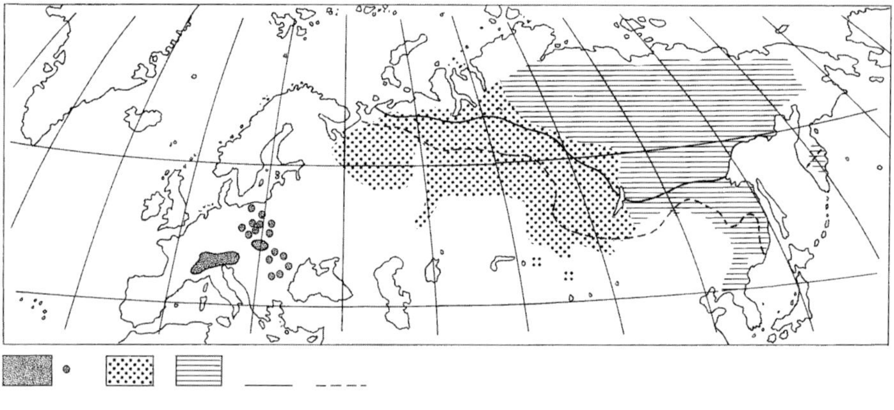

Die Verbreitung der wichtigsten Holzarten in den Teilgebieten der borealen Nadelwaldzone (z. T. nach Schmithüsen)

	Skandinavien	Rußland u. Westsibirien	Ostsibirien	Nordamerika westl.	Nordamerika östl.
Fichte *(Picea)*	Gemeine Fichte *(Picea abies)*	Sibirische Fichte	*(Picea obovata)*	Sitka-Fichte *(Picea sitchensis)*	Schimmelfichte *(Picea glauca)* Schwarzfichte *(Picea mariana)*
Kiefer *(Pinus)*	Gemeine Kiefer *(Pinus sylvestris)*				Bankskiefer *(Pinus banksiana)*
		Sibirische Zirbelkiefer	*(Pinus cembra* ssp. *sibirica)* Zwergkiefer *(Pinus pumila)*		
Tanne *(Abies)*		Sibirische Tanne	*(Abies sibirica)*	Balsamtanne *(Abies balsamea)*	
Lärche *(Larix)*		Sibirische Lärche *(Larix sibirica)*	Dahurische Lärche *(Larix dahurica)*	Amerikanische Lärche *(Larix laricina)*	
Birke *(Betula)*	Moorbirke		*(Betula pubescens)*		
	Hängebirke	*(Betula pendula)*	Haarbirke *(Betula tortuosa)* Ermansbirke *(Betula ermani)*	Kanubirke *(Betula papyrifera)*	
Pappel *(Populus)*	Aspe oder Zitterpappel	*(Populus tremula)*		*Populus tremuloides* Balsampappel *(Populus balsamifera)*	

Es sind eigentlich nur Vertreter von vier Nadelholzgattungen, die die Baumschicht bilden: Fichte *(Picea)*, Kiefer *(Pinus)*, Tanne *(Abies)* und Lärche *(Larix)* (s. oben). Dazu kommen, jedoch von ungleich geringerer Bedeutung, noch einige Arten der kleinblättrigen Laubhölzer Birke *(Betula)*, Pappel *(Populus)*, Erle *(Alnus)* und Weide *(Salix)*. In den einzelnen Teilgebieten werden diese Gattungen durch verschiedene, z. T. nahe verwandte Arten vertreten. Sie bilden manchmal schwer differenzierbare Formenkreise, und die Meinungen gehen sehr auseinander, ob sie als eigene Arten, Unterarten oder nur als Varietäten taxonomisch zu bewerten seien. Diesen Artenwechsel – eine geographische Vikarianz – soll die obenstehende Tabelle verdeutlichen.

Wenden wir uns nunmehr den wichtigsten Vegetationstypen im einzelnen zu, wobei wir uns vor allem auf den eurasischen Raum beschränken wollen.

Verbreitung verschiedener Lärchenarten in Eurasien und die Südgrenze von Frostboden

1 Europäische Lärche *(Larix decidua)*
2 Sibirische Lärche *(Larix sibirica)*
3 Dahurische Lärche *(Larix dahurica)*
4 Südgrenze des geschlossenen Dauerfrostbodens
5 Südgrenze des Frostbodens

Taiga

In Rußland werden die borealen Nadelwälder als Taiga bezeichnet. Dieser Begriff hat sich auch in der wissenschaftlichen Literatur eingebürgert, wird aber nur auf die borealen Nadelwälder Eurasiens bezogen, nicht dagegen auf die entsprechenden Wälder von Nordamerika, für die es eine zusammenfassende Bezeichnung nicht gibt.

Vor allem nach dem äußeren Erscheinungsbild werden einige Taigaformen unterschieden: dun-

Fichten-Birkentaiga in der mittleren borealen Zone Norwegens, 800 m NN. Die Bodenvegetation wird von Beerkräutern gebildet.

kle, lichte bzw. helle, Gebirgs- und Sumpftaiga. Meist koppelt man diese Bezeichnungen mit der vorherrschenden Holzart. Die weitere Untergliederung erfolgt vor allem nach der Bodenvegetation. Auch hier wird dominierenden Arten besondere Bedeutung beigemessen, da vielen Forschern aufgefallen ist, daß selbst unter verschiedenen Holzarten die Bodenflora weitgehend übereinstimmt; deshalb werden z. T. Paralleltypen der Bodenvegetation ausgeschieden. Ob diese jedoch auf die Untersuchungsmethoden, d. h. die Wertung von dominanten Arten als Hauptkriterium, zurückgeht oder ob tatsächlich eine Differenzierung nach der gesamten Artenkombination nicht möglich ist, müssen erst weitere Forschungen klären.

Die Gliederung der borealen Nadelwälder in Waldgesellschaften oder Waldtypen ist trotz der Artenarmut im einzelnen recht kompliziert, da wenigstens vier Faktorengruppen, die sich zudem überlagern können, eine Rolle spielen. So ergeben sich Differenzierungen nach den Nährstoffverhältnissen der Böden, dem Wasserhaushalt sowie in Süd-Nord- und auch in West-Ost-Richtung. Die letztgenannten sind vor allem klimatisch bedingt.

Dunkle Fichtentaiga

Fichten, und zwar die Gemeine Fichte *(Picea abies)*, stellen in der dunklen Fichtentaiga in Nordeuropa und die Sibirische Fichte *(Picea obovata)* im nordöstlichen europäischen Teil Rußlands und weiter östlich die Hauptholzarten dar. Oft gesellen sich zu diesen Sibirische Tanne *(Abies sibirica)* und Sibirische Zirbelkiefer *(Pinus cembra* ssp. *sibirica)*; auch die Moorbirke *(Betula pubescens)* ist nicht selten beigemischt.

Die Fichtenwälder weisen eine Dreischichtung auf, die Baumschicht, eine vielfach dürftig entwickelte Krautschicht und eine üppige Moosschicht. Eine Strauchschicht fehlt dagegen. Die auffallend spitzkronigen Fichten stehen – von den ärmeren Typen abgesehen – verhältnismäßig dicht und erreichen nicht selten einen Kronenschluß von 70 %; eben dies bedingt den »dunklen« Eindruck. Die dunkle Fichtentaiga stockt auf

An Stellen, die zur Versumpfung neigen, bildet die Krähenbeere *(Empetrum)* größere Bestände.

Podsolböden, die jedoch verhältnismäßig nährstoffreich, oft lehmig und gut durchfeuchtet sind. Die besten Wuchsleistungen werden auf gut drainierten, aber wasserzügigen Standorten erreicht.

Die verbreitetste und ökologisch geradezu »zentrale« Gesellschaftsgruppe der Fichtentaiga sind die Astmoos-Fichtenwälder. Sie stellen in ihren mannigfaltigen Untereinheiten die wuchskräftigsten, produktivsten und damit auch wirtschaftlich wichtigsten Taigawälder dar.

Die oft auffallend geringe Entwicklung der Krautschicht ist durch die starke Wurzelkonkurrenz der Gehölze gegenüber der Bodenflora bedingt. Die den Kräutern zur Verfügung stehende Menge an Nährstoffen bestimmt also viel stärker die Zusammensetzung dieser Schicht als etwa die Lichtverhältnisse. In der Krautschicht kommen viele Arten vor, die auch in Mitteleuropa in Nadelwäldern armer Standorte zu finden sind. Dazu gehören die mit Pilzen vergesellschafteten (mykotrophen) Vertreter der Heidekraut- und Wintergrüngewächse Heidelbeere *(Vaccinium myrtillus)* und Preiselbeere *(Vaccinium vitis-idaea)*, deren quantitativer Anteil je nach Bodengüte und Feuchtigkeit recht verschieden sein kann, sowie Moosauge *(Moneses uniflora)*, Birngrün *(Orthilia secunda)*, Wintergrünarten *(Pyrola* spec.*)* und Fichtenspargel *(Monotropa hypopitys).* Außerdem gedeihen an diesen Standorten saprophytische und gleichfalls mykotrophe Orchideen, wie Blattloser Widerbart *(Epipogium aphyllum)*, Kriechendes Netzblatt *(Goodyera repens)*, Korallenwurz *(Corallorhiza trifida)*, Kleines Zweiblatt *(Listera cordata)*, Nestwurz *(Neottia nidus-avis)*, Kapuzennacktdrüse *(Neottianthe cucullata)*, sowie etliche Farne und Bärlappe, wie Dorniger Wurmfarn *(Dryopteris carthusiana)*, Eichenfarn *(Gymnocarpium dryopteris)*, Buchenfarn *(Thelypteris phegopteris)*, Tannenteufelsklaue *(Huperzia selago)*, Sprossender Bärlapp und Gemeiner Flachbärlapp *(Lycopodium annotinum* und *complanatum).* Aus anderen Familien sind noch das Moosglöckchen *(Linnaea borealis)*, der Siebenstern *(Trientalis europaea)*, der Waldsauerklee *(Oxalis acetosella)*, das Alpenhexenkraut *(Circaea alpina)*, das Dreiblütige Labkraut *(Galium tri-*

florum), das Schattenblümchen *(Maianthemum bifolium)* oder die Haarhainsimse *(Luzula pilosa)* vertreten. Etliche der genannten Arten sind nicht ausschließlich auf die Astmoos-Fichtenwälder beschränkt, sondern treten auch in anderen Waldgesellschaften der borealen Nadelwaldzone auf.

Sehr üppig ist in diesen Wäldern dagegen die Moosschicht ausgebildet, die den Boden meist völlig bedeckt und oft 30 bis 40 cm Mächtigkeit erreichen kann. Sie setzt sich vorwiegend aus großen, z. T. 20 bis 30 cm langen Astmoosen zusammen, wie Glänzendem Hainmoos *(Hylocomium splendens)*, Rotstengelmoos *(Pleurozium schreberi)*, Farnwedelmoos *(Ptilium crista-castrensis)*, Kranzmoos *(Rhytidiadelphus triquetrus)*, Gabelzahnmoosen *(Dicranum)* u. a.

Bei höherem Grundwasserstand und an Stellen, die zeitweise zur Versumpfung neigen, nimmt die Rohhumusdecke an Mächtigkeit zu und leitet zur Torfbildung über. Die Fichten können sich hier nicht mehr optimal entwickeln, und in der sehr üppigen Moosschicht, die bis 80 cm mächtig sein kann, gelangt das Gemeine Widertonmoos *(Polytrichum commune)* zur Vorherrschaft. Diese Widertonmoos-Fichtenwälder zeigen eine beginnende Vermoorung an und führen zu den Torfmoos-Fichtenwäldern, die vor allem in flachem, versumpftem bzw. vermoortem Gelände anzutreffen sind. Außer den obengenannten Zwergsträuchern (Heidelbeere, Preiselbeere) gelangen hier Arten zu stärkerer Entwicklung, die in geringerem Maße schon in den *Polytrichum*-Fichtenwäldern auftreten, wie Rauschbeere *(Vaccinium uliginosum)*, Sumpfporst *(Ledum palustre)*,Torfgränke *(Chamaedaphne calyculata)*, Gemeine Krähenbeere *(Empetrum nigrum)* u. a.; in der Moosschicht dominieren verschiedene Torfmoosarten *(Sphagnum* spec.*)*. Die Fichte gedeiht an solchen Standorten nur recht kümmerlich, erreicht kaum 40 bis 50 % Kronenschluß und bringt fast keinen Holzertrag. Selbst 200 Jahre alte Bäume erreichen z. T. nur einen Stammdurchmesser von 14 cm und eine Höhe von etwa 11 m! Zunehmende Torfbildung führt schließlich zu einer derartigen Nährstoffarmut, daß die Fichte von der Kiefer abgelöst wird. Diese ist die wichtigste Holzart der Torfmoos-Kiefernwälder der Waldhochmoore.

Sehr viel artenreicher sind Fichtenwälder, die auf nährstoffreichen, besonders kalkhaltigen Böden wachsen. In diesen krautreichen Fichtenwäldern treten bereits Arten auf, die kennzeichnend für die Laubwaldzone sind. Dies gilt auch für die südlichen Fichtenwälder, in denen Linden, Ahorne und Ulmen sowie Sträucher hinzutreten, die zu Laubwäldern überleiten.

Den genannten eurasischen Fichtenwaldtypen entsprechen im borealen Nordamerika ganz ähnliche Waldtypen. Nur ist dort die Schimmelfichte *(Picea glauca)* die vorherrschende und zugleich wirtschaftlich wichtigste Holzart, und einen verhältnismäßig hohen Anteil besitzt oft die Balsamtanne *(Abies balsamea)*.

Lichte Kieferntaiga

Im Gegensatz zu den Fichtenwäldern werden die im borealen Eurasien häufig auftretenden Kiefernwälder als lichte Taiga bezeichnet. Da die Gemeine Kiefer *(Pinus sylvestris)* als anspruchslose Holzart auf sandigen und nährstoffarmen Böden und dabei sowohl auf sehr trockenen als auch auf nassen Standorten gedeihen kann, vermag sie auch Flächen zu besiedeln, an denen andere Nadelhölzer kein Fortkommen finden. Vielfach kommt die Kiefer auf Brandflächen vor, wie sie ein mitunter einige hundert Jahre dauerndes Zwischenstadium bildelt, bis sich in ihrem Schutz wieder Fichten durchsetzen. Da es in solchen Zeiträumen wiederholt zu Bränden kommen kann, bleiben Kiefernwälder faktisch dauernd bestehen, und ein nicht geringer Teil der nordeuropäischen Kiefernwälder geht auf solche Verhältnisse zurück.

Die Gliederung der Kiefernwälder weist viele Übereinstimmungen mit der der Fichtenwälder auf. Auch hier nehmen an Zwergsträuchern reiche Astmoos-Kiefernwälder eine zentrale Stellung ein, die bei zunehmender Vermoorung über Widertonmoos-Kiefernwälder schließlich zu Torfmoos-Kiefernwäldern führen. Baumbestandsbildend kommt die Kiefer allerdings nur auf solchen Waldmooren vor, deren Torfmächtigkeit nicht mehr als 70 bis 80 cm beträgt. Unter diesen Bedingungen können die Wurzeln nämlich noch den Mineralboden erreichen, und die Kiefern weisen mit Stammhöhen von 10 bis 15 m annehmbare Wuchsleistungen auf. Bei mächtigeren Torfschichten vermag auch die Kiefer nur noch zwerghafte Krüppel zu bilden: Das Waldhochmoor geht damit in ein baumfreies Hochmoor über.

Das andere Extrem wird auf flachgründigen Urgesteinsböden oder stark podsolierten, sehr trockenen Sanden erreicht, wo das verfügbare

Bodenwasser zum begrenzenden Faktor wird und die Wurzelkonkurrenz der weitständigen Kiefern so stark ist, daß als Bodenbewuchs nur noch Strauchflechten gedeihen, die mit atmosphärischem Wasser auskommen. Es handelt sich vor allem um Rentierflechten *(Cladonia rangiferina)*, das zu den Schüsselflechten gehörende Isländische Moos *(Cetraria islandica)* und Strauchflechten aus der artenreichen Gattung *Cladonia*. In solchen Flechten-Kiefernwäldern kann auch ein Kiefernjungwuchs nur dort aufkommen, wo ein Baum abgestorben ist und damit die Wurzelkonkurrenz aufhört.

In Nordamerika spielen Kiefern eine viel geringere Rolle. Auch wenn die ökologischen Ansprüche der Bankskiefer *(Pinus banksiana)* in vielem denen der Gemeinen Kiefer gleichen, ist jene Art jedoch weit weniger konkurrenzkräftig und daher meist auf die ärmsten Sandböden oder sehr flachgründigen Standorte beschränkt.

Helle Lärchentaiga

Als dritte Gruppe haben auch Lärchenwälder im borealen Eurasien eine ungemein große Ausdehnung. Allein in Sibirien nehmen sie etwa 2,5 Mill. km^2 ein, das ist rund ein Viertel der Fläche von ganz Europa! Vor allem östlich des Jenissei ist die Lärchentaiga die vorherrschende Waldformation. Ihre wichtigste Holzart, die Dahurische Lärche *(Larix dahurica)*, erweist sich mit ihrem flachstreichenden Wurzelsystem besonders gut den Standortbedingungen auf ewigem Frostboden angepaßt, wo die sommerliche Auftautiefe selten mehr als 1,5 m, oft sogar nur 25 bis 30 cm beträgt. Je nach den Standortgegebenheiten werden auch bei der Lärchentaiga viele Waldtypen unterschieden, in denen fast durchweg Zwergsträucher aus der Familie der Heidekrautgewächse eine große Rolle spielen.

Weite Verbreitung hat die auf Lehmböden und kalkreichen Karbonatböden vorkommende Preiselbeer-Lärchentaiga. Obwohl die Lärche hier mit Stammhöhen von z. T. mehr als 20 m recht gutwüchsig ist und einen Kronenschluß von 50 bis 80 % erreicht, ist noch genug Licht für die Entwicklung eines reichen Unterholzes vorhanden, das sich vor allem aus Sibirischem Wacholder *(Juniperus sibirica)*, Mandelrose *(Rosa acicularis)* und anderen Arten zusammensetzt. Zwischen den Sträuchern treffen wir häufig die windende Sibirische Waldrebe *(Clematis sibirica)* an, und in der Krautschicht dominiert oft die Preiselbeere. Auch Echte Bärentraube *(Arctostaphylos uva-ursi)*, Fingerkuhschelle *(Pulsatilla patens)*, Bärlappe u. a. kommen nicht selten vor.

Ebenfalls große Flächen nimmt auf mäßig podsolierten sandigen Böden bei einer gewissen Vernässung die feuchte Lärchentaiga ein. Unter der auffallend lichten Baumschicht, die höchstens 50 %, oft sogar nur 30 % und weniger Bestandesdichte aufweist, herrschen an Zwergsträuchern entweder Sumpfporst *(Ledum palustre)* oder Rauschbeere *(Vaccinium uliginosum)* vor, unter denen eine dichte Moosdecke ausgebildet ist.

Bei fortschreitender Versumpfung, wie sie vor allem auf flachen Wasserscheiden eintritt, geht die feuchte Lärchentaiga in eine Moos- oder Torfmoos-Lärchentaiga über. Hier beginnt der Dauerfrost im Boden schon innerhalb der Moosschicht, oft bereits in 30 cm Tiefe. Die ganz locker stehenden Lärchen werden selbst bei einem Alter von 300 bis 400 Jahren nur 5 bis 8 m hoch und erreichen lediglich einen Stammdurchmesser von etwa 10 cm. Die Lärche ist hier so langlebig, weil sie am Stamm Adventivwurzeln zu bilden vermag, wodurch sie auch in wachsenden Mooren gedeihen kann. Im Unterwuchs kommen Zwergbirke *(Betula exilis)*, Strauchbirke *(Betula fruticosa)*, *Rhododendron parviflorum*, Alpen-Bärentraube *(Arctostaphylos alpinus)*, Moosbeere *(Vaccinium oxycoccos)*, Wollgras *(Eriophorum)* u. a. vor.

Die Moore der borealen Nadelwaldzone

In der borealen Nadelwaldzone stellen die außerordentlich weitverbreiteten Moore ein bedeutendes Landschaftselement dar. In Finnland entfallen z. B. 30 % der Gesamtfläche des Landes auf Moore. Das westsibirische Tiefland um den Ob und Irtysch ist fast ganz von Mooren bedeckt; allein das größte Moor dieses Gebietes in Wasjufanie ist mit etwa 54 000 km^2 halb so groß wie Ostdeutschland. Im nördlichen Nordamerika stellt die Hudsonbuchtniederung ein solches Gebiet dar, und ähnlich sind die Verhältnisse teilweise in Kamtschatka, Alaska und Labrador.

Die Moorbildung wird in der borealen Zone durch mehrere Faktoren begünstigt: einmal durch das humide Klima, bei dem die Niederschläge

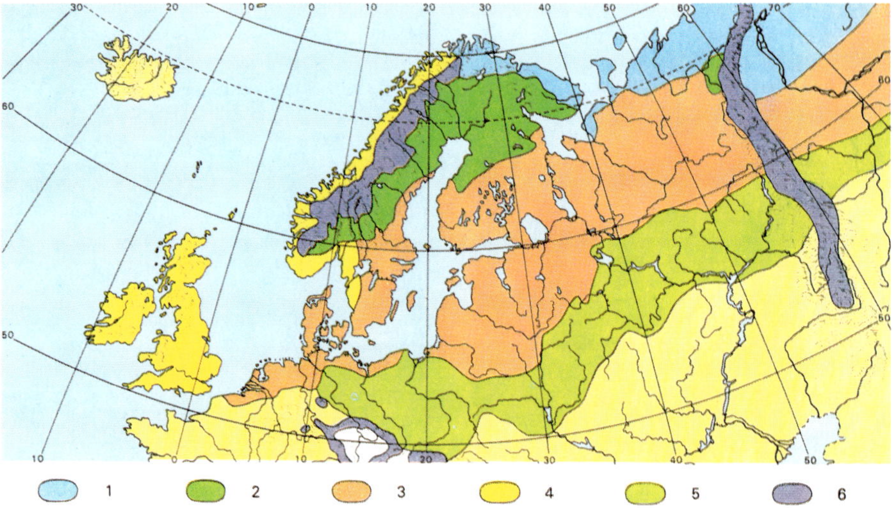

Die Moortypen in Europa

1 Palsenmoore, 2 Aapa-Moore, 3 Hochmoore, 4 Deckenmoore, 5 Waldhochmoore, 6 Gebirgsmoore

höher als die Verdunstung sind und daher ein Wasserüberschuß vorhanden ist, zum anderen durch die weitverbreiteten armen und sauren Podsolböden, bei denen die Ortsteinschicht einen wasserstauenden Horizont bildet, oder durch den Frostboden, der sich ebenso auswirkt, oder schließlich durch die Geländeform. Weite Gebiete sind sehr eben, und dementsprechend liegt der Grundwasserspiegel recht hoch. Auch Waldbrände fördern die Vermoorung.

Das Mikroklima der Moore weicht von dem der Umgebung in verschiedener Hinsicht ab. Am Tage verdunsten die Moore mehr Wasser als eine offene Wasserfläche. Daher erwärmt sich die Mooroberfläche, solange sie feucht ist, weniger als die Umgebung. Wenn jedoch die oberste Schicht austrocknet, erfolgt eine sehr starke Erwärmung an der Oberfläche, während infolge der schlechten Wärmeleitfähigkeit des Torfes schon in 10 oder 12 cm Tiefe die Temperaturen bis zu 20 Grad niedriger sein können. Auch nachts sind die Moore viel kälter als ihre Umgebung. Im Frühjahr treten Fröste noch wesentlich später auf, und im Herbst setzen sie bereits früher ein. Das Lokalklima der Moore ist somit ausgesprochen kontinental, und deshalb ist verständlich, daß boreale Florenelemente sowie selbst Relikte der Eiszeiten auf Mooren bis weit nach Mitteleuropa hinein vorkommen können. Der größte Teil der borealen Moore gehört nach der Herkunft des Wassers zu zwei Hauptformen: den topogenen oder den ombrogenen Mooren.

Topogene Moore

Die topogenen Moore sind an das Grundwasser gebunden und nehmen daher die am tiefsten gelegenen Geländepartien ein. Sie treten in vermoorenden Senken und Tälern auf und tragen je nach Nährstoffreichtum eine sehr verschiedene Vegetation. Bei kalkreichem Wasser entstehen basiphile bis neutrophile Seggen-Braunmoos-Moore, die recht artenreich sind. Sie setzen sich vorwiegend aus niedrigen Seggenarten zusammen, wie Fadenwurzelsegge *(Carex chordorrhiza)*, Fadensegge *(Carex lasiocarpa)*, Drahtsegge *(Carex diandra)*, Zierlichem Wollgras *(Eriophorum gracile)*, Moorreitgras *(Calamagrostis stricta)*, Fieberklee *(Menyanthes trifoliata)*, Sumpfblutauge *(Comarum palustre)* u. a., sowie Astmoosen, die vielfach eine eigenartige gelblichbraune Färbung aufweisen (daher »Braunmoose«), wie *Drepanocladus*-Arten, *Paludella squarrosa, Scorpidium scorpioides, Meesea triquetra, Camyphylium stellatum, Cratoneuron, Camptothecium, Calliergon* usw. Nicht selten gedeihen auf diesen Mooren auch die Niedrige Birke *(Betula humilis)* und verschiedene Weiden. Bei nährstoffarm-saurem Grundwasser bilden sich Torfmoos-Seggen

*(Sphagnum-)*Moore, die in ihrer Pflanzendecke kaum von echten Torfmooren, also ombrogenen Mooren, zu unterscheiden sind und später oft auch in solche übergehen.

Ombrogene Moore

Die ombrogenen Moore sind in der Wasserversorgung auf Niederschläge angewiesen und daher sehr nährstoffarm und sauer. Wie bereits auf Seite 275 dargestellt, stellen die für die Bildung der Regenmoore wichtigsten Pflanzen die Torfmoose *(Sphagnum*-Arten) dar. Da sie am oberen Ende dauernd weiterwachsen, unten aber absterben und vertorfen, kommt es zu einer Aufhöhung der Mooroberfläche, die im Zentrum des Moores meist am größten ist. Es entsteht die typische uhrglasförmige Wölbung von Regenmooren. Am Rand fallen diese Moore relativ steil ab und gehen in einen mesotroph-sauren Randsumpf über, der als Lagg bezeichnet wird. In großen Regenmooren erreichen die Aufwölbungen im Zentrum bis zu 10 m. Ein besonderes Phänomen dieser großen Moore ist das Zusammenwachsen von größeren Kolken und Blänken, aus denen schließlich regelrechte Moorseen hervorgehen.

Die Oberfläche der Regenmoore ist meist nicht eben, sondern weist ein mosaikartiges Muster von kleineren Erhebungen, den Bulten, und dazwischenliegenden nassen Einsenkungen, den Schlenken, auf. Diese geht auf unterschiedliche Feuchtigkeitsansprüche der einzelnen Torfmoosarten zurück. In den Schlenken wachsen solche Arten wie Gekrümmtes Torfmoos *(Sphagnum recurvum)* oder Spitzblättriges Torfmoos *(Sphagnum cuspidatum)*, die eine gelegentliche Austrocknung vertragen, wie das rote *Sphagnum magellanicum* oder das bräunliche *Sphagnum fuscum*, die Bulte aufbauen.

Auch Blütenpflanzen, an denen ombrogene Moore allerdings recht arm sind, zeigen diese Differenzierung: In Schlenken wachsen vor allem Blasenbinse *(Scheuchzeria palustris)*, Schlammsegge *(Carex limosa)* und Weißes Schnabelried *(Rhynchospora alba)*. Auf den Bulten, die vielfach ebenfalls eine deutliche Mikrostufenfolge von unten nach oben aufweisen, solche Sippen wie Scheidiges Wollgras *(Eriophorum vaginatum)*, Sonnentau *(Drosera)*, Moosbeere *(Vaccinium oxycoccos)*, Rosmarinheide *(Andromeda polifolia)* und schließlich etliche Zwergsträucher, wie Rauschbeere *(Vaccinium uliginosum)*, Gemeine Krähenbeere *(Empetrum nigrum)*, Torfgränke *(Chamaedaphne calyculata)*, ja selbst Preisel- und Heidelbeere *(Vaccinium vitis-idaea* und *myrtillus)*. Die Spitze der Bulte kann so trocken werden, daß die Torfmoose von dem Steifen Widertonmoos *(Polytrichum strictum)* oder sogar von Flechten abgelöst werden, womit das Bultwachs-

Profilschnitt durch ein Mittelgebirgs-Regenmoor als Sattelmoor (in Anlehnung an das Bohrprofil NSG Friechrichsheider Hochmoor Krs. Aue) 800 m über NN

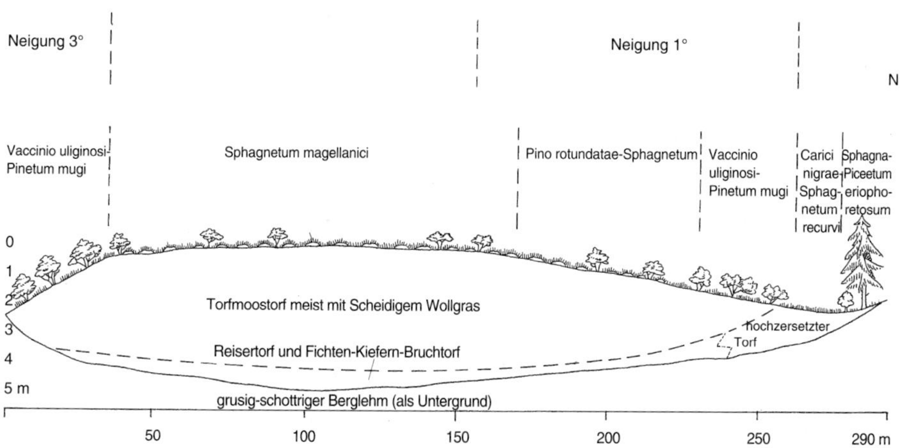

Profil 10fach überhöht

Birkenbruch mit *Potentilla fruticosa*

tum zum Stillstand kommt. Auf den trockeneren Bulten siedeln sich nicht selten Kiefern oder Birken an, die allerdings niedrig bleiben und bei einem erneuten Wachstum der Bulte absterben.

Sowohl nasse, baumfreie Torfmoos-Regenmoore als auch zwergstrauchreiche Ausbildungen sind in Nordosteuropa und Westsibirien sehr verbreitet. In Ostsibirien treten solche Moore jedoch seltener auf, da die Niederschläge zu gering sind. Ähnlich ist es in Nordamerika, nur kommen hier z. T. andere, vikariierende Arten vor. Erwähnt sei aus diesem Gebiet nur die insektenfressende *Sarracenia purpurea* mit ihren auffallenden Schlauchblättern, die man in solchen ombrogenen Hochmooren antreffen kann.

Die in Eurasien und in Nordamerika gleichfalls sehr häufigen Waldmoore hatten wir bereits vorgestellt.

Strangmoore

Vor allem im mittleren und nördlichen Skandinavien, aber auch im subarktischen Nordamerika ist ein anderer Moortyp vorherrschend: die Strang- oder Aapa-Moore. Sie entwickeln sich auf gering, manchmal kaum merklich geneigtem Gelände über wasserundurchlässigem Substrat oder Dauerfrostboden und bestehen aus etwas höheren, senkrecht zur Hangrichtung verlaufenden, langgestreckten Strängen, zwischen denen sich Vertiefungen befinden, die durchaus mehrere hundert Meter lang sein können. Die Aapa-Moore weisen daher eine Art Terrassierung auf. Die unbetretbaren Vertiefungen, die in Finnland als Rimpis, in Schweden als Flarke bezeichnet werden, sind schlammig, mit Wasser erfüllt und werden vor allem von Seggen *(Carex)*, Wollgräsern *(Eriophorum)*, Fieberklee *(Menyanthes)* und Braunmoosen eingenommen. Die Vegetation der Stränge entspricht etwa der der Regenmoore. Für die Strangbildung spielen das Bodeneis, das sich bis weit in den Hochsommer hinein hält, sowie eine seitliche Schubwirkung der Eisdecke der Rimpis eine Rolle.

Arktische Tundrenzone

Nördlich des borealen Nadelwaldgürtels erstreckt sich das Reich der Tundra. Die Bezeichnung wird von dem finnischen Wort tunturi abgeleitet, das soviel wie flacher, baumloser Hügel bedeutet. Die Wald- und Baumlosigkeit ist auch in der Tat einer der auffälligsten Wesenszüge dieser Vegetationsform. Zur arktischen Tundrenzone wird jedoch nicht nur das Gebiet der eigentlichen Tundra gerechnet, sondern auch der Übergangsbereich zu den Nadelwäldern, die Waldtundra. Die arktische Baumgrenze verläuft also vielfach innerhalb dieser Vegetationszone.

Tundren sind sowohl in Eurasien als auch in Nordamerika weit verbreitet. Sie erstrecken sich in einem fast ununterbrochenen Gürtel über die nördlichsten Gebiete der Kontinente rund um den Nordpol, d. h., sie haben eine zirkumpolare Verbreitung. Die von Tundren eingenommene Fläche ist erheblich größer, als vielfach angenommen wird. Allein in Eurasien entfallen auf sie (einschließlich der Waldtundra) etwa 3,25 Mill. km^2, wovon der allergrößte Teil auf dem Gebiet der ehemaligen Sowjetunion liegt. Mit einem Anteil von 14,7 % an der Gesamtfläche der ehemaligen UdSSR stellen die Tundren hinter den borealen Nadelwäldern sogar die flächenmäßig zweitgrößte Vegetationszone dar! Auch in Nordamerika nehmen Tundren gewaltige Flächen ein.

Auf Gebirgszügen reicht die Tundra als Gebirgswaldtundra und Gebirgstundra z. T. weit nach Süden. Besonders im mittleren und nordöstlichen Sibirien sind diese Vegetationsformen über große Gebiete vorherrschend (s. Karte S. 90/91). Auf der Südhalbkugel dagegen ist eine tundrenartige Vegetation so gut wie nicht ausgebildet.

Aapa-Moor in Mittelnorwegen, 800 m NN, eingebettet in boreale Wälder

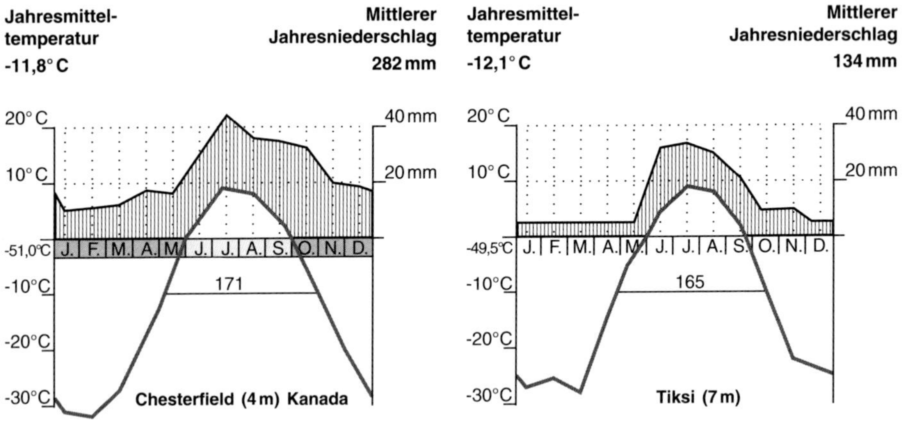

Klimadiagramme aus der arktischen Tundrenzone Nordamerikas, Asiens und Europas

Klimabedingungen

Mit dem Wort Arktis verbindet sich wohl bei jedem unbewußt die Vorstellung von eisiger Kälte, Unwirtlichkeit und Lebensfeindlichkeit. Betrachten wir zunächst, was Klimadiagramme in dieser Hinsicht aussagen. Wir wählen dazu die Diagramme von Sosnowez, einer typischen Tundrastation, die am Polarkreis im Osten der Halbinsel Kola liegt, von Tiksi an der Lenamündung im kontinentalen Nordsibirien sowie von Chesterfield an der Hudsonbucht in Nordamerika. Ein Blick auf den Verlauf der Temperaturlinien zeigt, daß die Sommer sehr kühl und kurz sind. Hierin liegt bereits ein wesentlicher Zug des Klimas der arktischen Zone. Im Sommer wird ein Monatsmittel von 10 °C nur selten überschritten, vielfach sogar nicht einmal erreicht. Allerdings liegen die Monatsmittel in den Sommermonaten stets über 0 °C. Wenn der wärmste Monat nur einen Mittelwert um den Gefrierpunkt oder wenig darüber aufweist, gehört das Gebiet im allgemeinen schon zu den polaren Kältewüsten.

Auf das pflanzliche Leben wirken sich aber nicht nur die Temperaturverhältnisse begrenzend aus, sondern in hohem Maße auch deren Dauer. Die Vegetationsperiode ist im Bereich der Tundrenzone extrem kurz. In der südlichen Tundra beträgt sie 3 bis 3,5 Monate; sie beginnt erst im Juni und endet bereits im September. Die meisten Tundrengebiete weisen aber nur eine Vegetationszeit von 2 bis 2,5 Monaten auf, und an der Grenze zur Kältewüste beträgt diese Zeitspanne nur noch 1 bis 1,5 Monate. Eine frostfreie Zeit gibt es im ganzen Tundrenbereich praktisch überhaupt nicht; auch im Sommer können immer Fröste auftreten.

Ein weiteres Kennzeichen der Tundrenzone sind die durchweg sehr geringen Niederschlagsmengen. Sie erreichen im Jahr selten mehr als 300 mm, oft sogar nur 200 oder 150 mm, und dementsprechend gering ist auch die Schneedecke. Diese beträgt meist nur 10 bis 50 cm und reicht oft nicht aus, um die Pflanzen zu schützen. Dazu kommt noch, daß der Schnee bei den häufigen Stürmen oft weggeblasen wird. Der Windschliff ist daher für die arktische Vegetation von sehr großer Bedeutung. Mit den geringen Schneemengen hängt auch der Permafrost zusammen und mit diesem wiederum das Bodenfließen (die Solifluktion), eine in der ganzen Arktis weitverbreitete Erscheinung.

Einen anderen für den Pflanzenwuchs wichtigen Faktor zeigen die Klimadiagramme allerdings nicht, nämlich die Beleuchtungsdauer. Während des Sommers herrscht in diesen Gebieten bekanntlich Dauertag, der kaum durch eine Dämmerung unterbrochen wird und bei dem auch die Tagesschwankungen der Temperatur ziemlich gering sind. All dies ist für die Stoffproduktion der Pflanzen von entscheidender Bedeutung. Trotz der geringen Einstrahlung durch den tiefen Sonnenstand können infolge der ununterbrochenen Photosynthese genügend Stoffreserven gebildet werden.

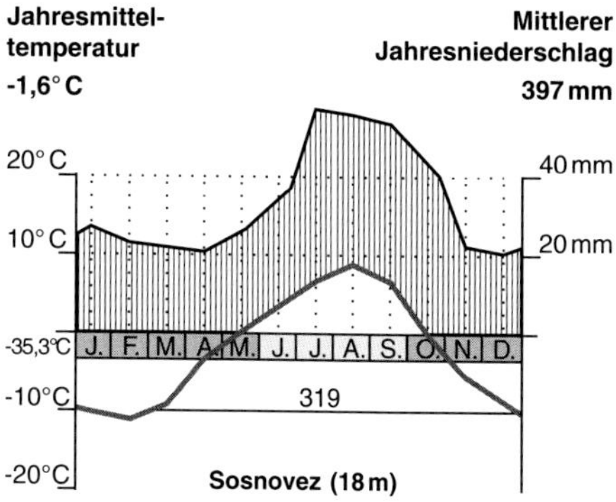

Die Vegetationsverhältnisse der arktischen Tundra

Obwohl sich die Tundrenzone über riesige Entfernungen erstreckt, ist ihre Flora sehr artenarm. In den einzelnen Tundrengebieten überschreitet die Artenzahl der Blütenpflanzen kaum 200 bis 300, und in den arktischen Kältewüsten sind es sogar oft weniger als 100 oder sogar nicht einmal 50 Arten. Keine andere Vegetationszone zeichnet sich durch eine so große Einheitlichkeit und zugleich Einförmigkeit der Flora und Vegetation aus. Die Einheitlichkeit geht offenbar auf die guten Ausbreitungsmöglichkeiten zurück, die Tundrenpflanzen durch die Verwehung von Samen und Früchten über Schnee- und Eisdecken während der oft stürmischen Winterszeit haben. Selbst zugefrorene Meeresteile können so leicht überwunden werden. Unterschiede in der Tundrenvegetation bestehen vor allem in zweierlei Hinsicht: einmal verständlicherweise in süd-nördlicher Richtung entsprechend dem generellen Temperaturgefälle sowie der unterschiedlichen Dauer der Vegetationszeit und zum anderen zwischen jungen und älteren Besiedlungsgebieten. Diejenigen Gebiete nämlich, die in den Eiszeiten von Inlandeis oder Gletschern bedeckt waren und erst nach den Eiszeiten von der Vegetation wieder eingenommen werden konnten, wie Nordeuropa oder das östliche Nordamerika, sind wesentlich artenärmer als die im Pleistozän eisfrei gebliebenen Gebiete Ostsibiriens oder Alaskas (s. Karte auf S. 64).

Wenn wir von der »Einförmigkeit« der Tundrenzone gesprochen haben, so bezieht sich das vor allem auf den Vergleich mit anderen Vegetationszonen. Selbstverständlich gibt es auch in der Tundra mannigfache Differenzierungen und verschiedene Ausbildungen, über die im folgenden ein Überblick gegeben werden soll. In groben Zügen entspricht die Darstellung etwa einem Profil, wie es sich bei einer Durchquerung der Tundrenzone von Süd nach Nord darbietet.

Waldtundra

An ihrer Nordgrenze lockern sich die geschlossenen borealen Nadelwälder vielfach allmählich, aber zunehmend auf. Es entstehen baumfreie Stellen, die immer häufiger werden. Die niedrigen und oft nur krüppelig wachsenden Bäume haben Abstände von 10 m und mehr voneinander. Zwischen ihnen breiten sich Zwergsträucher, Zwergbirken, niedrige Weiden usw. aus. Schließlich bleiben nur noch einzelne Waldinseln übrig, und auch diese sind vor allem auf windgeschützte Stellen, besonders in Flußtälern, beschränkt. Dieser Grenzbereich zwischen Wald und Tundra ist die Waldtundra, ein Vegetationstyp, der in manchen Gebieten nur eine verhältnismäßig schmale Zone einnimmt, sich oft aber auch in Nord-Süd-Richtung über Hunderte von Kilometern erstreckt. Es ist ein ausgesprochener Übergangsbereich, so daß es oft schwerfällt oder fast unmöglich ist, eine klare Grenze zwischen diesen beiden Vegetationszonen zu ziehen.

Den Eindruck, den die Waldtundra auf Reisende macht, hat aus dem nördlichen Jakutien der Naturforscher Seroschewski anschaulich geschildert. »Der Wald ist kümmerlich. Vorzeitig gealtert, bedeckt mit bärtigen Flechten, mit spärlichem gelblichem Grün auf wenigen lebenden Schößlingen, mit vertrockneten, oft abgebrochenen Spitzen zieht er sich in einem breiten trostlosen Streifen längs der nördlichen Waldgrenze hin. Schwächliche, verkrüppelte Bäume, 4 bis 6 m hoch, mit einem Durchmesser von 10 bis 15 cm sind mit einer Unzahl von kleinen Ästen, Zweigen und vertrockneten einjährigen Trieben bedeckt, die längs des Stammes gleichsam wie Dornen hervorstehen. Die Bäume geben nahezu keinen Schatten und bieten keinen Schutz. In einem derartigen Wald sieht man überall den Himmel über sich und ringsumher Lichtungen.«

Polare Baumgrenze

Die Nordgrenze der Waldtundra wird schließlich an der polaren Baumgrenze erreicht. Diese ist in der Natur keineswegs eine zusammenhängende Linie. Während sie in Flußtälern und an Berghängen sehr viel weiter nach Norden reicht, weicht sie besonders auf den ebenen Wasserscheiden weit nach Süden zurück. Auch die Breitenlage ist sehr unterschiedlich. Der nördlichste Punkt wird in Sibirien an der Chatangamündung und an der unteren Lena bei über 72° nördlicher Breite erreicht, der südlichste an der Ostküste von Labrador bei etwa 53,5° und an der südlichen Hudsonbucht bei etwa 54° nördlicher Breite – das ist fast dieselbe Breitenlage wie Rostock (s. Abb. unten)! Diese Baumgrenze wird überdies von verschiedenen Holzarten gebildet: in Skandinavien vor allem von der Haarbirke *(Betula tortuosa)*, stellenweise auch von der Gemeinen Kiefer *(Pinus sylvestris)*, vom Weißen Meer bis zum Ural von der Sibirischen Fichte *(Picea obovata)*; von der Petschora an tritt auch die Sibirische Lärche *(Larix sibirica)* hinzu, die jenseits des Ural bis zum Jenissei allein vorherrscht und die wiederum ostwärts von der Dahurischen Lärche *(Larix dahurica)* abgelöst wird. In Kamtschatka bildet die Ermansbirke *(Betula ermani)* die Waldgrenze, und in Nordamerika am häufigsten die Schimmelfichte *(Picea glauca)*, daneben auch die Schwarzfichte *(Picea mariana)* und Amerikanische Lärche *(Larix laricina)*.

Die Frage, welche Faktoren als Ursache für die Wald- und Baumgrenze gelten können, wurde zwar vielfach diskutiert, sie kann aber bis jetzt noch keineswegs vollständig beantwortet werden. Zweifellos spielen primär die obengenannten

Vorkommen verschiedener Arten, die die nördliche polare Baumgrenze bilden

1 Haarbirke *(Betula tortuosa)*
2 Ermanbirke *(Betula ermani)*
3 Sibirische Fichte *(Picea obovata)*
4 Sibirische Lärche *(Larix sibirica)*
5 Dahurische Lärche *(Larix dahurica)*
6 Schimmel- und Schwarzfichte (*Picea glauca* und *mariana*)

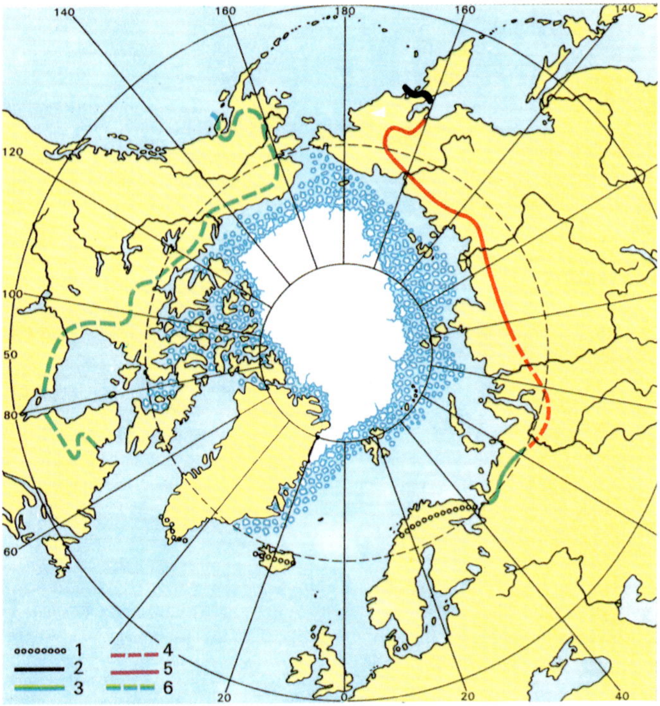

Baumgrenze zur Tundra mit *Betula tortuosa* und *Betula nana* in Nord-Norwegen

Klimaausprägungen eine Rolle. Jedoch ist es nicht möglich, diese Grenze mit einer lediglich auf das Klima bezogenen Formel zu erklären. Die eigentlichen ökologischen Ursachen sind offensichtlich sehr vielfältig und auch je nach Baumart und Gebiet recht verschieden. Bei Nadelhölzern z. B. reichen die kurzen Sommer nicht aus, um die Nadeln ausreifen zu lassen; sie vertrocknen bzw. erfrieren im Winter, wenn eine schützende Schneedecke fehlt. Größere Schneemengen werden vor allem in den Tälern zusammengeweht, und hier können sich Bäume deshalb noch am ehesten halten. Wesentlich scheint weiter die gehemmte Verjüngung zu sein. Die Bäume bilden nur selten keimfähige Samen – manchmal nur alle 100 Jahre –, die dann überdies zum größten Teil an Stellen verweht werden, wo sie keine geeigneten Keimungsbedingungen vorfinden. Nur wenn der seltene Fall eintritt, daß 2 Jahre hintereinander besonders günstige Temperaturverhältnisse herrschen, haben Sämlinge die Möglichkeit, aufzuwachsen. Am ehesten erfolgt eine Verjüngung noch um ältere Bestände herum. Auch das weitere Wachstum ist überaus langsam, was übrigens auf alle Tundrapflanzen zutrifft; oft beträgt es nicht einmal 1 bis 2 cm im Jahr. Daß sich an solchen Grenzstandorten eine Holzentnahme durch den Menschen besonders nachhaltig auswirkt, braucht kaum betont zu werden. Aber auch von Natur aus gibt es im Verlauf der Wald- und Baumgrenze Änderungen. So reichten z. B. Wälder während der nacheiszeitlichen Wärmezeit in Nordosteuropa erheblich weiter nach Norden als jetzt. Auch in jüngerer Vergangenheit, z. T. innerhalb der letzten Jahrzehnte, erfolgte an manchen Stellen eine vom Menschen nicht verursachte Verschiebung der Waldgrenze. In Alaska ist z. B. ein Vordringen des Waldes nach Norden festzustellen, während besonders in Labrador und um den unteren Mackenzie umgekehrte Verhältnisse vorliegen.

Zwergstrauchtundra

Lassen wir über das sich an die Waldtundra anschließende Gebiet zuerst Alexander Gustav Schrenk zu Wort kommen, der 1837 wohl als erster Wissenschaftler die Samojedentundra im Nordosten des damaligen europäischen Rußlands bereiste und eine sehr anschauliche Schilderung von diesem Bereich gab: »Rund umher, soweit das spähende Auge reicht, breiten sich die Tundrenflächen. Die Aussicht ist schrankenlos wie auf dem Spiegel des Meeres und findet ihr Hindernis nur in den bläuenden Nebeln der Ferne, wo hin und wieder eine kaum merklich sich wölbende Linie, die mit dem blassen Himmelssaum verschwimmt, einen Hügelzug bezeichnet, ein untrüglich leitendes Merkmal auf diesem Ozean der Tundra für das Auge eines Samojeden. Die Vegetation bilden vorzüglich Zwergbirken *(Betula nana)* und Weidengestrüppe, wie *Salix arbuscula*, *Salix lapponum*, ferner *Andromeda polifolia* (Rosmarinheide), *Ledum palustre* (Sumpfporst), *Vaccinium uliginosum* (Rauschbeere) und *Vaccinium vitis-idaea* (Preiselbeere), letztere zollang und liegend, *Empetrum nigrum* (Gemeine Krähenbeere), *Rubus chamaemorus* und *arcticus* (Moltebeere und Arktische Brombeere), dann die nimmer fehlenden Moose und Flechten, die das Terrain für sich behaupten ... Hier und da, in kaum merklichen Vertiefungen, sammeln sich die atmosphärischen Niederschläge unter Sumpfmoosen oder fließen zu einem kleinen See zusammen. Auch das weichste Moos jedoch ist hier nie ein schwankend trügerischer Boden, indem es nie der festen Unterlage eines nimmer auftauenden Grundeises ermangelt, das nur ein paar Spannen tief unter der Oberfläche sich befindet.

(27. August). Bei heiterem Himmel und ziemlich heftigem Westwind war der Schnee bis auf die letzten Spuren geschwunden. Indessen hatte die Tundra schon völlig ein herbstlich buntes Aussehen gewonnen; die Zwergbirken kleideten sich in ein rotes Gewand; Flächen, die von Weidengesträuchen bewachsen waren, nahmen ein gelbliches Aussehen an, und die Weiden verloren ihre Blätter; dürre Hügelhänge, von den Rasen der *Arctostaphylos alpinus* (Alpen-Bärentraube) bedeckt, färbten sich in lichtem Purpurrot, auffallend abstechend gegen die gelbgrüne Umgebung; hier und da kam noch eine verspätete Blüte zur Entwicklung, ein *Polemonium coeruleum* (Blaue Himmelsleiter), *Dianthus dentosus* (Zahnnelke), *Saussurea alpina* (Alpen-Scharte), *Chrysanthemum bipinnatum* (Doppelgefiederte Wucherblume) ... u. dgl. mehr.«

Die Schilderung der Samojedentundra bezieht sich auf einen Tundratyp, der im Anschluß an die Waldtundra nach Norden im allgemeinen weiträumig verbreitet ist: auf die Strauch- oder Zwergstrauchtundra. Die meisten der obengenannten, bestandsbildenden Arten kommen gleichermaßen auch in der Waldtundra und in großen Teilen der Taiga vor. Wir hatten sie bereits dort erwähnt. Viel stärker treten in der Zwergstrauchtundra dagegen Zwergbirken *(Betula nana* und *Betula exilis* in Ostsibirien) sowie verschiedene Weidenarten auf, die überaus weite Flächen bedecken können. Stellenweise dominieren die zu den Heidekrautgewächsen gehörende Kantenheide *(Phyllodoce coerulea)*, die Schuppenheide *(Cassiope tetragona)* oder die verwandte *Diapensia lapponica*. Unter den Zwergsträuchern wachsen viele Moose und Flechten, vor allem *Cladonia*- und *Cetraria*-Arten.

Auch in Nordamerika beherrschen Zwergstrauchtundren, die vorwiegend aus Heidekrautartigen (Ericales) zusammengesetzt sind, über weite Strecken das Landschaftsbild. Hier sind vor allem in den südlicheren Bereichen Krähenbeeren-Bärentrauben-Tundren verbreitet, und an Stellen, die im Winter reichlicher von Schnee bedeckt werden, Schuppenheide-Tundren. Diese meist nur 10 bis 15 cm hoch werdenden »Heiden« können an geeigneten Stellen sogar noch in der Hocharktis auftreten. Ihre Artengarnitur gleicht aber sonst weitgehend den eurosibirischen Zwergstrauchtundren.

Im östlichen Sibirien wird die Zwergstrauchtundra durch eine **Bultentundra** ersetzt, an deren Zusammensetzung neben Flechten vor allem horstbildende Wollgräser *(Eriophorum)* und Seggen *(Carex lugens)* beteiligt sind. Zu diesen treten nicht selten niedrige Gebüsche einer Birke *(Betula middendorffi)* und die Zwergkiefer *(Pinus pumila)*.

Torfhügel-(Palsen-)Tundra

Eine sehr auffallende Erscheinung in manchen Teilen der eurosibirischen und nordamerikanischen Zwergstrauchtundra, aber auch der Waldtundra sind aufgewölbte Torfhügel, die Palsen. Sie können einen Durchmesser von 10 bis 20 m und eine Höhe von 3 bis 4, selten sogar bis 7 m erreichen, oder sie bilden längliche Wälle, die sich dann meist nur 1 bis 1,5 m über ihre Umgebung

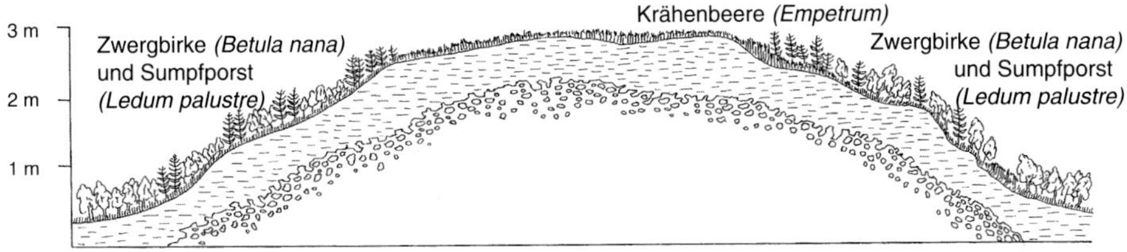

Querschnitt durch einen großen Torfhügel (vgl. Höhenangabe) der Palsenmoore. Die weiße Fläche ist Bodeneis.

erheben. Wo sie größere Flächen bedecken, spricht man geradezu von einer Palsen- oder Torfhügeltundra. Die Bildung dieser Torfhügel ist an Bodeneis gebunden. Sie erfolgt, wenn auf leichten Erhöhungen des Torfbodens weniger Schnee abgelagert wird, wodurch der Frost hier tiefer und rascher eindringen kann. Es bilden sich Eislinsen, die schließlich den darüberliegenden Torf emporwölben. Wenn im Sommer nicht das ganze Eis schmilzt, bewirkt der verbleibende Hügel im nächsten Winter eine Verstärkung dieser Effekte, und es erfolgt ein weiteres Anwachsen. Bei einer gewissen Höhe trocknen die Kuppen dann so stark aus, daß sie Risse bekommen. Diese im Winter nicht mehr von Schnee bedeckten Teile des Torfrückens werden dann vom Wind abgetragen und zerfallen allmählich.

Am Fuße der Palsen, die insgesamt im Sommer etwas einsinken, bilden sich vielfach feuchte oder mit Wasser gefüllte Vertiefungen, in denen Zwergbirken besonders üppig, aber auch Wollgräser, Seggen *(Carex rariflora, Carex rotundata* u. a.) wachsen. Die unteren Partien der Palsen tragen oft dichte Bestände der Moltebeere *(Rubus chamaemorus)* und anderer Arten, die zur Blütezeit den Hügel wie ein Blumenbeet umgeben können. Gerade auf der Südseite der Torfhügel sind die Temperaturen im Sommer erheblich höher als auf ebeneren Flächen. Bei einer Lufttemperatur von 8 °C wurden z. B. an solchen Stellen in den Zwergsträuchern 25 °C, ja sogar 30 °C gemessen, obwohl wenige Zentimeter darunter der Boden gefroren war. So können südexponierte Stellen, vor allem wenn sie windgeschützt sind, in der Arktis bis in hohe Breiten manchmal kleinen Blumengärten gleichen.

Innerhalb des Tundrengürtels nehmen die Zwergstrauchtundren überall die relativ wärmsten und zugleich am weitesten südwärts gelegenen Bereiche ein. Andere Ausbildungen der Tundra, wie Moos-, Flecken-, Flechtentundra usw., sind im allgemeinen nördlich davon vorherrschend und werden oft unter der Bezeichnung arktische Tundra zusammengefaßt. Es gibt jedoch keine eindeutige Zonierung, da sich z. B. die Art des Bodensubstrates und mehr noch Reliefunterschiede sehr stark auf die Ausbildung der Vegetation auswirken.

Moostundra

Auf tiefer liegenden feuchten Flächen oder in Senken können sich Moosgesellschaften oft weit ausdehnen. Stellenweise herrschen die olivgrünen, seidigglänzenden Decken von *Rhacomitrium lanuginosum* vor, dann wieder *Tomenthypnum nitens*, *Dicranum-*, *Aulacomnium-* oder *Drepanocladus*-Arten. Blütenpflanzen sind in diesen niedrigen Moosrasen nur selten anzutreffen; manchmal schmiegen sich die Zweige der Polarweide *(Salix polaris)* flach dem Boden an, ab und zu treten Steinbrecharten *(Saxifraga hirculus* u. a.*)*, Hahnenfußarten (z. B. *Ranunculus sulphureus),* kleine polsterbildende Mieren (*Minuartia*-Arten) u. a. auf.

Flechtentundra

Schon in der Moostundra und auch als Unterwuchs in der Zwergstrauchtundra treten bereits verschiedene Strauchflechten auf; zur Vorherrschaft gelangen sie aber vor allem auf trockenen Stellen, besonders wenn der Boden sandig oder grusig ist. In erster Linie bilden zahlreiche *Cladonia*-Arten, daneben *Cetraria-* und *Stereocaulon*-Arten bis 10 cm hohe, dichte und auffallend weißliche oder weißlichgrüne Decken. Diese Flechtentundra besitzt eine erhebliche wirtschaftliche Bedeutung, da sie die Grundlage der Rentier-Weidewirtschaft bildet. Das Rentier, das mit Recht als Universaltier der Tundra bezeichnet wird und ohne das die Tundra fast unzugänglich

Polygonboden

wäre, ernährt sich vorwiegend von diesen Flechten, auch wenn es Beeren, junge Blätter von Birken, Weiden und Seggen gern verzehrt und selbst Lemminge oder Vogeleier nicht verschmäht.

Die verschiedenen Ausbildungen der arktischen Tundra überziehen den Boden oft keineswegs mit einer geschlossenen Vegetationsdecke, was mit Besonderheiten der Verwitterung und Bodenbildung dieser Gebiete zusammenhängt. Der gerade im arktischen Sommer häufige Wechsel von Gefrieren und Auftauen der obersten Bodenschichten über einem ständig gefrorenen Untergrund hat Erscheinungen der »Solifluktion«, des »Bodenfließens«, zur Folge, durch das eine Art Sortierung von groben und feineren Bodenbestandteilen erfolgt. Schon an ganz leichten Hängen bilden sich Steinströme und sogenannte Streifenböden, in ebenem Gelände die für die Arktis sehr charakteristischen Steinnetz- oder Polygonböden. Das gröbere Gesteinsmaterial wird dabei mehr oder weniger in Ringen konzentriert, das feinere verbleibt dagegen im Inneren dieser Bodenmosaike. Dementsprechend unterschiedlich ist vielfach der Pflanzenbewuchs. Die günstigeren Wachstumsbedingungen sind meist im Bereich der Ringe zwischen den Steinen gegeben, während das Innere nicht selten fast vegetationslos bleibt. Da eine solche Tundra oft geradezu »fleckenartig« aussieht, wird sie auch als Fleckentundra bezeichnet.

Gebirgstundra

Die arktische Zone der Nordhemisphäre besteht nicht nur aus ebenen Gebieten, sie ist auch von vielen Bergzügen und Gebirgen durchsetzt. Diese Bereiche zeichnen sich ebenso wie die besonders hoch im Norden liegenden Festlandsteile durch äußerst ungünstige Temperaturverhältnisse, eine extrem kurze Vegetationszeit und sehr geringe Schneehöhen aus. Dazu kommt, daß die recht humusarmen Böden dauernd tief gefroren sind und nur im Sommer ganz oberflächlich auftauen. Pflanzen können sich unter solchen Bedingungen nur noch an einzelnen Stellen entwickeln, und kahle Stein- und Schuttflächen überwiegen an diesen Grenzbereichen pflanzlicher Lebensmöglichkeit.

Die sehr spärliche Vegetation wird vor allem von einigen Krusten- und Laubflechten gebildet, während Strauchflechten viel seltener sind. Hinzu treten wenige Moose, wie *Grimmia-*, *Rhacomitrium*-Arten u. a., und nur dort, wo sich etwas Feinerde angesammelt hat, gedeihen auch einige Blütenpflanzen und sogar Zwergsträucher, wie Schuppenheide *(Cassiope tetragona)*, Moosheide *(Cassiope hypnoides)* oder die Polarweide *(Salix polaris)*. Die Pflanzen bleiben aber ganz niedrig, da ihre Wuchshöhe vom Ausmaß der Schneedecke bestimmt wird und diese nur sehr dünn ist. Gelegentlich wachsen einige Gräser, wie der Altai-Schwingel *(Festuca altaica)*, Alpen-Mariengras *(Hierochloë alpina)* oder Steinbrecharten (*Saxifraga nivalis, Saxifraga caespitosa* usw.), Arktische Miere *(Minuartia arctica)*, Silberwurz *(Dryas octopetala)*, Stengelloses Leimkraut *(Silene acaulis)* u. a.

Bei der weiten Ausdehnung, die Gebirgstundren und hocharktische Gesteinsfluren haben, ist es selbstverständlich, daß sie in den einzelnen Gebieten eine durchaus verschiedenartige floristische Zusammensetzung aufweisen.

Hochgebirgsvegetation

Jedes Hochgebirge ist eine Welt für sich. Diese Empfindung hat man schon bei der ersten Bekanntschaft mit der im wahrsten Sinne des Wortes erhabenen Natur. Wer ist nicht von einem unvermittelt aus der Ebene herausragenden, selbst im Sommer auf seinen Gipfeln schneebedeckten Gebirgsstock überwältigt?

Man muß nicht professioneller Biologe sein, um zu erkennen, daß die Natur sich im Hochgebirge auf kleinstem Raum verändert, daß die Landschaft von einer mit zunehmender Höhenlage wechselnden und schließlich gänzlich fehlenden Pflanzenwelt geprägt wird. Jene vegetationslosen Höhen überlassen wir aber dem Bergsteiger. Uns interessiert und fasziniert die Welt der alpinen Gewächse, die auch im besten Steingarten des Tieflandes nicht annähernd so schön nachgebildet werden kann, wie sie unter den Umweltbedingungen des Hochgebirges auf natürliche Weise entsteht.

Wenn man in den Atlas schaut, wird man an vielen Stellen der Erde die tiefbraune Darstellung von Hochgebirge finden. Wir lesen so bekannte Gebirgsnamen wie Alpen, Himalaja, Rocky Mountains oder Anden. Die Ausdehnung dieser Gebirge ist sehr unterschiedlich, doch das ist für den Charakter ihrer Vegetation wenig ausschlaggebend. Dafür ist die geographische Lage wesentlich, ihre Zuordnung zu den klimatischen Großräumen, den Tropen, Subtropen oder den temperierten Breiten. Im Zusammenwirken mit dem lokalen Höhenklima ergeben sich für nahezu jedes einzelne Hochgebirge spezifische Eigenheiten der Flora, so daß eine getrennte Betrachtung der Vegetation angebracht ist. Wir trennen dabei die Hochgebirge der Nord- von denen der Südhalbkugel, wobei für diesen Teil der Erde zwischen temperierten und tropischen Breiten unterschieden wird. Unsere Betrachtungen werden sich bei der Nordhemisphäre auf die Alpen bis hin zum Kaukasus, Mittelasien, Altai, West-Himalaja, Transhimalaja, die Japanischen Alpen und die Hochgebirge im pazifischen Nordamerika beziehen. Neben den tropischen Gebirgen der Südhemisphäre (Anden und die Hochgebirge des östlichen Afrika) wenden wir uns auch den Neuseeländischen Alpen und Südanden zu.

Klimabedingungen

Es ist eine Gemeinsamkeit der Gebirge, daß sich die Klimabedingungen unabhängig von den durch die geographische Lage bedingten klimatischen Eigenheiten mit zunehmender Höhe stetig verschlechtern. Das sich ändernde Höhenklima beeinflußt die Vegetation, mit deren vertikaler Zonierung – den Höhenstufen – wir uns in späteren Kapiteln beschäftigen werden.

Temperatur

Es gilt als statistisch begründete Faustregel, daß die Temperatur mit zunehmender Höhe um 0,5 bis 0,6 °C pro 100 m absinkt (Abb. S. 316). Diese Faustregel ist sehr dienlich für die Vorberei-

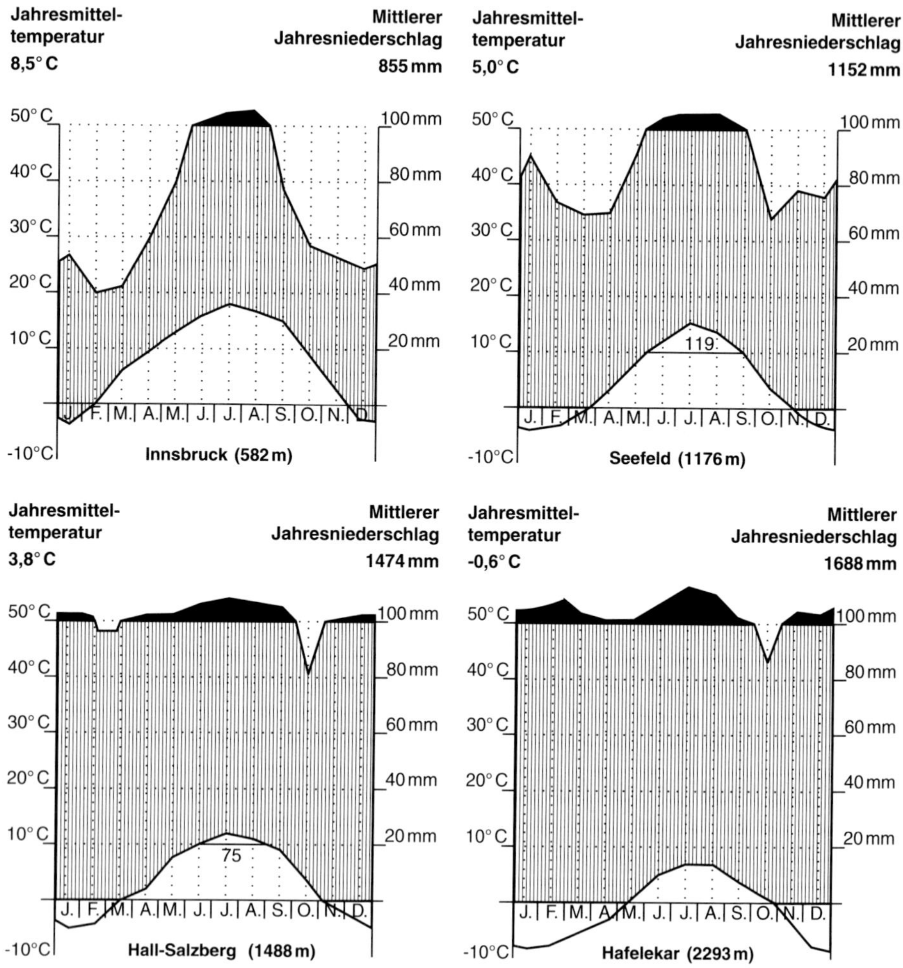

Klimadiagramme aus den österreichischen Alpen als Beispiele für das Klima temperierter Hochgebirge

tung einer Hochgebirgswanderung, aber sie läßt zwangsläufig die unzähligen Nuancen natürlicher Gegebenheiten außer acht. Genauere Untersuchungen in den Alpen haben beispielsweise ergeben, daß die Temperaturabnahme keineswegs gleichmäßig oder linear erfolgt, sondern bis 1700 m Höhe langsamer (0,4 – 0,5 °C/100 m) und erst darüber gleichmäßig und schneller (0,6 °C/100 m). Unterschiede ergeben sich auch im Vergleich von Nord- und Südseiten. Wenn sich in Gipfelhöhe die Temperaturen der beiden Seiten gleichen sollen, dann muß der Temperaturgradient auf der wärmeren Südseite höher liegen als auf der ohnehin ausgeglicheneren Nordseite. Diese Faustregel gilt auch für die tropischen Hochgebirge.

Mit der Höhenzunahme muß demzufolge auch die winterliche Periode verlängert werden. Wir finden dies auf Hochgebirgswanderungen während des Frühsommers bestätigt. Zu dieser Zeit blühen in mitteleuropäischen Breiten in 600 bis 700 m Höhe die Wiesen und das Getreide. Wir fühlen uns beim Anstieg mehr und mehr in den Frühling versetzt, bis schließlich in 1800 m Höhe noch

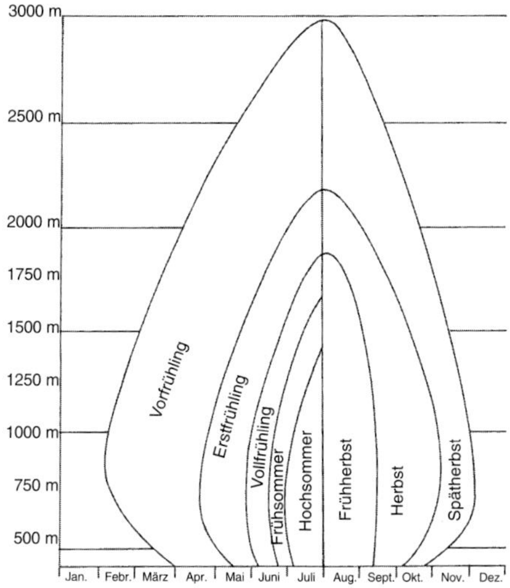

Phänologische Höhenstufung im Verlaufe eines Jahres (nach Gams)

letzte Anzeichen des Winters zu beobachten sind. Waren im Tale die Laubbäume schon grün, so bemerken wir nun alle Abstufungen des Laubaustriebes und der Blüte bis hin zum Knospenstadium der Eberesche *(Sorbus aucuparia)* oder des Bergahorns *(Acer pseudoplatanus)*, die als letzte der Laubbäume noch in größeren Höhen anzutreffen sind. Dabei leuchtet das frische Grün des Bergahorns besonders kräftig zwischen dem Dunkelgrün des Nadelwaldes.

Für diese Unterschiede gibt es einen Höhenstufengradienten, der etwa 3 bis 4 Tage auf 100 m Höhendifferenz beträgt. Die graphische Darstellung dieses phänologischen Höhenstufengradienten (Abb. oben) ergibt keineswegs die geradlinige Form eines Dreiecks, sondern die unten abgerundete Form einer Zwiebel. Ursache dafür ist die kürzere Vegetationsdauer unterhalb 600 bis 700 m in den Tälern und Talkesseln aufgrund der in Gebirgen häufig zu beobachtenden Temperaturumkehrung (Inversion). Durch nächtliche Wärmeabstrahlung kühlt die Luft aus. Kaltluft aber sinkt zu Boden und sammelt sich an den tiefsten Stellen. Das sind in den Gebirgen die Täler. Als Folge des Absinkens der Kaltluft strömt Luft aus oberen Schichten nach, erwärmt sich dabei und bleibt über der Kaltluft liegen. So kommt es, daß die Täler frühmorgens häufig im Nebel liegen, während die Höhen und Abhänge längst erwärmt sind. In Talkesseln ohne Abfluß für solchen Kaltluftsee können dabei erhebliche Temperaturdifferenzen zwischen Berg und Tal auftreten, die sich dann in der umgekehrten Reihenfolge der normalen Vegetationszonierung widerspiegeln. In den Tropen gibt es solche Frostlöcher vor allem in den Kratern erloschener Vulkane, aus denen die herabsinkende Kaltluft nicht abfließen kann.

Auffallende Temperaturunterschiede ergeben sich am Tage zwischen sonnigen und schattigen Stellen, d. h. ein wesentlicher Faktor für die Temperatur ist die Einstrahlung. Deren Einwirkung aber ist von der Exposition (Hangrichtung oder Hangneigung) abhängig. Es sind die diffuse Himmelsstrahlung und die direkte Sonnenstrahlung zu unterscheiden. Erstere wirkt ständig, wenn die Luft genügend lichtstreuende Partikel enthält, auch bei bedecktem Himmel. Der stärkste Einfluß geht verständlicherweise von der letzteren aus. Doch ist er abhängig von der Hangrichtung und der Hangneigung, während die diffuse Himmelsstrahlung allseitig wirkt, in ihrer Intensität nur abhängig von der Hangneigung ist. Mit zunehmender Höhe wird die Luft kälter, die Sonneneinstrahlung aber stärker. Der Boden als fester Körper absorbiert wegen seiner geringen Lichtreflexion und guten Wärmeleitfähigkeit mehr Wärmestrahlung als die Luft. So kommt es, daß in großen Höhen die Bodentemperatur tagsüber

Erwärmung fester Körper in Sonne oder Schatten in verschiedenen Höhenstufen

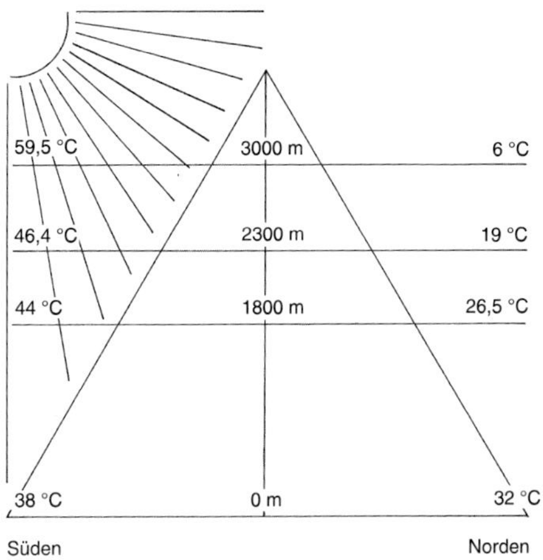

stärker ansteigt und höhere Werte annimmt als die Lufttemperatur. Durch Messung der Erwärmung fester Körper in der Sonne und Vergleiche mit den Schattenseiten ergeben sich bemerkenswerte Temperaturunterschiede (Abb. unten). Insbesondere an windgeschützten Südhängen kommt es zu Überhitzungen, die kurzzeitig in den obersten Bodenschichten bis zu 80 °C betragen können. Während einer Hitzeperiode wurden in den Zentralalpen auf einer südexponierten Rodungsfläche 75 °C über eine Stunde und 40 °C über 8 Stunden gemessen. Eine auch noch so geringe Bodenbedeckung, gleich welcher Art, wirkt dämpfend und ausgleichend. Auch die Pflanzen überhitzen sich, wobei dies je nach der Wärmekapazität der verschiedenen Pflanzen bzw. Wuchsformen schwanken kann. So wurden an alpinen Pflanzen in Colorado (USA) bis zu 22 °C höhere Temperaturen gemessen, als die Lufttemperatur betrug. In den Zentralalpen (in 2200 m Höhe) erhitzen sich die Blätter einer Berg-Hauswurz *(Sempervivum montanum)* auf maximal 54 °C bei 22 °C Lufttemperatur. Die Bedeutung solcher Temperaturdifferenzen (Abb. unten) für die Schopfbäume (*Espeletia*-Arten) der tropischen Anden wird auf S. 358 erläutert.

Es ist falsch, daraus generell ableiten zu wollen, daß ein genau südexponierter Hang immer der wärmste sei. Der Tagesgang der Temperatur wird stark vom Zustand des Bodens und vom Tagesgang der Bewölkung beeinflußt. Südosthänge sind während des größten Teiles des Jahres kühler, weil morgendlicher Tau erst verdunstet werden muß, Südwesthänge dagegen wärmer mit Ausnahme des Hochsommers, weil nachmittags meist Bewölkung aufzieht.

Im Schatten bleiben die Temperaturen wesentlich niedriger. Hier herrscht im täglichen Temperaturgang ein ausgeglicheneres Kleinklima als an Stellen, die einer ungehinderten Sonneneinstrahlung ausgesetzt sind. Diese Licht-Schatten-Unterschiede wirken sich in der Vegetation sehr deutlich aus, wenn man die Nord-(Schatten-) und die Süd-(Sonnen-)Seiten der Berge miteinander vergleicht. Die kühlen, ausgeglichen temperierten Nordseiten weisen in den oberen Waldstufen meist (Nadel-)Wald auf, während in der gleichen Höhenstufe die Südseite mit wärmeliebenden Laubwäldern oder auch Kiefernwäldern bewachsen sein kann oder in extrem kontinentalen Gebirgen baumlos ist. Zu einem ausgeglichenen Klima verhilft auch eine dichte und häufig bis fast immer vorhandene Bewölkung, wie dies aus einigen tropischen Hochgebirgen bekannt ist. In äquatorialen Breiten werden in der dortigen Waldstufe sehr ausgeglichene Temperaturen registriert. Wegen des hohen Sonnenstandes sind dort auch kaum Unterschiede zwischen Nord- und Südhängen zu verzeichnen.

Temperaturen an der Oberfläche von Pflanzen
(nach Larcher u. Franz)

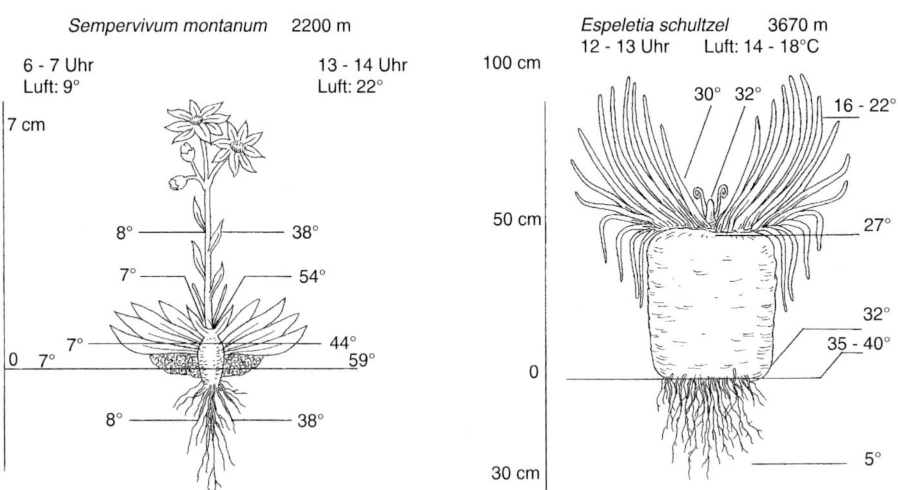

Die nächtliche Ausstrahlung verursacht eine beachtliche Abkühlung bodennaher Luftschichten, so daß es zu großen Temperaturunterschieden zwischen Tag und Nacht kommt. Nicht selten führen diese Temperaturstürze zu Früh- oder Spätfrösten, die sich sehr einschneidend auf den Pflanzenwuchs auswirken können, namentlich an strahlungsoffenen Stellen. So kann eine relativ hohe Zahl von Frosttagen zustande kommen. Eigentlich sind es Frostwechseltage, denn es sinkt meist nur das Tagesminimum unter den Gefrierpunkt ab. Solche Tagesschwankungen bis unter den Gefrierpunkt sind aber eine große Belastung für den Stoffwechsel der Pflanzen. Alpine Pflanzen sind zwar alle frosthart, doch unterliegt diese physiologische Eigenschaft jahreszeitlichen Schwankungen, so daß die Früh- oder Spätfröste eine Gefahr bedeuten können.

Während des Winters sorgt im allgemeinen eine mehr oder weniger dicke Schneedecke für ausreichenden Schutz vor zu tiefen Temperaturen oder anderen schädigenden winterlichen Einflüssen. Eine frische, noch lockere Schneedecke ist ein so schlechter Wärmeleiter, daß weder die tägliche Sonneneinstrahlung (ohnehin zu 70 – 90 % reflektiert) noch die nächtliche Wärmeabstrahlung tiefgreifende Wirkung haben. Schon eine 30 cm hohe Schneedecke kann so wärmedämmend sein, daß der Boden unter ihr frostfrei bleibt, wenn er vor dem Schneefall nicht bereits gefroren war. Entsprechend der Höhenlage ändert sich die Zeit, in der der Boden schneefrei ist. Diese Aperzeit (von lat. *apertus* = offen) stellt für die Pflanzen die Vegetationszeit dar, in der sie assimilieren, Reservestoffe aufbauen und speichern, blühen und fruchten können. In den Alpen dauert die Aperzeit in 1800 m Höhe 5 Monate, bei 2400 m aber nur noch 2,5 Monate, und bei 3000 m schrumpft sie auf 1,6 Monate zusammen. Schließlich wird eine Stufe erreicht, in der ewiger Schnee liegt. Die Temperaturen reichen dann nicht mehr aus, während des Sommers den im Winter (und teils auch im Sommer) gefallenen Schnee zu schmelzen bzw. zu verdunsten. Mit wenigen Ausnahmen steigt auf der Erde diese Schneegrenze regelmäßig von Norden nach Süden von etwa 460 m ü. NN in Spitzbergen bis auf 5000 m in Äquatornähe an. In den Alpen liegt sie zwischen 2600 und 3300 m, im kleinsten Hochgebirge Europas, der Hohen Tatra, bei 2300 m. Im Kaukasus steigt die Schneegrenze im Zusammenhang mit den abnehmenden Niederschlägen von 2700 m (Westen) auf 3900 m (Osten). Ähnliches beobachtet man in den Gebirgen Mittelasiens, wo sich der Faktor Sonneneinstrahlung noch mehr bemerkbar macht, als dies für den östlichen Kaukasus der Fall ist. Die Schneegrenze liegt unter diesen Bedingungen zwischen 3400 und 5000 m. Geringfügige Schwankungen gehen auf unterschiedliche Niederschlagsmengen zurück (auf Luv und Lee, trockenere, kontinentale Gebiete usw.) und auf die unterschiedliche Erwärmung der Nord- und Südseiten der Gebirge, haben also nur

Klimadiagramme eng benachbarter Stationen der Alpen

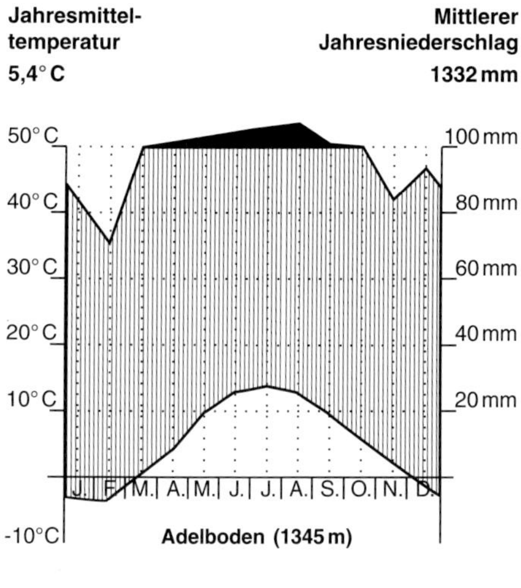

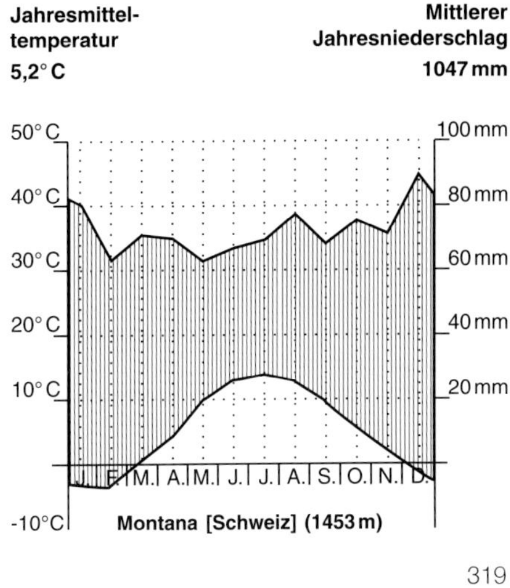

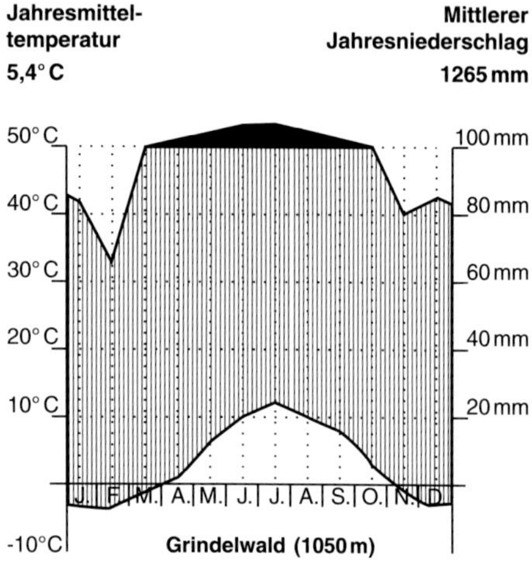

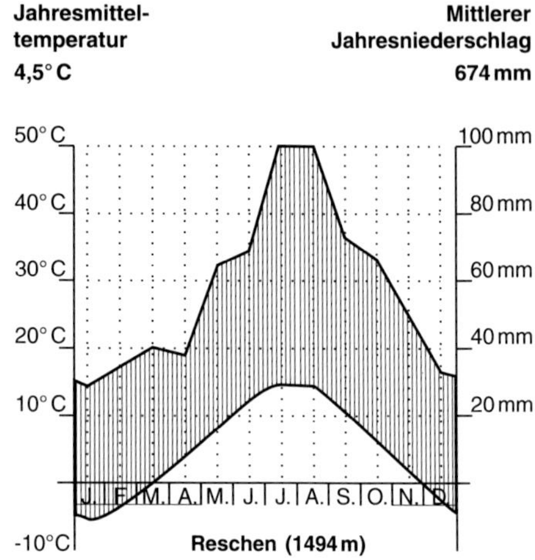

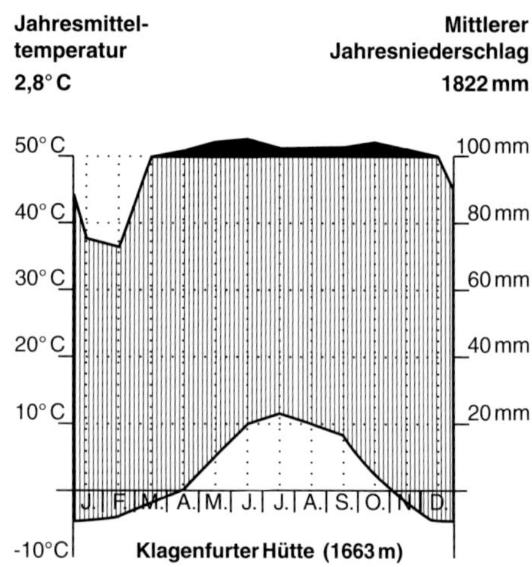

Klimadiagramme aus dem Schweizer Oberland, den Ötztaler Alpen und den Karawanken (von links oben nach rechts unten)

lokale Ursachen. Größere Differenzen ergeben sich bei kurzfristigen Klimaschwankungen durch veränderte Witterungsabläufe.

Niederschläge und Bodenfeuchtigkeit

Neben der Temperatur ist auch das Wasser in allen drei Aggregatzuständen ein wesentlicher Faktor für das Klima der Gebirge. Im allgemeinen fallen in den höheren Lagen reichlichere Niederschläge als im Tiefland. Eine nicht nur für Mitteleuropa geltende Faustregel besagt, daß je 100 m Höhenzunahme die Jahresmenge der Niederschläge um 50 bis 70 mm ansteigt (Abb. S. 316), weil die Luft mit zunehmender Höhe kälter wird und damit an Wasserdampfkapazität einbüßt, das heißt, die Wolken regnen sich an den Gebirgshindernissen ab. Dies trifft im wesentlichen für alle Gebirge zu.

Damit wird auch verständlich, daß zentrale Bereiche großer Hochgebirge immer viel trockener sind als ihre Randbereiche. Wenn dann noch vorherrschende Luftströmungen die Wolken an immer nur die gleichen Randgebiete treiben, dann sind die Niederschlagsmengen zwischen Luv- und Leeseite der Gebirge sehr unterschiedlich. Bemerkenswerte Differenzen können auch schon auf sehr kurze Entfernung auftreten (Abb. S. 319).

In den Alpen sind sowohl die NW- wie auch die S- und SO-Flanke mit Feuchtigkeit gut versorgt, denn außer der Nordweströmung vom Atlantik wirkt sich auch die Luftfeuchtigkeit vom südlich gelegenen Mittelmeer aus (vergleiche Klimadiagramme oben).

Diese doppelseitige Einbindung fehlt den meisten anderen Hochgebirgen.

Auffällig ist diese Differenzierung auch bei dem Gebirgssystem des westlichen Nordamerikas. Es ist in Nord-Süd-Richtung gelegen und bedeutet für die feuchten Luftmassen des Pazifik eine Barriere. Die östliche Begrenzung dieses Systems (die Rocky Mountains) hat aus diesem

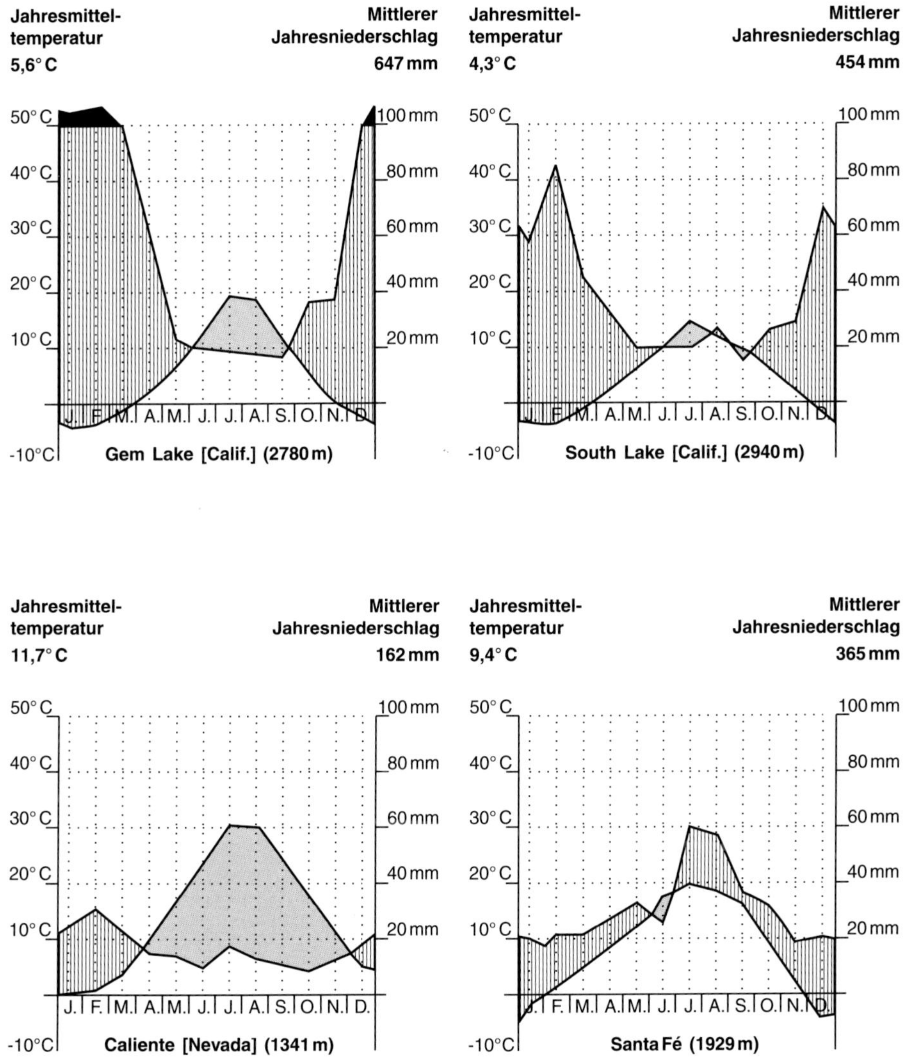

Klimadiagramme aus Nordamerika:
von Gem Lake im Westen bis Santa Fé im Osten der großen Gebirge
etwa auf einer Linie um den 37. Grad nördlicher Breite

Grunde ein ausgesprochen kontinentales Klima, die Hochfläche in Nevada sogar ein arides. Beim Vergleich der Klimadiagramme (Abb. S. 321) fällt auf, daß die westliche Station in der Sierra Nevada zwar wesentlich mehr Jahresniederschlag erhält, jedoch sehr ungleichmäßig verteilt. Die Niederschläge fallen vorwiegend im Winter als Schnee.

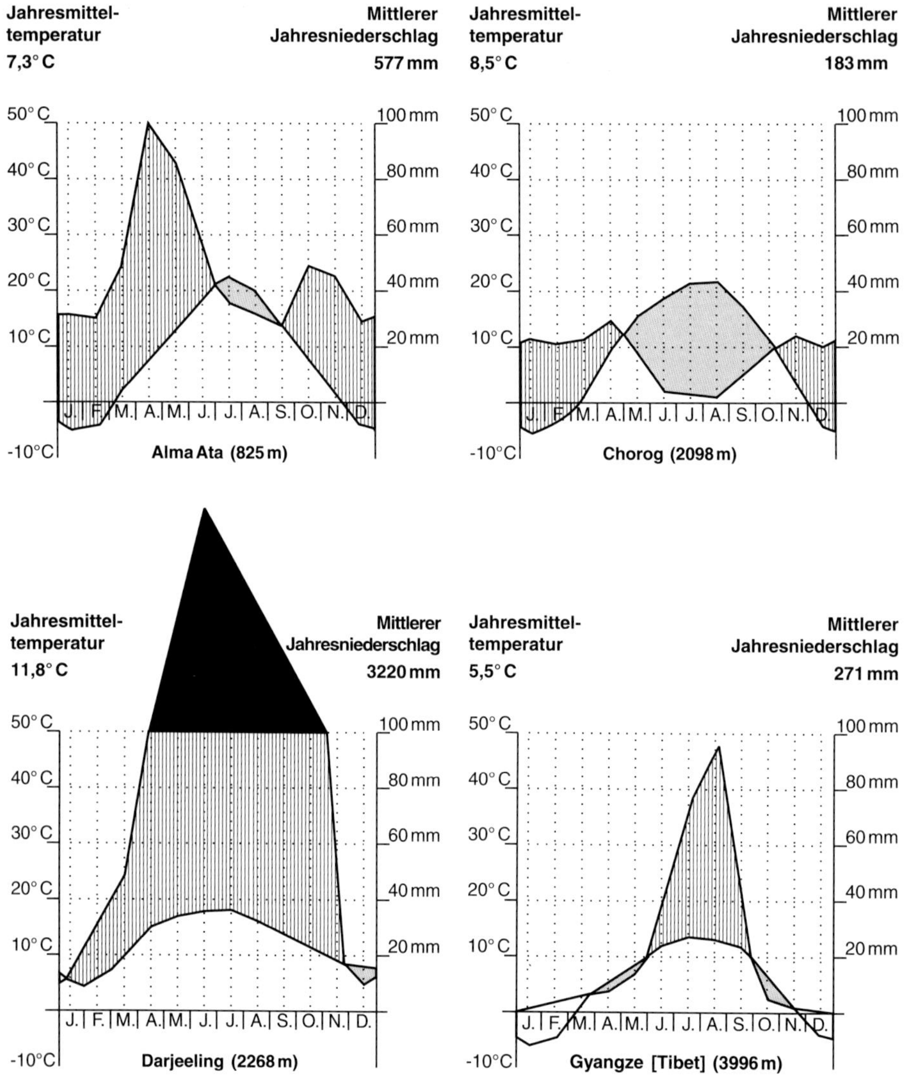

Klimadiagramme aus Mittelasien und dem Himalaja

Extreme offenbaren sich bei der Betrachtung des Himalaja. Die Südflanke liegt im Einflußbereich des Monsuns mit Niederschlägen zwischen 2700 und 3300 mm am Fuß des Gebirges (hauptsächlich als Monsunregen von Juni bis Oktober fallend) und bis zu 6000 mm in 3500 m Höhe. Je weiter man nach Westen kommt, um so mehr macht sich der Einfluß des mittelasiatischen Wüstenklimas (vgl. Chorog, S. 322) bemerkbar, die Niederschläge werden geringer und ihre Maxima verlagern sich in den Winter. Im Regenschatten auf der Nordseite des Gebirges, im Transhimalaja, werden nur 300 mm und weniger gemessen, so daß vielen Bergen die Schneebedeckung fehlt, obwohl ihre Gipfel über der Schneegrenze liegen (Abb. S. 322).

Die feste Form des Niederschlages hat nicht allein wegen der Schutzwirkung auf die Pflanzendecke eine Bedeutung. Schnee- und Eiskristalle können an windexponierten Stellen durch mechanische Wirkung zerstörend auf die Pflanzen einwirken (Windschliff, vgl. S. 32). Schnee bedeutet aber auch Wasserspeicher, der mit zunehmenden Tagestemperaturen seine Reserven abgibt.

Nicht immer ist das Wasser eine lebensspendende Himmelsgabe. Zu oft hört man von Katastrophen, die in den Gebirgen durch Starkniederschläge verursacht werden. Verstärkend wirken sich solche extremen Wettererscheinungen aus, wenn sie im Frühjahr mit der Schneeschmelze zusammenfallen. Von Starkniederschlägen spricht man, wenn sie in 5 Minuten 5 mm Niederschlag/m^2 (= 5 Liter/m^2) liefern, in 10 Minuten 7,5 mm, in 20 Minuten 10 mm oder in 30 Minuten 17,5 mm/m^2. Wenn sie lange anhalten, dann reißen die abfließenden Wassermengen die dünne Bodenauflage höherer Lagen, dünne Vegetationsdecken, Steine und sogar große Felsbrocken mit sich. Die katastrophalen Folgen in den tieferen Regionen sind Hochwasser, Bergrutsche und Muren (Schlamm- und Gesteinslawinen). Die Zerstörungen sind um so tiefgreifender, je stärker menschlicher Einfuß die Pflanzendecke der höheren Gebirgslagen beeinträchtigt hat (Almwirtschaft, Holzeinschlag, Ski-Pisten u. a.).

Daraus ergibt sich die Frage nach dem Wasserrückhaltevermögen der Hochgebirgsböden und -vegetation. Unter Zugrundelegung des Wassergehaltes der Pflanzen und der Speicherleistung des Bodens ergeben sich dafür deutliche Unterschiede zwischen alpinen Rasen und orealem Wald. Im alpinen Rasen kommt lediglich der Humusauflage des Bodens eine Bedeutung zu, die dünne Pflanzendecke und ihre Transpirationsleistung kann vernachlässigt werden. Im Wald erbringt allein schon die Vegetationsdecke die gleiche Leistung. In diesem Bereich ist aber die Bodenauflage über dem Mineralboden weitaus höher, so daß, wie nicht anders zu erwarten, dem Wald mit einer etwa 2,2fach höheren Kapazität die weitaus größere Bedeutung als Wasserspeicher und damit auch als Erosionsschutz zukommt.

In den Tropen, vornehmlich in den trockeneren Passatregionen, kann die Feuchtigkeit in den Gebirgen in den Höhen abnehmen, wenn die Gipfel die Wolkendecke überragen. Im Vergleich zum trockenen Tiefland der wechselfeuchten Subtropen nimmt aber die Niederschlagshäufigkeit wie in anderen Gebirgen erst einmal zu und verschafft der Stufe der Gebirgsregenwälder den notwendigen humiden Charakter. Hochebenen und Zentralbereiche von Gebirgen sind auch hier meist trocken, da die Niederschläge schon in den Randgebirgen fallen.

Wind

Auch der Wind hat als Standortfaktor in den Gebirgen eine große Bedeutung. Durch das Großklima sind seine vorherrschenden Richtungen zwar vorbestimmt, aber durch das stark ausgeprägte Relief im Hochgebirge ergeben sich zwangsläufig viele lokale Unterschiede für die Richtung, Geschwindigkeit, Temperatur und Feuchtigkeit der bewegten Luft. All das spiegelt sich in der Pflanzendecke wider, sei es, daß an windexponierten Stellen, wie Grate oder Windkanten, nur niedrige Pflanzen (Polster, Spaliersträucher, hartblättrige Seggen oder Binsen, Moose und Flechten) zu gedeihen vermögen und damit nicht nur der mechanischen Beanspruchung widerstehen. Die Gefahr der Austrocknung ist im Sommer bei reichem Angebot an Feuchtigkeit zwar nicht so groß, aber im Winter vermögen bei gefrorenem Boden nur wenige Pflanzen an schneefreien, windexponierten Stellen zu überdauern (s. auch Windschliff S. 32). Ein Beispiel dafür stellt die immergrüne Gemsheide *(Loiseleuria procumbens)* dar, die zwar nicht einmal 14 Tage ohne Wasser auskommen könnte, aber an solchen Standorten keiner Konkurrenz standhalten muß und im Winter von den durch die Strahlung aufgetauten geringen Wassermengen zehrt.

Dagegen bieten windgeschützte Standorte Lebensraum für höher wachsende Pflanzen, insbesondere Bäume oder Hochstauden. Ihnen kommt die im Windschatten angewehte Feinerde und die Feuchtigkeit der größeren, auf der Leeseite sich häufenden, allmählich abtauenden Schneemengen zugute. Das Niederschlagsdefizit im Regenschatten des Berges kann dadurch kompensiert werden. Kleinräumiger Windschutz auf der Luvseite ergibt sich z. B. hinter Felsvorsprüngen und im Dickicht des Krummholzes mit allen eben genannten Vorteilen der Leeseite.

Im Tagesgang bilden sich im Hochgebirge unabhängig von den in der Atmosphäre herrschenden Windverhältnissen lokale Luftströmungen aus. Vormittags beginnend, steigt die erwärmte Luft als Talwind bergaufwärts, ein Teil davon an den Talflanken als Hangaufwind. Diese Luftströmung erlischt am späten Abend. Nach kurzer Windstille kehrt sich die Richtung des Windes um, es weht der Bergwind talauswärts. Über Gletschern und Firnfeldern kommt es zur Abkühlung der Luft, die sich als Gletscherwind talabwärts in Bewegung setzt. Mit Luftbewegungen, die immer austrocknend wirken, sind die Hochgebirgspflanzen daher stets konfrontiert.

Durch die Wetterlage hervorgerufene Luftströmungen werden in den Tälern der Hochgebirge kanalisiert und nehmen dadurch nicht selten an Heftigkeit zu. Steht das Hochgebirge dabei quer zur Windrichtung, dann stauen sich auf der Luvseite die steigenden und sich dabei abkühlenden Luftmassen (Wolkenbildung). Auf der Leeseite fallen sie talwärts bei gleichzeitiger starker Erwärmung (Wolkenauflösung) und horizontaler Ausbreitung. Diese oftmals stürmisch wehenden Fallwinde sind unter der Bezeichnung Föhn bekannt und wegen ihrer bioklimatischen und manchmal auch zerstörerischen Wirkung gefürchtet.

Böden

In den höheren Gebirgslagen bildet sich kaum ein Bodenprofil, weil das feinere Material durch Wind und Wasser sehr schnell abgetragen und der anstehende Fels wieder freigelegt wird. Deshalb sind die höchsten Pflanzenstandorte auch Felsspalten oder Felsnischen, in deren Klüfte die Wurzeln eindringen können. Eine Verwitterung wird in diesen Höhen vor allem durch das Gefrieren und Wiederauftauen herbeigeführt. So entstehen an der Schneegrenze und darüber, wo die Temperaturen am häufigsten um den Gefrierpunkt schwanken, die aus mehr oder weniger grobem Material bestehenden Frosterden.

Eine Verwitterung durch Mikroorganismen fehlt hier fast ganz, da die Existenzbedingungen in diesem rauhen Klima für solche Lebewesen stark eingeschränkt sind. So kommt es auch nicht zu einer biologischen Zersetzung des organischen Materials, aus dessen Ansammlungen sich erst unterhalb der Schneegrenze, im subnivalen Bereich, die alpinen Humus- und Torfböden bilden. Die reichlichen Niederschläge sorgen für eine starke Auswaschung der mineralischen Verwitterungsprodukte (vor allem des Kalkes), was eine starke Versauerung dieser Böden zur Folge hat. Das wirkt sich selbstverständlich auf die Pflanzendecke aus, deren Zusammensetzung wesentlich vom Säuregrad des Bodens beeinflußt wird.

Auf nicht allzu stark geneigten Flächen in der subnivalen Stufe der Hochgebirge beobachtet man auch das Bodenfließen, die Solifluktion, die von der arktischen Tundra bekannt ist. Es kommt über dem gefrorenen Boden zum Rutschen der tagsüber aufgetauten, nassen, durch Wurzeln verfilzten Torfschicht. Die Ursache für diese Bewegungen ist das Anheben der stärker gefrorenen oberflächlichen Bodenschichten. Beim Auftauen und Verflachen setzt ein hangabwärts gerichteter Schub ein, wodurch die Torfschicht über dem felsigen oder steinigen Untergrund aufgerissen wird. Durch tiefwurzelnde Pflanzen werden solche Torfplatten meist in der Bewegung gebremst, dadurch wölbt sich die Vorderkante wulstig auf. Es entstehen Treppen, deren Kanten aus organischem Material bestehen (s. Abb.).

Solifluktion mit Treppenbildung

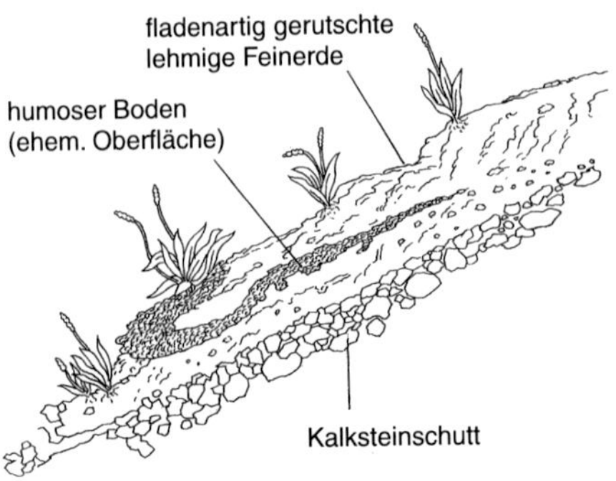

Neben Fels, Frosterden und torfigen, alpinen Humusböden ist noch der Gesteinsschutt als Substrat zu nennen. So liegen Schuttmassen als Schuttkegel besonders unterhalb steiler Felswände (Gehängeschutt), wo sie durch Schmelzwässer und Steinlawinen angehäuft werden. Man begegnet ihnen auch in den schotterreichen Bächen und Flüssen. Die Gletschermoränen bestehen ebenfalls aus Schutt, der aber durch einen hohen Anteil an feinerem Material gekennzeichnet ist.

Die Böden der tropischen Gebirge sind weitaus weniger untersucht. Man kann aber aus den Beobachtungen der Gebirge gemäßigter Gebiete Schlußfolgerungen ziehen und übertragen. Ebenso wie dort besteht auch in den Tropen eine Abhängigkeit von den Niederschlagsmengen, vom Untergrund, aus dem sich der Boden entwickeln kann, und schließlich von der Höhenlage. So finden sich auch hier höhere Humusgehalte in den Böden bewaldeter Höhenstufen und dicke Humusauflagen in den kühlen bis kalten Höhenlagen. Die in den Tropen häufigen roten Latosole sind auch im Gebirge anzutreffen.

Die Vegetation temperierter Hochgebirge

Der Wanderer durchschreitet auf einer Hochgebirgswanderung beim Aufstieg verschiedene Vegetationsformen, die eine Folge der sich mit zunehmender Höhe ändernden Klima- und Bodenverhältnisse sind. Wenn man davon ausgeht, daß aufgrund klimatischer Ähnlichkeiten auch solche in der Vegetation festzustellen sind, dann ließen sich die horizontalen Vegetationszonen Europas mit der vertikalen Gliederung (Höhenstufen) der Gebirge vergleichen. Ein Schnitt durch Europa von Nord nach Süd verdeutlicht das. Die klimatisch bedingte alpine Höhenstufe entspräche der Tundra, die Nadelwaldstufe der Taiga. Je weiter man nach Süden kommt, um so höher liegen die Höhenstufen, und es ergeben sich nach unten immer neue. Man unterscheidet sieben wichtige Höhenstufen, von denen aber eigentlich nur die drei obersten, die subalpine, alpine und nivale Stufe, das Gebirge zum Hochgebirge werden lassen.

In welchen Höhenlagen sich die Wechsel von einer Höhenstufe zur nächsten vollziehen, ist sehr abhängig von der geographischen Lage und auch vom Kontinentalitätsgrad des jeweiligen Gebirges. Aus diesem Grunde ist es sehr schwierig, für alle Hochgebirge ein Grundschema von Höhenstufen zu entwerfen, in dem man je nach Florengebiet bestenfalls die Artenzusammensetzungen zu ändern braucht. Deshalb ist außer der getrennten Betrachtung temperierter und tropischer Hochgebirge eine weitere Trennung angebracht. Innerhalb dieses Kapitels über die temperierten Hochgebirge bedeutet das eine zusammenfassende Gruppierung der Hochgebirge Europas (von den Pyrenäen bis zum Kaukasus), Mittelasiens, Sibiriens, Ostasiens und Nordamerikas. Eine grundlegende Beschreibung wird immer am Beispiel mitteleuropäischer Hochgebirge vorangestellt. Ein Gebirge besonderer Art stellt der Himalaja dar, denn er vereint in sich Vegetationsformen der temperierten und der (sub)tropischen Zonen. Je weiter man von Westen her dem Gebirgszug folgt, um so mehr dringt man am Fuß des Gebirges und in seinen mittleren Höhen in subtropische Gefilde ein, die sehr vom Monsun beeinflußt sind. Die oberen Gebirgslagen ähneln denjenigen temperierter Hochgebirge. Das bezieht sich nicht nur auf die allgemeine Stufenfolge, sondern auch auf die verwandtschaftlichen Beziehungen der Pflanzengattungen und -arten.

Montane Stufe

Aus der Tiefebene (der planaren Stufe) kommt man über das Hügelland (die colline Stufe) zum Bergland (der montanen Stufe), das in Mitteleuropa die unterste Gebirgsstufe darstellt. Es wird von Buchen-Tannen-(Fichten-)Wäldern beherrscht, die in verschiedenen Standortformen auftreten können.

Unterschiedliche Standorte bewirken dabei die Böden (Kalk, Sand, Lehm) sowie die Feuchtigkeit (Nord-/Schatten- bzw. Süd-/Sonnenseiten der Berge). Man bezeichnet sie als Bergmischwälder, da nicht nur die Rotbuche *(Fagus sylvatica)* und die Weißtanne *(Abies alba)*, sondern auch die Gemeine Fichte *(Picea abies)*, der Bergahorn *(Acer pseudoplatanus)* und seltener die Bergulme *(Ulmus glabra)* zu den Beständen gehören. An trockeneren Stellen kann sich noch die Waldkiefer *(Pinus sylvestris)* dazugesellen bzw. den die Schattenseiten der Berge und die feuchteren Täler bevorzugenden Buchen-Tannen-Mischwald auf den Südseiten bestandsbildend vertreten. Je nach Gesteinsunterlage (Kalk oder Silikat) ändert sich die Begleitflora.

In den herzynischen Mittelgebirgen Europas liegt die montane Stufe zwischen 450 und 800 m. Über diese Höhe hinaus kommt es zu einer weiteren Verkürzung der Vegetationszeit und zu tieferen Jahresmitteltemperaturen, so daß nur noch die Gemeine Fichte als dominierende Holzart auftreten kann. Dieser Vegetationswechsel findet in

den höheren Gebirgen, beispielsweise in der Tatra und in den Alpen, erst über 1000 m statt. Allerdings zeigt das Auftreten der Fichte im Gebirge heute nicht mehr überall die Grenze zur nächsthöheren (orealen) Vegetationsstufe an, denn ihre Bevorzugung bei forstlichen Anpflanzungen trug dazu bei, daß sie durch den Menschen auch außerhalb ihrer natürlichen Höhenstufen angesiedelt wurde. So wird man in den mitteleuropäischen Gebirgsregionen bis etwa 1000 m kaum noch natürliche montane Wälder finden, wie es beispielsweise bei Zakopane (833 m ü. NN) in der Hohen Tatra zu erwarten wäre. Nur in einigen wenigen, für die Forstwirtschaft schwer zugänglichen Tälern ist der artenreiche Bergmischwald noch nicht durch Fichtenforste ersetzt. An der Begleitflora solcher Fichtenforste erkennt man deren montanen Charakter: Auf Kalk im Bereich der Karpaten-Buchenwälder der Tatra gehören dazu u.a. Drüsenzahnwurz *(Dentaria glandulosa)*, Kleeblatt-Schaumkraut *(Cardamine trifolia)*, Schwalbenwurzenzian *(Gentiana asclepiadea)*, Quirlblättrige Weißwurz *(Polygonatum verticillatum)*, Knotenbeinwell *(Symphytum tuberosum)*, Christophskraut *(Acetaea spicata)*, Sanikel *(Sanicula europaea)*.

Im Kaukasus ist die Rotbuche durch die Orientbuche *(Fagus orientalis)* ersetzt, die wie ihre mitteleuropäische Verwandte auch ein feuchtes und ausgeglichenes Klima bevorzugt. Sie fehlt also in den kontinental-trockenen Gebieten des östlichen und südöstlichen Kaukasus, wo sie durch Kiefern ersetzt wird, ansonsten ist sie in fast allen Gebirgswäldern vertreten, zwischen 1000 und 1500 m sogar dominant. In den montanen Buchenwäldern wird sie von Linden *(Tilia platyphyllos* und *T. caucasica)*, Ahornen *(Acer pseudoplatanus, A. platanoides* und *A. cappadocium)* und Ulmen *(Ulmus glabra* und *U. elliptica)* begleitet, denen in der Strauchschicht auf der kontinentaleren Nordseite u. a. die laubabwerfende Pontische Azalee *(Rhododendron flavum)* und auf der vom Schwarzen Meer ozeanisch beeinflußten Südseite der immergrüne Pontische Rhododendron *(Rhododendron ponticum)* und der Kirschlorbeer *(Prunus laurocerasus)* zugesellt sind. In der Krautschicht des westlichen Kaukasus begegnen uns mit dem Waldmeister *(Galium odoratum)*, Sanikel *(Sanicula europaea)*, Fünfblättriger Zahnwurz *(Dentaria quinquefolia)* sowie Wurmfarn *(Dryopteris filix-mas)*, Frauenfarn *(Athyrium filix-femina)* und Straußfarn *(Matteuccia struthiopteris)* keine Unbekannten. Oberhalb 1400 m kommt die Orientbuche in die Gesellschaft von Nadelgehölzen, zunächst der Nordmanntanne *(Abies nordmanniana)*, die die Nadelwaldstufe ankündigen.

Der Altai, der bei seiner großen Ausdehnung im Nordwesten an das ozeanische Klima westlicher Gebiete anknüpft, wird dort in der montanen Stufe von der Sibirischen Tanne *(Abies sibirica)* in Gemeinschaft mit der Espe *(Populus tremula)* beherrscht. Wälder mit dieser Tanne, auch als Finstere Taiga bezeichnet, steigen im allgemeinen nicht sehr hoch, höchstens bis 1200 m. Im zentralen und südöstlichen Altai, wo kontinentales Klima die Vegetation beeinflußt, spielt in montanen Wäldern vor allem die Sibirische Lärche *(Larix sibirica)* eine Rolle, die in tieferen Lagen in aufgelockerten Beständen in die Steppen eindringt. Lärchenwälder reichen im zentralen Altai von etwa 800 bis knapp 2000 m Höhe, je kontinentaler das Klima, um so höher. Als Unterwuchs fühlt sich in den lichten Wäldern, vor allem an verwitterten Granithängen mit Steingrus, die laubabwerfende Dahurische Alpenrose *(Rhododendron dauricum)* wohl. Wo der Boden bessere Qualität hat, sind Erbsenstrauch *(Caragana arborescens)*, Rosen, Spiersträucher, Zwergmispel *(Cotoneaster)* und Strauch-Fingerkraut *(Potentilla fruticosa)* die Begleiter der Lärche.

In den mittelasiatischen Hochgebirgen hat die Vegetation der montanen Stufe (sofern man diese Bezeichnung auf diese ariden Gebiete übertragen kann) einen gänzlich anderen Charakter. Sie ist geprägt von der Baumfeindlichkeit des Klimas, das in dieser Höhenstufe bestenfalls lockere, buschartige Gehölzfluren zuläßt. So trifft man im Transili-Alatau (zum nördlichen Tienshan gehörend) in der montanen Stufe zwischen 900 und 1900 m auf Wildobstwälder, die von Wiesensteppen unterbrochen sind. In diesen, heute weitgehend dezimierten Wäldern kommen Wildäpfel (u. a. der dem Kulturapfel nahestehende *Malus sieversii)*, wilde Aprikosen *(Armeniaca vulgaris)* und wilde Mandel *(Amygdalus communis)* sowie *Prunus divaricata*, eine der Stammformen unserer Kulturpflaumen, vor. Nahe der kasachischen Stadt Alma Ata (dt. = »Vater des Apfels«) werden

Höhenstufen erkennt man an ihrer Vegetation: Auf den orealen Nadelwald folgen nach oben die Krummholzstufe und darauf die alpinen Rasen. Unterhalb der Waldgrenze erkennt man Rodungen für Siedlungs- und Weideplätze.

die Früchte dieser Wildobstbestände von der Bevölkerung weitestgehend genutzt.

Die Wiesensteppen sind reich an Geophyten und Stauden, deren Blütenpracht Anfang Mai die blühenden Obstbaumwälder farblich ergänzt; leuchtend rot: *Tulipa kolpakowskyana,* rosa: eine Pfingstrose *(Paeonia hybrida),* blau: die Tatarenlilie *(Ixolirion tataricum).*

Eine andere Form montaner Gehölzbestände, vor allem im Pamiro-Alai, sind an den schattigen Nordseiten die Ahorn-Nußbaum-Wälder mit Walnuß *(Juglans regia* ssp. *fallax)* und Ahorn *(Acer turcestanicum)* mit Wildobstarten in der unteren Baumschicht. Die trockeneren, einer sehr starken Strahlung ausgesetzten Sonnenhänge weisen nur Trockengebüsche auf, die sich aus Ahorn, Rosen, Spiersträuchern (z. B. *Spiraea hypericifolia)* und Berberitzen *(Berberis)* zusammensetzen. Auch Baumwacholder (z. B. *Juniperus seravschanica)* gehören dazu. Zahlreiche Geophyten finden dort ihren Platz. Sie haben im feuchten Frühjahr ihre Entwicklungszeit und ruhen vom Beginn der Trockenheit in den steinigen Böden.

Im West-Himalaja, wo sich der Indus seinen Weg durch das Gebirge bahnt, bilden Steppenwälder mit Wacholdern, Kiefern und Eichen zwischen 2400 und 2700 m im Anschluß an Beifuß-Steppen die Vegetation der montanen Stufe. Nur wenig weiter östlich, wo die großen Zuflüsse des Ganges sich aus dem Gebirge hervorzwängen, beginnt montane Vegetation schon bei 2000 m und besteht vorwiegend aus Eichen-Rhododendron-Wäldern. Diese werden durch Graueiche *(Quercus incana),* Baum-Alpenrose *(Rhododendron arboreum)* und einen baumförmigen Weißglockenstrauch *(Pieris ovalifolia)* charakterisiert. Der Anblick eines solchen Waldes wird als unvergeßlicher Eindruck beschrieben, wenn die beiden letztgenannten Heidekrautgewächse im April/Mai blühen: der *Rhododendron* leuchtend rot und die *Pieris* mit waagerecht abstehenden Trauben kleiner weißer Blüten. In den östlichen Himalaja-Gebieten (Zentral- und Westnepal, Sikkim, Bhutan) bringt subtropisches Klima üppigen, immergrünen Gebirgsregen- bzw. Nebelwald hervor, in denen sich eine weitere baumförmige *Rhododendron*-Art, die Großblättrige Alpenrose *(Rhododendron grande)* mit sehr großen, unterseits silbrig glänzenden Blättern und großen Büscheln weißer Blüten, dem schon bekannten *Rhododendron arboreum* zugesellt. Je weiter man nach Osten vorankommt, um so länger wird die Liste von Arten dieser Gattung, die hier im feuchten Klima des Himalaja ein Mannigfaltigkeitszentrum besitzt. Von Lianen durchwobene und mit epiphytischen Orchideen und sogar Ericazeen *(Agapetes serpens, Rhododendron vaccinioides)* besetzte Buchengewächse *(Quercus, Castanopsis)* dominieren. Baumfarne runden das Bild des Nebelwaldes ab.

Die Insellage Japans bedeutet für die Japanischen Alpen (auf der Hauptinsel Honshu) einen sehr hohen Grad der Ozeanität des Klimas, was die Niederschlagsmengen von 2600 mm in Höhen oberhalb 1500 m belegen. Montane Bergmischwälder, sofern sie nicht der Kulturlandschaft weichen mußten, sind bis etwa 1600 m Höhe zu beobachten. Ihr Reichtum an Gehölzarten ist bemerkenswert, wobei sich zu den dominierenden Siebold-Buchen *(Fagus crenata),* Momi-Tannen *(Abies firma)* und Nikko-Tannen *(Abies homolepis)* in der Baumschicht noch Magnolien *(Magnolia salicifolia, M. kobus)* und Ahorne, in der Strauchschicht niedrige Bambus-Arten, immergrüne Kamelien, Aukuben und Stechpalmen *(Ilex)* gesellen. Hier und da bilden sich eingestreute Nadelwälder mit der Japanischen Sicheltanne *(Cryptomeria japonica),* mit der Schirmtanne *(Sciadopitys verticillata)* oder mit dem schuppenblättrigen Zypressengewächs Hiba *(Thujopsis dolabrata).*

Die montane Stufe im nordamerikanischen Westen (zwischen 1300 m im Norden und 2000 m im Süden) ist in den kontinental-trockenen Gebieten durch drei waldbildende Nadelholzarten mit weiter horizontaler wie vertikaler Verbreitung charakterisiert: Gelbkiefer *(Pinus ponderosa),* Drehkiefer *(Pinus contorta)* und Douglasie *(Pseudotsuga menziesii).* Alle drei Arten gedeihen auch in der orealen Stufe und vermischen sich dort mit den dafür charakteristischen Arten. Die Gelbkiefer kommt von British Columbia bis Mexiko, östlich bis Dakota und Texas vor (Abb. S. 329). Sie hat in den tieferen Regionen einen schlanken Habitus mit fichtenähnlich spitzer Krone. In den höheren Lagen ist sie durch Varietäten (var. *scopulorum* und var. *arizonica)* vertreten, die kompakteren Wuchs aufweisen. Gelbkiefern-Wälder sind meist hochwüchsig und licht mit großen Abständen zwischen den Bäumen bzw. zwischen Baumgruppen. Wegen häufiger, sowohl natürlicher als auch aus wirtschaftlichen Gründen gesteuerter Waldbrände häuft sich am Boden wenig trockenes organisches Material an (Nadelstreu, abgestorbene Äste, Gras). Für die Verjüngung dieses Nadelbaumes ist das günstig, auch wenn viele Jungpflanzen Opfer eines Feuers werden. Von

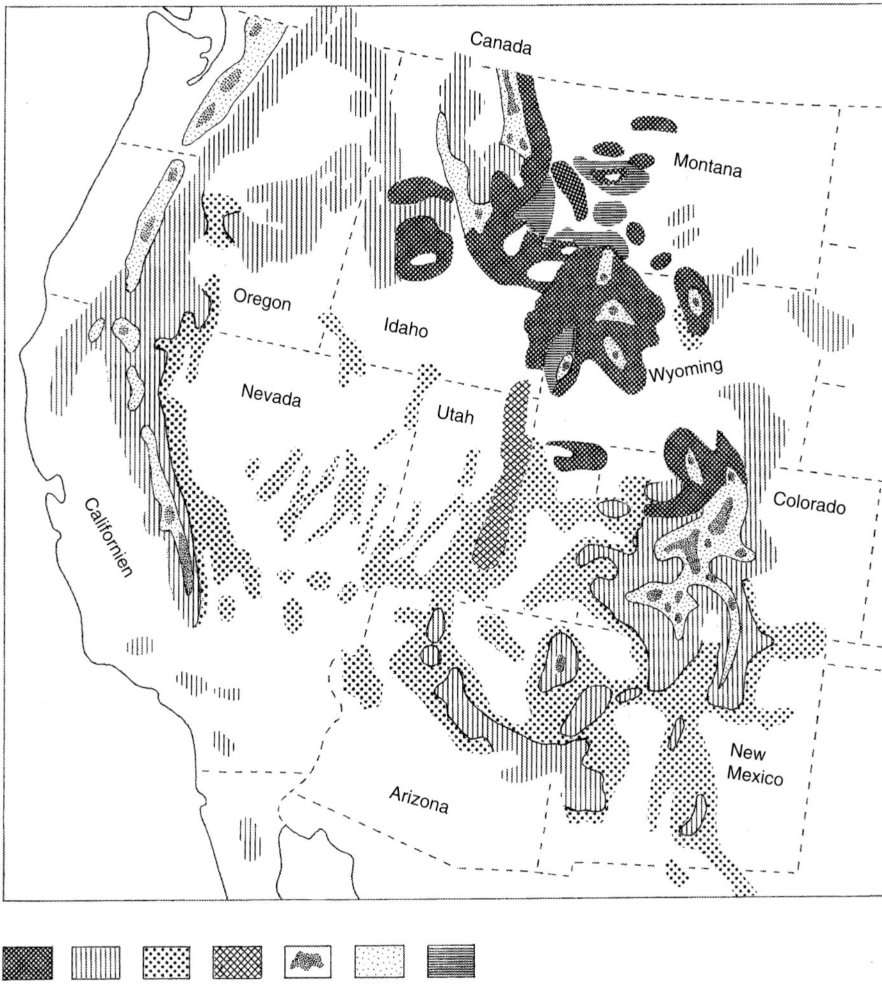

Die Verbreitung montaner und orealer Wälder und alpiner Formationen im Westen der USA

1 Drehkiefern-Wälder
2 Gelbkiefern-Trockenwälder
3 Kiefern-Wacholder-Formationen (Pinyon)
4 Aspen-Wälder
5 baumlose alpine Formationen
6 oreale Tannen-Fichtenwälder bis zur Waldgrenze
7 Douglasien-Wälder

einer bestimmten Größe an sind Gelbkiefern anderen gemeinsam mit ihnen wachsenden Nadelbaumarten im Vorteil gegenüber Waldbränden. Lockere Bestände zeigen die stärksten Zuwachsraten, weswegen eine Ausdünnung zu dichten Jungwuchses durch Feuer erwünscht ist. Die vertikale Verbreitung der Gelbkiefern-Wälder erstreckt sich in den südlichen Trockengebieten bis in 3000 m Höhe (vgl. oreale Stufe).

Die zweite Art, die Drehkiefer, ist von Alaska bis Kalifornien und vom Meeresstrand bis in 3500 m Höhe verbreitet. Sie besitzt eine große Anpassungsfähigkeit und zeigt entsprechend ihrer Standorte Wuchsformen vom kerzengeraden Mastbaum (in der montanen Stufe) bis zum sperrigen Busch. In kalten und trockenen Hochgebirgslagen der Rocky Mountains, oft auch an durch klimatische Extreme charakterisierten Stellen, breiten sich (in Höhen zwischen 1500 und 3150 m) Drehkiefern-Wälder aus. Die Drehkiefer oder Lodgepole-Kiefer *(Pinus contorta* var. *latifolia)* spielt als Pionierholzart überall dort eine große Rolle, wo regelmäßig Waldbrände auftreten. So wird diese Art selten älter als 200 Jahre, weil selbst geringfügige Bodenfeuer genügen, um die dünnrindige und harzige Kiefer abzutöten. Daß solche Naturereignisse auch ihre positiven Seiten haben, zeigt gerade die Drehkiefer. Das Feuer öffnet die ansonsten viele Jahre bis Jahrzehnte geschlossen bleibenden Zapfen, zerstört die Bodenauflage und bereitet damit das Keimbett vor, vernichtet konkurrierende Pflanzen und schafft bessere Lichtverhältnisse, und es tötet oder vertreibt wenigstens zeitweise die samenfressenden Eichhörnchen, Mäuse oder Vögel. In den höheren Lagen ist die Drehkiefer auch mit Arten der orealen Stufe vermischt (Engelmann-Fichte und Haarfrucht-Tanne).

Im Südwesten der Sierra Nevada haben die Mammutbaum-Wälder durch die Ausmaße ihrer Bäume Berühmtheit erlangt: Riesen-Mammutbaum *(Sequoiadendron giganteum)* mit Höhen zwischen 80 und 135 m; 12,30 m Stammdurchmesser am Wurzelansatz des von den Amerikanern »General Grant« getauften Exemplars; 24,32 m Stammumfang (in 1,50 m Höhe) gemessen bei »General Sherman« oder 6100 t geschätztes Gesamtgewicht für dieses Exemplar. Ihr hohes Alter, etwa 3000 Jahre, konnten diese Giganten erreichen, weil sie mit ihrer dicken Borke ausreichend gegen die regelmäßig auftretenden Waldbrände geschützt sind. Ähnliches läßt sich von der Douglasie oder Küstentanne *(Pseudotsuga menziesii)* sagen, von der hier zur Zeit ihrer Entdeckung bis zu 90 m hohe Exemplare erwähnt wurden. Als weitere Bestandteile dieser hochstämmigen Nadelwälder wären Zuckerkiefer *(Pinus lambertiana)*, Jeffreyi-Kiefer *(Pinus jeffreyi)* und Flußzeder *(Calocedrus decurrens)* zu nennen.

Oreale Stufe

In der sich an die montane Stufe anschließenden orealen Stufe beherrschen meist Nadelholzarten die Vegetation, wie z. B. in Mitteleuropa die Gemeine Fichte, so daß man auch von einer Nadelwaldstufe sprechen kann. Nicht alle Autoren benutzen die Bezeichnung »oreal«. Man findet in der Literatur auch noch die Zuordnung zur »montanen« Stufe, im Sinne einer einzigen Waldstufe. Eine Trennung der Nadelwaldstufe von Laub- bzw. Bergmischwaldstufe erweist sich aber als notwendig. So verwenden andere Autoren anstelle von »oreal« die Bezeichnungen »hoch-« bzw. »altomontan« oder »obere montane Stufe«.

Mit der orealen Stufe beginnt eigentlich erst richtig das Gebirge (Abb. S. 331). Doch von Hochgebirge spricht man erst, wenn wenigstens die alpine Stufe erreicht wird. Das Klima der Nadelwaldstufe erlaubt den wärmeliebenden Arten der montanen Stufe nur noch an begünstigten Stellen (wärmeren Südhängen), weiter nach oben vorzudringen. Das trifft in Mitteleuropa auf Rotbuche und Weißtanne zu, denen weder die weiter absinkenden Temperaturen (Jahresmittel 3 bis 5 °C) noch die Dauer der Vegetationszeit (etwa 3 Monate) zum optimalen Gedeihen genügen. In der orealen Stufe finden wir ähnlich klimatische Verhältnisse vor wie in der borealen Nadelwaldzone und auch ähnliche Vegetationsformen.

Typisch für die Nadelwaldstufe ist eine Anreicherung unzersetzter Nadelstreu, die am Boden eine stark sauer reagierende, mehr oder minder dicke Rohhumusauflage bildet. Die Vegetation im Unterwuchs ist dementsprechend arm. Entweder handelt es sich um säureliebende (azidophile) Moose oder um in Lebensgemeinschaft mit Pilzen lebende Blütenpflanzen, zu denen außer den meisten Waldbäumen auch die Zwergsträucher der Heidekrautgewächse und die nahe verwandten Wintergrüngewächse zählen. Wintergrün *(Pyrola-*Arten), Moosauge *(Moneses uniflora)* und der Echte Fichtenspargel *(Monotropa hypopitys)* stellen Vertreter der letzteren Familie dar, während die

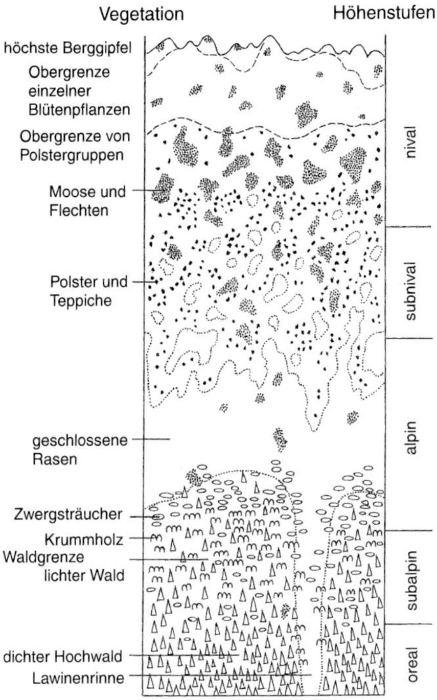

Schema der vertikalen Vegetationsgliederung in temperierten Hochgebirgen (nach Reisigl und Pitschmann)

Heidekrautgewächse artenreicher vertreten sind. Zu ihnen gehören die massenhaft im Gebirge auftretende Heidelbeere *(Vaccinium myrtillus)* sowie andere *Vaccinium-* und auch *Rhododendron-*Arten.

Die in den Alpen und Karpaten dominierende Gemeine Fichte reicht südlich bis zur Balkan-Halbinsel (über Slowenien und Bosnien mit Unterbrechung über Bulgarien bis zu den südlichsten Vorkommen in Mazedonien). Südosteuropa ist während der Eiszeiten in Europa ein Rückzugsgebiet für viele Pflanzen gewesen. Nicht alle haben den Rückweg nach Norden geschafft und sind als Tertiärrelikte zurückgeblieben. Dazu gehören auch zwei Nadelholzarten, die heute als Endemiten in der orealen Stufe Südosteuropas vorkommen. Es handelt sich um die Molika-Föhre oder Rumelische Strobe *(Pinus peuce)* und die Panzerkiefer *(Pinus heldreichii)*. Der Name Rumelische Strobe weist auf die Verwandtschaft zur nordamerikanischen Weymouths-Kiefer (Strobe) hin, die ebenfalls die grazilen, fünfnadligen Kurztriebe hat. Ihre schönsten Bestände findet man in Bulgarien im Rila- und Pirin-Gebirge sowie den westlichen Rhodopen zwischen 1700 und 2000 m. Darunter ist sie in einem schmalen Saum mit der Gemeinen Fichte vermischt. Die Panzerkiefer ist völlig anders geartet. Sie wächst auf weniger tiefgründigen, felsigen Standorten, verträgt mehr Trockenheit und weniger Schatten als die Molika-Föhre.

Im westlichen Kaukasus trifft man in der Nadelwaldstufe auf Wälder aus Nordmanntanne *(Abies nordmanniana)* und Orientalischer Fichte *(Picea orientalis)*, denen vielerorts noch die Orientbuche *(Fagus orientalis)* zugesellt ist. Hier breiten sich in den Höhenlagen zwischen 1500 und 2200 m vom Menschen z. T. noch unbeeinflußte Fichten-Tannen-Wälder aus, die vor allem im westlichen Kaukasus im Reservat von Teberda sehr gut zu studieren sind. Das maritime Klima ermöglicht hier der Tanne den Aufstieg bis zur Waldgrenze. Wird das Klima trockener, wie zum östlichen Kaukasus hin, dann übernimmt die Orientfichte allein die Herrschaft im Bergwald. Dem Wanderer imponieren immer wieder die Mächtigkeit und Vitalität der Bäume in dieser Stufe. Fast 50 m hohe Nordmanntannen mit Stammdurchmessern von etwa 80 bis 120 cm sind keine Seltenheiten. Ihnen stehen die Orientalischen Fichten keineswegs nach. Unterwuchs ist in diesem dichten Nadelwald nur sehr spärlich vorhanden. Vereinzelte Pontische Azaleen *(Rhododendron luteum)* und Bärentrauben-Heidelbeere *(Vaccinium arctostaphylos)* gedeihen auf dem sauren Rohhumus. Dafür fallen um so mehr die in der wasserdampfgesättigten Luft der Wildwasserschluchten üppig von den Zweigen herabhängenden Bartflechten *(Usnea barbata)* auf. Je höher man kommt, um so mehr verschwinden die Orientbuchen, es sei denn, man befindet sich auf der maritim-feuchten Südabdachung, wo die Buche in 2000 m an der Waldgrenze Büsche bildet. Ab 1600 m hat sich ein neuer Laubbaum dazugesellt, der Trautvetter-Ahorn *(Acer trautvetteri)*, dessen Areal bis an die Waldgrenze reicht.

Oreale Nadelwälder gibt es in Mittelasien nur in den nördlichen Hochgebirgen des westlichen und zentralen Tienshan, wo eine größere Feuchtigkeit der Tienshan-Fichte *(Picea schrenkiana)* das Gedeihen ermöglicht. Ihre Bestände sind keine geschlossenen, ausgedehnten Wälder, sondern lichte, locker bestandene Flächen, die es dem

Tienshan-Fichte in der orealen Stufe des Transili-Alatau (N-Tienshan)

Einzelbaum ermöglichen, seine Äste bis zum Stammgrund zu behalten. Vorwiegend an Nordhängen oder in Tälern nahe der Gewässer liegen deshalb die Standorte der Fichte, die sie gelegentlich mit der Semenow-Tanne *(Abies semenowii)* und einigen kleinen Laubbäumen teilt: Tienshan-Birke *(Betula tianshanica)*, Tienshan-Eberesche *(Sorbus tianshanica)* und Pappeln. Eine Pappel, nämlich die Espe *(Populus tremula)*, spielt im nördlichen Tienshan zwischen 1100 und 1700 m als bestandsbildende Holzart eine größere Rolle. Sie bildet den Übergang von der Trocken-Vegetation der montanen zur Wald-Vegetation der orealen Stufe.

In die Lärchenwälder des zentralen Altai mischen sich in ihrem oberen Bereich einzelne Sibirische Zirbelkiefern *(Pinus sibirica)*, die dann in einem Bereich zwischen 1300 und 1700 m die alleinige Herrschaft übernehmen und in den orealen Wäldern bis an die Waldgrenze reichen. Bei höherer Feuchtigkeit werden sie von der Sibirischen Tanne, bei größerer Trockenheit von der Sibirischen Lärche verdrängt.

Im Himalaja gehen die montanen Wälder bei etwa 2700 bis 3000 m in die Wälder der orealen Stufe über. Im Nordwestteil bestehen diese aus mehreren Nadelgehölzen, wie die stattliche Himalaja-Zeder *(Cedrus deodara)*, die Tränenkiefer *(Pinus wallichiana)*, die Pindrow-Tanne *(Abies pindrow)* und die Morinda-Fichte *(Picea smithiana)* oder aus der Himalaja-Tanne *(Abies spectabilis)* und der Himalaja-Birke *(Betula utilis)*, denen sich nach Osten hin noch *Rhododendron* zugesellen und weitere Nadelholzarten, die schließlich die Birke ersetzen.

Tannenwälder bilden in den Japanischen Alpen (Honshu) einen sehr breiten Gürtel, der sich von 1700 bis 2450 m erstreckt und in seinem oberen Teil ab 2200 m auflockert. Es dominieren Veitchs Tanne *(Abies veitchii)* und Maries-Tanne *(Abies mariesii)*, die erste an der Westflanke, die zweite auf der kontinentalen Seite. Sie werden begleitet von der Hondo-Fichte *(Picea jezoensis* var. *hondoensis)*, von Mädchen- und Korea-Kiefer *(Pinus parviflora* und *P. koraiensis)*, von Japanischem Lebensbaum *(Thuja standishii)* und Nordjapanischer Hemlockstanne *(Tsuga diversifolia)*. Zunächst vereinzelt, dann ab 2200 m bestandsbildend gesellt sich die Erman-Birke *(Betula ermanii)* dazu, vor allem an lange mit Schnee bedeckten Hängen. Auch die in Europa forstlich kultivierte Japan-Lärche *(Larix kaempferi)* wächst hier. Fast alle genannten Bäume sind an der Waldgrenze (etwa bei 2600 m) beteiligt, die vornehmlich durch den zunehmenden Schneedruck (Schneebruch) und Wind bedingt wird, weniger durch Frosttrocknis der Nadelholzzweige.

In der gleichen Höhenstufe begegnet man in den Appalachen im Osten Nordamerikas ebenfalls dichten Nadelwäldern. Charakterarten sind die Rotfichte *(Picea rubens)*, die zwischen 1350 und 1450 m mit Laubbäumen Mischwälder bildet, und Frasers Tanne *(Abies fraseri)*, die zwischen 1600 und 1900 m gemeinsam mit der Rotfichte auftritt. Exponierte Standorte auf sehr sauren Böden werden von üppigen *Rhododendron*-Sträuchern und anderen immergrünen Gebüschen eingenommen. Aus einer Vielzahl von Arten seien als Beispiele *Rhododendron catawbiense* und *Rhododendron maximum*, beliebte Kreuzungspartner für die Rhododendronzüchtung, und als weiterer Vertreter der Heidekrautgewächse der Berglorbeer *(Kalmia latifolia)* genannt.

Die Hochgebirge des amerikanischen Westens sind sehr reich an Nadelholzarten, von denen viele als dekorative und wertvolle Bäume Eingang in europäische Parkanlagen fanden. Oberhalb der trockenen und lichten, montanen Gelbkiefern-Wälder in den mittleren und südlichen Rocky Mountains verbessern sich die Feuchtigkeitsverhältnisse und lassen dichte Nadelwälder aus Douglasie oder Küstentanne *(Pseudotsuga menziesii)* aufkommen. Das Verbreitungsgebiet der Douglasie erstreckt sich von British Columbia im Norden bis Kalifornien im Süden und östlich von Montana, Colorado nach New Mexico und W-Texas. In den südlichen Rocky Mountains dominiert sie über ihre Begleitarten Engelmann-Fichte *(Picea engelmanni)* und Stech-Fichte *(Picea pungens)*, Grautanne *(Abies concolor)* und Nevada-Zirbelkiefer *(Pinus flexilis)*.

An die Stufe der Douglasien-Wälder schließen sich in den größeren Höhen des Felsengebirges (in den südlichen Teilen zwischen 2800 und 3600 m, in den mittleren zwischen 1400 und 2300 m) Tannen-Fichten-Wälder aus Engelmann-Fichte und Haarfrucht-Tanne *(Abies lasiocarpa)* an, in deren Unterwuchs wieder Heidekrautgewächse (verschiedene *Vaccinium*-Arten) gedeihen.

Im Übergangsbereich der Douglasien-Wälder zu den Tannen-Fichten-Wäldern siedeln sich in den mittleren Rocky Mountains auch Wälder aus Amerikanischer Aspe *(Populus tremuloides)* an, die dank starken Regenerierungsvermögens (Wurzelbrut) sehr konkurrenzfähig ist. Nach Waldbränden erreicht sie gegenüber den Nadelholzarten die Dominanz, die sie nur sehr langsam wieder abgibt. Die Vitalität dieses Baumes ermöglicht ihm auch das Vordringen bis an die Waldgrenze. Auch dort, wo die Douglasien-Wälder vernichtet sind, bildet diese Pappel eine Ersatzgesellschaft.

Purpurtanne *(Abies amabilis)*, Pazifische Edeltanne *(Abies procera)* und *Abies lasiocarpa* sind die wichtigsten Arten dichter Nadelwälder im Nordwesten des Gebirgssystems (bis British Columbia), meist in Höhen zwischen 600 und 1500 m. Zu ihnen gesellen sich die Alaskazeder *(Chamaecyparis nootkatensis)*, die Berg-Hemlockstanne *(Tsuga mertensiana)* und im Unterwuchs Heidekrautgewächse *(Vaccinium* und *Menziesia)*.

In den durch arides Klima gekennzeichneten Gebieten zwischen der Sierra Nevada und den Rocky Mountains, wo die geringen Niederschlagsmengen nicht mehr für die Entwicklung von Wald ausreichen, sind die Pinyon-Wacholder-Gehölze verbreitet. Sie bestehen aus strauchig wachsenden Kiefern (z. B. Nußkiefer, *Pinus edulis*) oder Wacholdern (z. B. *Juniperus osteosperma*). Die 3 bis 10 m hohe, sehr lichte Gebüschformation ist zwischen 1500 und 2300 m Höhe anzutreffen.

Die orealen Nadelwälder der kalifornischen Sierra Nevada (zwischen 1800 und 2700 m) sind von der Rottanne *(Abies magnifica)* geprägt, deren Bestände durch Berg-Hemlockstanne, Westamerikanische Weymouths-Kiefer *(Pinus monticola)*, Drehkiefer, Jeffrey-Kiefer *(Pinus jeffreyi)* und die Sierra-Tanne *(Abies concolor* var. *lowiana)* bereichert werden. Oberhalb 2800 m bis etwa 3200 m dominieren Kiefern, allen voran die Weißstamm-Kiefer *(Pinus albicaulis)*.

Alluvionen. Schmelzwasserrinnsal, Gebirgsbach und Fluß liegen wie alle anderen Standorte im Gebirge auf engem Raum. Die Kraft des Wassers als eines Transportmittels des Schuttes und Gerölls, die sich in den breiten Talsohlen der tieferen Täler ansammeln, ist ganz enorm, besonders im Frühjahr während der Schneeschmelze. Meist lernt der Wanderer den Zustand dieser Gewässer nur während des Sommers kennen, wenn geringe

Wassermengen zu Tale fließen. Je nach Gefälle und Breite des Tales werden mehr oder weniger große Schottermengen abgelagert, die von verästelten Wasserläufen durchschnitten werden.

Krüppelwuchs von Fichten im unteren Teil der subalpinen Stufe in den Allgäuer Alpen

Sicher wird mancher Gebirgswanderer erstaunt sein, in der Steinwüste dieser Bachalluvionen noch Pflanzen anzutreffen.

Abgesehen von den immer wieder von den Bergen herabtransportierten Pflanzen gibt es einige Spezialisten, deren flugfähige Samen entgegen dem Wasserstrom wandern können. Sie sind in diesen alluvialen Geröllfluren häufig anzutreffen. Die stattlichste unter ihnen ist die Deutsche Tamariske oder Rispelstrauch *(Myricaria germanica)*, zu deren Verwandten auch viele Wüstenpflanzen zählen. Die blaugrünen, steif aufrechten Büsche haben zypressenähnliche Zweige. Rosmarin-Weidenröschen *(Epilobium dodonaei)* und Fleischers Weidenröschen *(Epilobium fleischeri)* sind zwei weitere Bachschuttpioniere. Sie fallen sowohl durch ihre leuchtendrosa Blüten wie auch durch die beim Aufplatzen wollig wirkenden Samenkapseln auf. Manche der Kräuter entdeckt man erst bei genauem Hinsehen, beispielsweise das flach kriechende Kahle Bruch-

Im Waldgrenzbereich und darüber sind die walzenförmigen Gestalten der Zirbelkiefern gut von den spitzschlanken Fichten zu unterscheiden. Im Vordergrund Legföhre

kraut *(Herniaria glabra)*. Handelt es sich um kalkhaltigen Schotter, dann kann der einjährige Braunklee *(Trifolium badium)* große Flächen bedecken, wie er überhaupt offene Stellen bevorzugt.

Waldgrenze. Die oreale Stufe ist im Gebirge die letzte Stufe, in der wir Wald antreffen. Mit ihrer oberen Grenze wird auch die Waldgrenze erreicht und damit der Übergang zur alpinen Stufe. Eine solche Grenze, die den geschlossenen Wald von niedriger Knieholz- oder Zwergstrauchvegetation trennt, ist auch in der borealen Zone zwischen Taiga und Tundra bekannt (s. dort). Wenn man im Gebirge ebenfalls auf eine solche markante Vegetationsgrenze stößt (Abb. S. 334), dann ist die Vermutung naheliegend, daß die Ursachen ähnlich oder gar gleich sind. Auch hier müssen die Tagesmitteltemperaturen wenigstens drei Monate lang über 10 °C liegen, damit Bäume und auch Wald gedeihen können. Ist aber die Vegetationszeit so kurz, daß die neugebildeten Nadeln des Jahrestriebes nicht ausreifen, d. h. keine genügende Widerstandskraft gegenüber Umwelteinflüssen entwickeln, so kommt es zu Vertrocknungserscheinungen an jenen Teilen der Bäume, die sich außerhalb der schützenden Wirkung des Schnees befinden. Krüppelwuchs ist die Folge, bis schließlich auch keine Krüppelformen der Bäume mehr wachsen können. Die Frosttrocknis wirkt also einschneidender als tiefe Temperaturen allein, von denen die Gemeine Fichte bis –40 °C ohne Schaden erträgt.

Die eben erläuterte sogenannte klimatische Waldgrenze hat aber nur theoretischen Wert, denn selten oder nie erreicht der Wald jene Höhenlinie, die durch das dreimonatige 10 °C-Tagesmittel gebildet wird. Das vielgestaltige Relief des Hochgebirges verhindert dies, denn an steilen Felshängen, auf lockerem Schutt oder in kaltluftgefährdeten Talsenken ist die Existenzmöglichkeit des Waldes und auch die von Einzelbäumen stark reduziert. So ergibt sich an solchen Stellen die sogenannte potentielle Waldgrenze. Aber auch diese wird in Europa nur noch selten vom Wald erreicht. Naturkatastrophen (Stürme, Lawinen) beeinträchtigen den sich in der Kampfzone ohnehin nur schwer regenerierenden Wald. Aber vor allem schränkt der Einfluß des Menschen die Ausdehnung der Wälder ein. Die weitverbreitete Almwirtschaft, der damit verbundene Holzeinschlag zur Bau- und Brennholzgewinnung und zur Vergrößerung der Weideflächen sowie die Beweidung selbst drücken die Waldgrenze künstlich herab. So kommt es zur tatsächlichen, aktuellen Waldgrenze.

Die Unterscheidung einer Baum- und einer Waldgrenze erübrigt sich, wenn man das Wesen der Waldgrenze kennt. Auch wenn sich der Wald in Baumgruppen auflöst, muß die klimatische Waldgrenze noch nicht erreicht sein. Es können die Bodenverhältnisse, z. B. zu flachgründiger Boden oder gar anstehender Fels, zur Auflösung des Waldes führen, aber noch keineswegs zum Krüppelwuchs.

Jedes Gebirge hat entsprechend der ihm eigenen klimatischen Bedingungen eine verschiedene Lage der Waldgrenze. In den Alpen liegt sie zwischen 1650 und 2300 m Höhe, in den feuchteren, kühlen Nordalpen tiefer, in den trockeneren, wärmeren Zentralalpen höher. Die westlichen Karpaten weisen eine Waldgrenze bei 1500 m auf, die von der Gemeinen Fichte gebildet wird, während in den östlichen Waldkarpaten schon bei 1300 m die Rotbuche eine Waldgrenze bildet. In den Transsilvanischen Alpen aber steigt die Fichte bis auf 1800 m Höhe. Dies trifft auch für den westlichen Kaukasus zu. Bis zum östlichen Kaukasus am Kaspischen Meer steigt die Waldgrenze auf 2400 m, so daß sie im Durchschnitt für den Kaukasus mit 2125 m angegeben werden kann. An der Bildung dieser Grenze sind alle in der oralen Stufe noch vorkommenden Baumarten beteiligt, lokal sogar Kiefern *(Pinus hamata)*. Die Waldgrenze der Hochgebirge Nordamerikas sinkt mit zunehmendem Breitengrad von 3000 bis 3600 m im Süden (Sierra Nevada und Rocky Mountains) auf 800 m im Norden des Felsengebirges.

Die Waldgrenze der Alpen wird außer durch Fichte auch von der Europäischen Lärche *(Larix decidua)* und der Arve oder Zirbelkiefer *(Pinus cembra)* gebildet. Die Lärchen besiedeln vorwiegend lockeres Material (Lawinenhänge), auf dem sie meist allein als Pionierholzart gedeihen und wo ihr großer Lichtbedarf ungeschmälert befriedigt wird. Ihre Fähigkeit, mit langen Wurzeln tief im Boden noch Wasser zu erreichen, begünstigt sie auch auf trockenen Standorten.

Der Arve begegnen wir sowohl in Lärchen-Arven-Wäldern und in Fichten-Wäldern als auch außerhalb des geschlossenen Waldes, wo ihre stattliche Gestalt noch mehr zur Geltung kommt. Wir treffen sie sowohl in den Alpen als auch in den Karpaten an, doch wurde sie wegen des wertvollen rötlichen Holzes stellenweise fast ausgerottet. In Reservaten sind noch prächtige Exemplare dieser fünfnadeligen Kiefer zu sehen, die sich durch ihren gedrungenen, walzenförmigen Wuchs deutlich von der Fichte unterscheidet (Bild S. 335).

Gewisse Ähnlichkeiten im Vorkommen bzw. den Standorten gibt es mit der Panzerkiefer auf der Balkan-Halbinsel. Der österreichische Botaniker Beck von Managetta hat davon eine eindrucksvolle Beschreibung gegeben: »Das ödeste, im grellen Sonnenscheine blendende Gestein, die grauenerregenden Felswüsten, die Steinhaufen gleichenden Kuppen der Herzegowiner Gebirge, wo jede Spur einer grünen Vegetation entschwunden zu sein scheint, vermag die Panzer-Föhre einzig in ihrer Art zu beleben. Uralte, prächtig gewachsene, wenn auch kurzschäftige Stämme, die selbst noch in Höhen von 1700 bis 1800 m vorkommen, bezeugen die außerordentliche Widerstandsfähigkeit dieses Baumes gegen das rauheste Alpenklima. Baumgruppen und kleine Horste bestocken an der Baumgrenze zumeist ohne jeglichen Zusammenhang irgendeine Felslehne oder konzentrieren sich auf einen, aus den Steintriften hervorragenden, größeren Felsbrocken.«

Die Waldgrenze im Himalaja beginnt bei ca. 3600 m (im Westen) und reicht im Osten bis 4200 m. Sie wird von den Gehölzen der orealen Stufe gebildet, also von Himalaja-Birken, Rhododendren und Tannen. Das trifft aber nur für die vom Monsun mehr oder weniger beeinflußte Südabdachung des Himalaja zu. Die weitaus größeren Teile des gesamten Gebirgssystems liegen nördlich in einem ariden Gebiet. Dort verschieben sich die Höhengrenzen. Die untere Grenze des humiden Waldes steigt immer höher, je weiter man nach Norden vorankommt, bis schließlich Wald nicht mehr existieren kann. Zuerst treten trockenresistente Nadelholzarten, wie Himalaja-Zypresse *(Cupressus torulosa)*, Tränenkiefer und Wacholder-Arten an die Stelle von Tannen und Fichten. Der Wald lockert sich zu Inseln auf, unterbrochen von artenreichen Beifuß-Steppen.

Auch in den nordwestamerikanischen Gebirgen wird die Waldgrenze von Nadelbäumen gebildet, die allmählich zwergenhaften, krummholzartigen oder Krüppelwuchs annehmen. Vor allem sind Kiefern daran beteiligt, wie Weißstamm-Kiefer *(Pinus albicaulis)* und Nevada-Zirbelkiefer *(Pinus flexilis)*, die zwischen 2400 und 2800 m Höhe zusammen mit Murray-Kiefern *(Pinus contorta* ssp. *murrayana)* die Wälder der Kampfzone bilden und den Übergang zur subalpinen Stufe darstellen. In den Rocky Mountains gehören außer den eben genannten Kiefern hauptsächlich noch Haarfrucht-Tanne *(Abies lasiocarpa)*, die Berg-Hemlockstanne *(Tsuga mertensiana)* und die Engelmann-Fichte *(Picea engelmannii)* dazu. In Wäldern des westlichen Nordamerika kommt auch die Borstenkiefer *(Pinus aristata* var. *longaeva)* vor, von der in den trockenen White Mountains 4900 Jahre alte lebende Exemplare gefunden wurden. Sie gehört damit zu den derzeit ältesten Pflanzen unserer Erde.

Subalpine Stufe

Der Übergang vom Wald zur alpinen Welt ist noch vom Kampf der Bäume und Sträucher und der Kräuter um die Vorherrschaft gekennzeichnet. Letzte, vereinzelte Bäume, Baumkrüppel und vor allem Sträucher des Knie- bzw. Krummholzes, kleinere Sträucher der Zwergstrauchheiden und größere Kräuter in Hochstaudenfluren und auf Alpenwiesen sind die bestimmenden Elemente dieser Stufe (vgl. Bild S. 334).

Krummholz ist wegen des Schneedruckes in dieser Höhenstufe die dominierende Wuchsform der Gehölze. Sofern nicht Waldbäume mit diesem für sie abartigen Wuchs gegen die Witterungsunbilden bestehen können, treten besser angepaßte Sträucher an ihre Stelle.

Durch Auflockerung des Waldes sowie hier und da eingestreute Latschenkiefern (Knieholz) kündigt sich in Europa die subalpine Stufe an (Bild S. 326). Möglicherweise hatte der Hochwald bereits in einer in die oreale Stufe hineinreichenden Lawinenrinne einem mehr oder weniger dichten Gestrüpp von Latschenkiefern *(Pinus mugo)* weichen müssen, die mit ihren flexiblen Ästen den mechanischen Belastungen durch Schnee und Lawinen standhalten können. Diese Kiefer, auch als Krummholz-Kiefer, Berg- oder Legföhre bezeichnet, ist für die europäischen Gebirge mit subalpiner Stufe eine Charakterpflanze. Ihre Äste breiten sich auf wenig geneigtem Untergrund allseitig aus, z. T. schlangenartig am Boden windend und dann aufsteigend. Durch das Ineinanderwachsen der Büsche (Einzelexemplare können Durchmesser bis etwa 15 m erreichen) entsteht ein nahezu undurchdringliches Dickicht von ca. 1,50 bis 2,50 m Höhe. Alpenwanderer seien ausdrücklich vor »Abkürzungen« in der *Pinus mugo*-Zone gewarnt! Bei starker Hangneigung sind die Äste abwärts gerichtet. Mit zunehmender Höhenlage lichten sich die Knieholzgestrüppe auf, und die Einzelpflanzen sind schon auf weite Entfernung wegen ihres kreisförmigen Wuchses und der dunklen Färbung erkennbar. Inmitten jener dunkelgrünen Knieholzfluren fallen hellgrüne Laubgehölze auf, die sich stellenweise nur unwesentlich über die Legföhren erheben. Das ist die Alpen-Vogelbeere *(Sorbus aucuparia* var. *alpestris)*, der man aber auch schon in der orealen Stufe begegnen kann.

Im Kaukasus bilden die halbmeterhohen Gebüsche der Kaukasus-Alpenrose *(Rhododendron caucasicum)* mit großen cremeweißen Blüten bereits zwischen den letzten Baumgruppen in 1900 m Höhe zusammen mit der Litwinow-Birke *(Betula litwinowii)* vornehmlich auf Nordhängen ein subalpines Knieholzgebüsch.

Im Tienshan erreicht *Picea schrenkiana* bei 2900 bis 3000 m ihre Existenzgrenze. Windgeschorene Krüppel dieses Baumes bilden zusammen mit Rosen, Spiersträuchern und Wacholdern in einer schmalen Kampfzone das Knieholz.

Subalpine Krummholzgebüsche beginnen im Westen des Himalaja mit der die Waldgrenze bildenden Himalaja-Birke, zu der sich schon bald die Glocken-Alpenrose *(Rhododendron campanulatum)* gesellt, um dann im Nepal-Himalaja allein das Krummholz zu beherrschen. Gelegentlich sind Wacholder beigemischt, wie der Hänge-Wacholder *(Juniperus recurva)* und der Schuppen-Wacholder *(J. squamata)*. Noch andere Sträucher können auftreten und eine dem Krummholz entsprechende Formation bilden, vor allem aus den Gattungen *Berberis*, *Cotoneaster* und *Lonicera*. Aber meistens ist diese Vegetation großflächig durch überbetonte Weidewirtschaft stark geschädigt bzw. völlig verändert. Die trockene Nordseite wird zunehmend von Steppenelementen beherrscht, weshalb in dieser Höhenstufe auch solche Sträucher auftreten, wie sie aus den innerasiatischen Steppen bekannt sind. Dabei schieben sich mit mehreren Arten die Gattungen Erbsenstrauch *(Caragana gerardiana* und *C. brevispina)*, Meerträubel *(Ephedra)* und Heckenkirsche *(Lonicera asperifolia* und *L. spinosa)* sowie die Sanddornart *Hippophaë tibetana* in den Vordergrund.

Die Ostasiatische Zwergkiefer *(Pinus pumila)*, das Pendant zur europäischen Latschenkiefer, tritt je nach Standort in den Japanischen Alpen als Strauch oder strauchiger Baum in Erscheinung. Ihre undurchdringlichen Knieholzbestände sind vermischt mit der Ostasiatischen Grünerle *(Alnus maximowiczii)*, die auf Hängen mit beweglichem Untergrund allein auftritt. In einem Höhenbereich zwischen 2550 und 2900 m sind solche Krummholzgebüsche vorzufinden, wobei ausgesprochen alpine Standorte den Zwergstrauchheiden mit verschiedenen Heidekrautgewächsen vorbehalten bleiben.

Sofern nicht die Waldbäume zu Knieholz verkrüppeln (z. B. die Weißstamm-Kiefer) und eine Zone des Krummholzes bilden, übernehmen im westlichen Nordamerika subalpine Weidengebüsche diese Rolle.

Die subalpinen Bestände der Legföhre und Alpenrosen-Gebüsche sind in den Alpen oft miteinander verzahnt. Da Alpenrosen vom Vieh nicht gefressen werden, können sie mitunter ausgedehnte Bestände bilden.

Zwergstrauchheiden. An offenen Stellen bemerken wir, daß der Boden ähnlich dem des Nadelwaldes von sauren Bleicherden bedeckt ist, auf denen nicht allzu viele Arten siedeln. Hier gedeihen die Zwergstrauchgesellschaften, die sich in ähnlicher Zusammensetzung wie in den europäischen Gebirgen in allen Gebirgen temperierter Breiten wiederholen.

Ausgedehnte Bestände bilden die Heidelbeere *(Vaccinium myrtillus)*, die durch ihr blaugrünes Laub auffallende Rauschbeere *(Vaccinium uliginosum)*, die Alpen-Bärentraube *(Arctostaphylos alpina)* sowie die Preiselbeere *(Vaccinium vitis-idaea)*. Weitere Begleiter dieser waldgrenznahen, in der Krummholzstufe angesiedelten zwergstrauchreichen Gebüsche sind Alpen-Krähenbeere *(Empetrum hermaphroditum)*, Alpen-Habichtskraut *(Hieracium alpinum)*, Punktierter Enzian *(Gentiana punctata)*, verschiedene Frauenmantel-Arten *(Alchemilla)*, Alpenlattich *(Homogyne alpina)*, Waldsimse *(Luzula sylvatica)* und der Lanzen-Schildfarn *(Polystichum lonchitis)*. Insbesondere die drei letztgenannten Arten fanden wir schon in der orealen Stufe, wo sie zum orealen Nadelwald gehören. Wo der Wald einer subalpinen Vegetation weichen mußte, bleiben seine krautigen Begleiter meist erhalten.

Auch in anderen Gebirgen sind in dieser Höhenstufe immer Heidekrautgewächse anzutreffen, die wegen des sauren Bodens dominieren. In den Alpen kommen zu den zuerst genannten vier Arten noch zwei Alpenrosen dazu, wobei die Behaarte Alpenrose *(Rhododendron hirsutum)* auf Kalkuntergrund und die Rostrote Alpenrose *(Rhododendron ferrugineum)* auf Silikatgestein gedeiht. Sie können dichte Bestände bilden, die zur Zeit der Blüte einen wunderbaren Anblick bieten. Angesichts ihrer Schönheit erscheint es fast widersinnig, daß die Alpenrosen zu den gefürchtetsten Unkräutern der Alpenweiden gehören. Wegen ihrer Giftigkeit vom Vieh verschmäht, haben sie durch schnelle Ausbreitung schon manche Weidefläche verdorben. Während Alpenrosen in den westlichen Karpaten fehlen, kommt die Myrtenblättrige Alpenrose *(Rhododendron*

Hochstaudenflur mit dominierendem Waldstorchschnabel

kotschyi) von den Waldkarpaten bis zum Rilagebirge vor.

In den humiden Gebirgsteilen des westlichen Nordamerika sind subalpine Zwergstrauchheiden ebenfalls reich an niedrigen Heidekrautgewächsen. Voraussetzung sind auch hier stark saure Böden. Bei langanhaltender Schneebedeckung, die den Wuchs größerer Gehölze verhindert, entwickeln sich Schnee-Zwergstrauchheiden aus zwei Arten der Schuppenheide *(Cassiope)*, Blauheide *(Phyllodoce empetriformis)* und der Köstlichen Heidelbeere *(Vaccinium deliciosum)*. In Mooren mit diversen Torfmoos-Arten *(Sphagnum)* sind Kleinblättrige Loorbeerrose *(Kalmia microphylla)*, Kriechende Scheinbeere *(Gaultheria humifusa)* sowie zwei *Vaccinium*-Arten die Vertreter der erwähnten Pflanzenfamilie.

Hochstaudenfluren. Für die subalpine Stufe sind auf frischen, feuchten Böden mit höherem Nährstoffgehalt auch die Hochstaudenfluren typisch. Solche Standorte können Ufer von Quellbächen, schattenreiche Felsschluchten, verfestigte Schutthalden oder auch humusreiche, feuchte Waldlichtungen sowie Lücken im Knieholz sein. Die Bezeichnung dieser Vegetation deutet schon darauf hin, daß sie aus hochwüchsigen Pflanzen besteht. Viele solcher Arten wandern mit dem Wasser talabwärts und sind dann in den feuchten Schluchtwäldern der Waldstufen wiederzufinden.

Besonders interessant ist die sogenannte Kaukasische Riesenflora, in deren üppiger Fülle von Hochstauden sich Roß und Reiter verstecken können. Diese Vegetation hat nur einen geringen Anteil an Gräsern, da die Schattenwirkung der hohen und meist großblättrigen Pflanzen die Entwicklung einer bodennahen Vegetationsschicht verhindert. Vor allem auf gut befeuchteten Böden sind diverse Sträucher als parkartige Gruppen eingestreut: Alpen- und Kaukasus-Johannisbeere *(Ribes alpinum und R. biebersteinii)*, Kaukasus-Pfeifenstrauch *(Philadelphus caucasicus)* und Schwarzer Holunder. Zu den bekanntesten Vertretern der Riesenstauden gehören die bis zu 3 m hohen Riesen des Orientalischen Eisenhutes *(Aconitum orientale)*, die auch in den Karpaten und Südostalpen vorkommende Telekie *(Telekia speciosa),* als Zierpflanze in Mitteleuropa oft verwildert, wie auch der Riesen-Bärenklau *(Heracleum mantegazzianum),* der hier und da als stattliche Solitärpflanze in großen Parks und Gärten Einzug fand.

Lange Artenlisten haben auch die Hochstaudenfluren der Alpen und Karpaten aufzuweisen, in denen man hauptsächlich die Namen größerer Arten liest, wie Blauer Eisenhut *(Aconitum napellus),* Wald-Storchschnabel *(Geranium sylvaticum)*, Alpen-Milchlattich *(Cicerbita alpina),* Grauer Alpendost *(Adenostyles alliariae),* Österreichische Gemswurz *(Doronicum austriacum),* Sterndolde *(Astrantia major)* sowie Platanenblättriger Hahnenfuß *(Ranunculus platanifolius)* und Weißer Germer *(Veratrum album),* wegen seiner Giftigkeit vom Vieh gemieden, und die einiger kleinerer Arten, wie Zweiblütiges Veilchen *(Viola biflora)* und Heilglöckchen *(Cortusa matthioli).* Auch der Gelbe Enzian *(Gentiana lutea)* ist zu den Hochstauden zu rechnen, obwohl er nicht immer in den Hochstaudenfluren vorkommt. Sein Wurzelstock wird zur Erzeugung des Enzianbitters verwendet.

Grünerlengebüsche mit eingestreuten Hochstaudenfluren an steilen, feuchten Hängen der Allgäuer Alpen

Alpenwiesen. Die sanfteren Hänge und humusreichen Talsohlen der subalpinen Hochtäler werden von krautreichen Alpenwiesen bedeckt, die man bevorzugt als Viehweide und zur Heugewinnung nutzt. Ihre Artenzusammensetzung kann deshalb durch die Bewirtschaftung verändert worden sein, wofür die Auslesewirkung der Beweidung und die Überdüngung der Mähwiesen verantwortlich sind. Im allgemeinen werden bei starker Beweidung die anspruchslosen oder vom Vieh gemiedenen Arten gefördert.

Besonders das Borstgras *(Nardus stricta)* oder das Heidekraut *(Calluna vulgaris)* und der Gemeine Wacholder *(Juniperus communis)* schieben sich in Europa in den Vordergrund. An den Hängen entstehen die sogenannten Viehsteige, die in ihrer treppenartigen Anordnung durch den ständigen Viehtritt geformt werden. Wertvolle Alpenwiesen, wie z. B. die Milchkrautweiden, werden oft von düngerliebenden Arten geprägt, deren Verbreitung dabei von der Ebene bis ins Gebirge reicht. In diesen Weiden ist vor allem der Rauhe Löwenzahn *(Leontodon hispidus)* verbreitet, dessen gelbe Blütenköpfe den Farbton der Wiese angeben. Von größerer Bedeutung, nur nicht so auffallend in Erscheinung tretend, ist das

Lägerflur mit Alpenampfer *(Rumex alpinus)* und Meisterwurz *(Peucedanum ostruthium)* im Umfeld einer Sennwirtschaft der Allgäuer Alpen (vgl. S. 343)

Alpen-Rispengras *(Poa alpina)*, in den Alpen als Romeye bezeichnet. Auch dieses Gras ist eine Allerweltspflanze, die man fast überall im Gebirge antreffen kann, in höheren Lagen in ihrer »lebendgebärenden« Varietät *vivipara* mit Brutknospen im Blütenstand. Diese Art dominiert in den Milchkrautweiden und stellt mit ihrem hohen Futterwert (10,6 % Eiweiß, 3 % Fett) deren wichtigsten Bestandteil dar. Andere wertvolle Futterpflanzen sind Alpen-Lieschgras *(Phleum alpinum)*, Goldhafer *(Trisetum flavescens)*, Alpen-Wegerich *(Plantago alpina)* und Alpen-Mutterwurz *(Ligusticum mutellina)*.

Vom Menschen völlig unbeeinflußte Alpenwiesen finden wir noch in unzugänglichen Hochtälern, fernab menschlicher Siedlungen, wie z. B. im westlichen Kaukasus in etwa 2000 m Höhe. Die Schönheit dieser halbmeterhohen Wiesengesellschaften geht auf den hohen Anteil der dazugehörigen Kräuter zurück, die oft auch in unseren Gärten als Zierpflanzen kultiviert werden. Dazu gehören die Prachtzeitlose *(Colchicum speciosum)*, die Breitblättrige Schachblume *(Fritillaria latifolia)*, der Waldstorchschnabel *(Geranium sylvaticum)*, der Siebenspaltige Enzian *(Gentiana septemfida)*, die gelbblühende Kaukasuslilie *(Lilium monadelphum)*, Enzian-Ehrenpreis *(Veronica gentianoides)* und der Großblumige Ziest *(Stachys grandiflora)*. Hier und da vergrößern noch Hochstauden naher Bäche die Artenfülle. Meist stehen mehrere Individuen einer Art dicht beieinander und bilden zur Blütezeit auffallende Farbtupfen.

Sowohl der Tienshan als auch der Altai können in der Schönheit ihrer subalpinen Wiesen gegen die des Kaukasus bestehen. Die lockeren Tienshan-Fichtenwälder geben immer wieder Raum zur Ausbildung von solchen Wiesen, in denen auf die Schneeschmelze die Blüte vieler Geophyten folgt, allen voran einige kurzstenglige bis stengellose Tulpen, deren sternförmige, gelbe Blüten die ansonsten noch winterlich tot wirkenden Wiesen beleben. Bald stellen sich die Blüten von Lerchenspornen (z. B. *Corydalis glaucescens)*, Kugelprimeln (z. B. *Primula kaufmanniana*) und Goldstern *(Gagea)* ein. Zu den Perlen dieser Wiesen zählen auch die orangegelbe Altai-Trollblume *(Trollius altaicus)* und das Altai-Veilchen *(Viola altaica)* .

Nicht weniger einladend liest sich die Beschreibung der krautreichen subalpinen Schneewiesen in den Hochgebirgen des westlichen Nordamerika von KNAPP: »Sie gehören zu den an prächtigen Blüten reichsten Pflanzengesellschaften Nordamerikas. Nach dem Abschmelzen des Schnees lösen eine Reihe auffallender Aspekte einander ab. Noch bevor sich die obersten Bodenschichten über 10° erwärmt haben, erscheinen die gelben Blüten von *Ranunculus eschscholtzii*. Wenig später können die Flächen von einem dichten Teppich der prächtigen Blüten von *Erythronium montanum* (Berg-Hundszahn, weiß) und *E. grandiflorum* (Großblütiger Hundszahn, gelb) bedeckt sein. Dazu kommen unter anderem die großen weißen Blüten von *Anemone occidentalis*. Die Blätter und Sprosse der meisten Arten sind zu dieser Zeit noch nicht voll entwickelt. Nach dem Abblühen der *Erythronium*-Arten entfalten die meisten Arten ihre Blüten. Am auffälligsten sind von diesen die blauen Infloreszenzen der *Lupinus*-Arten und insbesondere die prächtig karminroten Blütenstände von *Castilleja oreopola*.«

Während sich diese Schneewiesen auf wenig geneigten Flächen mit langwährender Schneelage entwickeln, siedeln sich an steilen Hängen mit kurzer Schneebedeckung andere artenreiche Wiesen an, aus deren Artenliste die Schöne Akelei *(Aquilegia formosa)*, der Kies-Rittersporn *(Delphinium glareosum)*, Lanzettliche Schachblume *(Fritillaria lanceolata)* und Westamerikanischer Türkenbund *(Lilium columbianum)* erwähnt sein sollen. In den Rocky Mountains haben solche subalpinen Krautfluren große Bedeutung als Sommerweide für die Viehwirtschaft. Die Veränderung der ursprünglich sehr artenreichen Gesellschaften macht sich durch die Dominanz einiger weniger Arten bemerkbar, wie z. B. Richardson-Storchschnabel *(Geranium richardsonii)* oder Löwenzahn *(Taraxacum officinale)*.

Erwähnung verdienen an dieser Stelle noch die Grünerlengebüsche, die mit den Hochstaudenfluren sehr oft eng verzahnt sind. Das hängt mit der Fähigkeit der Grünerle *(Alnus viridis)* zusammen, mit Hilfe von Symbionten Luftstickstoff zu binden. Feuchtigkeit und Stickstoff im Boden sagt auch den Hochstauden zu, die sich deshalb häufig in der Gesellschaft der Grünerle ansiedeln. Vom Vieh wird sie verschmäht, was ihre Ausbreitung auch auf feuchten Almen begünstigt, zum Verdruß der Sennwirtschaft. Die Verbreitung der Grünerle reicht von den Alpen über Nordasien bis nach Nordamerika, nicht aber nach Nordeuropa und in die Westkarpaten. Auf feuchten Gebirgshängen, bevorzugt auf undurchlässigen Silikatgesteinen vermag die Grünerle gegenüber der Latschenkiefer die Vorherrschaft zu erringen. Sie bildet dicht schließende Bestände, die wegen ihrer latschenähnlichen Eigenschaften auch schnee- und lawinensicher sind. Ihre Fähigkeit, lockeres Material zu besiedeln und zu festigen (Schutthalden, Bachalluvionen), macht sie zu einem für den Bodenschutz wertvollen Gehölz. In Ihrem Schutz gedeihen außer den Hochstauden auch der Jungwuchs von Lärchen, Fichten und Arven.

Lägerflur. Im Zusammenhang mit den Hochstauden ist aus den Alpen die sogenannte Lägerflur bekannt, die Vegetation überdüngter, nitratreicher Stellen, wo das Vieh der Sennwirtschaft zu lagern pflegt. Alle sich hier ausbreitenden Pflanzen werden vom Vieh nicht gefressen. Eine Charakterart solcher Läger ist der Alpenampfer *(Rumex alpinus),* der nicht selten in Reinbeständen auftritt. Diese vom Hornvieh verschmähte Pflanze wird in den Alpen den Schweinen als siliertes Winterfutter gegeben. Nitratliebende Begleiter des Alpenampfers sind die Große Brennessel *(Urtica dioica),* Alpenkratzdistel *(Cirsium spinosissimum),* Alpengreiskraut *(Senecio alpinus)* und Kälberkropf-Arten *(Chaerophyllum).*

Quellfluren. Nicht immer sind die feuchten Standorte von Hochstauden besiedelt. Überrieselte, oft moosbedeckte Felsen mit geringer Humusauflage werden von subalpinen Quell- und Rieselfluren eingenommen, in denen man das gelbe Zweiblütige Veilchen *(Viola biflora),* den Moortarant *(Swertia perennis),* das mit seinen schleimig-klebrigen Blättern Insekten fangende Alpenfettkraut *(Pinguicula alpina)*, die Mehlprimel *(Primula farinosa)* , die Simsenlilie *(Tofieldia calyculata)* und den weitverbreiteten Dornigen Moosfarn *(Selaginella selaginoides)* findet. An schnell fließenden, kalten Quellen und kleinen Bächen sind neben vielen Moosen die Glanz-Gänsekresse *(Arabis soyeri)* und der Bachsteinbrech *(Saxifraga aizoides)* in kalkreichem und kalkarmem Wasser typisch. Bitteres Schaumkraut *(Cardamine amara),* Sternsteinbrech *(Saxifraga stellaris)* und Mieren-Weidenröschen *(Epilobium alsinifolium)* kommen in beiden Wasserqualitäten vor.

Subalpine Felsfluren. Den schattigen, feuchten Standorten mit Hochstauden oder Rieselfluren stehen trockene, sonnige Stellen gegenüber, die von steilen Felsabhängen gebildet werden. Solche gehölzfreien, lichten Standorte können bis in die oreale Stufe hinein vorkommen, auf denen dann viele kleine Stauden der alpinen Stufe die klimatischen Vorzüge tieferer Regionen ausnutzen. Daher rührt auch die weitverbreitete laienhafte Annahme, manche Kleinode alpiner Vegetation wüchsen nur an unzugänglichen Felsen. Das Alpen-Edelweiß *(Leontopodium alpinum)* ist dafür ein gutes Beispiel. Es kann auf manchen Alpenmatten so üppig gedeihen, daß man es durch Abmähen nicht ausrotten könnte.

Alpine Stufe

Mit dem Zurücklassen der Gehölzformationen erreichen wir die alpine Stufe der Hochgebirge. Alle Höhenstufen waren bis jetzt durch großräumige Standorte und dementsprechend großflächige Vegetationsformen gekennzeichnet. In der alpinen Stufe können aber die Standorte buchstäblich auf Schritt und Tritt wechseln. Wir stehen einem kleinflächigen Mosaik aus abwechslungsreicher, bunter Vegetation gegenüber, die zur Hauptblütezeit der Kräuter so bunt ist, daß man zögert, die Blumenteppiche dieses natürlichen Steingartens zu betreten. Im Gegensatz zu den geschlossenen Rasen der subalpinen Alpenwiesen ist die Vegetationsdecke der Alpenmatten durch anstehenden Fels, Felsblöcke, Gesteinsbrocken oder Schutt unterbrochen. Die Pflanzen sind kleiner und demonstrieren mehr den alpinen Zwergwuchs. Mehr als in den tiefer liegenden Stufen ist der Gesteinsuntergrund zu beachten, von dem die Pflanzen meist nur durch eine dünne Bodenauflage getrennt sind, wenn sie nicht sogar direkt auf Fels, in Felsspalten oder auf Gesteinsgrus oder Schutt wachsen. Beginnen wir mit unseren Betrachtungen wieder in Europa, wo die Vegetationsdecke am intensivsten erforscht ist.

Gesteinsrasen. Eine auf Kalkstein sehr weit verbreitete, größere Flächen bedeckende typische Gruppe von Pflanzengesellschaften sind die artenreichen Blaugrasrasen, die vornehmlich stufenreiche Hänge überziehen. Das Blaugras *(Sesleria varia)* und die Horstsegge *(Carex sempervirens)* bilden auf Standorten mit höherer winterlicher Schneebedeckung die Echten Blaugrasrasen (auch: Blaugras-Horstseggenflur). Die beiden Arten durchwurzeln sehr intensiv den steinigen Boden und tragen damit zur Ansammlung von Feinerde bei.

Dies und der in diesen Höhen häufige Frostwechsel mit dem Bodenfließen (Solifluktion, Abb.

S. 324, 345) im Gefolge führen zur Treppenbildung in dieser Vegetation. Zwischen mehr oder weniger großen Rasenflecken tritt dadurch nackter Boden in Erscheinung, der von den Pflanzen wieder erobert wird. Bodenfließen und bei Beweidung das Vieh sorgen bald wieder für neue freie Stellen und für die Erhaltung der Treppenstufen. Viele der begleitenden Arten sind auch in den Polsterseggenrasen zu finden, die an zeitiger ausapernden, weniger mit Schnee bedeckten Flächen vorkommen. Charakterart ist die Polstersegge *(Carex firma)*. Sie vereinigt mit ihren harten, stechenden, sich dem Polster anschmiegenden, immergrünen Blättern zwei Anpassungsformen alpiner Regionen. Einmal sind es die harten Blätter, deren xeromorpher Bau dem Stickstoffmangel alpiner Böden zugeschrieben wird. Zum anderen ist es der Polsterwuchs, der dem Wind wenig Angriffsfläche bietet und in seinem Inneren ein gut abgeschirmtes Mikroklima aufweist.

Zu beiden, von anstehendem Fels durchbrochenen Rasen gehören viele, sehr schön blühende Arten, von denen eine kleine Auswahl wegen ihrer Gemeinsamkeit in beiden Gesellschaften nachfolgend auch gemeinsam genannt sein soll: Edelweiß *(Leontopodium alpinum)*, Großblütiges und Alpen-Sonnenröschen *(Helianthemum grandiflorum* und *H. alpestre)*, Alpen-Wundklee *(Anthyllis alpestris)*, Nacktstenglige und Herzblättrige Kugelblume, ein Spalierstrauch *(Globularia nudicaulis* und *G. cordifolia)*, Kugel-Teufelskralle *(Phyteuma orbiculare)*, Schneeheide *(Erica herbacea)*, Graugrüner Steinbrech *(Saxifraga caesia)*, ein dichtes Polster bildend, Hahnenfuß-Hasenohr *(Bupleurum ranunculoides)*, Quirlblättriges Läusekraut *(Pedicularis verticillata)*, Alpenkuhschelle *(Pulsatilla alpina)*, Zwergstendel *(Chamorchis alpina)*, eine kleine Orchidee, Stengelloses Leimkraut *(Silene acaulis)*, flache Polster bildend, Zwerg-Mannsschild *(Androsace chamaejasme)* sowie Schnee-, Frühlings- und Stengelloser Enzian *(Gentiana nivalis, G. verna und G. clusii)*. Vornehmlich der letztere mit seinen großen dunkelblauen Blüten macht zusammen mit dem Edelweiß die klischeehafte Vorstellung von einer alpinen Vegetation aus. Es nimmt deswegen nicht wunder, daß dieser blaublühende Enzian auf den Etiketten der Enzianbitterflaschen dargestellt wird – und nicht der eigentlich dazu verwendete Gelbe Enzian.

Auch den Boden flach überziehende Spaliersträucher, wie die Silberwurz *(Dryas octopetala)* und die Netzweide *(Salix reticulata)* sind hier zu finden. Die Silberwurz trägt wesentlich zur Bodenbildung bei, weil sich in ihren in Felsspalten und zwischen Schutt verankerten Spalieren organisches Material (vor allem ihre eigenen abgestorbenen Blätter) ansammeln kann.

Wo hervorgehobene Buckel oder Felskanten dem Wind stark ausgesetzt sind, entwickeln sich auf Kalk die Nacktried-Windecken mit dem Nacktried *(Elyna myosuroides)* als Charakterart. Häufig sind dabei das Katzenpfötchen *(Antennaria carpatica)*, Frühlingskuhschelle *(Pulsatilla vernalis)* und Alpenhornkraut *(Cerastium alpinum)* anzutreffen.

Wenn Urgestein und Kalk nebeneinander anzutreffen sind, wird die Artenarmut der Silikatgesteinsböden auffällig. Bedeckte auf dem Kalk ein reicher Polsterseggenrasen den Boden, so werden die entsprechenden Standorte auf Silikatboden von den Krummseggenrasen eingenommen. Die Krummsegge *(Carex curvula)* kommt nur in den Alpen vor und wird dort von Arten begleitet, die auch in anderen europäischen Hochgebirgen eine Rolle spielen, dort sogar als Charakterarten. Das sind in erster Linie das Zweizeilige Blaugras *(Oreochloa disticha)*, Dreispaltige Binse *(Juncus trifidus)* und Braunsimse *(Luzula spadicea)*. Andere Arten sind schnell aufgezählt: Bergwohlverleih *(Arnica montana)*, Goldfingerkraut *(Potentilla aurea)*, Krainer Greiskraut *(Senecio carniolicus)*, Maßlieb-Ehrenpreis *(Veronica bellidioides)* und Bärtige Glockenblume *(Campanula barbata)*. Die Artenarmut des Krummseggenrasens und das ganzjährig herbstliche Aussehen der Krummsegge (olivbraune Blätter mit abgestorbenen Spitzen) machen diese Vegetation wenig anziehend. Sogar die Ziegen und Schafe suchen sich lieber andere Weidegründe. Weil es auf Urgestein kaum zum Bodenfließen kommt, sind die Krummseggenrasen meist zusammenhängend. Diese Krummseggenrasen gedeihen nicht auf so exponierten Standorten, wie dies in den Westkarpaten beim Binsenrasen der Fall ist. Dort überzieht ein eintönig gelbbraun-rötlicher Rasen aus Dreispaltiger Binse und Zweizeiligem Blaugras das saure, nährstoffarme Silikatgestein der Tatra. Die Binse tritt in den Vordergrund, wenn es sich um stark windgeschorene Standorte mit geringer Schnee-

Solifluktionsterrassen in alpinen Blaugrasrasen mit Silberwurz *(Dryas octopetala)*, Herzblättriger Kugelblume *(Globularia cordifolia)* und Alpen-Wundklee *(Anthyllis alpestris)*

bedeckung im Winter handelt. Die »Roten Gipfel« (Czerwone Wierchy, 2000 m) in der Tatra haben ihren Namen wegen der rotbraunen Farbe der nach der Blüte rasch vertrocknenden Binse erhalten, deren Massenbestände man schon vom Tale aus sehen kann. Nur wenige Begleitarten gesellen sich hier dazu, wie die Bärtige Glockenblume, das Goldfingerkraut, die Frühlingskuhschelle, das Alpenhabichtskraut *(Hieracium alpinum)*, die Bergnelkenwurz *(Geum montanum)* und eine kleine Orchidee, die Grüne Hohlzunge *(Coeloglossum viride)*. Von einem Blütenteppich kann bei diesem Silikatgesteinsrasen keine Rede sein.

Extreme Windecken werden auf Silikatboden vom Gemsheide-Windteppich besiedelt, in dem außer der Gemsheide hauptsächlich Strauchflechten vorkommen.

Schneetälchen. Schon in der alpinen Stufe treffen wir sie auf Stellen, an denen der Schnee nicht ganz oder erst sehr spät wegtaut. Dies trifft auf kühle, schattige Nordseiten der Berge oder auf durch das Relief ungünstig gelegene Standorte zu. Hier entwickeln sich in den stark vom Schmelzwasser durchfeuchteten Mulden mit sauren Rohhumusböden die Schneetälchengesellschaften. Die geringste Vegetationsdauer haben auf den erst im Juli schneefreien Stellen dicht unter dem Schmelzrand des letzten Schnees das Widertonmoos *(Polytrichum sexangulare)*, ein Laubmoos, und *Anthelia juratzkyana*, ein Lebermoos, das mit Pilzen eine Lebensgemeinschaft bildet.

Die auf diese braunen Widertonmoosrasen folgende Zone wird von der Krautweidenflur eingenommen, deren Charakterart, die Krautweide *(Salix herbacea)*, noch mit einer Aperzeit von 6 bis 8 Wochen auskommt. Diese kriechende Weide wächst mit ihren Sprossen im Humussubstrat und läßt nur die Sproßspitzen mit den Blättern herausschauen. Wenn die Aperzeit zunimmt, gesellen sich zu ihr noch weitere Arten, die ebenfalls bereits unter der Schneedecke ihre Vegetationsbereitschaft entwickeln, so daß nur wenige Tage nach dem Tauen des Schnees das Wachstum beginnt. Eine solche Fähigkeit besitzen unter anderem das Zwerg-Ruhrkraut *(Gnaphalium supinum)*, die Zwerg-Troddelblume *(Soldanella pusilla)*, die Mutterwurz *(Ligusticum mutellina)*, der Fünfspaltige Frauenmantel *(Alchemilla pentaphyllea)* und der Alpen-Gelbling *(Sibbaldia procumbens)*. Der äußerste, am längsten schneefreie Rand des Schneetälchens wird von Krummseggenrasen besiedelt, in die häufig kleine Teppiche der Zwergprimel *(Primula minima)* eingestreut sind.

Auf basenreichem Untergrund sind das Pendant zu den eben beschriebenen Sauerboden-Schneetälchen die Kalk-Schneeböden, in denen die Moose fehlen, aber die Krautweide gelegentlich auftritt. Sonst gehören die Blaukresse *(Arabis caerulea)*, Alpen-Gemskresse *(Hutchinsia alpina)*, Alpenhahnenfuß *(Ranunculus alpestris)*, Bayerischer Enzian *(Gentiana bavarica)* und zwei Spalierweiden, die Netzweide *(Salix reticulata)* sowie die Stumpfblättrige Weide *(Salix retusa)*, dazu.

Schuttfluren. Von der subalpinen bis in die nivale Stufe begegnen uns die locker besiedelten Schuttkegel, deren loses, oft noch bewegliches Material die Ausbildung geschlossener Rasen verhindert. Die Existenz auf diesem Untergrund wird zusätzlich zu den ohnehin extremen Klimabedingungen durch die Art und Stärke der Bewegungen des Untergrundes erschwert. Dabei spielen die Hangneigung, die Häufigkeit und die Heftigkeit der Zufuhr neuen Lockermaterials eine wesentliche Rolle im Kampf der Pflanzen bei der Besiedlung dieses Biotops. Es sind deshalb die aktiven Gesteinsschutthalden, die ständig von neu abstürzendem Gestein genährt werden, von den rutschenden (zwar nicht mehr anwachsenden, aber in ihrer Lagerung noch instabilen) und den ruhenden Schutthalden zu unterscheiden. Die letzteren sind oft der Untergrund für Gesteinsrasen, die sich nach langer Zeit als Endstadien in der alpinen Stufe herausbilden konnten. Die beiden erstgenannten werden zunächst von Pionierpflanzen erobert, denen ein hohes Regenerations- und Ausbreitungsvermögen eigen ist. Bei der zerstörenden Wirkung des losen Gerölls ist diese Anpassung einleuchtend, und es ist auch verständlich, daß solche Schuttpflanzen zu ihrer Verankerung ausgedehnte, tiefreichende und stabile Wurzelsysteme haben. Je nach ihrer Anpassung an das Leben auf Geröll lassen sich unterscheiden:

Schuttwanderer werden überschüttet und vermögen dank eines ausgedehnten, den Schutt durchspinnenden Triebsystems an neuen Stellen wieder aufzutauchen und zu wurzeln, z. B. Zweizeiliger Goldhafer *(Trisetum distichophyllum)*, Alpenpestwurz *(Petasites paradoxus)*, Schildampfer *(Rumex scutatus)*, Langsporn-Veilchen *(Viola calcarata)* und diverse Schafgarben *(Achillea)*.

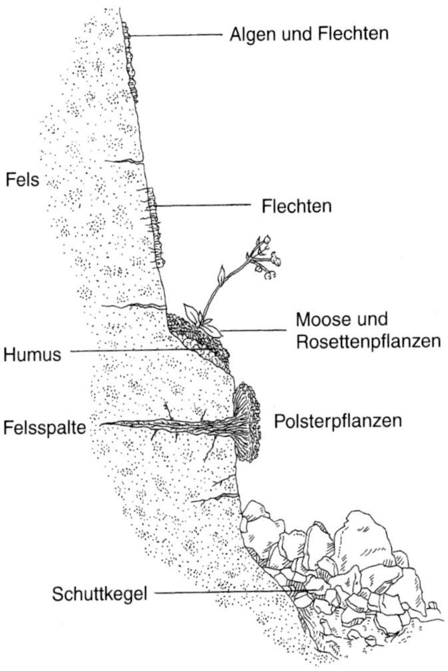

Felsspalten und selbst glatte Flächen bieten noch Lebensraum für verschiedene Pflanzen (nach Ellenberg).

Schuttstrecker arbeiten sich mit aufrechten Trieben durch eine Überschüttung und bleiben somit ortsfest, z. B. Krauser Rollfarn *(Cryptogramma crispa)*, Großblütige und Zottige Gemswurz *(Doronicum grandiflorum* und *D. clusii)*, Bergtäschelkraut *(Thlaspi montanum)*, Säuerling *(Oxyria digyna)*, Rosenwurz *(Rhodiola rosea)* und Alpenfetthenne *(Sedum alpestre)*,

Schuttdecker überziehen mit Ausläufergeflechten oder Spalieren den Schutt, z. B. Roter Steinbrech *(Saxifraga oppositifolia)*, und

Schuttstauer stellen sich mit festen Horsten oder Polstern der Bewegung des Gerölls entgegen, z. B. Polstersegge *(Carex firma)*, Silberwurz *(Dryas octopetala)*, Gletscherhahnenfuß *(Ranunculus glacialis)* und mit langer Pfahlwurzel der Alpenmohn *(Papaver alpinium)*.

Auf Kalk- und Silikatschutt bilden sich wieder unterschiedliche Pflanzengesellschaften aus, von denen die Täschelkrautflur auf Kalk zu beobachten ist. Zu ihr gehören neben dem namengebenden Rundblättrigen Täschelkraut *(Thlaspi rotundifolium)* Großblütige Gemswurz, Alpengänsekresse *(Arabis alpina)*, Ruprechtsfarn *(Gymnocarpium robertianum)*, Alpengemskresse *(Hutchinsia alpina)*, Langspornveilchen, Zweizeiliger Goldhafer und Alpenmohn. Silikatschuttfluren tragen den Namen des Alpenmannsschildes *(Androsace alpina)*, der in dieser Gesellschaft vom Krausen Rollfarn, Gletscherhahnenfuß und Ährengoldhafer *(Trisetum spicatum)* begleitet wird, während auf feuchtem, humusarmem Silikatschutt der Säuerling *(Oxyria digyna)* die nach ihm benannte Säuerlingsflur bildet.

Felsfluren. Die Schutthalden und -kegel, in die wir z. T. nur mit großer Mühe hineinsteigen können, liegen am Fuße von Felshängen. Ein Blick in diese schroffe, abweisende Welt lohnt sich aber, denn kaum eine Nische, eine Felsspalte oder ein Felsvorsprung sind von Pflanzen ungenutzt (vgl. Abb.). Weil Felsen naturgemäß im Hochgebirge in allen Höhenstufen zu finden sind und besonders in der alpinen Stufe eine große Rolle spielen, ist eine kurze Betrachtung des Standortes Fels angebracht. Glatte Felsflächen sind fast ausnahmslos den niederen Pflanzen vorbehalten, wie z. B. den Flechten, die den Untergrund soweit erschließen können, daß sie darauf haftenbleiben. Blau- und Grünalgen kleben mit schleimigen Hüllen am Gestein fest, und wenn sie austrocknen, dann sprießt bei neuerlicher Befeuchtung aus ihren Sporen neues Leben. Kein Fels ist so glatt, daß sich nicht staubfeine Sporen daran verfangen könnten. Für die höheren Pflanzen mit ihren Wurzeln sind mindestens feine Risse im Gestein erforderlich, in denen sich kapillares Wasser halten kann, erreichbar für kleine Würzelchen. Der Weiterentwicklung zur Felsspalte steht damit nichts mehr im Wege, denn die Wirkungen des Frostes und Wassers und auch die der Wurzeln sorgen für die Vergrößerung des Risses. Zu den felshaftenden bzw. felswurzelnden Steinpflanzen (Lithophyten) gehören Farne, wie z. B. Streifenfarn-Arten *(Asplenium trichomanes, A. viride)*, Primeln und Mannsschild-Arten, auf die im folgenden Kapitel noch eingegangen wird. Dort, wo die Oberfläche des Felsens geringste Mengen Staub festhalten kann, werden sich Moose ansiedeln und die Oberhand über die Flechten gewinnen. Jetzt sammelt sich in dem Moospolster auch noch Humus, so daß nunmehr die Samen höherer Pflanzen darin keimen können. Der Traubensteinbrech *(Saxifraga paniculata)* ist solch ein Pionier, der die weitere Humusansammlung durch seine Blattro-

Zwei Elemente der Täschelkrautflur, Rundblättriges Täschelkraut *(Thlaspi rotundifolium)* und Langspornveilchen *(Viola calcarata)*, zusammen mit Blaugras *(Sesleria varia)* auf Kalkschutt

setten fördert. Zu diesen Erdpflanzen, denen die nackte Felsritze nicht genügt, gehören vor allem die Horstgräser aus den Gattungen *Sesleria* und *Festuca*, die sich auf den Polstern der Pionierpflanzen ansiedeln und diese verdrängen. Diese Vegetation bleibt an steilen Felswänden ein Dauerzustand, weil alle vorhandenen Nischen besiedelt sind und neuerliche Humusansammlungen nur durch äußere Einflüsse (Felsabbrüche u. ä.) wieder ermöglicht werden. Wo die Hangneigung nicht zu steil ist oder am Fuß der Felswand im Übergang zum Schuttkegel, finden schließlich flächig sich ausbreitende Zwergsträucher Lebensraum und Existenzbedingungen. Nach und nach hat sich soviel Humus zu einer Bodendecke angesammelt, daß sich die alpinen Rasengesellschaften als Endglieder der Sukzession entwickeln können.

Die Standorte an steilen Felswänden werden vornehmlich von Polsterpflanzen eingenommen, so auf Kalk vom Schweizer Mannsschild *(Androsace helvetica)*, vom Zwergmeirich *(Minuartia sedoides)* und dem Graugrünen Steinbrech *(Saxifraga caesia)*. Auch die mit sukkulenten Blattrosetten dem Fels dicht angedrückten Alpenaurikeln *(Primula auricula)* oder die mit langer Pfahlwurzel tief in die Felsspalten eindringenden Tragant-Arten *(Astragalus)* gehören zu den Bestandteilen der Felsspaltenfluren. Traubensteinbrech *(Saxifraga paniculata)*, Dickblättriger Steinbrech *(Saxifraga cotyledon)*, Zwergglockenblume *(Campanula cochleariifolia)*, Immergrünes und Filziges Hungerblümchen *(Draba aizoides* und *tomentosa)* und das nur in Felsspalten wachsende Stengelfingerkraut *(Potentilla caulescens)* sind weitere, Kalkfelsen bewohnende Arten.

Aber auch die Silikatfelsen haben eine beachtenswerte Flora, in der aus dem von den Kalkfelsen her bekannten Gattungen andere Arten auftreten (Vikarianz). Der Vielblütige Mannsschild *(Androsace vandellii)*, das Felsenhungerblümchen *(Draba dubia)*, die Spinnwebhauswurz *(Sempervivum arachnoides)* und die Schwarze Edelraute *(Artemisia genipi)* sind auch hier nur einige Beispiele. Eine Perle hochalpiner bis nivaler Felsspaltenfluren ist der vergißmeinnichtähnlich blaublühende Himmelsherold *(Eritrichum nanum)*.

Schutthalden als Zeugen der Verwitterung. Hohe Tatra

Alpine Vegetation außereuropäischer Gebirge

Die subalpine und alpine Vegetation ähneln sich in den temperierten Hochgebirgen aller Kontinente, auch wenn die Artenzusammensetzung wechselt. So finden wir in den Hochgebirgen des westlichen Nordamerika (Rocky Mountains, Kaskadegebirge und Sierra Nevada) Pflanzengesellschaften, die den europäischen Alpenmatten gleichzusetzen sind und die man in Nordamerika als Fjellfluren bezeichnet. In den südlichen Teilen des westamerikanischen Gebirgssystems ist eine reichhaltige alpine Vegetation am besten in den Rocky Mountains ausgebildet. Die Gründe für Unterschiede liegen im unterschiedlichen Relief der großen Gebirgszüge begründet. Weil die Sierra Nevada und das Kaskadegebirge wesentlich schroffere Gipfel und wegen der reichlichen winterlichen Niederschläge eine tiefer liegende Schneegrenze aufweisen, ist für eine alpine Vegetation, wie sie z. B. aus den Alpen bekannt ist, nur wenig Platz. Die größere Vielfalt ist in der subalpinen Stufe, in den z. T. sogar bis in den Wald hinein reichenden Wiesen zu finden. Anders treten uns die Rocky Mountains in Colorado entgegen, deren trockeneres Klima eine höher liegende Schneegrenze bedingt und damit der Entwicklung einer alpinen Stufe mit reichhaltiger Vegetation mehr Raum läßt.

Fjellfluren entwickeln sich an steilen Hängen, deren Schneebedeckung nicht allzu lange anhält und keine Bodennässe hinterläßt. Der flachgründige, steinige Boden, manchmal auch nur lockerer Gesteinsgrus oder oberflächlich verwitterter Fels geben nicht die Grundlage für eine geschlossene Vegetationsdecke. Vorwiegend kleine, flache Hochgebirgsstauden und Polsterpflanzen bedecken den Boden nur zu etwa 40 %. Am tiefsten sind sie im Kaskadegebirge ab 2300 m Höhe angesiedelt. Um sie in der Sierra Nevada zu finden, muß man bis über 2700 m steigen, und in Colorado wachsen sie in Höhen ab 3300 m. Vergleicht man ihre Artenzusammensetzung untereinander, so ergeben sich nur im Detail Unterschiede, und man stellt fest, daß in den Rocky Mountains die größere Anzahl endemischer Arten vorkommt. Vergleicht man die Artenlisten mit denen anderer Hochgebirge der Nordhemisphäre, so stellt man anhand der Gattungsnamen die großen verwandtschaftlichen Beziehungen der beteiligten Arten mit den schon aus Europa bekannten fest. Die holarktische Verbreitung etlicher Arten ermöglicht sogar einige komplette Namensgleichheiten, beispielsweise bei Silberwurz *(Dryas octopetala)*, Faltenlilie *(Lloydia serotina)*, Stengellosem Leimkraut *(Silene acaulis)* oder Säuerling *(Oxyria digyna)*.

Solche Vergleiche lassen sich auch bei anderen alpinen Vegetationstypen ziehen, wobei die Ähnlichkeiten gleichfalls nicht nur im äußeren Erscheinungsbild (z. B. bei Hochstaudenfluren oder Schneetälchengesellschaften) zum Ausdruck kommen. Wer aus den Alpen die beiden Cypergräser Nacktried *(Elyna myosuroides)* und Felsensegge *(Carex rupestris)* kennt, der findet sie an ähnlichen Standorten auch in den höchsten Lagen der mittleren und südlichen Rocky Mountains wieder. Dort sind sie die Charakterarten trockener, dicht geschlossener Rasen an weniger steilen, windexponierten und daher schneearmen Hängen. In diesen Rasen sind die Anteile von Kräutern weitaus geringer als in solchen, die sich bei ausreichender Feuchtigkeit, sogar Nässe entwickeln können. Das ist der Fall an Ufern von Gletscherbächen oder an quelligen Standorten. Eine reichhaltige Kollektion schönblühender Arten bildet den Hauptbestandteil dieser nässeliebenden krautreichen Pflanzengesellschaften: Rundblättrige Sumpfdotterblume *(Caltha rotundifolia)*, Kreiselnelkenwurz *(Sieversia turbinata)*, Blauglöckchen *(Mertensia ciliata)*, Parrys Schlüsselblume *(Primula parryi)*, Rosafetthenne *(Rhodiola rhodantha)*, verschiedene Steinbrech- *(Saxifraga)* und Enzian-Arten *(Gentiana)* und andere.

Sehr artenreich ist die alpine Vegetation auch im Himalaja. In Höhen zwischen 4000 und 5000 m folgen Alpenmatten auf alpine Rhododendrongebüsche und Zwergstrauchheiden. Im nordwestlichen Himalaja sind die engen verwandtschaftlichen Beziehungen der Arten zu denen europäischer Hochgebirge besonders bemerkenswert. Um dies festzustellen, muß man nicht erst die alpine Stufe erklimmen, bereits in tieferen Lagen sind die Gattungen der Waldbäume denen anderer nordhemisphärischer Gebirge gleich. Das gilt auch für Kräuter der Waldstufe, wie Schmalblättriges Weidenröschen *(Epilobium angustifolium)*, eine Pionierpflanze auf Kahlflächen, oder den Waldsauerklee *(Oxalis acetosella)* und erst recht für die alpine Stufe, in der Oeders Läusekraut *(Pedicularis oederi)* und der schuttbesiedelnde Alpensäuerling *(Oxyria digyna)* dem Bergwanderer aus den europäischen Hochgebirgen bekannt sind. Betrachtet man die Liste der Gattungen, dann fallen wiederum zahlreiche Bekannte auf, die durch andere Arten hier im Himalaja vertreten sind: Anemonen, Primeln, Enziane, Steinbrech und viele andere. Dazu gehört auch die Gattung Edelweiß *(Leontopodium)*, von der einige Himalaja-Arten das Alpen-Edelweiß in unseren Steingärten ersetzen. Überhaupt haben viele der alpinen Himalaja-Stauden wegen ihrer Schönheit Einzug in die Gärten gefunden oder wurden als Kreuzungspartner in der Zierpflanzenzüchtung benutzt, insbesondere Rittersporne *(Delphinium)* sowie eine Reihe von Primeln (z. B. die Kugelprimel *Primula denticulata*) und Enziane.

Die alpinen Vegetationsformen sind die gleichen, wie schon oben am europäischen Beispiel besprochen, nur ist der Artenreichtum im Himalaja noch größer. So sind als alpine Spaliersträucher nicht nur Weiden *(Salix)* zu finden, sondern auch Zwergmispeln *(Cotoneaster)*, eine große Gattung der Rosengewächse, Scheinbeeren *(Gaultheria)* und andere Heidekrautgewächse. Viele Rhododendren, die das Objekt von Hobbygärtnern sind, haben in dieser Höhenstufe des Himalaja und des südwestchinesischen Hochlands ihre Heimat. Jenseits der Waldstufen bilden sie nicht nur das Krummholz, sondern bedecken teppichartig als kuglige oder flache Zwergsträucher zusammen mit krautigen Arten in großer Zahl weite Flächen der alpinen Stufe und Geröllfluren in der subalpinen Stufe. Am häufigsten werden davon u. a. *Rhododendron calostrotum, R. hippophaeoides* und *R. racemosum* kultiviert. Eine geschlossene Pflanzendecke in Form von Gesteinsrasen oder Zwergstrauchheiden geht oberhalb von 4600 m über in offene, inselartig die Gerölle oder Felsstandorte überziehende Fluren, die vorwiegend aus Polsterpflanzen, wie z. B. Moossandkraut *(Arenaria bryophylla)* oder Sternmoos-Steinbrech *(Saxifraga saginoides)* und Spaliersträuchern bestehen. Ab 5000 m verschwinden auch diese subnivalen Pionierfluren, und es beginnt die nivale Stufe.

Im Norden des großen Gebirgsstockes, der sich vom Himalaja bis zum Baikalsee erstreckt, liegt der Altai. Die alpine Stufe wird hier zum größten Teil von einer Tundra-Vegetation beherrscht, die im trockenen Südosten des Gebirges direkt an die Gebirgssteppen unterer Stufen grenzt. Westlich und nördlich davon schiebt sich ein mehr oder weniger breiter Gürtel von alpinen Wiesen und Rasen zwischen die orealen Wälder und die Hochgebirgstundra. Die krautreichen Wiesen haben in ihrer Zusammensetzung große Ähnlichkeiten mit denen europäischer Gebirge, was sich im Auftreten bekannter Arten zeigt, wie z. B. Verschiedenblättrige Kratzdistel *(Cirsium heterophyllum)*, Weißer Germer *(Veratrum lobelianum)*, Bergampfer *(Rumex arifolius)*, Faltenlilie *(Lloydia serotina)*, Zweifarbiges Veilchen *(Viola biflora)*, Knöllchen-Knöterich *(Polygonum viviparum)* und Alpenrispengras *(Poa alpina)*. Noch größer wird eine Liste der Ähnlichkeiten, wenn man nur die Gattungen vergleicht. Im zentralen und östlichen Altai gewinnen bultige *Kobresia*-Rasen an Bedeutung, deren Name von den beiden dominierenden Riedgräsern *Kobresia bellardii* und *K. schoenoides* abgeleitet ist. In diesen Gebieten hat auch die Gebirgstundra ihre Verbreitung. Sie besteht hauptsächlich aus Spaliersträuchern, wie Kriechwacholder *(Juniperus communis* ssp. *nana)*, Spitzzähnige Silberwurz *(Dryas oxyodonta)*, Myrtenweide *(Salix myrsinites)* und der höchstens halbmeterhohen Zwergbirke *(Betula rotundifolia)* sowie einigen Kräutern.

Auch die alpine Stufe des Tienshan weist durchgängig die für diese Höhe charakteristischen Rasen auf. Zwischen 2800 und 3500 m bedecken *Kobresia*-Rasen (mit *K. capilliformis* und *K. humilis)* mit zunehmender Meereshöhe mehr fleckenartig die besonnten Hänge, sofern diese nicht trocken sind.

Nivale Stufe

Wie die anderen Höhenstufen ist schließlich auch die nivale Stufe klimatisch charakterisiert, denn sie beginnt an der durch das Klima bedingten Schneegrenze. Das ist dort, wo die höhenbedingten niedrigen Temperaturen Niederschläge auch in der warmen Jahreszeit nur als Schnee fallen lassen, bzw. wo im Verlauf längerer Zeiträume mehr Schnee fällt, als wegtauen kann. Da aber in Abhängigkeit von der Steilheit der Felswände die tatsächliche aktuelle (sichtbare) Schneegrenze wesentlich höher liegen kann, ist noch genügend Raum für pflanzliches Leben vorhanden. Doch je höher man steigt, um so geringer wird die Zahl der in den Felsen oder auf Gesteinsschutt gedeihenden Blütenpflanzen. Alle hier wachsenden Arten kommen auch in den tieferen Stufen vor. Ihr Emporsteigen in die nivale Stufe ist nur dank ihrer Anpassung an extreme Temperatur- und Feuchtigkeitsschwankungen möglich. Die beste Anpassungsform ist hier der Polsterwuchs. Die Kugelform bietet mit ihrer kleinen Oberfläche der Außenwelt nur wenig Angriffsmöglichkeiten. Im relativ großen Inhalt sammeln sich Pflanzenreste, die humusbildenden Mikroorganismen als Lebensgrundlage dienen. Auch Feuchtigkeit bleibt im Innern des Polsters erhalten. Die Pflanze nutzt diesen Speicher mit zusätzlichen Wurzeln. Je nach ihrer Wuchsart (z. B. flach aus dichtstehenden Rosetten bestehend oder durch Randwachstum kriechend) werden verschiedene Typen von Polsterpflanzen unterschieden, von denen die Radialpolster (flach oder halbkuglig) sich zwar wenig ausbreiten, aber der Austrocknung am besten widerstehen können. Ein typisches Beispiel für solche Kugelpolster an Felswänden ist der Schweizer Mannsschild *(Androsace helvetiva)*. Der Gletscher-Hahnenfuß *(Ranunculus glacialis)* gehört zu den am höchsten anzutreffenden Blütenpflanzen, denn er wurde noch in 4275 m Höhe gefunden. Im Himalaja wurde sogar in 6180 m Höhe das Moos-Sandkraut *(Arenaria bryophylla)* vermerkt.

Die Vegetation ist offen und besteht aus einzelnen Polstern oder Resten von Krummseggen-Rasen, die sich bereits an der oberen Grenze der alpinen Stufe aufzulösen beginnen. Weil nur wenige Arten höherer Pflanzen die nötige Anpassung an die unwirtliche Umgebung aufweisen, ist die nivale Stufe das Reich der Niederen Pflanzen, namentlich der Flechten, die als bunte Flecken die glatten Gesteinsflächen zieren. Eine solche bunte Flechte stellt die Landkartenflechte *(Rhizocarpon geographicum)* dar, die schon in der alpinen Stufe die granitenen Felsblöcke überzieht. Ihr grünlichgelber Thallus ist von schwarzen Linien wie eine Landkarte gegliedert. Die Sporenbecher als schwarze Punkte gleichen der Markierung von Ortschaften.

Auch auf Schnee ist Leben zu finden. Es ist eine Lebensgemeinschaft von Mikroorganismen, das Kryoplankton. Auf ewigem Schnee fallen hin und wieder mehr oder weniger große rote Flecken in schalenartigen Einsenkungen auf. Dieser »rote Schnee« wird durch die einzellige Alge *Chlamydomonas nivalis* verursacht, die bereits bei einer »Wärme« von –4 °C abstirbt.

Die temperierten Hochgebirge der Südhemisphäre

Auf den geringen Landmassen der Südhalbkugel sind Hochgebirge rar, wenn man sie in den temperierten Bereichen sucht. Vom 40. Breitengrad südwärts findet man nur die südlichen Ausläufer der Anden und die Neuseeländischen Alpen. Auf der Nordhalbkugel müßte man bei einer Weltumrundung auf dem entsprechenden Breitengrad die Rocky Mountains, Pyrenäen, Alpen, Kaukasus und den Tienshan überqueren.

Den Südanden und Neuseeländischen Alpen ist eine ozeanische West- und eine trockenere Ostseite eigen, wobei die nur wenige Kilometer von der Küste entfernte Westflanke des Gebirges auf der Südinsel Neuseelands bis zu 6400 mm Niederschlag erhält. Das sind fast 6000 mm mehr, als an einigen Stellen der Ostseite registriert werden. Wälder, soweit sie vor dem Einwirken des Menschen vorhanden waren, erstreckten sich dort in einem etwas feuchteren Höhenbereich zwischen 600 und 1200 m. Heute ist Tussock-Grasland der beherrschende Vegetationstyp.

Ganz anders sieht die feuchtigkeitsbegünstigte Westflanke aus. Bis zur Waldgrenze in 1100 m Höhe gedeihen immergrüne Wälder. In der montanen Stufe dominieren darin hochwachsende Bäume, wie *Nothofagus fusca* und *Weinmannia racemosa*, die reich mit Epiphyten besetzt und von Lianen berankt sind. In der orealen Stufe werden sie von immer kleiner werdenden Bäumen abgelöst. Dazu gehören hauptsächlich Arten der Steineibengewächse (z. B. *Podocarpus hallii* und *P. spicata)* und die gleichfalls bis an die Waldgrenze reichenden Südbuchen. Auf der trockenen Ostflanke ist das *Nothofagus solandri* und im ozeanischen Westen die Silber-Südbuche *(N. menziesii)*. Viele der zum Wald gehörenden Bäume erreichen mit zunehmender Meereshöhe nur noch die Größe von Sträuchern und bilden schließlich gemeinsam mit echten Sträuchern subalpine Gebüsche, die ihre Grenze in 1250 m Höhe finden. Hier kommen zu den Steineiben noch Sträucher aus Gattungen, die, wie *Olearia* und *Celmisia* (beide Korbblütengewächse) oder die Strauchehrenpreis-Arten *(Hebe)*, nur in Australien und Neuseeland vorkommen. Mit der Epacridaceen-Gattung Drachenblatt *(Dracophyllum)* gibt es hier auch ein Pendant zu den in dieser Höhenstufe üblichen Heidekrautgewächsen, die zu der australisch-antarktischen Familie sehr enge verwandtschaftliche Beziehungen haben.

An die Strauchgesellschaften schließen sich hohe Grasfluren an, die als Snowtussock bezeichnet werden. Ihre Erscheinung wird von den hohen Horsten des Schneegrases *(Chionochloa)* geprägt.

Die alpine Stufe (bis 2000 m) weist Vegetationsformen auf, die den temperierten Hochgebirgen der Nordhemisphäre im Aussehen gleichen: Gesteinsrasen mit großer Bodendeckung, Geröllfluren mit maximal 50 % bedecktem Boden, Schneetälchen und Polsterfluren. Die gleichen ökologischen Bedingungen haben gleiche Anpassungen hervorgebracht. Die Gattung *Celmisia* ist in dieser Vegetation mit Rosettenstauden vertreten, und dicht behaarte Polster werden von *Raoulia* (gleichfalls ein Korbblütengewächs) gebildet.

In den Südanden reichen die von der Coihne-Südbuche *(Nothofagus dombeyi)* beherrschten Bergwälder bis zu 1400 m Höhe. Den Wäldern tieferer Lagen sind Nadelholzarten beigemischt, deren Gattungen ebenso wie die Südbuchen nur auf der Südhalbkugel vorkommen: *Araucaria, Fitzroya, Saxegothea.*

Auf *Nothofagus* trifft man in nahezu allen Gehölzformationen bis über die Waldgrenze hinaus. Den subalpinen Gebüschen, die aus südamerikanischen Berberitzen-, Johannisbeer- und Krähenbeer-Arten sowie *Baccharis* (Korbblütengewächse) und *Pernettya* bestehen, sind auf der patagonischen Seite laubabwerfende, krummholzartige Südbuchen beigemischt. Vor allem die Zwerg-Südbuche *(Nothofagus pumilio)* und die in der Landessprache Njiro genannte *N. antarctica*, fallen in den Gebüschen auf. Der Njiro ist von allen patagonischen Südbuchen die kleinste und nimmt mit den schlechtesten Böden und schwierigsten Standorten vorlieb. Nur selten erreicht er eine Höhe von 10 m, meist mißt der von Natur aus krumm wachsende Baum nur 3 bis 6 m und geht in seinem Wuchs in der subalpinen Stufe bis zur Größe eines Spalierstrauches zurück. Auf besseren Böden hat er nur nach Waldbränden als Pionierholz eine Chance.

Alpine Pflanzen dieses Gebietes haben wie die o. g. subalpinen Sträucher europäisch klingende Gattungsnamen, u. a. Fettkraut, Greiskraut, Storchschnabel und die Gräser Fuchsschwanz, Schmiele, Goldhafer. Die aus dem tropischen Teil der Anden bekannten *Azorella*-Polster kommen auch hier noch vor.

Die Vegetation tropischer Hochgebirge

Die Höhenstufen der Gebirge in gemäßigten und in tropischen Breiten lassen sich nur schwer miteinander vergleichen, da die klimatischen Voraussetzungen und die Florenelemente zu unterschiedlich sind. Deshalb müssen wir die Vegetation der tropischen Hochgebirge einer gesonderten Betrachtung unterziehen, wobei drei allgemein verbreitete, klimatisch bedingte Vegetationsformen – der Bergwald, der Paramo und die Puna – im Mittelpunkt stehen werden. Als Beispiele greifen wir die neuweltlichen Anden und die altweltlichen ostafrikanischen Hochgebirge (Äthiopisches Hochland, die Gebirge um den Victoriasee und die südafrikanischen Drakensberge) heraus. Wenn wir dabei dennoch den Versuch wagen, die für die nordhemisphärischen Gebirge gebrauchten Bezeichnungen der Höhenstufen auf die tropischen bzw. südhemisphärischen Gebirge anzuwenden, dann immer nur aus dem Blickwinkel auf physiognomische Ähnlichkeiten der Vegetationsformen.

Bergwälder

Die niederen Höhenlagen bis etwa 1000 m werden noch von der Tieflandsvegetation geprägt. Erst von dieser Höhe an nehmen die Temperaturen merklich ab, und man erreicht etwa zwischen 1200 und 1800 m Höhe eine Stufe, die durch eine Wolkenschicht, durch fast ständigen Nebel und feuchtigkeitsgesättigte Atmosphäre gekennzeichnet ist. Trockenzeit, Regenzeit, Luv und Lee wirken sich sehr unterschiedlich auf die Grenzen dieses Wolkengürtels aus. Zwischen 2800 und 3200 m lichten sich diese Wolken meist wieder. Die Nebel dämpfen die Ein- und Ausstrahlung, so daß der tägliche Temperaturgang sehr ausgeglichen ist. Regenwälder steigen an den Luvseiten aus dem Tiefland auf die Hänge der Gebirge, wobei sich wegen der abnehmenden Temperaturen ihre Zusammensetzung ändert. Man spricht dann von Gebirgsregenwald.

Schon von weitem läßt der Wolkenkranz um den Kilimandscharo (Ostafrika) die Stufe der Nebelwälder erkennen.

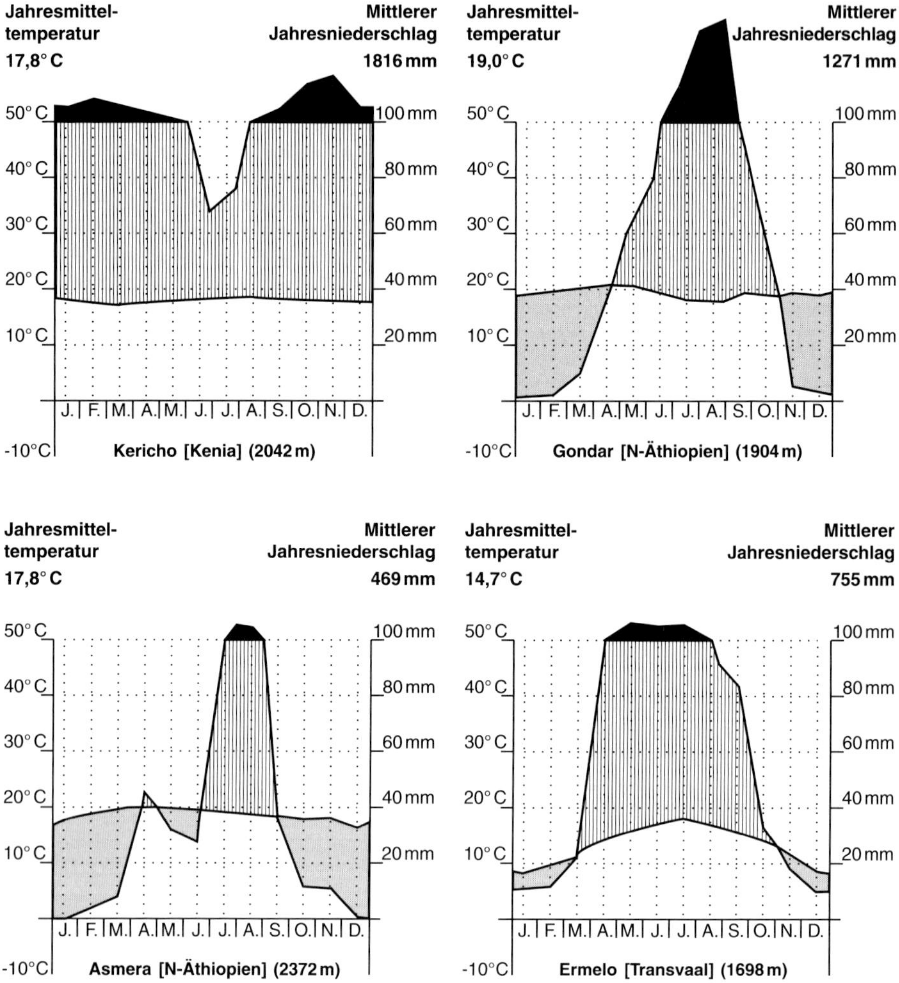

Klimadiagramme aus Afrika

Gebirgsregenwald

In den ständig vom Nebel eingehüllten Höhenregionen hat sich eine besondere Form der Gebirgsregenwälder herausgebildet, die allgemein auch als Nebelwald bezeichnet wird. Die tropischen Nebelwälder unterscheiden sich von den Regenwäldern des Tieflandes durch das vermehrte Auftreten von Arten, die zwar hohe Luftfeuchtigkeit benötigen, aber mit den niedrigeren Temperaturen des Bergklimas vorlieb nehmen. Hohe Luftfeuchtigkeit geht einher mit hohen und regelmäßigen Niederschlägen. Solch ein Klima trifft man in Äquatornähe (s. Kericho), wo die jährlichen Niederschlagsmengen nur selten weniger als 1500 mm betragen.

In Ostafrika kommen Nebelwälder vor allem auf den regenreichen Seiten der Gebirge (z. B. in Kenia, Uganda und N-Tansania) vor. Viele Baumarten der Tieflandswälder siedeln auch noch in den Bergwäldern. Charakteristisch für diese bis zu 40 m hohen Wälder sind Arten der Gattungen *Schefflera* und *Polyscias* (Araliaceae), *Ocotea* (Lauraceae), *Trichocladus* (Hamamelidaceae), *Oli-*

nia (Oliniaceae), *Nuxia* (Loganiaceae), *Pittosporum* (Pittosporaceae), die in den Tieflandsregenwäldern fehlen. Im äthiopischen Hochland tritt eine solche Vegetation bestenfalls im feuchteren Südwesten auf. Dort hat in den feuchten Gebirgsregenwäldern der Kaffeebaum *(Coffea arabica)* seine Heimat.

Mit diesen Berg-Regenwäldern, nicht nur in Afrika, sind auch die Baumfarne (z. B. *Alsophila*, *Cyathea*) in Verbindung zu bringen. Zusammen mit stellenweise undurchdringlichen Bambusdickichten und großblättrigen Stauden, wie in den Anden z. B. *Gunnera*- und *Oreopanax*-Arten, sind sie in allen tropischen Hochgebirgen eine charakteristische Erscheinung dieser kühl temperierten Gebirgsstufe, wo die Sonne nur selten den Wolkenschleier durchbricht. Sie kommen hauptsächlich in Auenwäldern vor, die sich entlang ständig wasserführender Gebirgsbäche und -flüsse ausbilden. Das ist nicht selten auch im Bereich der Trockenwälder der Fall, wo der Kontrast zwischen beiden Vegetationsformen besonders auffällig ist. In Begleitung der Baumfarne befinden sich in Ostafrika fast immer auch die bis zu 13 m hohe Wildbanane *(Ensete ventricosum)* und der Kathstrauch *(Catha edulis)*, dessen Blätter (gekaut) im arabischen Raum als anregendes Genußmittel eine sehr bedeutende Rolle spielen.

Überall fällt der Reichtum an Epiphyten auf. Diese aus den verschiedensten Pflanzenfamilien stammenden Lebenskünstler haben sich auf den Ästen der Bäume oder auf beschatteten Felsen dicht an dicht angesiedelt. Vornehmlich die Orchideen sind zahlreich vertreten: Auf 5 m eines Astes zählte man 12 Orchideen-Arten. Auch aus anderen Familien sind etliche dekorative, z. T. als Zimmerpflanzen bekannt gewordene Arten Bestandteil dieser interessanten Pflanzengesellschaften. Genannt seien aus Ostafrika das Usambaraveilchen *(Saintpaulia ionantha)* und Drehfrucht-Arten *(Streptocarpus)*, beide den Gesneriaceae zugehörig, das Fleißige Lieschen *(Impatiens wallerana)* sowie verschiedene Begonien und Peperomien, die den Hobbygärtnern aus ihren Pflanzenvitrinen gut bekannt sind. Die zunächst noch vorherrschenden Blütenpflanzen werden in höheren Lagen dann durch zarte Hautfarne (Hymenophyllaceae), Moose und Flechten (z. B. Bartflechten) verdrängt. Am Boden gedeihen reichlich Moose, insbesondere Torfmoos-Arten *(Sphagnum)*, die zusammen mit Flechten, Moosfarnen *(Selaginella-*Arten*)* und vermodernden Pflanzenresten ein Maschenwerk verschlungener Stämme und Wurzeln ausfüllen.

Von diesen in Peru als Ceja de la montaña (Augenbraue des Waldes) bezeichneten Nebelwäldern, die bereits bei der Besprechung der tropischen Regenwälder erwähnt wurden, gibt der deutsche Botaniker Weberbauer eine eindrucksvolle Schilderung: »Die anmutigen Baumfarne, die zierlichen Rosetten epiphytischer Tillandsien, die dünnen graziös gebogenen Stämme der Bambus-Arten, deren Enden mit Büscheln schmaler Blätter besetzt, sich abwärts wiegen und an kunstvoll geknüpfte Girlanden erinnern – das sind die anziehendsten Gestalten, welche in dem düsteren, von Nebeln verschleierten Pflanzengewirr des Buschwaldes auftauchen. Und in den Gesträuchen erfreuen das Auge der niemals fehlende reiche Blumenschmuck, die rote oder gelbe Färbung junger Triebe, der Spiegelglanz des Laubes.«

Andiner Nebelwald erstreckt sich in der kolumbianischen Ostkordillere und in Ekuador in einem Höhenbereich zwischen 2400 und 3800 m (stellenweise sogar noch höher). Die im Durchschnitt 4 bis 6 m hohe Baumschicht besteht u. a. aus den Gattungen *Weinmannia*, *Clusia*, *Drimys*, *Befaria* und *Ilex*.

Gebirgstrockenwald

Die tropische Waldstufe ist keineswegs nur an den extrem humiden Luvseiten der Gebirge ausgebildet. In den Anden und in Afrika in einem Höhenbereich zwischen 1500 und 3000 m sind trockenere Bereiche (z. B. im größten Teil Kenias, in Äthiopien und in Südafrika) mit jährlichen Niederschlagsmengen zwischen 1000 und 1500 m (Abb. S. 354) von Wäldern aus verschiedenen Arten der Steineibe (z. B. *Podocarpus gracilior*, *P. milanjianus*, *P. falcatus*, *P. latifolius*) besiedelt. Das ist eine Gattung der Nacktsamer mit harten, schmalen, aber nicht nadelförmigen Blättern, die auf der Südhemisphäre in der tropisch-montanen Stufe sehr weit verbreitet ist. Steineiben beschatten den Boden noch mehr, als dies ihre nadelblättrigen Verwandten tun. So sind diese 15 bis 35 m hohen Wälder sehr arm an Unterwuchs, nicht aber an dem Lichte zustrebenden Lianen, von denen uns beispielsweise *Asparagus plumosus* (Zierspargel) bekannt ist.

Für diese Höhenstufe sind auch Bambus-Dickichte erwähnenswert. Sie werden in Afrika an den feuchteren Flanken der Berge von *Arundinaria alpina* gebildet, dem afrikanischen Berg-Bambus, der nicht nur zu hohen (bis 12 m), sondern auch zu undurchdringlichen Dickichten heranwächst. In solchen Bambus-Dickichten finden kaum andere Arten Platz, so daß die Ausbreitung des Bambus auf zerstörten Waldflächen schnell fortschreitet und Jungwuchs von Bäumen nicht aufkommen kann. Vereinzelte, möglicherweise nach einem Waldbrand erhaltene Steineiben können die Bambus-Bestände überragen. Nur die Eigenart des Bambus, daß alle Exemplare zwar selten, aber dann gleichzeitig blühen, fruchten und absterben, gibt den Bäumen eine neue Chance. Solch einer Bambusstufe begegnet man auch in den Anden an der Obergrenze und oberhalb des Waldes, oft vermischt mit Sträuchern, wie beispielsweise einigen Heidekrautgewächsen *(Vaccinium, Gaultheria, Befaria, Disterigma)* oder verschiedenen Hartheu-Sträuchern *(Hypericum)*, sofern die Bambusgräser nicht mit einer Deckung von 90 % dominieren.

Bei noch weiter abnehmender Feuchtigkeit in den Hochlagen Äthiopiens bis zu den Drakensbergen (Klimadiagramme S. 354 unten) treten zwei Zypressengewächse in den Vordergrund, deren Verbreitung sich am Sambesi überschneidet. Nördlich davon bildet in Gemeinschaft mit dem Afrikanischen Ölbaum *(Olea africana)* die Afrikanische Bleistiftzeder *(Juniperus procera)* solche Wälder in Höhenlagen zwischen 1600 und 3300 m. *Juniperus procera* wird allerdings auch forstlich angebaut, so daß die untere Grenze auch herabgezogen sein kann. Dieser Baumwacholder ist die einzige Art seiner Gattung, die den Äquator nach Süden überschreitet. Südlich des Sambesi übernehmen die dominante Rolle in diesen Trocken-Koniferen-Wäldern fünf Arten einer anderen Gattung der Zypressengewächse, *Widdringtonia.* Weil das Holz auch dieser Bäume sich großer Beliebtheit erfreut, sind natürlich *Widdringtonia*-Wälder nur noch als Relikte vorhanden. Je nach Standort schwankt die Größe, die diese Arten erreichen können. Die Skala reicht bei *W. whytei* von meterhohen Büschen bis zu 43 m großen Bäumen. In den Drakensbergen bildet *W. dracomontana* 5 m hohe Gehölze, die oft mit *Passerina* (Spatzenzungengewächse) und *Philippia* (Heidekrautgewächse) vergesellschaftet sind.

Waldgrenze

Eine markante Grenze, der wir auch in allen tropischen Hochgebirgen begegnen, ist die Waldgrenze, jenseits der das Klima baumfeindlich ist. Diese Grenze wird in den Tropen von Bäumen erreicht, deren Laub den veränderten Feuchtigkeitsverhältnissen angepaßt ist. Kleine (der Strahlung wenig Fläche bietende) und xeromorphe (an Trockenheit angepaßte) Blätter ermöglichen die Existenz der größeren Gehölze bis zu ihrer Trockengrenze. Das erklärt aber nicht, weshalb in feuchten Gebieten die Waldgrenze in etwa der gleichen Höhe zu finden ist. Es wird angenommen, daß die Bodentemperaturen ausschlaggebend sind, deren Minimum 7 bis 8 °C betragen muß, wenn die Baumwurzeln nicht absterben sollen. Die Temperaturschwankungen im Verlaufe des Tages bewirken in der äquatorialen Zone keine Veränderungen der Bodentemperatur im Wurzelbereich. So bleibt dort, wo nur die Tageszeiten, nicht aber der Jahresgang Klimaschwankungen zeigen, die Bodentemperatur konstant. Es hängt also viel von der Lebensfähigkeit der Wurzeln ab, ob die Bäume die kurzzeitigen (Nacht-)Fröste in Höhen über 3000 m überdauern können. Bei eingeschränkter Wurzeltätigkeit ist dann nur eine verminderte Stoffproduktion möglich, und das Ergebnis zeigt sich in geringeren Wuchsleistungen. Die Waldbäume werden zu Büschen, die schließlich den sie begleitenden echten Sträuchern unterlegen sind.

Subalpine Gebirgsbuschwälder und Gebüsche

Das Auftreten von ericoiden, hartlaubigen Pflanzen in den Höhen zwischen 2000 und 3500 m kann in allen tropischen Gebirgen beobachtet werden. Sie künden den Übergang zur subalpinen Stufe an. Zu ihnen gehören nicht nur Heidekrautgewächse *(Ericaceae)*, die man in dieser auch die Waldgrenze bildenden Stufe immer wieder vorfindet.

In Ostafrika übernimmt zunächst in Höhen ab 2700 m bis 3300 m der zu den Rosengewächsen gehörende Kossobaum *(Hagenia abyssinica)* die Dominanz in den Bergwäldern. Sofern er als Baum in Erscheinung tritt, wird er, wie in Äthiopien, als Lieferant von Möbelholz geschätzt. Mit zunehmender Meereshöhe verlieren die 5 bis 15 m hohen Bäume an Wuchskraft und nehmen

Senecio keniodendron am Mt. Kenya in 4000 m NN

schließlich den Charakter von Krummholz an. Die Kossowälder sind im Unterwuchs reich an Sträuchern, z. B. aus der Gattung *Hypericum.* Beim Vergleich mit den südlicheren Drakensbergen ergeben sich ähnliche Verhältnisse. Dort wird der Kosso durch ein anderes, verwandtes Rosengewächs, *Leucosidea sericea*, ersetzt. Diese Buschwälder beginnen oberhalb der zwischen 1700 und 2000 m wachsenden *Podocarpus*-Wälder.

In den feuchtesten Gebieten, in Höhen zwischen 2000 und 3200 m, spielen Gebüsche aus hartlaubigen (sklerophyllen) *Hypericum*- und *Myrica*-Arten sowie dem Heidekrautgewächs *Agauria salicifolia* eine Rolle. Die höhere Luftfeuchtigkeit findet ihren Ausdruck in reichem Flechtenbewuchs der Äste.

Wesentlich häufiger sind aber Heidegebüsche in den vorwiegend trockeneren Gebirgslagen. In Ostafrika werden solche Heidegebüsche von der Baumheide *(Erica arborea)* beherrscht, deren Sträucher meist 2 bis 5 m (unter günstigen Bedingungen auch bis zu 15 m) hoch werden. Die Gattung *Erica* ist in Südafrika mit einer sehr großen Artenzahl vertreten, was sich in der von 2800 m (2000 m in Südafrika) bis 3600 m reichenden Ericaceen-Stufe bemerkbar macht. Auch andere Arten dieser Heidegebüsche, die nicht zur Gattung *Erica* gehören, haben die an Trockenheit angepaßten, kleinen, stark reduzierten, nadelförmigen Blätter mit den *Erica*-Arten gemeinsam. Solche Pflanzen werden als ericoid bezeichnet. Neben der Baumheide treten insbesondere Arten der Gattungen *Philippia* und *Cliffortia* hervor sowie *Passerina filiformis*, *Protea dracomontana.* An feuchteren, moorigen Stellen finden sich die ersten baumförmigen *Senecio*-Arten ein. Die Heidegebüsche werden an ihrer oberen Verbreitungsgrenze kaum noch meterhoch und leiten zur alpinen Stufe über, oder sie bilden in den Drakensbergen sogar die alpine Schlußgesellschaft.

Die obere Grenze andiner Gehölzformationen, wie beispielsweise der Nebelwälder, bilden Sträucher. Man könnte auch hier von einer Ericaceen-Stufe sprechen, denn die wichtigsten Gattungen gehören den Heidekrautgewächsen an: *Befaria*, *Macleania*, *Gaultheria*, *Cavendishia.* Fast gleiche

Bedeutung kommt aber auch den Schwarzmundgewächsen (Melastomataceae) zu, die z. B. mit der artenreichen Gattung *Miconia* ebenfalls in dieser Strauchflur vertreten sind. Weitere Sträucher entstammen u. a. den Korbblütengewächsen *(Senecio, Eupatorium, Baccharis)*, den Steinbrechgewächsen *(Escallonia)* oder den Rosengewächsen, wie *Hesperomeles* und die ebenfalls bis in die Paramostufe hineinreichenden *Polylepis*-Arten. Diese letztgenannte Gattung der Rosengewächse hat ihre Parallele in der afrikanischen Gattung *Hagenia*, allerdings vermag *Polylepis* in den Anden noch höher zu steigen und auf Blockhalden bis in 4200 m Höhe kleine Bestände zu bilden.

Alpine Stufe

Bei niedrigen Temperaturen (ab 4000 m liegt das Tagesmittel kaum über 3 °C) sorgen häufige bis ständige Nachtfröste für erhebliche tägliche Temperaturschwankungen, auf die sich die Pflanzen einstellen müssen. Dabei fallen mancherorts noch reichlich Niederschläge, bis zu 3000 mm im Jahr. Häufige Nebel und Taubildung vergrößern das Feuchtigkeitsangebot. So sind starke Humusansammlungen zu verzeichnen, die auf den ausgedehnten Hochflächen der Anden oft mit Moorbildung durch Torfmoose *(Sphagnum*-Arten) einhergehen. Humusansammlungen bis zu einem Meter Mächtigkeit sind dort keine Seltenheit, wo eine fast geschlossene Vegetationsdecke für genügend organisches Material sorgt. Dieses Gebirgsland in den Anden nördlich des Äquators hatten die Spanier als Páramo bezeichnet.

Wo die Niederschläge geringer ausfallen, läßt sich die Vegetation als Hochgebirgssteppe charakterisieren, an extrem trocken-kalten Stellen auch als Hochgebirgswüste. Dafür wurde in den Anden die Bezeichnung Puna geprägt. Beide Vegetationsformen existieren nebeneinander: In Südamerika die Páramos in den humiden Gebieten Venezuelas, Kolumbiens und Ecuadors, die Puna in den trockeneren Bereichen der Hochanden in Peru und Bolivien. Wir dehnen den Geltungsbereich dieser beiden Begriffe auch auf andere tropische Hochgebirge aus, weil die alpinen Vegetationsformen sich nahezu gleichen.

Páramovegetation

Die südamerikanischen Botaniker untergliedern den Páramo in Unterstufen, von denen die unterste, der Subpáramo, der Knieholzstufe gemäßigter Gebirge oder den oben erwähnten subalpinen Gebüschformationen (vorwiegend mit Ericazeen) tropischer Gebirge entspricht. In den Anden beginnt zwischen 3000 und 3800 m der eigentliche Páramo mit der Vermischung der Gebüsche mit Grasland, bis schließlich die Gebüsche ganz verschwunden sind, und eine mehr oder weniger geschlossene Pflanzendecke, das Tussock-Grasland, den Boden bedeckt. Es besteht hauptsächlich aus großen Horsten (Tussock) schmalblättriger Gräser. Zwischen diesen gedeihen niedrige Kräuter und kleine Sträucher, wie die Torfmyrte *(Pernettya)* oder Salbei *(Salvia)*. Bei den Gräsern handelt es sich um Vertreter verschiedener Gattungen, wie z. B. um den Simsenschwingel *(Festuca scirpoides)*, das Steife Reitgras *(Calamagrostis rigida)* und das Puna-Pfriemengras *(Stipa ichu)*. Solche Tussock-Fluren gibt es an einigen Stellen auch in Afrika (z. B. am Mt. Kenya und am Kilimandscharo). Sie entstehen oft in der Folge von Bränden, mit denen Hirten die ursprüngliche Vegetation vernichtet haben.

Markante Vertreter der Korbblütengewächse geben der Páramo-Vegetation in mehreren tropischen Hochgebirgen das Gepräge. In den Anden sind es *Espeletia*-Arten, die entweder als bodenständige Rosettenstauden in Erscheinung treten, oder deren bis zu 5 m hohe Stämme von schopfigen Rosetten armlanger, schwertförmiger, mit dichtem, silberweißem Haarkleid besetzter Blätter gekrönt werden. Die Riesenrosetten sind eine Anpassung an die tiefen nächtlichen Temperaturen. Die Randblätter können sich nach oben biegen und bilden dann über der Knospe einen schützenden Raum, in dem die Temperaturen nicht unter den Gefrierpunkt absinken. Die abgestorbenen Blätter der hochstämmigen Rosetten fallen nicht ab. Sie hängen herab und umhüllen wie ein Lendenschurz den Stamm. Das bedeutet Schutz für Stamm und Rosette gegen gelegentlich aufkommende Feuer, denen dann nur diese trockenen Blätter zum Opfer fallen. Die verschiedenen *Espeletia*-Arten sind auf unterschiedliche Standorte spezialisiert. Die Espeletienfluren, die über große, kaum überschaubare Strecken hinweg das Landschaftsbild prägen können, stellen ein Mosaik dar, das sich aus mehreren Arten zusammensetzt. Die Espeletien-Gesellschaften, oft zu-

Páramolandschaft mit *Espeletia* spec. in der Ostkordilliere Venezuelas

sammen mit *Hypericum*-Arten, dominieren in den venezolanischen und kolumbianischen Kordilleren. In Ekuador fehlen zwar die Espeletien, nicht aber der Pflanzentyp. Man trifft dort auf Wollkerzenpflanzen mit kompakten, stark behaarten, walzlichen Blütenständen und ebenfalls stark entwickelten Blattrosetten, wie z. B. die südamerikanische Fuchsschwanz-Lupine *(Lupinus alopecuroides)*.

Andere typische Schopfbäume stammen wieder aus der Familie der Korbblütengewächse, wie die Riesengreiskräuter (z. B. das stammlose *Senecio brassica* und das dickstämmige *Senecio keniodendron* vom Mt. Kenya) in Afrika. Dagegen gehören die ähnlich aussehenden Riesenlobelien (z. B. *Lobelia deckenii* am Kilimandscharo, *Lobelia bequaertii* am Ruwenzori) zu den Glockenblumengewächsen. Die Schopfbäume Afrikas bilden aber keinen eigenen Vegetationstyp. Sie sind meist an feuchten Standorten, z. B. auf versumpftem Grasland, in lockerem Bestand anzutreffen, hier und da auch in den Heidegebüschen. Als Ausnahme sind wohl die dichten Dendrosenecio-Wälder in 4000 m Höhe am Ruwenzori und an den Virunga-Vulkanen anzusehen. Dort begünstigt ein sehr feuchtes Klima die Entwicklung von *Senecio adnivalis* zu schattenspendenden Wäldern von Höhen bis 8 m.

Starke weiße Behaarung ist ein auffallendes Merkmal in den Páramos und der Puna. Weithin leuchtet das halbmeterhohe, schneeweiß-filzige *Culcitium* (mit Greiskraut verwandt) aus einem Teppich niedriger Kräuter.

Treffend beschreibt Vareschi andere typische Pflanzengestalten aus den venezolanischen Anden: »Manche Páramopflanzen zeigen eine starke Reduktion der Blattflächen, so daß nur an blühenden Pflanzen die Vorstellungsverknüpfung zu den nächsten normalblättrigen Arten gelingt. Als Beispiel sei hier die Umbellifere *Ottoa oenanthoides*, die lauchartige, gegliederte Blätter mit sonderbarerweise auch lauchartigem Geruch und Geschmack hat, genannt. Der sogenannte »Geldrollenfarn« *(Jamesonia)* besitzt statt der üblichen Farnwedel winzige Blattscheibchen, die wie Münzrollen übereinander liegen und von dichtem Wollfilz umhüllt sind. Die an Schachtelhalme erin-

Paepalanthus columbiensis, eine Charakterpflanze der Páramo-Vegetation

nernden andinen Verwandten unserer europäischen Alchemillen scheinen aus kleinen Tüten zusammengesetzt, die aus den reduzierten Blättern und Nebenblättern gebildet werden.«

Mit zunehmender Meereshöhe und Trockenheit stellen sich dann Polsterpflanzen und kurzstämmige Rosettenstauden ein, die vor allem die felsigen Standorte bis hoch zur Schneegrenze besiedeln. In den Anden ist vor allem der Polsterwuchs einer Reihe von Arten aus den Gattungen *Plantago*, *Pycnophyllum*, *Werneria* und *Azorella* sehr verbreitet. Den äußerlich weich gerundeten Polstern sieht man nicht an, daß sie im Innern hart und verholzt sind. Sie werden in diesen holzarmen Gebieten als Brennmaterial sehr geschätzt.

Puna

Bei zunehmender Entfernung vom Äquator treten in den Anden sommerliche Niederschlagsperioden auf, und das Klima der ausgedehnten Hochflächen wird immer trockener. Im Zusammenhang damit beeinträchtigen heftige Winde und empfindliche Temperaturschwankungen (von +50 °C bis –20 °C) im Tagesverlauf das Pflanzenwachstum. Sie sind die Ursachen für eine xerophytische Vegetation, die von Nordperu bis Nordchile als Puna bekannt ist. Auf ebenen Flächen dominieren dort Gesellschaften aus zwergwüchsigen Pflanzen, kleinblättrigen oder blattlosen, oft harzigen Zwerggehölzen, Polsterpflanzen und

Puna-Vegetation mit Ichu-Gräsern in einem Hochtal der Anden

von entfernt stehenden, halbmeterhohen, steifblättrigen Büscheln der Punagräser. Dazwischen treten Kakteen auf, was im Páramo nur wenig zu beobachten ist. Außer den hochwachsenden *Austrocylindropuntia* und *Trichocereus* gibt es noch etliche kleinere Arten, von denen die meisten durch hochgewölbten Polsterwuchs und lange, dichte Haarbedeckung gegen Temperatur- und Windeinfluß geschützt sind. Schon von weitem fallen die weißwolligen *Tephrocactus floccosus*-Polster wie Schneeflocken auf und die feuerroten Blüten von *Tephrocactus pentlandii* oder die gelbfilzigen Polster von *Tephrocactus lagopus* beleben die Landschaft mit ihren Farben. Häufig ist auch der Tolastrauch *(Parastrephia lepidophylla)* in der Puna anzutreffen, der auf wenig geneigten Flächen zusammen mit den erwähnten Kakteen und Gräsern die eintönige Formation der Tolaheide bildet.

Überhaupt ist die Eintönigkeit ein Merkmal der Punalandschaft. Auch dort, wo nicht die Tussock-Gräser oder der Tolastrauch dominieren, bietet das Mosaik der Polster- und Rosettenstauden nur wenig farbliche Abwechslung. Die wenigsten der Punastauden fallen durch große, leuchtend gefärbte Blüten auf, wie wir dies aus temperierten Hochgebirgen kennen. Sie erregen unsere Aufmerksamkeit bestenfalls durch ihr unterschiedlich gefärbtes Laub mit der mehr oder weniger starken Behaarung (z. B. *Geranium sessiliflorum*).

Bemerkenswert ist, daß in den Anden bei 4600 bis 4700 m auf feinerdigem Substrat der Pflanzenwuchs aufhört, obwohl genügend Feuchtigkeit vorhanden ist. Auf felsigen Standorten steigt hingegen eine artenreiche Vegetation bis an die Schneegrenze (bei etwa 5200 m), Hartpolster von *Azorella diapensioides* und anderen Arten, die krüpplig wachsenden Sträucher von *Polylepis* und die Ichu-Gräser bedecken locker die unwegsam steinige Landschaft. Stattliche Gestalten baumförmiger Ananasgewächse, wie die bis 10 m hohe *Puya raimondii* oder die sogar bis 15 m hohe *Puya gigantea*, ragen auf grasigen Abhängen kerzengerade in die Höhe.

Wie Schneeflocken leuchten weithin die weißwolligen *Tephrocactus floccosus* und die orangegelben *Oroya subocculta*, zwei Kakteen der Hochanden.

Puya raimondii, ein stattliches, baumförmiges Ananasgewächs der Anden, überragt die steifblättrigen Büschel der einzeln stehenden Ichu-Gräser.

Unter den gleichen klimatischen Verhältnissen trifft man in anderen tropischen Gebirgen eine ähnliche Vegetation an. In den ostafrikanischen Hochgebirgen werden diese offenen Fluren trockener Standorte vor allem von etlichen zwergstrauchigen oder polsterförmigen Strauch-Immortellen (verschiedenen *Helichrysum*-Arten) in Gemeinschaft mit Horstgräsern der Gattungen *Pentaschistis*, *Nannoseris*, *Oreophyton*, *Festuca* und *Koeleria* repräsentiert. Vornehmlich an felsigen Stellen und auf Gesteinsschutt oder solchen mit geringer Bodenauflage entwickeln sich solche Gesellschaften, die wegen ihrer Isolation auf den verschiedenen Berggipfeln auffallend reich an endemischen Arten sind.

Wie auch in den temperierten Hochgebirgen sind Flechten die letzten Pflanzen, die man in den höchsten Gebirgsregionen der Tropen findet. In 5800 m Höhe, das sind knapp 100 m unterhalb des Gipfels, trifft man am Kilimandscharo noch die Flechte *Amphiloma elegans* an.

Kulturlandschaft Hochgebirge

Die meisten Hochgebirge verfügen mit reichem Wasserangebot, reicher Vegetation, insbesondere Wald, über ausreichende Ressourcen, um dem Menschen Lebensgrundlage zu bieten. Nur das Relief der Landschaft stellt sich einer großflächigen und intensiveren Besiedlung entgegen. Aber der Mensch ist schon in Vorzeiten erfinderisch gewesen und hat der Natur Stück um Stück abgerungen. Die ursprünglich, nach den Eiszeiten mit Ausnahme der für Bäume ungeeigneten Standorte wieder mit Wald bedeckten Alpen waren ein potentielles Siedlungsgebiet, in das die zunehmende Bevölkerung seit der Jungsteinzeit Einzug hielt. Zunächst wurden die Täler, später die Hänge und die Höhen durch Rodung in Ackerflächen, Wiesen und Weiden verwandelt. Auf diese Weise bildeten sich neue Standorte mit neuen Vegetationsformen (z. B. Mähwiesen und Weiden oder die lichten Lärchen-Wiesen-Wälder der Zentral- und Südalpen als ehemalige Waldweideplätze), die sich bis heute erhalten haben. Gebirge sind immer reich an Erzen, zu deren Aufarbeitung neben Wasser vor allem Feuer gehört. Wasser und Brennstoff bot der Wald zur Genüge, und der Eisengewinnung stand nichts mehr im Wege.

Was früher nur unter großen Aufopferungen und Beschwerlichkeiten zu bewältigen war und nur für die Selbsterhaltung diente und ausreichte, das wurde in einer Zeit zur Last, in welcher der gleiche Lebensunterhalt in der Ebene durch Maschinen, Transport und Handel leichter und rentabler wurde. Viele Bergbauern verließen ihre Höfe und wandten sich anderen Berufen zu. Wäre die Kulturlandschaft nun sich selbst überlassen gewesen, dann hätten mit Sicherheit die stark dezimierten Wälder an Fläche wieder zugenommen. Aber inmitten hochzivilisierter Länder wurden solche Hochgebirge, wie die Alpen, zum Objekt und Ziel eines ständig zunehmenden Touristenverkehrs. Schließlich brachte der technische Fortschritt ja auch die Erschließung der ehemals unzugänglichen Täler, die Überquerung der Berghindernisse durch immer bessere Verkehrswege (Straßen und Eisenbahn) zustande. Beim Bau solcher Trassen sind im Gebirge unvergleichlich mehr Eingriffe in die Landschaft und ihre Ökosysteme erforderlich, als dies vielleicht im Flachland nötig wäre, denn die Labilität und die Gefahren sind ungleich größer. Wer die modernen Verkehrswege in den Alpen benutzt hat, der kennt die vielen technischen Wunderwerke, wie Tunnel, Galerien und Brücken, aber nicht mehr den Wald, der ihnen geopfert werden mußte.

Die ursprüngliche, aus der Natur und allen ihren Ereignissen, z. B. Wild- und Hochwasser, Felsstürze und Steinschläge, Erdrutsche und Lawinen, geformte Landschaft hat nun neue Nutznießer gefunden, die sich keineswegs mit den Lebensansprüchen eines früheren Bergbauern begnügen. Auch die Almwirtschaft nutzt den technischen Wandel und liefert ihren Beitrag zur Zerstörung der Landschaft, denn nur dort, wo Straßen den Einsatz von Fahrzeugen ermöglichen, wird sie rentabel. Noch rentabler wird sie mit steigendem Viehbesatz, der die ohnehin stark beanspruchten Alpenmatten überdüngt und zertritt.

Erholung im Hochgebirge bedeutet heute nicht mehr nur Wandern oder Skilaufen auf alten eingetretenen Pfaden. Der Sport in fast allen seinen Disziplinen ergreift ganzjährig Besitz vom Hochgebirge. Die dazu erforderlichen Bauten, wie Sprungschanzen, Skilifte, Skipisten, Bob- und

Erosionsschäden im tropischen Regenwald Borneos

Rodelbahnen für den Wintersport, Seilbahnen, Campingplätze, Parkplätze, Straßen und Tankstellen, Hotels und andere Ver- sowie Entsorgungseinrichtungen zur ganzjährigen Verfügung, bringen einschneidende Eingriffe in das Ökosystem Hochgebirge mit sich. Dazu gehört auch die starke mechanische Beanspruchung, sowohl bei der Vorbereitung mit schweren Fahrzeugen als auch bei der Nutzung der Abfahrtshänge und -pisten, deren Vegetation sogar unter Schnee Schaden nimmt, was zum Bodenabtrag führt. Sportliche Wettkämpfe brauchen auch Zuschauer. Der damit verbundene Massentourismus verschmutzt durch Abgase der Transportmittel die Luft, durch Abwässer die Bäche und durch Müll die Landschaft.

Jeder dieser und vieler ungenannter Eingriffe bedeutet eine Überschreitung von naturgegebenen Grenzen und birgt ein Risiko in sich, das Risiko von Katastrophen, von denen weltweit aus Hochgebirgen leider immer wieder zu berichten ist. Eine Analyse der Naturkatastrophen in Tirol für die Jahre 1965 und 1966 ergab, daß nur ein Drittel unvermeidbar waren, weil sie ihre Ursachen in der natürlichen Gebirgsentwicklung und in unvermeidlichen Starkniederschlägen hatten. Zwei Drittel der Katastrophen wären jedoch vermeidbar gewesen, wenn die Neubesiedlung von Gefahrengebieten, unsachgemäße forstliche und landwirtschaftliche Maßnahmen und Straßenbau unterblieben wären. Zu den gravierendsten Eingriffen gehört die Vernichtung des Waldes, insbesondere von Schutzwäldern in Steillagen. Wir haben bereits auf die Bedeutung des Waldes als Wasserspeicher im Verhältnis zu alpinen Rasen hingewiesen. Im Vergleich mit einer begrünten Skiabfahrtspiste schneidet ein moosreicher Fichtenwald wesentlich günstiger ab: Von 100 mm Niederschlagswasser dringen im Wald 89 bis 92 mm bis zu einer Tiefe von 110 cm ein, nur 8 bis

11 mm fließen ab. Auf der Piste hingegen fließen 56 bis 61 mm ab, und der Rest versickert im Boden nur bis 30 cm Tiefe.

Um nicht den Eindruck zu erwecken, allein der Tourismus trage Schuld an den Schäden, sei auch auf die Folgen von Industrie und Bergbau sowie die Energiegewinnung durch Wasserkraft hingewiesen. Auch sie zerstören die Landschaft nachhaltig, verändern den Wasserhaushalt der Natur und emittieren Schadstoffe.

Die Alpen sind weltweit nur ein Hochgebirge unter vielen. Die Probleme sind überall nahezu gleich, wenn der Mensch diese Gebiete besiedelt. Im Himalaja reichen die Weideflächen bis in 4000 m Höhe, Ackerbau wird an steilen Hängen terrassenartig betrieben, Bergwälder werden gerodet und fallen kulturbedingten Waldbränden zum Opfer. Die Beeinträchtigung und Vernichtung der natürlichen Vegetation geht auf eine sehr dichte Besiedlung zurück. Aber auch dort, wo weniger Menschen ansässig sind, wie beispielsweise in den Anden, ist ihr Einfluß spürbar. Bis zum 16. Jahrhundert haben die indianischen Hochkulturen in den Hochtälern vor allem durch Landwirtschaft ihre Spuren gelegt. Heute spielt hier nur die Eigenversorgung eine Rolle, trotzdem sind Punagebiete überweidet, wird bis 4000 m Höhe Ackerbau betrieben, und die Waldgrenze wird immer tiefer gedrückt. Von ehemals 4600 m hat sie jetzt 4000 m erreicht. Vor allem die ohnehin spärlichen Bestände von *Polylepis* werden für die Brennholzgewinnung ständig dezimiert.

Die Pflanzenwelt der Meere

Das Meer ist der größte Lebensraum unseres Planeten. Mehr als 71 % der Erdoberfläche werden von den Ozeanen bedeckt. Seit langem ist die Bedeutung der vielfältigen Wechselbeziehungen zwischen dem Meer, der Atmosphäre und den Kontinenten bekannt. Aber die Erforschung des Meeres wurde erst in unserem Jahrhundert stärker forciert. Doch verdanken wir erste wichtige Erkenntnisse über die Verbreitung der Organismen in den verschiedenen Teilen des Weltmeeres bereits den Seefahrern früherer Jahrhunderte. Schon in den Berichten des Naturforschers George Forster, der James Cook auf seiner zweiten Weltreise mit der »Resolution« (1772 – 1775) begleitete, sind erste Angaben über die Natur des Meeresleuchtens sowie eine Beschreibung der Korallenriffe im Pazifik enthalten. In den Jahren 1815 bis 1818 unternahm das russische Schiff »Rurik« eine Reise um die Welt. Der Kapitän von Kotzebue führte die ersten Lichtmessungen in der Geschichte der Meeresforschung durch, und der Dichter A. v. Chamisso, der als Gelehrter und Naturforscher an dieser Reise teilnahm, beschrieb die Tier- und Pflanzenwelt des offenen Ozeans. Die weitere Entwicklung der Meeresbiologie ist dann mit so bedeutenden Namen wie Ch. Darwin, Ch. Ehrenberg, E. Forbes, J. Murray, V. Hensen, E. Haeckel, J. Reinke und vielen anderen verbunden.

Während sich die Gelehrten des 18. und 19. Jahrhunderts vor allem mit der artenmäßigen Zusammensetzung und der Verbreitung der Pflanzen und Tiere im Meere beschäftigten, standen später Fragen der quantitativen Entfaltung der Organismen sowie deren Beziehungen zu den Umweltfaktoren im Vordergrund des Interesses. Zur Lösung dieser Fragen genügten bald die vorhandenen Forschungseinrichtungen nicht mehr. Spezielle Institute wurden gegründet und moderne Forschungsschiffe in Dienst gestellt. Heute besteht der Hauptinhalt der Meeresforschung darin, das Meer mit allen zur Verfügung stehenden Mitteln zu ergründen und seine natürlichen Reichtümer zu erschließen. Dabei kommt der Erforschung der biologischen Ressourcen eine besondere Bedeutung zu. Bisher ist die Fischerei die wichtigste Form der Nutzung der Reichtümer des Meeres. Deshalb untersuchen gegenwärtig viele Länder die Produktivität der Ozeane. Dabei nimmt die Erforschung der Pflanzen des Meeres einen wichtigen Raum ein, da ihr Ertrag die Grundlage für die gesamte Ernährung der Meerestiere darstellt. Die Pflanzen erfüllen im Stoffhaushalt des Meeres die gleiche Aufgabe wie auf dem Lande. Sie synthetisieren aus anorganischen Salzen, Kohlendioxid, Wasser und Sonnenenergie Kohlenhydrate, Eiweiß, Fette, Vitamine und andere organische Substanzen. Über eine Nahrungskette kann diese pflanzliche Produktion nach vielfältiger Umsetzung in Form von Fischen aus dem Meere geborgen werden.

In den vorhergehenden Abschnitten dieses Buches war bereits mehrfach die Rede davon,

wie in vielen Gegenden unserer Erde der Mensch die ursprüngliche Vegetationsdecke beeinflußt und verändert hat, weil er seit Jahrhunderten zahlreiche Pflanzen in seinen Dienst stellte und so in die Vegetation verändernd eingriff. Im Meer ist dieser Einfluß dagegen in viel geringerem Maße ersichtlich, denn nur wenige Meerespflanzen wurden bisher durch den Menschen genutzt. So ist es auch nicht verwunderlich, daß den meisten Menschen recht wenige Pflanzen des Meeres bekannt sind. Eine Ursache dafür ist wohl auch darin zu sehen, daß das Weltmeer von ganz anderen Pflanzen besiedelt wird als das Land. Während die Vegetationsdecke des Festlandes vorwiegend durch Höhere Pflanzen gebildet wird, dominieren unter den Pflanzen des Meeres die Algen. Nur ungefähr 40 Arten der etwa 30 000 in den Meeren vorkommenden Pflanzenarten gehören zu den Blütenpflanzen, die alle der Gruppe der Einkeimblättrigen zuzuordnen sind und allgemein als Seegräser bezeichnet werden. Moose und Farne fehlen im Meer vollständig. Die Algen weisen nicht jene Gliederung ihres Vegetationskörpers in Wurzel, Sproß und Blatt auf, die die Grundorgane der Höheren Pflanzen darstellen. Sie besitzen aber eine große Formenmannigfaltigkeit. Schon ihre Größe schwankt zwischen kleinen Einzellern, die nur einen Durchmesser von einem tausendstel Millimeter haben, und den Riesentangen der tropischen Meere, die eine Länge von mehr als 60 m erreichen können.

Dem unbefangenen Betrachter des Meeres werden vermutlich weder die hohe Formenmannigfaltigkeit noch die tatsächliche Besiedlungsdichte der verschiedenen Teile des Meeres mit pflanzlichen Organismen bewußt werden. Bei einem Spaziergang am Strande findet er im Spülsaum nur die angeschwemmten Großalgen, wie Blasen- und Sägetang, Seeampfer und die mehrere Meter langen Schnüre der Meersaite.

Eindrucksvoller wird die Bekanntschaft mit den Pflanzen des Meeres bei einer Unterwasserexkursion mit Taucherbrille und Schnorchel. Auch Unterwasserfilme vermitteln eine Vorstellung von Formenreichtum und Besiedlungsdichte der marinen Unterwasservegetation. Unter dem Eindruck eines solchen Erlebnisses könnte man meinen, daß die Großalgen die eigentlichen und wichtigsten pflanzlichen Produzenten im Meer wären.

Ufernahe Bestände von Blasentang *(Fucus vesiculosus)* bei Niedrigwasser an der Wismar-Bucht, Ostsee

Tatsächlich steht jedoch den Großalgen im Weltmeer nur ein sehr begrenzter Lebensraum zur Verfügung. Da sie sich am Meeresgrund an einem festen Substrat verankern müssen, kommen sie nur an felsigen und steinigen Küsten vor. Damit entfallen alle Küstenbereiche als Siedlungsraum, deren Boden nur mit Sand oder Schlick bedeckt ist. Diese Algen finden auch lediglich bis zu einer Tiefe von maximal 150 m ausreichende Lichtverhältnisse für ihr Wachstum. Von der gesamten Fläche des Weltmeeres nehmen jedoch die Flachmeere mit einer Tiefe von weniger als 200 m nur einen Anteil von 7,8 % ein. Das bedeutet, daß der größte Teil der Meeresvegetation von den im freien Wasser schwebenden Kleinalgen und nur ein geringer durch die im Küstenbereich auf festem Untergrund wachsenden Großalgen erbracht wird. Berechnungen haben ergeben, daß die Jahresproduktion an Großalgen im Weltmeer $0{,}2 \cdot 10^9$ t, die der Planktonalgen im freien Ozean aber $550 \cdot 10^9$ t Frischgewicht beträgt. Um der Bedeutung der im Wasser schwebenden Kleinalgen Rechnung zu tragen, wollen wir zunächst diese Organismengruppe näher betrachten.

Das Plankton – die treibende Welt

Der Begriff Plankon wurde 1887 von dem deutschen Meeresbiologen Victor Hensen für alle jene Lebewesen geprägt, die im Wasser frei schweben und von Meeresströmungen verdriftet werden können. Er stammt aus dem Griechischen und bedeutet Treibendes oder Umherirrendes, wie in Homers Odyssee.

Wir können annehmen, daß die Existenz des Planktons schon seit Jahrhunderten bekannt ist. So beschrieb bereits Anthony van Leeuwenhoek (1632 – 1723) einige Plankter, die er bei seinen mikroskopischen Untersuchungen beobachtet hatte. Und schon Charles Darwin (1809 – 1882) verwandte ein großmaschiges Gazenetz, um damit planktische Organismen während seiner Reise mit der »Beagle« (1831 – 1836) zu sammeln. Aber seine Untersuchungen wurden nie allgemein bekannt. So gilt erst Johannes Müller (1801 – 1858) als der eigentliche Erfinder des Planktonnetzes. Im Jahre 1845 hatte er aus feinster Seidengaze, wie sie heute noch in den Mühlen zum Sieben des Mehles verwendet wird, ein konisches Netz herstellen lassen, durch das er geschöpftes Wasser goß. Erst später schleppte er dieses Netz hinter dem Schiff her. Er wollte so eigentlich nur die Larven der Echinodermen finden und war über die Formenmannigfaltigkeit erstaunt, die ihm das mikroskopische Bild bot. Seit dieser Zeit sind die Planktonnetze aus »Müller«-Gaze die wichtigsten Hilfsmittel der Planktonforschung geblieben. Die neue Forschungsrichtung fand bald viele Anhänger, und selbst Ernst Haeckel (1834 – 1919) widmete sich, einem Hinweis Johannes Müllers folgend, diesem Zweig der Meeresbiologie und blieb ihm bis zu seinem Lebensende treu. Bereits 1872 bis 1876, noch bevor V. Hensen den Planktonbegriff prägte, führte die »Challenger« eine Reise um die Welt zur Erforschung des Lebens im Meer durch, wobei die Beobachtung des Planktons einen breiten Raum einnahm. Seit dieser Zeit hat die Planktonforschung eine Fülle von Ergebnissen erbracht, die einer näheren Betrachtung wert sind.

Das Plankton setzt sich aus tierischen (Zooplankton) und pflanzlichen Organismen (Phytoplankton) zusammen, wobei die Einteilung in verschiedene Größenklassen willkürlich gewählt wird. Alle Organismen, die wir bereits mit bloßem Auge im Wasser erkennen können, werden dem »Makroplankton« zugeordnet. Dazu gehören außer vielen bekannten Tieren, wie Quallen, Salpen und Kleinkrebsen, auch das Golfkraut oder »Sargassum«, eine Braunalge, die an der Oberfläche der Sargassosee treibend vorkommt. Formen, die sich mit einem feinmaschigen Planktonnetz aus dem Wasser herausfiltrieren lassen und eine Größe von etwa 20 bis 500 µm haben, zählen zum Mikroplankton. Diese Planktongruppe wird oftmals auch als Netzplankton bezeichnet. Unter dem Begriff Nannoplankton oder Zwergplankton faßt man die Lebewesen zusammen, die aus einer Schöpfprobe nur durch Zentrifugieren angereichert werden können. Sie haben eine Größe von 5 bis 20 µm. Zum Picoplankton zählt man schließlich all die Organismen, die kleiner als 5 µm sind.

Systematisch lassen sich die Phytoplankter der Meere wenigen Gruppen von Algen zuordnen. In allen Meeresteilen spielen die Kieselalgen oder Diatomeen eine große Rolle, die in den kühlen und kalten Meeren sogar dominieren. Sie besitzen einen zweiteiligen Kieselpanzer aus Siliziumdioxid, dessen beide Teile wie Deckel (Epitheca) und Boden (Hypotheca) einer Schachtel ineinandergreifen. Die Schalen sind sowohl in ihrer Gesamtgestalt als auch durch zahlreiche Poren,

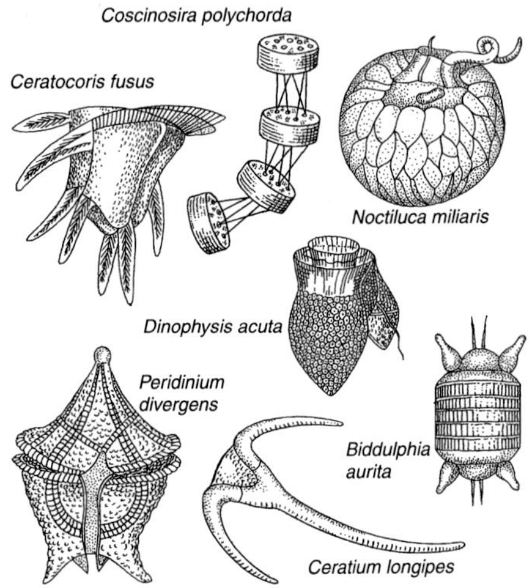

Typische pflanzliche Plankter der Ozeane

Schlitze, Dornenreihen und andere winzige Strukturen spezifisch charakterisiert. Sie bilden die Grundlage für die Diatomeensystematik. Man findet zentrisch gebaute, in der Aufsicht runde, elliptische oder polygonale Formen mit strahlenförmig angeordneten Schalenstrukturen, die zu der Gruppe der zentrischen Diatomeen (Centrales) gehören, und langgestreckte, bipolare Formen mit fiedriger Membranskulptur, die den pennaten Diatomeen (Pennales) zugeordnet werden. Im Gegensatz zu den Binnengewässern herrschen in den Ozeanen die zentrischen Diatomeen vor. Die Anzahl der in den Weltmeeren vorkommenden Diatomeenarten wird auf etwa 11 000 bis 14 000 geschätzt. Im freien Ozean können Kieselalgen entsprechend ihren unterschiedlichen Lichtbedürfnissen eine Oberflächengesellschaft mit *Chaetoceros*- und *Rhizosolenia*-Arten bilden und eine Tiefengesellschaft, der Vertreter der Gattungen *Planktoniella, Sceletonema, Streptotheca, Cerataulina, Caudaria* und *Asteromphalus* angehören. Manche Formen sind auf das Küstenplankton beschränkt. Ihre Verbreitung wird als neritisch bezeichnet. Viele Diatomeen speichern als Reservestoffe Öle, die das Schweben im Wasser begünstigen.

Kieselalgen kommen schon seit der Kreidezeit im Meer vor. Ihre Siliziumschalen haben auf dem Meeresboden gewaltige Ablagerungen entstehen

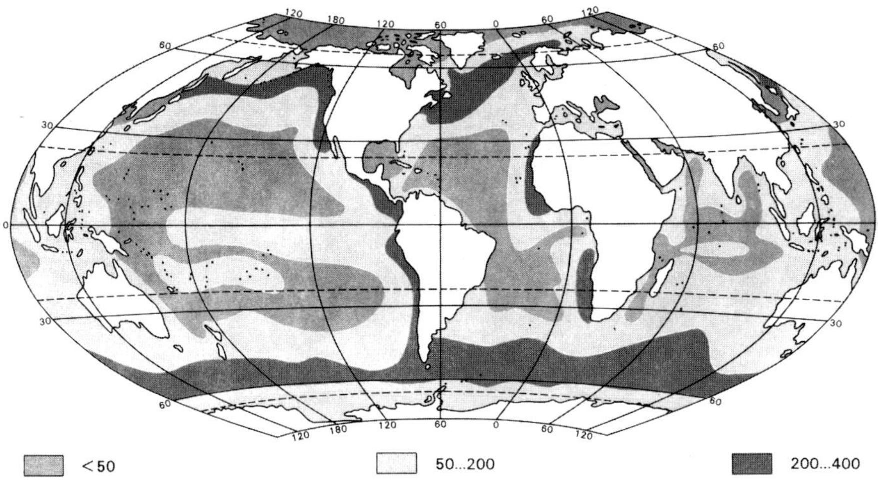

Produktion des Phytoplanktons (in Gramm Kohlenstoff je Quadrameter und Jahr) als Ausdruck für die Fruchtbarkeit der verschiedenen Regionen des Weltmeeres

lassen. Dabei leisten solche fossilen Diatomeen bei den geologischen Untersuchungen und der Altersbestimmung fossiler Sedimente wertvolle Dienste.

Neben den Diatomeen sind die Dinoflagellaten die häufigsten Phytoplankter des Meeres. Sie sind eine formenreiche Algengruppe, zu der neben »nackten Formen« solche gehören, bei denen die Zellwand aus vieleckigen porösen Zelluloseplatten besteht. Für diese Gruppe der Dinoflagellaten wurde deshalb der Name Panzerflagellaten geprägt. Oftmals besitzen diese Organismen lange Fortsätze *(Ceratium)*, Säume oder kragenförmige Aufsätze *(Ornithocercus, Dinophysis)*, die ihnen ein zierliches Aussehen verleihen und das Schweben im Wasser begünstigen. Allen gemeinsam sind zwei ungleich gebaute Geißeln. Sie liegen als Längs- und Quergeißel in einer entsprechenden Längs- und Querfurche. Ihren größten Formenreichtum erreichen die Dinoflagellaten in den wärmeren Regionen des Weltmeeres. Dort bilden sie manchmal in Küstengewässern dichte Massenvegetationen aus, die nach ihrer charakteristischen rotbraunen Farbe als rote Fluten (red tides) bezeichnet werden. Häufige Arten sind *Exuviella baltica* und *Prorocentrum micans.* Diese Organismen können toxische Substanzen ausscheiden, die dann zum Fischsterben führen. Viele Dinoflagellaten sind farblos und nicht zur Photosynthese befähigt. Sie ernähren sich wie die Urtiere (Protozoen) von winzigen organischen Partikelchen oder von gelöster organischer Substanz.

Einige Dinoflagellaten besitzen die Fähigkeit zur Lumineszenz und verursachen das sogenannte Meeresleuchten. Die häufigste lumineszierende Art ist *Noctiluca scintillans* (syn. *Noctiluca miliaris)*, ein Dinoflagellat von blasiger Gestalt, der einen Durchmesser bis zu 2 mm erreichen kann und besonders in warmen Meeren vorkommt, aber auch in der Nordsee nicht selten ist. Die Fähigkeit zur Lumineszenz besitzen auch Arten der Gattungen *Peridinium, Ceratium* und *Gonyaulax.* Das Phänomen des Meeresleuchtens hat schon früh die Aufmerksamkeit und Bewunderung der Seefahrer und Meeresbiologen gefunden. Sie wählten für diese Gruppe der Dinoflagellaten auch den Namen Feueralgen (Pyrrhophyta).

Weitere wichtige Vertreter des Phytoplanktons der Weltmeere sind die Kalkflagellaten (Coccolithales). Es handelt sich dabei um sehr kleine bewegliche Organismen, die in der Mehrzahl dem Nannoplankton zuzuordnen sind. Viele Vertreter dieser Gruppe erreichen nur eine Größe von 5 bis 15 µm und sind damit nicht größer als ein rotes Blutkörperchen. Die Zelloberfläche ist mit zahlreichen Kalkplättchen (Coccolithen) besetzt, die lediglich die Größe eines Bakteriums aufweisen.

Die Gestalt dieser Kalkplättchen ist artspezifisch. Man unterscheidet z. B. scheiben-, napf-, stachel- oder keulenförmige Kalkplättchen. Ein vollständiges Bild von der Struktur dieser Gebilde haben erst elektronenmikroskopische Untersuchungen erbracht. Die Mehrzahl der Kalkflagellaten lebt in temperierten oder warmen Meeren. Eine besonders häufige Art ist *Coccolithus huxleyi*, die sowohl in küstennahen wie in küstenfernen Meeresteilen weit verbreitet ist und Massenvegetationen ausbilden kann, wobei viele Millionen Individuen in einem Liter Meerwasser gezählt wurden. *Pontosphaera huxleyi* kommt besonders in temperierten Teilen des Weltmeeres vor, und *Coccolithus pelagicus* bevorzugt kältere Meere. *Coccolithus fragilis* wurde noch in Tiefen bis zu 4000 m nachgewiesen. In diesen lichtlosen Regionen der Ozeane ernähren sich die Algen wahrscheinlich heterotroph, d. h. von dort angereicherten organischen Stoffen. Die Anzahl der in einem Liter Meerwasser vorkommenden Kalkflagellaten kann außerordentlich groß sein. So sind Zahlen von einigen Tausend bis zu 30 Millionen keine Seltenheit. Coccolithen sind seit langem aus den Kalksedimenten des Meeres bekannt und bilden einen wesentlichen Bestandteil unserer Schreibkreide.

Neben diesen bisher genannten Algengruppen spielen Vertreter anderer systematischer Einheiten im Plankton der Weltmeere nur eine untergeordnete Rolle. Daraus ist ersichtlich, daß gerade die Algen, die in Binnengewässern vorherrschen und teilweise unangenehme Wasserblüten bilden, im Ozean selten sind oder ganz fehlen. So sind die Grünalgen im Meeresplankton nur durch wenige Arten, wie z. B. *Halosphaera viridis*, vertreten und die Blaualgen durch Arten der Gattung *Trichodesmium.* Die Art *Trichodesmium erythraeum* kann in tropischen Meeren intensive rote Vegetationsfärbungen hervorrufen, denen das Rote Meer seinen Namen verdankt.

Bereits mehrfach wurde darauf hingewiesen, daß manche Planktonorganismen nur in warmen und andere nur in kälteren Meeren gefunden werden. Wieder andere Formen sind auf Küstengewässer beschränkt oder kommen nur in den küstenfernen Regionen des Weltmeeres vor. Tatsächlich besitzen die einzelnen Meeresgebiete ihr charakteristisches Plankton, und seit langem werden Plankter als Anzeigeorganismen für den Verlauf von Meeresströmungen herangezogen. So wurden z. B. für die Nordsee, ein besonders gründlich untersuchtes Randmeer des Atlantiks, 16 verschiedene Regionen festgestellt, die hinsichtlich der Planktonzusammensetzung der einzelnen Wasserkörper eine verblüffende Übereinstimmung aufweisen.

Die verschiedenen Meeresteile unterscheiden sich aber nicht nur durch ihre artenmäßige Planktonzusammensetzung, sondern auch in bezug auf die Menge der planktischen Organismen im Wasser. Wir treffen also im Meere ganz ähnliche Verhältnisse an, wie wir sie bei der Betrachtung der Vegetation von verschiedenen Klimazonen der Erde kennengelernt haben. Neben Meeresgebieten, die einen üppigen Pflanzenwuchs aufweisen, gibt es andere, die nur eine geringe Vegetation besitzen. Fragen wir nach den Ursachen, die zu dieser unterschiedlichen Phytoplanktonproduktion in den Weltmeeren führen, so kommen wir zu dem Grundvorgang des Lebens auf unserer Erde, dem Aufbau organischer Substanz aus anorganischen Verbindungen. Sieht man von der Chemosynthese ab, einem Prozeß, zu dem nur wenige Bakterienarten befähigt sind und der im Stoffhaushalt der Natur nur in begrenzten Ökosystemen eine Rolle spielt, so ist die Photosynthese der entscheidende Grundvorgang, bei dem der Aufbau der organischen Materie aus anorganischen Stoffen erfolgt. Wir bezeichnen ihn als Urproduktion oder Primärproduktion. Dieser Prozeß, der nur durch pflanzliche Organismen durchgeführt werden kann, erfordert Licht als Energiequelle, Kohlendioxid, Wasser und Nährstoffe. Wasser und vermutlich auch Kohlendioxid sind im Weltmeer in ausreichender Menge vorhanden. Aber Licht- und Nährstoffangebot sind in den verschiedenen Regionen des Weltmeeres sehr unterschiedlich, was wiederum die Ursache für eine unterschiedliche Produktivität dieser Gebiete darstellt.

Betrachten wir zunächst die Faktoren, die das Lichtklima im Wasser beeinflussen. Dabei ist zu berücksichtigen, daß von den pflanzlichen Organismen nur ungefähr die Hälfte des sichtbaren Anteils des Lichtes verwertet werden kann. Die andere Hälfte entfällt auf solche Spektralbereiche, die als Energiequelle für die Kohlenstoffassimilation nicht genutzt werden können. Bereits beim Eindringen des Lichtes in das Wasser treten durch Reflexion an der Wasseroberfläche Verluste auf. Das Ausmaß dieses Reflexionsverlustes ist vom Sonnenstand und der Beschaffenheit der Wasseroberfläche abhängig. Dadurch ist eine Schwächung des Lichtangebots bis zu 30 % möglich. Im Wasser selbst unterliegt das Licht

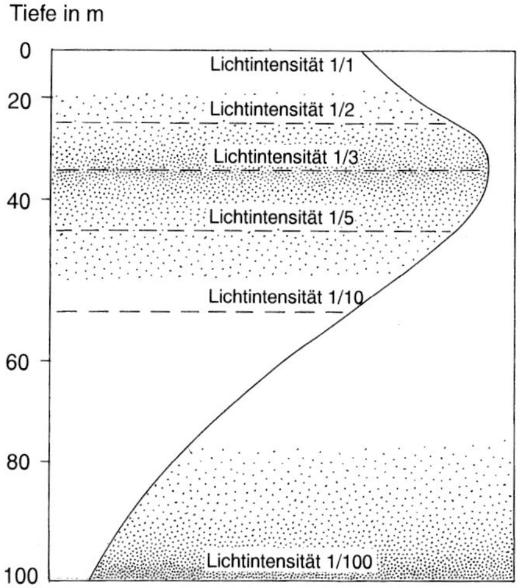

Abhängigkeit der Phytoplanktonproduktion in verschiedenen Teilen des Weltmeeres von der vertikalen Lichtverteilung im Wasser. Die größte Produktivität liegt in einer Tiefe, in der die Lichtintensität auf 1/3 des Oberflächenwertes vermindert ist.

durch Streuung an gelösten Stoffen und schwebenden Partikelchen sowie durch Selbstabsorption starken qualitativen und quantitativen Veränderungen, die für die einzelnen Meeresteile und zu verschiedenen Jahreszeiten ganz unterschiedlich sein können.

In den küstenfernen Regionen des Mittelmeeres konnte Licht noch in einer Tiefe von 400 m und in der Sargassosee, dem planktonärmsten Meeresteil der Welt, sogar noch in 1000 m nachgewiesen werden. Doch ist die Wasserschicht, in der eine Photosynthese im Wasser möglich ist (wissenschaftlich euphotische Schicht genannt), wesentlich geringer. Die Lichtintensität, bei der sich die durch Photosynthese erfolgte Neubildung organischer Substanz und eigene Zehrung die Waage halten, wird als Kompensationspunkt bezeichnet. Dieser liegt ungefähr in einer Tiefe, in der noch 1 % des unter der Wasseroberfläche vorhandenen Sonnenlichts gemessen werden kann. Der Kompensationspunkt befindet sich in vielen tropischen Meeresteilen bei 40 bis 50 m Tiefe, in der Ostsee in Abhängigkeit von der Jahreszeit aber nur zwischen 10 bis 17 m, und in manchen Haff- und Boddengewässern liegt er nur wenige Dezimeter unter der Wasseroberfläche.

Es wäre jedoch falsch anzunehmen, daß die Assimilationsintensität von der Wasseroberfläche kontinuierlich bis zur Kompensationstiefe abnimmt. Sieht man von Regionen mit geringer Sonneneinstrahlung und den lichtarmen Monaten in unseren Breiten ab, so ist die unmittelbar unter der Wasseroberfläche vorhandene Lichtintensität überoptimal und führt zu einer Hemmung der Photosynthese. Erst in einer Tiefe, in der noch 50 bis 30 % des einfallenden Sonnenlichtes vorhanden sind, bestehen für die Photosynthese des Phytoplanktons optimale Lichtverhältnisse. Darunter nimmt die Stoffproduktion entsprechend dem vertikalen Lichtgefälle bis zum Kompensationspunkt ab. So weist nur eine dünne Deckschicht des Weltmeeres eine ausreichende Lichtintensität auf, in der eine Photosynthese und damit eine Primärproduktion möglich ist. Diese Primärproduktion ist zugleich die alleinige Nahrungsgrundlage für die Tiere, die im Meere leben.

Die Nährstoffe im Meer können mit den Düngemitteln in der Landwirtschaft verglichen werden. Phosphate, Nitrate und Silikate sind die wichtigsten Verbindungen, die von den Pflanzen im Wasser benötigt werden. Darüber hinaus brauchen diese Organismen aber auch eine große Anzahl anderer Elemente zum Aufbau der körpereigenen Substanz und zur Erhaltung ihrer Lebensfunktionen. Die wichtigsten sind Kobalt, Eisen, Magnesium und Mangan. Durch Untersuchungen zahlreicher ozeanographischer Expeditionen ist jedoch bekannt, daß gerade die lichtdurchflutete Oberflächenschicht der Weltmeere weitgehend an diesen Nährstoffen verarmt ist und die lichtlosen Tiefen der Ozeane ein riesiges Reservoir dieser lebensnotwendigen Substanzen darstellen. Die Ursache dieser ungleichmäßigen vertikalen Verteilung der Nährstoffe ist darin zu sehen, daß die kurzlebigen Planktonorganismen nach ihrem Tode absinken und dabei einen großen Teil der in ihrem Körper angereicherten Nährstoffe in die Tiefe mitnehmen. Dort erfolgt dann erst durch einen bakteriellen Abbau der organischen Substanz die Freisetzung der Nährstoffe und ihre Anreicherung im Tiefenwasser.

Sieht man von Küstengewässern ab, in die durch Festlandsabflüsse ständig große Nährstoffmengen eingetragen werden können, ist eine hohe Phytoplanktonproduktion nur in solchen Meeresgebieten zu erwarten, in denen durch einen vertikalen Wasseraustausch der lichtreichen Zone regelmäßig Nährstoffe aus dem Tiefenwasser zugeführt werden. In den Meeren der mittleren und höheren Breiten der nördlichen und südlichen Halbkugel kommt es im Winterhalbjahr zu einem solchen Wasseraustausch zwischen Tiefenwasser und Oberfläche, so daß zu Beginn der Vegetationsperiode den Planktern dann Nährstoffe und ein hohes Lichtangebot zur Verfügung stehen. Da sich diese Organismen rasch vermehren können, tritt oft eine Massenentfaltung einzelner Planktongruppen auf. Mit einer Planktonentwicklung nehmen aber die Nährstoffe im Oberflächenwasser schnell ab, und es kann zu ihrem völligen Verbrauch kommen. Da eine erneute Nährstoffzufuhr aus dem Tiefenwasser nach der Ausbildung einer Temperatur- und Dichtesprungschicht im Frühjahr nicht mehr möglich ist, führen der Nährstoffmangel und die Dezimierung des Phytoplanktons durch planktonfressende Tiere zu einer starken Abnahme des Planktongehaltes während des Sommers. Erst im Herbst, wenn nach Auflösung der Sprungschicht dem Oberflächenwasser erneut Nährstoffe zugeführt werden, kommt es zu einem zweiten Maximum der Phytoplanktonentwicklung. Die Abnahme der Lichtintensität im Winterhalbjahr begrenzt aber die weitere Entwicklung dieser Zönose. Der jahreszeitliche Verlauf der Primärproduktion weist also in diesen Regionen zwei Maxima auf.

Ganz anders verläuft die Phytoplanktonentwicklung in den arktischen und antarktischen Meeresgebieten. In diesen Gewässern kommt es ständig zu einer Zufuhr nährstoffreichen Tiefenwassers in die Oberflächenschicht. Aber nur während des kurzen Sommers reicht die Lichtintensität für eine Phytoplanktonentwicklung aus. So können die dann in antarktischen Gewässern erreichten Produktionswerte sehr hoch sein. Sie bilden die Nahrungsgrundlage für die reiche Tierwelt dieser Meere.

In den tropischen und subtropischen Meeren ist das ganze Jahr hindurch eine warme und nährstoffarme Oberflächenschicht durch eine Temperatur- und Dichtesprungschicht von einer kälteren und nährstoffreichen Tiefenwasserschicht getrennt. Dadurch ist die Rückführung der Nährstoffe in die lichtreiche Zone ausgeschlossen, und die Phytoplanktonproduktion bleibt das ganze Jahr hindurch gleichmäßig gering. Rein optisch sind diese produktionsarmen Meeresgebiete an der tiefblauen Farbe zu erkennen. Sie ist also die Farbe der Wüsten des Meeres.

Nur in den Wasserauftriebsgebieten der Kontinente, besonders an den Westküsten Afrikas und Südamerikas, weichen die produktionsbiologischen Verhältnisse von dem eben gezeichneten Bild der tropischen und subtropischen Meere ab. In diesen Gebieten gelangt kühles und nährstoffreiches Tiefenwasser an die Oberfläche, das zugleich die Grundlage für eine intensive Phytoplanktonentwicklung ist. Diese Gewässer zeichnen sich zugleich durch einen hohen Fischreichtum aus, der in den letzten Jahren die Grundlage für eine ertragreiche Fischindustrie in diesen Ländern geworden ist.

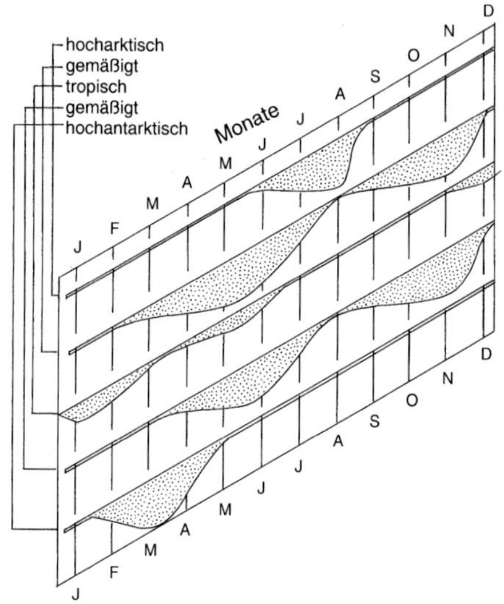

Jahreszeitliche Änderungen der Phytoplanktonproduktion in Meeren verschiedener geographischer Breiten

Durch intensive meereskundliche Forschungen der letzten Jahrzehnte besitzen wir einen guten Überblick über die Höhe der Primärproduktion, die zu verschiedenen Jahreszeiten in den einzelnen Regionen des Weltmeeres erreicht wird. Zahlreiche Meeresbiologen der verschiedenen Nationen haben eine Vielzahl von Einzelergebnissen zusammengetragen, von denen die Weltkarte auf Seite 369 eine Übersicht bringt. Alle meeresforschenden Nationen haben sich mit modern ausgerüsteten Forschungsschiffen an Expeditionen beteiligt, deren Aufgabe in einer komplexen Erforschung der Produktivität der Meere bestand. Heute zeichnen sich bereits neue Wege dieser Forschungsrichtung ab. So kann über Satelliten-

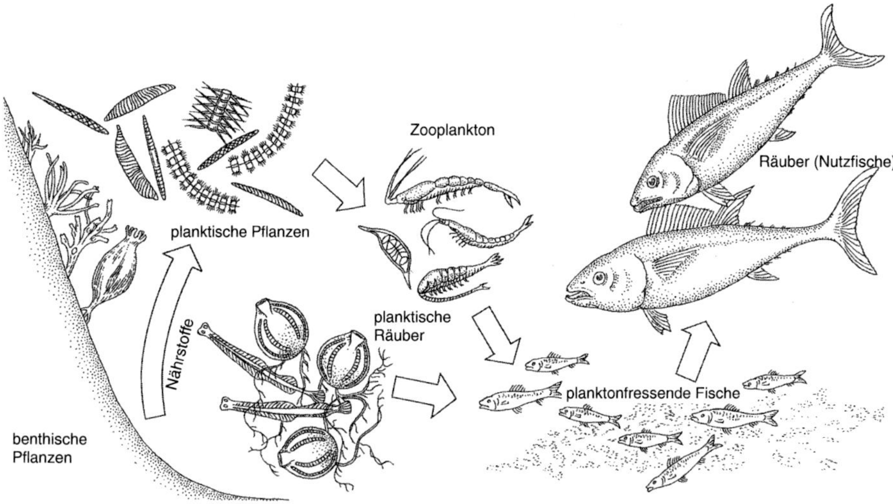

Nahrungskette und Stoffkreislauf im Meer. Die von den planktischen Pflanzen gebildeten organischen Stoffe werden über das Zooplankton, planktonfressende Fische und Räuber (Nutzfische) aufgenommen, um nach dem Tode der Organismen durch bakterielle Zersetzung wieder in die Nährsalze abgebaut zu werden.

aufnahmen der Chlorophyllgehalt im Meerwasser gemessen und daraus auf die Produktionsleistung des Phytoplanktons geschlossen werden. Dafür ist natürlich eine enge internationale Zusammenarbeit erforderlich.

Gelegentlich erscheinen in der Presse Mitteilungen, in denen über erfolgreiche Experimente berichtet wird, wonach sich Schiffbrüchige mit selbstgefangenem Plankton längere Zeit ernähren konnten. Diese Mitteilungen dürfen aber nicht zu der Vermutung verleiten, daß eine großtechnische Gewinnung von Plankton aus dem Meer Ziel einer zukünftigen Nutzung der Meeresproduktion sein könnte. Experten haben errechnet, daß die Kosten für die Gewinnung von einer Tonne Planktontrockenmasse 20 000 bis 50 000 DM betragen würden. So wird der Nutzen der Phytoplanktonproduktion dort zu suchen sein, wo sie entsteht, nämlich im Meere selbst.

Bereits mehrfach haben wir erwähnt, daß die Phytoplanktonproduktion die Grundlage für den Fischreichtum des Meeres darstellt. Über eine Nahrungskette werden die von den pflanzlichen Organismen synthetisierten organischen Verbindungen unter Verlusten und nach mehrfachem Umbau entsprechend dem jeweiligen Stoffwechsel über mehrere Zwischenglieder weitergereicht und dienen so auch dem Menschen als Nahrung. Solche Glieder einer Nahrungskette können sein: der Urproduzent, wie z. B. das Phytoplankton (Kieselalgen, Kalkflagellaten, Dinoflagellaten), der dieses Plankton fressende Vegetarier, wie das tierische Plankton (z. B. *Calanus*, Copepoden), der Fleischfresser (Carnivore), wie Hering, Sardine u. a., der diese Fische fressende Räuber, wie Dorsch, Thunfisch u. a., und schließlich der Mensch.

Beim Übergang von einem Glied dieser Kette zum nächsten treten jeweils Verluste bis zu 90 % auf, und nur ungefähr 10 % bleiben in umgewandelter Form in den Fressern erhalten. So würden z. B. für das Entstehen von einem Kilogramm Dorsch mindestens 1000 kg Phytoplankton erforderlich sein. Berechnungen haben ergeben, daß von der Primärproduktion des Weltmeeres nur ungefähr 0,02 % durch den Menschen in Form von Fisch oder anderen Meerestieren genutzt werden. Für die Küstengewässer beträgt diese Ausnutzung 0,2 %. Ein Ziel der modernen Fischwirtschaft muß es deshalb sein, die Nahrungskette zu verkürzen und auch auf tierisches Plankton oder die von diesem lebenden Fleischfresser zurückzugreifen. Ein Weg dorthin führt über »Fischfarmen«, mit denen in einigen Ländern bereits erfolgversprechende Ergebnisse erzielt werden. Für sie müssen dann allerdings Kleinalgen in Algenmassenkulturen angezogen werden, um damit die Futtergrundlage zu schaffen.

Die Pflanzenwelt des Benthos

Die Organismen, die den Meeresboden von den Küsten bis zu den größten Tiefen der Ozeane besiedeln, werden den Lebensgemeinschaften des Benthos zugeordnet. Dieser Begriff wurde im Jahre 1893 von Ernst Haeckel (1834 – 1919) geprägt und gilt auch für die Bewohner der Binnengewässer.

Wenn wir die pflanzlichen Benthosorganismen und ihr Vorkommen im Meere näher betrachten wollen, müssen wir zuerst feststellen, daß dazu nicht nur die Tange und Seegräser gehören, sondern auch eine Vielzahl mikroskopisch kleiner Algen, die systematisch zu den Kieselalgen, Blaualgen oder anderen Gruppen gezählt werden und uns schon von der Beschreibung des Planktons her bekannt sind. Besonders die bei Ebbe trockenfallenden Wattflächen oder Schlickböden flacher Meeresbuchten können mit einem dichten Diatomeenrasen bedeckt sein. Solche Organismen leben auch als Epiphyten auf anderen Pflanzen im Benthosbereich. Während die tierischen Benthosbewohner den Meeresboden bis zu den größten Tiefen im Weltmeer besiedeln, sind die pflanzlichen Benthosorganismen, das Phytobenthos, auf den lichtdurchfluteten Teil der Küstenregion beschränkt. Die Tiefe, bis zu der eine Besiedlung mit pflanzlichen Organismen möglich ist, wird also von der Lichtdurchlässigkeit des Meerwassers abhängen und für die einzelnen Meeresregionen ganz unterschiedlich sein. So wurden im Golf von Neapel, einem besonders gut untersuchten Teil des Mittelmeeres, Algen noch in einer Wassertiefe von 100 m gefunden. Tiefen bis zu 150 m sollen an den Küsten der Insel Capri besiedelt sein. In dieser Tiefe können nur Schwachlichtspezialisten eine Lichtintensität von ungefähr 0,1 % der unter der Oberfläche gemessenen Beleuchtungsstärke zur Photosynthese ausnutzen. Zum Vergleich sei aber gesagt, daß derartig geringe Lichtstärken auch am Boden unserer Laubwälder vorhanden sind und den Schattenpflanzen, wie z. B. dem Waldsauerklee *(Oxalis acetosella)*, für die Kohlenstoffassimilation genügen. Noch geringere Lichtintensitäten können in tropischen Wäldern durch Moose, Farne und Moosfarne *(Selaginella)* ausgenutzt werden.

In der Ostsee scheint nach den bisherigen Untersuchungen die unterste Besiedlungsgrenze für die Benthosvegetation in 22 m erreicht zu sein, und in der Nordsee (Insel Helgoland) wurden benthische Algen bis zu einer Tiefe von 15 m nachgewiesen. Diese Tiefe der untersten Begrenzung der Benthosvegetation kann jahreszeitlichen Veränderungen unterliegen. Außerdem ist infolge nachteiliger Umwelteinflüsse in vielen Gewässern industriell genutzter Küstenregionen die Bewuchstiefe stark zurückgegangen.

Neben dem Licht stellt der Untergrund für die Verbreitung der Benthosvegetation einen weiteren wichtigen Umweltfaktor dar. Er spielt für die Meerespflanzen eine ganz andere Rolle als für die Landpflanzen. Diese entnehmen aus ihm mit Ausnahme der Kohlensäure und des Sauerstoffs alle Nährstoffe und das Wasser. Deshalb muß der Boden für die Pflanzen auf dem Lande möglichst nährstoffreich und locker sein. Die Meerespflanzen nehmen dagegen mit ihrem gesamten Vegetationskörper die Nährstoffe aus dem sie umgebenden Wasser auf. Die Haftorgane, die ganz unterschiedlich ausgebildet sein können, dienen nur der Verankerung auf dem Untergrund. Dafür bieten Steine und Felsen die besten Voraussetzungen. Felsenküsten besitzen deshalb stets eine üppige Algenvegetation, und sandige Küstenabschnitte sind trotz guter Lichtverhältnisse meistens vegetationslos. Auch Geröllsteine, die sich in der Brandung in ständiger Bewegung befinden, bieten der Benthosvegetation keinen geeigneten Untergrund, während sie in geschützten Buchten auch mit Algen dicht bewachsen sind. Brandung, Wellenschlag und Strömung üben somit auf die Verteilung der Meerespflanzen einen wesentlichen Einfluß aus.

Die Mehrzahl der benthisch wachsenden Meerespflanzen gehört zwei systematischen Gruppen an, die im Süßwasser nur außerordentlich selten und mit wenigen Arten vertreten sind. Es handelt sich um die Rotalgen (Rhodophyta) und die Braunalgen (Phaeophyta). Darüber hinaus kommen aber auch die Grünalgen (Chlorophyta) mit einigen für die Meere typischen Formen vor. Ihr Vegetationskörper (Thallus) ist einfacher gebaut. Er kann fadenförmig sein wie bei der Kraushaaralge *Ulothrix*, verzweigt büschelig wie bei den Vertretern der Gattung *Cladophora* oder röhrenförmig wie beim Darmtang (Gattung *Enteromorpha*). Flächenförmige Thalli entwickeln der Meersalat *(Ulva lactuca)* oder die Arten der Gattung *Monostroma.* Die zierlichsten Formen der Grünalgen bilden die Schlauchalgen (Bryopsidales) aus, die vor allem in den wärmeren Meeren vorkommen. Ihre vielgestaltigen Thalli lassen nicht vermuten, daß einige von ihnen nur aus einer einzigen Zelle bestehen. Der Federtang *(Bryopsis plumosa)* bildet an Felsenküsten wärmerer Meere dichte dunkelgrüne Rasen, und die aneinandergereihten, plattgedrückten, herzförmigen, blattartigen Thallusteile der Meerkette *(Halimeda)* verleihen dieser Alge das Aussehen eines Kettenornamentes. Im Mittelmeer und im Ostatlantik sind die Thalli der Schirmalge *(Acetabularia mediterranea)* häufig. Ihr Habitus erinnert mehr an das Aussehen eines kleinen Hutpilzes als an das einer Alge. Insgesamt sind diese grazilen Grünalgen mit 500 Arten im Meere vertreten.

Die Rotalgen stellen mit rund 550 Gattungen und ungefähr 3800 Arten die formenreichste Gruppe unter den Meeresalgen. Ihre rote bis braunrote Färbung verdanken sie dem Gehalt an rotem Phycoerythrin und manche Arten dem an

Korallenmoos *(Corallina mediterranea)*, eine Rotalge mit kalkinkrustiertem Vegetationskörper, bildet im unteren Eulitoral an den Mittelmeerküsten dichte Rasen.

blauem Phycocyan. Diese Pigmente überdecken das grüne Chlorophyll und die Begleitkarotinoide. Sie gestatten vielen Rotalgen, größere Wassertiefen zu besiedeln.

Zu den einfachsten Rotalgen gehören die *Porphyra*-Arten, die einen dünnlappigen Thallus besitzen. Wir werden diesen Algen als Besiedlern der obersten Flutgrenze des Strandbereichs noch einmal begegnen. Viele Rotalgen, wie z. B. die Arten der Gattungen *Ceramium*, *Polysiphonia*, *Callithamnion*, *Plocamium* und *Antithamnion*, haben einen feinverzweigten Thallusaufbau. Trotz morphologischer Ähnlichkeit gehören diese Gattungen ganz verschiedenen Familien und Ordnungen der Rotalgen an. Wieder andere Rotalgen besitzen einen nahezu stielrunden Thallusquerschnitt. Dazu gehören einige Arten der Gattungen *Gracilaria* und *Gelidium*, die für die Agar-Herstellung als Rohstofflieferanten von Bedeutung sind. Einen blattartigen Vegetationskörper besitzen die auch noch in der westlichen Ostsee vorkommenden Seeampferarten *Delesseria sanguinea*, *Phycodrys sinuosa* und *Membranoptera alata*, während andere Formen derb-lederartig sind *(Chondrus crispus, Rhodymenia palmata, Phyllophora*-Arten*)*. Wieder andere Arten überziehen die Steine als rote Kruste. Eine weitverbreitete Art ist *Hildenbrandia prototypus.* Von besonderem Interesse sind jedoch die Rotalgen, deren Pflanzenkörper (Thalli) mit Kalzium- oder Magnesiumkarbonat stark inkrustiert sind. Gemeinsam mit anderen kalkreichen Algen beteiligen sie sich an der Bildung der Korallenriffe. Häufig anzutreffen sind die Gattungen *Lithothamnion*, *Lithophyllum* sowie die zierlichen Gebilde der Korallenmoosarten (Gattung *Corallina*).

Die Braunalgen stellen wohl die für den Laien auffälligsten Meerespflanzen dar, die ihm bei einem Spaziergang am Strand begegnen. Einige können eine Länge bis zu 3 m erreichen. Man bezeichnet sie allgemein als Tange. Die gelbbraunen, mehrere Dezimeter langen und einige Zentimeter breiten Thallusstücke des Blasentangs *(Fucus vesiculosus)* und des Sägetangs *(Fucus serratus)* sind an der Ostseeküste häufig im Strandanwurf zu finden. Wesentlich seltener werden dort die viel größeren Thalli der *Laminaria*-Arten angespült. Ihr Vegetationskörper ist in einen lederartigen Blatteil (Phylloid), einen derben Stengel (Kauloid) und ein Haftorgan (Rhizoid) unterteilt. Im Felswatt an der Nordatlantikküste bilden Zuckertang *(Laminaria saccharina)*, Fingertang *(Laminaria digitata)* und der Palmentang *(Laminaria hyperborea)* riesige Bestände. Die *Laminaria*-Arten werden von den größten Vertretern dieser Algengruppe noch wesentlich übertroffen. Für den Birnentang *(Macrocystis pyrifera)* nimmt man Längen von 400 bis 600 m an. Wenn auch die Längen etwas phantastisch erscheinen, so können doch 60 m als verbürgt gelten. Damit würde diese Alge fast die Länge der höchsten Bäume auf der Erde, wie die der Eukalyptus- oder Mammutbäume, erreichen. *Macrocystis pyrifera* kommt an der Pazifikküste Südamerikas vor. Der stengelartige Sproß steigt im Wasser zunächst in die Höhe. Der größte Teil des Vegetationskörpers mit den blattartigen Gebilden treibt jedoch an der Wasseroberfläche. Vielleicht führte dieses Treiben in der Meeresströmung zu dem volkstümlichen Namen Seeschlange.

Gleichfalls zu den Braunalgen gehört das Golfkraut *(Sargassum)*, das wir bei der Behandlung des Planktons schon einmal erwähnt haben. Bereits Columbus stellte während der Reise mit der »Santa Maria« im Jahre 1492 das massenhafte Auftreten dieser Pflanzen 200 Meilen westlich der Azoren fest. Er glaubte damals, in der Nähe der Küste des von ihm gesuchten Kontinents zu sein. Noch heute ist unbekannt, ob diese Algen als losgerissene Thalli von der weit entfernt liegenden Küste stammen und in der Sargassosee auf einer Fläche von 5 Mill. m^2 durch Meeresströmungen zusammengetrieben werden oder ob sie dort, seit Jahrhunderten treibend, eine eigene Vegetationseinheit bilden und sich nur vegetativ vermehren. Weitere *Sargassum*-Arten kommen an den Küsten wärmerer Meere vor.

Wenn wir bisher nur einige große Vertreter der Braunalgen erwähnt haben, so dürfen wir nicht übersehen, daß die einfachsten Formen büschelig verzweigt sind, wie *Ectocarpus*, *Pylaiella*, *Desmarestia* oder *Sphacelaria.* Andere Arten, wie *Ralfsia* oder *Lithoderma* (Steinhaut), überziehen krustenförmig die Steine.

Bei allen Algengruppen hat die Natur eine große Formenmannigfaltigkeit hervorgebracht. Dabei müssen wir jedoch berücksichtigen, daß die größten Arten nicht immer die höchste Entwicklungsstufe repräsentieren.

Außer den Algen finden wir, wie schon angedeutet wurde, auch einige Blütenpflanzen im Meere, die alle systematisch wenigen Familien der Gruppe der Einkeimblättrigen angehören und eine auffällige äußere Ähnlichkeit in Form langer, linealer Blätter zu den Gräsern aufweisen. Diese Blattform verlieh den Pflanzen auch den volkstüm-

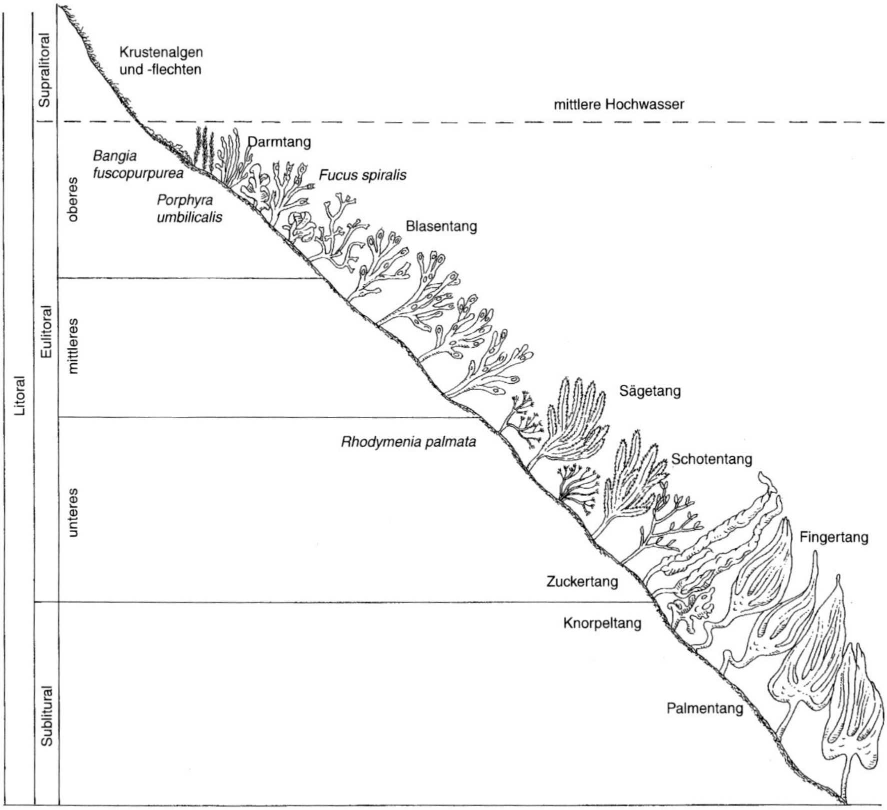

Vegetationszonierung an der europäischen Atlantikküste

lichen Sammelnamen Seegräser. Die häufigste Art unserer Breiten ist das Echte Seegras *(Zostera marina).* Im offenen Meer besiedelt es Sandflächen in größerer Tiefe, die der Brandung schon weitgehend entzogen sind. In Stillwasserbuchten und auch in den ostseenahen Boddengewässern der Küste bildet es große Bestände, die eine reiche Fauna aufweisen und auch für die Fischerei von Bedeutung sind. Seltener ist das Zwergseegras *(Zostera noltii).* An den Küsten des Pazifischen Ozeans sind zwei Arten des Brandungsseegrases, *Phyllospadix*, verbreitet, und in tropischen Meeren bildet das Schildkrötengras *(Thalassia testudinum)* unterseeische Wiesen. Die Mehrzahl der Seegräser bevorzugt wärmere Meere.

In den Boddengewässern der Ostsee finden wir außer dem Echten Seegras als Blütenpflanzen noch das Kammlaichkraut *(Potamogeton pectinatus)*, den Teichfaden *(Zannichellia palustris)* und die Strandsalde *(Ruppia maritima)*, oft mit Armleuchteralgen (Characeae) vergesellschaftet.

Der Bereich der Küstenregion, der von der obersten Einflußzone des Meeres bis zur untersten Bewuchsgrenze mit benthischen Meerespflanzen besiedelt ist, wird als Litoral bezeichnet. Innerhalb dieses Bereiches sind die Pflanzen dem Einfluß unterschiedlicher Umweltfaktoren verschieden stark ausgesetzt. So wirken sich Ebbe und Flut, Temperatur, Sonneneinstrahlung und Schwankungen des Salzgehaltes besonders auf die vertikale Zonierung der Benthospflanzen aus. Dabei haben die Gezeiten den größten Einfluß. Im allgemeinen werden drei Hauptregionen unterschieden.

Über dem mittleren Flutwasserstand liegt das Supralitoral. Diese Zone wird nur von der höchsten Flutwelle (Spring-Hochwasser) sowie durch Spritzwasser der Brandung erreicht. Die Zone, die durch normale Gezeiten trockenfällt und wieder überflutet wird, umfaßt das Eulitoral. Das Sublitoral schließlich ist dem Einfluß der normalen Wasserstandsschwankungen während Ebbe und Flut weitgehend entzogen. Nur bei extremem Niedrigwasser (Spring-Niedrigwasser) kann der obere Teil dieser Zone vorübergehend trockenfallen. Die unterste Grenze des Sublitorals ist zugleich die Grenze der pflanzlichen Benthosvegetation. In Meeresteilen, die keine Gezeiten aufweisen (wie z. B. die Ostsee), werden die Zonen im Litoralbereich durch die natürlichen, meist windbedingten Wasserstandsschwankungen begrenzt.

Der Meersalat *(Ulva lactuca)*, eine Grünalge mit blattartigem Thallus, ist in Küstengewässern weltweit verbreitet.

Wir wollen nun die Vegetationsverhältnisse in den einzelnen Litoralbereichen noch etwas eingehender betrachten. Dabei sollen die Erkenntnisse von den Meeresküsten der gemäßigten Breiten der nördlichen Hemisphäre im Vordergrund der Betrachtung stehen.

Im Supralitoral sind für die Pflanzen extreme Wachstumsbedingungen zu erwarten. Zeiten langer Trockenheit werden nur durch unperiodische Überflutungen oder die Benetzung mit Spritzwasser unterbrochen. Eine starke Verdunstung des Wassers kann zu einem erheblichen Anstieg des Salzgehaltes führen. Umgekehrt können Regenfälle ein vollständiges Absinken des Salzgehaltes zur Folge haben. Eine starke Sonneneinstrahlung und große Temperaturunterschiede vervollständigen das Bild dieser extremen Standortbedingungen. Hier können nur solche Organismen existieren, die gegen diese Bedingungen weitgehend unempfindlich sind. So finden wir auf felsigem Untergrund in diesem Bereich Flechten *(Verrucaria maura, Lichina con-*

finis), etwas tiefer zahlreiche Blaualgen *(Calothrix, Rivularia, Lyngbya, Plectonema)* und nur selten Grünalgen wie das Krausblatt *(Prasiola stipitata)*. Diese Algen verleihen der Zone eine charakteristische dunkelgrüne bis schwarzgrüne Farbe. Im unteren Teil des Supralitorals sind fädige Algen, wie die Kraushaaralge *(Ulothrix pseudoflacca)*, *Cladophora*-Arten und die braunroten Überzüge der Rotalge *Bangia fusco-purpurea*, zu finden. Die oberste Begrenzung des Supralitorals ist nur schwer anzugeben. Der Einfluß des Meerwassers erstreckt sich auch auf die angrenzenden Landgebiete, in denen an vielen Küsten Salzwiesen mit einer üppigen Salzpflanzenflora (z. B. Queller, *Salicornia europaea*) vorkommen können. An geschützten, tropischen Meeresküsten, in Buchten, Lagunen und an Flußmündungen kann sich die Pflanzenformation der Gezeitenwälder, der Mangroven, entwickeln.

Der Bereich des Eulitorals schließt sich ohne scharfe Grenze an das untere Supralitoral an. In dieser Zone dominieren Algen mit einem flächigen Thallus. Verbreitet sind hier das Rotblatt *(Porphyra laciniata)* und verschiedene Arten des Darmtangs *(Enteromorpha)*. Es folgt die Zone der Riementange, in der *Fucus platycarpus*, der Blasentang *(Fucus vesiculosus)*, der Knotentang *(Ascophyllum nodosum)* und der Sägetang *(Fucus serratus)* häufig sind.

Das Sublitoral weist die beständigsten Bedingungen auf. Genaue Angaben über die vertikale Verbreitung der Algen in diesem Bereich besitzen wir erst, seit unter Verwendung der Schwimmtauchtechnik exakte vegetationskundliche Untersuchungen an zahlreichen Küsten der Welt durchgeführt werden konnten. Dadurch mußten viele ältere Angaben revidiert werden.

Im oberen Bereich des Sublitorals sind die *Laminaria*-Arten verbreitet. Der Zuckertang *(Laminaria saccharina)*, der Fingertang *(Laminaria hyperborea)* bilden riesige »Wälder«, die nur bei extremem Niedrigwasser zeitweilig trockenfallen. Dann gewinnt auch der Besucher des Felswatts eine Vorstellung von dem Ausmaß dieser Benthosvegetation. Neben solchen Braunalgen sind im oberen und mittleren Sublitoral zahlreiche Rotalgen, wie das Korallenmoos *(Corallina officinalis)*, der Knorpeltang *(Chondrus crispus)*, der Blutrote Seeampfer *(Delesseria sanguinea)*, der Röhrentang *(Polysiphonia urceolata)*, der Gabeltang *(Furcellaria fastigiata)* sowie Vertreter der Gattungen *Phyllophora*, *Lomentaria*, *Ceramium* und viele andere Arten, zu finden. Nur selten treten in diesen Tiefen von 8 bis 10 m unter dem Normalwasserstand noch Grünalgen auf. Zu erwähnen sind der Meersalat *(Ulva lactuca)* sowie die Schlauchalgen *Bryopsis plumosa* und *Codium fragile*. Im unteren Sublitoral können wir neben zahlreichen Rotalgen noch einmal einige Braunalgen, wie den Schotentang *(Halidrys siliquosa)* und die Blasenkette *(Cystoseira ericoides)*, antreffen. Den Abschluß der Vegetation nach der Tiefe hin bilden oft die Kalkknollen, an deren Bildung Vertreter der Rotalgengattungen *Lithothamnion* und *Lithophyllum* beteiligt sind.

Diese kurze vertikale Gliederung der Benthosvegetation konnte nur einen ganz allgemeinen Überblick geben. Natürlich sind die Verhältnisse in den verschiedenen Meeresteilen ganz unterschiedlich und unterliegen auch starken jahreszeitlichen Veränderungen. Allgemein kann man jedoch feststellen, daß die Grünalgen mehr die oberen, die Braunalgen die mittleren und die Rotalgen vorzugsweise die tieferen Wasserschichten besiedeln.

Wie wir bereits ausführten, nimmt die Lichtintensität mit zunehmender Wassertiefe ab. Neben dieser quantitativen Änderung unterliegt das eindringende Sonnenlicht im Wasser aber auch einem Wandel in der qualitativen Zusammensetzung. Während der Anteil des langwelligen roten Lichtes bereits in den Schichten unter der Oberfläche absorbiert wird, können die kurzwelligeren Anteile des grünen und blauen Lichtes tiefer eindringen. Schon vor 100 Jahren war man darauf aufmerksam geworden, daß die Mehrzahl der Algen in einer bestimmten Tiefe die Farbe aufweist, die der spektralen Zusammensetzung des vom Wasser durchgelassenen Lichtes komplementär ist. In dieser farblichen Anpassung, der chromatischen Adaptation, sah man zunächst die alleinige Ursache dafür, daß die Rotalgen die tieferen Zonen des Sublitorals besiedeln können. Seit langem wissen wir jedoch, daß neben dieser Anpassung an die Lichtqualität auch eine Anpassung an die geringe Lichtintensität von Wichtigkeit ist.

Benthosalgen werden schon lange auch von den Menschen genutzt. Die ältesten Angaben darüber finden wir in dem sagenumwobenen Kräuterbuch, das der chinesische Kaiser Shen-Nung um 2700 v. u. Z. von Gelehrten zusammenstellen ließ. Zunächst wurden die Algen nur für die Ernährung, als Heilmittel, Viehfutter und Düngemittel verwendet. Im 17. Jahrhundert begann man in England und Frankreich auch mit der Gewinnung von Soda und Pottasche aus der Asche der Tange. Schließlich entdeckte 1811 der französische Salpetersieder Bernard Courtois den Jodreichtum der Meeresalgen, so daß zwischen 1820 und 1880 der Jodbedarf in aller Welt aus der Algenasche gedeckt werden konnte.

Heute konzentriert sich die technische Verwendbarkeit der Meeresalgen auf organische Stoffe, wobei die sogenannten Phycocolloide eine wichtige Rolle spielen, eine Stoffklasse, unter der die stark quellbaren und schleimigen Polysaccharide der Algenzellwände von Rot- oder Braunalgen zusammengefaßt werden. Am vielseitigsten verwendet man aber wohl die Alginsäuren der Braunalgen. Diese Substanzen und ihre Salze, die Alginate, finden in der Lebensmittelindustrie, in der Medizin und Pharmazie, in der Textilindustrie und sogar in der Baustoffbranche eine vielfältige Anwendung.

Das wichtigste Produkt aus Rotalgen ist Agar-Agar, das in der Lebensmittel- und Süßwarenindustrie, bei der Kosmetikaproduktion sowie in Pharmazie und Medizin als Geliermittel benutzt wird. Die wichtigsten Rotalgengattungen für die Agar-Agar-Herstellung sind *Gelidium*, *Gracilaria*, *Acanthopeltis* und *Ahnfeltia.* Heute ist der Bedarf an Agar-Agar sprunghaft angestiegen. So wird man Agar-Agar in Zukunft nicht nur aus im Meere vorkommenden Algenbeständen, sondern auch aus Algenkulturen gewinnen.

Außer der Nutzung der Meeresalgen für technische Zwecke haben sie jetzt in einigen Ländern auch eine größere Bedeutung für die menschliche Ernährung erlangt. In Ostasien werden bereits seit Jahrhunderten Rotalgen an Reisig- oder Bambusbüscheln für die Ernährung kultiviert. Heute erfolgt die Kultur von Meeresalgen an weitmaschigen Netzen aus Kokos- und Perlonfasern, die an langen Bambusstangen im Wasser der Meeresbuchten ausgespannt werden. Die wichtigste für Nahrungszwecke verwendete Rotalgengattung, die in Japan kultiviert wird, ist *Porphyra* (japanisch Nori). Diese Algen haben einen sehr hohen Eiweißgehalt und werden für die Herstellung delikater Reis- und Fischgerichte, von Suppen, Soßen und sogar als Zutaten für Backwaren genutzt. Seit 1930 werden die Rotalgen *Chondrus crispus* (Irish Moos), *Eucheuma striatum* sowie *Hypnea*- und *Gigartina*-Arten in zunehmendem Umfang zur Gewinnung von Carrageenan für die Lebensmittelindustrie verwendet. Die Eigenschaften dieses Phykokolloids entsprechen denen von Agar-Agar.

Andere für die menschliche Ernährung genutzte Meeresalgen gehören zu den Gattungen *Laminaria*, *Nereocystis*, *Alaria*, *Undaria*, *Rhodymenia* und *Enteromorpha.*

Das Brackwasser und seine Vegetation

Die Kontaktzone zwischen dem Meer und dem Land, in der dem Meerwasser in einem begrenzten Areal Süßwasser zugeführt wird und wo dadurch der Salzgehalt unter den Wert des umgebenden Meerwassers absinkt, ist das Brackwasser. Der Grad der Aussüßung wird um so stärker sein, je größer die Zufuhr von Süßwasser ist und je stärker das Mischungsgebiet durch Landzungen und Inseln vom Meer abgeschlossen ist. Der mittlere Salzgehalt des Weltmeeres liegt bei 34 ‰. Das bedeutet, daß in einem Kilogramm Meerwasser 34 g der verschiedenen Salze enthalten sind. Der überwiegende Teil davon besteht aus Natriumchlorid. Das Brackwasser hat einen Salzgehalt, der zwischen 30 und 0,5 ‰ liegt. Gewässer mit einem noch geringeren Salzgehalt werden dem limnischen Bereich, dem Süßwasser, zugeordnet. Zur besseren Untergliederung der Gewässer wurde die weite Spanne zwischen 30 und 0,5 ‰ in verschiedene Brackwasserzonen unterteilt, doch wollen wir hier nicht näher darauf eingehen.

Die größten Brackwassergebiete der Erde sind die Ostsee, das Schwarze Meer und das Kaspische Meer. Darüber hinaus treffen wir Brackwässer in Strandseen, Flußmündungen und Lagunen an. Die Ostsee kann heute als das am besten untersuchte Brackwassermeer der Welt angesehen werden. Aus diesem Grunde wollen wir uns bei der weiteren Betrachtung vor allem auf die Vegetationsverhältnisse in diesem Meer konzentrieren.

Die Ostsee ist mit der Nordsee und damit mit dem Weltmeer nur durch enge Verbindungswege über den Großen und Kleinen Belt und den Sund verbunden. Durch zahlreiche Flüsse werden ihr ständig beträchtliche Mengen an Süßwasser zugeführt. So bewegt sich ein ständiger Wasserstrom, der sogenannte Baltische Strom, den Ausgängen der Ostsee zu. Längst hätte dieser Zufluß von Süßwasser in die Ostsee und der Abfluß von brackigem Wasser ins Weltmeer zu einer vollständigen Aussüßung dieses Gewässers geführt, wenn nicht unterhalb des Baltischen Stroms ein

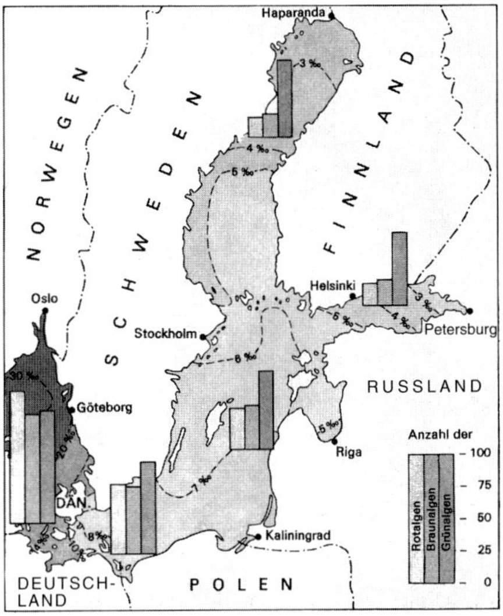

Salzgehalt des Oberflächenwassers der Ostsee in Promille (‰) und Anzahl der Rot-, Braun- und Grünalgen. Beide nehmen von Westen nach Osten ab.

gegenläufiger Strom salzreicheres und damit spezifisch schwereres Wasser in die Ostsee einführen würde. Dieser Einstrom dringt entlang des Meeresbodens in östlicher Richtung vor. Dabei kommt es nur teilweise zu einer Mischung mit dem salzärmeren Wasser der Oberflächenschicht. Als Folge dieses Wasseraustausches ist in der Ostsee eine sehr stabile Salzgehaltsschichtung entstanden, bei der eine salzarme Deckschicht über einer Schicht salzreichen Tiefenwassers liegt. Diese Schichtung verhindert eine Zirkulation zwischen nährstoffreichem Tiefenwasser und nährstoffarmem Oberflächenwasser. Auf den gesamten Stoffhaushalt der Ostsee übt diese stabile Wasserschichtung einen großen Einfluß aus. Da die Grenze zwischen salzarmem Oberflächenwasser und salzreichem Tiefenwasser, die Salzgehaltssprungschicht, in weiten Teilen der Ostsee erst unterhalb der Kompensationstiefe liegt, können wir sie für unsere weiteren Betrachtungen unberücksichtigt lassen.

Innerhalb der Ostsee nimmt der Salzgehalt im Oberflächenwasser von 20 ‰ in der westlichen Ostsee auf Werte zwischen 2 und 4 ‰ im östlichen und nördlichen Teil ab. Da der Salzgehalt für die Organismen des Meeres von Bedeutung ist, spiegelt sich dieses starke Gefälle innerhalb der Ostsee in der Verbreitung der Pflanzen wider. Dabei nimmt die Zahl der Arten mit sinkendem Salzgehalt ab. Das gilt für die Pflanzen und Tiere gleichermaßen. Bei den Pflanzen verläuft diese Abnahme aber nicht kontinuierlich. Seit langem kennen wir aus der Ostsee solche pflanzengeographischen Grenzen. Zu erwähnen sind hier vor allem die Darßer Schwelle (die Verbindungslinie Darßer Ort und Gedser) sowie die Ålandsinseln. Diese Trennungslinien stellen zugleich wichtige hydrographische Grenzen dar, an denen der Salzgehalt auf kurzem Raum deutlich abnimmt.

Besonders gut können diese Unterschiede im Benthosbewuchs bei einem Vergleich unmittelbar vor und hinter der Darßer Schwelle beobachtet werden. Während in den Küstenabschnitten westlich von Darßer Ort die Braunalgen *Laminaria saccharina*, *Laminaria digitata*, *Halidrys siliquosa* und *Desmarestia viridis* sowie die Rotalgen *Delesseria sanguinea*, *Membranoptera alata* und *Nemalion multifidum* noch regelmäßig angetroffen werden, fehlen sie an den Küsten der Inseln Rügen und Hiddensee vollständig oder werden nur nach längeren Weststürmen angespült. Dabei muß berücksichtigt werden, daß gerade die genannten Küsten östlich der Darßer Schwelle den benthischen Algen gute Aufwuchsmöglichkeiten bieten.

Für das südfinnische Schärengebiet werden noch 53 benthisch wachsende Algenarten angegeben. Darunter befindet sich die Mehrzahl der Arten, die auch an der Ostseeküste vegetationsbestimmend sind. So treten an Grünalgen *Ulothrix zonata*, *Enteromorpha intestinalis* und *Cladophora glomerata* auf, an Braunalgen *Ectocarpus confervoides*, *Elachista fucicola*, *Chorda filum* und *Fucus vesiculosus* und an Rotalgen *Hildenbrandia prototypus*, *Furcellaria fastigiata*, *Phyllophora brodiaei*, *Polysiphonia violacea* und *Polysiphonia nigrescens*.

In gleichem Maße ist eine Abnahme auch bei den Phytoplanktern zu verzeichnen. Während die Gattung *Ceratium* in der Nordsee noch mit zehn Arten bzw. Formen vertreten ist, kommen von ihr in der Kieler Bucht nur noch fünf und in der Bornholmsee nur noch zwei Arten vor, und von den 49 Arten der Kieselalgengattung *Chaetoceros*, die das Planktonbild in der Nordsee bestimmen, werden in der Kieler Bucht und der Bornholmsee nur noch zwei gefunden.

Die Artenarmut des Brackwassers kommt wohl auch dadurch zustande, daß es den Organismen des Süßwassers nur in ganz geringem Umfange möglich ist, diesen Lebensraum zu besiedeln. Erst in einem Gebiet, in dem der Salzgehalt auf den Wert von 3 bis 5 ‰ abgesunken ist, sind solche Arten zu finden. Dazu gehören mehrere Laichkräuter, z. B. Kammlaichkraut *(Potamogeton pectinatus)* und Fadenlaichkraut *(Potamogeton filiformis)*, das Ährentausendblatt *(Myriophyllum spicatum)* sowie mehrere Armleuchteralgen *(Chara horrida, Chara crinita, Chara aspera, Chara hispida* und *Chara baltica).* Besonders an der finnischen Küste konnte man feststellen, daß dort einige dieser Pflanzen eine besondere Vorliebe für schwach salzige Biotope aufweisen. Auch in unseren Boddengewässern kommt eine Vielzahl solcher Süßwasserarten vor und bildet gemeinsam mit Armleuchteralgen und wenigen Meeresalgen eine üppige Bodenflora aus.

Die wichtigste Ursache für die Artenarmut des Brackwassers ist wohl darin zu sehen, daß die Brackwässer erdgeschichtlich junge Gewässer sind. Für die Ostsee wird ein Alter von 12 000 Jahren angenommen. Diese Zeit reicht für die Entstehung neuer Brackwasserarten nicht aus. So konnte man feststellen, daß von den 35 früher nur für die Ostsee als einheimisch angesehenen Algenarten die überwiegende Mehrzahl anderen Arten zuzuordnen ist.

Eine weitere Erscheinung der im Brackwasser lebenden Organismen ist ihre Größenreduktion. Viele Algenarten, wie der Blasentang *(Fucus vesiculosus)*, der Gabeltang *(Furcellaria fastigiata)* und *Phyllophora brodiaei*, weisen mit abnehmendem Salzgehalt eine deutliche Verminderung ihrer Thallusgröße auf. Diese Reduktion kann so stark sein, daß das Aussehen der Pflanze auffallend verändert ist. Deshalb wurden solche reduzierten Formen auch als eigene taxonomische Einheiten beschrieben. Manche dieser Arten besiedeln nicht mehr als festsitzende Form feste Substrate der Uferzone, sondern leben als lose liegende Thalli in Stillwasserbuchten. Eine solche veränderte Lebensweise führte auch zu einer Reduktion der geschlechtlichen Vermehrung. Die meisten dieser Arten können sich in der Regel nur noch vegetativ vermehren.

Bereits mehrfach ist in diesem Beitrag das Problem der Meeresverschmutzung angeklungen. Weltweit haben Meldungen über Tankerhavarien oder die Müllversenkung im Meer viel Aufmerksamkeit gefunden. Für die Pflanzen des Meeres sind jedoch die Schadstoffeinträge aus den Flüssen und über die Atmosphäre sowie die Überdüngung der Küstengewässer und der Rand- und Mittelmeere viel verhängnisvoller. Die Änderungen von Planktonzusammensetzung und Planktonproduktion unter dem Einfluß eines höheren Nährstoffeintrags sind von den Meeresbiologen rechtzeitig erkannt und durch Daten belegt worden. Diese Meßserien gestatten uns heute für viele Meeresgebiete Aussagen über Umfang und Folgen der eingetretenen Veränderungen.

In der Ostsee werden häufig im Sommer Wasserblüten von Blaualgen (Cyanobakterien) gebildet. Sie sind bereits im vorigen Jahrhundert sowie in den ersten Jahrzehnten unseres Jahrhunderts beobachtet und untersucht worden. Unter dem Einfluß eines höheren Nährstoffeintrags sind sie jedoch häufiger und intensiver geworden.

Im Vergleich zu den Planktonalgen ist der Einfluß von Schadstoffeintrag und Überdüngung auf die Benthosvegetation lange unterschätzt worden und unberücksichtigt geblieben. Erst katastrophale Massenvegetationen von einzelnen Algenarten an vielen Küsten und die Verunreinigung traditioneller Badestrände haben die Aufmerksamkeit auf dieses Problem gelenkt. Heute wissen wir, daß in vielen Küstengewässern insbesondere Grünalgen *(Enteromorpha-, Cladophora-* und *Ulva*-Arten*)* Nutznießer des höheren Nährstoffangebotes sind. In der Ostsee sind es darüber hinaus filamentöse Braunalgen *(Pylaiella-, Ectocarpus*-Arten), die im Frühsommer im Litoralbereich Massenvegetationen bilden und später als Strandanwurf zur Verunreinigung des Strandes führen. Häufig leben diese Grün- und Braunalgen auch auf anderen Braun- und Rotalgen epiphytisch und behindern so deren Wachstum. Eine Abnahme der Braun- und Rotalgenarten ist eine weitere Folge der Meeresverschmutzung. Insgesamt sind die Verhältnisse sehr komplex, und mehrere Faktoren tragen gemeinsam dazu bei, daß die Artenvielfalt der Benthosvegetation an vielen Küsten der Welt stark abgenommen hat. Der höhere Nährstoffeintrag ist meist jedoch der Ausgangspunkt.

Die wissenschaftlichen Ergebnisse über die Folgen der Meeresverschmutzung bilden eine wichtige Grundlage für internationale Schutzkonventionen. Für die Ostsee wurden bereits 1974 von den Regierungen aller Ostseeanliegerstaaten im Rahmen der »Helsinki-Konvention« Maßnahmen zum Schutze der Meeresumwelt beschlossen. Die Erfolge dieser 20jährigen internationalen Zusammenarbeit sind beachtlich.

Literatur

Die Literaturangaben sind auf Arbeiten zusammenfassenden Inhalts beschränkt, aus denen die vielfältigen Spezialarbeiten entnommen werden können.

Acocks, J. P. H. (1988): Veld types of South Africa. – Mem. Bot. Surv. S. Afr. 57

Arndt, E. A. (Hrsg.) (1969): Zwischen Düne und Meeresgrund. Leipzig/Jena/Berlin

Barbour, M. G., u. W. D. Billings (Hrsg.) (1988): North American terrestrial vegetation. Cambride u. a.

Beadle, N. C. W. (1981): The vegetation of Australia. Stuttgart

Brosin, H.-J. (Hrsg.) (1969): Das Meer. Leipzig/Jena/Berlin

Brown, D. E. (Hrsg.) (1982): Biotic communities of the American Southwest-United States and Mexico. – Deserts Plants 4

Bünning, E. (1956): Der tropische Regenwald. Verständliche Wissenschaft Bd. 56. Berlin, Göttingen, Heidelberg

de Castri, F., D. W. Goodall u. R. L. Specht (Hrsg.) (1981): Mediterranean-type shrublands. – Ecosystems of the world 11. Amsterdam u. a.

Dawson, E. Y. (1966): Marine Botany. An Introduction. New York

Dietrich, G. (Hrsg.) (1970): Erforschung des Meeres. Frankfurt am Main

Ellenberg, H. (1963): Vegetation Mitteleuropas mit den Alpen. Einführung in die Phytologie. Bd. IV, Teil 2. Stuttgart

Engler, A. (1915): Die Pflanzenwelt Afrikas III, 1. Leipzig

Faegri, K., Iversen, J. (1975): Textbook of Pollen Analysis. 3. Aufl. Kopenhagen

Firbas, F. (1949 u. 1952): Spät- und nacheiszeitliche Waldgeschichte nördlich der Alpen. 2 Bde. Jena

Franz, H. (1979): Ökologie der Hochgebirge. Stuttgart

Garleff, K. (1977): Höhenstufen der argentinischen Anden in Cuyo, Patagonien und Feuerland. – Göttinger Geogr. Abh. 68

Gessner, F. (1957): Meer und Strand. Berlin

Gessner, F. (1959): Hydrobotanik. Bd. II. Berlin

Groves, R. H. (Hrsg.) (1981): Australian vegetation. Cambridge u. a.

Horvat, I., V. Glavax u. H. Ellenberg (1974): Vegetation Südosteuropas. – Geobotanica Selecta 4

Hueck, K. (1966): Die Wälder Südamerikas. Ökologie, Zusammensetzung und wirtschaftliche Bedeutung. Stuttgart

Hueck, K., u. P. Seibert (1981): Vegetationskarte von Südamerika. – 2. Aufl. Stuttgart

Klotz, G., u. a. (1989): Hochgebirge der Erde und ihre Pflanzen- und Tierwelt. Leipzig/Jena/Berlin

Knapp, R. (1965): Die Vegetation von Nord- und Mittelamerika und der Hawaii-Inseln. Stuttgart

Knapp, R. (1973): Die Kanarischen Inseln und ihre Pflanzenwelt. 2. Aufl. Stuttgart

Lozán, J. L., Lenz, W., Rachor, E., Watermann, B., v. Westernhagen, H. (1990): Warnsignale aus der Nordsee. Berlin und Hamburg

Lüning, K. (1985): Meeresbotanik. Stuttgart, New York

Magaard, L., u. Rheinheimer, G. (Hrsg.) (1974): Meereskunde der Ostsee. Heidelberg, New York

Mansfeld, R. (1959): Vorläufiges Verzeichnis landwirtschaftlich oder gärtnerisch kultivierter Pflanzenarten. – Die Kulturpflanze, Beih. 2
Mayer, H. (1984): Wälder Europas. Stuttgart
Meusel, H., Jäger, E., u. Weinert, E. (1965): Vergleichende Chorologie der zentraleuropäischen Flora. Jena
Müller-Schneider, P. (1977): Verbreitungsbiologie (Diasporotogie) der Blütenpflanzen. 2. Aufl. Veröff. Geobotan. Institut Rübel 61. Zürich
Numata, M (Hrsg.) (1974): The flora and vegetation of Japan. Tokyo, Amsterdam u. a.
Ovington, J. D. (Hrsg.) (1983): Temperate broadleaved evergreen forests. – Ecosystems of the world 10. Amsterdam u. a.
Ozenda, P. (1964): Biogéographie Végétale. Paris
Pankow, H. (1990): Ostsee-Algenflora. Jena
Pax, P. (1898): Grundzüge der Pflanzenverbreitung in den Karpathen I. Leipzig
Quézel, P. (1965): La Vegetation du Sahara. Geobotanica Selecta Bd. 2. Stuttgart
Radde, C. (1899): Grundzüge der Pflanzenverbreitung in den Kaukasusländern. Leipzig
Reisigl, H., u. R. Keller (1989): Lebensraum Bergwald. Stuttgart
Richards, P. W. (1952): The tropical rain-forest. Cambridge
Rikli, M. (1943–48): Das Pflanzenkleid der Mittelmeerländer. 3 Bde. Bern
Röhrig, E., u. B. Ulrich (Hrsg.) (1991): Temperate deciduous forests. – Ecosystems of the world 7. Amsterdam u. a.
Round, F. E. (1975): Biologie der Algen. Eine Einführung. Stuttgart
Schimper, A. F. W., u. v. Faber, F. C. (1935): Pflanzengeographie auf physiologischer Grundlage. 2 Bde. 3. Aufl. Jena
Schmidt, G. (1969): Vegetationsgeographie auf ökologisch-soziologischer Grundlage. Leipzig
Schmithüsen, J. (1956): Die räumliche Ordnung der chilenischen Vegetation. – Bonner Geogr. Abh. 17
Schmithüsen, J. (1968): Allgemeine Vegetationsgeographie. 3. Aufl. Berlin
Schroeter, C. (1926): Das Pflanzenleben der Alpen. Zürich
Schubert, R. (1966): Pflanzengeographie. Wiss. Taschenbücher. Bd. 35. Berlin
Schultze-Motel, J. (1966): Verzeichnis forstlich kultivierter Pflanzenarten. Die Kulturpflanze, Beih. 4
Schweinfurth, U. (1966): Neuseeland. Beobachtungen und Studien zur Pflanzengeographie und Ökologie der antipodischen Inselgruppe. – Bonner Geogr. Abh. 36
Straka, H. (1970): Pollenanalyse und Vegetationsgeschichte. 2. Aufl. Neue Brehm-Bücherei, H. 202. Lutherstadt Wittenberg
Straka, H. (1975): Pollen- und Sporenkunde. Eine Einführung in die Palynologie. Stuttgart
Sukopp, H., u. Trautmann, W. (1976): Veränderungen der Flora und Fauna in der Bundesrepublik Deutschland. Schriftenreihe f. Vegetationskunde. Bd. 10. Bonn–Bad Godesberg
Szafer, W. (1975): General Plant Geography. Warszawa
Ulbrich, E. (1928): Biologie der Früchte und Samen (Karpobiologie). Berlin
Urania-Pflanzenreich (1991): Viren · Bakterien · Algen · Pilze. Leipzig/Jena/Berlin
Urania-Pflanzenreich (1992): Moose · Farne · Nacktsamer. Leipzig/Jena/Berlin
Urania-Pflanzenreich (1993): Blütenpflanzen 1. Leipzig/Jena/Berlin
Urania-Pflanzenreich (1994): Blütenpflanzen 2. Leipzig/Jena/Berlin
Vankat, J. L. (1979): The natural vegetation of North America. An introduction. New York u. a.
Vareschi, V. (1980): Vegetationsökologie der Tropen. Stuttgart
Walter, H. (1970): Vegetationszonen und Klima. Stuttgart
Walter, H. (1974): Die Vegetation Osteuropas, Nord- und Zentralasiens. Stuttgart
Walter, H., u. S.-W. Breckle (1983): Ökologie der Erde, Bd. 1: Ökologische Grundlagen in globaler Sicht. Stuttgart
Walter, H., u. S.-W. Breckle (1990): Ökologie der Erde, Bd. 2: Spezielle Ökologie der Tropischen und Subtropischen Zonen. 2. Aufl. Stuttgart
Walter, H., u. S.-W. Breckle (1991): Ökologie der Erde, Bd. 4: Spezielle Ökologie der Gemäßigten und Arktischen Zonen außerhalb Euro-Nordasiens. Stuttgart
Walter, H., u. Lieth, H. (1967): Klimadiagramm-Weltatlas. Jena
Walter, H., u. Straka, H. (1970): Arealkunde. Floristisch-historische Geobotanik. Einführung in die Phytologie. Bd. III, Teil 2. 2. Aufl. Stuttgart
Wardle, P. (1991): Vegetation of New Zealand. Cambride u. a.
Weberbauer, A. (1911): Die Pflanzenwelt der peruanischen Anden. Leipzig
Weck, J. (1957): Die Wälder der Erde. Verständliche Wissenschaft. Bd. 67. Berlin, Göttingen, Heidelberg

White, F. (1983): The vegetation of Africa. A descriptive memoir to accompany the Unesco/AETFAT/UNSO vegetation map af Africa. Natural Resources Research 20. Paris

Wiesner, J. v. (1928): Die Rohstoffe des Pflanzenreiches. Leipzig

Zohary, M. (1973): Geobotanical foundations of the Middle East. 2 Bd. Stuttgart

Bildquellen

Archiv Botanischer Garten Leipzig (H.-Chr. Friedrich) S. 45 unten, 105 oben, 212 oben

K. A. Bley S. 212 unten, 213, 225

W. Fiedler S. 366, 375, 378

F. Fukarek S. 94, 287, 288

P. Gutte S. 361 oben u. unten, 362

N. Henning S. 293

P. König S. 196, 199 oben u. unten, 200, 202, 205, 207, 209, 234, 357

H. Lange S. 13, 19, 38, 47, 71, 74, 75, 83, 86, 128, 132, 137, 138 rechts, 142, 163 oben u. unten, 214, 235, 267, 348 unten, 353

B. Lehmann S. 197, 223

D. Lüpnitz S. 125

G. Müller S. 40, 66, 88, 100 oben u. unten, 101 (3×), 104 links u. rechts, 105 unten, 106, 110, 111, 112, 114, 115, 117, 139, 143 oben u. unten, 145, 155 oben u. unten, 156, 171, 172, 173 oben u. unten, 204, 252 links u. rechts, 254, 261, 285, 291, 301, 306 oben, 311, 360

Museum der bildenden Künste Leipzig S. 73

W. Rauh S. 176

H. Reinhard (Archiv H. Lange) S. 283

S. Rilke S. 218

R. Schuster S. 326, 332, 334, 335, 338, 339, 340, 341, 345, 348 oben

M. Schwieger S. 45 oben, 161

M. Succow S. 29, 69, 77, 118 oben u. unten, 138 links, 140, 146, 148, 149, 159, 164, 165, 166, 168, 184, 185, 187 oben u. unten, 203, 220, 230, 231, 240, 241, 246, 257, 260, 265, 272 oben u. unten, 279, 289, 300, 306 unten, 314, 359, 364

Die australische Landschaft auf dem Schutzumschlag fotografierte H. Lange, das Foto auf Seite 2 (Regenwald) stammt von M. Succow.

Register

Bisher erschienen:

Bd. Viren · Bakterien · Algen · Pilze
ISBN 3-332-00348-8

Bd. Moose · Farne · Nacktsamer
ISBN 3-332-00495-6

Bd. Blütenpflanzen 1
ISBN 3-332-00496-4

Bd. Blütenpflanzen 2
ISBN 3-332-00497-2